中国科协学科发展研究系列报告
中国科学技术协会 / 主编

2022—2023
化学
学科发展报告

中国化学会　编著

中国科学技术出版社
·北　京·

图书在版编目（CIP）数据

2022—2023 化学学科发展报告 / 中国化学会编著 . 北京：中国科学技术出版社，2024. 9. --（中国科协学科发展研究系列报告）. -- ISBN 978-7-5236-0875-3

Ⅰ. O6-12

中国国家版本馆 CIP 数据核字第 2024RF6226 号

策　　划	刘兴平　秦德继
责任编辑	曹小雅　李　洁
封面设计	北京潜龙
正文设计	中文天地
责任校对	邓雪梅
责任印制	李晓霖

出　　版	中国科学技术出版社
发　　行	中国科学技术出版社有限公司
地　　址	北京市海淀区中关村南大街 16 号
邮　　编	100081
发行电话	010-62173865
传　　真	010-62173081
网　　址	http://www.cspbooks.com.cn

开　　本	185mm × 260mm　1/16
字　　数	578 千字
印　　张	25.75
版　　次	2024 年 9 月第 1 版
印　　次	2024 年 9 月第 1 次印刷
印　　刷	河北鑫兆源印刷有限公司
书　　号	ISBN 978-7-5236-0875-3 / O · 225
定　　价	136.00 元

2022—2023

化学学科发展报告

首席科学家　杨学明

编写组专家

丁　丹　丁有钱　丁奎岭　于吉红　于　萍　马　丁
马利建　马海波　王殳凹　王文宁　王方军　王永刚
王亚韡　王齐华　王宏达　王其强　王建国　王　树
王晓慧　王梅祥　王斌举　王　蒙　王键吉　王德先
王毅琳　巨明刚　毛兰群　毛宗万　方文军　方晓红
邓春梅　邓鹤翔　左小磊　石先哲　石伟群　龙亿涛
叶明亮　田国新　史　全　史红星　史克亮　白　玉
兰亚乾　邢　巍　吕凤婷　朱才镇　朱　权　朱守非
乔永娜　任祝寅　任海生　任　斌　华　彬　庄乃锋
庄　林　刘　磊　刘世勇　刘　志　刘志敏　刘国生
刘鸣华　刘庚鑫　刘　剑　刘海超　刘　堃　闫文付
闫学海　江　俊　江桂斌　许光琴　许江飞　许国旺
严纯华　苏　磊　李子臣　李　龙　李　伟　李攻科
李志波　李秀宏　李秀玲　李良彬　李灵香玉　李　林

序

习近平总书记强调，科技创新能够催生新产业、新模式、新动能，是发展新质生产力的核心要素。要求广大科技工作者进一步增强科教兴国强国的抱负，担当起科技创新的重任，加强基础研究和应用基础研究，打好关键核心技术攻坚战，培育发展新质生产力的新动能。当前，新一轮科技革命和产业变革深入发展，全球进入一个创新密集时代。加强基础研究，推动学科发展，从源头和底层解决技术问题，率先在关键性、颠覆性技术方面取得突破，对于掌握未来发展新优势，赢得全球新一轮发展的战略主动权具有重大意义。

中国科协充分发挥全国学会的学术权威性和组织优势，于 2006 年创设学科发展研究项目，瞄准世界科技前沿和共同关切，汇聚高质量学术资源和高水平学科领域专家，深入开展学科研究，总结学科发展规律，明晰学科发展方向。截至 2022 年，累计出版学科发展报告 296 卷，有近千位中国科学院和中国工程院院士、2 万多名专家学者参与学科发展研讨，万余位专家执笔撰写学科发展报告。这些报告从重大成果、学术影响、国际合作、人才建设、发展趋势与存在问题等多方面，对学科发展进行总结分析，内容丰富、信息权威，受到国内外科技界的广泛关注，构建了具有重要学术价值、史料价值的成果资料库，为科研管理、教学科研和企业研发提供了重要参考，也得到政府决策部门的高度重视，为推进科技创新做出了积极贡献。

2022 年，中国科协组织中国电子学会、中国材料研究学会、中国城市科学研究会、中国航空学会、中国化学会、中国环境科学学会、中国生物工程学会、中国物理学会、中国粮油学会、中国农学会、中国作物学会、中国女医师协会、中国数学会、中国通信学会、中国宇航学会、中国植物保护学会、中国兵工学会、中国抗癌协会、中国有色金属学会、中国制冷学会等全国学会，围绕相关领域编纂了 20 卷学科发展报告和 1 卷综合报告。这些报告密切结合国家经济发展需求，聚焦基础学科、新兴学科以及交叉学科，紧盯原创性基础研究，系统、权威、前瞻地总结了相关学科的最新进展、重要成果、创新方法和技术发展。同时，深入分析了学科的发展现状和动态趋势，进行了国际比较，并对学科未来的发展前景进行了展望。

报告付梓之际，衷心感谢参与学科发展研究项目的全国学会以及有关科研、教学单位，感谢所有参与项目研究与编写出版的专家学者。真诚地希望有更多的科技工作者关注学科发展研究，为不断提升研究质量、推动成果充分利用建言献策。

前　言

中国科协学会学术部指导下，自 2006 年起，中国化学会已连续 7 次完成 2006—2007、2008—2009、2010—2011、2012—2013、2014—2015、2016—2017、2018—2019 化学学科发展报告编撰工作。2022 年，中国化学会再次承担了 2022—2023 年度化学学科发展研究项目，组织所属各学科委员会和专业委员会对化学学科近 4 年来取得的进展进行调研，撰写完成了《2022—2023 化学学科发展报告》（以下简称本报告）。

本报告由综合报告和专题报告两部分组成。其中，综合报告由 5 部分组成，包括引言、中国化学学科近 4 年的最新进展、化学学科国内外研究进展比较、化学学科发展趋势及展望，以及参考文献。该部分内容由综合报告撰稿人根据 31 个学科和专业委员会，以及有关专家提供的资料编写而成，文中共涉及国内化学科研工作者发表的 1800 余篇论文。

8 篇专题报告由中国化学会组织理论化学、超分子化学、质谱分析、物理有机化学、分子聚集发光、分子光子学与激发态化学、高压化学、高分子材料分析技术与表征方法 8 个专业委员会编撰。在系统研究的基础上，8 个专业委员会分别总结了相关研究领域近 5 年的工作进展，并对未来发展趋势进行了展望，以期能为相关领域的科研工作者，尤其是在读研究生提供参考。8 篇专题报告共引用了 1100 余篇参考文献。

本报告的编写得到了化学界许多院士、专家的大力支持和积极响应，他们亲自参与了调研、编写和审稿，对他们付出的辛勤劳动表示衷心的感谢。报告虽经有关专家多次审阅，但依然可能存在材料取舍和编排不当、疏漏等缺陷与瑕疵。对此，编写组恳请国内广大化学同人予以谅解。针对报告的不足之处，欢迎各位同人批评指正。

目录

CONTENTS

ABSTRACTS

Comprehensive Report

Report on Special Topics

综合报告

2022—2023化学学科发展报告

1. 引言

在人类社会的现代化进程中，化学科学一直是人类认识和改造物质世界的重要方法和工具。作为一门研究物质的性质、组成、结构及变化规律的基础学科，化学学科的发展水平是社会文明的重要标志。当前，能源问题、信息问题、环境问题、生命健康问题和资源问题已成为全球可持续发展的关键。随着社会经济的快速发展，在清洁能源、环境保护、智能器件、信息技术、国防安全等领域强烈需求的驱动下，我国化学研究蓬勃发展，与材料、能源、生物等前沿学科的交叉融合日益增强，学科布局日趋均衡。本报告（《2022—2023 化学学科发展报告》）按学科和交叉学科分类，分别总结分析了近 4 年我国在化学学科方面的最新研究进展和未来发展趋势，以期达到为科技工作者明确研究领域重点提供参考、为党和国家重大决策提供支撑的目的。

本报告分为“中国化学学科近 4 年的最新进展”“化学学科国内外研究进展比较”和“化学学科发展趋势及展望”三个主要部分。“中国化学学科近 4 年的最新进展”部分按物理化学、分析化学、无机化学、有机化学、高分子化学、化学教育学，以及核化学与放射化学、化学生物学、公共安全化学、环境化学、有机固体、分子医学、能源化学、燃烧化学为学科分类，分别总结和评价了我国 2020—2023 年化学学科的新观点、新理论，以及新方法、新技术、新成果等发展状况。

“化学学科国内外研究进展比较”部分通过剖析从基础化学理论研究到生物大分子这样的复杂体系，再到纳米材料和与生态环境息息相关的二氧化碳还原这样宏观的和面向国计民生的国际热点课题，比较评析国内外化学学科的发展状态，展示了我国化学工作者对国际化学学科最新研究热点和趋势的把握和引导能力，以及在国际化学学科前沿领域的研究水平。“化学学科发展趋势及展望”分别分析了我国化学学科中物理化学、分析化学、无机化学、有机化学、高分子化学、化学教育学及若干交叉学科未来 5 年发展的新战略需求和重点发展方向，提出了本学科未来 5 年的发展趋势及发展策略。

2. 中国化学学科近 4 年的最新进展

本部分按学科分类，分别总结和评价我国 2020—2023 年化学学科的新观点、新理论，以及新方法、新技术、新成果等发展状况。

2.1 物理化学

物理化学是以物理原理和实验技术研究化学体系行为、性质和规律的学科。近年来，国际上物理化学研究的前沿集中在发展先进原位表征技术，深入理解化学体系的结构、过程和机制，建立新理论、新认识，在原子及分子水平上实现材料的理性设计。我国学者在该领域很多方面做出了原创性及引领性研究。例如，在化学热力学领域，我国科学家提出了“时空相变材料”“溶液中酸性非均一”“广义超额光谱”等全新概念，建立了离子液体离子率的定量测定方法、以 Flash DSC 表征微尺度材料热导率和界面热阻的新方法，以及极端条件下测量化学过程热效应的技术。在化学动力学领域，我国学者的系列研究同样跻身国际前沿。在气相反应动力学方面，我国学者揭示了 H_2 相关的重要系列基元反应的量子干涉机理和几何相位效应，为理解化学反应中的量子效应提供了新的视角；在团簇结构研究方面，我国学者利用 VUV 自由电子激光光源 - 串联高分辨质谱的新方法，为解析蛋白质结构提供了新技术；在国际热点能源材料超快载流子动力学研究方面，我国学者开发了多项飞秒光谱新技术，揭示了量子点、钙钛矿太阳能电池等体系的传能和电荷转移过程的微观机制，实现了能源材料的理性设计和性能优化；在量化计算和反应动力学方面，我国学者利用神经网络算法构建的高精度势能面处于国际领先地位。在催化研究领域，面向催化剂选择性和催化活性的优化，我国科学家对一些重要的催化理论与概念进行了定量描述、重新认识与拓展，通过深化对催化作用本质的认识，解决了高选择性和高催化活性的“跷跷板”难题，发展了多种高通量筛选先进催化体系的方法；同时将化学过程与生物工程耦合，从 CO_2 出发实现了淀粉等高附加值物质的催化制备。在胶体与界面化学领域，我国科学家在界面能对微纳尺度材料的手性、催化、组装等性质的影响方面加深了认识，发现纳米尺度曲率匹配对于手性传递的重要性；提出了“乳滴固定床催化”概念，解决了酶、辅酶、均相催化剂的固载及其连续化使用的难题；建立了固相中的分子自组装，实现了分子自组装由溶液分散体系向宏观连续材料的跨越。在电化学领域，我国化学家将先进电化学研究方法与理论计算相结合，证明了化学吸附水的覆盖度随电位的变化会对电化学界面造成一个负电容，拓宽了经典的双电层模型对于电化学界面的理解；阐明了双电层内的氢键网络可能是电化学析氢反应 pH 效应的来源，为本领域内的争议问题提出了全新的解释。在绿色化学领域，我国科学家以无毒、无害、减少废物排放，并尽量提高原子利用效率为目标，开发了系列先进化学工艺，促进了废弃塑料的资源化利用，设计出维生素 K_3 生产的绿色新路径，实现了我国已内酰胺由依赖进口到第一生产大国的跨越。在生物物理化学领域，我国科学家揭示了多种生物分子在生命过程的物理化学机制，并建立了生物物理化学研究的新技术和新方法，提升了我国在该领域的国际地位和影响力；自主开发了高性能分子动力学模拟软件 SPONGE，为生物物理化学领域的研究提供了理论研究工具和平台。在理论与计算化学领域，我国科学家成功开发和集成了移动机器人、化学工作站、智能操作系统、科学数据库，研制出数据智能驱动的全流程机器化学家，展现了“最强化学大脑”指导的智能新范式的巨大优势。

2020 年以来，我国物理化学研究进入由高原向高峰突破的时代，对化学体系的认识不断深入，新理论、新概念、新技术不断涌现，分支学科发展日趋均衡。其中化学热力学研究有了长足进步，相关方向的新概念、新技术实现重大突破，超快光谱化学发展迅速，成立了专业委员会。生物物理化学、燃烧化学、绿色化学、纳米化学、计算机化学等新兴分支学科蓬勃发展，极大地促进了物理化学与材料、能源、生物等前沿学科的交叉融合。同时，物理化学对材料、能源、生物等前沿学科的指导作用日益增强，基于理论指导的材料设计和高通量筛选已经成为催化剂制备、能源材料设计、生物分子功能预测的智能新范式，人工智能与表征技术研究受到空前重视，具有自主知识产权的软件、设备等陆续研制成功，大科学装置平台日益完善，培养出一大批富有创造力的科研领军人才和学术特色鲜明的研究团队。催化化学、化学动力学、生物物理化学等方向的自主研发能力已经达到国际领先水平。下面将按照传统物理化学的学科分支详细介绍过去 4 年物理化学领域的新观点、新理论、新方法、新技术等新成果。由于物理化学学科涵盖广、交叉性强，本报告仅进行举例介绍，无法涵盖所有进展，更多研究进展可以参见各相关专业委员会报告及专题报告。

2.1.1 化学热力学

近年来，我国化学热力学在离子液体及溶液结构、相变研究等方面提出了全新的概念，建立了对应的研究方法，发展了面向纳米材料、极端环境的量热技术，推动了化学热力学与其他前沿学科，如绿色化学、生命科学、能源、材料科学等的交叉研究，为解决这些前沿领域的重要科学问题提供了理论和技术支撑。

2.1.1.1 溶液结构与性质新认识

厘清了离子液体的溶液结构。离子液体的溶液结构与性质的关系长期困扰着化学热力学的发展。李浩然课题组基于核磁氢谱建立了离子液体离子率的定量测定方法，发现离子率大小取决于羧酸的酸性强弱，离子率显著影响离子液体的电导率、黏度等物性[1]。课题组通过研究质子转移平衡中的溶剂效应[2]，发现当离子液体高度稀释时溶剂能够显著影响离子率。该工作为离子液体溶液性质的调控和设计提供了依据。在此基础上，课题组在非化学计量比质子型离子液体中，发现了离子极性区、非离子极性区和非极性区 3 种介观结构，证实了体系的离子率对介观结构有显著影响，进而可以影响离子液体的宏观性质[3]。

建立了纳米分散体系的化学热力学。纳米分散体系的热力学是化学热力学研究的难点，薛永强等从理论上推导出纳米分散相的表面化学势与曲率半径的通式[4, 5]，发现纳米分散相表面曲率的正负号对纳米体系化学反应、相变和电化学反应的热力学性质有着截然相反的影响。王键吉课题组提出了用 MOF 吸附水的亨利常数 KH 描述 MOF 孔环境极性的新思路[6]，发现供体 – 受体 Stenhouse 加合物（DASA）在 MOF 孔道中的可逆摩尔异构化率与 KH 的对数呈线性关系。尉迟武等提出了溶液中酸性非均一的概念，基于超额光谱法建立了一个氰基探针表征酸性非均一的方法[7]，并进一步发展了超额光谱的理论，提出了“广义超额光谱”[8]。

2.1.1.2　量热技术进展迅速

发展了极端服役情况下的量热技术。极端服役情况下材料的热容性能评价是量热研究的难点，史全和陈三平团队基于绝热量热原理，通过革新设计突破了量热降温系统集成[9, 10]、量热计结构设计加工[11–14]、温度与电能准确测量等技术瓶颈，解决了极端条件下绝热体系维持、量热计温度与电能精准调控、热异常现象准确测量等难题，在 1.9~1 700K 温区建立了一系列热容量热装置与功能拓展技术，实现了材料超宽温区热力学性质准确测量与研究，创新性地发展了评价 CO_2 吸附剂再生能耗的量热方法[15]，提出了“时空相变材料”的全新概念[16]，为热能长期存储与可控释放提供了新方向。

量热方法研究取得新进展。彭汝芳、金波团队[17–19]针对高性能改性双基推进剂高温适应性差难题，建立了安定剂安定性能定量评价方法和装置，为满足推进剂高温适应性的安定剂设计和研究提供了新思路。针对微纳尺度材料导热性能的表征需求，胡文兵课题组提出了 Flash DSC 表征微尺度材料热导率和界面热阻的新方法[20, 21]，为纳米体系的热力学研究奠定了基础。

2.1.2　化学动力学

最近两年，我国学者在揭示气相反应动力学新机制、星际化学本质、分子光谱新方法、团簇结构、液相结构、表界面结构，以及能源材料的超快载流子动力学等方面不断取得进展，研究水平处于国际领先地位。

2.1.2.1　气相反应动力学和星际化学不断突破

发现新型气相反应机理。杨学明、肖春雷等在 $H+HD \rightarrow H_2+D$ 反应中观测到了量子干涉效应，证实了几何相位效应在远低于锥形交叉点的能量下也存在，该工作入选 2020 年度中国科学十大进展[22]。随后，王兴安等观测到 F+HD 反应化学反应微分截面中独特的前向“马蹄铁”型结构，并深刻揭示了该现象对应的量子干涉机理[23]。高蕻等首次对经典电荷转移反应 $Ar^{+}+N_2 \rightarrow Ar+N_2^{+}$ 实现了从量子态到量子态的动力学研究，揭示了其产物振动态依赖的电荷转移动力学，他们自主研制的量子态选择的离子 – 分子交叉束装置达到了目前世界同类仪器的最高水平（DOI: 10.1038/s41557-023-01278-y）。应 *Science* 之邀，杨学明等撰写了前瞻性文章，深入探讨了分子碰撞中的量子效应[24]。

基于大连相干光源的分子光化学研究取得重要进展。袁开军等基于大连相干光源自主研制了分子光化学实验装置，其平动能分辨率等指标达到国际领先水平，利用该装置，他们观测到星际水分子光解产生高振动激发的 H_2 产物，阐明了星际空间振动激发 H_2 的重要来源[25]。基于大连相干光源，他们还发展了小分子极紫外光化学实验方法，实现了星际分子光化学产物全波段、所有产物通道的高分辨测量，指出水分子光解可能是星云和行星早期大气中氧气的重要来源[26]，揭示了分子转动激发和核自旋守恒的光解离图像，对星际分子光化学模型的建立意义重大[27]。全冬晖等运用基于化学反应动力学的速率方程建模，为研究和搜寻星际生命分子创造了条件[28-31]。

2.1.2.2　分子、团簇和液相谱学动力学表征技术和理论蓬勃发展

化学动力学研究高度依赖表征技术。徐伟高等与罗毅和谢代前团队合作，从样品振子和局域等离激元光腔的光力学耦合作用出发，提出了力学拉曼光谱技术（mechano-Raman spectroscopy，MRS），建立了力学拉曼散射技术的理论模型与实验方法[32]。王方军、肖春雷等搭建了真空紫外激光解离－串联高分辨质谱，实现了蛋白质分子内动态氢键相互作用的精确定位，揭示了电喷雾离子化过程中氨基酸侧链电荷影响蛋白质结构的分子机制[33]。江凌等自主研制了基于大连相干光源的中性团簇红外光谱实验方法，首次实现了中性团簇的高灵敏探测、结构表征和性能研究，发现了最小水滴立体结构由 5 个水分子组成，打破了前人对最小水滴由 6 个水分子组成的认知[34]，他们还自主研制了基于大连相干光源的气溶胶质谱实验方法，实现了气溶胶生成过程中成核前驱体的化学组成及其动态变化的直接观测，揭示了一系列萜烯等重要 VOC 的氧化反应机制，为雾霾的防控提供了可靠的科学依据[35]。

2.1.2.3　表界面结构调控和认识实现突破

表界面是化学反应发生的场所，表界面结构对化学反应具有决定作用。李微雪等从理论上揭示了原子与纳米颗粒在表面扩散的标度律，建立了表界面作用调控催化剂生长的 Sabatier 原理及动力学理论，提出了利用双功能载体设计超级稳定催化剂设计原则[36]。蒋彬等发展了高精度高效率的嵌入原子神经网络势能面方法[37]，打破了分子与表面声子不易传能的传统认知，揭示了过渡态形貌促进分子与表面声子、低能电子传能的微观机制[38]。叶树集和罗毅等利用飞秒时间分辨和频光谱探测技术，揭示了由极性的碳氟键形成、宏观疏水的聚四氟乙烯实际上在分子水平是亲水的，其表面覆盖了一层二维的疏水水层[39]。田善喜等基于微喷射流液体束和飞行时间－四极质谱技术建立了“时间延迟质谱（time-delayed mass spectrometry）”新方法，并成功用于气液界面的微观结构（分子取向和原位分子团簇）和电子诱导化学反应研究[40]。

2.1.2.4　凝聚态超快动力学实验技术进展迅速

凝聚态超快动力学对理解材料结构演变，实现对材料结构的精确控制具有重要意义。

吴凯丰等发展了飞秒瞬态磁光技术用于研究自旋动力学，观测到量子点中激子精细能级劈裂与量子拍频新机制[41]，初步实现了量子点自旋室温相干操控[42]，对室温量子技术发展具有重要意义，他们还深入系统研究了量子点–有机分子三线态传能机制，基于此开发了高效率的光子上转换和有机光合成体系[43]。任泽峰等人搭建了高灵敏瞬态吸收光谱仪[44]，建立了钙钛矿材料在太阳光照条件下的本征载流子动力学[45]，他们利用自行研制的时间分辨光发射电子显微镜实现了微区表面光电压超快动力学的测量，在单个 Cu_2O 颗粒的不同晶面进行了高时空分辨的载流子动力学研究，第一次“拍摄”到了光催化剂颗粒中光生电荷迁移演化的全时空图像，揭示了复杂的多重电荷转移机制[46]。

2.1.2.5 量子化学和动力学理论计算方法创新

量子化学和动力学计算方法是理论化学的基石。张东辉等通过发展八维态–态量子动力学理论与计算方法，首次实现了六原子反应态–态积分和微分截面目前最为精确的计算，与实验结果吻合很好，他们还发展了高效精确的基本不变量–神经网络（FI–NN）势能面构造方法[47]，将精确的动力学研究拓展到了目前报道的最大反应体系（包含 15 个原子）中，发现了化学反应中新奇的多重漫游机理[48]。边文生等提出了分子激光冷却的第四准则[49]，揭示了交叉点下移规律，构建了可达超冷的激光冷却方案[49，50]。基于全维高精度势能面，宋宏伟、谢代前、李军、郭华等的理论研究发现了旁观者模式激发促进反应发生的新颖动力学现象，并揭示了其机制，丰富了人们对模式特异性动力学的认识[51]。胡茜茜等采用机器学习结合高级别量子化学方法构建了高精度的高激发态势能面，并与实验团队合作，系统研究了 H_2O、H_2S[52，53]、SO_2[54] 在极紫外区的光解离机理，证实其光解在原始氧气起源、大气分子演化、硫循环等重要过程中起关键作用，阐明了 $H+O_3$ 与 $O+HO_2$ 反应产生振动激发 OH 的微观机理与截然不同的能量分配规律，揭示了该体系在大气 OH 气辉形成中的关键作用[55，56]。

2.1.3 催化化学

近年来，我国面临能源需求总量持续增加、能源供给制约多、生态环境破坏严重等前所未有的严峻挑战。我国学者面向国家重大战略需求，在化石能源高效催化转化和可再生能源利用等方面开展探索与攻关，走出了一条从基础研究到产业转化的全面发展之路。

2.1.3.1 创新催化理论和概念

关于纳米催化剂生长与设计的理论不断创新。李微雪等团队[57]提出并建立了利用界面作用调控纳米催化剂生长动力学的一般性理论和双功能载体高通量筛选方法，为理性设计和筛选稳定的抗烧结纳米催化剂提供了依据。巩金龙团队构建了“孤立度”（ϕ）描述符，将催化作用中的电子与几何效应转化为直观易得的反应描述符，用于快速筛选和设计高效工业催化剂。万颖团队[58]提出了一种基于催化剂电荷密度描述因子的催化材料逆向设计思路，其发现了金属 d 电荷密度和非金属 p 电荷密度对反应物分子吸附活化和反应活性的调变规律，据此创制了高活性和稳定性的金属硫化物、碳载金属催化剂，用于多官能团及杂环分子加氢与偶联、硫还原等含强吸附质的催化反应。纪红兵、何晓辉团队发展了多层次单原子催化剂合成方法学，提出了前驱体雾化等普适性制备策略，从几何结构层次实现了金属催化中心的可控构筑，并发展了引入第二组分单原子和调变金属中心配位环境等方法，从电子结构层次实现了金属催化中心的精准优化。另外，他们还发展了规模化生产单原子催化剂的间歇式和连续式方法，将制备量级从克级提升到千克级，率先提出了单原子催化剂连续化生产线的方案[59, 60]。

2.1.3.2　催化活性位的原子层次精准构筑

随着对催化作用本质认识的深入，科学家通过在原子、分子水平上对催化活性位点进行精准设计，有效阻止催化中心的聚集，破解了催化领域关于高活性与高选择性的“跷跷板”魔咒。肖丰收、王亮和孟祥举等在晶化分子筛骨架中构建出孤立的 $-B[OH\cdots O(H)-Si]_2$ 催化中心，阻止硼物种的完全水解，大幅提升了催化剂的稳定性，在氧化脱氢反应中显示出高活性和高选择性[61]。马丁、石川、周武等设计出一种兼具孤立 Pt 原子和亚纳米 Pt 团簇结构的催化剂，克服了传统催化剂中金属原子团聚和载体氧化等问题，在低温（313K）下高效稳定地催化水煤气变换反应。路军岭与李微雪团队合作，精准设计出单原子壳层的 $Au@Pt/SiO_2$ 双金属催化剂，在温和条件下实现了高活性、高选择性加氢，为设计高贵金属利用率、高活性和选择性催化剂提供了策略。包信和、潘秀莲团队[62]设计制备了锗离子同晶取代分子筛（GeAPO-18）的新型双功能催化剂，“解耦”主反应与副反应的“纠缠”，实现了低碳烯烃选择性和一氧化碳单程转化率均超过 80%，低碳烯烃单程收率达 48%，远超目前国际最高水平 27%。

2.1.3.3　多相催化的表征从静态走向动态跨时空尺度

多相催化表征研究从最初单纯的静态结构表征，逐渐过渡到跨时空尺度的原位追踪，使人们认识催化作用本质并对催化剂进行理性设计成为可能。李灿、范峰滔团队采用多种可在时空尺度相衔接的手段，在时空全域追踪了光生电荷在纳米粒子光催化剂中分离和转移演化的全过程，对能源转换过程中复杂机制提供了新的认识，为理性设计光催化剂提供了新的思路。吴凯、周雄团队与李永旺团队合作，采用表面合成动态可视化技术，首次以影像方式在分子尺度上观察到了规整碳化铁表面乙烯聚合反应过程，直接观察到乙烯聚合的分子异构化链引发和分子插入链增长等关键步骤。冯建东团队发明了一种可直接对溶液中单分子电化学反应进行成像的显微镜技术，实现了电致化学发光的超高时空分辨成像，为单分子精准测量、光电催化反应动力学研究等领域提供了新视角。张泽、王勇[63]联合高巍及丹麦技术大学的瓦格纳（Wagner）、汉森（Hansen）以环境透射电镜研究一氧化碳催化氧化，首次在原子尺度下观察到催化剂界面活性位点的可逆变化，揭示了反应环境下催化剂界面活性位点的动态演变规律，为通过原子层面的原位“智造”开发出性能更加优良的催化剂提供了思路。

2.1.3.4 费托合成、二氧化碳催化转化研究取得突破

由费托合成获得烯烃产品（Fischer–Tropsch synthesis to olefins，FTO）是煤制烯烃的重要手段之一，在费托合成过程中约 50% 的一氧化碳转化成了二氧化碳（约 40%）和甲烷等 C_1 副产物，碳原子利用效率低下，严重降低了能源转化效率和技术经济性。定明月团队[64]发展了新型疏水 FeMn@Si 催化剂，实现了核层碳化铁活性相与壳层疏水基团的高效协同，二氧化碳和甲烷等 C_1 副产物显著降低到 22.5% 以下，在 56.1％的 CO 转化率下烯烃单程收率高达 36.6％。肖丰收、王亮团队、壳牌石油公司和杨恒权团队合作[65]，开发了系列“分子围栏”催化剂，通过锁定转化反应中的关键成分——过氧化氢，使其在“围栏”中持续与甲烷充分反应，源源不断生成甲醇，将甲烷在低温下高效转化成甲醇。王建国、樊卫斌团队针对 CO_2 加氢定向转化，通过调控金属氧化物表界面电子性质与几何结构、缺陷位及分子筛孔道 / 酸性，实现了 CO_2 选择性制乙烯，定向转化为丙烯 + 丁烯、丙烷和丁烷的突破[66–68]。谭理与刘智攀合作，设计了一种具有明确准平面局部结构的单原子铜基催化剂，实现了二氧化碳低温合成甲醇。孙剑与珠海市福沺能源科技有限公司联合开发出全球首套千吨 / 年二氧化碳加氢制汽油中试装置，并在山东邹城工业园区开车成功，生产出符合国Ⅵ标准的清洁汽油产品。

2.1.3.5 绿色催化蓬勃发展

生物质是丰富的可再生碳资源，将生物质催化转化为重要化学品对于可持续发展和碳中和具有重要意义。韩布兴院士团队构筑了能够同时催化断裂木质素结构 C—C 键和 C—O 键的多功能催化体系，实现了木质素直接催化转化制苯酚，50.0g 木质素可以生成 4.1g 苯酚[69]，该团队进一步电催化苯酚和水反应，使得苯酚在阴极被还原为环己酮，在阳极被氧化为苯醌，同时产生的环己酮和苯醌的选择性均大于 99.9%[70]。王峰团队发展了系列催化新方法用于木质纤维素转化制化学品和能源分子，其利用氧缺陷 Ru/TiO_2 催化剂实现 200℃低温生物质直接甲烷化，甲烷碳产率大于 88%，纯度大于 95%，并以过渡金属钒盐在可见光照下催化木质素高选择性氧化断裂 C_α—C_β 键制备芳香醛[71]。刘会贞团队设计合成了 Pt_1/Nb_2O_5，实现了 5- 羟甲基糠醛选择性氢解制备 5- 甲基糠醛，目标产物选择性大于 99%[72]，其还构筑了金属 - 固体酸耦合催化体系，实现生物质衍生物三乙酸内酯转化制备 6- 甲基哌啶 -2- 酮（MPO）及 2- 甲基哌啶，收率分别达到 78.5％ 和 76.5％[73]。王勇突破共轭双烯酮和炔醇选择性加氢技术瓶颈，开辟了全新维生素 E 生产绿色工艺路线，原子经济性大于 85%[74]。何静团队聚焦生物柴油产业的可持续发展，发展了副产品甘油高值化利用的碳 - 氧键定向催化转化技术，提出了单组元双位点协同催化思路，Pt 单原子协同 Pt 簇促进伯位羟基连续氧化过程高效进行，在甘油完全转化（转化率大于 99%）的情况下获得了 80% 的二羟基丙酸选择性[75]。

2.1.3.6 突破基础研究到产业转化的壁垒

催化化学的重要使命之一是解决重要化学品的产业化问题。刘中民团队在对甲醇制

烯烃反应机理和烯烃选择性控制原理研究不断深化的基础上，成功研发了“第三代甲醇制烯烃（DMTO－Ⅲ）技术”，通过了由中国石油和化学工业联合会组织的成果鉴定，并一次性签订了 5 套 100 万吨 / 年烯烃产能的 DMTO－Ⅲ工业装置技术许可合同，项目总投资 810亿元人民币，投产后可实现年产值约 500 亿元人民币。中国石油大学（北京）、福州大学和中国石油石油化工研究院破解了烯烃含量降低和辛烷值保持这一制约 FCC 汽油清洁化的难题，开发出 FCC 汽油超深度加氢脱硫－烯烃分段调控转化成套新技术，已应用于 26 套国Ⅴ/ 国Ⅵ清洁汽油生产装置，总规模每年 1 750 万 t，FCC 汽油加氢脱硫技术国内市场占有率超 1/3，该成果获 2020 年度国家科学技术进步奖二等奖。宗保宁团队通过在合成路线、催化材料和反应工程三方面的突破，实现了我国己内酰胺由依赖进口到第一生产大国的跨越，产量每年 600 万 t，2023 年建成了全球最大的每年 60 万 t 的己内酰胺生产基地。与引进技术相比，宗保宁团队将氮和碳原子利用率由 60% 和 80% 提高到 90% 和 95%，投资、能耗和污染物下降 70%，生产成本下降 50%，国内外市场占有率分别达到 100% 和 60%，迫使当年转让我国技术的生产商，以及世界前三大生产商关停生产装置，退出己内酰胺生产领域[76]。

2.1.3.7　学科交叉融合，人工智能在研究中作用凸显

通过电、光、热催化协同的物质和能量转化，形成大规模制氢、碳循环、氮循环等核心技术与示范正在成为催化领域的研究热点，我国科学家探索出了二氧化碳的电催化转化、生物催化转化等新的研究方向。包信和与汪国雄等在基于碱性膜电解器的 CO_2/CO 电解制 C_{2+} 产物研究中，在工业级电流密度下高选择性得到了乙烯、乙酸和乙醇等多碳产物[77]。中国科学院天津工业生物技术研究所在人工合成淀粉研究中取得突破，首次实现了二氧化碳到淀粉的从头合成[78]。夏川与于涛、曾杰合作[79]，通过电催化将二氧化碳和水合成高纯乙酸，再以乙酸及乙酸盐为碳源，经生物合成获得葡萄糖和脂肪酸类分子，开辟了电化学结合活细胞催化制备葡萄糖等高能长链分子的新途径。王双印等在常温、常压条件下实现了氮气和二氧化碳电催化耦合产尿素，产率为 336mmol · g^{-1} · h^{-1}，法拉第效率为 8.92%[80]。段昊泓团队发展了电解水制氢耦合废弃 PET 电氧化，将 PET 电氧化为生物全降解塑料单体乙醇酸，选择性达 91%，同时制氢能耗降低 24%[81]。

罗毅、江俊团队与尚伟伟合作[82]，通过开发和集成移动机器人、化学工作站、智能操作系统、科学数据库，研制出数据智能驱动的全流程机器化学家。该平台采用机器智能查找和阅读文献，从海量研究数据中汲取专家经验，在前人知识与数据的基础上提出科学假说并制定实验方案，摆脱了传统试错范式的限制，展现了“最强化学大脑”指导的智能新范式的巨大优势。以潜力巨大的高熵化合物催化剂为例，将传统“炒菜式”遍历搜索所需的 1400 年缩短为 5 周。

2.1.4　电化学

电化学是研究电能与化学能，以及电能与物质之间相互转换及其规律的学科。近年

来，我国学者在电化学界面结构和过程的理论构筑、高灵敏高时空分辨的电化学原位先进表征技术、储能电池及燃料电池相关的氢电能量转化研究等领域，均取得重要突破。

2.1.4.1 深入认识电极 / 溶液界面水对化学反应的影响

电极 / 溶液界面是电化学反应发生的直接场所，深入认识电极 / 溶液界面的双电层结构和水分子的物理化学特性，是理解诸多电化学界面过程的基础。程俊团队将先进电化学研究方法与理论计算相结合，拓展计算氢标电极方法，证明了化学吸附水的覆盖度随电位的变化会对电化学界面造成一个负电容的贡献，拓宽了经典的双电层模型对电化学界面的理解[83]。陈胜利团队通过从头算分子动力学模拟（AIMD）结合电化学原位红外光谱，阐明了双电层内的氢键网络可能是电化学析氢反应 pH 效应的来源，为本领域内的争议问题提出了全新的解释[84]。李剑锋团队和潘锋团队合作，利用电化学原位壳层隔绝纳米粒子增强拉曼光谱（SHINERS）技术，结合分子动力学模拟，明确了 Pt 单晶界面水构型动态变化及其对表面 HER 反应的影响，阐明了水分子结构对于电催化反应过程的调控机制，解决了长期困扰电化学领域的难题[85]。

2.1.4.2 实现了工况条件下储能电池充放电过程表征

先进测试表征技术使得科学家能够时空解耦储能电池充放电过程中关键材料从宏观到微观、从微纳尺度到原子尺度、从原位到工况条件下的变化，深入认识电化学储能电池中物种的运动规律与输运理论、多物理场耦合的多子传输与动态反应机制、真实条件下电化学反应机理、关键材料界面微观结构及动态演变规律等科学问题。潘锋团队通过纳米尺度的原位 X 射线相干衍射成像技术揭示了微观晶格应变是导致富锂氧化物正极材料发生结构退化和氧流失的原始驱动力[86]。杨勇团队发展了先进的固体核磁技术，利用电化学 – 原位固体核磁技术装置研究了界面金属的枝晶生长过程等[87]。孙公权和王素力团队结合显微谱学表征方法与电化学分离变量手段，在真实多孔电极环境中发现了电催化剂与离聚物界面层中质子 / 氧传输性能呈现出周期性演变规律，并首次在纳米尺度建立了界面层中离聚物亲水相和疏水相交替暴露的界面模型[88]。

2.1.4.3 关键电池材料研发取得突破

储能电池的效率高度依赖于先进电池材料。陈四国、魏子栋等利用环己醇上羟基与磺酸基团形成氧鎓盐（$COH_2^+SO_3^-$）的特点，设计了一种 Pt 与磺酸基团不接触的新型 Pt/ 离聚物界面[89]，成功解决了困扰行业 30 多年的由于 Pt 与离聚物磺酸基团直接接触而引起的 Pt 毒化及氧气局域传质效率降低难题，采用这种方法组装的膜电极最大输出功率密度从传统的 1.318W/cm^2 增加到 1.804W/cm^2，提升了 37%。王博团队首次提出并构筑了适用于燃料电池催化层的多孔共价有机框架（COF）离聚物概念[90]，突破了传统链状离聚物的束缚，可显著提高催化层的传质效率，使得铂碳（Pt/C）催化剂的质量活性和燃料电池的峰值功率密度均提高了 1.6 倍。梁海伟与水江澜等合作，发展了一种高温硫锚定合成方法学，实现了金属间化合物（IMCs）燃料电池催化剂的普适性合成，成功构建出由 46 种 Pt 基二元和多元 IMCs 催化剂组成的材料库，并基于该材料库发现了 IMCs 电催化氧还原活性与其二维晶面应力之间的强关联性，筛选出数种高活性氧还原 IMCs 电催化剂[91]。郭玉国团队开发了一系列阻燃电解质，能够有效阻断电池热失控链式反应，可减少三元电极 – 液态电解质材料混合体系 60% 的放热量，使得 Ah 级软包电池延长热失控时间翻倍，为解决下一代锂离子电池安全问题提供了新颖的技术方法和理论指导[92, 93]。

2.1.5 胶体与界面化学

最近 4 年，我国胶体与界面化学领域的学者在手性纳米材料控制、生物分子组装、应用胶体研究等方面取得了国际领先的研究成果。

2.1.5.1 建立手性纳米材料合成新方法

胶体粒子的手性组装与手性合成在光学器件、生物医学、手性传感领域具有重要的科学和应用价值。刘堃等提出了手性纳米结构与各向异性因子之间构效关系的新公式，构筑了高各向异性因子的纳米螺旋纤维结构，实现了淀粉样类疾病早期检测和药物筛选的突破[94]，其还通过控制手性高能晶面合成了手性形貌的金纳米枝杈和金纳米棒，发现了细胞对手性形貌纳米粒子具有立体选择性[95, 96]。刘鸣华、张莉等利用 ATP 驱动的超分子手性组装构筑了高不对称因子的圆偏振发光材料[97]。杨志杰等建立了纳米尺度曲率匹配、界面限域组装新方法，实现了分子手性跨尺度、跨物种传递[98]，阐明了组装体手性的产生、传递与放大机制[99, 100]。李俊柏等利用非手性分子选择性诱导，实现了短肽超分子组装体的手性可控。韩杰等首次在非手性分子介导的醇 / 水体系中实现了低聚苯胺手性螺旋纳米带的构筑[101]，进而以获得的手性聚苯胺纳米螺旋带为催化载体[102-104]，系统探究了超分子框架手性对纳米催化中心的手性传递效应。这些工作对超分子手性纳米材料的制备与对映催化的相关应用具有重要的意义。

2.1.5.2 实现生物分子的可控组装

可控生物分子组装及其功能化研究对关键生命活动的理解，以及先进生物材料的开发具有重要意义。李峻柏团队通过动态共价键组装，结合金属离子配位作用，构筑了优于天然漆酶性能的短肽纳米酶；采用 CO_2 覆盖短肽晶体生长活性位点，实现了短肽晶体对称性和压电性质的有效控制；利用非氧化还原的硼酸酯化学建立质子梯度势，驱动生物分子马达 ATP 合酶转动催化合成 ATP，提供了无细胞生物能量合成的新途径[105-109]。

2.1.5.3 涌现出基于新原理的胶体材料

运用新原理进行分子或高级结构单元的组装一直是胶体与界面化学研究的重点。阎云等利用胶体粒子具有高比表面的特点，通过构筑胶体体系沉淀创立了固相中的分子自组装，实现了分子自组装从溶液分散系向宏观连续材料的跨越。崔基炜等提出了超声 – 芬顿级联反应，阐明了超声化学在构筑多酚组装中的机制，开发了芳香类衍生物在构筑生物纳米材料中的新方法，拓展了金属 – 多酚材料在抑菌、药物递送等领域的生物应用[110, 111]。

2.1.5.4 应用胶体研究在传感、杀菌、催化领域实现突破

胶体与界面无处不在。过去几年，我国学者在应用胶体研究方面取得了一系列重要成果。房喻、丁立平、刘静等[112-116]发展了叠层式传感器硬件结构，设计合成了一系列激发态性质丰富、光化学稳定性突出的荧光传感单元，进而通过分子组装和薄膜器件化获得了多种概念性薄膜荧光传感器（FFSs），实现了对液体爆炸物、芬太尼、李斯特菌等重要有毒有害化学物质的高灵敏选择性探测。王毅琳等发现表面活性剂的动态组装过程与诸多功能的实现密切相关，通过聚焦表面活性剂的动态组装机制，建立了长效杀菌和可循环利用的表面活性剂多级组装体系[117-119]，并开拓性地将表面活性剂多级组装体系作为水基农药载体用于提高农药利用率[120-122]。杨恒权等发展了固体颗粒催化剂界面活性调控新方法，揭示了催化剂界面活性、乳液界面性质与催化性能之间的内在联系，并基于乳滴微空间的限域作用提出了乳滴固定床催化概念，解决了酶、辅酶、均相催化剂的固载及其连续化使用的难题[123-125]。这些工作对拓展胶体功能与应用领域具有重要意义。

2.1.6 生物物理化学

近年来，我国生物物理化学研究蓬勃发展，在揭示生物分子的功能和重要生命现象的物理化学机制方面取得了重要进展，自主开发的新技术、新方法和软件不断涌现，并迈向产业化应用。

2.1.6.1 揭示生命现象的物理化学机制

生物物理化学在分子层次理解生命科学问题方面成果显著。田长麟等在国际上首次报道了人源全长钙敏感受体 CaSR 蛋白在 4 种不同条件下的冷冻电镜三维结构，并通过结构分析首次阐明了全长 CaSR 受体的完整激活机制[126]。伊成器等揭示了 DNA 修复酶 hNEIL1 识别损伤碱基的分子机制[127]。李国辉等通过分子模拟发现真核环核苷酸门控离子通道（Cyclic nucleotide-gated channel，CNG）发挥门控作用的关键氨基酸[128]。王文宁等关注固有无序蛋白（IDP）介导的蛋白 - 蛋白相互作用，利用分子动力学模拟结合马尔科夫态模型分析，揭示了 4.1G-CTD 在与配体结合时的分子结构特征[129]。陈春来等利用单分子荧光技术捕捉生物分子的动态过程，揭示了真核生物同源重组酶 Rad51 和 Dmc1 容错性差异的机制[126]，以及 Cas9 和 Cas12a 高效找寻靶标的分子机制[131, 132]，并通过分子改造提高了 Cas9 和 Cas12a 的特异性。王宏达等将高分辨率成像技术与荧光示踪技术相结合，对表皮生长因子受体蛋白（EGFR）内吞与循环路径中细胞器的膜结构特征与囊泡运输过程进行了全面解析，创新性地提出了膜蛋白分布特征决定膜泡有序运输的结构模型，揭示了细胞膜蛋白集簇的动态形成机制[133-135]。

2.1.6.2 生物物理化学纳米技术发展

发展了物理化学新技术新方法，在生命科学研究中起到了重要作用。李迪等基于 DNA 纳米镊技术[136]设计了一种肿瘤微环境响应的 DNA 纳米装置，通过聚集脂筏在细胞表面形成屏障，抑制肿瘤细胞迁移[137]。此外，他们将修饰 DNA 与核酸适配体共组装于

脂质体，发展了一种简便、廉价、可用户定制的融合脂质体制备方法，用于刺激响应的靶向细胞蛋白递送[138]。韩晓军等解决了人造细胞领域的瓶颈问题，构建了能够产生 NO，并具有血管舒张功能的人工组织[139]，成为首个由人造细胞构成且具有医学功能的人工组织。柳华杰等通过设计绿藻化学絮凝剂，发展了将自身耗氧与外部除氧两种手段相结合的绿藻光合作用高效制氢体系[140, 141]，制氢速率达到了自然界生物质转化为燃料瞬时速率的 2.2 倍。陈春来等聚焦单分子荧光技术，发展了全新蛋白标记策略（POD）以提高荧光团光稳定性[142]，拓展了单分子荧光技术的时间和空间尺度[143, 144]。

2.1.6.3　超分辨成像技术走向国际前沿

国内超分辨成像领域发展迅速，推动生命科学向分子动态水平发展。徐涛和纪伟等发展了 ROSE 单分子超分辨成像技术[145, 146]，极大提高了 *X*、*Y* 和 *Z* 方向的空间分辨率。陈良怡等发展了 Sparse SIM 去卷积超分辨成像技术[147]、戴琼海和李栋等合作发展了 rDL SIM 成像技术[148]，提高了 SIM 成像的时空分辨率，推动了 SIM 技术向活细胞发展。席鹏等发展了光谱和偏振光学层析成像技术[149]。费鹏等利用光场显微镜和深度学习实现了对生物样品的实时超分辨成像[150]，发展了各向同性超分辨率光片显微镜[151]。在超分辨探针方面，徐平勇和徐涛等合作发展了首个常规电镜制样光电关联成像探针，可在观察细胞电镜超微结构的同时利用超分辨成像技术定位目标分子[152]。徐平勇等也发展了可用于记录囊泡融合孔的红色 pH 敏感探针[153]。这些工作极大地促进了超分辨成像领域向活细胞、蛋白质机器解析的方向发展，提升了我国在该领域上的国际地位和影响力。

2.1.6.4　理论研究和软件开发实现自主

生物物理化学理论和分子模拟软件是生物物理化学的研究工具。高毅勤等自主开发了高性能分子动力学模拟软件 SPONGE[154]（Simulation Package tOwards Next Generation molecular modeling），该软件不仅填补了国内开源自主知识产权分子模拟软件的空白，更布局了融合人工智能技术的下一代分子模拟，基于华为人工智能框架昇思（MindSpore）打造了世界上首款完全基于人工智能框架的全功能分子模拟软件 MindSPONGE，为生物物理化学领域的研究提供了理论研究工具和平台。基于昇思，高毅勤等推出了全流程蛋白质结构预测工具 MEGA-Protein，能够提供高精度高性能的蛋白质结构和功能预测（效率同比 AlphaFold 2 提升了 2~3 倍），单序列预测速度显著提升，并且能够在 MSA 少样本（few shot）甚至零样本（zero-shot，即单序列）的情况下，帮助 AlphaFold 2 等模型维持甚至提高推理精度，突破了在“孤儿序列”、高异变序列和人造蛋白等 MSA 匮乏场景下无法做出准确预测的限制。

2.1.6.5　生物物理新技术实现产业转化

2019 年年底新冠疫情暴发，黄岩谊等利用自主开发的低病毒载量样品处理方法，对北京新发地疫情中 110 个病例和环境样本进行了高通量核酸测序，提示了冷链运输或为新冠病毒传播载体[155]，对疫情防控具有重要意义。其进而与北京地坛医院合作，定量评估了新冠病毒的遗传多样性和宿主内的演化过程来探究新冠病毒的演化历史[156]，为有效预防和控制新冠疾病提供了指导方法。他们还在 2017 年成功研发的纠错编码（Error-Correction Code，ECC）测序策略的基础上，升级了算法，使得测序结果更加精准[157]。2021 年，承载国际首创的基于 ECC 测序原理的赛纳生物基因测序仪 S100 上市，其高通量测序技术精度国际领先。王宏达等发展了原子力显微镜和直接随机光学重建显微镜联用技术，在单分子水平上关联样品的整体形貌及特异性识别组分的分布，用于解决纳米尺度上的复杂生物学问题[158, 159]，他们还完成了形貌超分辨荧光显微镜、高端电动荧光显微镜从原型机搭建到商品化的全部工作，助力了高端光学显微镜国产化进程（部件国产化率达 95%）。

2.1.7 理论与计算化学

理论与计算化学在化学、物理、材料和生命科学中得到了广泛应用。近年来，我国学者在电子结构理论方法、量子与经典动力学等领域做出了显著贡献，部分研究已在国际上引领了相关领域的发展。

2.1.7.1 电子结构新方法拓展至强关联体系

强关联体系和大体系的电子结构方法得到了广泛关注和发展。为了正确描述键解离、过渡金属等强关联体系，我国学者发展了能同时处理静态和动态电子相关的波函数方法，如广义价键 - 块关联耦合簇方法[160]、静态 - 动态 - 静态方法[161]、密度矩阵重正化群组态相互作用方法[162]；发展了新的密度泛函方法，如周期性 XYG3 泛函[163]、基于约化密度矩阵的 ωP22 泛函[164]、多态密度泛函理论[165]。为了快速计算大体系的能量、结构和性质，我国学者发展了基于分片的线性标度方法，如（以激发态为例）基于能量的分片方法[166]、分子片共轭帽子方法[167]、多层能量分子片方法[168]；发展了基于局域轨道的线性标度方法，例如，将“分子中的簇”方法拓展至周期性体系[169]等。

2.1.7.2 量子与经典动力学方法用于大体系动力学模拟

揭示化学、材料和生物等过程中的微观机制需发展相应的量子动力学方法（气相多原子动力学方法见前文“化学动力学”）和经典动力学方法。在量子动力学领域，我国学者发展了张量网络态演化级联运动方程方法[170]、耗散子运动方程方法[171]、相空间量子动力学方法[172]、量子轨迹平均场方法[173]、轨迹分叉面跳跃方法[174]、载流子非绝热动力学模拟方法[175]等。在经典动力学领域，我国学者发展了适用于高分子[176]和生物大分子[177]的动力学方法、基于分块的可极化力场[178]、残基特异性力场[179]、逐步多子相空间元动力学方法[180]等。

2.1.7.3 量子计算化学快速发展

随着量子技术的发展，量子计算化学受到了越来越多的关注。为了将量子计算高效应用于化学和材料领域，我国学者拓展了变分量子特征值（VQE）求解方法，如周期性自适应 VQE 算法[181]、变分参数重排自适应 VQE 优化方法[182]等。为了提升计算精度和应用性，我国学者发展了基于人工智能的量子计算，如深度神经网络 VQE[183]；发展了激发态、响应性质和振动光谱的量子计算方法，如基于量子共振跃迁的量子算法[184]、分子响应性质算法[185]、基于玻色采样的量子 / 经典组合算法[186]。

2.1.7.4　人工智能辅助的理论与计算化学

随着人工智能的迅猛发展，我国在基于人工智能的化学反应、功能材料设计，以及光谱模拟和分析领域均取得了许多重要进展。为了在量子力学水平上实现复杂体系的动力学模拟，我国学者构建了机器学习势函数，如递归的嵌入原子神经网络模型[187]、基于幂指数结构描述符的原子神经网络势函数[188]、基于分片的机器学习势函数[189]。为了实现新型功能材料的设计和筛选，我国学者发展了新的描述符，如基于图论拓扑分类的方法[190]、基于压缩感知的符号回归方法[191]。为了预测复杂体系的光谱，我国学者发展了基于光谱描述符的预测方法[192]。

2.1.7.5　理论与计算化学在阐明反应机制、生物体系结构和性能等方面得到广泛应用

国内学者在理论与计算化学应用方面开展了大量富有特色的研究，在不对称催化、自旋电子调控反应机制和反应设计、多相催化反应机理及其调控机制、生物过程的辅助设计调控、药物设计与筛选等领域取得了重要进展。如在多相催化领域，发展了催化反应动力学理论和软件，包括界面调控的纳米催化剂烧结动力学理论[193]、微观反应动力学求解软件 CATKINAS[194]；在生物模拟领域，发展了用于分子动力学（MD）模拟过程的采样算法，包括 IaMD 增强采样方法[195]、基于特征空间的 teDA2 增强采样方法[196]、结合 MBAR 与热力学积分的参考势方法[197]等。

理论与计算化学在以上几个方面的详细进展见本书的专题报告“理论与计算化学研究进展”。

2.2　分析化学

分析化学是研究物质化学组成、含量、结构和形态的科学，是科学技术的眼睛，近年来，随着分析技术的发展，其应用范围逐渐扩大，逐步从分析化学向分析科学发展。分析化学理论和技术的发展与人类社会的发展、各相关学科的发展密切相关。2020—2023 年，我国分析化学工作者克服了新冠疫情等不利因素的影响，相关研究工作水平不断提高，在生物分析和传感领域的研究始终保持强劲的发展势头，在单分子和单细胞分析、活体生物分析、基于功能性核酸的生物分析、纳米生物分析等领域的研究不断发展，在国际顶级期刊发表的研究论文数逐年增加。在色谱分析领域，我国在色谱研究（包括样品预处理、色谱固定相及柱技术、多维和集成化）和复杂样品（蛋白质组、代谢组、中药组等）分离分析等诸多方面取得了显著进展，为生命科学、精准医学、新药创制、公共安全等领域的发展做出了重要贡献。上述成果进一步巩固和提高了我国在分析化学和分析科学领域的国际地位，我国分析化学的研究队伍不断扩大，这些都显示了我国分析化学学科的最新进展及发展方向。

2.2.1 单分子、单细胞分析和纳米孔分析研究进展

生命体的各种生命活动，从化学本质上来说，是分子层面上的反应的集中体现，同时，生物体中的细胞具有异质性，不同细胞的状态及其中发生的化学反应和生物反应并不相同。传统方法测量的是生物个体、器官、细胞及反应体系等宏观层面的响应，而对单分子、单细胞的分析检测，对于了解化学反应机理、生命活动本质具有至关重要的意义。面向从单分子层面解析生命分子相互作用机制的研究需求，南京大学龙亿涛课题组在纳米孔道限域单分子电化学分析领域取得了重要进展。该研究团队打破了 20 多年以来传统的米孔道传感机制，结合纳米孔道单分子实验及分子动力学模拟，提出并验证了孔道内“体积－相互作用”协同的单分子分析新机制[1]。基于此，该研究团队利用 Aerolysin 纳米孔道内丰富的带电荷氨基酸环境和其高度限域的电化学传感空间，实现了 DNA 端位异质性磷酸化识别，定量分析了血清中碱性磷酸酶活度，并揭示了其在 DNA 端位去磷酸化过程中的选择性催化特征[2]。并进一步构建了具有负电荷能垒的 K238Q 突变型纳米孔道，增强了与单个 DNA 分子的“体积－相互作用”协同互作，有效将 DNA 过孔速度延长了两个数量级，实现了多种 DNA 损伤的同时定性定量检测[3]。针对单分子间弱相互作用测量，龙亿涛课题组建立起孔道内离子指纹图谱的谱学分析方法，获取了纳米孔道内单分子电信号的瞬时频率特征，阐明了纳米孔道电流中低频域区频率特征值的物理化学特性，实现了对生物纳米孔道内相互作用网络特性的预测[4]。在此基础上，该研究团队还构建了高空间分辨、高捕获能力及高“体积－相互作用”协同互作能力的突变型纳米孔道，精准分辨了具有单个氨基酸差异的系列血管紧张素多肽，实时监测了肾素－血管紧张素系统（RAS）中两种血管紧张素转化酶（ACE、ACE2）介导的血管紧张素转化网络，首次揭示了 ACE2 对 ACE 的选择性抑制效应，并定量测定了新冠病毒刺突蛋白（SARS-CoV-2 SP）对该串扰系统的影响，为深入理解新冠病毒引发机体病症的分子机制提供了新的见解[5]。

针对单分子蛋白质分析的研究需求，我国学者利用纳米孔道单分子电化学分析技术在蛋白质构象解析、序列测定等方面做出了突破性的研究。在构象分析方面，我国学者利用固态纳米孔道电化学限域效应，捕捉了单个多肽分子的瞬态构象，并结合马尔可夫链模型与分子动力学模拟，阐明了 β- 折叠多肽构象的多种转换路径[6]。在单个多肽分子测序方面，南京大学应轶伦教授等设计构建了具有 3 个传感域的生物纳米孔道界面，增强了孔道的离子选择性，通过调控限域孔道电渗流力实现了纳米孔道对所有电性多肽，包括正电性、负电性和电中性多肽的捕获能力，从而突破了纳米孔道仅能分析带电生物分子的局限[7]，并进一步，利用遗传密码子扩展技术在纳米孔道内引入了非天然氨基酸，设计调控了孔道识别灵敏域内每一个氨基酸残基的空间取向，获得了三维化学及物理环境可控的蛋白质孔道界面，有效提高了纳米孔道对单个多肽分子的空间分辨能力[8]。

为实现单个多肽分子中手性氨基酸序列分辨，我国学者利用细菌外膜通道 OmpF 孔道内天然多肽折叠结构形成“非对称立体限域空间”，在孔道内构建了横向不对称静电场，

从而在限域空间内诱导单个多肽分子上每一个氨基酸侧链翻转，形成了可测量的特征离子流电信号，建立了单个多肽分子差向异构体序列分辨新方法[9]。纳米孔道限域空间也为单个分子共价化学反应研究提供了高灵敏的测量界面，有助于解析复杂化学反应的动力学过程，从而对单个分子的化学反应进行有效调控。针对单个分子共价化学反应测量，南京大学龙亿涛教授及其合作者通过设计纳米孔道单分子反应器，结合自主设计的高时空分辨微弱电流测量系统，实时跟踪了单个分子共价化学反应过程[10, 11]，提出了纳米孔道限域空间内单个分子反应的“四态单分子反应动力学模型”。实验结果表明，纳米孔道内单个分子的反应速率由单个分子在孔道内的有效碰撞概率（ECF）决定。该模型进一步实现了纳米孔道内单分子反应速率的灵敏调控[12]。在此基础上，龙亿涛教授及其合作者将自主设计的高时空分辨微电流测量系统与无氧手套箱联用，构建了氧环境可控的纳米孔道单分子反应测量装置，实时、高通量地获取了氧气介导的可逆巯基–二硫键转化过程。同时，通过分析不同溶解氧浓度、临近氨基酸效应下的巯基–二硫键转化反应动力学，其提出了质子、氧气共同介导的限域二硫键形成 / 断裂新机制[13]，为化学反应的监测提供了一种单分子反应原位测量新方法。

微纳尺度下生命过程的动态解析是纳米孔道电分析化学领域长期探索的目标。针对阿尔茨海默病相关标志物淀粉样蛋白 $A\beta_{1-42}$ 动态构象解析的研究需求，上海交通大学徐群教授与其合作者通过精准构建尺寸可控的玻璃纳米孔道，提出“限域界面电荷与体积协同”的测量机制，在单分子水平上实现了不同 $A\beta_{1-42}$ 聚集体的有效区分，追踪了蛋白质动态聚集过程[14]。针对单 / 亚细胞水平活性分子时空动态信息的获取与分析，武汉大学黄卫华课题组在功能化纳米电化学传感器亚细胞实时探测方面取得了重要进展，发展了由单根导电核壳型纳米线简便制备高性能纳米电极的方法，并通过物理吸附、化学键合等原理，可控构建了一系列小分子催化剂、纳米材料、生物酶、导电聚合物等材料功能化的纳米传感界面，全面拓展提升了纳米电极检测范围、选择性、灵敏度等传感性能[15, 16]，实现了对神经元中单个囊泡内递质谷氨酸的原位定量监测，获取了谷氨酸胞吐释放比例的定量数据，为谷氨酸“亚量子”释放假设提供了直接证据，并探究了阿尔茨海默病中的谷氨酸异常释放现象[17, 18]。同时，黄卫华课题组通过原位定量监测巨噬细胞中吞噬溶酶体内不同 ROS/RNS 的含量及其消耗后的补充行为，在细胞器层次阐明了巨噬细胞在炎症中的氧化还原稳态调节机制[19]，其研究成果为探究谷氨酸、ROS/RNS 等信号分子的生理功能提供了重要参考，也为阿尔茨海默病、炎症反应的致病机制研究及治疗药物研发提供了新思路。

2.2.2 基于功能核酸和适配体分析的研究

DNA 是遗传信息的携带者。生物体通过转录和翻译过程，最终将储存在 DNA 中的遗传信息，以蛋白质的形式表达出来，包括各种结构蛋白、功能蛋白和调节蛋白。近年来的研究表明，核酸分子除了携带遗传信息，还具有一些其他功能，如特定的酶活性、基于核酸适配体的特异性识别活性，以及基于核酸分子本身特有的碱基互补配对的独特性质。我国分析化学研究人员在核酸适配体、功能核酸、框架核酸等研究领域进行了大量的前瞻性探索，取得了一系列令人瞩目的成就。

框架核酸（FNAs）可以在纳米尺度上在有限空间内精确组织分子或粒子，具有精确操作、内在生物特性和可调节的功能。基于此，上海交通大学樊春海院士团队提出了一种基于四面体 DNA 框架核酸的分子限制仿生策略，利用框架内的空间限制来增加适体的热力学稳定性，提高结合亲和力和催化活性[20]。通过定量实验和多尺度的分子动力学模拟，他们证明了长程静电力在 DNA 杂交动力学调控中的主导作用，这种新机制具备一定的普适意义，可推广至 DNA- 蛋白质、DNA- 多糖等多种复合物体系。荧光分析可用于区分具有不同结构特性的荧光分子，然而常用化学染料的荧光各向异性水平易受外部环境的干扰。该团队受荧光蛋白设计的启发，使用两种荧光团和四面体框架核酸，构建了一个 8-plex 荧光各向异性框架（FAFs）条形码[21]。通过调整基团在四面体框架上的位置来调节荧光各向异性值，获得具有 8 种不同色彩的系统，并能够用于多重 miRNA 检测及活细胞成像。荧光共振能量转移（FRET）是一种常用的检测 DNA 结构和拓扑变化的技术，但是其需要对荧光团进行位点特异性修饰，可能对 DNA 的结构稳定性产生潜在的干扰。樊春海团队开发了一种无标记探测 DNA 结构的构象动力学的方法[22]，其利用 DNA 双螺旋的纳米级限制空间富集 K21 分子，双螺旋的构象变化导致 K21 在单体形态和准分子形态之间的转变，使荧光发射比也发生改变，以获得不同的荧光发射光谱。樊春海团队以四面体框架核酸作为节点进行自组装，开发了一种“凯莱树（Cayley tree）”状分型 DNA 框架（FDFs）[23]。这种 FDFs 在结构上刚柔兼备，具有结构灵活性和可调节的力学性能，分子量可达到 5 MD。基于拓扑结构排列的 FDF 放大器仅包含 16 条 DNA 链，但是可以编码 36 个颜色，具有较大的信息容量且没有互相串扰，可对定量荧光状态进行拓扑编码，用于单分子识别和多路细胞识别。

分子识别是分子间相互作用的基础。对生命过程中分子识别机制的研究，可以帮助人类从自然界中得到启迪，发展出新型分子识别策略与识别工具，对生命分析化学具有重要意义。湖南大学谭蔚泓教授课题组从对生命体分子识别过程的模拟与调控开始，对新型分子识别与信号传感策略进行了系统的探索，发展了一系列化学分子检测的新原理与新方法，并针对重大疾病的早期诊断与治疗等国家重大需求开发出了一系列智能靶向诊疗工具。

核酸适配体是体外筛选的一段核酸序列，可以与靶分子以高亲和力和高特异性结合。与抗体相比，核酸适配体具有可人工合成、易于化学修饰、稳定性好、靶标范围广、可特异性识别小分子和大分子甚至细胞等优良特性。基于细胞筛选得到的核酸适配体在分子识别与生物调控等领域中发挥了重要作用。湖南大学谭蔚泓教授和叶茂教授团队以人膀胱癌细胞为正筛细胞，以人输尿管上皮永生化细胞为负筛细胞，基于 cell-SELEX 筛选技术，获得了一条能特异性靶向人膀胱癌细胞的核酸适配体 -spl3c，并利用其作为分子识别工具，揭示了膀胱癌在体内的转移机制[24]。为了将核酸适配体更好地用于活体研究，谭蔚泓研究团队开发了一种环境响应型的功能核酸稳定策略，在肿瘤部位利用其较高的 ATP 含量，通过引入 split ATP 核酸适配体的部分片段提高功能核酸在肿瘤微环境下的生物稳定性，而不影响其在正常器官中的快速降解，从而延长了功能核酸与肿瘤细胞膜蛋白的相互作用时间，为长时程生物分子事件的监测提供了新技术[25]。

在分子识别的基础上，研究人员还将功能核酸用于生物调控，开发了基于核酸适配体的近红外光响应纳米平台，通过近红外光控制实现了对靶标蛋白亚细胞定位的精准调控[26]。同时利用 DNA 分子工程，巧妙地构建了基于 DNA 框架的人工 DNA 编码器，用于解码机体内复杂的自由基级联反应，以及相关疾病的防治研究[27]。

经过多年的努力，中国科学家在核酸适配体领域已拥有国际领先的学术地位，在分子识别和生物传感领域取得了显著成绩，研究人员基于核酸适配体良好的生物相容性和与目标物的高特异性等优良特性，将核酸适配体用于重大疾病的靶向治疗。在前期的机制研究基础上，湖南大学王雪强和谭蔚泓研究团队开发了多种核酸适配体 – 药物偶联物用于疾病的治疗，如利用核酸适配体 AS1411 作为靶向药物递送工具，将雷公藤甲素作为抗肿瘤药物；同时，设计并开发了一种新的核酸适配体——药物偶联物（ATC），并将其用于乳腺癌的治疗。在活体治疗实验中，ATC 能够特异性地在肿瘤部位富集，相同雷公藤甲素剂量下，ATC 能够显著抑制肿瘤生长增殖，且无明显的系统毒性[28]。随着基础研究领域成果的积累，相信在不久的将来，核酸适配体将在分子医学领域发挥举足轻重的作用。

2.2.3　活体分析及脑科学研究进展

以大脑为核心的神经系统是一切生命活动的中枢，一直以来受各学科领域乃至整个社会的高度重视与关注。随着神经科学对大脑认识的不断深入，近年来类脑智能研究领域愈发受到关注。2020—2023 年，针对脑神经化学的分析，我国分析化学工作者在活体原位、活体在线及可视化传感分析等脑化学分析原理和方法研究方面取得了一系列原创性成果[29, 30]。除活体层次，我国学者还提出了基于多层次（单囊泡、单细胞、脑切片）的原位实时精准测量原理和方法来系统深入开展多层次脑神经分析化学的创新研究[31]。

针对类脑的研究，制备具有化学信号响应功能的人工突触是神经智能传感与模拟等领域的科学难题之一。中国科学院化学研究所毛兰群和于萍研究团队创新性地发展了一种聚电解质限域的流体忆阻器，利用单个器件首次实现了神经化学信号与电信号转导的模拟，为发展类化学突触功能器件、神经智能传感、神经形态计算及神经假肢等提供了新的思路[30]。

大脑的功能与化学信号密切相关。然而，目前的仿突触器件只能实现对电信号的识别，很难直接感知化学信号。制备具有化学信号响应功能的人工突触成为神经智能传感与模拟等领域的科学难题之一。毛兰群和于萍团队在长期从事脑神经电分析化学和限域离子传输研究的基础上，提出了基于限域流体器件发展仿神经突触功能的构思[30, 32]，构建了聚电解质限域流体体系，发现了此体系具有忆阻器的特征，进而利用溶液中对离子在聚电解质刷空间内的限域传输，实现了器件的记忆效应，成功模拟了神经突触的多种电脉冲行为。相比于传统固体器件，该流体器件具有可与生物体系相比拟的工作电压和功耗。更重要的是，基于流体体系的特征，此器件可以在生理溶液中模拟神经递质对记忆功能的调控，实现突触可塑性的化学调控行为。该团队进一步利用聚电解质对不同对离子的识别能力，实现了神经化学信号与电信号之间转导的模拟，在化学突触的模拟研究中迈出了关键的一步，为发展类化学突触功能器件、神经智能传感、神经形态计算及神经假肢等提供了新的思路。

毛兰群和于萍团队选用聚咪唑修饰微米管内壁，利用咪唑与质子的快速结合与解离，发展了基于离子传输的 pH 传感新原理。通过结合高速电压脉冲模式，实现了毫秒级时间分辨的信号输出[33]。该原理可通过合理的表面化学设计拓展至其他生理活性分子的活体原位高时空分辨分析。相比于传统的电化学分析方法，该原理不受测定物种氧化还原活性的影响，因此可被用于非电化学活性物质的分析。在此基础上，为了提升方法的神经元兼容性，该团队发展了功能化的双孔微米管。相较于单孔微米管，功能化的双孔微米管固定了两个微米孔之间的距离，分布在管尖的电场使离子传输的调控发生在微米孔尖端附近。活体实验结果表明，同样的外加电场下，双孔微米管传感器降低了电场对神经元放电的影响，实现了鼠脑内 pH 的神经元兼容的原位实时检测[34]。

设计具有环境响应性的动态分子机器，特别是能够在细胞环境内执行复杂任务的分子机器是非常困难的。上海交通大学樊春海团队基于四面体框架核酸的机械形变诱导荧光变色的原理，发展了一种模仿章鱼的框架核酸的动态变构分子机器，对细胞单囊泡神经递质释放过程中的运动行为进行了实时监测[35]。这种方法有效提高了荧光变色的信噪比，能够分辨出瞬时融合与完全融合两种典型的释放过程，为实现突触囊泡递质释放全过程监测奠定了技术基础。

H_2S 是中枢神经系统中的重要信号分子，与帕金森病、阿尔茨海默病等神经退行性疾病密切相关。发展 H_2S 的活体原位实时检测方法对揭示脑神经生理病理过程的化学机制至关重要。北京师范大学毛兰群教授研究团队结合单原子催化剂（SAC）和 GRP 发展了高性能的活体 H_2S 传感器。该传感器以 NiN_4-SAC 为电催化剂，具有极低的 H_2S 电化学氧化过电位，能够驱动单根碳纤维两端的自发双极化反应，从而排除脑内干扰物质的影响，实现高选择性。而 GRP 方法在测量过程中几乎没有电流产生，可以最大限度地减少电极表面的 S 产物吸附和积累，从而显著提高电极稳定性。因此，该传感器能够实现活体脑内 H_2S 动态变化的精准测量。在此基础上，毛兰群团队利用该传感器率先发现在皮层脑区持续高频电刺激下，野生型鼠与 DJ-1 蛋白敲除鼠纹状体脑区的 H_2S 释放持续时长具有显著差异[36]。在另一项工作中，他们基于 GRP 原理发展了高稳定、高灵敏、可植入的神经递质 5- 羟色胺（5-HT）活体电位型传感器，该传感器由 5-HT 依赖的碳纤维电极和嵌入 K_2IrCl_6 溶液中的参比电极组成。传统的电流型 5-HT 传感器在 30 分钟内灵敏度会下降 90%，而该传感器在连续2小时的实验中信号变化小于3%，表现出优越的稳定性。该传感器为活体研究5-HT的生理作用提供了有效手段[37]。

2.2.4 生物传感与纳米分析研究进展

生物传感器在靶标分子存在时，通过换能器将目标分子的信息（包括种类和浓度信息）转化为可以识别和检测的信号，实现定性和定量分析。近年来，随着新型材料尤其是新型纳米材料的开发，以及检测技术的发展，我国学者在生物传感和纳米分析研究领域取得了一系列重要进展。

受天然酶的启发，具有显著催化能力的无机纳米材料（即纳米催化剂）因其稳定性高、易于制备等优势被应用于分子逻辑系统中。然而，赋予纳米催化剂刺激响应特异性、以多重逻辑模式调控纳米催化剂的催化活性仍然具有挑战性。中国科学院长春应用化学研究所汪尔康院士团队基于DNA双链体和三链体之间构型的变化，以及对DNA模板化银纳米团簇（DNA-AgNCs）催化活性的不同影响，构建了一系列能够以逻辑方式调控DNA-AgNCs催化活性的分子逻辑门（YES、OR、INHIBIT、XOR和MAJORITY）。与以往大部分基于DNA-AgNCs构建的逻辑门不同，该研究中逻辑门的输出信号为DNA-AgNCs的催化活性，而不是其荧光信号，这为分子逻辑门的设计提供了一种新颖的方法；同时，汪尔康院士团队结合DNA适配体，构建了DNA反应线路和DNA-AgNCs（DNA/AgNC）的新型变构杂交体系，用于心肌肌钙蛋白I（cTnI）和肌红蛋白（Mb）两种关键心脏生物标志物的智能检测。可编程的DNA反应和适配体识别的整合赋予了DNA-AgNCs催化特异性，这为设计智能DNA功能化纳米材料提供了新思路[38]。

近年来，功能核酸也被广泛用于生物传感与分子诊断。湖南大学刘艳岚和谭蔚泓团队设计了一种基于DNA G4/Hemin的免标记型核酸光热传感器，通过构建DNA光热转换元件实现了将复杂的靶标信息转化为易读取、可定量的温度输出信号[39]。在此基础上，该团队利用核酸适配体的靶向性，结合多种成像手段，实现了疾病的分子诊断，开发了一种基于核酸适配体靶向的双光子介孔二氧化硅纳米诊疗探针，用于肿瘤细胞双光子多色成像和靶向治疗[40]。

基于DNA四面体纳米结构生物传感界面，中国科学院长春应用化学研究所杨秀荣院士研究团队利用大比表面积、高化学稳定性和热稳定性的共价有机框架（COFs）作为载体构筑了电化学探针，实现了生物分子miRNA的高灵敏电化学检测，拓宽了COFs材料在电分析化学中的应用[41]。为提高基于DNA扩增信号放大策略的效率，杨秀荣院士团队设计了目标核酸诱导形成的工字形DNA纳米结构，进而高效触发催化发卡组装（CHA）实现信号放大的策略，并基于此构建了“signal-on”电化学发光生物传感器，用于目标DNA灵敏检测。该研究为发展DNA信号放大新方法提供了思路[42]。

空间上精确排列的蛋白质间存在高效电子传递链，从而才能使生物在捕获光或转换能量等方面具有超高效率。上海交通大学樊春海院士团队构建了四面体DNA框架结构支撑的本体酶异质结，基于在电化学生物传感器界面上的编程，设计并实现了多酶催化级联[43]，可实现对小分子的高灵敏检测。此方法可进一步实现对肌氨酸的超高灵敏检测，从而有利于前列腺癌的早期诊断，以及区分前列腺癌和良性前列腺增生。在体外 DNA 检测中，单链 DNA 的无序构象会限制 DNA 的杂交，从而降低结合效率，导致特异性不高，因此基于细胞内 DNA 的杂交反应通常在张力的作用下进行。该团队设计了一种可以控制 DNA 分子拉伸状态的四面体 DNA 框架纳米手柄传感器[44]。该传感器基于 DNA 拉伸策略进行检测，表现出快速的杂交反应，显著改善了杂交动力学和杂交效率，呈现出高灵敏度和高特异性，在捕获目标 DNA 和单错配检测方面快速且高效。

2.2.5 色谱分离分析研究进展

随着科技的发展，色谱学科研究对象越来越多地针对生物分子、药物靶标等与生命活动密切相关的物质成分，并由单一组分分析转向复杂体系全景分析。物理化学性质差异巨大、时空分布与动态范围宽、未知结构鉴定困难、海量数据及信息挖掘难度高，使得复杂体系的全景式定性和定量面临着巨大挑战。近年来，我国色谱工作者在样品预处理、色谱固定相及色谱柱技术、多维液相色谱和集成化、复杂样品分离分析等诸多色谱研究领域取得了显著成就。

样品预处理是分离分析的关键环节及瓶颈，中国科学院大连化学物理研究所张丽华团队发展了具有核壳结构的亚二微米硅球，并通过在硅球表面键合双二甲基吡啶胺双锌分子，首次在中性条件下从肿瘤细胞裂解液中鉴定到 3 384 个 N- 磷酸化位点[45]。叶明亮团队构建了针对 O- 乙酰氨基葡萄糖（O-GlcNAc）糖肽的可逆标记无损富集方法，并将该方法用于 HeLa 细胞核蛋白质 O-GlcNAc 糖基化的分析，发现了 637 处（约 45%）未在人源 O-GlcNAc 糖基化数据库中收录的数据，丰富了 O-GlcNAc 糖蛋白质组基础数据[46]。叶明亮团队进一步针对 N- 糖肽解析软件无法实现未知糖链及修饰糖的鉴定的问题，开发了一款具有高灵敏度的 N- 糖肽质谱谱图解析新软件 Glyco-Decipher，谱图解析效率比其他软件提升了 34%~179%[47]。南京大学刘震团队发展了基于分子印迹和核酸适配体的金基微萃取探针，实现了在单个活细胞内特定部位目标蛋白质的富集，并结合表面增强拉曼散射（SERS）技术，使灵敏度达单分子水平[48]。中山大学李攻科团队发展了基于疏水性枝状金铜合金掺杂多孔氮化碳复合膜的样品预处理技术。复合膜的多孔性质能够实现痕量目标致癌物质（联苯胺和玉米赤霉烯酮）的快速、高容量富集，为食品安全中关键分子的高灵敏快速检测提供了关键技术支撑[49]。

色谱固定相及色谱柱是色谱分离的关键。近年来我国科研工作者在色谱固定相的研制、色谱柱的开发等方面取得了显著进展。吴明燕团队设计合成了一种非共价 π 堆积多孔有机分子框架作为一类新型的气相色谱固定相[50]，制备了柱长仅为数十厘米的高效填充柱，实现了对苯 / 环己烷和甲苯 / 甲基环己烷混合物的高效分离，而目前国际报道需要柱长数十米的毛细管气相色谱柱。上海交通大学崔勇团队首次报道了将高度稳定的手性多孔

Zr 基 MOFs 材料用于手性化合物的反相液相色谱高效分离[51]，为更好设计 Zr-MOFs 以识别和分离手性化合物提供了新思路。南京大学刘震团队将 170nm 树枝状介孔二氧化硅纳米球填充到毛细管中进行电色谱，分离柱效高达 3 500 000plates/m[52]，为制备纳米尺寸色谱固定相提供了可能。

多维液相色谱技术因其峰容量高、分离能力强等优点，已成为解决复杂样品分离的重要手段。最近，许国旺团队建立了基于拟靶向的二维液相色谱 - 质谱分析方法，实现了用 1 种方法对 2 000 种以上内源性代谢物的高精准分析，是目前国际上采用 MRM 检测代谢物最多的方法[53]。张丽华团队研制了全自动化蛋白质组样品处理系统（FAST），在 8~20min 一站式实现蛋白质变性、还原、除盐和酶解，进一步构建了集成化蛋白质组非标相对定量分析平台，其从 500 个 HeLa 细胞中鉴定超过了 1 600 种蛋白质，定量蛋白质丰度动态范围覆盖 5 个数量级，为实现高覆盖度、高精准度和高通量的微量样品蛋白质组定量分析提供了重要技术支撑[54]。

在蛋白质组学研究方面，贺福初院士团队通过蛋白质基因组研究全面地解析了肺腺癌（LUAD）的调控网络和分子特征，提高了对 LUAD 深层次的生物学理解，为 LUAD 更精确的诊断和治疗提供了理论基础[55]。张丽华团队开发了一系列新型多功能型化学交联剂，实现了活细胞中蛋白质复合物的原位交联与规模化分析，从 Hela 细胞中鉴定到对应于 3 500 对以上交联肽段的 1 453 个蛋白质的构象，以及 843 对蛋白质间的相互作用信息，为活细胞中蛋白质功能的调控提供了重要的技术支撑和关键的互作位点信息[56, 57]。叶明亮团队开发了表征蛋白质中组氨酸残基反应活性的蛋白质组学分析新方法，共定量了超过 8 200 个组氨酸残基的标记效率，筛选到 317 个高亲核反应性组氨酸残基，为后续基于组氨酸的共价靶向偶联药物的开发提供了数据支持[58]。复旦大学杨芃原和贺思敏团队合作发展了 pGlyco 系列工具[59]，以糖链优先同时兼顾糖链和肽段的 FDR 控制，提高了糖蛋白质组的鉴定精度和检索速度，为糖蛋白质组分析提供了重要的鉴定策略和检索工具。

高覆盖度分析和未知代谢物注释是代谢组学研究中的主要挑战。许国旺团队基于代谢组学技术在异柠檬酸脱氢酶 1 突变胶质瘤的治疗方面取得了新进展，揭示了 Nrf2 调控的谷胱甘肽代谢通路的重要性，提出了干预谷胱甘肽代谢治疗胶质瘤的新策略[60]。为了实现代谢物的深度覆盖注释，中国科学院上海有机化学研究所朱正江团队开发了一种知识引导的多层网络（KGMN）方法[61]，以实现非靶向代谢组学中从已知到未知的全局代谢物注释。该团队进一步发展了一种独特的 MetImage 方法[62]，将原始的基于 LC-MS 的非靶向代谢组学数据编码成图像，促进了基于人工智能的全代谢组谱的临床应用。针对大规模和长周期的代谢组学数据质量控制问题，中央民族大学再帕尔·阿不力孜团队提出了一种新的数据归一化与集成方法（Norm ISWSVR），可全面消除系统和随机误差及矩阵效应[63]。

中药具有化学成分繁多复杂、性质差异大、分离困难等特点，对分离科学提出了严峻的挑战。梁鑫淼团队[64]针对“植物黄金”西红花，构建了一种基于超高液相色谱串联多级高分辨质谱的靶向鉴定法，鉴定出 47 个西红花苷类化合物（其中 32 个新化合物），91 个非西红花苷类成分（其中 43 个新化合物），为西红花的质量控制和药效物质基础提供了科学依据。梁鑫淼团队还采用高效液相色谱 - 电喷雾检测器结合无标记动态质量重置技术[65]，从新疆紫草中发现了 10 个新 FFA4 激动剂（治疗 2 型糖尿病新靶点），并深入探索了其结构 - 活性关系和信号通路。中国医学科学院黄璐琦等[66]对经临床批准的 COVID-19 配方药（化湿败毒汤）采用综合药理学策略和超高效液相色谱 - 四极飞行时间质谱技术，鉴定出厚朴酚、甘草异黄酮、甘草异黄酮 A、大黄素、松果菊素和槲皮素对 SARS-CoV-2 感染具有剂量依赖性的抑制作用，而汤药中的甘草环酮 B、松果菊素和甘草异黄酮是主要抗炎成分，从而在一定程度上阐明了该复方药的作用机制。

2.3 无机化学

无机化学是研究无机化合物的化学分支学科。新时代下无机化学学科与其他相关学科发展相融合，无机化学的分支包括配位化学、主族元素化学、有机金属化学、晶体化学、分子筛、无机纳米材料、原子簇化学及生物无机化学等。在清洁能源、环境保护、人工智能、国防安全、医疗健康等领域相应需求的驱动下，我国晶体化学与材料领域研究在深度和广度上都有了长足的发展。在 COFs/MOFs/HOFs 等框架材料的构筑、调控和应用，簇合物 / 功能配合物晶体工程与性能，超分子晶态化合物的组装及性质，功能晶体材料的结构设计、晶体生长与性能，低维晶态材料的制备、结构调控与性能，以及其他晶态材料合成、结构与性能研究方面都有突出的成果呈现。其中，对 COF/MOF/HOF 材料的研究，我国学者继续处于领先地位，研究重点从以往的晶体结构精确解析和发现新颖结构，转向着重探讨晶态化合物的构效关系和产业化应用，在高效率 / 高选择性的吸附 / 分离、高效率和高选择性催化、高效发光和高灵敏光电响应、燃料电池 / 氢能 / 储能等领域涌现许多高质量成果。尤其是在化工材料的高纯度分离、氢气 / 氨气高效存储方面，MOF/COF 材料有进一步的突破，有望促进我国精细化工和新能源产业的发展。此外，配位聚合物、无机非金属化合物等晶态化合物的探索、低维晶体材料的制备、晶态材料的功能基团序构等方面也有众多成果涌现，在新能源、量子信息、生命健康、国防安全等方面展现出良好的应用前景。

在分子筛研究领域，无论是新型分子筛拓扑结构的合成、新兴分子筛分析表征技术的开发，还是分子筛催化及吸附分离等领域的应用拓展，我国学者均取得了系列重要突破性进展。

根据国家重大需求和稀土学科发展前沿，我国学者主要开展了稀土绿色分离化学与清洁过程、稀土先进功能材料、稀土结构材料与亚微观组织调控、稀土化学生物学与纳米生物材料 4 个方向的研究，并取得了一些重要进展。

2.3.1 分子筛材料研究进展

我国科学家在新型三维稳定超大孔分子筛的合成上取得了重要突破，陈飞剑联合国内外多位合作者报道了首例具有三维全连接超大孔结构且稳定的硅铝酸盐分子筛 ZEO-1，其在催化裂化（FCC）反应中展现出优异的重油转化率和轻质燃料选择性，性能可媲美甚至超越工业上高度优化的超稳 Y 沸石。目前，ZEO-1 已被国际分子筛结构委员会授予结构代码 JZO[1]。于吉红和陈飞剑团队报道了另一例新型的三维稳定超大孔纯硅分子筛 ZEO-3[2]，是迄今为止已知的密度最小的二氧化硅晶型材料。杨为民团队与邹晓冬合作，以分子筛的合成为实例，展示了自动化、高通量的连续旋转电子衍射（SerialRED）新方法在辅助探索复杂体系合成新型材料、快速获取物相组成和结构信息、加速材料开发等方面的优势[3]。魏飞、陈晓团队利用积分差分相位衬度扫描透射电子显微技术（iDPC-STEM），在分子筛与客体相互作用的原子级成像上取得了一系列突破性进展，他们将对二甲苯分子作为旋转指针，以其构象的变化检测了 MFI 型沸石分子筛直孔道中的主 - 客体范德华相互作用[4]。该团队又将 iDPC-STEM 成像与原位气氛系统相结合，以苯为探针分子，观察到了 ZSM-5 分子筛在客体分子吸附 - 脱附过程中孔口从圆形到椭圆形的可逆局部形变[5]，首次实现了对 ZSM-5 分子筛孔道内限域的有机小分子（吡啶、噻吩）的原子级成像[6]。张辉联合韩宇等报道了一种基于四维扫描透射电子显微镜（4D-STEM）的多层叠层成像方法[7]。厦门大学王野和张庆红团队设计了一个三级串联的催化体系将合成气高选择性转化为乙醇[8]，该团队又提出了一种结构参数和化学成分可调，具有可设定金属 - 沸石空间排布和短扩散长度的 MO@ZEO 双壳空心球（DSHSs）的合成方法，并揭示了所涉及的自组装和空心行为的基本机制[9]。包信和与侯广进团队利用 $ZnAlO_x$/H-ZSM-5 模型催化体系，借助准原位 ssNMR-GC 检测方法，追踪到了可以确定动态演化过程的大量关键和 / 或瞬态中间体，为反应网络中独特的含氧化合物基途径的调控提供了直接证据[10]。包信和、潘秀莲团队创造性地将锗同晶取代的 AlPO-18 引入 OXZEO 催化体系，实现了催化领域中打破反应活性与选择性权衡的重要挑战[11]。肖丰收、王亮、郑安民团队设计制备了 MFI 分子筛纳米片和铁基催化剂物理混合的催化体系（Na-FeC_x/s-zeolite），实现了铁基催化剂低温费托高效制备低碳烯烃和 C_5–C_{10} 烯烃[12]。

于吉红团队与王野团队合作，采用配体保护 - 直接氢气还原策略，通过一步水热晶化法，成功地将亚纳米 Pt-Zn 双金属团簇完全限域在纯硅 S-1 分子筛（MFI）纳米晶体内部[13]。肖丰收团队联合郑安民报道了在硼硅酸盐 BS-1（MFI）骨架中，一个具有 $-B[OH\cdots O(H)-Si]_2$ 结构的新的单位点活性中心，该单位点硼能够激活氧和一个碳氢键来催化丙烷氧化脱氢，表现出高活性和选择性[14]。姜桂元与合作者发现经过简单的机械混合 - 原位氢气还原处理，载体 OH 基团与 ZnO 生成的 Zn 原子发生反应，原位形成了分子筛负载型 ZnO_x 物种[15]。

肖丰收与王亮团队采用镍纳米颗粒作为催化材料活性中心，将其封装于硅铝 MFI 分子筛晶体内部，并进一步调控沸石分子筛的孔道环境，从而加强了微孔分子筛的氢溢流效应以保持镍纳米颗粒周围存在高密度的活性氢物种，提高了富二氧化碳条件下甲烷干重整反应的二氧化碳利用率[16]。针对 CO_2 的选择性氢化，樊卫斌团队开发了 $GaZrO_x$/H-SSZ-13 复合材料[17]。

肖丰收与王亮团队通过将 AuPd 合金纳米颗粒固定在铝硅酸盐沸石晶体上，然后用有机硅烷对沸石的外表面进行疏水修饰，制得了一种新型非均相催化剂体系[18]。徐君、邓风团队与合作者，以纳米颗粒 Au 作为氧化中心，开发出了 Au 负载的 ZSM-5 分子筛（Au/ZSM-5）催化剂[19]。

刘玥与合作者报道了通过在 H-ZSM-5 沸石中接枝靠近 Brønsted 酸位的框架外二氧化硅，吡啶和胺等碱基的结合通过与芳基或烷基链的范德华相互作用得到加强[20]。范杰团队与合作者从分子级别揭示了分子筛在激活凝血酶作用中的机理，发现凝血酶原酶复合物能够在 Ca^{2+} 离子分子筛的无机界面上进行自组装[21]。彭洪根团队与合作者将无定形二氧化硅壳层通过简单干胶转化方法转化得到介孔单晶沸石壳层，制备了介孔单晶沸石原位限域贵金属 VOCs 净化纳米催化剂[22]。于吉红和孙启明团队证明了具有较大表面积和丰富的 Si-OH 基团的自支撑 MFI 沸石（silicalite-1 和 ZSM-5）纳米片是通过简单的初湿浸渍法固定超小单金属（例如 Rh 和 Ru）和各种双金属簇的理想载体[23]。

王军、邢华斌与合作者报道了一种无黏结剂、无模板的水热方式自组装，具有超高机械强度的 Fe-MOR 沸石单体，避免了后处理导致的吸附能力衰减，具有低成本、节能、环保等优点[24]。李兰冬与合作者将孤立的 Ni（Ⅱ）位点限域在八面分子筛（FAU）中，实现了多种炔烃 / 烯烃混合物中炔烃的高效吸附[25]。

于吉红、徐吉静团队设计了一种集成的固态锂空气电池，它包含一个超薄的、高离子电导的锂离子交换 X 沸石膜，并将其作为无机固态电解质[26]。

2.3.2 晶体化学研究进展

在深紫外非线性光学晶体研究方面，我国一直处于领先地位，在 BBO、LBO、KBBF 三种晶体的基础上，我国学者将机器学习、结构预测、高通量计算筛选、实验探索融为一体，实现了非线性光学材料从理论预测到实验合成的跨越，设计合成了羟基碳酸盐、氟硼酸盐、氟磷酸盐等系列高性能的新型深紫外非线性光学晶体，并在 GFB 晶体及其相位匹配器件上实现了 193.2~266nm 紫外 / 深紫外激光输出，这些成果促进了我国深紫外光电器件的发展，也为提高我国芯片等半导体产业自主性做出了积极贡献。在铁电化学领域，我国学者开创性地提出分子铁电体的设计原理——铁电化学，减少了材料探索的盲目性，设计合成出多种具高压电性、高相变温度、大饱和极化等的分子铁电体材料，并实现了光控铁电极化翻转。在团簇化学领域，币金属（金、银、铜）团簇、多铌氧团簇、钛氧簇、铝氧簇和锡氧簇等领域取得积极进展，许多化合物展现出优异的物化性质，在手性发光、生物医学、能源催化和含能材料等领域有良好的潜在应用前景。

冯霄团队聚焦于 COF 材料的纳米通道创制、限域孔道传输机制及分离膜构筑，成功构筑了从超微孔、大介孔再到多级孔的选择性物质输运通道，拓展了纳米通道创制方法[27-30]，揭示了水分子在孔道中的传输机制，其在二维 COF 的孔道当中构筑了亲疏水相间的孔道环境，同时提升了水的吸附能力和扩散动力学[31]。北京理工大学王博、冯霄等提出了多孔框架离聚物概念，实现三相界面处复杂物质体系的快速输运及燃料电池功率密度的大幅提升[32]，其通过分子设计与成核速率调控，构筑了高取向性晶态框架薄膜，突破分离博弈效应，实现了纳米孔道限域蒸发增强效应和超高通量膜蒸馏海水淡化[33]。王博、张媛媛等以 COF 为载体，发展了框架限域封装、孔道共价固定、多孔微胶囊负载等酶固定化策略，实现了高效酶催化[34-36]。

卜显和、常泽团队利用 D-A 体系自由能差异实现了多 D-A 体系共存条件下异质结构晶体的可编程组装新策略，利用自发组装异质晶体有效减少界面缺陷，实现了光晶体管器件的构建[37]。此外，他们将富电子的平面芳香烃苯并菲（Tpl）客体通过原位组装的方式引入缺电子的主体框架 NKU-111 中，构筑了具有 Through-space 电荷转移作用的 Tpl@NKU-111，该化合物呈现出较小的单、三线态激发态能级差（0.11eV）[38]。

李光琴团队通过单原子修饰、界面工程和多活性中心多策略调控 MOF 催化中心的电子结构、优化对活性中间体的吸附能，实现了高效制氢[39, 40]。在高选择性加氢催化方面[41-44]，该团队以 MOF 为前体，设计了一种类似于血红蛋白配位结构的铁基催化剂，开创性地构建了电催化氮氧化物还原与电解水制氢耦合系统，首次实现将氮氧化物（NO_x）电催化转化为人体必需氨基酸[43-44]。

在 HOF 材料稳定性方面，我国学者采用褶皱构型和网络互锁[45]、大环分子中心金属化策略[46]等构筑稳定 HOF 材料。基于网状化学，开发了通用、高效、简单、低成本和可扩展的机械合成方法制备纳米 HOF 材料[47]。并利用 HOF 材料合成条件温和及可溶液加工特性，采用电泳法在 ITO/FTO 导电玻璃和炭纸上制备 HOF 薄膜材料[48]，基于溶液加工工艺，制备了柔性混合基质 HOF 薄膜材料[49]。我国学者还探究了 HOF 材料结构微环境变化对其光催化性能的影响[46, 50]，基于高通量计算，结合实验验证得到了具有优异电催化性能的 HOF 材料[51]，并通过离子交换策略将功能分子引入 HOF 材料，实现协同抗菌[49]，将具有光响应能力的 HOF 材料包覆上转换纳米材料，实现了近红外光区响应的光热和光动力协同抗菌[52]，制备了具有长循环寿命、快速响应、低驱动电压、多阶颜色变化的电致变色 HOF 薄膜，该薄膜在智能显示领域有良好的应用潜力[48]。

张健、方伟慧团队针对发展了“金属离子配位延迟”和“金属离子可逆释放”等合成策略，发展了贵金属簇镶嵌的单晶态金属有机簇材料和钛有机笼材料[53-60]，开拓了铝氧簇新体系，发现了轮簇结构并实现了精准调控结构，探究了其在核素捕获方面的应用[61-67]，拓展了锡氧簇 / 锡硫簇及其他金属氧族簇合物体系[68]。

臧双全团队基于配体工程、异金属掺杂、修饰与组装等策略，构筑了一系列结构多样、性能优异的币金属纳米团簇及组装材料[69-89]。如基于 Cu_3 团簇，提出了新的适用于磷光分子的聚集诱导发光机理[69, 70]；以 C_3 对称的 Cu_4 团簇为节点，实现了立方笼和八面体笼的构筑[71]；溶剂蒸汽触发的手性超结构 Cu_6，可作为智能可逆转变诱导的光学和手性光学开关[73]；卡宾配体保护、具有高量子产率（60%）的超原子 Au_{13}[74]；通过金属掺杂，促发了手性团簇的圆偏振发光性能[75]，调控了非手性团簇的对称性，并实现了单一手性诱导[78]；通过不同对称性的 Ag_{70} 团簇，揭示了团簇手性的起源和传递[79]；通过在原子级水平定制内核构型和表面形态来制备纳米团簇，实现了高效和高选择性的二氧化碳催化转换[81-82]；基于卟啉与 Ag 簇的组装材料，展现了优异的光催化降解超级细菌能力[83]；具有良好生物相容性的合金簇 Pt_2M_4 可用于缓解肿瘤乏氧和增强放疗效果[84]；具有线粒体靶向功能的水溶性 Au_{25}（S-TPP）$_{18}$ 簇可用于增强放射免疫联合治疗[85]。此外，该团队从柏拉图和阿基米德固体特征的角度，对具高对称、多面体结构特性的含金属离散团簇的晶态材料的合成和结构进行了总结和预测[90]。

兰亚乾团队将具有还原和氧化活性的基元结合，构筑了“晶态异基元分子结”光催化剂，利用配位组装异金属簇（$Fe^{III}_2M^{II}$，M=Co，Ni，Zn）和光敏配体构筑了金属－有机框架光催化剂，用于光催化 CO_2 还原反应和水氧化反应，实现了人工光合作用[91]，共价组装还原性 Cu^{I}_3 簇和氧化性 Ti^{IV}_6 簇，在纯水中实现了高选择性光催化还原 CO_2 为 HCOOH[92]，配位组装系列磷钼杂多酸－过渡金属簇型分子结光催化剂，在气－固系统中实现了低浓度 CO_2 高效、高选择性转化为 CO[93]，配位组装氧化和还原团簇，利用明确单晶结构调控功能基元的空间排布方式，探索光生电荷新型传输模式，并确定了分子级构效关系[94]。该团队在金属氧簇的新结构种类与新功能开发方面开展了一系列探索工作，相继构建了 240 核、内径达 1.8nm 的大中空敞开内腔的巨型钼氧簇（Mo_{240}）[95]；具有优异热催化苯酚氧化性能的灯笼型巨型钼氧簇（L-Mo_{132}）[96]；可以高效完成光或热驱动的胺氧化反应的光敏、氧化还原型配体修饰的系列钍氧簇（Th_6-C8A/Fc）[97]；大环分子配体修饰的功能化钛氧簇（Ti-C4A、Ti_4-C4A 和 Ti_{16}-C4A），可实现高效光催化还原 CO_2 为 HCOOH[98]；双功能配体修饰的钛氧簇（Ti_{12}-Fc_2Ac_4），可实现高效阳极污染物降解耦合阴极产氢的混合光电催化[99]。

郑寿添团队构建了一系列全新的具有纳米级尺寸的多铌氧簇笼、多铌氧簇杯、多铌氧簇环等材料[100-101]。其引入不同的过渡金属对多铌氧簇材料进行功能化，得到了一系列具有独特光催化还原二氧化碳活性、选择性识别捕获水中金属离子、光致变色等性能的新型多铌氧簇材料[102-104]。

王殳凹团队联合清华大学、美国科罗拉多矿业大学、德国于利希研究中心、上海科技大学等放射化学领域研究人员，设计了一例可精准匹配六价镅配位构型的无机缺位多酸簇合物，发展了一种基于镧锕物种尺寸差异的新型超滤分离方法[105]。

潘世烈团队利用原子卷积神经网络算法、高通量计算、实验验证获得 1 例大倍频、透过范围覆盖中远红外的新型非线性光学晶体[106]，获得了具有全波段相位匹配能力的 GFB 晶体及其相位匹配器件，实现了 193.2~266nm 紫外 / 深紫外激光输出，将为我国半导体检测技术等先进制造领域提供关键核心材料[107]。

叶宁团队在紫外和中远红外非线性光学晶体探索方面表现突出[108-117]，其提出的以强电负性有机取代基构筑强极性四面体基团来提高光学性能的新思路，开辟了氨基磺酸和甲基磺酸盐深紫外非线性光学晶体研究的新方向。同时，该团队针对短波紫外晶体难以兼顾非线性系数大和相位匹配波长短的难题，以经典的 KBBF 结构为模板，设计合成了胍盐、羟基碳酸盐和碘酸－硼酸复合盐等系列性能优异的新型类 KBBF 晶体。赵三根、罗军华等提出了非 π 共轭深紫外非线性光学材料的研究思路，发展了“局域极性诱导组装”策略[118]，成功设计合成了氟硅磷酸盐材料 $CsSiP_2O_7F$[119]、首例非公度调制结构的 $LiRb_4[B(SO_4)_4]$[120]等多种具有新颖结构基元的新材料，发现了多种兼具超大双折射率和强非线性光学效应的新型晶体材料，如 SbB_3O_6[121]、$Cs_3Cl(HC_3N_3S_3)$[122]等，并揭示了其性能增益的新机制。

熊仁根团队从化学角度理解铁电性，开创性地提出了分子铁电体的设计原理——铁电化学[123]。从铁电物理到铁电化学，该团队实现了从 0 到 1 的创新，将分子铁电体的发现从盲目寻找变为合理的化学设计。该团队利用铁电化学精准合成了系列新型分子铁电体，包括具有高压电性、高相变温度、大饱和极化等高性能的分子铁电体及分子多铁材料[124-143]，并发现了化学键重组型铁电极化新机制，在分子铁电体中实现了光控铁电极化翻转[144-149]。鉴于在铁电体领域的国际影响力，该团队成员廖伟强应邀在 *Science* 上撰写了观点文章，展望了利用单一手性创制高性能铁电聚合物的新方法[150]，提出并发现了在固态相和液晶相均具有铁电性的固体－液晶双态铁电体，这是一类不同于传统固体铁电体和液晶铁电体的全新铁电材料体系[151, 152]。

郭国聪、徐刚团队发展了材料电子结构的精准测量方法，创新解决了实验电子结构理论模型和精修算法等关键科学问题，实现了 X 射线衍射方法获得实验电子结构的可行性。该团队研究了“中国牌”非线性光学晶体 LiB_3O_5（LBO）在无光照和激光照射下的原位电子密度和波函数，揭示了其 NLO 功能基元[153]，实现了我国材料结构的实验研究从原子层次到电子层次的跨越[154]，并出版了国内首部相关著作[155]。

刘伟生、席聘贤团队提出了单位平行六面体作为晶体学描述符，定向合成了具有不同化学组分与晶体结构的过渡金属硫化物[156, 157]。

邓鹤翔团队采用新的拓扑学分析思路，提出了一系列新型晶态孔材料的构筑策略，如在饱和配位金属配位点制造空位的“移配法”[158]；原位“替换”制造配位缺陷实现客体金属配位环境在空间距离上的精确调控的“分子钳法”[159]；发展了同拓扑结构拓展新法构筑介孔 MOF[160-161]。该团队在 MOF 结构中合成了具有 11.4nm 内径的三维笼状孔道，创造了 MOF 材料孔径的新纪录，成功将 DNA、RNA、质粒等生物大分子放入 MOF 孔道，实现了生物分子的提取、分离及输运。

廖培钦团队创制了多例高性能电催化剂，首次实现了锡基催化剂（非铜催化剂）高效

电催化 CO_2 还原产碳氢产物[162，163]。其精准调控双 / 多金属催化活性位点的微环境，实现了工业级超大电流密度高选择性高稳定性电转化 CO_2 产高附加值的 C_2 产物[164，165]，提出并验证了单一催化活性位点高效高选择性电转化 CO_2 产高附加值的 C_2 产物的新催化策略与机理，突破了传统的双核或多核位点研究思路[166，167]。同时该团队利用晶体工程策略，构筑了新型的双功能催化剂，实现了高效水氧化与 CO_2 还原[168]。

张杰鹏团队创制出了多种新型变革性分子基晶体多孔材料，并利用化学手段调控结构拓扑、框架柔性及孔道微环境，实现了 CO_2 捕获、炔烃 / 烯烃 / 烷烃、同分异构体、醇 / 水等的高效分离[169–173]。该团队总结了新型氢键有机框架、金属有机框架材料在吸附分离中的应用与挑战[174，175]，首次从能量 / 能垒角度总结归纳了不同的结构柔性对吸附分离的影响，发展出“客体主导的门控柔性”的分离新原理，突破了实际吸附分离中选择性和吸附量的矛盾[176]。

张伟雄团队基于传统晶态结构相变的研究基础，深入挑战固 ↔ 液、固→气等物态变化及其功能设计机制，以高效充分的“瞬间固气转变”开发出国产含能材料新体系，以及利用可逆固液转变合成双固溶体等特殊固态材料[177]。该团队选用体积大且稳定的烷基三苯基鏻阳离子（Ph_3PEt^+）与异硫氰根金属配位单元组装，利用其位阻效应减缓融体结晶速度，从而在组装的极性杂化晶体（Ph_3PEt）$_3$［Ni（NCS）$_5$］中实现了罕见的“晶体 – 液体 – 玻璃 – 晶体”可逆转变[178]。

苏成勇团队以顶点导向的有机分子夹螯合组装策略，构筑了一种少见的共价顶点多孔超分子笼 MOC-63，实现了笼纳米空间限域效应与多功能协同作用[179]。韩治际团队成功发展了首例可以还原 CO_2 生成丙烯和丙烷等多碳产物的非贵金属分子催化剂[180]。杨振宇团队利用“金属 – 硅”亚稳态合金相的特殊性质在较低温度下实现了对硅晶体的有效钴原子掺杂，制备出一类新型的硅基钴单原子光催化剂，并实现了光催化 CO_2 生成合成气的记录效率[181]。

左景林团队制备了一类具有双氮负离子配位、金属锌为中心离子、稳定 D–A–D 夹心结构的电荷转移金属配合物材料 NJUZ-1。该材料具有优异的固氮性能，尤其是能够将空气中的氮气光催化还原为氨，同时该催化剂拥有优异的催化稳定性[182]。

在新能源材料与器件领域，潘梅团队报道了一例具有高温磷光和动态红 – 绿 – 蓝（RGB）可调长持续发光的反卡莎有机化合物，并将其用于机密信息的加密 – 解密和防伪[183]。吴武强团队利用晶种诱导结晶策略，成功解耦了钙钛矿的成核和结晶过程，获得了基于刮涂法制备反式钙钛矿太阳电池的最高效率[184]。匡代彬团队开发了一种能够通过简单的熔融淬火快速制备大面积的透明发光玻璃的方法，该方法极具实用化潜力[185]。

欧阳钢锋团队致力于构筑合适的多孔晶态“盔甲”限域酶构象，揭示了 ZIF-8 不同封装模式对酶 @ZIF-8 复合材料的生物活性影响[186]。其开发一种简单的多肽导向组装策略，可原位裁剪出具有不同结构的酶 @MOFs 杂交材料，揭示了 MOFs 外壳结构对包埋酶活性的影响。该团队建立了一个 MOFs“人造细胞”，通过酶级联反应模拟细胞内的信号传导[187]，利用集成差相对比扫描透射电子显微镜（iDPC-STEM）直接成像酶 @ZIF-8 生物复合材料的微观结构。并通过 iDPC-STEM 技术，结合冷冻电镜和 X 射线吸收精细结构技术，首次揭示了酶 @ZIF-8 在不同结晶路径下的微观结构[188]。欧阳钢锋团队还报道了一种新的蛋白质导向组装策略，构建了超高蛋白质含量的氢键杂交框架[189, 190]，提出了一种氢键有机框架仿生封装策略，利用人工氢键支架调控蛋白质构象的概念，突出了 HOF 纳米技术在调节、稳定酶活性方面的优势[191]。该团队建立了一种视觉敏感的 HOFs 生物传感器，用于检测作为骨骼和肝胆疾病重要生物标志物的磷酸酶[192]；通过催化剂构筑单元的调控，实现了室温下激子自发分离，并实现了多种自然水体中过氧化氢的高效光催化合成[193]；利用动态配位相互作用连接光敏剂（IrQPY）和酞菁钴（CoPc）分子催化剂用于高效光催化 CO_2 还原为 CO[194]。团队还将动态相互作用这一设计理念推广至非贵金属分子催化体系中，利用分别带有芘基的铜光敏剂（CuPYBCP）与钴催化剂（$CoPYN_5$）之间的动态 π-π 相互作用实现分子间的高速电子传输乃至高效光催化还原 CO_2 合成 CO[195]。

童明良团队在前期建立的配位对称性导向构筑高性能单离子磁体策略[196]的基础上，通过头对尾连接方式将稀土金属冠醚单分子磁体结构基元从单层组装成双层，显著提升了零场下的单分子磁体性能，实现了磁滞回线从闭合到开启[197]。该团队合成出一对五角双锥 Ho(Ⅲ)单分子磁体的同位素异构体，首次开展了稀土单分子磁体的磁动力学氘代效应研究，揭示了金属中心与配体原子的核自旋对单分子磁体磁动力学的调控机制[198]；合成了第一例含双端基氟离子的钬基配合物，观察到有效能垒的磁场依赖周期振荡现象，并揭示了单分子磁体在外部磁场、内部磁耦合及超精细作用共同协作下的核自旋驱动磁动力学新机制[199]；合成了有序－无序型 Co(Ⅱ)相变配合物，其姜－泰勒轴和冠醚“转子”的热辅助动态变化引发了配合物磁电性质的可逆切换，第一次为相变型分子磁性材料的单晶磁各向异性及磁介电效应的协同调控提供了范例[200]；利用四齿桥连配体 1,2,4,5- 四（吡啶 -4- 基）苯、线形 $[Au(CN)_2]^-$ 基元与 Fe^{II} 组装，构筑了罕见的反霍夫曼型阳离子金属有机框架结构[201]。

2.3.3 稀土化学研究进展

严纯华团队发现了稀土配合物自组装诱导发光现象，并利用原位配位、界面效应和能量传递通道构建，实现了配合物与基质的杂化和功能复合，同时结合配体的刺激响应性设计，进行了材料体系稀土荧光调制规律研究，建立了分子水平精准调控稀土材料功能策略[202]。该团队创新性地将稀土荧光光谱和寿命调制协同在一个材料体系中，实现了稀土多维度光学信息存储和防伪应用[203-205]，并围绕有机半导体材料和非线性光学材料开展材料合成与性质表征，在双极性有机半导体材料、单线态裂分材料、有机激光材料、单分子器件、柔性光电器件等前沿方向取得了系列创新性成果[206]。同时，基于稀土离子发光对微观结构及其在介质中传播的相关性，利用压力、温度、微型共振腔等作为调控手段，控制稀土纳米晶的局域结构、表面配位结构及光传播过程，揭示了稀土发光强度、跃迁选择性、谱带裂分和光偏振的调控规律[207]。该团队利用稀土铈多样的配位模式实现了 Ce 客体在高曲率模板表面的均匀附着，并在溶剂热条件下使其原位沉积为氧化铈纳米颗粒的组装壳，得到了拥有立方体 – 纳米片分级结构的 CeO_2/NiCo LDH 空心双层壳复合催化剂，并从精细结构角度分析稀土引入后对材料性能提升的关键性因素[208–210]。其还发展了一种配体辅助的合成策略，成功制备了系列钙钛矿 $LaCo_{1-x}Fe_xO_3$ 核壳微球，同时证明了该方法具有普适性，可以扩展至其他具有核壳结构钙钛矿材料的合成，并深入分析了由纳米粒子亚单元组成的多孔壳及核壳之间独特空间结构的特殊性[211–214]。该团队结合硫化物导电性较强和铈基材料易变价的优势，制备了系列具有形貌导向性的稀土功能催化材料[215–219]。

严纯华团队创造性地将配合物引入钙钛矿太阳能电池器件，构筑新型稳定卟啉 / 酞菁配合物空穴传输材料，不断刷新了卟啉 / 酞菁配合物空穴传输材料基钙钛矿太阳能电池的效率纪录[220]。并利用卟啉 / 酞菁配合物及卟啉自组装配位聚合物修饰封装钙钛矿薄膜，在保证钙钛矿薄膜晶界间电荷有效提取传输的同时大幅提高了钙钛矿薄膜的稳定性[221，222]。该团队还探究了卟啉配合物分子结构对大面积钙钛矿薄膜调控作用机制，调控制备了高质量大面积钙钛矿薄膜，实现了高效稳定大面积钙钛矿太阳能电池器件组装[223]。

2.3.4　无机磁性材料研究进展

高松 – 蒋尚达团队通过强旋轨耦合放大电子自旋与外部电场间的作用，实现了较低电压的自旋相干操控[224]，提出了同时带有自旋中心和自发电极化的分子铁电体也可具有显著增强的电场 – 自旋耦合效应[225]。

高松团队完全基于国产设备，搭建了等离子体电场注入合成装置，实现了该类分子的自主合成，突破了英国、德国等国对该先进量子材料制备技术的垄断。该团队通过化学修饰降低分子对称性，使不同磁量子态间的跃迁能量去简并，并通过液晶基质实现分子取向，使得该分子兼具超长的量子相干时间和磁量子态的可寻址性[226]。另外，该团队通过脉冲频率的控制准确寻址和跃迁，对该 N@C_{60} 衍生物分子包含 4 个磁能级的整体量子态进行了精准的量子相干操控，并实现了单一计算单元所不具备的量子纠错功能[227]。

2.3.5　生物无机化学研究进展

中国学者在金属抗肿瘤药物开发与抗肿瘤机制研究方面取得了重大突破，郭子建团队利用奥沙利铂和青蒿琥酯设计了一种新颖的化学免疫治疗剂 OPA，实现了以化学、免疫双重机制治疗癌症的目的[228]。其以非甾体抗炎药萘普生为轴向配体，制备了两种多特异性铂配合物以用于抑制乳腺癌细胞[229]，并提出了“生物正交催化致死”策略，通过模拟合成致死的特性，利用肿瘤内较高的铜含量，通过生物正交反应，在肿瘤细胞及肿瘤活体原位制造高抗肿瘤活性药物，实现了对肿瘤细胞及活体的靶向性选择性杀伤，避免了对正常细胞的毒副作用[230]。该团队通过对经典 AIE 构成部分四苯基乙烯进行修饰，不仅使 TPE-PyT-CPS 实现了对高尔基体的有效靶向，还实现了分子内有效的电荷分离，提高了单线态氧的产生效率[231]。

毛宗万团队在金属介导生物大分子的动态修饰研究中，提出了金属酶稳态调控与金属药物靶向设计的新策略，揭示了金属介导的生物大分子动态修饰机制和细胞死亡信号通路，提出了金属识别靶向和探测核酸新方法，揭示了核酸调控新模式[232-239]。该团队研究发现金属配合物与核酸 G- 四链体不仅可通过自适应实现靶向结合，还可通过惰性配位键水解动力学控制实现对核酸 G- 四链体的特异性识别和靶向，通过光驱动实现配合物在细胞中的生物分子靶向，促进活细胞核酸聚集和相分离。毛万宗团队提出了调控细胞内源金属稳态新策略，实现了对多种金属酶的同步干预和级联效应[240-244]。其不仅通过抑制剂偶联配合物抑制肿瘤过表达的金属酶功能，重塑肿瘤组织微环境，还通过螯合剂偶联配合物在亚细胞器螯合同种金属离子，调节金属 - 蛋白动态修饰，促使金属酶稳态重排，实现多金属酶的同步干预和级联效应[245-249]。还利用有机金属配合物的氧化还原活性、重原子效应、磷光成像等特性，实现了肿瘤亚细胞器的化学定点干预、诱导和示踪铁死亡、焦亡等新型细胞程序性死亡的精细过程，揭示了金属对生物大分子修饰的影响。

巢晖团队通过辅助配体改变配合物的电荷和脂溶性，调控配合物的细胞摄取量和细胞器靶向性[250]，构建了首例 Fe（Ⅲ）激活的溶酶体靶向铱（Ⅲ）前药，并将其用于胃癌诊疗[251]。该团队合成了首例用于非小细胞肺癌的内质网靶向铱（Ⅲ）配合物 ICD 诱导剂[252]，构建了一例线粒体靶向的蒽醌铱（Ⅲ）配合物，并将其用于乏氧肿瘤光动力治疗[253]；合成了一类具有三光子磷光的新型铱（Ⅲ）配合物，并成功将其用于生物荧光成像研究[254]；利用有机铂（Ⅱ）配合物的自组装，构建了一例与检测底物无反应、双光子激发的比率型双发射荧光探针 Pt1，并成功将其应用于生命过程的定量示踪[255]；报道了一种基于内过氧化铱（Ⅲ）配合物的新型光活化前药 2-O-IrAn，有效结合了乏氧双光子光敏剂和光活化化疗前药的特性，这种近红外双光子光活化化疗和双光子光动力治疗协同作用的策略，为乏氧肿瘤治疗开辟了新的道路[256]；合成了铂配合物（Pt）、手性钌配合物（Δ-Ru，Λ-Ru）及手性钌 - 铂双核配合物（Δ-RuPt，Λ-RuPt），该系列配合物对人端粒 DNA 序列具有高选择性，在非生理的稀溶液条件中均可高效诱导并稳定端粒 G- 四链体，表现出了优异的抗肿瘤活性[257]。该团队还通过二硫键（SS）构建了铱（Ⅲ）纳米双光子光敏剂，其不仅可以有效提高光敏剂的细胞摄取，还可以消耗细胞内 GSH，增强肿瘤细胞对氧化应激的敏感程度，诱导细胞凋亡和铁死亡的双重死亡途径，实现对肿瘤的有效抑制。同时，该团队借助小分子配合物和纳米聚合物之间的荧光寿命差异，实现了光敏剂的 PLIM 成像示踪和靶向 PDT 导航[258]。

赵劲团队发展了基于半胱氨酸合成二维红磷纳米材料的新方法，发现了二维红磷纳米片具有广谱的抗肿瘤活性，能够作为自噬诱导剂，抑制肿瘤生长[259]。赵劲与郭子建、金钟合作，通过组学检测与生物信息学分析，系统研究了砷烯对 NB4 早幼粒细胞白血病细胞的毒性机制，结果表明砷烯能够作为一种更加安全的药物候选者，用于急性早幼粒细胞白血病 APL 的治疗[260]，其还发展了基于 Ag_2S 量子点生物合成的杂化催化新体系，利用多肽诱导水相合成具有近红外二区荧光性质的 Ag_2S 量子点，用于病原微生物的快速杀灭[261]。经研究发现，在原核系统中，无机多阴离子聚磷酸盐（PolyP）能够介导正电荷蛋白质发生相分离，调控蛋白质的功能[262]。

2.3.6 无机纳米材料研究进展

李彦等回顾了碳纳米管手性选择性生长和分离方面的进展和新发现，并为下一步的研究明确了方向与挑战[261]。李彦团队利用原位环境球差透射电子显微镜（ETEM）及同步辐射谱学等先进技术开展了深入且系统的研究，通过直接观察催化剂和实时跟踪碳纳米管生长[262]，在原子尺度上清晰地揭示了催化剂的作用及单壁碳纳米管手性选择性生长的机制[263]。并采用原位 ETEM 结合原位同步辐射 X 射线吸收谱研究发现，在 700~1 100℃的高温下，Co_7W_6 纳米晶在甲烷、一氧化碳和氢气气氛中始终保持结构和化学稳定性[264]，利用原位 ETEM 研究了催化剂的状态、结构对碳纳米管生长模式的影响[265]。李彦、杨烽团队从单壁碳纳米管内腔的结构和性质出发，利用尺寸依赖的电子转移效应，设计并限域组装了不同形状和尺寸的多酸团簇（如 Dawson 型等），实现了更大管径（1.3~1.6nm）半导体性碳纳米管的选择性分离[266]，认识到液体的流动行为在溶液法制备纳米结构的过程中普遍存在，且对传热和传质具有重要影响[267]。

2.3.7 电致发光材料研究进展

郑佑轩等报道了利用双光子电离机制在室温条件下即可实现超长有机白光余辉的材料[268]。其引入了一价铜配合物作为掺杂客体，三苯基膦作为主体材料，在激发后进而产生稳定的电荷分离态，能够产生长达数小时的室温有机余辉[269]。并获得了双多重共振效应的发光材料 TCz-VTCzBN，是目前为止最接近 NTSC 纯绿光色系的材料[270]。郑佑轩等还开发了一种具有扭曲构象的手性螺芴 CP-TADF 分子[271]，将两对具有手性螺芴结构的蓝光和黄光 TADF 材料作为器件的发光单元，制备了具有双发光层结构，可以同时利用单线态和三线态激子的白光 CP-OLED[272]。其通过将手性联萘胺与电子受体结合，获得了具有棒状和螺旋结构的手性 TADF 材料[273]。并将两个单核的多重共振 TADF（MR-TADF）单元进行特殊位点的连接，制备了具有轴手性结构的多重共振 CP-MR-TADF 材料，实现了圆偏振纯蓝光的发射[274]，合成了两对具有平面手性的 CP-MR-TADF 对映体。郑佑轩等首次将刚性平面手性结构 Czp 引入硼氮骨架 CP-MR-TADF 材料并制备了 CP-OLED，对未来的 3D 显示研究有借鉴意义[275]。

2.4 有机化学

有机化学在促进人类认识、利用、改造自然，推动国民经济和社会发展方面具有不可替代的作用。经过数十年发展，我国有机化学发展已经在国内外产生了广泛影响，已接近和达到国际先进行列，部分领域也做出了引领性的研究成果。近年来，以人工智能为代表的新兴技术涌现，为有机合成方法学和天然产物化学的范式变革提供了强有力的基础。为了尽快融入并占领研究新高地、成为“基于人工智能的合成化学”的引领者，我国有机化学工作者要主动积极投入“基于人工智能的合成化学”的研究中，勇于拓宽所在领域的知识边界，使有机化学发挥更大作用，取得更丰硕的研究成果，助力国民经济社会发展与大健康战略实施。

2.4.1 有机合成方法学

金属催化的偶联反应、烯烃等不饱和烃的选择性转化、惰性键活化及官能团化、小分子的活化转化等是当前有机合成化学的重要研究领域。我国有机化学家在该研究领域取得了重要的进展。

在偶联反应方面，马大为等利用高效的铜 / 草酰胺催化体系，实现了（杂）芳基卤化物与氰基乙酸乙酯、α- 单烷基化衍生物、磺酰胺类化合物等的高效、高选择性偶联反应[1, 2]。梅天胜等利用镍催化耦合成对电解模式，实现了室温下亚磺酰亚胺的芳基化反应[3]。陈弓等发展了铱及铁催化的氮宾介导下二噁唑酮和芳胺的分子间选择性 N—N 键偶联反应[4]，随后该团队还发展了铁催化氮宾参与的 P—N 键偶联反应，实现了多种含膦化合物的高效胺化反应[5]。

在烯烃等不饱和烃的选择性转化方面，谢劲和朱成建等基于双核金属锰催化，实现了光促进的烯烃的氢硅化和脱氢硅基化反应[6]，发展了光外场条件下的双核金催化二氯烷烃活化新过程和烯烃的氯烷基化新反应[7]。麻生明等基于烯丙基金属铑的 1,4- 氢转移策略，开发了一种联烯向（*E*）- 式烯醛或烯酮的模式化合成的新方法[8]。阴国印等利用金属链迁移策略，发展了镍催化烯烃的 1,1- 碳硼加成反应[9]，并实现了热力学不稳定的取代环己烷的模式化合成[10]。刘国生等发现在吡啶 - 噁唑啉配体中吡啶 C_6 位引入取代基可以提高钯活化烯烃的能力，在钯催化末端烯烃的不对称双氧化反应基础上[11]，通过配体对反应动力学的调控，实现了非对称内烯烃的高区域、高对映选择性的迁移双氧化反应[12]，并且通过配体设计，实现了内烯烃及混合烯烃的选择性迁移卤化为烷烃的高值化转化[13, 14]。

在碳氢键官能团化方面，韩维等基于仿生催化，发展了铁催化芳烃的羟基化反应[15]。叶萌春和余金权等基于含羟基的功能性卡宾配体调控、发展了镍 - 铝双金属协同催化新体系，实现了吡啶类化合物 C_3 位高区域选择性的烯基化反应[16]。周强辉等将 Catellani 反应拓展到更为挑战的非芳香性杂环[17]，随后与余金权合作实现了二茂铁的远程对映选择性碳氢键官能团化，为 1,3- 二取代平面手性二茂铁化合物的制备提供了简单高效的方法[18]。栾新军[19]、焦雷[20, 21]等通过对 Catellani 反应的理性设计，发展了系列 Catellani 新反应，实现了传统钯 / 降冰片烯协同催化体系难以制备的多取代芳烃化合物的高效合成。王晓晨等基于去芳构化 - 官能团化 - 芳构化的策略，实现了一系列吡啶 C_3 位的亲电官能团化反应[22-24]。

在惰性键活化方面，汪义丰等基于自旋中心转移策略，发展了硼自由基介导的选择性脱氟反应[25]，发展了选择性脱氯和脱氧等反应[26, 27]。在含氮化合物的构建方面，焦宁等利用三氟甲磺酸酐 / 甲酸体系逐步活化硝基甲烷，发展了施密特类型的新反应，实现了酰胺和腈等化合物的合成[28]，随后在氧气氛围下通过铜催化芳环化合物的选择性碳碳键断裂新反应，实现了烯基腈化合物的合成[29]。江焕峰等报道了钯催化新体系，实现了烯丙基碳氢键的选择性氧化胺化反应[30, 31]。在碳杂键构建方面，焦宁等将卡宾催化与氧气氧化相结合，高效实现了烷基卤化物到酯的转化[32]。王剑波等利用选择性卡宾插入，实现了由醛到二硼化合物的合成[33]。周其林和朱守非等实现了亚烷基卡宾对硼氢键的高效插入反应[34]。

光电催化被认为具有绿色化学的潜质。雷爱文等基于发展的光催化和电催化反应体系，实现了烷烃碳氢键的氧化芳基化和磷酸酯化反应[35, 36]，并且通过电化学氧化促进的钯催化的末端炔烃的氨羰基化高效制备炔酰胺的反应[37]。另外，该团队实现了光 / 钴协同催化的烷基仲胺与烯烃的位点选择性烯丙基胺化反应[38]。吴骊珠和廖荣臻等报道了光 / 电催化下，多氟芳烃与富电性芳烃或杂芳烃的脱氟偶联反应[39]。

在糖的合成化学方面，万谦等发展了一锅法接力糖苷化反应，可快速构建多糖的结构[40]。钮大文等发展了一系列产生糖基自由基的方法，结合金属催化偶联，实现了多种高立体选择性的糖苷化反应[41–45]。陈弓等发展了铁催化氯代糖与芳基或烯基卤化物的还原偶联选择性地合成碳糖苷的反应[46]。梁永民和刘雪原等发展了钌催化导向芳烃碳氢键的邻位和间位的糖基化反应[47]。何智涛等利用 1,2– 硼迁移成功在糖结构中立体选择性的同时引入硼基团和其他取代基[48]。

在环化结构的合成方面，王梅祥等利用不同策略，发展了环带烃的多个合成方法[49–55]。栾新军等利用去芳构化的［4+1］反应实现了螺环的构建[56]。肖文精、陆良秋等通过钯催化与光活化相结合的策略，成功实现了乙烯基氨基甲酸酯、烯基环丙烷与 α– 重氮酮的［5+2］和［8+2］偶极环化加成反应[57, 58]，其还通过一种偶极环化 – 扩环新策略，实现了苯并八元内酰胺氮杂环的不对称合成[59]。雷晓光等实现了酶催化的［4+2］环加成反应[60]。赵东兵等报道了钯 / 铜双金属催化的三元氮杂环与三 / 四元环状酮二聚扩环反应，实现了氮杂大环化合物的构建[61]。麻生明、陈庆安等实现了钯催化的简单炔丙基碳酸酯或溴化物向反芳香性高张力丁富烯的转化反应[62]。

在小分子的活化与转化利用方面，余达刚等基于光催化和电催化体系，发展系列 CO_2 的选择性转化反应，包括电解池调控的吡啶区域选择性羧基化反应[63]，其研究的烯烃的氢 – 羧基化反应、双羧基化反应[64]，为各类羧酸类化合物的合成提供了简单高效的新方法。席振峰等人基于非均相与均相催化结合的策略，实现了氮气分子到含氮化合物的转化，开辟了氮气转化利用的新途径[65, 66]。施章杰等发展了四丁基溴化铵促进的低价钼活化并裂解氮气形成氮化钼的反应[67]，并基于桥联配体稳定的双核钛金属体系，成功实现了氮气与非活化 C（sp^3）—H 键的连续活化构建碳氮键的新反应[68]。

2.4.2 不对称催化

不对称催化是合成手性有机分子最高效的方法，是当代有机化学的重要前沿研究方向。近年来我国化学工作者在不对称催化反应方面取得了显著成果，不仅注重工作的原创性和系统性，提出了一些创新性的概念和策略，还发展了一批有特色、有影响力的手性配体和催化剂，助力我国在不对称催化领域激烈的国际竞争中占据一席之地，并在一些研究方向上达到国际领先水平。此外，不对称催化反应的研究也不仅限于实验室规模，而是逐渐从基础研究走向规模化应用。以下从新型手性配体 / 催化剂的开发与应用、高效不对称催化反应的发展、多样化手性分子的高效合成等方面概述我国学者近年来的代表性工作。

2.4.2.1 新型手性配体 / 催化剂的开发与应用

周其林等人以螺双二氢茚为核心骨架，制备了三齿手性配体，其铱配合物在酮的不对称氢化反应中取得高达 455 万的催化转化数[69, 70]。丁奎岭等人合成了基于螺缩酮骨架的手性双膦配体，其与多种过渡金属（如钯、铑、铜、金等）形成的配合物能够催化不对称烯丙基取代、环丙烷化等多类反应[71, 72]。涂永强等人设计开发了一系列多功能、模块化的新型氮杂螺环（SPD）手性配体[73, 74]。冯小明等人设计合成了一系列 C_2 对称性的手性氮氧化合物，其作为多齿配体与铜、镍、钴等几十种金属离子螯合形成的手性 Lewis 酸具有广谱的催化活性[75]。游书力、汪君等人所发展的多类新型手性环戊二烯基配体及其金属配合物在不对称碳 – 氢键活化反应中得到了广泛的应用[76–80]。

施世良等人基于优势手性片段设计合成了一类大位阻氮杂环卡宾配体，其镍配合物能够高效催化不对称羰基加成等反应[81]。范青华等人发展了一类结构可调的新型 C_1 对称的手性氮杂环卡宾配体，并成功应用于不对称硼化 / 曼尼希环化串联反应[82]。叶松等人发展了一类双功能氮杂环卡宾催化剂，实现了 5– 氯甲基呋喃甲醛的远端不对称曼尼希型反应[83]。

张俊良等人致力于多配位中心的手性亚磺酰胺膦（Sadphos）配体的设计开发及其应用研究[84–88]。张绪穆等人设计合成了一系列手性 Ugi 胺衍生的多功能膦配体，基于该类配体发展了高效、高选择性的不对称催化反应[89–91]。邓力等人围绕“弱键有机催化”开展了系统性研究，以金鸡纳碱衍生的相转移催化剂实现了不对称亚胺交叉偶联反应，催化剂用量可低至 0.5mol%[92]。

2.4.2.2 高效不对称催化反应的发展

惰性碳 – 氢键不对称活化是近年来备受关注的研究领域。余金权等人在碳 – 氢键不对称活化反应中发现了配体加速效应，并利用瞬态导向策略发展了一系列新型碳 – 氢键不对称活化反应[93–98]。史炳锋等人使用 Salox 配体实现了钴催化不对称碳 – 氢键官能团化反应[99–101]。周强辉等人在不对称 Catellani 反应方面取得了重要进展，实现了轴手性联芳基分子的高效合成[102–106]。金属卡宾对碳 – 氢 / 杂原子 – 氢键的对映选择性插入反应近年来也有了长足的进步。王剑波等人使用苯磺酰腙为卡宾前体，发展了过渡金属催化卡宾物种的不对称碳－氢 / 碳－杂原子键插入反应[107，108]。周其林和朱守非等人实现了卡宾物种对脂肪胺氮－氢键的高对映选择性插入反应，为手性氨基酸的合成提供了高效方法[109，110]。

芳香化合物的不对称氢化是一类直接构建手性环状化合物的重要方法。周永贵等人采用催化剂活化、底物活化和接力催化等策略实现了多种芳香杂环类分子的高对映选择性催化氢化反应[111]。范青华等人使用稳定的离子型手性金属二胺催化剂实现了一系列含氮芳香杂环化合物的高效、高立体选择性不对称氢化反应[112]。游书力等人提出了“催化不对称去芳构化”概念，利用形成季碳手性中心的方式有效阻止产物重新芳构化，获得了稳定的手性去芳构化产物[113]。贾义霞[114，115]、栾新军[116]、石枫[117]等人也发展了基于过渡金属催化和有机催化的不对称去芳构化反应。

近年来，使用廉价金属配合物催化不对称反应受到了化学家越来越多的关注。其中最具代表性的反应类型是廉价金属催化的烯烃不对称（双）官能团化反应。黄正[118，119]、陆展[120，121]及傅尧、陆熹[122]等人发展了烯烃的不对称氢化 / 氢官能团化反应。朱少林[123-126]、阴国印[127-129]、龚和贵[130]、孔望清[131-133]、陈宜峰[134-137]等人通过镍催化偶联反应实现了烯烃的（双）官能团化。刘国生等人利用铜催化自由基接力实现了碳－氢键的精准转化[138，139]。刘心元等人利用手性阴离子－铜催化体系发展了一系列不对称交叉偶联反应[140]。张前等人实现了钴催化烯烃与氟代双苯磺酰亚胺的不对称自由基氢胺化反应[141]。

使两种催化体系协同作用可以同时活化不同底物参与反应，实现单一催化体系难以促进的反应。龚流柱等人发展了有机小分子和金属协同或接力催化的新体系，为构建结构复杂的手性分子提供了新方法[142]。胡文浩[143]、许鹏飞[144，145]等人系统发展了有机小分子与金属协同催化的多组分和串联反应。随着有机光 / 电化学发展，将光 / 电融入不对称催化反应成了有机化学的研究热点之一。肖文精和陆良秋等人使用可见光与金属协同催化策略发展了不对称自由基偶联反应，实现了联（杂）芳基化合物的动态动力学不对称转化[146]。徐海超等人使用光、电与过渡金属协同催化的方式实现了苄位碳－氢键不对称氰化反应[147，148]。梅天胜等人将金属催化和电化学相结合，实现了氮杂环丙烷与芳基碘代物的不对称还原偶联反应[149-152]。

仿生催化模拟酶催化反应的特性，具有条件温和、反应高效、合成简洁等优点。罗三中等人发展了基于手性伯胺和邻醌结构的仿生催化剂，通过使用手性氨基催化剂结合光化学烯烃 *E/Z* 异构化策略实现了 α- 支链醛的高效去外消旋化[153]。赵宝国等人受生命体中维生素 B_6 功能的启发，设计和发展了新型手性吡哆醛 / 吡哆胺催化体系，并将其应用于不对称曼尼希反应和不对称转氨化反应中[154，155]。钟芳锐、吴钰周和陈希等人通过基因密码子拓展技术把在合成化学中常用的二苯甲酮类光敏剂定点插入到选定蛋白的手性空腔中，构建了含非天然氨基酸催化活性中心的人工光酶，该光酶能高效催化吲哚衍生物的分子内去芳构化［2+2］环加成反应[156]。

2.4.2.3　多样化手性分子的高效合成

近年来，通过不对称催化反应合成的手性分子的类型不断拓展。张万斌[157-159]、王春江[160, 161]等人使用两种金属催化体系活化不同的前手性底物，实现了一系列含双手性中心分子的立体发散性合成。周剑等人发展了多类去对称化的铜催化叠氮与炔烃环加成（CuAAC）反应[162, 163]。刘文博[164, 165]、黄重行[166-168]等人分别使用丙二腈和丙二酸酯衍生物为原料，通过去对称化反应合成了含季碳手性中心分子。

麻生明等人近年来在轴手性联烯的选择性合成和转化方面做出了系统性工作[169-173]。石枫[174, 175]、谭斌[176]等人将手性磷酸催化分别应用于构建碳－氮轴、氮－氮轴等新型轴手性骨架分子。闫海龙等人基于手性联烯醌中间体，使用金鸡纳碱衍生的有机催化剂，实现了芳基－乙烯、桥连轴手性化合物的合成[177]。顾振华[178]与叶龙武[179]等人分别使用张力环开环策略和炔烃环化反应构建轴手性联芳基和芳基－杂芳基分子。史炳锋[180-182]与李兴伟[183-186]等人分别使用不对称碳－氢键活化反应构建了含轴手性骨架的分子。

游书力等人利用预官能团化与动力学拆分相结合的策略，实现了各类 1,2- 和 1,3- 二取代及多取代平面手性茂金属化合物的不对称合成[187]。程鸿刚、余金权和周强辉[188]等人发展了钯 / 降冰片烯接力协同催化反应，实现了二茂铁远程碳－氢键芳基化反应，成功制备了 1,3- 二取代和 1,2,4- 三取代平面手性二茂铁化合物。闫海龙等人通过调控联烯醌中间体的反应位点，实现了区域选择性的杂 Diels-Alder 反应，合成了一系列含氧手性螺烯化合物[189]。游书力等人实现了铑催化 1- 芳基苯并异喹啉衍生物的不对称碳－氢键官能团化和环化反应[190]。

不对称催化反应构建杂原子（膦、硅、硼）手性的方法相继被报道。段伟良等人通过使用手性钳形镍配合物实现了伯膦化合物与缺电子烯烃的不对称加成反应，高对映选择性合成了手性仲膦－硼烷化合物[191]。何川等人发展了一系列铑催化不对称碳－氢键硅化反应，用于硅手性分子的构建[192, 193]。徐利文等人通过铑催化动态动力学不对称硅氢加成反应，实现了从消旋硅烷构到复杂硅手性分子的转化[194]。王鹏等人发展了一类合成硅手性螺环配体（SPSiOL，SPSiPhos）[195]。宋秋玲等人基于非对称联硼试剂，利用不对称 Miyaura 硼化反应实现了碳－硼轴手性化合物的不对称催化合成[196]。

2.4.3　元素有机化学

高效和高选择性地向有机分子中引入氟原子和氟烷基基团一直是获得有机氟化物的重要手段，也是有机化学领域里的前沿研究之一。我国化学工作者在发展新型氟化、氟烷基化、其他含氟官能团化及选择性脱氟官能团化等方面做了许多原创性工作。

2.4.3.1　新型氟化和氟官能团化反应的开发

在氟化和氟官能团化方面，李明开发了银参与的糖氧化自由基脱羟甲基氟代反应[197]。

冯超实现了金催化的联烯酸酯的氟芳化反应，得到了高区域选择性的 β- 氟烷基肉桂酸酯类化合物[198]。陈宜峰发展了钯催化烯酰胺的不对称 1,2- 芳基氟化反应[199]。张弛发展了 *N*- 乙酰基苯碘唑骨架的单氟三价碘试剂，用于高区域选择性和非对映选择性的对位氟化哌啶的合成[200]。胡金波实现了三级胺和 $TMSCF_2Br$ 对醛的氟化 - 胺碳基化反应[201]。

在一氟甲基化方面，陈祥雨、汪志祥利用磷族元素 sigma- 空穴作用力诱导光解实现了烯烃的一氟甲基化反应[202]。王细胜教授报道了镍催化的烷基溴化物和一氟甲（烷）基溴化物的还原交叉偶联反应[203]，以及镍催化的未活化烯烃的氢氟烷基化反应[204]。

在二氟烷基化方面，毕锡和开发了二氟乙醛 *N*- 邻三氟甲基苯磺酰腙，避免了易挥发、有毒且易爆炸的二氟甲基重氮甲烷的使用[205]。通过二氟甲基自由基途经，储玲玲[206, 207]和马军安[208]等实现了烯烃、炔烃的二氟甲基化反应；胡金波实现了铁催化的芳基硼酸酯的二氟甲基化反应[209]。沈其龙首次合成了二（三）氟甲基铜络合物，并对其反应活性进行了探究[210, 211]。郭昌报道了二氟一氯甲烷作为二氟卡宾前体，参与铜催化的氨基酯衍生物的对映选择性二氟甲基化反应[212]。常俊标通过 Ni—H 与二氟烯烃的插入反应实现了镍催化的偕二氟烯烃的不对称硅氢化反应[213]。张新刚通过对映发散式不对称接力偶联策略实现了镍催化的消旋环丙基锌试剂与氟卤烷烃的不对称二氟烷基化反应[214]，并开发了镍催化的芳基锌试剂和氮杂环烯烃的自由基串联反应[215]。赵应声等报道了铁催化的杂芳烃的对位二氟甲基化反应[216]。李杰等报道了钴和芳基锌试剂催化的烯烃的双官能团化反应[217]。

在全氟烷基化方面，寮渭巍[218]和舒超[219]分别利用电化学和光化学实现了 Langlois 试剂（$NaSO_2CF_3$）作为三氟甲基自由基和 SO_2 的双功能试剂。赵应声[220]和赵德鹏[221]报道了光诱导芳烃的对位三氟甲基化反应。潘毅利用磺酰基咪唑盐试剂实现了光催化下炔烃、烯烃的 1,2- 三氟甲基化硼化反应[222]。张松林报道了高价（phen）Cu（CF_3）$_3$ 化合物参与的芳烃的直接三氟甲基化反应[223]。刘国生报道了光氧化还原协同铜催化的苄基 C—H 键的手性三氟甲基化反应[224]。卿凤翎报道了首例镍参与的芳基新戊酸酯的三氟甲基化反应[225]。周剑开发了新型双功能三氟甲基硅试剂 Me_2（CH_2Cl）$SiCF_3$，并探究了其与酮的不对称三氟甲基化反应[226]。沈晓开发了含三氟乙醇或二氟乙醇的硅试剂，合成了结构各异的氟烷基醇[227]。韩丙报道奎宁环与 Togni's 试剂Ⅱ或氟代烷基碘形成的 EDA 复合物，实现了三氟甲基取代的 $\beta(\gamma)$- 氨基酮的合成[228]。王剑波通过手性 Sc(Ⅲ) 催化的三氟重氮乙烷与环酮化合物的重排同系化反应，实现了手性 α- 三氟甲基环庚酮的合成[229]。支志明实现了双 Rh（Ⅱ）催化的 α- 三氟甲基 -α- 烷基卡宾插入 C（sp^3）-H 键[230]。王芒通过 *N*-CF_3 亚胺酰氯和 *N*-CF_3 腈鎓离子与 1,3- 偶极子反应得到了 *N*-CF_3 唑类化合物[231]。赵宝国等发展了手性吡哆醛催化的三氟甲基酮与甘氨酸酯、炔丙胺的不对称反应[232, 233]。王细胜报道了镍催化的三氟烷基溴化物分别与芳基碘代物[234]和酰氯的不对称还原交叉偶联反应[235]。张俊良通过钯 /TY-Phos 催化体系实现了偕二氟烯烃的不对称芳氟化反应[236]。全氟叔丁基（PFtB）相比三氟甲基表现出更强的拉电子能力、位阻效应，以及 ^{19}F 核磁共振中更高的灵敏度。鉴于此，胡金波发展 1,1- 二溴 - 双三氟甲基乙烯和全氟叔丁基苯基砜，成功实现了碘代烷烃的全氟叔丁基化[237]和间位选择的芳炔全氟叔丁基化反应[238]。储玲玲[239]、吴小锋[240]和韩丙[241]等从全氟碘代丁烷出发，通过多组分反应合成了全氟正丁基化合物。

在氟碳链可控延长方面，胡金波等从一个碳原子的氟烷基试剂出发实现了氟碳链可控延长。其将 $TMSCF_3$ 作为唯一的氟烷基源，利用铜催化的 α- 重氮酸酯的偕双三氟甲基化反应，实现了从 C_1 到 C_3 的氟碳链延长反应[242]。其还利用 $TMSCF_2Br$ 作为二氟亚甲基源，实现了二氟甲基亚铜的一次和两次高选择的二氟亚甲基可控插入过程，实现了从 C_1 到 C_2 和 C_1 到 C_3 的可控延长[243]。并在无金属参与条件下，实现了 $TMSCF_2Br$ 对醛进行表观的一次和两次二氟亚甲基可控插入过程[244]。

具有强吸电子性、高亲脂性和代谢稳定性的三氟甲氧基同样也受到了氟化学家的关注。汤平平利用三氟甲基芳基磺酸酯[245, 246]、卿凤翎利用电化学条件下氧气和三氟甲基自由基产生三氟甲氧基自由基[247]、王晓晨利用 *N*- 三氟甲硫基糖精[248]分别实现了（杂）芳烃 C–H 键的自由基三氟甲氧（硫）基化反应。

磺酰氟及其衍生物在有机合成、化学生物学、药物学和材料化学等方面有着广泛的应用。廖赛虎等人利用 FSO_2Cl 和 1- 氟磺酰基 -2- 芳基苯并咪唑盐作为 FSO_2·自由基源，分别实现了光诱导烯烃和炔烃不同形式的自由基氟磺酰化反应[249–253]。高洪银通过三氟甲基亚磺酰氯与芳基羟胺的串联重排反应制备了邻三氟甲磺酰化芳胺类化合物[254]。

卿凤翎通过六氟丙烯与氟化银原位制备七氟异丙基银，在氧化剂的参与下与羟胺反应，得到了一系列基于 *N*–OCF（CF_3）$_2$ 化合物的亲核型和自由基型七氟异丙氧基化试剂[255]，并利用 SF_5Cl 试剂实现了重氮化合物多种形式的五氟化硫基化反应[256, 257]。

2.4.3.2　选择性脱氟官能团化反应的开发

石航利用过渡金属催化的芳香环配位活化策略，先后实现了氟代芳烃的胺化[258]、羟基化和烷氧基化反应[259]。熊涛发展了铜催化的多氟芳烃对苯乙烯的脱氟氢芳基化反应[260]。吴骊珠等利用 PDI 催化的光电催化实现了多氟芳烃选择性 C–F 芳基化反应[261]。张新刚[262]和焦雷[263]分别实现了三氟甲基（杂）芳烃的选择性脱氟官能团化反应。

三氟甲基 C—F 键的键能会随着脱氟反应的进行逐渐减弱，因此三氟甲基的选择性脱氟官能团化反应难以控制。汪义丰等利用自旋中心转移机理发展了三氟乙酸衍生物的连续可控脱氟官能团化反应[264]。尚睿[265]、毕锡和[266, 267]、夏吾炯[268]、朱少林[269]、王川[270]、程津培[271]、冯超[272]等人相继实现了不同策略下三氟甲基 C—F 键的脱氟官能团化。此外，二氟环丙烷[273–275]和偕二氟烯烃[276–279]的脱氟官能团化也有报道。

2.4.4　天然产物化学

在过去的三年间，国内天然产物化学研究者在天然产物新结构的发现和功能研究方面取得了一系列重要进展。

2.4.4.1 新颖结构的发现

2020 年 1 月—2023 年 6 月,《天然产物杂志》(*Journal of Natural Products*)上中国学者发文量 / 总发文量为 426/1211,《有机化学通讯》(*Organic Letters*)上中国学者发表新颖天然产物数量 / 总数量为 296/429,《天然产物报告》(*Natural Product Reports*)的“热点新闻(Hot off the Press)”栏目中,中国学者有 322 个分子入选“热点分子”(总数 680 个)。以下将列举中国学者在这一时期的部分代表性成果。

岳建民团队报道了 4 个新颖骨架三尖杉二萜二聚体 cephalodiones A–D(A:1),该分子能有效抑制 Th17 细胞分化,且比单体具有更好的选择性[280]。普诺 · 白玛丹增和李昂团队发现了一个具有新颖 6/6/4 骨架、对 T 淋巴细胞具有显著免疫抑制活性的杂二萜(–)-isoscopariusin A(2),并实现了该分子的克级合成[281]。吴长生和李越中团队发现了 3 个结构新颖、对斑马鱼心血管生成具有显著促进作用和抗血栓作用的黏菌唑类化合物[myxadazoles A1(3)、A2 和 B][282]。高锦明、徐功和韩文博团队分离鉴定了一系列具有独特多环骨架及显著抗骨质疏松作用的聚酮分子 tricrilactones A–H(A:4)[283]。林厚文与张伟团队发现了 4 个结构新颖的 21 元大环内酯类化合物 somalactams A–D(A:5),somalactam A 具有显著的抗炎作用[284]。岳建民团队报道了 18 个结构新颖的三萜类化合物[dichapegenin A(6)],其中 dichapegenins B 和 D 对人体的伯基特氏淋巴瘤细胞系(NAMALWA)表现出纳摩尔级活性[285]。张勇慧、王小川和朱虎成团队发现了 10 个降解重排的 PPAP 类化合物 hyperforones A–J(A:7),其中,hyperforones D 和 F 在细胞中同时显示出对 PP2A 的显著激活和对 BACE1 的抑制[286]。岳建民团队发现了 4 个结构新颖、可显著抑制 Th17 分化的大环九肽 orberryamides A–D(A:8),其中,orberryamides A–C 的作用是通过靶向 RORγt 的配体结合结构域实现的[287]。朱伟明和付鹏团队报道了 8 个天然产物嵌合体 chimedermycins A–H(A:9)及通过合成得到的系列嵌合体衍生物,并从中发现了对 MRSA 具有显著抑制作用的化合物[288]。

2.4.4.2 新颖天然产物与结构多样性拓展的新方法与新策略

我国研究者近年来在新颖天然产物发现与结构多样性拓展的新方法与新策略方面也取得了一些重要进展。叶文才和王英团队提出了基于生源砌块的分子网络(BBMN)策略,并运用该策略成功获得了 3 个具有促神经细胞分化活性的新颖骨架一叶萩型生物碱,suffranidines A–C(A: 10)[289]。普诺 · 白玛丹增、郑永唐、薛小松团队提出了挖掘新颖天然骨架潜在应用价值的“Pharmacophore–Oriented Semisynthesis(POSS)”策略,通过运用该策略合成并发现了 syn70(11),其在新冠病毒感染的 Vero E6 细胞上显示出显著的抑制活性与较高的选择性指数,均优于阳性对照药瑞德西韦[290]。庾石山和屈晶团队基于新颖骨架天然产物 spirooliganin(12)构建了立体化学多样性异构体库,spirooliganin 和位置异构体 39 对 Coxsackievirus B3 表现出强效抑制作用[291]。赵新锋团队基于天然酚酸结构构建了具有多样性的 DNA 编码化合物库（DECLs），并从中发现了一个针对 AT1R 的高特异性苗头化合物[292]。

2.4.4.3　天然产物结构分析

我国学者近年来在复杂天然产物结构确证方法的开发与综合运用方面取得了一些重要进展。孙涵、王斌贵和雷新响团队提出了利用由寡肽 AAKLFFF 形成的液晶相收集有机分子的 ΔRCSA 数据的高效便捷方法，研究者运用这种方法确定了新颖海洋天然产物 spiroepicoccin A（13）的相对构型[293]。吴军团队发现了含有 37 个碳手性中心的超级碳链化合物 gibbosols A（14）和 B，并成功地确定了它们的绝对构型，这是近 20 年来绝对构型得以完全确立的分子量最大的超级碳链化合物[294]，此外，该团队还成功确定了超级碳链化合物 benthol A（15）的平面结构和绝对构型[295]。胡金锋团队综合运用包括 GIAO NMR 化学位移计算在内的多种光谱技术和波谱技术成功确证了新颖骨架五萜类化合物[forrestiacids A（16）和 B]的化学结构[296]。

2.4.4.4　天然产物功能研究

天然产物功能研究是发现具有潜在药理活性化合物、为创新药物研发提供候选物的重要环节。

陈佺、胡俊杰和郝小江团队从二萜和二萜生物碱及其衍生物中筛选发现了可直接靶向 MFN1、促进 GTP 水解和线粒体融合的 S89（17），S89 可恢复 CMT2A 患者来源细胞的线粒体功能，保护小鼠心脏组织免受缺血损伤和再灌注损伤[297]。赵大庆、李香艳团队发现人参皂苷 Rc（18）可作为 SIRT1 激活剂促进能量代谢，改善正常和缺血、再灌注损伤条件下的心脏和神经保护功能[298]。尹胜与王军舰团队基于瑞香烷二萜 DD1［19，对多株去势抵抗性前列腺癌（CRPC）细胞 $IC_{50}s \approx 1$ nmol/L］揭示了 importin-β1 在 CRPC 进展中的功能及其作为药物靶点的可行性[299]。姚广民、方超团队报道了 6 个 PDI 抑制活性显著的化合物，其中，piericone A（20）可通过靶向胞外 PDI 抑制血小板聚集和纤维蛋白沉积，从而发挥其显著的体内、外抗血栓活性，且不增加出血风险[300]。黄卫华团队首次使用纳米电极电化学技术定量测量技术，发现了天然产物 harpagide（21）可以有效增强突触多巴胺释放，并使帕金森病模型受损神经元中的多巴胺释放恢复到正常水平[301]。吴明一团队从白玉蜗牛黏液中发现一种天然多糖基黏合剂（d-SMG），其具有组织黏附力强、生物相容性好、可生物降解等优良性能，能够显著愈合正常大鼠和糖尿病鼠的皮肤创面伤口，是一种新型的医用组织黏合剂[302]。陈纪军团队研究发现，南牡蒿素 G7（22）具有与临床一线抗肝癌药物索拉菲尼相当的抗肝癌活性，且安全性更好，两者均以 PDGFRA 为靶点，前者通过调节 AKT 和 STAT 信号通路发挥抗肝癌活性[303]。许刚和年寅团队报道了目前最强的 Cav3.1 低电压门控钙离子通道激活剂 hypatone A（23），它能恢复诱发脊髓小脑性共济失调 42 型（目前无药可治的遗传性神经退行性疾病）的 Cav3.1 突变通道的门控特性[304]。郭勇、秦上尚和杨瑞阁团队报道了对临床 MRSA 具有显著抗菌效果的两亲性黄腐酚（xanthohumol）衍生物Ⅳ 15（24），其具有杀菌性能快、毒性低、血浆稳定性好、不易诱发细菌耐药性等优点，且体内抗 MRSA 疗效优于万古霉素[305]。

2.4.4.5 天然产物化学与人工智能

人工智能（AI）技术对天然产物研究的影响尤其值得关注[306，307]，其已经在天然产物的提取分离、结构确证、活性研究、生物合成研究等方面发挥了重要作用。折改梅和袁瑞娟团队开发了基于正交实验设计数据的机器学习辅助优化方法，以便机器能更好地理解复杂的提取过程[308]。徐昕团队提出的 SVM-M 协议将支持向量机（SVM）模型与 xOPBE/6-311+G（2d，p）理论水平下精确的 ^{13}C 化学位移计算结果结合，能高置信度地识别复杂有机化合物的化学结构，并进行立体化学指认[309]。高峰、唐勇、宋海宁团队使用深度神经网络方法发现了 eleutherobin、bruceine D 和 phorbol 12-myristate 13-acetate 三种高效的天然 β- 微管抑制剂[310]。巫瑞波和杨跃东团队基于深度学习算法开发了一个自动逆向生物合成路线规划系统 BioNavi-NP[311]。

2.4.5 天然产物全合成

具有重要生物功能的天然产物在解决人类重大疾病的预防和治疗过程中具有不可替代性，因此，它们的绿色和可持续发展是天然产物合成化学的主题。2020 年 1 月—2023 年 6 月，我国学者在《德国应用化学》上发表有关天然产物合成的文章共 64 篇（美国、德国、日本、英国和瑞士分别是 37、24、16、9 和 9 篇）；在《美国化学会志》上发表的有关天然产物合成的文章共 61 篇（美国、德国、日本和瑞士分别发表 93、15、11 和 7 篇）。此处对我国学者近年来在上述两个代表性期刊发表的文章进行综述，按集成合成策略、结构多样性导向合成策略、仿生合成策略和高效合成策略 4 个板块进行分类，阐述我国天然产物合成化学取得的进展。

2.4.5.1 集成合成策略

2020 年，涂永强团队利用频哪醇重排反应完成了吲哚类生物碱 Aspidofractinine 的全合成[312]；黄乃正、彭小水团队利用铂催化的烯炔环化异构化实现了 Cryptotrione 的全合成[313]；叶涛、郭益安团队通过铂催化的［3+2］环化反应完成了 Kopsane 类生物碱的全合成[314]；梁广鑫团队通过建立串联狄尔斯 - 阿尔德反应和分子内烯环化反应实现了 Norrisolide 型海绵二萜的合成[315]；翟宏斌团队利用［3+2］环化反应完成了 Cyclopianes 二萜的全合成[316]。

2021 年，胡向东团队通过 Pauson-Khand 反应完成了三尖杉二萜的不对称全合成[317]；童荣标团队用不对称炔基化反应实现了吲哚生物碱的全合成[318]；张敏团队利用串联环化反应实现了生物碱 Schizozygane 的全合成[319]；杨玉荣团队采用铱催化烯丙基化反应实现了百部生物碱的不对称全合成[320]。

2022 年，罗佗平团队通过开发新型环化反应完成了 Grayanane 的全合成[321]；翟宏斌团队采用钯催化的［2+2+2］环化反应实现了三尖杉二萜的不对称全合成[322]。2023 年，李闯创团队利用钌催化的［5+2］环化反应完成了甾体 Bufogargarizins 的全合成[323]；张洪彬团队利用 Pummerer 重排反应实现了吲哚生物碱 Kopsaporine 的集成式合成[324]。张敏和蓝宇团队开发新型不对称环化反应完成了马钱子碱的集成式合成[325]。

2.4.5.2　结构多样性导向合成策略

2020 年，高栓虎团队完成了 Cephanolide 的会聚式合成[326]；韩福社团队建立了串联环化反应实现了吲哚类生物碱 Post–Iboga 的合成[327]。2021 年，邓军团队采用仿生的合成策略实现了 Cytochalasans 类天然产物的合成[328]；姜雪峰团队利用氧化聚合反应实现了生物碱 Calycanthine 的合成[329]；邱发洋团队利用环化反应和重排完成了虎皮楠类生物碱 Daphenylline 和 Himalensine A 的不对称全合成[330]。

2022 年，库学功团队利用环化反应完成了 Lycopodium 类生物碱的合成；陈悦、王良团队完成了壳梭菌素二萜类天然产物的首次全合成[331]；唐勇、王丽佳团队用新的环化反应完成了四环螺二氢吲哚类生物碱的全合成[332]；张书宇团队利用分子内 C（sp^3）—H 键活化反应实现了脯氨酸类天然产物的集成合成方法[333]；马大为团队利用共轭加成反应实现了二萜类乌头碱的全合成[334]；刘波团队利用环化反应实现了乌药烷型倍半萜二聚体和三聚体的全合成[335]。

2023 年，樊春安团队利用［2+3］环化反应实现了三尖杉类生物碱的全合成[336]；翟宏斌团队利用自由基环化反应和 Heck 反应实现了 Daphniphyllum 类生物碱的全合成[337]；丁寒锋团队利用缩环反应和频哪醇环化反应实现了（+）–Vulgarisins A–E 的全合成[338]；齐湘兵团队利用氧化偶联完成了 Sarpagine 家族生物碱的全合成[339]。

2.4.5.3　仿生合成策略

2020 年，桂敬汉团队通过仿生酯交换 / 氧杂迈克尔加成串联反应完成了 Propindilactone 的半合成[340]。2021 年，该团队利用光介导的 santonin 反应实现了 Bufospirostenin A 的半合成[341]，随后利用仿生策略完成了甾醇 Pinnigorgiols B and E 的半全合[342]。2022 年，杨震、黄俊课题利用光介导的 santonin 反应完成了 Bufospirostenin A 的半合成[343]；贾彦兴团队利用仿生重排反应实现了（+）–euphorikanin A 的合成[344]；邓军团队通过仿生合成实现了 Spirochensilide A 的半合成[345]；徐正仁团队利用仿生合成策略实现了 Spiroindimicin 家族天然产物的全合成[346]。2023 年，桂敬汉团队利用仿生的 S_N2' 环化反应实现了甾体类天然产物 phomarol 的半合成[347]。

2.4.5.4　高效合成策略

在过去的几年中，运用自由基为关键反应实现复杂天然产物合成的案例与日俱增。一些代表性工作如下文所述。

2020 年，贾彦兴团队利用锰介导的自由基环化反应实现了（–）–Glaucocalyxin A 的全合成[348]；高栓虎团队利用铜介导的氧化环化反应完成了 Xanthone FD–594 的不对称全合成[349]；桂敬汉团队利用分子内通酮 – 烯丙基醋酸酯的还原环化反应完成了二萜

Wickerols A 和 B 的全合成[350]。

2021 年，焦雷团队利用自由基环化反应实现了 Arborisidine 的不对称全合成[351]；娄红祥团队利用氧化自由基环化反应实现了 Manginoids A/C 和 Guignardones A/C 的全合成[352]；鲁照永团队利用自由基环化反应实现了 Dysideanone B 的全合成[353]；黎后华团队报道了脱烷氧基羰基化反应，完成了 Berkeleyone A 和 Preaustinoids 的不对称全合成[354]，该团队还利用氧化 – 烷基化反应实现了 Hyperforin 和 Pyrohyperforin 的不对称合成[355]；张敏团队利用还原去芳构化偶联反应完成了 Talassimidine 和 Talassamine 的不对称全合成[356]。

2022 年，梁广鑫团队利用自由基环化反应完成了 Isorosthin L 和 Isoadenolin I 的全合成[357]；陆海华团队利用分子内氧化去芳构化反应实现了 Daphenylline 的全合成[358]；桂敬汉团队通过自由基偶联反应完成了 Clionastatins A 和 B 的全全合[359]；贾彦兴团队利用串联的自由基反应完成了 4 个 Kopsane 类生物碱的全合成[360]。2023 年，李超团队报道了一种新型的［3+2］自由基成环反应方法实现了二萜 Beyerane 家族集成合成[361]。

特别应该指出的是，在自由基化学领域，近年来利用光化学为关键反应合成天然产物取得了长足的进展，其中包括光激发的反应和光驱动的氧化还原反应。

2020 年，高栓虎团队利用光激发的 Nazarov 反应实现了 Farnesin 的全合成[362]；娄红祥团队以光驱动的 De Mayo 反应合成了多个四环二萜类化合物[363]；丁寒锋团队利用光介导的 Nazarov 环化反应完成了木藜芦烷 Rhodomollanol A 的不对称全合成[364]；杨震 / 陈家华团队利用光介导的不饱和 C（sp^3）– 自由基与烯酮的偶联反应完成了（+）–Haperforin G 的全合成[365]；罗佗平团队利用光驱动的氧化还原反应完成了（–）–Batrachotoxinin A 的全合成[366]。

2021 年，张延东团队利用光驱动的去饱和反应为核心策略实现了 Illicium 倍半萜类天然产物的全合成[367]；丁寒锋团队利用光驱动的 Fries/imine 串联环化反应实现了（+）–Alsmaphorazine C 的全合成[368]；高栓虎团队利用光驱动的狄尔斯 – 阿尔德反应为关键步骤实现了 Aglacins A、B 和 E 的全合成[369]，该团队还利用光驱动的狄尔斯 – 阿尔德反应完成了多个鼠尾草三萜类天然产物[370]及莲花烷类生物碱的全合成[371]；杨震、黄俊团队利用光介导的 Norrish–Yang 反应完成了 Cyclobutastellettolide B 的不对称合成[372]。

2022年，杨震、黄俊团队利用光介导的Photosantonin重排反应实现了（–）–Bufospirostenin A 的半合成[373]；罗佗平团队利用光诱导的［2+2］环化反应和重排反应实现了（+）–Mutilin 的全合成[374]；唐叶峰团队基于光诱导的［2+2］环化反应完成了 Dysiherbols A、C、D 的全合成[375]。2023 年，丁寒锋团队利用光驱动的 Photosantonin 重排反应实现了 9 个 grayanane 二萜的全合成[376]。

值得关注的是，金属催化的氢转移化反应（MHAT）近年来被广泛地应用到天然产物合成中，催生了天然产物的合成新策略。2020 年，杨震、黄俊团队实现了（+）–Waihoensene 的全合成[377]；李超团队完成了（–）–Daphnezomines A 和 B 的全合成[378]。2021 年，丁寒锋团队实现了 Hetisine 类型生物碱的全合成[379]；马志强团队完成了麦角甾类天然产物的全合成[380]；高栓虎团队实现了 Norzoanthamine 的全合成[381]。2022 年，罗佗平团队实现了（－）-Triptonide 的全合成[382]；丁寒锋团队完成了（－）-Crinipellins 的全合成[383]；陆海华团队实现了 Salimabromide 的全合成[384]。2023 年，樊春安团队实现了 5 种类型复杂二萜的多样性全合成[385]；王少华团队完成（－）-Retigeranic Acid A 的不对称全合成[386]。

我国学者 2020 年 1 月—2023 年 6 月发表了百余篇有关天然产物高效合成的工作，鉴于篇幅有限，相关文章列入参考文献[387-511]。

2.4.6 物理有机化学

物理有机化学是以物理的手段和技术研究有机化学反应机理和本质的学科。近 4 年，我国科学家在物理有机化学研究各个领域都取得了重要进展，在催化机制和规律、反应热力学、反应动力学、计算与智能合成化学、中间体表征和人工智能化学等方面均取得了重要突破。

2.4.6.1 催化过程中的物理有机化学

随着催化合成化学的不断进步，深入系统研究催化体系反应机制，总结催化规律，并以此为契机开拓机理驱动的催化方法学研究逐渐受到重视。罗三中基于仿生伯胺催化阴离子质子梭模型，发展了不对称烯胺质子化新反应，进一步与光催化烯胺 *E*/*Z* 互变异构结合，实现了取代醛的去消旋化新型手性合成路径[512]。王瑶等人将硫族化膦剂作为高效的硫键催化剂，并对其进行了系统性地研究，提出了“硫－硫键催化”和“硫键－π 键催化”的模式，证明了硫族催化剂可以活化烃类，实现了烯烃的环化和偶联反应[513]。程津培团队率先开展了与过渡金属相关的键能测量，建立了溶液相 Pd—X 键的键能测定方法，系统测定了 Pd—N 键和 Pd—O 键在二甲基亚砜溶液中的异裂能[514]，研究了钯络合物的构效关系[515]。雷爱文、易红等人通过时间分辨瞬态吸收光谱、原位电化学 UV-Vis、原位电化学 ESR 等表征技术研究了吲哚自由基阳离子的结构和性质，发展了基于高区域选择性的吲哚成环电化学氧化方法学[516]；刘强、蓝宇等人首次分离获得了催化氢化反应中的氨基阴离子金属氢活性中间体，并对其反应性质和催化性能进行了深入研究[517]；左智伟等人利用多谱学手段阐释了铈催化烷烃碳氢键转化反应中烷氧自由基的产生及其介导的攫氢过程[518]。

2.4.6.2 理论计算与人工智能化学

理论计算已成为探究反应机制的核心工具，我国在此方面研究中取得了重要进展，同时在利用人工智能手段研究有机化学问题方向上已逐渐形成研究力量。吴云东和张欣豪等利用高通量计算系统研究了自由基诱导卤代甲烷原子转移反应的选择性，明确了实现卤原子转移与氢原子转移的自由基类型[519]。在反应机理方面，余志祥等针对铑催化的［5+2+1］环加成反应，利用动力学实验与量化计算，确认了其中催化剂稳态与活性态的明晰结构，从而揭示了立体选择性来源[520]。陈雪波和申林等人针对碳氢键胺化反应，明确了其中能量转移、电荷转移等效应对三重态氮宾生成的重要作用[521]。蓝宇等针对双自由基的生成过程，提出了新的理论模型——接力 -PCET，为自由基交叉偶联反应提供了新认识[522]。薛小松等针对芳基碘催化的不对称去芳构化反应，建立了催化手性模型，并提出了催化剂与底物的螺旋形匹配模式[523]。在反应动态学研究方面，余志祥等针对联烯亚胺阳离子的［2+2］反应，揭示了其两可过渡态的性质，明确了反应区域选择性可由反应动力学、热力学和动态学三者控制，并通过实验验证了模型的准确性[524]。钟龙华等针对铁（Ⅲ）催化的杂狄尔斯 – 阿尔德反应，通过实验与计算手段研究了其反常动力学同位素效应，揭示了铁配位模式与自旋态的重要作用[525]。在催化体系理性设计方面，郑文华和梁勇等人针对 1,3- 二醇去对称化反应，通过计算进行保护基团的理性设计，成功实现了高选择性转化[526]。此外，人工智能新技术也为物理有机化学研究提供了新的研究手段，罗三中和张龙等人利用其开发的 SPOC 描述符，实现了溶液相的 pKa、亲核性、亲电性参数等的精准预测[527]。洪鑫等通过将过渡态信息与机器学习结合，实现了钯催化碳氢键活化构建轴手性反应中对映选择性的全局预测[528]。

2.5　高分子化学

2020 年是高分子学科诞生 100 周年，过去 4 年里，我国高分子科学相关研究工作水平不断提高，与其他学科交叉融合的研究趋势更加显著，在国际顶级期刊发表的研究论文数逐年增加。我国学者在生物医用高分子和光电功能高分子领域始终保持强劲的发展势头，在重大疾病治疗相关高分子材料及有机光伏材料方面取得了突破性进展，继续引领相关领域的国际研究方向。在高分子合成化学研究领域，特别是烯烃配位（共）聚合、开环（共）聚合、含硫聚合物合成、可闭合回收高分子等方面，我国学者也取得一批原创性高水平研究成果，发展出一系列具有自主知识产权的新型催化剂（体系），有些成果目前正在开展工业化转化，为我国高端、高性能高分子材料的制备奠定坚实基础。

2.5.1　高分子化学

在烯烃可控聚合方面，简忠保团队提出了空间限域与氟化镍系催化剂设计双重策略，将烯烃活性聚合温度窗口大幅提升至 130℃，他们还实现了乙烯作为唯一单体在工业条件下精准制备乙丙共聚物弹性体[1–3]。唐勇团队发展了一类双核与四核镍金属团簇配合物，在助催化剂作用下实现了乙烯与丁烯酸、丙烯酸等短链质子性极性单体的高活性配位共聚合[4]。陈昶乐团队基于新发展的系列催化剂异相化策略实现了高性能异相烯烃聚合催化剂的合成[5, 6]，并进一步通过原位聚合法制备得到了具有定制性能的高性能聚烯烃及其功能复合材料[7]。高端聚烯烃材料方面，崔冬梅团队设计合成了新型稀土催化剂，通用烯烃单体制备得到了高度解缠结的超高分子量聚乙烯[8]及热塑性弹性体[9]，并建立了配位聚合制备星形橡胶的新方法[10]。

在精准高分子可控合成及其结构与性能关系方面，刘世勇团队提出了模块化迭代增长策略，合成了精准编码的两亲性聚合物，利用质谱成像技术实现了数码胶束的生物分布无标记定量[11]，并成功将其应用于加密防伪等领域[12]。张正彪团队基于优化的端基保护基策略，发展了高效和通用的单一分子量聚酯的合成方法[13]。董学会团队结合迭代指数增长合成法和高效偶联反应，构建了一系列具有精确化学结构、均一链长和特定几何形状的离散型聚合物及其嵌段共聚物，系统探索了这类嵌段共聚物的自组装及相行为，发现了非常规自组装球状结构[14, 15]及其结构参数与相结构、晶格维数和相稳定性的关系[16]。杨洪团队提出了一种基于含牺牲键二环桥环烯的序列可控开环易位聚合的新方法[17]，实现了分子量可控、高区域选择性、高立体选择性序列结构精密聚合物的高效合成。黄辉团队开发了基于碳－硫键活化的共轭高分子的室温聚合方法（CASP），实现了均聚缺陷的有效抑制和聚合物的绿色、精准合成[18]。

在新单体、聚合方法及新结构高分子合成方面，陶友华团队提出了“阴离子结合催化聚合”的概念，发展了从硫脲到硒代环磷酰胺骨架的催化体系，通过精准调控聚合链末端，实现了基于氨基酸环状单体的活性阴离子开环聚合[19, 20]和富电子乙烯基单体的活性阳离子聚合[21, 22]。吕华团队发展了以环氧化合物作为缚酸剂的高效 *N*- 羧基内酸酐（NCA）合成方法[23]，提出了水辅助的脯氨酸 NCA 快速可控聚合新策略，发展了蛋白质原位引发 NCA 得到蛋白质－聚脯氨酸偶联物的方法[24]，并进一步发展了适配高通量聚合后修饰的化学方法和机器学习指导的功能筛选流程，加速了无规共聚物对氧化还原酶的功能模拟和迭代优化，是智能合成化学的有益尝试和重要进展[25]。万文明团队基于巴比耶反应物种的共价－阴离子－自由基特性和羰游基自由基阴离子特性，发展了烯类单体和内酯单体的活性聚合新模式[26, 27]。刘野团队基于配体电子调控策略，开发了一类［P，O］－型阳离子钯 / 镍催化剂，实现了乙烯 /CO 非交替共聚和乙烯 / 丙烯 /CO 三元共聚，改善了聚酮树脂的可加工性[28, 29]，通过多金属协同 / 双重催化策略，实现了环氧烷烃的高效羰化聚合，制备得到了多种聚羟基脂肪酸酯新材料[30]。吴宗铨团队报道了一种非贵金属噻吩基 Ni（Ⅱ）催化体系，发展了 Ni（Ⅱ）活性可控聚合重氮酸酯的方法，制备得到了一系列聚卡宾及结构可调的 π- 共轭共聚物[31]。赵俊鹏团队提出了“Janus 催化”概念，据此建立了一步序列选择性二元嵌段共聚方法[32, 33]。黄汉初团队通过对硫－迈克尔反应机理的系统分析，发展了一类基于烯丙基硫大环单体的新型链式点击聚合反应[34]。潘翔城团队在光控自由基聚合、硼氧引发的可控自由基聚合及硅自由基逐步聚合等方面取得了新进展[35-37]。陈茂团队提出了利用光致氧化还原机理控制氟聚合物活性链增长的新策略，建立了可见光催化氟烯烃活性自由基聚合新体系，发展了基于重要氟烯烃单体可控合成氟聚合物的新方法[37-40]。在基于三键单体的高分子合成方面，唐本忠、秦安军团队基于建立的活化炔类单体与氨基、羟基、巯基类单体的点击聚合，提出了 X-Yne Click Polymerization 的概念[41]，将高效的羟基－炔与硫醇－烯点击反应结合，无须传统的保护、脱保护步骤，构筑了具有高数据存储密度的数字大分子[42]，并基于活化内炔－巯基的高效聚合制备了兼具高折射率和高透明度的全有机光学聚合物[43]，提出了基于炔类单体的 C—H 活化 / 环化聚合新策略，高效构建了系列传统方法难以获得的稠杂环功能高分子[44, 45]。

在 CO_2 与环氧化合物及环状酸酐的共聚反应方面，吕小兵团队基于多手性中心诱导和多金属协同仿生酶催化机制，设计了高活性和高对映选择性的优势手性双核金属催化体系，实现了 CO_2 与外消旋顺式内环氧烷烃的动力学拆分共聚反应，内消旋环氧烷烃与 CO_2 和酸酐的共聚反应及与外消旋环氧烷烃和酸酐的对映选择性几率调聚合[46–48]。王献红团队发展了新的高分子催化剂，实现了 CO_2 与环氧化合物的高活性、高选择性共聚[49]，设计了负载型催化剂，实现了超低分子量、无色 CO_2 基多元醇的高选择性制备[50]，并基于原位释放环氧化物机理，将五圆环碳酸酯转化为聚酯[51]。在无金属聚合催化剂设计方面，伍广朋团队利用简单的季铵（鏻）化和硼氢化两步反应，开发出了可模块化设计并具有超高催化效率的有机硼催化剂，实现了环氧烷烃开环聚合高效制备脂肪族聚醚、环氧烷烃和 CO_2 共聚合制备聚碳酸酯等[52–54]。王勇团队发现了钴氧键到钴碳键的定量转换现象，提出并阐明了 CO 的配位 - 迁移插入机理，建立了基于环氧化合物的开环反应与自由基反应的可切换聚合体系，实现了多种拓扑结构高分子的一锅法合成[55–57]。

在含硫、硒及碲聚合物的合成方面，洪缪团队发展了异构化驱动开环聚合的新策略及催化剂，通过构建五元环硫羰代内酯中间体，以 O/S 异构化反应为驱动力，极大地提高了非张力环开环聚合的活性，为“非张力”五元环内酯高效转化为可持续性含硫高分子提供了新途径[58, 59]。任伟民团队提出了单质硫定向转化构筑含硫高分子的新策略，建立了含硫聚合物主链、序列及拓扑结构的调控体系，构建了含硫聚合物性能与结构调控平台[60–62]。张兴宏团队提出了羰基硫（COS）偶联逐步聚合的新策略，实现了 COS、H_2O 和二丙烯酸酯的加成聚合，获得了高分子量主链含硫醚键的聚酯，其性能可媲美高密度聚乙烯且可以化学循环[63]。胡蓉蓉团队将单质硒作为单体，发展了基于单质硒的室温聚合新方法[64]，并从单质硒直接聚合得到了聚硒吩共轭高分子[65]。蒋必彪、张光照团队报道了 S_8 与丙烯酸酯室温阴离子杂化共聚，得到了具有短多硫化物链段的共聚物[66]。许华平团队发展了一类全新的非碳主链聚合物——聚碲氧烷，并探索了其在紫外防护、光催化、闭环可降解材料领域的应用[67]。

在手性高分子合成及其自组装方面，吴宗铨团队设计合成了一种手性环状炔钯催化剂，制备得到了一系列高分子量光学活性环状螺旋聚合物[68]，并进一步利用单手性螺旋聚异腈为模型高分子，实现了螺旋方向和分子量驱动的螺旋聚合物自分类[69]。宛新华、张洁团队提出了螺旋构象调控发光能级的新策略，发展了基于侧基氢键等弱相互作用的聚苯乙炔衍生物的螺旋构象可逆调控方法，构建了基于螺旋聚苯乙炔的二维手性自组装体系，实现了高效圆偏振发光，并将其应用于手性小分子的识别检测[70–72]。张伟团队提出了聚合诱导手性自组装新策略，建立了动力学过程指导的弱相互作用控制形成介观手性结构的方法，实现了高分子体系内多层次手性结构的精准构筑[73–75]。

在拓扑蛋白高分子合成方面，张文彬团队提出了组装和反应协同的合成策略，其利用序列编码蛋白质的缠结信息和反应信息，指导新生线型蛋白质链自发发生组装、剪切和反应等过程，原位转变为具有非线型独特拓扑结构的蛋白质，从而建立了拓扑蛋白质的普适性合成方法[76-78]。曹毅团队提出并构筑了一种以非结构聚合物为渗透相，以多蛋白为交联剂的网络结构，实现了低滞后和抗疲劳断裂性能的结合[79]，该团队还结合原子力显微镜单分子力谱技术、蛋白质工程及分子动力学模拟研究为含酯键蛋白高力学稳定性提供了分子物理机制[80]。刘冬生团队和杨雨荷团队利用序列精确 DNA-OEG 共聚物设计了单变量的模型系统，为核酸折叠和高分子组装过程调控提供了重要参考依据[81]，其进一步利用 DNA 及其镜像异构体制备了一系列具有单变量刚度调节的水凝胶，精确解释了不同 DNA 水凝胶对神经祖细胞在三维环境中的命运决定机理[82]。仰大勇团队发展了生物质 DNA 与可再生离聚物组装的新策略，制备了一种 DNA 生物塑料[83]，他们还构建了系列 DNA 纳米系统，解决了基因编辑和脱氧核酶共递送的难题，实现了时空可控的核酸药物在靶细胞内的精准递送和高效基因调控，以及细胞内信号驱动的 DNA 可控组装和线粒体功能干预[84-86]。张川团队发展了基于 siRNA 的纳米凝胶，该凝胶表现出良好的杀死肿瘤和抑制肿瘤转移的效果[87]。陈国颂团队通过设计糖肽结构单元，并结合实验和计算工具，建立了一个受控的原纤维多态性库，并阐明了从分子堆积到原纤维缔合及相关的宏观性质[88]，该团队还系统总结了目前用于蛋白质和糖类的精确自组装方法和设计策略，评述了蛋白质和糖类的人工精确组装体在生物材料领域的重要应用，并就该领域发展所面临的挑战和应对策略发表了见解[89]。

在超分子聚合物研究方面，张希团队和孙俊奇团队等提出了共价键 - 非共价键协同构筑交联超分子聚合物的新策略[90-93]，通过将非共价键引入共价聚合物网络中，成功构建了一系列兼具有优良力学性能和循环再生性能的交联超分子聚合物。黄飞鹤团队、杨海波团队和颜徐州团队等发展了超分子拓扑聚合物构筑新方法[94-98]，成功构建了一系列交联聚轮烷网络和树枝状轮烷大分子等超分子拓扑聚合物，并利用机械互锁结构实现了超分子聚合物力学性能的提升及光功能的放大。徐江飞团队建立并发展了耗散超分子聚合新方法，实现了光供能及生物供能的超分子聚合，并构建了远离平衡态的超分子聚合物[99, 100]。汪峰团队发展了协同超分子聚合构筑超分子共聚物的新方法，实现了超分子共聚物序列结构的精准调控[101, 102]。

2.5.2 高分子物理

在高分子结晶学方面，闫寿科团队在聚（1- 丁烯）Ⅱ - Ⅰ固相转变的成核机制[103]、童再再团队在嵌段共聚物异质附生精准构筑二维单晶[104]、董侠团队在聚酰胺氢键面结构调控 Brill 转变[105]、门永锋团队在聚丙烯介晶相结晶及融化机制[106]等方面均取得突破性进展。王笃金团队在一维氧化铝纳米孔道高分子受限结晶[107]、潘鹏举团队在左旋 / 右旋高分子共混物立构复合结晶机制[108]、胡文兵团队在高分子结晶特点[109]及应变诱导结晶[110]和可结晶共聚物建模[111]等方面总结了最新进展。

在高分子动力学方面，卢宇源与安立佳团队在非均匀化流变学现象[112]、满兴坤团队在凝胶溶胀动力学理论预测[113]、陈全团队在溶剂质量影响凝胶弹性模量[114]、孙昭艳团队在环氧树脂黏度的构效关系高通量筛选设计[115]、孟凡龙团队在弹性网络介导液-液相分离理论[116]和类玻璃化弹性体流变学模型[117]、燕立唐团队在大分子网络反常物质输运动力学[118-120]、钱虎军团队在玻尔兹曼迭代反演的粗粒化模拟精准预测纳米复合体系[121]、胡文兵团队在应力松弛的线性黏弹流体力学相互作用机制和低温非线性黏弹发生机制及其重复单元化学结构的影响[122-125]、代亮团队在高分子纽结的管子模型[126]等方面均取得突破性进展。

在高分子表界面方面，左彪团队提出"伪缠结"玻璃态高分子表面，解释了"时-温"等效失效的反常动力学[127]。张广照团队提出了动态表面防污新策略，实现了防污材料在海军装备、民船、波浪能发电平台、海底数据中心等海洋装备上的规模化应用[128]。

在高分子自组装方面，陈涛团队在双螺旋聚合物仿生材料的非特异性相互作用机制[129]、江剑团队在聚电解质电荷壳层的密度泛函理论及其软件 Atif[130]、崔树勋团队在聚乙二醇与水合氢离子结合形成超聚电解质（Supra-Polyelectrolyte）[131]、张文科团队在单分子磁镊发现聚异丙基丙烯酰胺链-球转变新机制[132]、燕立唐团队在熵调控新型自组装功能材料设计[133]、李卫华团队在聚合物自洽场理论准谱法加速计算软件包[134]、李剑锋团队在全机器学习方法反向设计自组装图案诱导模板[135]、蒋滢团队在发展主动学习方法实现嵌段共聚物自组装结构的反向设计[136]等方面均取得突破性进展。

在高分子流变学研究方面，刘庚鑫团队发展了一种适用于微量样品（如 1~2mg）的新型剪切流变仪[137]。郑强、宋义虎团队提出 Payne 效应和 Mullins 效应应变-浓度叠加原理，发现了纳米粒子通过应变放大效应可促进基体软化[138, 139]。俞炜团队发展了流变、形貌、介电连用方法，提出了纳米粒子在聚合物基体处于玻璃态、橡胶态和黏流态实现力学增强的不同机理[140-142]。龚兴龙团队搭建了力-磁耦合加载动态力学分析测试系统，采用 3D 打印技术制备得到了超柔性磁驱动器[143, 144]。张劲军团队提出了原油电流变效应全过程的机理解释[145]，明确了电场条件和原油组成对含蜡油电流变效应的影响[146]。

2.5.3 生物医用高分子材料

在高分子生物材料合成方面，陈学思团队提出了多种可降解高分子合成新策略，发展了可控自切换聚合[147]、电化学氧化还原聚合[148]新方法，可精准调控丙交酯等可降解聚合物及其共聚物的结构和性能。计剑团队发展了通过机器学习从大量序列筛选出功能肽的方法，筛选的抗菌肽具有强效抗菌作用[149]。

在活性生物材料和仿生材料方面，该方法杨万泰团队基于可见光引发的接枝聚合反应开发了温和的包覆酵母细胞方法，该方法有望成为定制细胞表面性质的强大工具[150]。张先正团队提出了利用高分子材料构建菌群微生态系统治疗疾病的新策略，解决了治疗中不同微生物功能难以协同的问题，为肾衰竭患者提供了便利的口服药物辅助治疗方法[151]。林贤丰团队基于植物类囊体及软骨细胞膜构建了可恢复细胞代谢、改善退行性疾病的光合系统[152]。郭林团队与合作者通过羟基磷灰石纳米线与聚乙烯醇的组装，构建了高硬度、高强度、高弹性和高韧性完美结合的人造牙釉质材料[153]。

在肿瘤治疗生物材料方面，陈学思团队提出了利用聚多肽诱导生物矿化的抗肿瘤新策略[154]。申有青团队提出了肿瘤口服给药增效新方法，通过水溶性两性离子有效跨越消化道屏障，实现了抗肿瘤药物的高效消化道递送[155]。张先正团队提出了细胞内原位多肽组装激活抗肿瘤免疫新方法[156]。王均团队设计了“质子晶体管”纳米洗涤剂，将肿瘤组织细微的 pH 扰动转换为具有膜溶解活性的尖锐转变信号，克服肿瘤耐药问题[157]。许华平团队发展了克服肿瘤治疗 NK 细胞耗竭的新技术，利用含 C5SeSeC5、高分子、抗体的纳米粒子逆转了 NK 细胞耗竭[158]。杨志谋团队发展了多肽在细胞膜上的稳定自组装技术，在免疫治疗方面具有很大潜力[159]。钟志远团队研发了免疫聚合物囊泡药物，用于治疗多发性骨髓瘤[160]。周绍兵团队开发了负载 PD-1 质粒的多肽修饰的细菌外膜囊泡，使肿瘤细胞表达 PD-1，实现了 PD-L1 的自阻断[161]。

在其他重大疾病治疗相关材料方面，张希团队提出了特异性智能抗菌新策略，构建了自适应光动力 / 光热抗菌阳离子卟啉，用于选择性调节菌群平衡和高效非接触式细菌感染治疗[162]。史林启团队提出了通过高分子胶束捕获、调控疾病相关蛋白治疗疾病的新策略，通过高分子基“纳米伴侣”调控与帕金森病、阿尔茨海默病等疾病密切相关的 α-突触核蛋白的组装，用于神经退行性疾病的治疗[163]。赵长生团队发展了血液净化抗凝新技术，其采用聚合物微球结合体外循环中的凝血因子，解决了抗凝药物副作用大的问题[164]。高长有等多个团队合作构建了柔性可降解的将光导向体内组织的设备，实现了高强度、宽光谱、深度穿透照明，在光疗等医用领域具有广泛的应用前景[165]。同济大学杜建忠教授团队通过嵌段共聚物的自组装及粒子 – 粒子之间的融合制备了四足囊泡，并探究了其形成机理[166]，发展了通过胞内多肽自组装策略的“非药物疗法”，为临床晚期肿瘤和耐药性肿瘤的治疗提供了新思路[167]。

2.5.4 光电功能高分子

在导电高分子方面，黄飞团队提出了原位聚合掺杂新方法且制备了目前导电率最高的高效稳定 n 型聚合物[168]，郭旭岗团队开发了高效的 n 型催化掺杂方法[169]，裴坚团队设计了一种热激活和高混溶性的 n 型掺杂剂[170]。郑健团队通过富勒烯断键策略制备了新型二维碳材料[171]，狄重安团队开发了光强依赖的主动光适应有机晶体管[172]，耿延候团队通过溶液态聚集调控制备了高迁移率有机半导体[173]。在有机光伏方面，刘烽团队获得了认证效率超过 19% 的单节有机光伏器件[174]，李永舫团队提出了“巨”分子受体材料概念[175]，侯剑辉团队制备的叠层有机光伏器件效率超过 20%[176]，陈永胜团队提出了多重共轭扩展的受体材料设计新策略[177]，陈红征团队构筑了“受体类合金相”

策略优化共混膜形貌[178]，丁黎明团队开发了高效的聚合物给体材料 D18[179]，闵杰团队在高速涂覆技术方面取得新突破[180]，任广禹团队阐明了平面混合异质结薄膜的工作机理[181]，周印华团队提出了醇相导电聚合物新配方[182]，陈义旺团队开发了钙钛矿光伏器件的空穴传输黏性聚合物[183]。在发光材料与器件方面，李振团队制备了全色域可调的刺激响应室温磷光材料[184]。金一政团队采用新型空穴传输聚合物消除了电子泄漏问题，实现了高效稳定的量子点发光器件[185]。王利祥团队通过空间电荷转移实现了高效蓝色 TADF 发光[186]。吴宏滨团队发展了基于非富勒烯电子受体材料的近红外 OLED 器件[187]。此外，马於光团队发现了室温有机磁性半导体[188]，程玉华团队采用垂直结构设计了可大规模制备的电化学晶体管[189]，马伟团队研发了多模态感 - 存 - 算一体电化学晶体管[190]，毛兰群团队提出了聚电解质限域的流体忆阻器[191]，王树团队基于共轭聚合物与微生物制备了生物电子器件[192]，郭云龙团队基于可拉伸 n 型聚合物实现了 X 射线检测[193]，唐本忠团队开发了一种含硫的全有机高折射率聚合物[43]，金钟团队设计了可用于光催化固氮的多孔配位聚合物[194]，沈洋团队在铁电聚合物中观测到了环形极化拓扑现象[195]。黄辉团队开发了首例有机全光突触，实现了抗干扰的图像记忆与识别[196]。

2.5.5 生物质高分子及可循环利用高分子

吕华团队从青霉胺出发开发了一种新型的 β- 内硫酯聚合物体系，在得到高分子量聚硫酯的同时，实现了高选择的单体回收[197]。陶友华团队设计合成了交硫酯单体、单硫代的交酯单体等，可作为一类新型的单体平台用于制备闭环回收塑料[198-201]。张越涛团队发展了路易斯酸碱对催化聚合方法，开发了一系列新型双功能及三功能路易斯酸碱对催化体系，实现了木质素基高分子的精准合成，并构建了一系列高性能生物基热塑性弹性体[202-204]。邬金才团队发展了新的催化剂体系，实现了不同生物来源内酯单体的等规交替、杂规交替和 ABAA 型共聚物的合成[205, 206]。李志波、沈勇团队发展了强碱 / 脲二元有机催化体系，实现了 α- 亚甲基 -γ- 丁内酯、δ - 己内酯和 α- 亚甲基 - δ - 戊内酯等生物基单体的化学选择性开环聚合，制备得到了性能优异的三嵌段可闭合循环热塑性弹性体、多嵌段聚氨酯弹性体及共结晶性聚酯[207-210]。李子臣团队基于六元环酯酰胺和苯并七元环内酯制备了性能优异且可闭合回收的聚（酯 - 酰胺）及半芳香族聚酯[211, 212]。朱剑波团队设计合成了含不同取代基的内酯单体，详细研究了这类单体的聚合与解聚过程，揭示了单体结构影响聚合反应热力学平衡参数的规律，发展了新型高性能可闭环循环半芳香性聚酯体系[213-215]。徐铁齐团队以生物基戊内酯为原料，构建了一个基于偕二烷基取代的六元环酯的闭环高性能聚酯平台，并揭示了偕二烷基取代与聚合物的理化性能之间的构效关系[216, 217]。张兴宏团队开拓了低环张力杂环化合物环缩醛与环酸酐的阳离子交替共聚新反应，实现了从二元醇、甲醛出发合成热稳定性优异、低玻璃化转变温度的富氧聚酯，发展了 COS、H_2O 和二丙烯酸酯的加成聚合，获得了主链含硫醚键的聚酯，该聚酯性能可媲美高密度聚乙烯且可化学循环[218, 219]。

张希、徐江飞团队发展了一种基于马来酸酐和仲胺之间可逆酰胺化反应的动态马来酸叔胺键构建得到的新型交联聚合物[220]。孙俊奇团队发展了兼具卓越抗撕裂能力、自修复与可循环利用性能的高强度聚氨酯弹性体[221, 222]，其将生物基材料环氧大豆油和低分子量的聚乳酸与硼酸动态交联，开发了一种简便的、可降解、可回收的生物基超分子塑料[223]。王玉忠团队系统总结了高分子阻燃新方法[224]，发展了可生物降解的环酯共聚物在温和条件下的高效解聚合方法及热固性树脂的升级回收新方法，实现了该类高分子的闭环化学循环[225, 226]。

2.5.6 高分子加工及智能高分子材料

在高分子加工方面，王琪团队建立和发展了 $scCO_2$ 高温发泡[227]、微波选择性加热熔接[228]等先进高分子泡沫材料加工新技术。李忠明团队发展了基于同步辐射 X 射线衍射和散射技术联用的工业级注塑加工在线研究方法，以及压力 – 剪切 – 温度场下结晶的高通量研究方法[229, 230]。张志成团队发展了聚（偏氟乙烯 – 三氟乙烯）无金属氢化技术、微米级到毫米级压电元件的真空高温高压成型工艺及真空超高电场极化新方法[231, 232]。马鹏程团队提出了基于聚集诱导原理实现油 – 水混合物分离的新方法[233]。顾军渭团队发明了多维度异质结构导热填料及“原位聚合 – 静电纺丝 – 高温模压”等制备新方法，建立了各向异性导热高分子复合材料的导热理论模型和导热经验方程，以及界面热障和界面处声子散射的新方法[234–236]。

章明秋团队提出了一种基于动态可逆共价化学的聚合物可逆互锁网络新概念，解决了聚合物互穿网络无法克服的热力学不相容、异种聚合物微相分离问题[237–239]。谢涛团队提出了拓扑异构网络及可再生 4D 打印的新概念，发现了一种基于几何效应增强的新驱动机理，实现了超低电场下的高频驱动，可将单一打印物件演变为宏观形状及性能均不相同的多个物件[240–242]。颜徐州团队提出了通过构筑由高密度机械键组成的机械互锁聚合物实现高分子材料强韧化和动态性的解决方案[243–246]。董侠团队提出了将动态相互作用从主链转移到侧链的结构创新策略，制备得到了具有良好的强度、热 / 湿自修复和阻尼性能的聚氨酯材料[247]。吴锦荣团队提出了利用超支化聚合物外部支化链和末端基团的高运动性促进氢键网络在玻璃态下重组实现自主自修复的新策略[248, 249]。

在动态共价液晶弹性体方面，吉岩团队发现了液晶弹性体自伸长并形成驱动器的现象[250]，发展了材料成型后调控驱动温度的方法[251]，提出了基于杂化交换反应焊接组装不同类型动态共价液晶弹性体的新策略[252]。俞燕蕾团队构建了多重响应、多种功能的液晶聚合物材料体系，利用光化学相转变与形状记忆效应实现了液晶高分子纤维超大收缩形变[253–255]。

在水凝胶高性能化方面，吴子良团队发现了凝胶材料在弹性、黏弹之外的新状态，通过非共价键协调作用创制出玻璃态水凝胶，阐明了水凝胶玻璃态这一反常现象的分子机制，揭示了缔合、缠结、链刚性对网络动力学的贡献和影响规律[256–258]。刘明杰团队发展了一种基于液体超铺展制备层状结构复合膜的新方法，制备了刚度连续可调的油水凝胶材料和用于自适应压力传感器的多相离子凝胶[259-261]。在水凝胶的应用方面，刘文广团队设计了一种 Janus 黏附水凝胶，制备了可形成柔软自融合的超分子聚合物水凝胶，并采用自增稠和自增强策略，通过 3D 打印制备得到了高强度、抗溶胀水凝胶，其可用于制作半月板替代物[262-264]。

在高性能纤维材料方面，朱美芳团队总结了受天然蜘蛛丝启发的人造纤维的进展，并展望了蜘蛛丝和受蛛丝启发的人造纤维的研究面临的挑战[265]，同时发展了新的方法将废弃木质素连续制备高性能碳纳米管纤维[266]，设计并构筑了贝壳纳米复合气凝胶[267]。彭慧胜团队开发了织物显示技术[268]，在高性能纤维聚合物锂离子电池方面取得了重要进展，发现了纤维锂离子电池内阻与长度之间独特的双曲余切函数关系，奠定了纤维锂离子电池发展的理论基础，其构建的纤维锂离子电池系统，电化学性能与商业锂离子电池相当，且稳定性和安全性更加优异[269]，荣获《2021 年度中国科学十大进展》。

2.6 化学教育学

化学教育在培养科学素养与科学思维、环境保护与可持续发展、健康与安全意识，以及科学与社会伦理等方面发挥着重要作用。我国化学教育工作者在 2020—2023 年，在推进基础化学教育课程改革、培养高水平的中学化学教师、提升高等化学教育教学质量等方面，取得了重要的成果。

在课程与教材方面，我国修订并发布了《普通高中化学课程标准》《义务教育化学课程标准》及 4 个版本的高中教材（分别由人民教育出版社、山东科技出版社、江苏教育出版社、上海科学技术出版社出版），这是化学课程改革的重要举措。同时，在化学课程开发、教材建设及试题命制方面开展了大量研究工作。

在课程材料研究方面，我国学者在教材内容分析、教材设计评估、教材使用与实施研究、教材改进与创新研究等方面持续推进并取得了丰富的成果。在教材内容分析方面，我国学者深入探索了教材的知识结构、教学目标及学习内容。在教材设计及评估方面，我国学者系统性分析了教材设计的原则及方法，评估了教学策略、学习活动及组织结构。研究成果为教材设计及改进提供了指导，促进了教材创新。

在教学设计研究方面，我国学者基于核心素养和化学核心素养的培养目标，进一步深化了化学学科能力素养的结构与内涵，系统开发了科学能力测试、化学学科能力测评、科学态度测评等测评工具。并基于学科能力框架进行教学改进，开发了系统的教、学、评框架。

在学生学习研究方面，研究者开展了脑科学与脑认知研究、学科理解研究、科学论证、科学思维及科学身份研究、建模能力评价、实验创新、游戏化教学研究，通过研究学生对科学及化学概念理解的过程与特点，揭示学生头脑中的化学概念结构及学习机制，为教育工作者提供优化教学的思路及途径。

在跨学科实践研究方面，研究者通过深入开展项目式教学及深度学习的研究与实践，深入探索了促进核心素养与化学核心素养发展的教学实践。一方面，通过将跨学科的知识及技能融入具体的问题或项目中，促使学生进行实践探究、合作协作、解决现实问题的活动。另一方面，通过深度学习，发展学生的核心素养和化学核心素养。

在信息技术研究方面，研究者借助手持技术数字化实验、传感器、信息技术、摄影技术、可视化技术等现代技术手段开展中学化学实验研究。设计开发了化学教育游戏，这些研究成果可以为教师提供支持和指导，推动化学教育的创新和教学效果的提升。

未来的化学教育研究与实践将致力于培养高水平化学人才及化学教育人才。研究者将不断加强跨学科合作与创新，提升教学评估与质量保障，推动教学方法及教育技术的创新，加强人工智能及机器学习的融合，为化学教育的进步和发展做出重要贡献。

2.6.1 课程开发、教材建设与试题命制研究

2.6.1.1 课程材料研究的背景

中学化学课程标准是指导中学化学课程教学的重要文件。它是教师进行教学设计及评价的重要依据，也是学生学习化学知识与培养科学素养的指导文件。

针对高中教育，教育部于2018年正式发布了《普通高中化学课程标准（2017年版）》[1]。新版高中化学课程标准有以下几个突出要点：在课程目标方面，新版高中化学课程通过明确课程目标，即宏观辨识与微观探析、变化观念与平衡思想、证据推理与模型认知、科学探究与创新意识、科学态度与社会责任等五大化学学科核心素养，强调整合学科知识与学科能力培养，培养学生科学思维和创新精神；在课程结构方面，新版高中化学课程标准将课程划分为必修、选择性必修与选修三类。必修课程为全体学生所必须修习的内容，选择性必修课程为选择化学作为计入高考总成绩的学业水平考试科目的学生所需修习的内容，选修课程为学生自由选择修习的内容。这种灵活的结构设计有助于满足学生个性化学习需求，培养学生的自主学习能力及兴趣；在课程实施方面，新版高中化学课程标准构建了以“素养为本”的实施建议，强调化学学科大概念的统领作用，划分了4个化学学科核心素养水平表现，规定了必做实验及学习活动，并提供了针对不同学习主题的教学策略建议。该课程标准有助于培养学生的实验技能及科学研究能力，使学生能够更好地理解与应用所学知识[2-7]。

针对义务教育，教育部于2022年正式发布了《义务教育课程方案和课程标准（2022年版）》（以下简称“新义教课标”）[8]。新义教课标进一步强调立德树人的教育理念，坚持素养导向，每个学习主题中，内容的选择及组织体现出高度的结构化。每个学习主题以大概念为统领，注重多维度选取课程内容。其中，每个学习主题由五个维度的内容构成，包括大概念、核心知识、思路方法、重要态度、必做实验及实践活动。结构化学习主题的内容设计，要求教师站在整个主题层面分析与理解内容要求[9]。新义教课标将核心素养的发展要求具体化，使核心素养可教、可学、可评价。

在教材建设方面，4 个版本的高中教材均完成了编写工作。根据新修订课标的要求，各个版本的教材编写过程都融入了化学科学与社会发展的时代性，体现了我国基础教育化学教材建设的发展水平。王磊团队主编了初中项目式学习实验教材[10]，教材通过 8 个项目活动全面承载了初中化学课程标准的学习内容与要求。这是我国第一套基于项目式学习理念研发的中学化学教材，许多教师选择其中的项目替代部分常规教学，也有一些学校用这套教材全面替代了以往的教材，给学生充分的学习空间。项目学习是国际广泛认为的培养学生核心素养的有效途径之一，是下一阶段中学化学教学研究与实践的热点方向。

课程开发、教材建设与试题命制是化学教育领域的重要研究方向。课程开发、教材建设与试题命制研究的目标是提高教学质量和学生的学习效果。通过不断的研究和改进，研究者将提供更优质的教材与试题，提升学生对化学知识的理解与应用能力，培养出更具有创新精神与实践能力的人才。这些研究也为化学教育改革与发展提供了重要的理论及实践支持。研究者对现有的化学教材进行分析与评价，关注教材的内容设置、知识结构、难度适应、教学方法等方面的问题，促进学生对化学知识的深入理解，提高学生的化学知识应用能力。同时，国际比较研究对于了解其他国家的化学教育发展与先进经验起着重要的作用。研究者通过比较分析不同国家或地区的化学教育标准、教材、教学方法和评价体系等方面的差异与共同点，借鉴他们的成功经验与教育理念，为我国的化学教育改革与发展提供参考和借鉴。

2.6.1.2　课程材料的相关研究

我国最新一轮课程改革发起于 2014 年，强调发展学生的核心素养及学科核心素养。在素养为本的教学理念下，郑长龙等著《核心素养导向的化学教学设计》一书，系统地阐述了化学学科核心素养的“内涵”“结构”与“水平”，阐释了化学学科理解、学习进阶、板块理论与核心素养取向的化学主题与课时教学设计的关系，搭建了核心素养取向下的化学教学设计的一般框架[11]。其团队成员在相关领域的期刊发表了诸多研究成果，如分析新课标的理念变化[12]、探索大概念教学设计与实施策略[13, 14]、挖掘教学中具有学科特质化的认识视角[15, 16]、总结学习任务设计策略[17]等。

魏冰等系统性开展了中学化学课程的研究，包括课程标准、教科书、中学化学实验、科学素养体现及教师对教科书的使用情况。魏冰、陈悦系统性探讨了“实验”的含义及其自 20 世纪 50 年代初以来在中国教育化学课程中的变化[18]。基于过去二十年中国高中化学课程的认知学习目标的变化，该团队考察了中国高中化学课程标准文件中的知识类型和认知过程与各时期化学课程取向之间的关系[19]。陈博、魏冰、王晓玲有针对性地考察了不同因素对中国高中化学教师使用课程材料的影响，探讨了影响课程材料使用的情况[20]。魏冰、林佳依依据科学素养理论，探讨了中国《普通高中化学课程标准（2017 年版）》中科学素养各维度的表现形式[21]。

王后雄等通过分析美国心理协会、教育研究会等 6 个国际质量评价标准，总结出国际教育考试标准呈现的共同特点与趋势[22]。孙建明等分析了命题组织方式、试题内容、试题背景、试卷难度、题型与组卷等因素影响高考化学命题公平性的作用机理，为后续研究构建保障高考化学命题公平体系提供学理支撑[23]。姚娟娟、王后雄从“化学问题表达”“化学结果转化”两个维度分析了新人教版、鲁科版、苏教版必修教材中的章节习题情境的水平差异[24]。孙妍、王后雄界定了化学情境化试题的内涵与类型，并从立意、定域、设问三方面提出相应命题策略，为素养改革下试题命制提供了思路[25]。

管华东、姜建文等选取江西地区“稀土化工”为情境载体，命制了一套高三化学高考备考用作业题，并阐述了命制思路，论证了其合理性，提供了高三化学作业题命制的新角度[26]。王丽珊以“化学中常用的物理量——物质的量”为例，系统地介绍了课程目标、单元教学目标和课时教学目标的转化[27]，并结合相关学业质量水平的要求，准确定位评价角度和评价水平，阐述了评价目标的科学制订和规范表达[28]。吴俊杰以“海水提溴”工艺为原型，以化工流程题的形式命制了一道基于化学学科核心素养测评的学业水平等级性考试试题，提出了解决化工流程题的一般思维模型[29]。赵晗蕾以化学学科核心素养为导向，命制了一道基于“曾侯乙青铜编钟”化学史情境的原创高考化学模拟试题，并阐述了该试题的命题流程与思路，剖析了该试题的测试水平与要素[30]。叶婉以“燃烧与灭火”为例，阐释了发展学生“证据推理与模型认知”化学学科核心素养的具体教学实施过程[31]。刘毛毛基于人教版必修新教材中新增的“化学与职业”栏目进行了“硫酸的工业生产”教学设计与实践[32]。

王磊等著《“互联网+”学科能力评、学、教一体化研究与实践·初中化学》一书，阐述了初中化学各主题的学科能力构成及其表现模型、学科能力表现及教学的关键问题，提供了初中化学核心概念的学科能力表现指标体系、单元微测及微课资源，探讨了“互联网+”初中化学学科能力教、评、学一体化体系融合应用的基本思路及实践案例[33]。王磊、王全、孔思敏、胡久华、陈笑鸽提出了高端备课研究模型（HELS），讨论了学科能力框架如何支持HELS并在实践中发展学生的学科能力[34]。

胡久华等在大量的教学改进实践研究的基础上，界定了深度学习的内涵，出版的《深度学习：走向核心素养（学科教学指南·初中化学）》一书中给出了进行初中化学深度学习教学设计与实施的指导及优秀的教学案例，帮助教师基于课程标准开展初中化学深度学习的教学实践，促进学生核心素养的发展[35]。该团队在《课程·教材·教法》期刊发表了文章“基于课程标准设计核心素养导向的单元教学”，该文将课程标准作为重要参考，从理论层面讨论如何展开教学设计，驱动学生经历深度学习的过程，从而实现课程标准到教学的有效转化，促进学生核心素养的发展[36]。

周青等基于教材设计理论与认知学习理论构建了高中化学教材难度的评价模型，系统比较评价了世界主流化学教材不同主题下化学教材的内容难度，进一步探索了有利于学生化学学科核心素养发展的中学化学教材内容选择、内容组织与内容呈现的规律，形成了系列的成果。

孙影等对人教版初、高中化学教科书中“物质结构”相关内容的视觉表征进行了编码分析，探讨了教科书视觉表征的相关研究。在对表征类型及功能分布分析的基础上，孙影等结合教科书中“物质结构”相关知识内容的编排及学生认知与心理发展规律展开了讨论[37]。

邓峰等以系列实证研究为基础，探究了“化学基本观念”的横向与纵向结构化问题，结合学习进阶理论，进一步探索了化学基本观念在初、高中化学教科书中的编排特点[38-45]。

李川、刘敬华基于美国 2019 版 AP 化学课程标准展开了对化学学科核心素养导向的教学实践改革的深入思考[46]。王秀红等对日本新科学课程改革进行了研究[47-51]，该团队通过分析日本最新一轮课程改革中的关键问题，以期对我国基于核心素养的课程改革有所助益。

陈金玉、王祖浩对全国 20 套 2022 年化学中考试卷进行了分析，以探究中华优秀文化融入化学试题的情况，并提出了促进中华优秀文化与化学试题融合的一些建议[52]。陈沙沙、迟少辉、王祖浩介绍了加拿大安大略省新一轮科学与技术课程改革的基本特征和目标，并对新版科学与技术课程标准进行了分析，该研究聚焦以素养培养为导向、加强课程体系系统性设计、注重适切性课程内容开发、强化跨学科实践及健全多维互动的课程评价体系构建[53]。

毕华林团队对国际化学教育研究热点进行了系统梳理，包括目前对我国科学教育改革具有重要指导意义的大概念（核心概念）理解的研究和国家创新驱动发展战略背景下的科学创造力研究。该团队从化学课程、教师教学、学生学习三个方面区分和统整了化学三重表征研究，并从化学学科育人视角提出了化学三重表征能力这一新的概念[54]。

2.6.2 教学设计与学生学习机制研究

化学学科理解作为化学教育研究和化学教师教育研究的新视角，具有独特的教育价值。国际上化学教育研究关注认知维度的概念性理解，探索知识背后的潜在原理，通过“学习进阶”“大概念”“学科核心概念”等建构具有连贯性和情境化的化学课程内容与评价框架。然而，国内外化学概念认知研究大部分侧重对“知识架构”或“认知结构”的研究，似乎较少融入“观念架构”。

邓峰等基于新课标中的“教学内容结构化”与“化学学科理解”观点，提出了“化学概念架构”理论，即从“知识架构”与“观念架构”及其之间的关系解读个体对化学概念的理解[55-61]。

吴俊杰、姜建文对“化学学科理解”研究相关文献进行了计量可视化分析和研究述评，对研究中凸显的问题进行了讨论[62]，并基于化学哲学视角系统梳理了化学学科理解对象的可行性、合理性及必要性[63]。

刘瑞等基于“化学学科理解理论”进行了学科教学知识的相关研究，将“化学学科理解理论”与学科教学知识研究相结合，深化了我国化学教育教学实践。

张莉娜、王磊等从知识结构、认识角度及认识方式类别等视角探讨了认知因素对学生化学成绩的影响，指出基于调控特定学科认知因素来促进学生认识发展的重要意义[64]。

魏冰、龙芳探讨了化学课堂中实施情境课程方法的教学，为化学教育及其他领域情境课程方法的研究与实践提供了建议[65]。

袁振东等深入挖掘了化学元素概念发展史中蕴含的丰富教育价值，对促进化学一线教师的学科理解及开展以素养为本的课堂教学具有重大推动作用。

郑长龙等阐释了学科理解理论的基本构成要素、结构与功能，以及如何应用学科理解理论来开发特定主题的教学内容。该团队阐释了学科理解的三个要素，建立了以本原性问题、认识视角、概念层级结构为基础的三要素框架[66]。基于以上理论研究成果，郑长龙、陈彬针对特定学科主题开展了学科理解研究，并出版了《化学学科理解系列丛书——物质篇》等相关著作[67]。

2.6.3 科学论证、科学思维及科学身份研究

自 20 世纪 60 年代以来，科学本质（nature of science，缩写为 NOS）研究一直是国际科学教育界的一个重要研究课题。近 30 年来，以美国莱德曼（N.G.Lederman）教授团队为代表的研究者对此开展了大量系统化研究，其研究成果对国际科学教育改革产生了深远影响[68]。在科学本质教育研究方面，柴小翠、盖立春采用莱德曼和朱迪斯·莱德曼（Judith S. Lederman）编制的科学探究观（View About Scientific Inquiry，VASI）调查问卷，调研了职前化学教师的科学探究观，并提出了相关改进策略[69]。冯华宇、刘瑞综述了教师将自身的科学本质观转化为有效的课堂实践的影响因素。赵亚杰、刘瑞、罗小凤等综述了“显性”科学本质教学与论证结合对学科科学本质观的影响[70]。

任红艳等基于科学论证的视角进行了化学教学过程的深度研究，该团队围绕化学论证教学开展了系列实践研究：根据图尔敏论证模型比较了新手教师和专家型教师的课堂教学过程；根据 QT 对话分析了中学化学优质课例；在大学无机化学教学和师范生的化学教学论实验课程中采用 GR 图式等方式分析论证过程[71–75]。

邓阳等围绕科学实践育人、科学文化育人开展了系列研究。从科学实践育人的角度看，何心雨、邓阳等以高中生科学论证这一关键学科能力为例，探讨了科学认识论的情境性特征，开发了具有情境化特征的、可进行大规模测验的科学论证认识论测评工具，并确立了对学生科学论证认识论及对学科能力的研究需结合具体的情境展开的主张[76]。

在科学教育实践中，姜智萌、魏冰等探索了与项目式学习相关的 STEM 经验与科学身份的相关性[77]。陈思同、魏冰等调查比较了高中生关于三门学科（物理、化学、生物）的科学身份，探讨了这些身份对学生选择大学科学专业意愿的影响，对高中生的学科科学身份理解提供了一些启示[78]。在另一项研究中，陈思同、魏冰开发并论证了用于评估高中学生科学身份的工具[79]。

2.6.4 模型建构及跨学科实践研究

模型建构及跨学科实践研究促进了不同学科之间的知识交流和整合。在科学教育中，建模能力是形成多维概念模型的过程[80]。建模能力包括参与建模实践的能力、建模过程的知识及建模产物[81, 82]。培养学生科学建模的能力，则对教师在基于建模的教学方面的相关知识及技能提出了更高水平的要求。

任红艳团队围绕跨学科实践活动开展了系列化设计。该团队朱帅颖等从化学的视角改进了“捶草印花”这一起源于明清时期的传统印染工艺[83]。陈梦麟、任红艳等基于科学探究与艺术创作融合的理念，开发、实施和评价了“油层上绽放的彩色液滴”实验活动[84]。张泽、任红艳基于朗伯－比尔定律和 3D 打印技术自制了光电比色计，体现了跨学科融合和创新设计的思想[85]。团队成员还利用 Tracker 软件与红外热成像仪等开展了相应的创新实验，体现了信息技术与化学教学的融合[86, 87]。

在跨学科实践视角下的项目式学习领域，赵亚楠、王磊通过对项目式学习过程中学生的整体表现进行追踪研究，探讨了学生在项目式学习中的认知能力及非认知能力，指出了项目式学习支持学生发展的挑战及前景[88]。史凡、王磊等基于科学建模及教师建模教学的已有研究，构建了用于评价教师课堂建模教学表现的理论框架，提出了建模教学表现指标及表现水平，并开发了对应的课堂观察量表来对教师的建模教学表现进行评价[89]。

魏锐等组建了高中项目课程开发工作坊，设计开发了包括 20 个模块、80 个项目的高中化学选修课程的项目学习课程单元，为高中选修课程的开展提供了丰富的选择。该项目学习课程及教材资源体系具备以下特点：①借助项目课程方式重构高中选修课程生态；②创建“基于互联网＋标准规则的课程开发与教师研修社群”，全面探索“基于标准规则的课程开发与教师研修模式”；③系统建构“项目课程开发的标准规则”，精心设计“促进学生学会思考的教学模式”；④全方位、系统性建构课程体系，将科研人员和高新企业的研究成果向基础教育教学转化，为高中选修、综合实践活动和研究性学习的落地提供高品质的解决方案。在教学实践的基础上，该团队采用基于设计的研究（Design-based Research，DBR），建构了一系列学科项目式学习的理论和方法模型，明确了项目式学习的基本结构，提出了项目式教学的基本课型包括项目导引课、项目探究课和项目展示课，给出了项目式教学的 6 条关键线索，构建了“核心素养－学科能力－项目学习的协同教学系统”。

姜建文团队的杨宇航、管华东分别以“制作一枚食用皮蛋”[90]和“探究原电池电动势的影响因素”[91]为项目学习主题，通过展示一系列项目任务的设计与实施，呈现了高中项目式教学设计思路和教学实践过程。此外，杨宇航以“命制一道高考化学试题”为项目学习主题，以提炼试题命制思路框架、初创高考化学试题、优化高考化学试题为关键项目任务，呈现了师范生“化学教育测量与评价”教学内容的项目式教学设计思路及教学实践过程[92]。

2.6.5 教师教学行为及教师发展研究

在教师发展研究领域，教师教学行为及教师发展研究关注教师在教学中的角色和成长，该领域的研究对提高教育质量与教师素养具有重要作用。姜显光、郑长龙探讨了教师学科理解能力的缘起、意义及策略[93]。杨桂榕、郑长龙进行了基于学科理解的初中化学教师专业发展研究，为教研活动及教师培训提供了新的视角与范式[94]。孙佳林评述了国外教师素养评价标准与工具，对国内教师素养评价提出建议[95]。何鹏开发了教师学科教学知识（Pedagogical Content Knowledge，PCK）及教师自我效能感量表[96]。

邓峰团队探究了中国本土化学教师（包括职前教师）PCK 实证研究与化学教师培养或培训工作经历，界定了动态性、建构性、系统性及情境性的“化学 PCK”，并强调化学教师可在不同的教学情境下调用相应的 PCK 组分。

靳莹等通过教学观察，对专家型教师的教学机智进行了分析[97]。巩晓阳等[98]基于整合技术的学科教学知识（Technological Pedagogical Context Knowledge，TPACK）框架，通过教学观察，证明教师知识、教学推理与教学决策息息相关。

李川、张莹莹、李艳灵等调查了学科教学（化学）专业 37 名教育硕士的 PCK 整体与各维度水平，并针对化学教育硕士的专业属性及培养过程中的问题提出了建议[99]。

王后雄团队的王伟等通过调查分析揭示新手型教师在学科理解中存在的问题，通过文本分析及专家咨询论证，建构出包含 5 个维度、15 个一级指标、29 个二级指标的学科理解标准[100]。王后雄、李猛从本质内涵论述了教师培养的价值诉求及教师素养的内在要求，厘清了卓越教师核心素养的构成要素，探索了卓越教师核心素养的发展路径，为卓越教师培养提供了思路[101]。与此同时，胡杨、王后雄对科学教师的学科教学知识进行重新审视，认为核心素养视域下科学教师的学科教学知识应当具有科学性、育人性和动态性特征，并提出了相应实践策略助力科学教师发展[102]。

吴晓红团队开展了基于学习共同体的师范生“四融合”培养模式的探索与实践。以教师为指导与组织者、师范本科生为学习者、教育硕士为助教助学者，形成了一个通过合作、对话、协商、共同参与教与学过程、共同建构学习目标的师范生培养的学习发展共同体。通过采用“四融合”（德智融合、学术融合、技能融合及知行融合）教学模式，相关人士可以更好地完成基于师范专业认证的师范生践行师德、学会育人、学会教学和学会发展的“一践行三学会”培养目标，从而持续提升师范生培养质量。

周青等通过基于问卷调查数据的定量分析和基于深度访谈数据的定性分析相结合的方法，对职前教师的 PKM 与 TPACK 水平的相关性进行了多方面分析，发现职前教师的 TPACK 水平与 PKM 能力显著相关，基于 PKM 的 TPACK 课程培训可提升职前教师的 TPACK 水平。此结论为发展职前教师的 TPACK 水平提供了一个新思路，有利于推动信息技术与课程的深度融合。

2.6.6 实验创新、游戏化教学及信息技术研究

数字化、信息化学习是未来教育变革的重要方向，也是当今国际教育研究的重点之一。美国高等教育信息化学会在教育信息化权威报告《2020 地平线报告：教学版》[103]中，将基于信息技术的“数字化教学环境”（Next–Generation Digital Learning Environment，NGDLE）列为未来教育的发展趋势之一。中国则颁布了《教育信息化 2.0 行动计划》[104]，指出新时代教育要“以信息技术转变教育教学模式”，构建智慧学习支持环境。实验教学及信息技术研究旨在探索与推动实验教学方法及信息技术应用在教育中的发展，为教师与学生提供高效、创新的教学与学习方式。

丁伟等基于中学化学课程实验内容，通过细化实验方案、调整实验条件变量、改进实验装置、实施手持技术数字化实验，利用传感器技术、信息技术、摄影技术、可视化技术等现代先进技术手段来创新中学化学实验，设计了多种形式的基于创新实验的学习活动形式，为中学化学教育教学提供了新的方案及课程教学的参考样例[105–124]。

阙荣辉等使用便宜且易于组装的废弃塑料瓶、塑料滴管与注射器设计了简单、方便的演示实验，避免了化学实验对环境的污染[125]。

钱扬义团队在国内率先开展了手持技术数字化实验的研究，经过 24 年的探索与实践，构建了“335”数字化实验育人体系，该成果获 2022 年基础教育国家级教学成果奖二等奖、2021 年广东省基础教育教学成果奖特等奖。2020—2023 年，钱扬义团队共开发手持技术数字化实验案例 13 项，发表核心期刊论文 23 篇。该团队研发的《“忘不了”中学化学扑克》[126]是国内较早出版且被广泛应用的化学纸牌游戏之一，是一款衔接初高中化学知识的扑克游戏，包括初三化学扑克、高中金属类化学扑克及非金属类化学扑克。其于 2013 年出版的《520 中学化学桌游》[127]是结合当时流行的游戏（如 UNO、三国杀等）而研发设计的，该游戏细化了化学知识的学习内容，丰富了化学游戏的玩法规则，美化了扑克牌的牌面设计。围绕化学式、物质分类、化学反应方程式等知识点，该团队共研发出 4 款扑克游戏，分别为《520 化学开胃菜》《520 化学翻翻乐》《520 化学争上游》和《520 化学桌游》，它们在玩法及知识内容的设计上具有一定的层次性与递进性。经过三代更迭，该团队开发出《玩转 520 化学桌游（第三版）》[128]，其中包括两本书、五副牌、一对骰子和一张化学飞行棋。

王丽丽等综述了国际中小学科学实验教学的演变与改革，在此基础上阐述了其对我国中小学科学实验教学的启示，研究发现，科学实验教学进入课堂至今，主要经历了注重科学知识验证的萌芽期、重视科学过程取向的发展期和强调科学实践导向的改革期三个阶段。张静等运用电化学方法，提出了一种快速生成铜锈的实验方法，为中学化学教学演示实验与学生实验提供了参考。

刘瑞团队关注新冠疫情期间科学教育研究的前沿进展。宋永娇等对新冠疫情暴发以来（2020 年 1 月—2021 年 10 月）收录在 Scopus 数据库中的 49 篇有关科学教育的文献进行

了分类综述，总结了新冠疫情中科学教育的经验以反思科学教育，前瞻后疫情时代的科学教育。

任红艳、凌一洲等围绕“原电池”等化学核心概念的深度理解进行了系列基于微距镜头的实验案例开发与教学实践活动[129]，提出了“感受美、鉴赏美、探索美、创造美”的科学美育教学模式，实现“以美启智”的效果，该研究被选为《化学教育杂志》（*Journal of Chemical Education*）封面论文[130]。朱彦博、任红艳等利用微距摄影的方法对双水解反应实验进行了改进，设计了传统改进型、直接滴加型及两滴相遇型三种实验方案，取得了很好的实验效果，并建立了相关的反应模型[131]。该创新实验获得了江苏省中学化学创新实验大赛一等奖。

2.6.7 职前及职后教师培养

健全人才培养模式，可以提升高等教育的质量和水平，确保教育资源的合理配置及高效利用。人才培养需要根据社会需求进行定向与差异化的设计，提供包括学术、职业和创新能力等在内的综合素质培养。优质的人才培养能为社会提供具备专业能力、创新能力和社会责任感的优秀人才。

钱扬义团队的数字化实验主题慕课《化学教学论手持技术数字化实验》，入选教育部国家级一流本科线上课程，该课程被 9 所高校设定为创新学分课程。学习者覆盖 31 个省级行政区，选课人数超过 2.5 万，获 4.8 分高分评价（总分 5.0 分）。其团队成果《化学游戏化教学》慕课获 2021 年度省在线教学优秀课程案例;《玩转 520 化学桌游》获 2022 年广州市优秀科普作品;《“游戏化学习”变革化学教育的实践案例——“520 化学桌游”教学模式研究》被评为“2022 年化学教育教学改革典型案例”。

孙影团队主持的《学科教学论（化学）》获批第二批国家一流本科课程建设项目。该团队主持的《化学教学论》获批省级一流课程建设项目,《化学教学技能研究与训练》获批省级示范课程建设项目。

丁伟建设并主讲的“中学化学实验教学研究”中国大学 MOOC 课程[132]，自 2020 年 3 月至 2023 年 6 月已经运行了 8 轮，学习者涵盖本专业研究生、大学生及中学教师，社会效果良好。

王磊、胡久华、魏锐持续进行教学创新与教师发展实践。该团队不断优化培养模式，理论与实践研究并行，建立校内外研究共同体，助力学生课题研究，借助多方力量，为学生的研究进展和个人能力培养提供平台。该团队不断丰富和完善研究团队的结构和团队运行的机制，在项目开展中，广泛吸纳不同研究专长的人员，通过合理的分工合作和良好的沟通交流共同完成项目任务，并在此过程中逐渐形成稳定的合作关系，形成了包含高校教师、教研员、中学各级教师、研究生共同合作的研究团队。

黄梅团队在理论创新、解决化学教育相关问题方面取得了较为丰硕的成果。2020—2023 年该团队获科学研究优秀成果奖、国际微型实验奖等 3 项奖项。

华中师范大学化学教育团队指导研究生、本科生荣获国家级及省市级教学技能大赛等 9 项奖项。

河北师范大学化学教育团队成员荣获省市级教学创新比赛等 4 项奖项。

吴晓红团队构建的“本硕互动”学习模式，以研究生与本科生的相互帮助，完成一系列的学习活动，达到两者学习目标的过程。该团队通过构建“四位一体”教育硕士人才培养协同模式，围绕教育硕士培养目标，基于四大平台，运用四种协同模式，试图为当前卓越教师人才的培养实践开创一种新模式，最终使培养的教育硕士成为具备课堂教学能力、教学研究能力、信息技术能力、团队合作能力及实践活动能力五项能力的“卓越教师”。该团队教学成果荣获省市级教学成果 2 项奖项。

任红艳团队指导研究生获教学技能大赛 6 项、科创项目式学习方案评比 2 项、公益作品大赛 1 项。

袁振东团队构建了微格教学二级指导模式，其包括 6 个阶段：安排任务→集体备课→组内汇报→课堂实训→反馈评价→课后反思，并进行了相应的实践研究[133]，解决了教学形式单一和资源不足的问题。近年来，该团队指导研究生获教学技能大赛奖项 3 项。

2.6.8 高等化学教育

化学类专业设置。2020—2022 年，我国新增化学专业 16 个，设置化学双学位 4 个，撤销化学专业 8 个，专业数量稳步增长。新增应用化学专业 7 个，设置应用化学双学位 3 个，授予学位门类由工科改理科或由理科改工科的各 3 个；撤销应用化学专业 21 个，专业总数略有下降。新增化学生物学专业 6 个，撤销 1 个；新增能源化学专业 6 个、化学测量学与技术专业 2 个。2022 年增设资源化学专业。截至 2022 年年底，全国化学类专业布点数 836 个。

化学拔尖人才培养体系建设。2020—2021 年，教育部继续遴选“基础学科拔尖学生培养计划 2.0 基地”，分三批共建设 30 个化学基地。2020 年教育部启动设置“基础学科招生改革试点（强基计划）”，全国共设置化学类计划专业 28 个，构建起新一轮国家级化学拔尖人才和战略急需人才培养体系。

化学“双万计划”建设。2020—2021 年，教育部继续实施一流专业建设“双万计划”，第二批和第三批分别有 82 个和 52 个化学类专业入选，入选总数达到 219 个，在各专业类中名列前茅。2020 年，教育部公布第一批课程建设“双万计划”名单，共有 104 门化学类课程或虚拟仿真实验项目入选。

化学虚拟教研室建设。2021 年 7 月，教育部启动虚拟教研室建设试点，2022 年 3 月、6 月分二批公布试点名单，有 13 个化学类虚拟教研室入选。

化学教育学科委员会完成换届。2022 年，中国化学会化学教育学科委员会完成换届，新一届委员 70 人，主任委员由北京师范大学王磊担任，副主任包括刘斌、王颖霞、魏锐、许华平和张树永，秘书长由魏锐兼任。

化学重大教研项目。化学“四新”建设：化学教学指导委员会依托第二批新工科研究与实践项目，开展了应用型化学类专业新工科建设调研，并在《大学化学》推出《化学类专业“新工科”建设》《化学“四新”建设》等专刊，积极推进化学类专业“四新”建设实践。化学课程思政建设：化学教学指导委员会按照教育部部署编制了“化学类专业课程思政教学指南”，并通过召开会议、开展虚拟教研、开展线上培训和举办专刊等方式，积极推进课程思政建设，使化学类专业课程思政建设走在基础学科前列。化学类教材研究与建设：化学教学指导委员会完成了“化学类专业核心课程教材国内外对比研究”教育部重点项目，明确了我国化学类教材建设的优势与不足、未来改革与建设的方向和重点，承担了“新兴领域教材研究与实践”项目，全面规划和建设能源化学专业教材。

应对疫情重大挑战。2020—2022 年，化学教学指导委员会通过建立线上教研机制、推送教学资源、开展技术培训等方式，积极提升化学类专业教师信息化能力，通过在《大学化学》编制《延期开学期间在线教学》专刊，发表论文 50 篇，引导和帮助教师熟悉各类教学平台使用、强化线上教学设计和师生、生生互动，有效保障了疫情期间的教学，助力教学效果提升。

2.7 交叉学科 · 其他学科

2.7.1 核化学与放射化学

近 3 年来，我国核化学与放射化学研究队伍不断壮大，学科建设坚持以“四个面向”引领核化学与放射化学科技创新的高质量发展。

面向世界科技前沿，科学研究整体水平快速提升，取得了一批具有国际影响力的原创成果。锕系元素基础研究整体水平明显提升，在超钚元素理论化学研究、锕系元素化合物合成、锕系元素团簇化学等方向实现重大突破，揭示了 Cf–C 键合性质并精确模拟了锎化合物的 UV–vis–NIR 光谱，通过诱导分解 – 重组策略制备了目前已知的最大的锕系 – 银团簇［Th_9Ag_{12}］等。

面向经济主战场，以关键核心技术突破推动产业向世界先进水平攀升。我国学者开发了多项核燃料循环后端先进分离技术与新方法，创新性地设计了可精准匹配六价镅配位构型的保护性基团，发展了锕系元素非常规价态稳定化策略，实现了六价镅在水溶液和固体中的长时间稳定，衍生出安全、高效、绿色的镧锕分离新策略，取得了至今国际上报道的六价镅和三价镧系之间的最好分离效果，完成了我国核能放射化学领域在 *Nature* 杂志上零的突破。

面向国家重大需求，为完成重大任务、实现重大目标提供系统的科技解决方案。核化学研究的多项新技术、多种特种同位素等成果为我国国防科研提供了关键支撑。

面向人民生命健康，核化学与放射化学领域的医用同位素制备、放射性药物等先进成果为疾病诊疗、癌症治疗提供科技保障。

从“跟跑”到“并跑”，再到部分领域实现“领跑”，我国核化学与放射化学领域正聚力科技创新，奋力奔跑，不断“放射”出新的加速度。

2.7.1.1　核燃料循环化学

王志鹏等将氧化性铋酸钠负载到含有功能配体的有机溶剂中，将三价镅高效地转化为五价镅，首次实现了常量五价镅在有机溶剂体系中较长时间的稳定存在。单级分离因子超过一万，成功实现了超宽酸度范围内镅和镧系元素的高效分离[1]。苏州大学联合清华大学团队设计了可精准匹配六价镅配位构型的无机缺位多酸簇合物，实现了水溶液中六价镅的超长时间稳定，并明确了缺位多酸与六价镅的络合常数显著高于镧系离子是实现高效分离的本质原因[2]。四川大学何玲和陶国宏团队设计合成了多种新型刺激响应离子液体，利用热、酸、声等特定刺激进行操控，以及离子液体相行为转变和同离子效应，实现了对特定放射性元素铀、钍、锆的高效萃取分离[3-5]。石伟群团队报道了新型四齿配体二磺化 N，将 N′– 二苯基 –2,9– 二酰胺 –1,10– 菲咯啉（DS–Ph–DAPhen）作为掩蔽剂，该配体的 Am（Ⅲ）/Eu（Ⅲ）分离系数高达 1 200，研究了亲水取代基和中心主链对配体的 Am（Ⅲ）/Eu（Ⅲ）萃取性能的影响，并探讨了取代位置等因素对其 Am（Ⅲ）/Eu（Ⅲ）分离性能的影响[6, 7]。石伟群团队研究了功能化的杯［4］芳烃（Calix［4］aremes）萃取剂对 Eu（Ⅲ）/Am（Ⅲ）的络合行为及萃取性能，具有 DGA 结合单元的杯［4］芳烃配体对 Eu（Ⅲ）/Am（Ⅲ）的效果较好[8]。

2.7.1.2　铀 – 钚循环干法后处理基础研究

石伟群团队在氟氯混合熔盐研究中发现阴离子配位与铀和镧离子的电荷密度及离子半径相关。F^- 离子更易与 U（Ⅳ）配位，有助于抑制循环电解[9-11]。该团队利用 $AnCl_3$ 在 $NaAlCl_4$ 中溶解度低的特性开发了阳极原位沉淀技术用于分离 Al–An 合金中的 Al 和 An[10]。整个操作过程在 200℃以下进行，条件温和且步骤简单，成功解决了 U–Al 合金中 U 难以分离的关键问题[12]。针对氧化物乏燃料的干法后处理，石伟群等采用原位紫外可见光谱、原位荧光光谱等先进光谱手段并结合电化学方法，探究了熔盐体系中 U_3O_8 和 UO_3 在加入 $AlCl_3$ 后溶解产物的化学种态演化过程及其机制，证实了 $AlCl_3$ 的加入可使熔盐中的［UO_2Cl_4］$^{2-}$ 配离子转变为［UCl_6］$^{2-}$ 配离子[13]。

2.7.1.3　核化学与放射分析化学

孙雪杰等提出了硅胶和 TEVA 树脂联用的裂变产物中的锑色层分离流程，并采用辐照铀靶溶解液进行验证，结果表明该流程可实现 ^{127}Sb 裂变产额测定中锑的放化分离[14]。兰州大学团队开展了一系列复杂基体中放射性核素的自动化分离与分析研究工作，针对放射性核素快速、自动分离分析需求，开展了放射性核素快速、自动化分离技术和设备研发，采用流动注射原理研究，并成功研制了放射性核素自动化分离装置设备。同时针对 α 和 β 放射性核素的在线分析需求，开展了塑闪材料、双功能闪烁树脂研发及在线检测设备研制，研制了分离、分析和检测一体化的塑闪树脂和相关设备[15-18]。

2.7.1.4 锕系元素基础性质及理论化学研究

苏静等对首例二茂型锎配合物［Cf（C_5Me_4H）$_2Cl_2K$（OEt_2）］$_n$ 的化学成键和光谱性质进行了深入的理论研究，揭示了 Cf–C 键以离子键特征为主，并精确模拟了锎化合物的 UV–vis–NIR 光谱[19]。原子能院田国新团队对铀（Ⅵ）与二吡啶酸的络合作用开展研究，首次证实了水溶液中存在质子化络合物 UO_2HL^+，并通过荧光光谱测定了稳定性常数[20]。王殳凹团队构筑出具有独特结构和性质的锕系元素固体化合物并开展了相应应用研究[21]。石伟群团队创新性地提出了诱导分解 – 重组策略以制备新型高核钍簇，最终获得两例更大的混合金属 Th–Ag 团簇［Th_9Ag_6］和［Th_9Ag_{12}］，其中［Th_9Ag_{12}］是目前已知的最大的锕系 – 银团簇[22]。兰友世等通过对 U（Ⅳ）水合离子的计算化学研究，系统考察了现有的相对论量子化学方法，确定了 CASSCF+NEVPT2 是目前常用于描述锕系配合物电子激发态较好的计算方法。该团队在计算中获得的 90 个 5f → 5f 跃迁激发态和 1 个基态共 91 个能级可以与理论推导出的 13 个光谱支项的 91 个微观状态完全对应[23]。田国新等以二硫代次磷酸与 Nd（Ⅲ）的络合行为为切入点，解析了三价镧系与锕系离子之间的络合行为差异，取得了该研究方向近 10 年最重大进展[24]。

2.7.1.5 环境放射化学

王殳凹团队将具备核素精准识别位点的晶态多孔材料应用于环境污染治理中，获得了针对几类关键放射性核素在去除选择性和净化深度方面性能超过现有材料的系列固相吸附材料[26–27]。张曦等利用酸式消解法实现了百克量级花岗岩的全熔接，并建立了溶解液中痕量镎的富集 – 分离流程，且全流程对铀的去污因子大于 10^6，对花岗岩中金属元素的去污因子大于 10^5[28]。苏静等开展了 Cm^{3+} 在三水铝矿 – 水界面配位化学和电子光谱性质的理论研究，揭示了不同 pH 下最稳定的 Cm^{3+} 吸附物种的配位结构和吸附位点，并预测了 Cm^{3+} 水合离子和最稳定吸附物种的发光光谱[29]。刘宁团队首次对 Enterobacter sp. 等微生物诱导 U（Ⅵ）矿化的微观动力学过程进行了深入探讨，发现微生物的新陈代谢和其分泌的碱性磷酸酶对 U（Ⅵ）的矿化具有决定作用，同时利用纤维藻开展了废水中铀的去除研究，发现其去除率高达 95.6%，并首次观察到绿藻对铀也具有矿化作用[30–31]。

2.7.1.6 新型分离方法研究

北京大学沈兴海团队与中国工程物理研究院彭述明团队合作，采用羟基功能化的离子液体（Ionic liquids，ILs），开发了一种基于跨尺度超分子组装的萃取新方法，提出了从微观、介观到宏观的跨尺度选择性新概念，实现了金属离子高效、高选择性分离并转移至玻璃态相中，在放化分离领域具有重要的理论意义和应用价值[32–34]。四川大学马利建教授团队通过氨基的区域选择性实现了一步“环化 + 芳胺化”，构建了可见光吸收性能好、稳定、氨基功能化的 COF 光催化剂，提升了材料对锝、碘、Ke/Xe 等的吸附量、吸附速率及吸附选择性，筛选出的材料在超低浓度下对碘的吸附行为远优于活性炭、沸石等商用吸附剂[35–37]。陆跃翔等开发出一种基于酸度调控石墨烯片层间距的方法，通过酸度的适度调节，实现了对酸性废液中铀与其他共存离子的选择性分离[38]。叶钢等研究了介观尺度下聚合物链段构象对其吸附性能的影响规律，并结合多尺度计算辅助材料设计与光控大分子合成技术，实现了海水提铀纳米纤维膜材料的设计与精准合成[39]。

2.7.1.7　放射性废物处理处置研究

兰州大学放化团队针对关键放射性核素在甘肃北山高放废物地质处置库预选区的环境行为，系统开展了放射性核素的吸附和迁移行为研究[40-44]。针对放射性核素的吸附行为及吸附机理，采用热力学建模、谱学表征和密度泛函理论（DFT）相结合的方法，阐明了放射性核素在膨润土和蒙脱石表面上的吸附机理，为评价和预测处置库缓冲回填材料阻滞放射性核素向外迁移的长期有效性奠定了基础。该团队还利用非对称场流分馏系统（AF4）在国内率先开展了放射性核素、环境胶体、锕系放射性“真”胶体的生成、表征和迁移特性的研究，发展了表征复杂体系中锕胶的新方法和新技术。

2.7.1.8　核药物化学和标记化合物

王殳凹等突破了传统螯合配体设计思路的局限，提出了弱化配体分子内氢键的新设计思路，制备的新六齿配体可促排出小鼠骨骼中高达 80% 以上的铀，进一步刷新了铀骨骼促排效率的纪录[45]。

刘宁团队克服了制靶、分离、回收等技术难题，建立了具有自主知识产权的工艺路线，在国际上首次获得同位素丰度大于 99% 的高纯 ^{98}Tc 和 $^{238}U/^{236}Np \leqslant 1.0$ 的 ^{236}Np 等特种放射性同位素，并已成功用于国防科研。该团队在国内率先开展了基于 ^{112}Cd 的高核纯 ^{111}In 制备及富集 ^{112}Cd 的回收研究，^{111}In 的单次产量可达 500~1 000mCi，并且设计合成了多种 ^{89}Zr、^{111}In、^{177}Lu、^{211}At 标记药物，在肿瘤的靶向诊断与治疗方面有很好的临床应用前景[46-49]。

兰州大学团队针对放射性核素在活体复杂环境下标记脱落的问题，开发了多种机制的放射性标记策略，实现了高效、稳定的放射性标记；针对放射性治疗核素在活体中的监测问题，发展了多种实时活体监测放射性核素分布的策略，发展了多种靶向给药方式，实现了放射性核素肿瘤特异性富集[50-52]。

2.7.2　化学生物学

2020—2023 年这 4 年来，我国的化学生物学研究经历了跨越式发展，极大地推动了化学与生命科学的多学科交叉融合，并在以下重要和热点方向上开展了前沿工作，取得了瞩目的成绩。①生物大分子和生命机器的高效合成、构筑。例如，在蛋白质泛素化、糖自动合成、聚糖化学、DNA 染色体特征、物质代谢途径构建等方向上实现了突破。②利用小分子探针、生物正交化学反应等工具，实现生物大分子及生命过程等在体调控。例如，SARS-CoV-2 核酸适配体抗肿瘤、生物正交光催化调控、抗肿瘤聚甲炔染料、超分辨成像技术、靶向手性药物、近红外荧光探针、人工细胞器治疗、血型转换等。③生物大分子动态化学修饰及其参与生命过程的标记与探测。例如，肠道菌群生长代谢活动探针、纳米流式检测细胞摄取、靶点垂钓策略、线粒体 DNA 调控、高效光动力学探针、分子探针可视化、半胱氨酸修饰 RNA 研究等。④生物大分子机器及生命过程的机制解析。例如，SiTomics 技术解析蛋白修饰机制、膨胀显微成像揭示 O-GlcNAc 修饰机制、磷酸化修饰在帕金森病的作用、膜锚定 DNA 控制 T 细胞信号转导、光活化的 G- 四链体研究等。⑤基于化学生物学策略的靶标验证与靶向化合物开发。例如，SARS-CoV-2 核酸适配体、外泌体 PD-L1 检测方法、高通量单细胞转录组测序技术、金属配合物肿瘤诊疗策略、抗去势抵抗型前列腺癌新靶点、铱配合物免疫源性细胞死亡诱导剂、TRPV3 拮抗剂研究等。这些工作在国际上产生了重要影响，在大部分研究领域实现了国际并跑，并在部分方向上实现了国际引领。

2.7.2.1　生物大分子和生命机器的高效合成、构筑

清华大学刘磊组与芝加哥大学赵明磊组合作，通过化学合成瞬时中间体类似物阐明了 N 端降解 E3 酶 Ubr1 介导的连续泛素化原理，并在蛋白质折叠方面取得突破[1-3]。同时，他们发展了新方法推动蛋白质化学合成进入新时代，并成功合成了泛素化修饰组蛋白底物。在 E2- 泛素化修饰核小体复合物方面也取得了进展[4-6]。

北京大学叶新山课题组基于“预活化”糖基化反应和液相乘法合成原理，研发了新型双模式液相糖自动合成仪。并利用该仪器合成了各种复杂结构的寡糖和多糖，其中多糖的分子尺寸高达 1 080 糖[7]。

中国科学院上海有机化学研究所俞飚课题组完成了迄今线性最长的 128 聚糖的化学合成[8]。

天津大学元英进课题组与北京大学陶伟课题组合作阐释了一条 DNA 信息存储染色体的表观遗传学、三维组学和转录翻译等方面的系列特征，对新一代的信息存储人工染色体的构建具有重要指导意义[9]。

中国科学院大连化学物理研究所赵宗保团队研制出烟酰胺胞嘧啶二核苷酸合成酶和 NCD 自给型微生物细胞，并将其成功用于构建高选择性物质代谢途径[10]。

2.7.2.2　利用小分子探针、生物正交化学反应等工具，实现生物大分子及生命过程等在体调控

上海药物研究所杨财广课题组发现“RNA 表观遗传”去甲基化酶 FTO 抑制剂 Dac51 可提高 bZIP 家族转录因子 mRNA 甲基化修饰，可用于抑制肿瘤细胞糖酵解和增强免疫抗肿瘤[11]。他们还设计了新骨架激动剂用于干预胰腺癌细胞，抑制氧化磷酸化功能，并发现了选择性抗生素对抗耐药性金黄色葡萄球菌感染[12, 13]。

北京大学陈鹏、樊新元团队提出并发展了生物正交光催化反应，可用于时空可控的分子图谱解析及生命过程的调控，为遥控化学生物学开发奠定基础[14, 15]。

四川大学余孝其课题组开发了具有抗肿瘤效果的聚甲炔染料，并结合免疫检查点抑制剂实现了对远端肿瘤的抑制[16]。

中国科学院化学研究所方晓红团队开发了多色 STED 超分辨成像技术和新的光解策略[17]。

中国科学院长春应用化学所曲晓刚课题组开发了合成靶向手性药物的新方法和可视化创可贴用于细菌感染监测和治疗[18]。

南京大学姚祝军课题组与王欢课题组利用阿扎菲酮与伯胺反应，发展了伯胺特异性偶联试剂，并成功应用于多肽、蛋白质和磷脂的修饰工作[19]。

南京大学张艳课题组开发了一种快速拼接多种功能模块、用以构筑多功能近红外荧光探针分子的方法，实现了快速构建多种近红外荧光探针[20]。

浙江大学唐睿康课题组与合作伙伴发展了基于材料的人工细胞器，调控细胞能量代谢治疗退行性疾病，并提出了材料调控免疫的概念[21, 22]。他们还利用细胞表面化学工程清除异位钙化组织，并转换血型以供输血[23, 24]。

2.7.2.3　生物大分子动态化学修饰及其参与生命过程的标记与探测

杨朝勇课题组开发了基于 D- 型氨基酸荧光探针的新策略，揭示了肠道中细菌的生长代谢活动，并实现了活体成像策略观察小鼠肠道菌群分布[25-28]。他们与上海交大合作提出了组织透明化技术的三维成像策略，研究小鼠肠道移植和固有菌群分布[29]。

厦门大学颜晓梅组基于自主研发的纳米流式检测技术，建立了纳米药物的单颗粒水平配体密度快速表征方法，发现细胞摄取的最佳配体密度与大部分病毒的刺突蛋白密度相近[30]。并基于自主研发的纳米流式检测技术，首次在单颗粒水平测定了细胞外囊泡 DNA 的含量、膜内外定位和单双链等性质[31]。

北京大学雷晓光组与其他研究团队合作开发了基于生物合成中间体探针的靶点垂钓策略，并发现了催化分子间 D-A 反应的单功能 D-A 反应酶[32]。

中山大学谭嘉恒组创制了系列高特异性线粒体 DNA G- 四链体化学探针，利用它们率先揭示了 mtDNA G- 四链体在细胞能量代谢上的重要调控作用[33]。

南京大学郭子建院士、何卫江教授和陈韵聪副教授等人报道了可靶向高尔基体并发挥高效光动力学作用的 AIE 材料，利用缺氧可逆近红外荧光探针进行了活体动态示踪技术的开发[34, 35]。

中山大学毛宗万教授课题组从多维度对三苯胺骨架进行结构单元功能化，开发了一系列分子探针，通过荧光寿命成像实现了正常细胞和癌细胞的可视化区分，还通过超分辨成像技术首次追踪并定义了细胞胀亡的精细过程[36, 37]。

南开大学席真、周传政课题组报道了一种新型半胱氨酸侧基修饰化合物，实现了高效精准的半胱氨酸修饰，同时成功合成出 4'-F 修饰的 RNA，并将其作为 ^{19}F NMR 的探针使用核磁共振来表征 RNA 的结构和功能[38, 39]。

2.7.2.4　生物大分子机器及生命过程的机制解析

北京大学陈鹏教授课题组与季雄教授课题组合作发展了在活细胞内“关联解析”蛋白

质化学修饰机制与功能的“单位点－多组学”技术－SiTomics，建立了表观遗传调控的蛋白质组与基因组“信息关联”[40]。

北京大学陈兴课题组报道了基于点击化学的膨胀显微成像技术，与董甦伟课题组、张明杰课题组合作发现了 O-GlcNAc 修饰调控神经突触相分离的新机制[41, 42]。

清华大学李艳梅与上海有机所刘聪合作，阐释了不同位点磷酸化修饰诱导帕金森病致病蛋白 a-syn 病理性相变聚集结构多态性的分子机制与结构基础，揭示了翻译后修饰介导的蛋白相变紊乱在帕金森病发病中的核心作用，为帕金森病的药物研发提供了新的靶点和设计思路[43, 44]。

湖南大学谭蔚泓、邱丽萍课题组开发了膜锚定的 DNA 纳米连接子，实现了 APC-T 细胞接触区的膜间距离的精确控制，解析了 T 细胞信号转导的分子机制[45]。

武汉大学周翔课题组利用光活化的 G- 四链体配体，成功实现了在细胞环境中以超高序列兼容性识别多种 G- 四链体相关蛋白[46]。该课题组与芝加哥大学何川课题组、清华大学张强锋课题组开发了 Keth-seq 技术，可用于 G 富集的序列的结构测定[47]。

2.7.2.5 基于化学生物学策略的靶标验证与靶向化合物开发

厦门大学杨朝勇组开发了针对 SARS-CoV-2 的核酸适配体，发展了阻断感染的新策略[48-51]。他们还提出了外泌体 PD-L1 定量检测方法 HOLMES-ExoPD-L1，用于癌症诊断和免疫疗法预测[52]，并通过“clipped aptamer”概念和分子胶水，精准调控核酸适配体结构[53]。同时，他们还发展了高通量单细胞转录组测序方法 Paired-seq，揭示了单细胞的异质性[54]，基于 RNA 代谢标记的 Well-TEMP-seq 技术可解析单细胞基因表达动态[55]。

中山大学巢晖组提出并发展了金属配合物细胞器靶向性调控普适性策略，构筑了系列金属抗肿瘤前药 / 光敏剂，在活体动物内实现了乏氧耐药肿瘤诊疗一体化应用[56-59]。

中山大学尹胜组从天然产物库中发现了抗去势抵抗型前列腺癌高活性二萜，并首次揭示了核转运蛋白 importin-beta1 在 CRPC 进程中的调控作用和作为可药性新靶点的可行性[60]。

中山大学邹滔滔组发展了一类新型铱配合物免疫源性细胞死亡诱导剂，基于该先导化合物设计了化学生物学探针，发现 BiP 蛋白是诱导 ICD 活性的潜在通用靶点[61]。

北京大学雷晓光课题组与中国医学科学院皮肤病医院杨勇组和中科院物理所姜道华组合作，筛选到 Trpvicin 作为高选择性的 TRPV3 拮抗剂，并探讨了 Trpvicin 抑制 TRPV3 的机制，为深入理解 TRPV3 突变的致病机制及相关的药物开发提供了结构基础[62]。

2.7.3 公共安全化学

近年来，公共安全化学专业的社会关注度急剧增加，相关理论、技术与材料快速发展。党的二十大报告明确指出要“健全国家安全体系，提高公共安全治理水平”。为落实“十四五”国家科技创新有关部署，科技部、应急管理部发布《“十四五”公共安全与防灾减灾科技创新专项规划》，提出要在公共安全与防灾减灾应用基础研究、共性关键技术等方面取得重大突破，国家重点研发计划启动“重大自然灾害防控与公共安全”专项。国家重大需求为公共安全化学专业发展指明了方向。

公共安全化学专业在新理论、新技术、新材料等方面取得了明显进展，为国家安全、军事安全、反化学恐怖、防化学事故、禁毒、应急等方面做出了创新性贡献。在理论方面，我国学者持续推进化学安全国家战略研究并取得重要研究成果，公共安全化学的理论技术体系逐步完善。技术方面，毒品代谢机理研究取得重要进展，危险物质检测技术快速化、精准化、智能化等特点凸显，单根毛发微分段毒品检测、污水中毒品监测、爆炸物安全检测等新技术成果得到初步应用。在材料方面，阻燃灭火、应急处置等安全应急新材料得到进一步关注。

2.7.3.1　公共安全化学相关理论研究

公共安全化学的主要特征是以化学方法途径解决公共安全问题，减少甚至消除公共安全领域的化学风险隐患或灾害后果，主要内容涉及化学武器防御、化学恐怖防范、化学事故防控和化学污染防治等方面。聚焦当前国家化学安全态势及未来化学威胁，军事科学院率先论证提出了将化学安全上升为国家战略[1]的建议。针对当前重特大化学事故联合救援能力在指挥体制、协调机制和力量手段建设上存在的缺口，论证提出设立国家化学事故协调委员会，制定出台《化学安全法》等法规，健全联合救援指挥体制架构与协调联动机制等措施，为全面建设社会主义现代化强国提供安全保障，并建议以军地现有危险化学物质检测鉴定实验室为骨干，在全国范围内筛选特色分析化学实验室联合构建实验室网络体系。

2.7.3.2　公共安全化学相关技术研究

2.7.3.2.1　军用化学毒剂检测分析技术

在毒剂检测方面，基于高分辨率液相色谱－质谱法的非靶向筛选技术成功应用于实际样品中未知化学物质的鉴定[2]。应用新的碱性甲醇溶剂萃取方法可同时完成大极性范围 11 种化学武器（化武）相关胺化合物的定量和痕量测量，灵敏度高于以往所有方法[3]。针对复杂基质样品核磁共振氢谱重叠问题，高灵敏、高选择性的一维双选择性激发技术有效解决了核磁共振分析痕量化武核查样品的难题[4]。通过设计并负载在纸上的荧光探针可实现对 $40 \times 10^{-6} mol/m^3$ 气相有机磷神经毒剂模拟剂的可视化检测[5]。在毒剂溯源方面，针对 OPCW 发起的植物特征标志物分析挑战赛，我国学者开展了神经性毒剂暴露植物标志物研究，鉴定了 VX 神经毒剂的 4 个黄酮类加合物，为有机磷暴露溯源分析提供了新技术支撑[6]。针对毒剂来源的指称使用化武调查需求，我国学者开展了塔崩类毒剂化学归因技术研究，将有机合成、有机分析及化学计量等手段有机结合，构建了塔崩类化合物的路线分类预测模型，实现了此类化合物制备方法及合成路线的化学归因[7]。

2.7.3.2.2　公检法系统毒物与毒品分析检验技术

合成大麻素代谢机理和新型毒品鉴定分析技术取得新进展。中国人民公安大学王继芬团队建立了斑马鱼体内代谢模型和人肝微粒体体外代谢模型，能够有效模拟合成大麻素在人体内的代谢情况[8]。司法鉴定科学研究院沈敏团队采用单根毛发微分段毒品检测技术，建立了单根 0.4mm 头发片段中药物浓度 – 时间曲线，构建了摄药时间推断模型，大大提高了摄药时间推断的精确性[9]；徐多麒等采用超高效液相色谱 – 串联质谱法建立了同时分析头发中 5 种合成大麻素的方法[10]；黄钰等建立了同时检测毛发中 112 种合成大麻素类物质的方法[11]；王继芬团队研究表明烫发、染发、漂白等美发过程都会在一定程度上降低头发中甲基苯丙胺含量，可为头发分析的结果解释提供参考[12]。污水中毒品监测技术目前已经成为各级禁毒办常态化指导、评估、推动禁毒工作的主要科技手段之一，发挥了重要的“利剑”和“指南针”作用[13]。

2.7.3.2.3　爆炸物安全制备评估与探测技术

爆炸物安全制备评估与快速高效探测技术引起了人们关注。中国工程物理研究院化工材料研究所宋思维等开发了基于数据驱动的爆炸物性能预测技术和基于自动化、高通量技术的合成系统，针对民用起爆药高污染及安全性问题，开展了新型绿色有机起爆药 ICM-103 的应用推广[14]，并利用反应量热开展了典型炸药 LLM-105 硝化反应和 TATB 胺化反应过程的安全性评估研究，掌握了炸药制备反应热失控过程安全评估技术。何旋等制备了高灵敏度的柔性 AuNPs@ 聚酰亚胺 SERS 加热芯片，可将分散在土壤、水果和衣物等样品中的 TNT 原位富集并检测，TNT 检测限达 10^{-9}mol/L[15]。其还将 SERS 技术与数字微流控相结合实现了爆炸物的自动化、高通量和高灵敏度检测，TNT 和 NTO 检测限分别为 10^{-7}mol/L 和 10^{-8}mol/L[16]。杨希等利用基于 NO_x 传感阵列的电子鼻技术检测硝基爆炸物光解气体产物，实现了硝基爆炸物的痕量检测，并结合 CNN-LSTM 神经网络算法模型，实现了硝基苯类、硝酸酯类和硝铵类硝基爆炸物的精准识别，准确率高达 97.7%[17]。

2.7.3.2.4　危险化学品风险评估技术

危险化学品（危化品）火灾爆炸等风险评估技术取得新突破。南京理工大学在热失控方面建立了基于动态 DSC 的中断回扫法、基于绝热量热的 E/n 法、绝热中断回扫法和绝热压力判定法来判断反应类型，为行业安全管控提供技术支撑[18-21]。张一凡等聚焦大型石油罐区多米诺火灾事故传播过程，建立了大型石油罐区多米诺事故扩展概率计算、风险评价流程和基于贝叶斯网络的后果评估等方法，克服了计算大型储罐多米诺扩展概率的局限性[22]。王轶宏等提出一种网格化的风险评估方法，可准确评估城市燃气管网泄漏蒸气云爆炸事故风险，并使区域风险划分比传统方法更加精细和形象，有助于提高社会安全防护物资利用率[23]。基于试验反应失控评估方法基础，沈阳化工研究院有限公司、中石化安全工程研究院有限公司、天津大学等单位于 2022 年 12 月 30 日推出了《精细化工反应安全风险评估规范》（GB/T 42300—2022），推动了化工合成过程安全风险评估技术发展。

2.7.3.2.5　食品安全检测技术

食品安全关系国计民生，可靠、稳定、灵敏的食品安全检测技术是控制食品中危害物质、保障人民健康的重要手段。谢桂芳等研究指出基于点击化学构建的分析方法具有检测限低、线性范围广、可对目标分析物进行准确定量的优势，可为食品安全快速检测提供新思路[24]。吴齐粤等研究指出导电聚合物基电化学传感器在痕量食品安全分析方面具有独特优势[25]。抗生素残留可通过食物链进入人体，长期接触具有致癌、致畸、致突变风险，闫帅等开发了快速定量预测鸡蛋中喹诺酮抗生素残留的表面增强拉曼光谱技术，以实现鸡蛋质量安全监测[26]。人体长期累积摄入高氯酸盐会影响正常新陈代谢，杨春霞等研究指出我国食品中高氯酸盐的检出率已超过国外安全标准规定的阈值，污染隐患逐年增加，食品高氯酸盐风险监测力度不够，溯源分析滞后，限量标准缺乏[27]。

2.7.3.2.6　毒物鉴定技术

药物辅助性犯罪案件（DFSA），俗称迷奸案，是法医毒物鉴定中的一个特定案件类型[1]。近年来，DFSA 案件显著增多。该类案件所涉及的药物种类繁多，主要是中枢神经抑制剂、致幻剂及兴奋剂等精神活性物质[2-3]。这些精神活性物质进入人体后会致人知觉丧失或短暂记忆丧失、亢奋、行为失控或防御能力降低等作用，有利于罪犯实施抢劫和性侵犯[4]。

近年来，由于案件数量不断增加、案件性质日益严重，DFSA 问题已被国际卫生组织关注[4]。由于该类案件涉案药物较容易获得，同时药物剂量较低，给检验工作带来了一定的难度。在前期研究中，研究人员探索建立了毛发分段分析方法，并应用于 DFSA 案件中[5-6]。毛发分段分析方法不仅扩展了检测时限，同时反映出一定时间段内的摄药信息[7-11]，从而对单次和长期摄药模式进行区分。DFSA 案件主要摄及的物质有乙醇、γ- 羟基丁酸盐、苯二氮卓类、Z- 药物（唑吡坦、佐匹克隆等），以及滥用药物（美沙酮、可卡因、大麻等）。其中苯二氮䓬类是当前临床最常使用的处方镇静催眠类药物，由于该类药物可通过医疗处方或非法途径获得，也使其成为 DFSA 案件中广泛使用的一类药物[12-15]。在前期研究中，研究人员对 DFSA 案件中受害者头发中的氯胺酮、氯硝西泮在毛干中的浓度分布和摄药时间关系进行了评估[5, 16]。然而，在一些案件中，传统的毛发分段分析方法空间分辨率不足以对毛发样本中微量的药物进行检测分析，尤其是在单剂量摄药的 DFSA 案件中。面对实践中的困难，需要新的技术方法提高检测能力，从而为 DFSA 案件提供有效的证据。桑山（Kuwayama）等[17-21]提出了以 0.4 mm 为单位对单根头发进行微分段分析。桑山认为 0.4mm 对应头发每日生长的平均速率，因此可以根据毒（药）物在单根头发中的位置推断摄药时间[17]。

我国研究人员徐多麒[22, 23]在研究中发现，单根头发之间生长速率范围为 0.36~0.53mm/d（平均 0.44mm/d）。其中，头发生长速率最快受试者，经计算头发生长速率为 0.48mm/d，生长速率最慢受试者，经计算头发生长速率为 0.38mm/d。该数据与桑山团队的研究结果较为一致，在其研究中摄药 27~35d 后，计算受试者头发生长速率 0.33~0.43mm/d[24]。但与金茨（Kintz）[7]研究中记录头发生长速率约 0.33mm/d 相比，本研究中得出的头发生长速率较快。在 Wiedfeld[25] 研究中，对 9 例 DFSA 受害人头发生长速率进行计算，其结果为 0.281~0.428mm/d。

2.7.3.3　公共安全化学相关材料研究

2.7.3.3.1　阻燃材料

以本征阻燃的纳米粒子掺杂阻燃纤维材料[28]、具有自修复能力的防火材料[29]、基于传感器和控制系统的智能阻燃材料[30]为代表的防火阻燃材料既提高了材料的耐久性和可持续性，又提高了火灾应急响应能力。核壳吸波粒子[31]、柔性吸波织物[32]、层级结构强效吸波材料[33]及杂化吸波纤维[34]，在实现材料对电磁波有效屏蔽与吸收的同时，提升了材料的服用性与功能性。铝基、硅基及硼基陶瓷材料[35]、高性能纤维材料等在防弹领域得到广泛应用。李深[36]利用陶瓷拼接结构与 UHMWPE 纤维复合材料制备的防弹复合材料，在满足一定可弯曲性的基础上，具有抗 7.62mm 53 式穿甲燃烧弹侵彻能力。江洋等[37]设计制备的多种弧面柱状陶瓷 / 层间混杂芳纶与超高分子量聚乙烯纤维复合材料，进一步提高了复合装甲的抗侵彻性能和轻量化水平，可完全防护 7.62mm 53 式穿甲燃烧弹不发生穿透。

2.7.3.3.2　电磁波吸收材料

在电磁波吸收材料方面，传统的电磁波吸收（EMWA）材料已经取得了很大的进步，技术也相对成熟。但它们难以适应研究者们提出的“质量轻、吸收强、厚度薄、频带宽”的综合要求。所以，研究者一直在制备方法、结构设计、性能调控等方面进行探索[1-2]，力求开发高性能电磁波吸收（EMWA）材料。零维纳米粒子、一维纳米纤维和纳米管及 MXene、石墨烯和 MoS_2 等二维纳米片、三维材料，已被广泛用作 EMWA 材料。

Zhang L[3] 等人在氧气气氛下进行热处理，制备了核壳结构的 FeSiCr@Fe_3O_4 磁性微波吸收材料，在涂层厚度为 3.68mm 时，最小反射损失（RL_{min}）为 −51.4dB，有效吸收带宽（EAB）为 1.7GHz。 Zhao L[4] 等人通过修饰制备的 $NiCo_2O_4$ 纳米线表面的 PANI 涂层，成功制备了 SiCNWS@$NiCo_2O_4$@PANI 一维（1D）分层纳米复合材料。在厚度为 2mm 时，该材料 RL_{min} 为 −53.7dB，EAB 为 13.8−18GHz。Zihao Liu[5] 等人利用超声喷雾技术，采用一步法将 MXene 和二硫化钼纳米片形成三维的 MXene/MoS_2 倍微球。在 10.4 GHz 时，其 RLmin 达到 −51.21dB，厚度仅为 2.5mm；在厚度为 1.6mm 时，EAB 达到 4.4GHz。

我国研究人员廖子健[6]通过静电纺丝技术和碳化，成功合成了嵌入 CoNi 合金颗粒的氮掺杂碳纤维，并通过化学聚合法在 CoNi/C 纤维表面包覆了导电的聚吡咯涂层。CoNi/C@PPy 复合材料的厚度为 2.43mm 时，EAB 为 5.2GHz（10.62~15.82GHz），RL_{min} 值为 −68.78dB，频率为 12.90GHz。

单一掺杂和多种元素掺杂是有所不同的。李安然[7]通过高温处理制备得到氮磷共掺杂纤维素基碳纳米纤维（CNF−PN）。CNF−PN 具有优异的电磁吸收性能，在厚度 2.3mm 时，RL_{min} 值为 −55.02dB，EAB 为 6.4GHz，覆盖了全部的 Ku 波段。曲忠吉[8]通过丝网印花工艺以聚酰亚胺（PI）织物为基材构筑了“反射 – 吸波 – 透波”多功能层的柔性吸波织物，厚度为 3.9mm 时，吸波织物表现出了极为优异的吸波性能，不但其 RL_{min} 达到了 –74.70dB，而且几乎整个 X 波段内织物的 RL 值都低于 –20dB。该团队陈天宇[9]等人通过使用同步调节方法及一步水热法制备了具有分层结构的 Ag–doped α–MnO_2 材料。RL_{min} 可达 –68.6dB，吸收带宽 EAB 为 4.2GHz，而厚度低至 1.43mm。

2.7.3.4　公共安全化学教育等研究

习近平总书记提出的“人民城市”理念近年已成为新时代城市安全的根本遵循，建设“韧性城市”首次列入国家“十四五”规划，建设安全韧性城市、提升城市韧性成为未来城市安全发展的新方向和新趋势[38]。城市人口密集、资源富集、风险聚集，是公共安全化学教育与发展的“主阵地”。城市的危化品重大危险源众多、事故后果严重，对危化品工作人员进行系统安全教育培训并考核已成为新业态。城市的各级学校及研究院所化学化工医药类实验室等公共场所，危化品种类多、风险高、隐患多、事故频发，已成为公共安全化学教育管理的重点关注对象[39，40]，此类场所应首先突出危化品安全教育。我国城市燃气、液化气、沼气等火灾爆炸中毒事故频发，急需在全社会开展公共安全化学科普教育，不断提高人民安全意识和安全应急能力，使“人人懂安全，个个能应急”成为新常态，全面促进城市安全韧性发展。

2.7.4　环境化学

2020—2023 年，我国学者在环境化学领域开展了大量处于国际前沿的研究工作，取得了不少突破性研究成果，尤其在基于非靶标分析技术发现新污染物、基于稳定同位素的污染物溯源、大气污染的发生机制、水污染治理的新材料研发与制备、土壤污染修复与农产品质量安全、污染物环境毒理与健康等方面的研究工作获得了国内外广泛关注，某些研究领域已在国际上起到了引领作用。

我国学者在非靶标分析研究方面开展了系列创新性工作，发现了大量此前未检出的新型全氟和多氟烷基物质（PFASs）；基于稳定同位素开展了污染物精准溯源工作，深入揭示了污染物源汇与健康效应的内在机制；基于多功能大气气溶胶烟雾箱技术和气溶胶富集模拟系统，揭示了大气气溶胶形成与发生发展机制；开展了纳米零价铁的水污染治理新技术和材料改性新方法，实现了污染水体中多种重金属的高效去除；在修复土壤有机污染物过程中发现了纳米零价铁和水稻对促进根际微生物降解五氯酚的协同作用，实现了土壤污染修复与农产品质量安全双目标；提出了一种基于树的随机森林特征重要性和特征网络交互分析策略，不仅可以准确预测纳米颗粒的肺免疫反应和肺负荷，还可以构建特征交互网络帮助解释人工纳米颗粒的作用；污染物环境毒理与健康方面研究了纳米颗粒的远端效应，揭示了纳米二氧化硅通过吸附并耗竭功能性蛋白质，从而诱导心血管损伤的新机制，为纳米颗粒暴露诱导的心血管毒性效应提供了新思路。

2.7.4.1　环境分析化学

2.7.4.1.1　建立了污染物环境分析的新技术和新方法

原位样品前处理技术在环境介质中的应用对揭示污染物在环境中的分布形态和迁移规律，评估污染物的生物可利用度均发挥着重要作用。近年来，国内研究人员将多种改进的SPME原位采样技术（如瓶内萃取、便携电钻辅助原位萃取）与便携式GC-MS联用，实现了对水体中多种持久性有机污染物的原位分析[1, 2]；研制了一种具有生物相容性的表面修饰SPME探针，针尖直径小于5μm，可对小型生物（如大型溞）进行精确位置的原位采样，甚至可实现单个真核细胞的微尺度分析，与传统的脂质代谢组学方法相比，该方法样品前处理简单、样品消耗量少、分析时间短[3]；开发了氨基化和氟化的双功能修饰MIL-101（Cr）作为SPME萃取相，实现了对9种PFASs超灵敏定量分析，方法检测限低至0.004~0.12ng/L，可用于环境水体中痕量PFASs选择性富集和分析[4]；设计了一种聚吡咯改性碳纤维纳米探针作为双功能纳米探针，该钠类探针既可萃取胞浆中的多巴胺又可对其进行电化学检测，在保持细胞存活的状态下检测限可低至10pmol/L，为多巴胺神经毒性及相关药物作用机制的研究提供了一种新的分析方法[5]。

针对环境中微纳塑料的分析，近期有研究者在不同解聚体系下成功实现了对聚对苯二甲酸乙二醇脂（PET）、聚碳酸酯（PC）和聚酰胺（PA）等微纳塑料的定量检测，且该方法灵敏准确、测量精度高[6]。针对拉曼光谱用于微塑料定性分析中成像时间长，有机物质会对光谱产生荧光干扰等瓶颈，研究人员发展了氧化铝阳极盘滤波器以减少背景荧光，并使用蓝色激光为激发波长产生更强的拉曼信号[7]。

近些年，稳定同位素标记技术在环境科学领域获得快速发展。Tang等利用GC-DFS-HRMS建立了基于全分子离子同位素异数体计算方法的氯代有机污染物的Cl-CSIA方法，该研究采用双同位素外标法校正氯同位素比值，对四氯乙烯和三氯乙烯的分析精度小于0.305，检测限达0.05ng/g分析物，远低于GC-IRMS和GC-qMS的检测限[8]。Li和Chen等开展了南极地区中山站附近大气颗粒汞的同位素示踪，阐明了大气颗粒态汞同位素组成的季节变化规律，指出春季颗粒态汞同位素组成主要受原位光氧化还原过程影响，夏季则主要归因于南极高原内陆元素汞被氧化产生的二价汞的随风传输，为极地地区大气汞的同位素示踪研究奠定了基础[9]。Sun等利用汞同位素探究了海洋汞循环的地球化学过程，通过分析万米以下海沟生物的汞同位素组成，揭示了深海甲基汞主要源自上层海洋，为构建海洋汞循环模型提供了理论基础[10]。通过测定PBDEs、PCBs和DDT等化合物在两个人工构建的水生食物链上的单体碳稳定同位素组成及生物富集相关的参数，科研人员发现反映化合物稳定碳同位素分馏程度的指标与该化合物在鱼体内的清除速率之间存在显著的正相关，与生物放大因子显著负相关，这为量化表征化合物的生物转化速率及评估生物转化对化合物生物放大效应的影响提供了一个可供测量的指标[11]。

代谢组学分析具有全局性和高通量的特征，能够快速、有效地分析多条代谢通路，锁定作用靶点，发现可能的早期生物标志物。Ji 等使用液相色谱 – 静电场轨道阱质谱进行了组学研究，探索了 BDE–47 暴露对帕金森病的可能贡献，结果显示氧化应激和神经递质产生途径中的代谢物发生了显著变化，表明了组学分析平台在深化环境污染毒性机制理解方面的强大作用[12]。Wang 等采用气相色谱飞行时间质谱法检测和分析了血清代谢物，研究了甲基苯丙胺（METH）诱导的代谢产物表达失调和代谢紊乱机制，病毒滥用者的代谢紊乱主要是能量代谢和氨基酸代谢的紊乱，这为寻找生物标志物和病毒对人类健康不良影响的机制提供了新见解[13]。

2.7.4.1.2　发现了环境中新污染物

基于高分辨质谱的非靶向分析使在没有化合物信息的前提下对未知有机污染物进行筛查及识别成为可能。Wei 等人利用同系物法分析了中国 5 个城市的室内和室外空气颗粒物样本，通过 PFAS 同系物分析和可疑筛选，首次识别出 34 个此前未检出的新型 PFASs[14, 15]。类似地，Wang 等在室内灰尘样品中识别了 3 种新的溴代有机磷酸三酯[16]。Yu 等首次报道了大气中的 12 种氢代全氟烷基羧酸（H–PFCAs）[17]。Li 等则从 117 个配对的母体和脐带血清中选择潜在的新型 PFASs，19 种新型 PFASs 被确定为高于置信度 3 级，其中 14 种以前没有在人类血清中报道过[18]。Ye 等开发了一种有效而准确的靶向、可疑和结构特征驱动的筛选策略，从太湖沉积物样品中成功地鉴定了 35 个有机磷阻燃剂，其中 23 个首次在该地区被发现[19]。

2.7.4.2　大气污染化学与人体健康效应

2.7.4.2.1　揭示了大气污染的新途径和新机制

气态亚硝酸（HONO）作为大气羟基自由基（·OH）的重要前体物，一直是研究的热点。NO_2 的表面非均相反应是 HONO 的重要来源。最近研究发现与 NO 与·OH 的均相反应相比，NO_2 的非均相转化是夜间 HONO 形成的主要途径，NO_2 在气溶胶表面的光增强转化可能是白天 HONO 的潜在来源[20]。与车辆排放相比，船舶排放具有较高的 HONO 排放因子，排放的高浓度颗粒物为 NO_2 的转化提供了较大的表面[21]。二次有机气溶胶（SOA）是灰霾的重要组成部分，Li 等在室外烟雾箱中研究了两种人为源前体物 1,3,5– 三甲苯和正十二烷混合后被·OH 氧化生成 SOA 的产率及化学组成，发现混合后的 SOA 的质量浓度均大于基于 1,3,5– 三甲苯与正十二烷单独反应的 SOA 产率的线性相加值[22]。Yang 等则发现 1,3,5– 三甲苯 SOA 的质量浓度与 NO_x 浓度呈非线性关系，高浓度 NO_x 的存在会显著抑制 SOA 的产生[23]。亚碘酸（HIO_2）作为一类重要的碘的含氧酸，和 IA 分子可通过重复连续加入参与中性团簇成核过程，揭示了在人为硫排放越来越少的背景下，含碘物质参与形成颗粒物可能变得更加重要[24]。

目前的研究结果表明，硫磺酸（SA）– 胺成核机制是北京城市地区主要的气溶胶成核机制[25]。在高的二元酸 /SA 比值条件下，我国科研人员发现二元酸参与新粒子成核可能在成核过程中占主导地位，揭示了二元酸参与新粒子成核新机制[26]。通过外场观测与理论模拟研究，我国科研人员发现三氟乙酸可促进污染城市大气的SA-DMA的成核过程[27]，酰胺分子在一定程度上可以参与并促进大气中基于SA的新粒子形成[28]。北京大学张霖团队历时近5年，完成了大气化学模型GEOS-Chem与国家气候中心开发的BCC-CSM气候系统模型的在线耦合，开发了全球大气环流－化学模型BCC-CSM-Chem V1.0，标志着我国气候模型实现在线模拟全球复杂大气化学过程的一个重要进展[29]。该模型模拟的对流层一氧化碳、二氧化氮、甲醛、二氧化硫、气溶胶光学厚度均与观测结果有较好的吻合，体现了BCC-CSM-Chem V1.0模型对大气动力和化学均具有良好的模拟能力，具有广泛的应用前景。大气化学和气候变化之间存在重要且复杂的相互作用，正确模拟大气化学过程及其与气候的相互作用是当前气候模型发展的重要方向之一。

2.7.4.2.2　构建了大气污染与人体健康效应的内在关系

大气颗粒物对人群的急性健康影响得到了研究者的广泛关注。在全球水平上，Liu等综合评估了大气颗粒物暴露对24个国家和地区共652个城市居民逐日死亡率的影响，发现可吸入颗粒物和$PM_{2.5}$浓度的2天滑动平均值每增加10μg/m^3，人群每日总死亡率分别增加0.44%和0.68%[30]。上海市的相关数据显示，慢性阻塞性肺疾病（COPD）死亡率的增加主要与粒径小于0.5 μm的颗粒物显著相关，且该效应表现出随颗粒物粒径减小而增大的趋势[31]。为进一步探究不同粒径大小颗粒相关的死亡负担，研究人员收集了2013—2017年浙江省11个城市的每日死亡人数，以及PM_{10}、$PM_{2.5}$和PM_1的浓度，分析暴露与死亡之间的关联，结果表明PM_{10}、$PM_{2.5}$和PM_1的浓度每增加10μg/m^3，人群每日总死亡风险分别为1.006 4、1.006 1和1.006 0，且分别有3.08%、2.53%和2.39%的死亡率可归因于PM_{10}、$PM_{2.5}$和PM_1的短期暴露，即由短期暴露于PM_{10}或$PM_{2.5}$造成的急性死亡中，可通过PM_1解释的死亡人数占据了较大部分，表明小粒径颗粒物的毒性影响可能更强[32]。

近些年，空气污染对人群长期慢性积累的影响研究也受到广泛关注。研究人员收集了2015—2017年江苏省17个城市的每日心血管疾病死亡人数和污染物浓度，发现O_3浓度每增加10μg/m^3，相应的心血管疾病死亡风险增加0.983%，且该效应在调整$PM_{2.5}$、NO_2和CO后仍然稳定[33]。部分流行病学研究发现了短期臭氧暴露与血压改变之间的关联，如研究人员在健康成人中进行的一项重复测量发现测量前一天的O_3浓度每增加10μg/m^3，相应收缩压和平均动态血压将分别增加9.2mmHg和7.2mmHg[34]。Du等对全国5 852名中国成年人参与的污染空气亚临床结果进行了调查，探讨了$PM_{2.5}$及其成分与血压、空腹血糖和心脏电生理特性的关联，显示长期暴露于$PM_{2.5}$与空腹血糖、舒张压和心脏电生理测量值的增加显著相关[35]。

2.7.4.3　环境污染控制化学

2.7.4.3.1　发展了新型材料，建立了环境污染控制的新技术和新方法

2.7.4.3.1.1　大气污染控制

H_2S酸性气是重要的大气污染物，针对Claus工艺处理H_2S酸性气转化率低的问题，研

究人员研发了新型催化剂，如 Xu 等制备了 10%CeO_2/β–SiC 催化剂，在 300℃时能获得 93% 的 H_2S 转化率和 94% 的硫选择性，即使在 550℃下也能保持 82% 以上的 H_2S 转化率和 87% 以上的硫选择性，并且催化剂在 550℃高温条件下能够连续反应 30h 不失活[36]。Li 等合成了富缺陷的氮掺杂纳米片，在 H_2S 选择氧化反应中表现出更加优异的稳定性（>110h），并对 CO_2（0~50%）和水蒸气（0~30%）等杂质气体耐受能力强[37]。Liu 等合成了氮掺杂的石墨碳包覆钴纳米颗粒 Co@NC，其可在 190℃、18 000mL/（g・h）条件下实现 H_2S 近 100% 转化[38]。Zhou 等研制了 Mo_2C@BN 催化剂，其可以使 H_2S 的转化分解在 650℃高温条件下接近 100%[39]。Zhao 等利用 MoS_2/Al_2O_3 催化剂结合低温等离子体辅助，在低温常压条件下实现了 H_2S 和 CO_2 高选择性地转化为合成气，CO_2 转化率高达 60% 以上，并实现 H_2S 接近完全转化（98%~100%），且反应过程不会有 COS 及 SO_x 等硫化物的生成[40]。

Liu 等制备的 Cu–ZSM–5 微孔分子筛具有较多的高活性 Cu^{2+} 物种，具有最佳的催化性能，其中 H_2O 能促进丙烯腈的水解生成 NH_3 物种，进而提升 N_2 选择性[41]，并揭示了该性能主要归功于 ZSM–5 具有丰富的弱酸位点和最好的 Cu 物种分散性，更有利于正丁胺的吸附和氧化[42]。Zhang 等采用水热法制备的具有纳米管结构的 $CeTiO_x$ 具有非晶态结构、更大的比表面积、更多的表面 Bronsted 酸量和化学吸附氧，该催化剂在 NH_3–SCR 应用方面表现出优异的催化活性和对 SO_2 与 H_2O 的耐受性及稳定性[43]。类似地，将通过水热法反应和 NH_3 流动热处理制备的氮掺杂 $La_2Ti_2O_7$ 纳米晶体用于光催化氧化 NO_x，其催化效果有进一步提高[44]。

2.7.4.3.1.2　水污染治理

零价铁在水污染控制方面的研究得到了长足进步。Zhang 等人利用磷酸根对纳米零价铁（nZVI）进行壳层改性，通过简易磷酸化方法制备出具有径向裂纹的 nZVI，其径向纳米裂纹可作为界面电子 / 离子传输通道，促进表面吸附的 Ni（Ⅱ）通过氧化层内向扩散，在铁核与氧化层界面处发生内部电子置换，同时铁核内电子向外传输，在外表面与吸附的 Ni（Ⅱ）发生表面电子置换，使得 Ni（Ⅱ）还原为 Ni^0 纳米颗粒固定于 nZVI的氧化层中，实现污水中 Ni（Ⅱ）高效去除。这种方法同样适用于去除水中 Cu（Ⅱ）、Hg（Ⅱ）、Cr（Ⅵ）等[45]。针对 nZVI易钝化、目标污染物选择性低、且与水发生析氢反应等瓶颈，研究者发现硫化处理可显著提高 nZVI的反应活性和使用寿命，还能抑制零价铁和水之间的析氢反应，提高电子利用率。同时，通过调控硫化处理 nZVI中硫含量与形态，可实现地下水污染物的选择性去除[46, 47]。

纳米马达是一种能够将环境中能量转化为运动能的纳米尺度装置，可定时定向定点控制其运动方向，实现水污染的高效治理。例如，将具有还原氧化性石墨烯的水凝胶结合多孔氧化锰（MnO_2）从而形成一种基于气泡的纳米马达，通过吸附 – 氧化 – 解吸过程，无须外部搅拌，可在 30min 内去除水体中 90% 以上的有机燃料[48]。类似地，基于向日葵花粉粒制备的中空微纳“潜艇”，可同时清除水体中的油滴和微塑料，为水修复应用提供了一种很有前景的方法[49]。

2.7.4.3.1.3　土壤污染修复

近期研究发现，利用nZⅥ可以在实现土壤修复的同时，协同促进谷物增长。例如Lin等人利用nZⅥ修复五氯酚污染的土壤，同时监控该污染土壤中水稻的生长过程，结果发现nZⅥ修复的土壤可增产水稻，并降低稻谷中的五氯酚含量，同时种植水稻也提高了土壤中五氯酚的去除率，明确了nZⅥ和水稻对促进根际微生物降解五氯酚的协同作用[50]。Wu等研究了nZⅥ联合紫花苜蓿协同修复PCBs污染的土壤，发现nZⅥ可通过影响植物根际生物化学活动显著提高根际微生物对土壤PCBs的降解作用，与单独紫花苜蓿修复相比，nZⅥ联合紫花苜蓿对PCB28和PCB180的去除率分别从66.7%和38.5%增加至93.1%和52.3%[51]。纳米磷灰石与重金属Pb可结合形成低溶解度的$Pb_{10}(PO_4)_6Cl_2$，在固定重金属的同时能减缓营养元素磷的释放，降低了水体富营养化的风险[52]。

2.7.4.3.2　阐明了污染物降解新机理，发现了污染物转化新过程

中科院大连化物所王胜等在研究含溴挥发性有机物（Br–VOC）在Ru系催化剂上的催化降解过程中发现Ru/TiO_2催化剂上C–Br键解离主要发生在Ru物种上，基于软硬酸碱理论，CH_3Br中的Br作为交界碱（介于硬碱和软碱之间的路易斯碱）更倾向于Ru^{2+}/Ru软酸络合[53]。当进一步引入过渡金属（如Ce、Co、Mn、Nb、Ni等）可调变催化剂的中强路易斯（Lewis）酸浓度，尤其是Nb的引入可以显著增加中强Lewis酸量从而大幅提高Ru/TiO_2的初活性[54]。Yang等证实了复合催化剂CuO/MnO_2界面上建立的循环电子转移途径提升了甲硫醇催化氧化效率和反应稳定性能[55]。Wang等发现随着消毒剂HClO投加量的增加，2–碘代酚、4–碘代酚和2,4,6–三碘代酚会继续转化为低毒性的碘酸盐及相应的碘代和氯代脂肪族DBPs[56]。

在稻田土壤中活性Fe（Ⅱ）矿物曝氧降解多环芳烃研究中，我国学者发现活性Fe（Ⅱ）矿物曝氧氧化产生了·OH，其所引起的氧化效应可能是氧化还原动态环境（如水位波动带）中污染物去除的重要机制[57]。Yuan等人阐明了含Fe（Ⅱ）矿物沉积物中表面吸附态和矿物结构态Fe（Ⅱ）HO·产生和苯酚降解起主要贡献，而其他Fe（Ⅱ）物种贡献很小[58]。该团队进一步提出了通过外源添加配体以调控铁形态及电子转移途径，从而提高沉积物中Fe（Ⅱ）矿物电子利用效率、促进沉积物中Fe（Ⅱ）矿物活化O_2降解污染物的修复机制[59]。Cai等发现以腐殖酸为代表的NOM可以作为电子穿梭体促进含砷水铁矿的还原溶解，并导致As（Ⅴ）的释放和还原[60]。Zhou等发现NOM能介导水铁矿微生物还原过程，以及与之相关的Cd（Ⅱ）释放过程，当加入NOM后其作为电子穿梭体促进超过35%的Fe（Ⅲ）被还原[61]。

Wang等发现在氙灯照射下，小分子有机酸（如草酸、柠檬酸）及其与Fe（Ⅲ）的络合物会发生降解，产生$CO_2^{\cdot-}$，后者与O_2反应生成$HO^{\cdot}$和$O_2^{\cdot-}$，这些ROS促进了PVC微塑料的脱氯和氧化[62]。Liu等通过氙灯照射PP颗粒悬浮液，研究光老化对PP颗粒中

CdSeS 释放的影响及机理，发现无论光照与否，大尺寸微塑料悬浮液中都没有 Cd^{2+} 溶出，但小尺寸微塑料经光照 12h 后释放出了更多的 Cd^{2+}，并证实了光老化微塑料中 Cd^{2+} 释放量增加一方面是因为光诱导塑料表面 Cd 纳米颗粒溶解，另一方面是因为塑料内部的 Cd 纳米颗粒随聚合物的降解而溶出[63]。Zhang 等发现 PS 微塑料表面的光生 $O_2^{\cdot -}$ 可快速还原 Ag^+，形成的纳米银颗粒会在光生 $^1O_2$ 和 ·OH 作用下氧化溶解，明确了环境中老化微塑料具有化学反应活性，可影响其他环境污染物的归宿[64]。Liu 等发现未老化 PS 微塑料与氨氯地平之间以 π–π 和疏水作用为主，消化液中大分子的竞争吸附可使药物解吸，而老化微塑料与氨氯地平之间以静电作用为主，对大分子的 π–π 和疏水作用减弱，由此大分子对药物解吸的影响减小，提出了老化作用对污染物在微塑料上的吸附 – 解吸的改变，很可能影响吸附态污染物的生物富集和生物可利用性[65]。环境微塑料能改变抗生素抗性基因（ARGs）的分布格局，加速 ARGs 在环境中的传播和扩散，Yang 等指出微塑料是抗生素耐药菌和 ARGs 的富集场所和扩散媒介，能够增加海洋环境中 ARGs 的丰度与多样性[66]。

近两年，研究人员对 Fe（Ⅵ）氧化污染物的特性又有了更深入的认识。Wang 等发现了 Fe（Ⅴ）/Fe（Ⅳ）对污染物氧化的贡献之和与反应条件、目标污染物的种类密切相关，且其随时间的变化和表观速率常数随时间的变化基本一致[67]。Pan 等针对在碱性条件下不同种类的碳材料（如水热炭、氧化石墨烯）对 Fe（Ⅵ）氧化降解有机污染物都有一定的促进作用，提出了 Fe（Ⅴ）/Fe（Ⅳ）是反应体系中的主要活性氧化剂[68]。Tian 等提出了生物炭促进 Fe（Ⅵ）降解有机污染物主要是由于其可以诱导 Fe（Ⅵ）原位产生 Fe（Ⅴ）/Fe（Ⅳ），该团队发现高活性的 Fe（Ⅴ）/Fe（Ⅳ）不仅可以快速氧化有机污染物，还可以破坏生物炭的物理结构、扩大生物炭的比表面积，进而提高生物炭对目标有机物及氧化副产物的吸附能力[69]。

2.7.4.4　环境毒理与健康

2.7.4.4.1　发现了污染物新的毒性效应，揭示了新的作用机理

Cheng 等发现老化后的 PE 微塑料在蚯蚓体内引起了更明显的氧化应激和基因表达异常[70]；Shi 等发现老化作用改变了 PS 微塑料的尺寸和表面官能团，促进了 PS 微塑料对人肺上皮细胞的毒性作用，并且毒性作用随着老化时间的延长而加剧[71]。上述毒性效应的改变主要是老化的微塑料表面出现更多的羰基等氧化基团，改变了表面电位，影响了微塑料与生物的相互作用。此外，添加剂对微塑料生物毒性的贡献也得到了新的论证，Song 等前后对比了有无添加剂（二苯酮 -3）的 PE 对大型溞的毒性影响，发现含二苯酮 -3 的 PE 会明显抑制大型溞胚胎的发育及子代的正常生长[72]。Xia 等发现了 PS 微塑料显著增加了扇贝对 BED-209 的吸收，指出微塑料在该过程中起到了“特洛伊木马”的作用，即将 BED-209 携带进入扇贝体内并释放。而在消除实验中，研究者发现 PS 和 BDE-209 联合暴露组中的扇贝对 BED-209 的消除速率显著高于 BDE-209 单独暴露组，这也证实了微塑料对生物体内的污染物具有“清除”作用[73]。Song 等人报道了带负电荷的聚苯乙烯和

聚甲基丙烯酸甲酯纳米塑料暴露以剂量依赖的方式破坏血管内皮细胞钙黏蛋白黏附连接，破坏内皮细胞构建的屏障完整性而发生纳米塑料的泄漏，证实纳米塑料诱导的血管渗透性本质上主要是生物物理 – 生化作用，与活性氧产生、自噬和细胞凋亡等细胞毒性事件无关[74]。

近期，研究人员发现金属掺杂石墨烯（Fe–NGR）能够将 NADPH 催化氧化为 $NADP^+$。此过程中 Fe–NGR 可以替代细胞内 NOX 的生物学功能，在 NOX 缺陷的细胞中，催化超氧自由基的生成，激活下游免疫响应，释放促炎因子 IL–1β、IL–6 及 TNF–α 等，意味着金属掺杂石墨烯半导体纳米材料可能与环境介质中的免疫刺激有极强的协同毒性效应[75]。Song 等人报道了纳米颗粒的远端效应，揭示了纳米二氧化硅通过吸附并耗竭功能性蛋白质，诱导心血管损伤的新机制，为纳米颗粒暴露诱导的心血管毒性效应提供了新思路[76]。

多溴二苯醚和高氯酸盐等污染物与甲状腺疾病等代谢综合征的发病密切相关，通过流行病学追踪其进入人体的途径，以及特定暴露人群中的累积水平和健康效应关系，研究人员发现了动物与人体内的代谢物水平变化与这些污染物的暴露水平显著相关，尤其是利用甲状腺乳头状癌的病例 – 对照流行病学研究方法，建立了尿液中高氯酸盐与血清中多溴二苯醚人体暴露水平表征技术，并采用非靶向质谱技术进行代谢组学和脂质组学分析，鉴定了甲状腺肿瘤人群效应标志物及其代谢通路[77]。2– 乙基己基二苯基磷酸酯（EHDPHP）是目前环境中检出较高的一种芳香阻燃剂，Li 等通过将日本青鳉暴露于不同浓度 EHDPHP，发现雄鱼交配行为和生殖能力被显著抑制，酵母双杂交实验结果揭示了 AR 拮抗可能是 EHDPHP 生殖毒性的潜在作用机制[78]。Zhang 等揭示了 TDCIPP 对鲫鱼的生长抑制是通过与鲫鱼生长激素释放激素受体蛋白结合，干扰生长激素释放激素对 ghs 表达的刺激，进而导致垂体细胞 gh1 和 gh2 mRNA 水平的下降[79]。近期研究人员通过分子对接发现 TBPH 及其主要代谢产物 TBMEHP 均能与斑马鱼 PPARγ 结合，活性位点和结合方式与 PPARγ 激动剂罗格列酮相似[80]。

2.7.4.4.2　发展了环境毒理新的评估体系

进入 21 世纪，以大数据和人工智能等为主导的技术革新正引领第四次工业革命。Yan 等从原子尺度对纳米材料三维结构进行了精准解析，并将原子类型、原子坐标、化学键能信息存储于 PDB 电子文件中，利用这些电子文件和分子模拟软件，研究人员可以对纳米材料三维结构进行可视化分析，从原子尺度直接了解纳米结构多样性[81]。此外，Yan 等利用 PubVINAs 数据库中的纳米材料三维结构图像和人脸识别技术（即卷积神经网络），构建了端到端深度学习模型，对纳米材料的多种理化性质和生物效应进行了成功预测[82]。Liu 等探究了 $PM_{2.5}$ 中关键致毒组分的定量结构 – 毒性关系，通过分析所构建的机器学习模型，发现含 Pb^{2+} 的结构特征是导致细胞炎症的重要影响因素[83]。

机器学习技术迅速发展，给毒理学带来了新的研究思路。Peng 等结合机器学习模型和代谢组学，利用 ENPs 的 9 种特性，预测了 33 种 ENPs 诱导的代谢通路紊乱，并通过动物实验验证了模型的准确性，且模型具有很好的普适性，即使对数据库外的其他 ENPs 进行预测，其准确率也高达 75% 以上[84]。利用机器学习模型可以建立纳米粒子的定量构效关系，预测纳米免疫反应，揭示纳米免疫相互作用的基本机制[85]。最近胡献刚团队提出了一种基于树的随机森林特征重要性和特征网络交互分析策略，其不仅可以准确预测纳米颗粒的肺免疫反应和肺负荷，还可以构建特征交互网络来帮助解释 NMs 的作用[86]。机器学习也被广泛应用于环境 $PM_{2.5}$ 时间序列预测等方面，如王书肖团队基于优化的卷积神经网络技术建立了响应面模型，可实时对我国不同区域和时间段的大气 $PM_{2.5}$ 浓度变化进行预测[87]。张永红团队利用大数据分析方法，在人类基因组数据库中提取了肝毒性相关基因，建立了肝毒性风险模块，并从化合物分子结构出发进行分子靶标预测，建立污染物分子靶标网络，进而对风险模块和靶标网络进行重叠分析，最终构建了一种依赖于网络拓扑参数进行二元预测的毒理学网络分析方法，该团队利用该方法成功预测了 α-HBCD、β-HBCD 和 γ-HBCD 的肝毒性[88]。

2.7.5 有机固体

2020 年至今，有机固体在世界范围内呈现迅猛发展态势。目前，有机发光二极管的综合性能持续优化，在显示领域已经实现大规模应用。有机光伏和有机热电材料的关键性能指标不断攀升，开始打破人们对分子材料能量转换性能的传统认知极限。高迁移率有机半导体逐步实现力学与电学功能的耦合调控，催生可拉伸和可修复的智能有机场效应晶体管。有机生物电子和单分子等方向则在人机接口和分子电路方面另辟蹊径，孕育出新的学科交叉增长点。我国在有机固体领域的研究进展尤为突出，围绕高性能分子创制、分子多尺度组装、器件功能调控等方面取得了一系列引领性研究成果。

有机太阳能电池（OSCs）一直是有机固体领域的研究热点。过去十年，有机太阳能电池的研究取得了显著进展，特别是非富勒烯太阳能电池可在低给受体能量差的条件下，实现高效激子拆分和自由载流子产生，获得较高的能量转换效率。中国科学家在非富勒烯太阳能电池领域做出了原创性贡献。2015 年至今，北京大学占肖卫课题组和中南大学邹应萍课题组发展的小分子稠环受体材料（ITIC 类和 Y6 类等）推动了整个有机光伏领域的快速发展。2021 年，北京航空航天大学孙艳明和上海交通大学刘烽基于 PM6:L8BO 二元体系，通过合理的材料选择，使太阳能电池的能量转换效率达到 18.32%[1]。2022 年，他们将该体系进一步优化，使能量转换效率达到了 19.6%[2]。未来从材料设计角度出发来抑制器件中的非辐射复合，从器件物理角度来探索电池电压损失新机制，深入理解材料结构 – 活性层形貌 – 电池效率之间的关系，对进一步推动有机太阳能电池方向的发展具有重要意义。

随着显示与照明产品的市场需求不断扩大，有机发光二极管（OLED）以其独特的优势受到广泛的关注。近年来，我国在 OLED 领域的研究蓬勃发展，在新型 OLED 发光材料、器件效率和器件稳定性方面取得了一系列研究进展。例如，多重共振型发光分子由于其刚性的发光骨架和 B/N、B/O 等短程电荷转移特性，表现出高效率的窄带发光。深圳大学杨楚罗团队利用硒原子取代的重原子效应，发展了一系列高性能的发光分子，提高了反向系间窜越速率，将其用作敏化剂的 OLED 器件最大外量子效率为 40.5%[3, 4]。常州大学朱卫国团队研究了多重共振型发光分子的主客体相互作用，认为在主客体间形成的激基复合物型相互作用有利于提高发光性能[5]。清华大学段炼团队设计合成了一种同时具有长程和短程电荷转移特性的发光分子，实现了 40.4% 的器件效率和良好的器件稳定性[6]。除了高效率的可见光 OLED 器件，华南理工大学吴宏滨教授课题组对稠环近红外发光分子进行了重原子硒、氯取代，实现了高性能的近红外 OLED 器件，器件最大辐射度达 $12.4W \cdot sr^{-1} \cdot m^{-2}$，是此前文献报道最高值的 60 倍，并能够在高功率下持续工作上千小时[7]。此外，器件稳定性对于 OLED 的应用也至关重要。中科院理化所汪鹏飞研究员和王鹰研究员利用 MoO_3/$SimCP_2$ 作为空穴注入层，实现了电极与空穴传输层的欧姆接触，实现了厚度超过 1μm 且具有低工作电压的高效稳定的 OLED 器件，红绿蓝光器件的 LT_{95} 寿命分别达到 55 000h、18 000h 和 1 600h，为大面积 OLED 显示和照明设备的高良率铺平了道路[8]。

在高迁移率有机半导体研究方面，国内学者围绕骨架设计与侧链修饰，开发了一系列兼具高迁移率、可拉伸性和自修复功能的材料体系。例如，中国科学院化学研究所张德清团队通过在共轭骨架上引入中心不对称的螺芴单元精准调节吡咯并吡咯二酮聚合物的结晶性和分子堆积有序度，制备了可拉伸的高迁移率有机半导体，在 150% 形变下晶体管的迁移率超过 $3cm^2 \cdot V^{-1} \cdot s^{-1}$[9]。于贵课题组开发了氢键锁定的新型共轭骨架分子，制备的柔性晶体管电子和空穴迁移率均可超过 $16cm^2 \cdot V^{-1} \cdot s^{-1}$[10]。此外，结合器件结构设计与制备技术开发，有机晶体管在多功能电子器件中也取得了重要进展。中国科学院化学研究所的朱道本和狄重安研究员团队开发了功能互补的双异质结有机半导体功能层，首次报道了基于单一元器件的光控主动适应型有机晶体管（OAAT），为人工视觉系统重构提供了新思路[11]。2023 年，西安交通大学马伟及其合作者研发了一类全贯穿式结构的有机电化学晶体管，通过材料结晶性调控器件的突触和多类传感组合行为，为感 – 存 – 算一体的智能器件开发提供了可能[12]。中国科学院化学研究所云圻和郭云龙等人实现了超高的 X 射线灵敏探测，并融合准分子紫外光刻技术成功在每平方厘米集成了 104 167 个全聚合物晶体管，构建了高集成度的压力和味觉柔性传感器阵列[13, 14]。

除了传统的有机固体研究领域，我国在掺杂分子材料和有机热电材料方面也取得了重要进展。南方科技大学郭旭岗课题组报道了一种空气稳定的前体型分子掺杂剂对有机半导体进行 n 型催化掺杂的普适性概念，将过渡金属（例如 Pt、Au、Pd）作为气相沉积纳米颗粒或可溶液处理的有机金属配合物［例如 $Pd_2(dba)_3$］引入催化反应，大幅提高了掺杂效率[15]。2022 年，黄飞团队提出了一种将氧化聚合和还原掺杂相结合的方法，一锅法简易制备出高导电 n 型聚合物的合成策略，合成的聚合物聚（苯并二呋喃二酮）（PBFDO）展现出超高的电导率（$2\,000S \cdot cm^{-1}$）及良好的空气稳定性，在多种功能器件中展现优异的性能[16]。2023年，朱道本和狄重安等融合分子设计和分子取向调控的理念，对高迁移率有机半导体 DPP-BTz 进行了分子取向调控，双取向薄膜可增大费米能级（E_F）与传输能级（E_{tr}）之间的能级差，打破了 S-σ 的制约关系，ZT 值最高可达 0.40[17]。同年，裴坚课题组发展了一种高性能导电高分子的设计策略，通过降低烷基侧链的驱动力，调控共轭骨架间的 π-π 间距，共轭聚合物 TBDOPV-T-518 表现出低能量无序，实现了室温下接近金属型的非热激活电荷传输行为，表现出优异的电导率和功率因子[18]。

分子材料基于优异的生物相容性和独特的光电特性，在生物医药等前沿领域也获得了广泛的关注。通过对天然高分子或合成高分子的复合和修饰改性，生物活性导电高分子可以将导电共轭分子与生物活性分子的性质有机结合，用于生物功能调控、分子水平和细胞水平的生物识别与成像、癌症免疫治疗等研究。中国科学院化学研究所的王树课题组发展了活性表面原位聚合物新方法，合成了光敏高分子聚对苯撑乙炔，高效的界面电荷转移能力促进其在抗菌和 ATP 合成中的应用[19]。此外，课题组还利用聚噻吩类共轭聚合物 PNMT 实现了希瓦氏菌天然代谢过程与生物功能的定向增强，结合柔性器件制备实现了对肿瘤细胞数量和体液中乳酸含量的动态无线传感和移动端数据采集[20]。

碳原子可通过多种杂化方式成键，形成具有独特电子结构的光、电、热材料。近 4 年来，石墨炔的可控制备、结构解析、能级调控及功能修饰等研究取得了迅猛发展。李玉良团队发展了双层异质界面结构化石墨炔[21]和石墨炔诱导的 Rh/GDY 量子点催化剂[22]，为海水电解制氢提供了新材料和新方法。他们还利用石墨炔“炔烯互变”现象，发展了高柔性、超快响应和高稳定性的微型软体机器人。此外，我国科学家在新型碳材料方面不断突破。中国科学院化学研究所郑健课题组利用掺杂聚合－剥离两步法，创制了一种新型碳同素异形体单晶——单层聚合 C_{60}，该材料具有全新的簇聚二维超结构，丰富了碳家族体系，其较高的结晶度、良好的热力学稳定性及适度的禁带宽度等性质为有机固体材料的研究提供了新思路[23]。

单分子器件作为有机固体另一前沿领域，为在分子尺度上探究分子材料的本征性质提供了重要平台。近年来，中国科学家在多种共轭分子器件中观测到由库伦阻塞、量子干涉等量子效应带来的独特的电荷输运特性。利用丰富的化学手段、光、电、机械力等外场可以进一步对单分子量子输运行为进行调控，从而实现开关、存算一体、传感等功能。2022年，厦门大学洪文晶教授课题组、谢素原教授课题组与合作者构筑了基于单个内嵌金属富勒烯分子的非易失性存储器件，并实现了存算一体操作[24]。2023 年，北京大学郭雪峰教授课题组与合作者利用手性诱导的自旋选择性效应，实现了单分子手性的实时原位精准监测，为单分子检测和自旋电子学的发展提供了基础[25]。最近，中国科学院化学研究所臧亚萍课题组首次制备了一系列基于碳纳米环带的环形单分子器件，并观察到其由于独特的环张力效应带来的高电导和高化学活性，为未来发展具有复杂几何和拓扑结构的分子材料器件提供了新思路[26-28]。

总体而言，我国的有机固体研究直接推动了该领域的快速发展。更为重要的是，我国学者的多项成果引起了国际上同行的高度关注，实现了从国际先进到国际引领的转变，充分说明我国有机固体领域已经进入新的发展阶段。未来 5~10 年，有机固体领域的进一步发展必将加速化学、材料与信息的交叉，为解决绿色能源、柔性电子、可穿戴诊疗等方面的重大挑战提供新路径。

2.7.6 分子医学

当今，分子医学作为日趋独立的学科吸引了国内外学者的广泛关注和积极投入。分子医学研究涵盖分子水平的疾病诊断、治疗、预防和机制研究，其关键在于发现、设计和应用能够特异性识别病变细胞和疾病标志物的分子，从而大幅提高疾病检测准确度和治疗效果。目前，分子水平的特异性识别主要依靠抗体和功能核酸来实现。抗体的局限性一方面体现在无法规模化量产、成本高、结构不稳定、体内活性较低等，给研发带来巨大的困难，给患者带来沉重的经济负担；另一方面，欧美主要制药公司在单抗药物领域掌握了大量关键核心专利，造成我国医药企业在单抗药物研发方面处于竞争劣势，面临巨大屏障，难以摆脱追随者的地位。鉴于这些因素，以功能核酸为代表的新型识别分子的开发和应用，将最有可能为我国分子医学、精准医学和生物医药领域带来全新的突破和变革的契机。化学家的特长是创造分子工具，因而分子医学是化学家大有可为的领域。同时，分子医学是中国科学家取得了一系列原创性研究突破，也有望继续保持国际领先地位的优势学科。2020—2023 年，我国分子医学研究在基于核酸适配体测序的单细胞蛋白图谱、分子诊断与治疗技术、纳米生物医学、活体生物分析等方向涌现出诸多前沿创新成果。

2.7.6.1 基于核酸适配体测序的单细胞蛋白图谱

三阴性乳腺癌是乳腺癌中最难治的一类亚型，其严重危害了女性生命健康。谭蔚泓院士团队与浙江省肿瘤医院乳腺内科王晓稼主任团队开展“所院融合”有组织协同攻关，从蛋白质这一直接发挥功能的分子出发，首先发展了基于核酸适配体测序的单细胞蛋白质高通量表征技术，并整合现有蛋白质组学方法，绘制了中国最大规模的三阴性乳腺癌蛋白质分子图谱。并根据其分子特征和临床信息分析，提出了三阴性乳腺癌的“HIM”分型。在此基础上，该团队发展了基于核酸适配体的诊断和精准治疗策略：针对 Hot 免疫热型，使用FDA批准的化疗联合免疫治疗的方案；针对Ice免疫冷型，根据其特异性表达的膜蛋白，开发了新型核酸适配体靶向药物，并在临床前模型中得到验证；针对 Medium 免疫中间型，提出了靶向基质的免疫增敏策略，其效果在小规模临床试验中得到验证。该团队目前正在筹备开展全国多中心的临床研究，验证基于膜蛋白 TNBC 分子分型的治疗效果，为三阴性乳腺癌的个体化精准诊治奠定基础。

2.7.6.2 分子诊断与治疗技术

癌症的早期诊断和靶向协同治疗对提高患者治愈率至关重要。上海交通大学分子医学研究院韩达课题组建立了核酸分子计算平台，结合人工智能与分子工程技术，开发了可针对早期肺癌、胰腺癌等恶性肿瘤进行精准诊断的液体活检标志物组合与检测技术[1-3]。东南大学刘宏课题组发展了用于疾病筛查和健康监测的无酶金属传感器和无创连续监测方法，在国际上首次提出了可用于即时检验（Point of Care Testing，POCT）的折纸微流控芯片[4-6]。西安电子科技大学王忠良课题组针对肿瘤微环境代谢标志物构建了一系列智能探针，实现了 1mm 以下微小病灶的高灵敏高特异成像可视化，在肿瘤的早期诊断、术中精准导航等方面具有重要应用价值[7, 8]。在重大疾病治疗技术研究领域，韩达课题组利用核酸适配体构建了一种同时结合细胞表面溶酶体穿梭受体和靶标膜蛋白的核酸嵌合体，通过溶酶体穿梭受体将靶标膜蛋白运输入溶酶体进行特异性降解，拓展了降解不可成药靶点的蛋白质种类[9]。中国科学院杭州医学研究所方晓红课题组设计并合成了线粒体基质蛋白降解的分子嵌合体 MtPTAC，发展了一种具有普适性、可模块化设计的线粒体基质蛋白靶向降解新方法，为靶向蛋白降解技术提供了一个新的平台策略[10]。国家纳米科学中心孙佳姝课题组发展了微流控热泳适体传感器，利用微尺度热泳尺寸选择性地富集囊泡，通过核酸适配体获得囊泡表面蛋白表达图谱，用于多种高发恶性肿瘤的早期筛查和自动分类[11, 12]。

2.7.6.3　纳米生物医学

纳米生物医学旨在开发新型纳米材料和纳米器件来应对医学领域的挑战。国家纳米科学中心陈春英课题组基于先进光源的表征技术，建立了单细胞水平纳米颗粒的高分辨原位表征方法，揭示了纳米蛋白冠的蛋白组成在细胞转运过程中的动态演化模式进而重塑细胞代谢，利用纳米蛋白冠的化学特性指导安全有效的纳米药物设计[13-17]。武汉大学黄卫华课题组制备了多种高性能电极界面基底材料，并通过修饰酶、仿生催化分子等构建了一系列高时空分辨、高选择性、高灵敏的功能性纳米传感器，在单细胞水平上实现了多种信号分子及相关过程的实时动态监测，推动了神经退行性疾病和癌症等重大疾病的机理研究和药物研发[18, 19]。中国科学院长春应化所逯乐慧课题组提出了一种利用黑磷纳米片增强 Pd 介导的生物正交催化活性的新策略，为生物正交催化多相过渡金属催化剂的设计提供了新的见解[20]。中国地质大学（武汉）夏帆课题组开发了一个基于纳米通道的传感平台，通过表面功能化实现了固态纳米通道外表面和内壁功能元件的明确的功能划分[21]，其将光响应功能 DNA 应用于水凝胶构筑和细胞培养，实现了光响应 DNA 水凝胶时空可控图案化及生物物理和化学性能调控以实现局部细胞响应性调节[22]。南京大学朱俊杰课题组利用 DNA 折纸技术构建了治疗基因的高效稳定递送平台，有效增强了乳腺癌的光热 – 化学联合治疗[23, 24]。北京大学深圳研究生院李子刚课题组基于生物学应用角度设计开发了新颖的多肽稳定体系，创造了多肽新结构并拓展了其化学空间，获得了一系列具有更好生物活性和成药性的多肽分子[25]。

2.7.6.4　活体生物分析新技术

活体生物分析新技术立足于化学科学前沿，以活体分析研究为导向，重点开展分析化学新原理、新方法、新技术和新装置研究，用于重大疾病的机理和诊疗研究。北京师范大学毛兰群课题组建立了在活动物层次获取脑神经过程化学信号的新原理和新方法，发展了活体原位和活体在线电化学分析的新原理和新方法，探索了脑神经生理病理过程的化学机制[26, 27]。湖南大学张晓兵课题组基于氢键驱动小分子探针有序组装机制，开发了系列新型原位成像分子探针，实现了细胞和活体内靶标分子的原位精确测量；并基于富电子蒽衍生物开发了新型高亮度长余辉发光材料，首次实现清醒、自由活动动物的长余辉成像[28, 29]。北京化工大学汪乐余课题组发展了若干在无机或有机纳米颗粒表面嫁接含 ^{19}F 功能分子，成功构建了系列多功能纳米探针，既可以对肿瘤进行 ^{19}F MRI、CT、荧光、光热成像示踪，又可以实现光热治疗[30, 31]。朱俊杰课题组开发了一种端粒酶激活的可再生DNA 纳米机器，实现了活细胞中人脱嘌呤脱嘧啶核酸内切酶的高灵敏原位成像分析[32]。南京大学王伟课题组分别以单个明亮发光杆菌和植物乳杆菌为研究对象，证明了膜电势的动态去极化过程诱导了细菌自发和间歇性泵出质子的行为，该发现为研究单细菌水平下细菌的电生理行为提供了有力证据[33, 34]。

2.7.6.5　生物分子测序新技术

生物分子测序新技术立足于加快发展高通量生物分子测序技术，推动以单分子测序为标志的新一代测序技术创新。南京大学龙亿涛课题组提出了基于纳米孔道的单分子蛋白质测序新方法，利用纳米孔道单分子界面，结合自主研制的微弱电流测量仪器装置和大数据单分子快速定量方法，实现了对单个氨基酸差异的多肽分子的精准识别，开辟了纳米孔道单分子时空组学新方向[35-37]。深圳华大生命科学研究院徐讯团队发展了基于DNA 纳米球的高通量测序技术，进一步开发了时空组学技术 Stereo-seq，利用随机序列DNA 纳米球作为单细胞空间位置标签，将高密度测序芯片转化为空间组学捕获芯片，实现了 500nm 的分辨率、厘米级的视场，将该技术应用于胚胎发育、器官再生、脑图谱、癌症病理等研究[38, 39]。复旦大学于淼课题组开发了首个面对单细胞数据的染色质环识别算法 SnapHiC，可利用少量单细胞数据准确地识别染色质环结构，帮助理解全基因组关联分析中发现的致病位点，为研究复杂人类疾病的致病机理提供了强有力的工具[40]。

2.7.7　能源化学

能源化学利用化学的原理和方法，研究能量获取、储存及转换过程的基本规律，为发展新的能源技术奠定基础，在能源科学的发展中起重要支撑作用，是融合物理化学、材料化学和化学工程等学科知识的交叉学科。过去 3 年，我国学者在能源化学基础科学和工程应用领域取得系列突破性进展，纤维锂离子电池、二氧化碳到淀粉的人工合成、海水原位直接电解制氢等重大创新性成果入选了年度中国科学十大进展，引起了学术界和工业界的高度关注，极大促进了能源化学基础知识传播和学科发展。

2.7.7.1　光电化学与太阳能电池

我国学者围绕光电化学领域，通过材料与方法创新，突破关键技术瓶颈，多项研究成果达到世界先进水平。西安交通大学徐卓教授团队研发出具超高压电性能（4 000pC/N）

的钐掺杂 Pb（$Mg_{1/3}Nb_{2/3}$）O_3-$PbTiO_3$ 透明铁电单晶，突破了高压电性与高透光性难以共存的国际难题[1]。复旦大学彭慧胜教授团队在高分子复合纤维交织点集成多功能微型发光器件，实现了大面积柔性显示织物与智能集成系统[2]。南京大学张勇教授团队研发的“非互易飞秒激光极化铁电畴”技术，突破了传统激光的光衍射极限，首次在三维空间实现了纳米铁电畴可控制备[3]。浙江大学邱建荣教授课题组利用超快激光技术在玻璃中进行钙钛矿纳米晶的三维直接光刻，突破了超快激光三维极端制造技术[4]。中科院大连化物所李灿院士团队首次“拍摄”到光催化剂纳米颗粒光生电荷转移演化全时空图像，明确了电荷分离机制与光催化分解水效率间的本质关联[5]。

在国家新能源政策引导和驱动下，我国太阳能电池技术发展前沿探索和工程应用并重，多项研究成果达到国际领先水平，并实现自主研发应用。隆基绿能公司制备的晶体硅异质结（HJT）太阳能电池最高效率达到 26.81%，打破了日本 Kaneka 公司 2015 年创造的世界纪录；上海微系统所等多家单位创新开发了单晶硅边缘圆滑处理技术，制备的 60μm 厚的柔性单晶硅太阳能电池可像 A4 纸一样弯折[6]。在新型太阳能电池研究方面，上海交通大学刘烽教授团队利用双纤维网络策略，将单结有机太阳能电池效率提升至 19.6%（认证效率 19.2%）[7]；中科院半导体所游经碧课题组利用少量氯化铷添加稳定钙钛矿碘化铅二次相，获得单结钙钛矿太阳能电池 25.6% 的 NREL 认证效率[8]。在聚焦产业化应用方面，无锡极电光能科技有限公司 809.9cm^2 大尺寸钙钛矿组件经权威机构 JET 认证，以 18.6% 的稳态效率创造了新的世界纪录；杭州纤纳 α 钙钛矿组件（1 245mm × 635mm × 6.4mm）全球首发，是目前全球最大的百兆瓦级商业化产品。在叠层太阳电池方面，北京曜能科技有限公司研发的 2T 钙钛矿 / 晶硅叠层太阳能电池最高认证效率达到 32.44%；南京大学谭海仁教授团队研发的全钙钛矿叠层太阳能电池 JET 认证效率达到 29.0%，该团队运用涂布印刷、真空沉积等量产化技术，在国际上首次实现了全钙钛矿叠层光伏组件制备，大面积组件稳态输出效率高达 21.7%[9]，该成果入选了 2022 年中国科学十大进展。

2.7.7.2 能源催化

在“双碳”背景下，实现能源结构快速有效转型迫在眉睫，其中，能源催化是传统能源向新能源转型的重要途径和手段。谢和平院士深圳大学团队和四川大学团队开创了海水原位直接电解制氢全新原理与技术，提出了将分子扩散、界面相平衡等物理力学过程与电化学反应结合的全新策略，从根本上解决了副反应和腐蚀问题，破解了该领域长期困扰科技界和产业界的技术难题[10]，该成果入选了 2022 年中国科学十大进展。中国科学技术大学曾杰教授联合华盛顿州立大学 Yong Wang 等人提出超稳定“纳米岛”限域原子级分散催化剂，将孤立的和有缺陷的 CeO_x 纳米岛接枝到高表面积的 SiO_2 上，然后巧妙利用纳米岛去承载单个 Pt 原子[11]。清华大学李亚栋院士团队首次证明有机催化剂在氯碱工艺中可以表现出比贵金属更高的活性，在氧气形成很少的情况下保持出色的氯气生产选择，开辟了一条更便宜、更节能的氯碱制造工艺[12]。华中科技大学庞元杰教授团队利用电催化二氧化碳还原技术实现了醋酸的“零碳”制造，连续 820 小时保持乙酸生成率 80% 以上，在选择性、能量转化效率及稳定性上打破了现有世界纪录[13]。北京理工大学王博教授团队首次提出并构筑了适用于燃料电池催化层的多孔共价有机框架离聚物，突破了传统链状离聚物的束缚，显著提高了催化层铂碳（Pt/C）催化剂的质量活性和传质效率，大幅提高了燃料电池的功率密度[14]。中国科学技术大学高敏锐教授与南京理工大学兰司教授团队合作，设计并研制了一种用于碱性膜燃料电池阳极氢氧化反应的镍－钼－铌三元合金玻璃催化剂，实现了比肩铂的催化活性和稳定性[15]。中科院上海硅酸盐研究所黄富强、王家成研究员和复旦大学郑耿锋教授的联合团队设计并合成了一种新型具有锯齿状分子结构的氰胺亚铜晶体催化剂，利用氰胺亚铜上 Cu 位点的电子离域态增强效应，调控了关键中间体的不同断键位点的相对强弱，实现了高选择性的甲醇产物制备[16]。

2.7.7.3 电化学储能

在“双碳”背景下，电化学储能技术的发展是清洁能源高效稳定利用的关键。过去 4 年，我国在电化学储能基础科学与工程应用方面取得了一系列突破性进展。提高正极材料在高电压下的稳定性是实现锂离子电池高能量密度的核心，针对层状金属氧化物正极高电压下晶格氧析出问题，北京大学黄富强教授等提出了一种基于表面离子交换反应实现正极表面钝化的“渗镧”策略，在正极材料表面引入了数纳米厚、均匀且晶格相干的应变钙钛矿重构层，在高电压下实现了高价态氧在其氧空位中的可逆存储，显著提升了层状正极在高电压下的循环稳定性[17]。浙江大学陆俊教授等提出通过将相干钙钛矿相引入层状结构中作为“铆钉”固定减轻有害的结构演变，使晶格应变降低 70%，实现了电池循环性能大幅提高[18]。中国科学技术大学姚宏斌教授等设计开发了镧系金属卤化物基固态电解质新家族，可直接与锂金属负极和三元正极匹配，实现了无任何电极修饰且室温可运行的高能量密度全固态锂金属电池[19]。浙江工业大学陶新永教授等综合分子动力学模拟和冷冻电镜表征揭示了有序极性羧基在促进高质量 SEI 中的关键作用，提出了使用含有羧基的自组装单分子层隔膜构建稳定锂金属电池的策略[20]。吉林大学于吉红院士等报道了一种使用锂离子交换分子筛膜作为固态电解质的固态锂－空气电池，抑制由锂金属和空气引起的固态电解质的退化，实现了高能量密度高循环寿命锂空电池[21]。

新型储能体系的开发是解决锂资源缺口问题的潜在方案。北京大学庞全全教授等通过使用一种低熔点的无机氯化物熔融电解质，成功替代当前普遍使用的离子液体，实现了铝电池的高倍率运行、低电压极化及高能量效率[22]。中国科学技术大学徐铜文教授等报道了一种具有刚性融合离子通道的共价键合聚合物框架的自支撑膜，构建的水系有机氧化还原液流电池中能够在 500mA/cm^2 高电流密度下实现快速充电并提供高能量效率和高容量利用率[23]。中科院物理研究所胡永胜研究员等提出了一种基于“阳离子势”的结构预测方法，通过阳离子电子密度及其极化率的程度捕捉层状材料的关键相互作用，为碱金属层状氧化物正极的理性设计提供了有效解决方案[24]。胡永胜等还通过在铝集流体上引入石墨碳涂层，以及在电池中加入含硼电解质，发展了一种能量密度超过 200W · h · kg^{-1} 的初始无负极钠电池，能量密度高于商用 $LiFePO_4$ 电池，循环寿命达到了 260 次[25]。如何通过设计新结构满足电子产品高度集成化和柔性化发展要求是锂离子电池领域面临的重大挑战。复旦大学彭慧胜教授等创新储能器件结构设计，构建了具有优异性能且运行稳定的纤维锂离子电池，能量密度较过去提升了近 2 个数量级并建立了世界上首条纤维锂离子电池生产线[26]，该成果入选了 2021 年中国科学十大进展[27]。

2.7.7.4　生物质与化石能源高效利用

我国科学家在生物质与化石能源高效利用领域取得了系列突破性进展。北京大学马丁教授报道了一种高密度、高分散的原子级 Pt 物种和 α-MoC 组成的界面催化结构，基于 H_2O/CO 的活化新模式实现了水煤气变换高效制氢[28]。浙江大学肖丰收教授等突破了页岩气制丙烯过程中的一项关键技术瓶颈，创制了沸石中的孤立硼结构催化剂 $-B[OH\cdots O(H)-Si]_2$，高效实现了丙烷氧化脱氢[29]。中科院天津工业生物技术研究所马延和等报道了由 11 步核心反应组成的人工淀粉合成途径，该途径采用模块化反应适配与蛋白质工程手段，解决了计算机途径热力学匹配、代谢流平衡及副产物抑制等问题，克服了人工途径组装与级联反应进化等难题，同时偶联化学催化与生物催化反应，不依赖植物光合作用，在实验室实现了从二氧化碳和氢气到淀粉分子的人工全合成[30]，该成果入选了 2021 年度中国科学十大进展。厦门大学谢素原院士等研发出将富勒烯 C_{60} 作为“电子缓冲剂”的改性铜 - 二氧化硅催化剂，通过稳定关键亚铜中间体，实现了铜催化草酸二甲酯在温和压力条件下合成乙二醇[31]。中科院大连化物所包信和院士等突破合成气直接转化反应中转化率和选择性的“跷跷板”瓶颈，创造性地研制了金属锗离子同晶取代的微孔分子筛（GeAPO-18），在国际上首次实现低碳烯烃选择性和一氧化碳单程转化率同时超过 80%，低碳烯烃单程收率达 48%，远超目前国际最高水平 27%[32]。

2.7.8　燃烧化学

燃烧是复杂的化学过程，涉及理论计算化学、化学动力学、非平衡态热力学、分析化学、化学信息学、自由基化学、多相流和传热传质等多个化学化工领域。燃烧化学是多学科交叉和面向国家重大战略需求的学科，面向先进动力装备的燃烧化学的发展对于突破基础研究与工程应用的壁垒具有重大意义。

在碳氢燃料研究方面，浙江大学方文军教授团队采用超支化聚合物、杯芳烃等新型功能材料，调控碳氢燃料的热化学性能，有力推动了高性能吸热型碳氢燃料的研发和选型[1]。在含能材料研究方面，中国工程物理研究院化工材料研究所张朝阳教授团队从原子尺度上系统地阐释了含铝炸药从吸附、氧化、燃烧到产生温压效应的整个热解反应过程，揭示了炸药热解产物在铝表面的机理[2]。

在燃烧动力学仿真方面，清华大学任祝寅教授团队发展了基于机器学习的燃烧反应动力机理优化和仿真加速，并建立了基于活性子空间的燃烧反应动力学不确定性量化分析方法[3]。

面向航空航天领域对碳氢燃料高热沉、低结焦的应用需求，浙江大学方文军教授团队形成了以功能性超支化聚合物、功能化杯芳烃为技术核心的“软纳米大分子”添加剂平台，开发了含受阻酚结构的超支化聚乙烯亚胺、含硫嵌段超支化聚缩水甘油等多类功能性超支化聚合物，提出通过分子主客体识别、高温反应定向诱导、燃料清洁化处理等技术，实现对吸热型碳氢燃料氧化沉积延缓、裂解转化促进和脱氢结焦抑制的全生命周期热化学过程调控方法，深化了碳氢燃料热氧化沉积机理[5-9]。

在吸附机理研究方面，我国学者发现自由基型热解产物容易在 Al 团簇表面，特别是在团簇的边角表面发生吸附并释放大量能量。在氧化机理研究方面，我国学者有 4 个重要进展：①揭示了 ANP 在炸药环境中的崩裂氧化机理，发现致密的氧化壳与快速升温是产生 ANP 内部高压的两个关键因素，只有这两个条件同时满足才能使 ANP 发生崩裂[10]；②揭示了熔融 ANP 的微爆氧化机理，系统考察了氧气浓度、温度和颗粒尺寸对 ANP 微爆氧化过程的影响，基于直径膨胀速率、微爆压力、Al 团簇数量、释能速率等关键参数，判定微爆氧化过程、确认微爆氧化边界条件和认知微爆氧化规律[11]；③揭示了 ANP/H_2O_2 双组元推进剂的燃烧氧化反应机理，并证实 H 原子在 ANP 或 Al 团簇上的脱附是 ANP 氧化的关键步骤[12]；④研究了 ANP 在 HF 气氛中的氟化过程，考察了 F/Al 原子比、温度、颗粒尺寸和壳层厚度对氟化过程的影响，提出了链状结构产物生长机理[13]。

在燃烧机理研究方面，我国学者揭示了 ANP 在炸药环境中的燃烧过程，发现炸药氧化性的差异影响了 ANP 燃烧过程中的氧化物形貌、团簇数量及化学反应特性。在温压效应研究方面，我国学者发现含铝炸药的温压效应来源于无氧反应阶段中炸药及其分热解产物对 ANP 的第一步氧化及有氧反应阶段中 O_2 对 Al 团簇的进一步氧化[14]。

我国航空动力领域的工程计算软件和数据库缺少自主核心技术和数据积累，长期被国外商业软件垄断，大量基础研究和工程设计高度依赖国外工程计算软件和数据库。而高精度燃烧数值仿真是加速燃烧室研发过程和提升研发水平的重要保证，因此建设集专业燃烧数据库系统、燃烧动力学模型、发动机燃烧室模拟软件开发和应用为一体的数值仿真平台，是促进我国发动机研制自主设计与创新的关键。李象远教授领衔的四川大学燃烧动力学中心结合大分子燃料量子化学计算、分子模拟、实验测量和数据挖掘[15, 16]，建成了我国首个燃烧化学参数数据库 CCData；针对燃烧动力学建模参数不统一、机理通用性差的国际难题，颠覆了国际流行的动力学建模方法，提出了“极小化反应网络”建模方法[17]，即在给定化学分辨率条件下，确定满足物种反应通道完整性的最小反应数，建成了多种燃料统一的燃烧动力学模型 CKL；通过火焰面生成流形方法（FGM）来耦合高精度动力学模型[18]，开发了源码可控的燃烧室大涡模拟软件“金沙”；建成了由燃烧化学数据库 CCData、燃烧反应机理 CKL、燃烧数值计算程序“金沙”构成的我国唯一开放检索的燃烧动力学平台 CDS（https://cds.scu.edu.cn），该平台已于 2021 年 10 月对外发布；获准建设“教育部空天动力燃烧与冷却工程研究中心”和“四川省空天动力创新中心”等学科平台。

3. 化学学科国内外研究进展比较

一个学科或专业方向的研究热点指的是在某段历史时期内，国际上该学科或专业领域内新兴的或很多研究者热心关注、研究和发展的热门课题，包括研究对象或现象、理论方法、实验技术等。研究热点往往代表着该领域的国际前沿课题或该领域面临的和必须解决的课题，指示着该领域的发展方向。了解、掌握并能及时跟踪、参与，甚至引导专业领域的国际研究热点，是一个国家在该专业领域的科研实力和水平的重要指标。

化学是一门涵盖面极其广泛、应用范围包括科技前沿和国计民生多个方面的学科，本部分按学科分类，分别总结和评价我国 2019 年 7 月 1 日至 2023 年 6 月 30 日在国内外研究热点领域的成果，并对相关研究进展进行比较。

3.1 物理化学

近年来国际上物理化学的研究前沿集中体现在化学动力学方面，包括发展原位表征技术，以化学动力学手段揭示化学反应的量子效应机制、气相离子－分子碰撞动力学、光化学及星际化学、生物大分子及其复合物动态结构和相互作用、解析复杂真实体系的表面结构和结构动力学、液相结构和动力学，以及将人工智能与物理化学相结合，实现对化学路径与结果的预测。

在化学反应的量子效应研究方面，以张东辉、杨学明等为代表的国内理论和实验研究水平均处于国际领先状态。但国际上气相离子－分子碰撞动力学研究历史悠久，而我国的离子－分子反应动力学研究刚刚起步，还需进一步大力发展。

近年来，我国在小分子光化学和星际化学研究方面取得了很大进展。随着我国自行建造的极紫光源投入使用，小分子的光化学动力学研究已经确立。在星际化学方面，随着国际上星际化学建模的发展和世界一流望远镜投入使用，新的发现不断涌现。国内由于全冬晖等团队的努力，该领域发展很快，在此方面处于国际第一梯队。但在团簇星际化学方面，我国尚未开展低温下团簇精细光谱的相关研究，需要加强。我国基于大连相干光源的中性团簇红外光谱研究占据了国际气相团簇科学研究的制高点。

在生物大分子及其复合物动态结构和相互作用研究方面，目前国际上主要依赖脉冲宽度为纳秒尺度的 193/157nm 真空紫外激光解离－串联质谱技术，虽然成功用于蛋白质、多糖、脂质等生物分子序列结构表征，但对超级蛋白质复合物等在解离时间和效率上仍然受到限制[159]。我国在世界上率先建成了百飞秒－皮秒脉冲的极紫外自由电子激光，并且已经实现对生物大分子的高效解离和序列结构表征，有望实现更大分子量生物体系更高时间分辨的动态结构和相互作用探测[198, 199]。

在真实体系表面结构及其动力学方面，国际上合频光谱技术发展较快。南加利福尼亚大学的本德斯基（Benderskii）、德国马普高分子研究所的波恩（Bonn）等人利用相位敏感合频光谱研究了界面电场诱导下水分子的不对称响应。美国犹他州立大学饶毅等人发展了二维电子态合频光谱技术，研究界面电子-振动态耦合及其超快能量转移，为表面光电催化领域的应用提供了新的研究手段。中国科学技术大学叶树集等人、中国科学院化学研究所张贞等人利用高分辨合频振动光谱研究了界面超分子手性自组装分子机理、复杂生物界面分子结构及分子间相互作用，也取得了重要成果。

在液相结构和动力学研究方面，MeV 液相超快电子衍射（MeV-LUED）是一种研究液相超快动力学的尖端科学仪器，于 2020 年在美国 SLAC 国家实验室诞生。2022 年，清华大学成功研制出世界第二台 MeV-LUED 仪器，使我国在该领域跻身世界前列。

在表面反应动力学方面，近年来，国际上广为使用的技术是分子束-表面散射方法。据此，国外研究者阐明了氢原子在金属、半导体、二维石墨烯等表面的传能与吸附动力学机制，明确了非绝热效应在吸附过程中的重要作用[200, 201]，实现了在微秒尺度上对表面基元过程反应速率的精确测量，揭示了一氧化碳在铂表面不同反应位点氧化的微观机制[202]，发现了氢原子在金属表面复合生成氢气的量子效应[203]，为人们在原子尺度上理解异相催化过程的微观机理提供了新方法。我国在这一领域尚未开展研究。

3.2 分析化学

对人体自身的研究和分析，对发病机制以及药物治疗机理的探索，是科学研究最重要的内容之一。脑和脊髓是人体的中枢神经系统，其中，大脑是控制人类思维和意识的器官，对大脑成分和活动的分析监测，对了解人类思维、意识活动及其与脑组织化学成分之间的关系至关重要。脑科学是阐明大脑结构与功能的前沿交叉领域之一。近年来，随着大脑成像、脑机交互、大数据处理等新技术的不断涌现，脑科学与计算机技术、人工智能等学科交叉融合，类脑研究上升为西方发达国家的科技战略重点之一。世界各国先后启动并开展了脑科学的研究计划，包括美国的“推动创新神经技术脑研究计划”、欧盟的“人脑工程”、日本的大脑研究计划、我国的“脑科学与类脑研究”等重大科学项目。在这些项目中，生物脑和类脑的研究均被列为重要研究内容。美国、英国、法国、瑞典等科技强国正在利用自身先进的研究理念和技术手段，抢占脑研究领域（如神经传递机制、深脑/全脑成像、脑机智能交互等）的制高点。我国在分子层面的脑化学研究进展相对缓慢，外国学者率先发展了单囊泡内化学分子的纳米电化学分析原理和方法，系统深入地开展了囊泡释放动力学的研究，在国际上首次提出了囊泡内神经递质“部分释放”的新机制，在电分析化学和神经化学传递机制的交叉研究方面取得了一系列重要成果。随着人工智能、脑机交互等领域的不断发展，各国学者广泛关注如何利用人工系统模拟生命体神经系统功能。未来实现类脑信息处理，需要摒弃 0 和 1 的僵化计算语言，构筑新的神经形态器件。流体忆阻器应运而生，其通过移动的离子携带和储存信息。2023 年，我国学者和法国学者在 *Science* 期刊上同期发表相关研究成果，分别描述了纳流体仿神经器件能在接近生物系统的电压和功耗下工作，并实现神经可塑性多功能模拟。我国学者利用发展的聚电解质限域的流体忆阻器首次实现了神经化学信号与电信号转导的模拟，在化学突触的模拟研究中迈出了关键的一步。

3.3 无机化学

国内分子筛研究领域无论是新型分子筛拓扑结构的合成、新兴分子筛分析表征技术的开发，还是分子筛催化及吸附分离等领域的应用拓展，都取得了系列重要突破性进展。近 4 年来，国内分子筛领域的基础研究呈现重点突破、多领域交叉渗透和多单位合作的良好趋势。在分子筛研究领域，我国科学家产出的科研成果得到了国际学术界的广泛认可，逐渐形成具有学科引领之势的蓬勃发展势头。在稀土智能发光、生物标记、稀土催化等功能材料及稀土能源材料等研究方面取得了具有创新性的系统成果，实现了利用稀土配合物的结构调控来开发新型光电器件、诊疗探针、高效催化剂和太阳能电池的目标，在稀土功能化研究领域具有重要的国际影响力。

有机电致发光器件（OLED）目前在手机和其显示器件中逐渐取代液晶屏，得到了广泛的应用，其中多重共振型的热活化延迟荧光（MR-TADF）材料由于分子内独特的 HOMO/ LUMO 的电子云分布，表现出较小的发射光谱半峰宽（FWHM）和高发光效率，且可兼顾色纯度、成本和功耗，是显示材料基础与应用研究的热点之一。随着 OLED 显示技术的逐渐成熟，开发下一代显示技术和器件尤其重要。其中手性发光材料能够发射圆偏振光（CPL），制备的圆偏振 CP-OLED 在 3D 显示等领域有重要的应用价值。

目前分子铁电体研究进入了化学设计时代，我国学者提出并建立了分子铁电体的铁电化学设计思想，在国际上引领了该领域的发展。

深入探究金属元素和金属药物介导的生物大分子动态修饰、肿瘤细胞稳态调控、免疫过程靶向干预具有重要的理论意义和临床价值。我国学者从金属蛋白的结构功能和金属配合物的功能化改造两方面入手，利用化学生物学、结构生物学和蛋白组学等学科的研究手段，在揭示重金属离子与金属蛋白高选择性结合的配位基础和发展多功能铱金属配合物的抗肿瘤及免疫治疗功能等方面取得了一系列进展。

3.4 有机化学

有机化学在促进人类认识、利用和改造自然，推动国民经济和社会发展方面具有不可替代的作用。近年来，我国有机化学学科取得了长足进步，在国内外产生了广泛影响，已接近和进入国际先进行列，部分领域也做出了引领性的研究成果。一批原创性配体被成功开发出来，实现了系列有机化学反应的高效、高选择性转化，并被国内外学者和企业频繁应用于学术研究和工业生产中，周氏催化剂、冯氏配体和 Ullmann–Ma 反应，都是其中的杰出代表。

金属催化的偶联反应、烯烃等不饱和烃的选择性转化、惰性键活化及官能团化、小分子的活化转化等是当前有机化学的重要研究领域。我国有机化学家在该研究领域取得了重要进展。不对称催化是合成手性有机分子最高效的方法，是当代有机化学的重要前沿研究方向。近年来我国化学工作者注重工作的原创性和系统性，提出了一些创新性的概念和策略，发展了一批有特色、有影响力的手性配体和催化剂，在一些研究方向上达到国际领先水平。此外，不对称催化反应的研究也逐渐从基础研究走向规模化应用。高效和高选择性地向有机分子中引入氟原子和氟烷基基团一直是获得有机氟化物的重要手段，也是有机化学领域里的研究前沿之一。我国化学工作者在发展新型氟化、氟烷基化、其他含氟官能团化及选择性脱氟官能团化等方面做了许多原创性工作。

我国有机化学学科的迅速发展，不仅体现在合成方法学的创新上，而且在重要生物活性天然产物的合成、新结构创制和新功能发现等方面近年来也取得显著成绩。比如天然产物化学研究领域逐渐向化学生物学领域融合，在新结构的发现上逐渐转向小分子生物学功能的发掘，甚至在新靶点、新药、新材料、大宗化学品绿色制造等方面也不断取得突破。有机化学学科一方面面向世界科技前沿，注重交叉和原创，坚定创新自信，不断追求卓越，同时也注重研究成果的转化，面向国家重大需求，投身国民经济主战场，为可持续的化学、医药、材料等工业的发展作出了重要贡献。

3.5 高分子化学

1920 年施陶丁格（Staudinger）提出共价键连接的大分子概念，过去 100 年，高分子科学理论和实践的发展带动了高分子工业的发展，高分子材料成为现代文明社会不可或缺的一类材料体系。2020 年，世界范围的高分子学者都在讨论高分子第二个 100 年需要关注的研究前沿，重要共识体现在三个方面：①发展新的高分子合成方法；②发现高分子的高级性质和功能；③实现高分子材料可持续性发展。其核心包括开发新的途径生产更环保和更可持续的高分子，发展新的理论、计算和实验方法精确揭示高分子的结构与性能的关系，并在此基础上为高级应用创造具有新的具有所需性能的高分子。其中，与一次性塑料制品的大量使用及废弃所带来的资源浪费和环境污染相关的高分子可持续性得到社会、政府、学术界和工业界的广泛关注，全社会共同思考如何从相关基础研究和产业开发解决塑料污染的挑战及资源的有效利用问题。美国科学院、工程院和医学院于 2019 年 5 月 9—10 日在美国华盛顿召开了以“完成塑料困境的闭环（Closing the Loop on the Plastics Dilemma）”为主题的战略研讨会，将“塑料的化学及生物回收”和“设计可持续塑料”作为两个重要优先发展方向。2019 年 11 月 10—13 日在英国伦敦召开了包括中国、日本、英国、德国 30 多位科学家参与的第 8 届 CS3 会议，讨论了可持续塑料的 4 个主要议题：塑料对环境的影响、可持续的新型塑料、塑料的回收和塑料的降解，形成了以“科学与可持续塑料（Science to Enable Sustainable Plastics）”为主题的第 8 届化学科学与社会高峰论坛。欧盟也于 2020 年启动了由多所大学和企业参与的以解决热固性高分子材料循环利用为核心的“欧洲地平线 2020，VITRIMAT”计划。这些会议和论坛无一例外地提出了一种新的发展模式，即通过合成化学的发展创造“双碳”时代所必需的可循环或可回收高分子材料。除了发展新的催化剂来降解回收现有塑料制品的研究模式，新的研究范式从“聚合”制备高分子转移至利用“解聚合”按需降解回收高分子，实现以生物基原料制备适应于循环经济并便于回收的新型高分子材料。可喜的是，我国学者也关注到这一重要研究领域，在高性能可闭合回收聚合物，包括聚酯、聚碳酸酯、聚硫酯、聚氨酯及交联聚合物等方面取得一批原创性成果，处于和国际同行并行竞争的行列。

3.6 化学教育学

课程材料研究对教学有重要意义。一是合理选择和设计教材可以提高课堂教学的效果，为学生提供有针对性的学习资源。二是研究课程材料有助于指导与改进教学实践，帮助教师更好地选择及运用教材，提高教学效果。三是课程材料的研究还可以促进教育改革和教材开发的创新，推动教育的进步和发展。通过研究课程材料，可以为教学提供指导和改进方向，提高学生的学习效果和教学质量。

教学设计研究关注教师在教学过程中如何有目的地选择及组织教学内容、教学方法与教学资源，以达到教学目标的科学设计。在化学情境教学领域，国际上的研究者广泛探索了情境教学在化学教育中的应用，提出了以情境为基础的方法作为课程设计和课堂教学的策略[134, 135]。许多研究表明，将化学知识与现实生活情境相结合可以提高学生的学习动机与理解能力。教学改进的关键在于转变教学理念，促进学生学科能力及素养的发展，将“以具体知识落实”作为教学的基本点，将教学转化为以“促进学生认识发展”为本的教学。教学设计研究不仅要促进学生理解和获取知识，构建学科概念，还要促使学生拓展认识角度，形成认识思路，提升认识方式的多样性，从而实现能力和素养的全面发展[136]。

学生学习研究关注学生在学习过程中的认知、情感与行为，以及影响学生学习效果的因素。学生学习研究可以帮助教师深入了解学生的学习需求与特点，识别学生的学习困难及问题，提供个性化的学习支持及指导。在发展科学素养方面，安德森（Anderson）全面描述了科学素养的不同方面，并呼吁在科学学习中要综合考虑这些观点，以促进个体的科学素养发展[137]。在科学身份研究领域，研究者强调作为科学家或科学人员的自我认知[138]，以及在受到教授、教师、顾问和同龄人等他人影响的社交环境中的科学身份认知。以上研究旨在发展学生的批判思考能力[139]、问题解决能力[140]、科学推理能力[141]、表征能力[142]、科学探究能力[143]、论证能力[144]、结论论证能力[145]及控制变量能力等[146]。

跨学科实践研究关注学生在跨学科环境中的学习与发展，强调学生在多个学科领域中的学习经验，研究涉及学科间的合作与交流、教学与课程设计、研究项目与团队、创新应用、交叉培养与人才培养、学术交流与互动等多个方面。已有研究关注学生学习动机[147]、学习兴趣、参与度[148]、学习态度[149]、自我效能感[150]、科学态度及热情[151]等相关研究领域。跨学科实践可提供具有意义的学习实践体验，培养学生的问题解决能力、协作与沟通能力等综合能力，帮助学生更好地应对现实世界的挑战，为未来的学习及职业发展打下坚实的基础。

信息技术研究关注课程管理、学生学习跟踪、在线讨论及作业提交等方面，旨在提高学生的学习效果与学习成果的评估。信息技术及人工智能在科学教育领域具有许多潜在的应用及影响。例如，提供个性化学习、智能辅助教学、自动化评估与反馈、模拟虚拟实验与科学知识整合等方面的支持。研究表明，计算机自动评分技术在科学论证及解释方面显示出良好效果[152]。未来的研究可以提供更多证据，以反馈计算机自动评分在评估学生解读数据及基于证据做出主张的能力方面的测评效果。

3.7 交叉学科 · 其他学科

3.7.1 化学生物学

生物正交反应是指可以在生物体系中进行，且不会与天然生物化学过程相互干扰的一类化学反应。生物正交反应为科学家对生命进程的研究带来了革命性的技术，是化学生物学领域发展的一个重要方向。2022 年的诺贝尔化学奖被授予在生物正交反应和点击化学领域作出突出贡献的 3 位科学家，这充分肯定了该研究方向的重要意义，同时也使生物正交反应研究成为热点。初期的生物正交反应主要是指偶联反应，用于在生物体复杂环境中对目标生物分子进行标记、示踪、修饰改造等。

2000 年，斯坦福大学的贝尔托齐（Bertozzi）教授课题组基于施陶丁格还原反应开发出施陶丁格偶联反应，即叠氮－膦基酯反应，并将其用于细胞表面的工程化化学修饰。自此开启了生物正交反应的研究热潮。经过多年的发展，十余种用于活细胞中的生物正交反应被发现或者开发，代表性的反应包括铜催化的炔基－叠氮环加成反应、环张力驱使的炔基－叠氮环加成反应、四氮唑－烯烃的光点击反应，以及四嗪－反式环辛烯的环加成反应等。这些反应在活细胞生物成像、组学分析、疾病诊断、药物开发等研究中发挥了重要作用，展现出巨大的潜力。随着研究的深入和应用的展开，生物正交反应的内涵也在不断拓展，在最初单一的偶联反应基础上，我国学者提出了生物正交剪切反应，并在反应的研究、开发及应用方面作出了突出贡献。在此之前，这类反应已经在前体药物的设计、可控释放的抗体药物偶联物的开发等方面得到了应用。近年来，这类反应在蛋白质、糖类、核酸等生物大分子的功能原位调控方面进一步展示出巨大的潜力和广阔的前景。经过短短几年，目前已发展出几种能用于活细胞中的生物正交剪切反应。

我国化学生物学工作者在生物正交反应的发展与应用方面取得了突出成绩，发展了催化或非催化的生物正交反应，研究其反应机理、规律及其在生物体系中的应用。代表性成果如下：①利用 LED 手电筒作为光源激发，发展了可见光照即可迅速引发的生物正交反应，可在水及多种具有亲核性的官能团存在时不受干扰，实现了可见光诱导的生物正交反应与张力促进的点击反应对两种蛋白质的正交标记；②基于亚硝基和二烯的原位光激活生物正交偶联反应，发展了一种更为有效、适用广泛、操作简单的原位直接点击反应，能用于活细胞及动物体内的原位细胞成像；③以噻唑烷二酮作为羟醛缩合反应中的亲核供体，成功地在醛基修饰的蛋白质上实现了生物正交羟醛缩合反应；④开发了一类发生在氯喹嗯啉和邻二硫代苯酚之间的生物正交偶联并剪切反应，在通过偶联反应实现蛋白质标记的同时，释放诸如生物素等活性小分子对生命过程进行调节；⑤发展了基于 MOF 的铜催化剂，可定位于活细胞线粒体进行药物分子的原位合成，同时首次报道了活细胞中钯介导的不对称氢化反应用于手性药物分子的细胞内原位合成；⑥提出了生物正交催化致死策略，选择无毒性的钌配合物及大黄酸为前体，利用肿瘤细胞高铜离子浓度，通过正交反应获得肿瘤靶向药物，避免了药物在运输及储藏过程中的分解和失活，也减少了药物进入体内后的毒副作用，为精准和高效治疗疾病的药物研发提供了新方法和平台；⑦基于 Kethoxal 分子和鸟嘌呤特异性反应开发了 Keth-seq 技术，该技术具有更高的特异性和修饰效率，特异性的鸟嘌呤修饰使得该技术可用于 G 富集的序列的结构测定，比如不同条件下的 rG4 结构等；⑧提出了生物正交光催化反应概念，充分发挥了生物正交反应和光催化反应两种化学的各自优势，赋予了生物正交反应时空灵活可控的能力，实现了生物体系中时空可控的分子操控。

总之，我国在生物正交反应方面的研究、开发与应用具有扎实的研究基础。而在目前生物正交反应由活细胞向活体动物升级的关键时期，抓住机遇发展用于活体动物层面的生物正交反应、在活体动物中研究生物学问题、揭示疾病发生发展机制等，同时培养化学与生物交叉的复合型人才队伍，将进一步巩固我国在该领域的领先优势。

3.7.2 分子医学

功能核酸是一类人工设计合成、由天然或人工碱基构成的、具有化学和生物活性的功能分子和材料。功能核酸作为一类新兴的分子工具，具有靶标范围广、容易合成、便于修饰、设计灵活可控、稳定性好、免疫原性小和组织穿透能力强等优点，在重大疾病的诊疗研究中具有独特的优势和广泛的应用前景。近年来，基于功能核酸的分子医学已成为许多国外研究机构和制药公司研发的重点和热点。美国的临床试验注册网站显示现已有 5 014 个核酸相关药物进入临床试验阶段。此外，被称为“化学家的抗体”的核酸适配体同样具有广阔的应用前景。全球第一大市场研究咨询公司大观研究（Grand View Research）于 2017 年 6 月发布了核酸适配体的全球市场预测报告，报告显示全球核酸适配体市场预计从2017年到2025年将以28.2%的年复合增长率扩大，到2025年达到89.1亿美元。2020年4月ClinicalTrials.gov网站数据显示目前已有23个与核酸适配体相关的诊疗试剂、6个有催化功能的脱氧核酶相关诊疗试剂进入临床测试。功能核酸产业化的快速发展，彰显着基于功能核酸的分子医学时代的到来，为重大疾病诊疗带来了重大发展机遇。

以谭蔚泓院士为代表的中国科学家在基于功能核酸的分子医学领域处于国际领先地位，取得了一系列原创性研究突破。例如，谭蔚泓院士率先发展了以活细胞为靶标的功能核酸Cell-SELEX筛选新技术，针对多种癌细胞筛选出了多种功能核酸组，解决了如何在疾病标志物未知的条件下，获得特异识别病变细胞及其他复杂生命体系的分子探针的关键科学问题，推动了功能核酸在生物医学应用领域基础研究的迅猛发展。谭蔚泓院士参与的香港浸会大学团队研发的骨硬化素核酸适配体，2019年8月获得美国FDA“孤儿药”认定，用于治疗成骨不全症，成为核酸适配体药物领域的一项重要突破。

4. 化学学科发展趋势及展望

随着我国国民经济发展进入新常态，中国的经济已经从对量的追求转为对质的提升，以及增强经济发展的科技内涵，处理好发展与环境的关系。对于化学学科来讲，就是要面向国际科学前沿，面向国民经济主战场，面向新常态经济下在资源、环境、健康等方面提出的重大课题，在国际化学领域实现从“跟跑者”向“并行者”和“领跑者”的转变。下面就化学学科的各个专业和领域对我国化学领域的发展趋势做分析展望。

4.1 物理化学

随着人工智能、理论研究与原位表征技术的迅速发展，在今后5年，将人工智能、理论与实验相结合，揭示、预测所研究体系的过程和机制、发展新的物理化学概念、原理、理论和技术，指导实验和生产，是物理化学各个分支共同的发展趋势和战略需求。未来5年，我国在物理化学领域的重点发展方向包括：①进行理论方法的发展与计算程序开发，建立通用的高效电子结构计算与分子模拟平台，发展适用于复杂体系和过程的多尺度模拟方法，为材料物理化学和生物物理化学实验研究提供理论支撑和结果预测；②新的物理化学原理、概念指导下的功能材料设计与性质研究，发展新型催化、分子组装、生物及仿生材料，满足学科自身发展和国家能源、环境、医药及国防需求；③发展具有超高时空分辨力的原位表征技术，揭示化学反应、界面现象中的量子效应，发展适用于原子、分子、纳米层次的热力学表征技术，深刻理解界面反应、生命现象、催化过程的物理化学过程和分子机制；④人工智能指导下的研究范式改变，通过利用大数据和机器学习算法，高通量、更准确地预测化学体系的行为和性质，为实验研究提供新的理论洞察力和实践基础。

4.2 分析化学

科学技术的进步和社会的发展，对分析化学学科提出了新的要求，发展实时、原位、在线、活体、高灵敏的分析技术依然是分析化学的主要任务，也是面临的重大挑战。材料科学的发展，为分析材料及基于此的分析方法提供了多种可能，新型材料尤其是新型纳米结构材料引起了各国学者的高度关注，基于纳米孔、等离激元纳米颗粒、荧光纳米探针的分析应用，以及纳米传感器等纳米分析的研究依然是目前分析化学的热点领域。成像分析尤其是活体的成像分析是近年来关注度很高的领域，如何在复杂的机体中实现对低浓度物质的灵敏、时空精确的成像是今后的研究重点。活体分析化学已经成为分析化学重要的前沿领域之一，然而活体分析需要解决复杂的体液成分对传质和信号的影响，更重要的是需要避免对机体尤其是脑和神经系统的干扰。因此，活体分析及单分子和单细胞分析，迫切需要新的分析材料和高灵敏的检测技术。近年来，我国学者在活体脑成分分析化学方面进行了大量卓有成效的工作。流体忆阻器为化学和神经形态器件的深度交叉融合带来了全新的机遇，通过化学合成为制备合成空间限域环境提供了有力工具，二维材料、纳米管、凝胶等新材料为基于流体忆阻器的神经形态器件的多功能性提供了无限可能。通过限域孔道功能化修饰，可为流体忆阻器赋予化学调控功能，实现其对生理活性物种响应的神经形态功能。通过化学自组装等策略限域孔道阵列，利用表面相互作用同时处理大量复杂化学信息，科学家有望实现模拟神经元复杂功能和并行计算。而流体忆阻器的提出也有望发展化学信息相关的神经形态功能。基于流体忆阻器的神经形态功能的实现，为基于离子传输行为的传感引入了智能化要素，有望进一步发展推动基于类脑机制的新型智能传感的发展，基于阴阳离子作为载流子的流体忆阻器，提供了丰富的载流子种类和化学可调控性，为实现基于多种离子的并行计算提供了可能，流体忆阻器的化学响应性也为发展化学信号响应的脑机交互迈出了关键的一步。

色谱分离分析技术在很多领域都发挥了重要作用。未来，在色谱理论和方法上，应继续对色谱保留值、色谱峰形的影响因素进行研究，并发展多元混合物分离新理论优化特定任务和目的的色谱分离条件。在色谱样品预处理方面，发展广谱和特殊选择性相结合的预处理材料，满足微量、痕量，甚至超痕量组分分析的需求。色谱柱是色谱分离的核心，发展新型色谱柱和色谱填料是始终需要进行的研究。在色谱仪器方面，基于小型化、微型化、便携式、专用化的基础，需发展整合样品自动预处理、色谱分离和高效数据处理的一体化仪器，而且应高度采用人工智能技术。在应用方面，除传统的石油、化工、制药、环境等领域外，如何面对生命健康，特别是多组学分析领域不同生物分子分离的需求，以及面对公共应急事件及时发展基于色谱的分析新方法，也是需要注意的问题。

针对生命体系的分析，始终是分析化学研究的主要内容，发展新的分析原理、发明新的仪器和装置，解决涉及生命、环境和材料科学等的重大科学问题依然为主要任务。

近年来，我国分析化学基础研究已经取得了长足的进步，然而，在发展和建立原创性的分析化学原理和方法方面，我国在相关研究领域还有相当大的提升空间，未来必须加强分析仪器装置研究的原始创新性工作，摆脱目前高精尖分析仪器过度依赖进口的局面。

4.3 无机化学

分子筛是低碳催化及催化剂领域的关键核心材料，未来5年面向国家在能源、化工、环境等领域对新型分子筛催化材料创制的重大需求，分子筛学科的重点发展方向是实现系列新型分子筛催化材料的创制、拓展分子筛催化材料在能源、环境、光电、生物质转化和其他领域的高效应用，加强国人独立自主的新型分子筛催化材料知识产权储备，推动我国化石资源高效利用及环境治理，助力实现“双碳”目标和我国经济高质量可持续发展。

晶体化学与材料领域亟须深入探索如何实现COFs/MOFs/HOFs、簇合物 / 功能配合物、超分子晶态化合物、块体功能晶体材料、低维晶态材料等体系的晶体结构和电子结构的精确解析，功能基元如何序构获得高性能材料，如何寻找合理的晶体学描述符以建立高级、中级和低级晶族之间的晶体学联系和结构演变，理解材料从微观原子到宏观块材的演变是晶体化学研究的未来重点发展方向。

在晶体结构和电子结构精确解析方面，借助同步辐射光源的X射线衍射、中子衍射、原位电子结构测试系统和理论方法等手段，精准分析晶体的晶体结构和电子结构，以及结构在化学转化过程中的原子占位信息，发现新的化学键或相互作用，并据此组装特殊物质、揭示材料功能的电子结构响应机制与起源、操控电子结构产生新功能与特殊材料；借助先进电镜技术，实时监测不同分辨率下结构的演化行为，并结合三维重构还原不同原子的空间分布状态；结合密度泛函理论和分子动力学模拟，揭示化学组分与晶体结构的转变机理等是未来重要的发展策略。

对材料的构效关系要有更深入的理解，结合人工智能和机器学习技术，从侧重基础研究向基础研究、应用研究和产学研用的一条龙方向发展，探索并发展出高效和高选择性的催化材料、新颖光电磁功能材料、智能材料、新药物、医用材料等，在国民经济、国防安全等领域获得广泛应用。例如，发展和完善铁电化学，实现高性能分子铁电体的可控合成，为分子铁电体的实际应用奠定基础。同时，对新型分子铁电材料体系如化学键重组型铁电体的开发，有望带来新的功能特性。此外，分子铁电体的催化应用探索，将大大丰富其应用前景。

金属在生物系统中占有重要地位，超过半数的生物酶催化反应都依赖金属活性中心，金属离子及金属蛋白在信号转导调控、能量转化传递、物质存储运输、生物分子合成代谢等生命过程和人体免疫应答的多个方面都发挥着十分重要的作用。深入探究金属元素和金属药物介导的生物大分子动态修饰、肿瘤细胞稳态调控、免疫过程靶向干预具有重要的理论意义和临床价值。

4.4 有机化学

当前，国家对战略科技支撑的需求比任何时候都更加迫切，有机化学领域也正处于从量的积累向质的飞跃、从点的突破向系统能力提升的重要时期。未来有机化学学科的发展，不仅要在已有良好的工作基础上做精做强，也会注重“原始创新”，强调学科成果的引领性和独特性，深入“无人区”。未来不仅要鼓励以应用为导向的基础研究，瞄准药物研发、新型功能材料和环境可持续性的研究，更加注重满足国家和人民的需求，也要鼓励有机化学学科内部交叉，鼓励“坐冷板凳”，潜心研究，深挖出创新，交叉出创新。

在有机合成方法学方面，通过设计合成新型配体 / 催化剂，发展更高效的反应和合成策略，构建绿色可持续、精准可控的高效催化体系，耦合光、电和磁等外场调控，加强与生物技术的融合，实现重要功能分子的精准创制，为重要精细化学品的生产提供理论基础与技术支撑。

近年来，以人工智能为代表的新兴技术涌现为有机合成方法学和天然产物化学的研究范式的变革提供了强有力的基础。为了尽快融入并占领研究新高地、成为“人工智能的合成化学”的并行者和引领者，我国有机化学工作者要主动积极投入“基于人工智能的合成化学”研究中，离开“舒适区”，勇于拓宽所在领域的知识边界，使有机化学发挥更大作用、取得更丰硕的研究成果，助力国民经济社会发展与大健康战略实施。

4.5 高分子化学

高分子科学是高度交叉的学科，其研究一直需要多方面的综合能力，包括高分子化合物的合成、化学反应、物理化学、物理、加工成型、应用等，相关学者要进一步强调在学术成果和工业生产之间建立密切关系。今后 5 年，高分子科学的发展趋势包括：①发展新单体、新机理和新策略，建立稳健、可持续和可大量制备高分子的新方法，实现有明确分子量、分散性、组成、序列、立体及拓扑结构等精密聚合物的高效定制合成；②开展基于物理和数据驱动的计算方法（例如机器学习）在预测设计新的高分子结构和功能及阐明新的高分子物理学方面的应用研究；③发展新的理论、模拟、计算及实验方法，全面和预测性地了解高分子复合体系在所有相关尺度上的行为，为多组分高性能高分子材料的制造和加工奠定基础；④面向能源、环境及人类健康开展功能高分子研究，设计新的和改进的基于高分子的电子产品、电池、分离膜、个性化医疗体系，发展可持续、廉价、环保的新型通用塑料。

4.6 化学教育学

加强化学教育领域与国际化学教育及科学教育的对话，提高研究者的国际交流及发表经历，提高研究者的国际化培养经历。研究内容紧跟国际化学教育乃至科学教育领域的发展趋势，紧跟国际课程改革与发展趋势，重视学科发展与人才培养模式，不断改进优化培养体系，培养出高质量、广视野的化学教育实践者与研究者。

加强化学教育领域与国家科技发展战略的对接。化学教育应对标国家基础科学研究所面临的人才持续性培养及人才自主培养问题，从加快建设教育强国、科技强国、人才强国的角度凝练新的研究方向与新的研究问题，将化学教育做“宽”。关注拔尖创新人才培养问题，增加对非正式化学教育、非正规化学教育的研究力度，形成全维的化学教育学科体系。

加强化学教育领域与国家教育改革战略的对接。化学教育研究者应主动关注、回应、论证并落实国家教育改革战略，使化学教育学科建设能够在国家教育改革、国家教育研究中真正发挥作用。积极争取国家社科基金教育学项目、国家自然科学基金的支持，积极在国家级刊物上表达自己的观点与研究成果。

加强大数据及信息技术在化学教育中的应用。通过收集、分析及利用学生学习数据，更好地了解学生的学习情况，为教师提供针对性的指导及反馈，进一步提高学生的学习成果。此外，加强虚拟实验室、在线学习平台及交互式教学工具等创新技术以增强学生的学习体验，支持学生更好地理解及应用化学知识。

4.7 交叉学科及其他学科

4.7.1 核化学与放射化学

自2019年重新开始核准核电项目，截至2023年3月，我国在建装机容量达24 781MWe，远超世界其他国家的总和。2021年6月24日，国家原子能机构联合科技部、公安部、生态环境部、交通运输部、国家卫生健康委、国家医疗保障局、国家药品监督管理局等8部门正式发布《医用同位素中长期发展规划（2021—2035年）》。我国核工业已迎来“第二春”，正处于重要战略机遇期。

与之相适应，核化学与放射化学学科也迎来高速发展。相关科研团队及专门人才数量大幅增长，苏州大学、哈尔滨工程大学、西安交通大学、浙江大学等多所高校新设置或重新布局了核化学、放射化学、核化工等相关专业，中国原子能科学研究院、中科院上海应用物理研究所、四川大学、苏州大学等积极引进相关高层次人才。全国硬件条件也不断改善，新建或已批准建设一批甲级、乙级放化实验室。

经过十余年的积累，未来5年，核化学和放射化学学科的发展将迎来爆发期。预期在配位环境对锕系元素光谱的影响相关理论化学、三价锕镧及锔镅分离化学、放射性废物处理及处置化学、支撑乏燃料后处理和高放废液综合利用的核燃料循环化学、支撑放射性药物研发的核化学及标记化合物化学等方面都将取得显著成绩，进而显著提升我国核化学与放射化学学科在国际上的地位。

4.7.2 化学生物学

生物体的发育和细胞命运调控中，动态化学修饰对调控生物大分子起着至关重要的作用，并在疾病的发生和发展中发挥决定性的影响作用。研究生物大分子动态修饰已成为化学与生命科学交叉领域中备受关注的前沿方向之一，同时发展原位标记和时空探测技术对此领域具有重要意义。随着时间推移，每一种新的大分子动态修饰研究技术的出现和应用都推动着该领域迈向新的阶段，促进大分子动态修饰研究范围的扩展和手段的发展。同样，化学免疫学研究具有跨学科和前沿性特点，是国家生物安全和医药卫生等领域中的重要战略需求。与传统的免疫治疗方案相比，化学免疫治疗具有显著的药物成本优势，但其在人体内的具体作用机制仍待进一步解析。因此，利用化学工具来探索免疫识别过程、调控免疫识别信号等具有重要意义。为了推动该领域的发展，我们需要从理论和实验的源头进行创新，借鉴化学生物学在驱动生命科学和医学研究中的经验，建立和发展涉及大分子动态修饰的化学标记与检测技术中的新概念、新方法、新技术和新仪器，从原子尺度上发现和解析生物大分子科学中新的动态修饰，揭示动态修饰的本质和规律。同时，我们迫切需要在化学和免疫学这两个传统研究领域之间架起桥梁，打通堵点，促进新的研究模式的形成。通过解析细胞免疫调控的化学机制，实现对细胞免疫响应的化学干预，并提出基于原创化学思想的新型免疫治疗策略。这些方向代表了化学生物学领域未来发展的重要趋势。

4.7.3 公共安全化学

（1）公共安全化学学科专业体系将不断健全完善。公共安全化学的内涵和外延将会进一步拓展，支撑公共安全化学的理论与技术体系、先进材料与装备体系、人才队伍体系等将进一步完善。

（2）公共安全化学与人工智能、大数据、互联网、物联网相互交叉融合发展。现场应急检测、实验室分析鉴定、风险评估、应急处置、绿色修复等技术，将会在精准化、广谱化、快捷化、网络化、智能化等方面实现新突破，取得新成果，促进公共安全化学专业理论与技术水平大幅提高。

（3）公共安全化学材料研究设计及应用将实现关键突破。侦检防护洗消、罪证追踪溯源、阻燃灭火抑爆、环境修复等材料将在体系化、高效性、可靠性、实用性与经济性等方面继续突破，总体发展谱系更加清晰丰富，功效进一步增加，成本进一步降低，大大促进实际应用及相应装备发展。

（4）公共安全化学科普、文化、教育与培训会引起更多关注。随着学科专业的不断发展，公共安全化学教育逐步受到重视，教育培训和研究需求大幅增加，化学安全应急理论与技术方面的知识产出和标准规范将会更加丰富。

4.7.4 环境化学

毒性机制探索将仍然是环境毒理学研究的核心问题。针对环境毒理学，未来研究更趋向于回归到具体的化学变化，发展不同的检测技术分析污染物环境生物转化对生物分子丰度和结构的影响，发现驱动污染物转化的热力学过程，解析导致污染物转化的关键理化性质。如何使毒理学研究更接近环境污染物的真实状态，是未来毒理学研究的一个重要科学问题。

随着一些化学物质因环境和人类健康危害被认知而被限制使用，一些新的化学替代物随之出现，而我们对这些新替代物的存在状况、膳食污染情况、人群暴露特征、毒性效应及作用机制等知之甚少。加强新型化学替代物的识别、监测和健康风险评估研究，对进一步完善化学品安全监管技术体系，提升人体健康安全主动保障能力具有重要意义。如何有效地将代谢组与其他多种高通量的组学数据有效整合将是未来研究的重点之一。为了有效地整合组学平台产生的海量生物化学信息，亟须开发既能处理大型、复杂、高纬数据，又能将统计和多元分析与生化领域知识相结合的综合组学分析新工具，以实现高效的组学数据分析和集成。

第四次工业革命的浪潮和人工智能的发展，为环境计算毒理学的建模带来了机器学习技术，为揭示复杂非线性关系带来了契机。采用高性能的分子模拟计算，需考虑整合数据驱动和机理驱动建模的优势，使二者相得益彰。如何结合机器学习和分子模拟提升模型的动态可解释性逐渐成为研究热点。目前需进一步促进学术界、部分政府部门及企业界间的数据共享，从顶层设计构建数据库，进一步规范数据的收集、注释和存档，平衡阴性与阳性数据数量，为机器学习准备高质量数据，提升模型预测效率。

4.7.5 分子医学

分子医学专业领域将面向世界科技前沿、面向经济主战场、面向国家重大需求、面向人民生命健康，不断向科学技术广度和深度进军。拓宽化学学科发展，对化学方法、原理及技术提出了更高要求，同时促进化学与其他学科的交叉，将主要顶层设计用于指导基础研究、应用基础研究及临床转化相关研究。

（1）分子探针筛选与标志物发现

发展核酸适配体等功能核酸高效筛选方法，构建核酸分子探针，突破生物医学研究中的瓶颈问题；利用筛选出的功能核酸研究病变细胞与正常细胞的分子差异，发现疾病发生、发展过程中重要分子指纹与表达、变化模式，寻找恶性肿瘤等重大疾病的分子标志物，揭示其在疾病发生发展中的分子机制，提高重大疾病的防治水平。

（2）分子组装与分子网络

将分子组装行为与新兴纳米技术、纳米材料有机结合，构筑静态和动态的超分子自组装纳米结构，甚至纳米尺度下的核酸分子机器，从而执行多种特定的功能；发展智能响应的分子网络，研究各种人工的分子机器，为生物传感器、分子器件、高效药物载运、智能医用材料等领域的发展提供重要基础。

（3）分子诊断与分子影像

利用新型分子识别探针，发展单分子水平的高灵敏生物医学分析新方法，建立循环肿瘤细胞等单细胞、单囊泡的富集和多分子联合检测的液体活检新技术，开发自主知识产权的重大疾病诊断的分子影像剂；实时定量监测疾病驱动基因的状态，研发高度特异性识别癌症、病毒感染、病原菌感染等相关疾病标志基因的工具酶，构建精准、无创体外诊断新体系。

（4）分子医学转化应用

研发具有产业化前景的技术产品，包括材料、试剂、仪器、影像剂和药物，与产业界合作，推动部分具有重大应用前景的新试剂、新药物、新仪器进入临床实验和技术转化，取得分子医学转化应用的重大突破。

4.7.6 分子靶向药物

针对以分子靶向治疗及免疫治疗为代表的精准治疗临床医学需求，发展起多种动、植物天然药物分子的分离鉴定和新型药物有机合成新方法，建立稳健、高通量的新蛋白靶标抑制剂筛选方法，开发出具有优势和区分度的临床候选化合物；在蛋白靶向降解、靶向药物递送、诊疗一体化药物设计等方面为生物医药领域提供新技术方法。

4.7.7 能源化学

根据 2021—2035 年国家中长期科技发展规划基础科学发展战略，国家自然科学基金委员会已经制定了能源化学“十四五”及中长期发展规划，能源化学学科应继续以“满足国家能源战略需求，引领国际能源化学前沿”为总体发展目标。在“十四五”期间，能源化学需要围绕前沿基础研究和国家重大战略需求，加强凝练并解决领域内的共性科学问题和工程难题，为我国的能源转型、能源安全和能源技术革新提供原创的知识基础和技术储备。此外，能源化学还需要充分发挥作为交叉学科的特色优势，紧密结合物理化学、材料化学和化学工程等学科，构建完整的学科体系，聚焦能源化学青年人才和研究生培养，促进学科发展和人才队伍建设，推动我国成为国际能源化学研究的学术高地。未来 5 年，能源化学的研究应该继续围绕“化石资源清洁高效利用与耦合替代”“清洁能源多能互补与规模应用”“能源化学前沿科学”三条主线开展科学研究布局，积极探索新型能源及其高效利用新概念、新原理与新技术，为能源科学提供新理论、新材料、新技术和新应用，为推动能源革命和实现“双碳”目标奠定坚实基础。

参考文献

物理化学

[1] Deng Y Y, Yao J, Li H R. Effects of ionicity and chain structure on the physicochemical properties of protic ionic liquids [J]. AIChE J, DOI: 10.1002/aic.16982.

[2] Zhang J, Yao J, Li H R. Solvent Effect on the Ionicity of Protic Ionic Liquid: 1-Methylimidazolium-Acetic Acid [J]. The Journal of Physical Chemistry B, 2022, 126: 2279-2284.

[3] Zhang Y, Zhang X, Tang S Y, et al. Relationship between Structure and Properties of Nonstoichiometric Protic Ionic Liquids: n-Butylammonium Butyrate System [J]. The Journal of Physical Chemistry Letters, 2022, 13: 10107-10113.

[4] Yu X, Cui Z, Xue Y, et al. Curvature-dependent melting models and melting thermodynamics of nanotubes in theory and experiment [J]. Chemical Engineering Science, 2020, 216: 115558.

[5] 王晨宇. 曲率与形貌对纳米电极电化学热力学量的影响. 太原理工大学硕士学位论文，2022.

[6] Chen Y K, Gao S Q, Wang J J, et al. Isomerization of DASA molecules in the nanopores of metal-organic frameworks: What determines its reversibility? [J]. Chemistry-A European Journal, 2023, 29: e202300222.

[7] Xu J, Deng G, Wang Y T, et al. Local Acid Strength of Solutions and Its Quantitative Evaluation Using Excess Infrared Nitrile Probes [J]. The Journal of Physical Chemistry Letters, 2020, 11: 1007-1012.

[8] Wang Y Q, Yu Z W. Generalized excess spectroscopy [J]. The Journal of Physical Chemistry A, 2022, 126: 1775-1781.

[9] 史全，尹楠，罗积鹏. 一种基于制冷机的量热系统：中国，202011476075.9 [P]. 2020-12-16.

[10] 史全，罗积鹏，尹楠. 量热装置降温热沉：中国，CN 214148966 U [P]. 2021-09-07.

[11] 史全，罗积鹏，尹楠等. 一种换样便捷且密封性好的量热计样品池：中国，CN 207764147 U [P]. 2018-08-24.

[12] 史全，吴冰. 一种高温量热计样品存放及取出装置：中国，CN 110871982 B [P]. 2021-01-26.

[13] 史全，吴冰，尹楠. 一种悬挂多个样品池且耐高温的熔断电极装置：中国，CN 215415153 U [P]. 2022-01-04.

[14] 史全，闫慧敏，尹楠. 用于便于卸料的溶解——反应量热仪样品池：中国，CN 213749698 U [P]. 2021-07-20.

[15] Luo J P, Zhang J, Shi Q, et al. An experimental strategy for evaluating the energy performance of metal-organic framework-based carbon dioxide adsorbents [J]. Chemical Engineering Journal, 2022, 442: 136210.

[16] Li Y, Kou Y, Shi Q, et al. Spatiotemporal phase change materials for thermal energy long-term storage and controllable release [J]. Journal of Energy Chemistry, 2023, 80: 228-236.

[17] Zhao Y, Jin B, Peng R F, et al. Novel fullerene-based stabilizer for scavenging nitroxide radicals and its behavior during thermal decomposition of nitrocellulose [J]. Journal of Hazardous Materials, 2020, 391: 121857.

[18] Li G, Jin B, Chai Z H, et al. Synthesis and crystal characterization of novel fulleropyrrolidines and their potential application as nitrocellulose-based propellants stabilizer [J]. Polymer Degradation and Stability, 2020, 172: 109061.

[19] Zhao Y, Jin B, Zheng T, et al. Structure-activity relationship of thermal interaction between arylmalonamide [70] fullerocyclopropane stabilizer and nitrocellulose [J]. Cellulose, 2022, 29: 6579-6593.

[20] Xie K F, He Y C, Cai J, et al. Thermal conductivity of Nylon 46, Nylon 66 and Nylon 610 characterized by Flash DSC measurement [J]. Thermochimica Acta, 2020, 683: 178445.

[21] Xie K F, Cui Y, Ren X N, et al. Flash DSC characterization of thermal contact resistance and cross-plane thermal conductivity of micrometer-thin films [J]. Thermochimica Acta, 2023, doi: 10.1016/j.tca.2023.179493.

[22] Xie Y R, Zhao H L, Wang Y F, et al. Quantum interference in $H+HD \rightarrow H_2+D$ between direct abstraction and roaming insertion pathways [J]. Science, 2020, 368(6492): 767.

[23] Chen W T, Wang R S, Yuan D F, et al. Quantum interference between spin-orbit split partial waves in the $F+HD \rightarrow HF$ plus D reaction [J]. Science, 2021, 371(6532): 936.

[24] Wang X A, Yang X M. A molecular double-slit experiment [J]. Science, 2021, 374(6570): 938-939.

[25] Chang Y, An F, Chen Z C, et al. Vibrationally excited molecular hydrogen production from the water photochemistry [J]. Nature Communications, 2021, 12(1): 8.

[26] Chang Y, Yu Y, An F, et al. Three body photodissociation of the water molecule and its implications for prebiotic oxygen production [J]. Nature Communications, 2021, 12(1): 2476.

[27] Zhao Y R, Luo Z J, Chang Y, et al. Rotational and nuclear-spin level dependent photodissociation dynamics of H_2S [J]. Nature Communications, 2021, 12(1): 4459.

[28] Yuan Z L, Cheng R, Chen P H, et al. Efficient Pathway for the Preparation of Aryl(isoquinoline)iodonium-(Ⅲ) Salts and Synthesis of Radiofluorinated Isoquinolines [J]. Angew Chem-Int Edit, 2016, 55(39): 11882-11886.

[29] Zhao G M, He M W, Quan D H, et al. Chemistry of NH_2OH and its related species in the ISM [J]. Mon Not Roy Astron Soc, 2023, 523(1): 1-22.

[30] Zhao G M, Quan D H, Zhang X, et al. Glycolonitrile ($HOCH_2CN$) Chemistry in Star-forming Regions [J]. Astrophys J Suppl Ser, 2021, 257(2): 25.

[31] Zhang X, Quan D H, Chang Q, et al. Chemical models of interstellar cyanomethanimine isomers [J]. Mon Not Roy Astron Soc, 2020, 497(1): 609-625.

[32] Fang S S, Duan S, Wang X Z, et al. Direct characterization of shear phonons in layered materials by mechano-Raman spectroscopy [J]. Nat Photonics, 2023, 17(6): 531.

[33] Zhou L, Liu Z, Guo Y, et al. Ultraviolet Photodissociation Reveals the Molecular Mechanism of Crown Ether Microsolvation Effect on the Gas-Phase Native-like Protein Structure [J]. Journal of the American Chemical Society, 2023, 145(2): 1285-1291.

[34] Zhang B B, Yu Y, Zhang Y Y, et al. Infrared spectroscopy of neutral water clusters at finite temperature: Evidence for a noncyclic pentamer [J]. Proc Natl Acad Sci U S A, 2020, 117(27): 15423-15428.

[35] Zang X Y, Zhang Z Y, Jiang S K, et al. Aerosol mass spectrometry of neutral species based on a tunable vacuum ultraviolet free electron laser [J]. Phys Chem Chem Phys, 2022, 24(27): 16484-16492.

[36] Hu S, Li W-X. Sabatier principle of metal-support interaction for design of ultrastable metal nanocatalysts [J]. Science, 2021, 374(6573): 1360-1365.

[37] Zhang Y, Xia J, Jiang B. Physically Motivated Recursively Embedded Atom Neural Networks: Incorporating Local Completeness and Nonlocality [J]. Phys Rev Lett, 2021, 127(15): 156002.

[38] Yin R R, Jiang B. Mechanical Vibrational Relaxation of NO Scattering from Metal and Insulator Surfaces: When and Why They Are Different [J]. Phys Rev Lett, 2021, 126(15): 156101.

[39] Zhang J, Tan J, Pei R, et al. Ordered Water Layer on the Macroscopically Hydrophobic Fluorinated Polymer Surface and Its Ultrafast Vibrational Dynamics [J]. Journal of the American Chemical Society, 2021, 143(33): 13074-13081.

[40] Chen Z, Li Z, Hu J, et al. Electron Impact with the Liquid-Vapor Interface [J]. Accounts of Chemical Research, 2022, 55(21): 3071-3079.

[41] Han Y Y, Liang W F, Lin X Y, et al. Lattice distortion inducing exciton splitting and coherent quantum beating in CsPbI3 perovskite quantum dots [J]. Nat Mater, 2022, 21(11): 1282.

[42] Lin X Y, Han Y Y, Zhu J Y, et al. Room-temperature coherent optical manipulation of hole spins in solution-grown perovskite quantum dots [J]. Nat Nanotechnol, 2023, 18(2): 124.

[43] Liang W F, Nie C M, Du J, et al. Near-infrared photon upconversion and solar synthesis using lead-free nanocrystals [J]. Nat Photonics, 2023, 17(4): 346.

[44] Li H, Hu G, Li B H, et al. Ultrahigh sensitive transient absorption spectrometer [J]. Rev Sci Instrum, 2021, 92(5): 053002.

[45] Li B-H, Li H, Di H, et al. Probing the Genuine Carrier Dynamics of Semiconducting Perovskites under Sunlight

[J]. JACS Au, 2023, 3(2): 441–448.

[46] Chen R, Ren Z, Liang Y, et al. Spatiotemporal imaging of charge transfer in photocatalyst particles [J]. Nature, 2022, 610(7931): 296–301.

[47] Chen R J, Shao K J, Fu B N, et al. Fitting potential energy surfaces with fundamental invariant neural network. Ⅱ. Generating fundamental invariants for molecular systems with up to ten atoms [J]. J Chem Phys, 2020, 152(20): 8.

[48] Fu Y L, Lu X X, Han Y C, et al. Collision-induced and complex-mediated roaming dynamics in the $H+C_2H_4 \rightarrow H_2+C_2H_3$ reaction [J]. Chem Sci, 2020, 11(8): 2148–2154.

[49] Li D, Fu M, Ma H, et al. A Theoretical Study on Laser Cooling Feasibility of Group Ⅳ A Hydrides XH (X = Si, Ge, Sn, and Pb): The Role of Electronic State Crossing [J]. Frontiers in Chemistry, 2020, 8: 20.

[50] Xia W, Ma H, Bian W. Production of ultracold CaCCH and SrCCH molecules by direct laser cooling: A theoretical study based on accurate ab initio calculations [J]. The Journal of Chemical Physics, 2021, 155(20): 204304.

[51] Liu Y, Song H, Xie D, et al. Mode Specificity in the $OH+HO_2 \rightarrow H_2O+O_2$ Reaction: Enhancement of Reactivity by Exciting a Spectator Mode [J]. Journal of the American Chemical Society, 2020, 142(7): 3331–3335.

[52] Zhao Y R, Chen J J, Luo Z J, et al. Photodissociation of H_2S: A New Pathway for the Production of Vibrationally Excited Molecular Hydrogen in the Interstellar Medium [J]. J Phys Chem Lett, 2022, 13(42): 9786–9792.

[53] Zhao Y R, Chen J J, Luo Z J, et al. The vibronic state dependent predissociation of H_2S: determination of all fragmentation processes [J]. Chem Sci, 2023, 14(10): 2501–2517.

[54] Rosch D, Xu Y F, Guo H, et al. SO_2 Photodissociation at 193 nm Directly Forms S(~3P)+O_2(~3Σg~–): Implications for the Archean Atmosphere on Earth [J]. J Phys Chem Lett, 2023, 14(12): 3084–3091.

[55] Chen Q X, Hu X X, Guo H, et al. Insights into the Formation of Hydroxyl Radicals with Nonthermal Vibrational Excitation in the Meinel Airglow [J]. J Phys Chem Lett, 2021, 12(7): 1822–1828.

[56] Chen Q X, Zhang S W, Hu X X, et al. Reaction Pathway Control via Reactant Vibrational Excitation and Impact on Product Vibrational Distributions: The $O+HO_2 \rightarrow OH+O_2$ Atmospheric Reaction [J]. J Phys Chem Lett, 2022, 13(7): 1872–1878.

[57] Sulei Hu, Wei-Xue Li, Sabatier principle of metal-support interaction for design of ultrastable metal nanocatalysts [J]. Science, 2021, 374(6573): 1360–1365.

[58] Wuxing Hua, Tongxin Shang, Huan Li, et al. Optimizing the p charge of S in p-block metal sulfides for sulfur reduction electrocatalysis [J]. Nature Catalysis, 2023, 6: 174–184.

[59] He X H, Ma D, Ji H B, et al. Building up libraries and production line for single atom catalysts with precursor-atomization strategy [J]. Nature Communications, 2022, 13(1): 5721.

[60] Zhang Y, He X H, Ji H B, et al. Enhanced hydrogenation properties of Pd single atom catalysts with atomically dispersed Ba sites as electronic promoters [J]. ACS Catalysis, 2022, 12(24): 15091–15096.

[61] Hang Zhou, Xianfeng Yi, Yu Hui, et al. Isolated boron in zeolite for oxidative dehydrogenation of propane [J]. Science, 2021, 372(6537): 76–80.

[62] Feng Jiao, Bing Bai, Gen Li, et al. Disentangling the activity-selectivity trade-off in catalytic conversion of syngas to light olefins [J]. Science, 2023, 380(6646): 727–730.

[63] Wentao Yuan, Beien Zhu, Ke Fang, et al. In situ manipulation of the active Au-TiO_2 interface with atomic precision during CO oxidation [J]. Science, 2021, 371(6528): 517–521.

[64] Yanfei Xu, Xiangyang Li, Junhu Gao, et al. A hydrophobic FeMn@Si catalyst increases olefins from syngas by suppressing C_1 by-products [J]. Science, 2021, 371(6529): 610–613.

[65] Zhu Jin, Liang Wang, Erik Zuidema, et al. Hydrophobic zeolite modification for in situ peroxide formation in methane oxidation to methanol [J]. Science, 2020, 367(6474): 193–197.

[66] Sen Wang, Li Zhang, Pengfei Wang, et al. Highly effective conversion of CO_2 into light olefins abundant in ethene

［J］. Chem, 2022, 8(5): 1376–1394.
［67］ Sen Wang, Li Zhang, Wenyu Zhang, et al. Selective Conversion of CO_2 into Propene and Butene［J］. Chem, 2020, 6(12): 3344–3363.
［68］ Sen Wang, Li Zhang, Pengfei Wang, et al. Highly selective hydrogenation of CO_2 to propane over $GaZrO_x$/H–SSZ–13 composite［J］. Nature Catalysis, 2022, 5: 1038–1050.
［69］ Yan Y, Meng Q L, Shen X J, et al. Selective valorization of lignin to phenol by directtransformation of C(sp^2)–C(sp^3) and C–O bonds［J］. Science Advances, 2020, 6(45): eabd1951.
［70］ Wu R Z, Meng Q L, Yan J, et al. Electrochemical strategy for the simultaneous production of cyclohexanone and benzoquinone by the reaction of phenol and water［J］. Journal of the American Chemical Society, 2022, 144(4): 1556–1571.
［71］ Liu H F, Li H J, Luo N C, et al. Visible–light–induced oxidative lignin C–C bond cleavage to aldehydes using vanadium catalysts［J］. ACS Catalysis, 2020, 10(1): 632–643.
［72］ Li S P, Dong M H, Yang J J, et al. Selective hydrogenation of 5–(hydroxymethyl) furfural to 5–methylfurfural over single atomic metals anchored on Nb_2O_5［J］. Nature Communications, 2021, 12(1): 584.
［73］ Chen B F, Xie Z B, Peng F F, et al. Production of piperidine and δ–Lactam chemicals from biomass–derived triacetic acid lactone［J］. Angewandte Chemie–International Edition, 2021, 60(26): 14405–14409.
［74］ Mao S J, Wang Z, Luo Q, et al. Geometric and electronic effects in hydrogenation reactions［J］. ACS Catalysis, 2023, 13(2): 974–1019.
［75］ An Z, Zhang Z L, Huang Z Y, et al. Pt1 enhanced C–H activation synergistic with Ptn catalysis for glycerol cascade oxidation to glyceric acid［J］. Nature Communications, 2022, 13(1): 5467.
［76］ Zhu Y F, Gao L, Wen L Y, et al. Cyclohexene esterification–hydrogenation for efficient production of cyclohexanol［J］. Green Chemistry, 2021, 23(3):1185–1192.
［77］ Pengfei Wei, Dunfeng Gao, Tianfu Liu, et al. Coverage–driven selectivity switch from ethylene to acetate in high–rate CO_2/CO electrolysis［J］. Nature Nanotechnology, 2023, 18: 299–306.
［78］ Tao Cai, Hongbing Sun, Jing Qiao, et al. Cell–free chemoenzymatic starch synthesis from carbon dioxide［J］. Science, 2021, 373(6562): 1523–1527.
［79］ Tingting Zheng, Menglu Zhang, Lianghuan Wu, et al. Upcycling CO_2 into energy–rich long–chain compounds via electrochemical and metabolic engineering［J］. Nature Catalysis, 2022, 5: 288–296.
［80］ Chen C, Zhu X R, Wen X J, et al. Coupling N_2 and CO_2 in H_2O to synthesize urea under ambient conditions［J］. Nature Chemistry, 2020, 12(8): 717–724.
［81］ Yan Y, Zhou H, Xu S M, et al. Electrocatalytic upcycling of biomass and plastic wastes to biodegradable polymer monomers and hydrogen fuel at high current densities, Journal of the American Chemical Society 2023, 145(11): 6144–6155.
［82］ Qing Zhu, Fei Zhang, Yan Huang, et al. An all–round AI–Chemist with a scientific mind［J］. National Science Review, 2022, 9(10): nwac190.
［83］ Le J, Q Fan, Li J, et al. Molecular origin of negative component of Helmholtz capacitance at electrified Pt(111)/water interface［J］. Science Advanced, 2020, 6:eabb1219.
［84］ Li P, Jiang Y, Hu Y, et al. Hydrogen bond network connectivity in the electric double layer dominates the kinetic pH effect in hydrogen electrocatalysis on Pt［J］. Nature Catalysis, 2022, 5(10):900–911.
［85］ Wang Y, Zheng S, Yang W, et al. In situ Raman spectroscopy reveals the structure and dissociation of interfacial water［J］. Nature, 2021, 600:81–85.
［86］ Liu T, Liu J, Li L, et al. Origin of structural degradation in Li–rich layered oxide cathode［J］. Nature, 2022, 606(7913): 305–312.

[87] Xiang Y, Zheng G, Liang Z, et al. Visualizing the growth process of sodium microstructures in sodium batteries by in-situ 23Na MRI and NMR spectroscopy [J]. Nat Nanotechnol, 2020, 15(10):883–890.

[88] Ilya V. Chepkasov, Mahdi Ghorbani-Asl, Zakhar I. Popov, et al. Alkali metals inside bi-layer graphene and MoS_2: Insights from first-principles calculations [J]. Nano Energy, 2020, 75:104927.

[89] Chen F, Chen S, Wang A, et al. Blocking the sulfonate group in Nafion to unlock platinum's activity in membrane electrode assemblies [J]. Nature Catalysis, 2023, 6: 392–401.

[90] Zhang Q, Dong S, Shao P, et al. Covalent organic framework-based porous ionomers for high-performance fuel cells [J]. Science, 2022, 378:181–186.

[91] Yang C, Wang L, Yin P, et al. Sulfur-anchoring synthesis of platinum intermetallic nanoparticle catalysts for fuel cells [J]. Science, 2021, 374:459–464.

[92] Zhang Y, Yu L, Zhang X, et al. A smart risk-responding polymer membrane for safer batteries [J]. Science Advanced, 2023, 9: eade5802.

[93] Tan S, Tian Y, Zhao Y, et al. Noncoordinating flame-retardant functional electrolyte solvents for rechargeable lithium-ion batteries [J]. J Am Chem Soc, 2022, 144:18240.

[94] Lu J, Xue Y, Bernardino K, et al. Enhanced optical asymmetry in supramolecular chiroplasmonic assemblies with long-range order[J]. Science, 2021, 371(6536): 1368–1374.

[95] Zhang N N, Sun H R, Liu S, et al. Gold nanoparticle enantiomers and their chiral-morphology dependence of cellular uptake[J]. CCS Chemistry, 2022, 4(2): 660–670.

[96] Zhang N N, Shen Z L, Gao S Y, et al. Synthesis and Plasmonic Chiroptical Properties of Double-Helical Gold Nanorod Enantiomers[J]. Advanced Optical Materials, 2023: 2203119.

[97] Fan H, Li K, Tu T, et al. ATP-Induced Emergent Circularly Polarized Luminescence and Encryption [J]. Angewandte Chemie International Edition, 2022, 134(19): e202200727.

[98] Bi Y, Cheng C, Zhang Z, et al. Controlled Hierarchical Self-Assembly of Nanoparticles and Chiral Molecules into Tubular Nanocomposites[J]. Journal of the American Chemical Society, 2023, 145(15): 8529–8539.

[99] Yang Z, Wei Y, Wei J, et al. Chiral Superstructures of Inorganic Nanorods by Macroscopic Mechanical Grinding [J]. Nature Communications, 2022, 13(1): 5844.

[100] Wang Y, Liu R, Zhang Z, et al. Large Optical Asymmetry in Silver Nanoparticle Assemblies Enabled by CH-π Interaction-Mediated Chirality Transfer[J]. Journal of the American Chemical Society, 2023, 145(7): 4035–4044.

[101] Zhou C, Ren Y, Han J, et al. Controllable supramolecular chiral twisted nanoribbons from achiral conjugated oligoaniline derivatives[J]. Journal of the American Chemical Society, 2018, 140(30): 9417–9425.

[102] Zhou C, Ren Y, Han J, et al. Chiral polyaniline hollow nanotwists toward efficient enantioselective separation of amino acids[J]. ACS nano, 2019, 13(3): 3534–3544.

[103] Yuan G, Xi Z, Han J, et al. Construction of Supramolecular Chiral Polyaniline-Gold Nanocomposite as Nanozyme for Enantioselective Catalysis[J]. Acta Physico-Chimica Sinica, 2023, 39(7): 2212061.

[104] Wang C, Yuan G, Han J, et al. Supramolecular Chiral Nanozymes with High and Switchable Enantioselectivity[J]. Small Structures, 2023: 2200405.

[105] Li X, Li Q, Fei J, et al. Self-Assembled Dipeptide Aerogels with Tunable Wettability[J]. Angewandte Chemie International Edition, 2020, 59(29): 11932–11936.

[106] Wang C, Fei J, Wang K, et al. A Dipeptide-Based Hierarchical Nanoarchitecture with Enhanced Catalytic Activity [J]. Angewandte Chemie International Edition, 2020, 59(43): 18960–18963.

[107] Wu A, Guo Y, Li X, et al. Co-assembled Supramolecular Gel of Dipeptide and Pyridine Derivatives with Controlled Chirality[J]. Angewandte Chemie International Edition, 2021, 60(4): 2099–2103.

[108] Li X, Li Q, Wu A, et al. CO_2 Induces Symmetry Breaking in Layered Dipeptide Crystals[J]. Angewandte Chemie

International Edition, 2023, 62(1): e202214184.

[109] Xu X, Fei J, Xu Y, et al. Boric Acid-Fueled ATP Synthesis by FoF1 ATP Synthase Reconstituted in a Supramolecular Architecture [J] . Angewandte Chemie International Edition, 2021, 60(14): 7617-7620.

[110] Mei H, Gao Z, Zhao K, et al. Sono-Fenton Chemistry Converts Phenol and Phenyl Derivatives into Polyphenols for Engineering Surface Coatings [J] . Angewandte Chemie International Edition, 2021, 60(39): 21529-21535.

[111] Zhong Q Z, Richardson J J, Tian Y, et al. Modular Metal-Quinone Networks with Tunable Architecture and Functionality [J] . Angewandte Chemie International Edition, 2023, 62(14): e202218021.

[112] Liu K, Shang C, Wang Z, et al. Non-contact identification and differentiation of illicit drugs using fluorescent films [J] . Nature communications, 2018, 9(1): 1695.

[113] Chang X, Zhou Z, Shang C, et al. Coordination-driven self-assembled metallacycles incorporating pyrene: fluorescence mutability, tunability, and aromatic amine sensing [J] . Journal of the American Chemical Society, 2019, 141(4): 1757-1765.

[114] Wang Z, Wang G, Chang X, et al. A Perylene Bisimide-Contained Molecular Dyad with High-Efficient Charge Separation: Switchability, Tunability, and Applicability in Moisture Detection [J] . Advanced Functional Materials, 2019, 29(44): 1905295.

[115] Qi Y, Xu W, Kang R, et al. Discrimination of saturated alkanes and relevant volatile compounds via the utilization of a conceptual fluorescent sensor array based on organoboron-containing polymers [J] . Chemical Science, 2018, 9(7): 1892-1901.

[116] Zhang L, Huang X, Cao Y, et al. Fluorescent binary ensemble based on pyrene derivative and sodium dodecyl sulfate assemblies as a chemical tongue for discriminating metal ions and brand water [J] . ACS Sensors, 2017, 2(12): 1821-1830.

[117] Shen Y, Li S, Qi R, et al. Assembly of hexagonal column interpenetrated spheres from plant polyphenol/cationic surfactants and their application as antimicrobial molecular banks [J] . Angewandte Chemie International Edition, 2022, 61(6): e202110938.

[118] Shen Y, Lin H, Yang M, et al. Hierarchical Superstructure of Plant Polyphenol and Arginine Surfactant for Long-Lasting and Target-Selective Antimicrobial Application [J] . Advanced Materials, 2023, 35(19): 2210936.

[119] Wang T, Dai S, Wang J, et al. Detachable and hierarchical assemblies for recyclable and highly efficient oil-fouling removal [J] . Nano Research, 2023, 16(2): 2551-2562.

[120] Liu B, Fan Y, Li H, et al. Control the entire journey of pesticide application on superhydrophobic plant surface by dynamic covalent trimeric surfactant coacervation [J] . Advanced Functional Materials, 2021, 31(5): 2006606.

[121] Wang J, Fan Y, Wang H, et al. Promoting efficacy and environmental safety of photosensitive agrochemical stabilizer via lignin surfactant coacervates [J] . Chemical Engineering Journal, 2022, 430(2):132920.

[122] Zhang L, Wang J, Fan Y, et al. Coacervate-Enhanced Deposition of Sprayed Pesticide on Hydrophobic/Superhydrophobic Abaxial Leaf Surfaces [J] . Advanced Science, 2023, 10(18): 2300270.

[123] Zou H, Shi H, Hao S, et al. Boosting Catalytic Selectivity through a Precise Spatial Control of Catalysts at Pickering Droplet Interfaces [J] . Journal of the American Chemical Society, 2023, 145: 2511-2522.

[124] Zhang M, Ettelaie R, Dong L, et al. Pickering emulsion droplet-based biomimetic microreactors for continuous flow cascade reactions [J] . Nature Communications, 2022, 13(1): 475.

[125] Wei W, Ettelaie R, Zhang X, et al. Co-compartmentalization of Enzymes and Cofactors within Pickering Emulsion Droplets for Continuous-Flow Catalysis [J] . Angewandte Chemie International Edition, 2022, 61: e20221191.

[126] Ling S L, Shi P, Liu S L, et al. Structural mechanism of cooperative activation of the human calcium-sensing receptor by Ca2+ ions and L-tryptophan [J] . Cell Research, 2021, 31(4): 383-394.

[127] Liu M G, Zhang J, Zhu C X, et al. DNA repair glycosylase hNEIL1 triages damaged bases via competing interaction

modes [J]. Nature Communications, 2021, 12(1): 4108.

[128] Zheng X D, Fu Z, Su D Y, et al. Mechanism of ligand activation of a eukaryotic cyclic nucleotide-gated channel [J]. Nature Structural & Molecular Biology, 2020, 27(7): 625–634.

[129] Wang D, Wu S W, Wang D D, et al. The importance of the compact disordered state in the fuzzy interactions between intrinsically disordered proteins [J]. Chemical Science, 2022, 13(8): 2363–2377.

[130] Xu J F, Zhao L Y, Peng S J, et al. Mechanisms of distinctive mismatch tolerance between Rad51 and Dmc1 in homologous recombination [J]. Nucleic Acids Research, 2021, 49(22): 13135–13149.

[131] Sun R R, Zhao Y Q, Wang W J, et al. Nonspecific interactions between Cas12a and dsDNA located downstream of the PAM mediate target search and assist AsCas12a for DNA cleavage [J]. Chemical Science, 2023, 14(14): 3839–3851.

[132] Yang M Y, Sun R R, Deng P J, et al. Nonspecific interactions between SpCas9 and dsDNA sites located downstream of the PAM mediate facilitated diffusion to accelerate target search [J]. Chemical Science, 2021, 12(38): 12776–12784.

[133] Wu Q, Cai M J, Gao J, et al. Developing substrate-based small molecule fluorescent probes for super-resolution fluorescent imaging of various membrane transporters [J]. Nanoscale Horizons, 2020, 5(3): 523–529.

[134] Xu H J, Gao J, Cai M J, et al. Structural Mechanism Analysis of Orderly and Efficient Vesicle Transport by High-Resolution Imaging and Fluorescence Tracking [J]. Analytical Chemistry, 2020, 92(9): 6555–6563.

[135] Xu H J, Zhang J R, Zhou Y J, et al. Mechanistic Insights into Membrane Protein Clustering Revealed by Visualizing EGFR Secretion [J]. Research, 2022, 9835035.

[136] Sun L L, Su Y Y, Wang J G, et al. DNA nanotweezers for stabilizing and dynamically lighting up a lipid raft on living cell membranes and the activation of T cells [J]. Chemical Science, 2020, 11(6): 1581–1586.

[137] Su Y Y, Chen X Q, Wang H, et al. Enhancing cell membrane phase separation for inhibiting cancer metastasis with a stimuli-responsive DNA nanodevice [J]. Chemical Science, 2022, 13(21): 6303–6308.

[138] Yan A, Chen X Q, He J, et al. Phosphorothioated DNA Engineered Liposomes as a General Platform for Stimuli-Responsive Cell-Specific Intracellular Delivery and Genome Editing [J]. Angewandte Chemie-International Edition, 2023, e202303973.

[139] Zhang X X, Li C, Liu F K, et al. High-throughput production of functional prototissues capable of producing NO for vasodilation [J]. Nature Communications, 2022, 13(1): 2148.

[140] Chen J, Li J, Li Q, et al. Engineering a chemoenzymatic cascade for sustainable photobiological hydrogen production with green algae [J]. Energy & Environmental Science, 2020, 13(7): 2064–2068.

[141] Chen J, Li Y J, Li M R, et al. Chemical Flocculation-Based Green Algae Materials for Photobiological Hydrogen Production [J]. Acs Applied Bio Materials, 2022, 5(2): 897–903.

[142] Zhang Y, Yang C, Peng S J, et al. General Strategy To Improve the Photon Budget of Thiol-Conjugated Cyanine Dyes [J]. Journal of the American Chemical Society, 2023, 145(7): 4187–4198.

[143] Peng S J, Wang X W, Zhang L, et al. Target search and recognition mechanisms of glycosylase AlkD revealed by scanning FRET-FCS and Markov state models [J]. Proceedings of the National Academy of Sciences of the United States of America, 2020, 117(36): 21889–21895.

[144] Peng S J, Li W P, Yao Y R, et al. Phase separation at the nanoscale quantified by dcFCCS [J]. Proceedings of the National Academy of Sciences of the United States of America, 2020, 117(44): 27124–27131.

[145] Gu L S, Li Y Y, Zhang S W, et al. Molecular-scale axial localization by repetitive optical selective exposure [J]. Nature Methods, 2021, 18(4): 369–373.

[146] Li W X, Lu J, Xiao K, et al. Integrated multimodality microscope for accurate and efficient target-guided cryo-lamellae preparation [J]. Nature Methods, 2023, 20(2): 268–275.

[147] Zhao W S, Zhao S Q, Li L J, et al. Sparse deconvolution improves the resolution of live-cell super-resolution fluorescence microscopy [J]. Nature Biotechnology, 2022, 40(4): 606-617.

[148] Qiao C, Li D, Liu Y, et al. Rationalized deep learning super-resolution microscopy for sustained live imaging of rapid subcellular processes [J]. Nature Biotechnology, 2023, 41(3): 367-377.

[149] Zhanghao K, Liu W H, Li M Q, et al. High-dimensional super-resolution imaging reveals heterogeneity and dynamics of subcellular lipid membranes [J]. Nature Communications, 2020, 11(1): 5890.

[150] Wang Z Q, Zhu L X, Zhang H, et al. Real-time volumetric reconstruction of biological dynamics with light-field microscopy and deep learning [J]. Nature Methods, 2021, 18(5): 551-556.

[151] Zhao Y X, Zhang M, Zhang W T, et al. Isotropic super-resolution light-sheet microscopy of dynamic intracellular structures at subsecond timescales [J]. Nature Methods, 2022, 19(3): 359-369.

[152] Fu Z F, Peng D M, Zhang M S, et al. mEosEM withstands osmium staining and Epon embedding for super-resolution CLEM [J]. Nature Methods, 2020, 17(1): 55-58.

[153] Liu A Y, Huang X S, He W T, et al. pHmScarlet is a pH-sensitive red fluorescent protein to monitor exocytosis docking and fusion steps [J]. Nature Communications, 2021, 12(1): 1413.

[154] Huang Y P, Xia Y J, Yang L J, et al. SPONGE: A GPU-Accelerated Molecular Dynamics Package with Enhanced Sampling and AI-Driven Algorithms [J]. Chinese Journal of Chemistry, 2022, 40(1): 160-168.

[155] Pang X H, Ren L L, Wu S S, et al. Cold-chain food contamination as the possible origin of COVID-19 resurgence in Beijing [J]. National Science Review, 2020, 7(12): 1861-1864.

[156] Li J R, Du P C, Yang L J, et al. Two-step fitness selection for intra-host variations in SARS-CoV-2 [J]. Cell Reports, 2022, 38(2): 110205.

[157] Zhou W X, Kang L, Duan H F, et al. A virtual sequencer reveals the dephasing patterns in error-correction code DNA sequencing [J]. National Science Review, 2021, 8(5).

[158] Zhao G F, Li H R, Gao J, et al. Insight into the Different Channel Proteins of Human Red Blood Cell Membranes Revealed by Combined dSTORM and AFM Techniques [J]. Analytical Chemistry, 2021, 93(42): 14113-14120.

[159] Li H R, Liu Y, Zhang J R, et al. Quantification of mechanical stimuli inducing nucleoplasmic translocation of YAP and its distribution mechanism using an AFM-dSTORM coupled technique [J]. Nanoscale, 2022, 14(41): 15516-15524.

[160] Wang Q, Duan M, Xu E, et al. Describing strong correlation with block-correlated coupled cluster theory [J]. The Journal of Physical Chemistry Letters, 2020, 11 (18): 7536-7543.

[161] Zhang N, Liu W, Hoffmann M R. Iterative configuration interaction with selection [J]. Journal of Chemical Theory and Computation, 2020, 16 (4): 2296-2316.

[162] Cheng Y, Xie Z, Ma H. Post-density matrix renormalization group methods for describing dynamic electron correlation with large active spaces [J]. The Journal of Physical Chemistry Letters, 2022, 13 (3): 904-915.

[163] Wang Y, Li Y, Chen J, et al. Doubly hybrid functionals close to chemical accuracy for both finite and extended systems: implementation and test of XYG3 and XYGJ-OS [J]. JACS Au, 2021, 1: 543-549.

[164] Ai W, Fang W H, Su N Q. Functional-based description of electronic dynamic and strong correlation: old issues and new insights [J]. The Journal of Physical Chemistry Letters, 2022, 13: 1744-1751.

[165] Lu Y, Gao J. Multistate density functional theory of excited states [J]. The Journal of Physical Chemistry Letters, 2022, 13 (33): 7762-7769.

[166] Du J, Liao K, Ma J, et al. Generalized energy-based fragmentation approach for the electronic emission spectra of large systems [J]. Journal of Chemical Theory and Computation, 2022, 18: 7630-7638.

[167] Jin X, Glover W J, He X. Fragment quantum mechanical method for excited states of proteins: development and application to the green fluorescent protein [J]. Journal of Chemical Theory and Computation, 2020, 16: 5174-5188.

[168] Chen W, Fang W, Cui G. Extending multi-layer energy-based fragment method for excited-state calculations of large covalently bonded fragment systems [J] . The Journal of Chemical Physics, 2023, 158: 044110.

[169] Wang Y, Ni Z, Neese F, et al. Cluster-in-molecule method combined with the domain-based local pair natural orbital approach for electron correlation calculations of periodic systems [J] . Journal of Chemical Theory and Computation, 2022, 18: 6510–6521.

[170] Yan Y M, Xu M, Li T C, et al. Efficient propagation of the hierarchical equations of motion using the tucker and hierarchical tucker tensors [J] . Journal of Chemical Physics, 2021, 154: 194104.

[171] Chen Z H, Wang Y, Xu R X, et al. Quantum dissipation with nonlinear environment couplings: Stochastic fields dressed dissipaton equation of motion approach [J] . Journal of Chemical Physics, 2021, 155: 174111.

[172] He X, Wu B H, Shang Y H, et al. New phase space formulations and quantum dynamics approaches [J] . Wiley Interdisciplinary Reviews–Computational Molecular Science, 2022, 12: e1619.

[173] Xie B B, Liu B L, Tang X F, et al. Nonadiabatic dynamics simulation of photoinduced ring-opening reaction of 2(5H)-thiophenone with internal conversion and intersystem crossing [J] . Physical Chemistry Chemical Physics, 2021, 23: 9867–9877.

[174] Xu J B, Wang L J. Branching corrected surface hopping: Resetting wavefunction coefficients based on judgement of wave packet reflection [J] . Journal of Chemical Physics, 2019, 150: 164101.

[175] Liu X-Y, Yang J-J, Chen W-K, et al. Spin-orbit coupling accelerates the photoinduced interfacial electron transfer in a fullerene-based perovskite heterojunction [J] . Journal of Physical Chemistry Letters, 2021, 12: 1131–1137.

[176] Xu D, Zhao L, Zhang K, et al. Dynamic self-assembly of block copolymers regulated by time-varying building block composition via reversible chemical reaction [J] . Science China–Chemistry, 2019, 62: 1666–1674.

[177] Zhong Q L, Li G H. Adaptively iterative multiscale switching simulation strategy and applications to protein folding and structure prediction [J] . Journal of Physical Chemistry Letters, 2021, 12: 3151–3162.

[178] Zhu Q, Ge Y, Li W, et al. Treating polarization effects in charged and polar bio-molecules through variable electrostatic parameters [J] . Journal of Chemical Theory and Computation, 2023, 19: 396–411.

[179] Jiang F, Wu H N, Kang W, et al. Developments and applications of coil-library-based residue specific force fields for molecular dynamics simulations of peptides and proteins [J] . Journal of Chemical Theory and Computation, 2019, 15: 2761–2773.

[180] Fang Y G, Li X J, Gao Y R, et al. Efficient exploration of complex free energy landscapes by stepwise multi-subphase space metadynamics [J] . Journal of Chemical Physics, 2022, 157: 214111.

[181] Fan Y, Liu J, Li Z, et al. Equation-of-motion theory to calculate accurate band structures with a quantum computer [J] . Journal of Physical Chemistry Letters, 2021, 12(36): 8833–8840.

[182] Lan Z, Liang W. Amplitude reordering accelerates the adaptive variational quantum eigensolver algorithms [J] . Journal of Chemical Theory and Computation, 2022, 18(9): 5267–5275.

[183] Cai X, Fang W, Fan H, et al. Quantum computation of molecular response properties [J] . Physical Review Research, 2020, 2: 033324.

[184] Wang Y, Ren J, Li W, et al. Hybrid quantum-classical boson sampling algorithm for molecular vibrationally resolved electronic spectroscopy with duschinsky rotation and anharmonicity [J] . Journal of Physical Chemistry Letters, 2022, 13: 6391–6399.

[185] Zhang Y, Xia J, Jiang B. Physically motivated recursively embedded atom neural networks: incorporating local completeness and nonlocality [J] . Physical Review Letters. 2021, 127: 156002.

[186] Kang P L, Shang C, Liu, Z P. Large-scale atomic simulation via machine learning potentials constructed by global potential energy surface exploration [J] . Accounts of Chemical Research. 2020, 53: 2119–2129.

[187] Cheng Z, Du J, Zhang L, et al. Building Quantum Mechanics Quality Force Fields of Proteins with the Generalized

Energy-Based Fragmentation Approach and Machine Learning [J] . Physical Chemistry Chemical Physics, 2022, 24: 1326-1337.
[188] Li S N, Chen Z F, Wang Z, et al. Graph-based discovery and analysis of atomic-scale one-dimensional materials [J] . National Science Review, 2022, 9: nwac028.
[189] Ouyang R H, Curtarolo S, Ahmetcik E, et al. SISSO: a compressed-sensing method for identifying the best low-dimensional descriptor in an immensity of offered candidates [J] . Physical Review Materials, 2018, 2(8): 083802.
[190] Wang X, Jiang S, Hu W, et al. Quantitatively determining surface-adsorbate properties from vibrational spectroscopy with interpretable machine learning [J] . Journal of the American Chemical Society, 2022, 144: 16069-16076.
[191] Hu S L, Li W X. Sabatier principle of metal-support interaction for design of ultrastable metal nanocatalysts [J] . Science, 2021, 374: 1360-1365.
[192] Xie W, Xu J, Chen J, et al. Achieving theory-experiment parity for activity and selectivity in heterogeneous catalysis using microkinetic modeling [J] . Accounts of Chemical Research, 2022, 55: 1237-1248.
[193] Peng X, Zhang Y, Li Y, et al. Integrating multiple accelerated molecular dynamics to improve accuracy of free energy calculations [J] . Journal of Chemical Theory and Computation, 2018, 14 (3): 1216-1227.
[194] Yuan Y, Zhu Q, Song R, et al. A two-ended data-driven accelerated sampling method for exploring the transition pathways between two known states of protein [J] . Journal of Chemical Theory and Computation, 2020, 16(7): 4631-4640.
[195] Wang J N, Xue Y F, Li P F, et al. Perspective: Reference-potential methods for the study of thermodynamic properties in chemical processes: Theory, applications, and pitfalls [J] . The Journal the Physical Chemistry Letters, 2023, 14(20): 4866-4875.
[196] Brodbelt J S, Morrison L J, Santos I. Ultraviolet Photodissociation Mass Spectrometry for Analysis of Biological Molecules [J] . Chem Rev, 2020, 120(7): 3328-3380.
[197] Liu Z Y, Chen X, Yang S R, et al. Integrated mass spectrometry strategy for functional protein complex discovery and structural characterization [J] . Curr Opin Chem Biol, 2023, 74: 102305.
[198] Kruger K, Wang Y Q, Todter S, et al. Hydrogen atom collisions with a semiconductor efficiently promote electrons to the conduction band [J] . Nat Chem, 2023, 15(3): 326-331.
[199] Jiang H Y, Kammler M, Ding F Z, et al. Imaging covalent bond formation by H atom scattering from graphene [J] . Science, 2019, 364(6438): 379-382.
[200] Neugebohren J, Borodin D, Hahn H W, et al. Velocity-resolved kinetics of site-specific carbon monoxide oxidation on platinum surfaces [J] . Nature, 2018, 558(7709): 280-283.
[201] Borodin D, Hertl N, Park G B, et al. Quantum effects in thermal reaction rates at metal surfaces [J] . Science, 2022, 377(6604): 394-398.

分析化学

[1] Li M Y, Ying Y L, Yu J, et al. Revisiting the origin of nanopore current blockage for volume difference sensing at the atomic level [J] . JACS Au, 2021, 1(7): 967-976.
[2] Li M Y, Ying Y L, Li S, et al. Unveiling the heterogenous dephosphorylation of DNA using an aerolysin nanopore [J] . ACS Nano, 2020, 14(10): 12571-12578.
[3] Wang J, Li M Y, Yang J, et al. Direct quantification of damaged nucleotides in oligonucleotides using an aerolysin single molecule interface [J] . ACS Central Science, 2020, 6(1): 76-82.
[4] Li X Y, Ying Y L, Fu X X, et al. Single-molecule frequency fingerprint for ion interaction networks in a confined nanopore [J] . Angewandte Chemie International Edition, 2021, 60(46): 24582-24587.

[5] Jiang J, Li M Y, Wu X Y, et al. Protein nanopore reveals the renin–angiotensin system crosstalk with single–amino–acid resolution [J]. Nature Chemistry, 2023, 15: 578–586.

[6] Liu S C, Ying Y L, Li W H, et al. Snapshotting the transient conformations and tracing the multiple pathways of single peptide folding using a solid–state nanopore [J]. Chemical Science, 2021, 12(9): 3282–3289.

[7] Niu H, Li M Y, Ying Y L, et al. An engineered third electrostatic constriction of aerolysin to manipulate heterogeneously charged peptide transport [J]. Chemical Science, 2022, 13(8): 2456–2461.

[8] Wu X, Li M, Yang S, et al. Controlled genetic encoding of unnatural amino acids in a protein nanopore [J]. Angewandte Chemie International Edition, 2023, 62(29): e202300582.

[9] Wang J, Prajapati J D, Gao F, et al. Identification of single amino acid chiral and positional isomers using an electrostatically asymmetric nanopore [J]. Journal of the American Chemical Society, 2022, 144(33): 15071–15078.

[10] Ying Y L, Hu Z L, Zhang S, et al. Nanopore–based technologies beyond DNA sequencing [J]. Nature Nanotechnology, 2022, 17: 1136–1146.

[11] Ying Y L, Long Y T. Nanopore–based single–biomolecule interfaces: from information to knowledge [J]. Journal of the American Chemical Society, 2019, 141(40): 15720–15729.

[12] Liu W, Yang Z L, Yang C N, et al. Profiling single–molecule reaction kinetics under nanopore confinement [J]. Chemical Science, 2022, 13(14): 4109–4114.

[13] Liu W, Yang C N, Yang Z L, et al. Observing confined local oxygen–induced reversible thiol/disulfide cycle with a protein nanopore [J]. Angewandte Chemie International Edition, 2023, 135(27):e202304023.

[14] Yu R J, Lu S M, Xu S W, et al. Single molecule sensing of amyloid–β aggregation by confined glass nanopores [J]. Chemical Science, 2019, 10(46):10728–10732.

[15] Wu W T, Jiang H, Qi Y T, et al. Large–scale synthesis of functionalized nanowires to construct nanoelectrodes for intracellular sensing [J]. Angewandte Chemie International Edition, 2021, 60(35):19337–19343.

[16] Wu W T, Chen X, Jiao Y T, et al. Versatile construction of biomimetic nanosensors for electrochemical monitoring of intracellular glutathione [J]. Angewandte Chemie International Edition, 2022, 61(15):e202115820.

[17] Yang X K, Zhang F L, Wu W T, et al. Quantitative nano–amperometric measurement of intravesicular glutamate content and of its sub–quantal release by living neurons [J]. Angewandte Chemie International Edition, 2021, 133(29):15937–15942.

[18] Yang X K, Zhang F L, Jin X K, et al. Nanoelectrochemistry reveals how soluble $A\beta_{42}$ oligomers alter vesicular storage and release of glutamate [J]. Proceedings of the National Academy of Sciences, 2023, 120(19): e2219994120.

[19] Qi Y T, Jiang H, Wu W T, et al. Homeostasis inside single activated phagolysosomes: quantitative and selective measurements of submillisecond dynamics of reactive oxygen and nitrogen species production with a nanoelectrochemical sensor [J]. Journal of the American Chemical Society, 2022, 144(22): 9723–9733.

[20] Mao X, Liu M, Yan L, et al. Programming biomimetically confined aptamers with DNA frameworks [J]. ACS Nano, 2020, 14(7): 8776–8783.

[21] Huang Q, Chen B, Shen J, et al. Encoding fluorescence anisotropic barcodes with DNA frameworks [J]. Journal of the American Chemical Society, 2021, 143(28): 10735–10742.

[22] Chen B, Huang Q, Qu Z, et al. Probing transient DNA conformation changes with an intercalative fluorescent excimer [J]. Angewandte Chemie–International Edition, 2021, 60(12): 6624–6630.

[23] Li J, Dai J, Jiang S, et al. Encoding quantized fluorescence states with fractal DNA frameworks [J]. Nature Communication, 2020, 11(1): 2185.

[24] Sun X, Xie L, Qiu S Y. et al. Elucidation of CKAP4–remodeled cell mechanics in driving metastasis of bladder cancer through aptamer–based target discovery [J]. Proceedings of the National Acadmy of Sciences of the United States of America, 2022,119(16): e2110500119.

[25] Xie S T, Wang Z M, Fu T, et al. Engineering aptamers with selectively enhanced biostability in the tumor microenvironment[J]. Angewandte Chemie-International Edition, 2022,61(31): e202201220.

[26] Xie S T, Du Y L, Zhang Y. Aptamer-based optical manipulation of protein subcellular localization in cells [J]. Nature Communications, 2020, 11(1): 1347.

[27] Zhang L L, Wang L L, Yuan X, et al. Decoding the complex free radical cascade by using a DNA framework-based artificial DNA encoder [J]. Angewandte Chemie-International Edition, 2021, 60(19): 10745-1075.

[28] He J X, Peng T H, Peng Y B, et al. Molecularly engineering triptolide with aptamers for high specificity and cytotoxicity for triple-negative breast cancer[J]. Journal of the American Chemical Society, 2020, 142(6):2699-2703.

[29] Xu C, Wu F, Yu P, et al. In vivo electrochemical sensors for neurochemicals: recent update [J]. ACS Sensors, 2019, 4(12): 3102-3118.

[30] Xiong T, Li C, He X, et al. Neuromorphic functions with a polyelectrolyte-confined fluidic memristor [J]. Science, 2023, 379(6628): 156-161.

[31] Wu F, Yu P, Mao L. Multi-spatiotemporal probing of neurochemical events by advanced electrochemical sensing methods [J]. Angewandte Chemie International Edition, 2023, 62(1): e202208872.

[32] Xiong T, Li W, Yu P, et al. Fluidic memristor: bringing chemistry to neuromorphic devices [J]. The Innovation, 2023, 4(3): 100435.

[33] Zhang K, Wei H, Xiong T, et al. Micrometer-scale transient ion transport for real-time pH assay in living rat brains [J]. Chemical Science, 2021, 12: 7369-7376.

[34] Pan Y F, Zhang K L, Wei H, et al. Double-barreled micropipette enables neuron-compatible in vivo analysis [J]. Analytical Chemistry, 2022, 94(45): 15671-15677.

[35] Liu J, Jing X, Liu M, et al. Mechano-fluorescence actuation in single synaptic vesicles with a DNA framework nanomachine [J]. Science Robotics, 2022, 7(73): eabq5151.

[36] Pan C, Wu F, Mao J, et al. Highly stable and selective sensing of hydrogen sulfide in living mouse brain with NiN4 single-atom catalyst-based galvanic redox potentiometry [J]. Journal of the American Chemical Society, 2022, 144(32): 14678-14686.

[37] Zhu F, Xue Y, Ji W, et al. Galvanic redox potentiometry for fouling-free and stable serotonin sensing in a living animal brain [J]. Angewandte Chemie International Edition, 2023, 62(11): e202212458.

[38] Guo Y C, Ren J T, Wang E K. Implementation of logic operations and bioanalysis based on DNA allostery-regulated nanometallic catalysis [J]. Nano Today, 2022, 44: 101476.

[39] He L, Chen F M, Zhang S L, et al. Transducing complex biomolecular interactions by temperature-output artificial DNA signaling networks[J]. Journal of the American Chemical Society, 2020, 142(23): 14234-24239.

[40] Geng Z M, Wang L, Liu J, et al. Enhancing anti-PD-1 immunotherapy by nanomicelles self-assembled from multivalent aptamer drug conjugates[J]. Angewandte Chemie-International Edition, 2021, 60(28): 12569-12576.

[41] Feng S N, Xue Y, Huang J S, et al. Ferrocene-functionalized covalent organic frameworks and target catalyzed hairpin assembly strategy for amplified electrochemical determination of microRNAs [J]. Analytical Chemistry, 2022, 94(48):16945-16952.

[42] Yu L Y, Zhu L P, Peng Y, et al. Versatile electrochemiluminescence biosensing platform based on DNA nanostructures and catalytic hairpin assembly signal amplification[J]. Analytical Chemistry, 2022, 94(32): 11368-11374.

[43] Song P, Shen J, Ye D, et al. Programming bulk enzyme heterojunctions for biosensor development with tetrahedral DNA framework [J]. Nature Communication, 2020, 11(1): 838.

[44] Li F, Mao X, Li F, et al. Ultrafast DNA sensors with DNA framework-bridged hybridization reactions [J]. Journal

of the American Chemical Society, 2020, 142: 9975–9981.

[45] Hu Y C, Jiang B, Weng Y J, et al. Bis[zinc(Ⅱ)-dipicolylamine]-functionalized sub-2 μm core-shell microspheres for the analysis of N-phosphoproteome [J]. Nature Communications, 2020, 11(1): 6226.

[46] Chen Y, Qin H Q, Ye M L, et al. Endo-M mediated chemoenzymatic approach enables reversible glycopeptide labeling for O-GlcNAcylation analysis [J]. Angewandte Chemie International Edition, 2022, 61(23): e202117849.

[47] Fang Z, Qin H Q, Mao J W, et al. Glyco-Decipher enables glycan database-independent peptide matching and in-depth characterization of site-specific N-glycosylation [J]. Nature Communications, 2022, 13(1): 1900.

[48] Liu J, He H, Xie D, et al. Probing low-copy-number proteins in single living cells using single-cell plasmonic immunosandwich assays [J]. Nature Protocols, 2021, 16(7): 3522–3546.

[49] Ge K, Hu Y L, Li G K, et al. Fabrication of branched gold copper nanoalloy doped mesoporous graphitic carbon nitride hybrid membrane for surface-enhanced Raman spectroscopy analysis of carcinogens [J]. Journal of Hazardous Materials, 2022, 432: 128742.

[50] Chen C, Guan H, Li H, et al. A noncovalent π-stacked porous organic molecular framework for selective separation of aromatics and cyclic aliphatics [J]. Angewandte Chemie International Edition, 2022, 61(24): e202201646.

[51] Jiang H, Yang K, Zhao X, et al. Highly Stable zr(iv)-based metal-organic frameworks for chiral separation in reversed-phase liquid chromatography [J]. Journal of the American Chemical Society, 2021, 143(1): 390–398.

[52] Guo Z, Chen Y, Wang S, et al. Dendritic Mesoporous silica nanospheres: toward the ultimate minimum particle size for ultraefficient liquid chromatographic separation [J]. ACS Applied Materials & Interfaces, 2021, 13(19): 22970–22977.

[53] Zheng F J, Zhao X J, Zeng Z D, et al. Development of a plasma pseudotargeted metabolomics method based on ultra-high-performance liquid chromatography-mass spectrometry [J]. Nature Protocols, 2020, 15(8): 2519–2537.

[54] Yuan H M, Dai Z P, Zhang X D, et al. Fully automated sample treatment method for high throughput proteome analysis [J]. Science China Chemistry, 2021, 64(2): 313–321.

[55] Xu J Y, Zhang C C, Wang X, et al. Integrative proteomic characterization of human lung adenocarcinoma [J]. Cell, 2020, 182 (1): 245–261.

[56] Feng H, Zhao Q, Zhang B R, et al. Enabling photo-crosslinking and photo-sensitizing properties for synthetic fluorescent protein chromophores [J]. Angewandte Chemie International Edition, 2023, 62(2): e202215215.

[57] Chen J, Zhao Q, Gao H, et al. A Glycosidic-bond-based mass-spectrometry-cleavable cross-linker enables in vivo cross-linking for protein complex analysis [J]. Angewandte Chemie International Edition, 2023, 62(24): e202212860.

[58] Li J Y, Zhou J H, Xu H, et al. ACR-based probe for the quantitative profiling of histidine reactivity in the human proteome [J]. Journal of the American Chemical Society, 2023, 145(9): 5252–5260.

[59] Zeng W F, Cao W Q, Liu M Q, et al. Precise, fast and comprehensive analysis of intact glycopeptides and modified glycans with pGlyco3 [J]. Nature Methods, 2021, 18(12): 1515–1523.

[60] Yu D, Liu Y, Zhou Y Q, et al. Triptolide suppresses IDH1-mutated malignancy via Nrf2-driven glutathione metabolism [J]. PNAS, 2020, 117(18): 9964–9972.

[61] Zhou Z W, Luo M D, Zhang H S, et al. Metabolite annotation from knowns to unknowns through knowledge-guided multi-layer metabolic networking [J]. Nature Communications, 2022, 13(1): 6656.

[62] Wang H M, Yin Y D, Zhu Z J, et al. Encoding LC-MS-based untargeted metabolomics data into images toward ai-based clinical diagnosis [J]. Analytical Chemistry, 2023, 95(16): 6533–6541.

[63] Ding X, Yang F, Chen Y, et al. Norm ISWSVR: a data integration and normalization approach for large-scale metabolomics [J]. Analytical Chemistry, 2022, 94(21): 7500–7509.

[64] Li J Q, Bi Y, Zheng Y, et al. Development of high-throughput UPLC-MS/MS using multiple reaction monitoring for

quantitation of complex human milk oligosaccharides and application to large population survey of secretor status and Lewis blood group [J]. Food Chemistry, 2022, 397: 133750.

[65] Xu F F, Wang P, Zhang X L, et al. Identification and target-pathway deconvolution of FFA4 agonists with anti-diabetic activity from Arnebia euchroma (Royle) Johnst [J]. Pharmacological Research, 2021, 163: 105173.

[66] Xu H Y, Li S F, Liu J Y, et al. Bioactive compounds from Huashi Baidu decoction possess both antiviral and anti-inflammatory effects against COVID-19 [J]. Proceedings of the National Academy of Sciences of the United States of America, 2023, 120(18): e2301775120.

无机化学

[1] Lin Q F, Gao Z R, Lin C, et al. A stable aluminosilicate zeolite with intersecting three-dimensional extra-large pores [J]. Science, 2021, 374(6575): 1605-1608.

[2] Li J, Gao Z R, Lin Q F, et al. A 3D extra-large-pore zeolite enabled by 1D-to-3D topotactic condensation of a chain silicate [J]. Science, 2023, 379 (6629): 283-287.

[3] Luo Y, Wang B, Smeets S, et al. High-throughput phase elucidation of polycrystalline materials using serial rotation electron diffraction [J]. Nature Chemistry, 2023, 15(4): 483-490.

[4] Shen B, Chen X, Wang H, et al. A single-molecule van der Waals compass [J]. Nature, 2021, 592(7855): 541-544.

[5] Xiong H, Liu Z, Chen X, et al. In situ imaging of the sorption-induced subcell topological flexibility of a rigid zeolite framework [J]. Science, 2022, 376(6592): 491-496.

[6] Shen B, Wang H, Xiong H, et al. Atomic imaging of zeolite-confined single molecules by electron microscopy [J]. Nature, 2022, 607(7920): 703-707.

[7] Zhang H, Li G, Zhang J, et al. Three-dimensional inhomogeneity of zeolite structure and composition revealed by electron ptychography [J]. Science, 2023, 380(6645): 633-638.

[8] Kang J, He S, Zhou W, et al. Single-pass transformation of syngas into ethanol with high selectivity by triple tandem catalysis [J]. Nature Communications, 2020, 11(1): 827.

[9] Xiao J, Cheng K, Xie X, et al. Tandem catalysis with double-shelled hollow spheres [J]. Nature Materials, 2022, 21(5): 572-579.

[10] Ji Y, Gao P, Zhao Z, et al. Oxygenate-based routes regulate syngas conversion over oxide-zeolite bifunctional catalysts [J]. Nature Catalysis, 2022, 5(7): 594-604.

[11] Jiao F, Bai B, Li G, et al. Disentangling the activity-selectivity trade-off in catalytic conversion of syngas to light olefins [J]. Science, 2023, 380(6646): 727-730.

[12] Wang C, Fang W, Liu Z, et al. Fischer-Tropsch synthesis to olefins boosted by MFI zeolite nanosheets [J]. Nature Nanotechnology, 2022, 17(7): 714-720.

[13] Sun Q, Wang N, Fan Q, et al. Subnanometer Bimetallic Platinum-Zinc Clusters in Zeolites for Propane Dehydrogenation [J]. Angewandte Chemie International Edition, 2020, 59(44): 19450-19459.

[14] Zhou H, Yi X, Hui Y, et al. Isolated boron in zeolite for oxidative dehydrogenation of propane [J]. Science, 2021, 372(6537): 76-80.

[15] Zhao D, Tian X, Doronkin D E, et al. In situ formation of ZnO_x species for efficient propane dehydrogenation [J]. Nature, 2021, 599(7884): 234-238.

[16] Zhu Q, Zhou H, Wang L, et al. Enhanced CO_2 utilization in dry reforming of methane achieved through nickel-mediated hydrogen spillover in zeolite crystals [J]. Nature Catalysis, 2022, 5(11): 1030-1037.

[17] Wang S, Zhang L, Wang P, et al. Highly selective hydrogenation of CO_2 to propane over $GaZrO_x$/H-SSZ-13 composite [J]. Nature Catalysis, 2022, 5(11): 1038-1050.

[18] Jin Z, Wang L, Zuidema E, et al. Hydrophobic zeolite modification for in situ peroxide formation in methane oxidation to methanol [J]. Science, 2020, 367(6474): 193–197.

[19] Qi G, Davies T E, Nasrallah A, et al. Au–ZSM–5 catalyses the selective oxidation of CH_4 to CH_3OH and CH_3COOH using O_2 [J]. Nature Catalysis, 2022, 5(1): 45–54.

[20] Zhao R, Khare R, Zhang Y, et al. Promotion of adsorptive and catalytic properties of zeolitic Brønsted acid sites by proximal extra–framework $Si(OH)_x$ groups [J]. Nature Catalysis, 2023, 6(1): 68–79.

[21] Shang X, Chen H, Castagnola V, et al. Unusual zymogen activation patterns in the protein corona of Ca–zeolites [J]. Nature Catalysis, 2021, 4(7): 607–614.

[22] Peng H, Dong T, Yang S, et al. Intra–crystalline mesoporous zeolite encapsulation–derived thermally robust metal nanocatalyst in deep oxidation of light alkanes [J]. Nature Communications, 2022, 13(1): 295.

[23] Wang N, Sun Q, Zhang T, et al. Impregnating Subnanometer Metallic Nanocatalysts into Self–Pillared Zeolite Nanosheets [J]. Journal of the American Chemical Society, 2021, 143(18): 6905–6914.

[24] Zhou Y, Zhang J, Wang L, et al. Self–assembled iron–containing mordenite monolith for carbon dioxide sieving [J]. Science, 2021, 373(6552): 315–320.

[25] Chai Y, Han X, Li W, et al. Control of zeolite pore interior for chemoselective alkyne/olefin separations [J]. Science, 2020, 368(6494): 1002–1006.

[26] Chi X, Li M, Di J, et al. A highly stable and flexible zeolite electrolyte solid–state Li–air battery [J]. Nature, 2021, 592(7855): 551–557.

[27] Han X–H, Gong K, Huang X, et al. Syntheses of Covalent Organic Frameworks via a One–Pot Suzuki Coupling and Schiff's Base Reaction for C_2H_4/C_3H_6 Separation [J]. Angew. Chem. Int. Ed., 2022, 61(25): e202202912.

[28] Mu Z, Zhu Y, Li B, et al. Covalent Organic Frameworks with Record Pore Apertures [J]. J. Am. Chem. Soc., 2022, 144(11): 5145–5154.

[29] Mu Z, Zhu Y, Zhang Y, et al. Hierarchical Microtubular Covalent Organic Frameworks Achieved by COF–to–COF Transformation [J]. Angew. Chem. Int. Ed., 2023, 62(17): e202300373.

[30] Zhu Y, Shao P, Hu L, et al. Construction of Interlayer Conjugated Links in 2D Covalent Organic Frameworks via Topological Polymerization [J]. J. Am. Chem. Soc., 2021, 143(21): 7897–7902.

[31] Sun C, Zhu Y, Shao P, et al. 2D Covalent Organic Framework for Water Harvesting with Fast Kinetics and Low Regeneration Temperature [J]. Angew. Chem. Int. Ed., 2023, 62(11): e202217103.

[32] Zhang Q, Dong S, Shao P, et al. Covalent organic framework–based porous ionomers for high–performance fuel cells [J]. Science, 2022, 378(6616): 181–186.

[33] Zhao S, Jiang C, Fan J, et al. Hydrophilicity gradient in covalent organic frameworks for membrane distillation [J]. Nat. Mater., 2021, 20(11): 1551–1558.

[34] Zhang Y, Xing C, Mu Z, et al. Harnessing Self–Repairing and Crystallization Processes for Effective Enzyme Encapsulation in Covalent Organic Frameworks [J]. J. Am. Chem. Soc., 2023, 145(24): 13469–13475.

[35] Xing C, Mei P, Mu Z, et al. Enhancing Enzyme Activity by the Modulation of Covalent Interactions in the Confined Channels of Covalent Organic Frameworks [J]. Angew. Chem. Int. Ed., 2022, 61(21): e202201378.

[36] Feng M, Niu Z, Xing C, et al. Covalent Organic Framework Based Crosslinked Porous Microcapsules for Enzymatic Catalysis [J]. Angew. Chem. Int. Ed., 2023, 62(33): e202306621.

[37] Liu, X T, Qian B B, Zhang T, et al. Programmable assembly of multiple donor–acceptor systems in metal–organic framework for heterogeneity manipulation and functions integration [J]. Matter, 2022, 5 (9): 2918–2932.

[38] Liu X T, Hua W, Nie H X, et al. Manipulating spatial alignment of donor and acceptor in host–guest MOF for TADF [J]. National Science Review, 2022, 9 (8): nwab222.

[39] Sun Y M, Xue Z Q, Liu Q L, et al. Modulating electronic structure of metal–organic frameworks by introducing

atomically dispersed Ru for efficient hydrogen evolution [J]. Nat. Commun., 2021, 12: 1369.
[40] Yang J, Shen Y, Sun Y M, et al. Ir Nanoparticles Anchored on Metal–Organic Frameworks for Efficient Overall Water Splitting under pH–Universal Conditions [J]. Angew. Chem. Int. Ed., 2023, 62: e202302220.
[41] Zhong Y C, Liao P S, Kang J W, et al. Locking Effect in Metal@MOF with Superior Stability for Highly Chemoselective Catalysis [J]. J. Am. Chem. Soc., 2023, 145(8): 4659–4666.
[42] Jia Y L, Xue Z Q, Yang J, et al. Tailoring the Electronic Structure of an Atomically Dispersed Zinc Electrocatalyst: Coordination Environment Regulation for High Selectivity Oxygen Reduction [J]. Angew. Chem. Int. Ed., 2022, 61: e202110838.
[43] Xian J H, Li S S, Su H, et al. Electrocatalytic Synthesis of Essential Amino Acids from Nitric Oxide Using Atomically Dispersed Fe on N–doped Carbon [J]. Angew. Chem. Int. Ed., 2023, 62: e202304007.
[44] Xian J H Su H, et al. Electrosynthesis of α–Amino Acids from NO and other NO_x species over CoFe alloy–decorated, Li S S, Self–standing Carbon Fiber Membranes [J]. Angew. Chem. Int. Ed., 2023, e202306726.
[45] Li Y L, Alexandrov E V, Yin Q, et al. Record Complexity in the Polycatenation of Three Porous Hydrogen–Bonded Organic Frameworks with Stepwise Adsorption Behaviors [J]. Journal of the American Chemical Society 2020, 142 (15): 7218–7224.
[46] Yin Q, Alexandrov E V, Si D H, et al. Metallization–Prompted Robust Porphyrin–Based Hydrogen–Bonded Organic Frameworks for Photocatalytic CO_2 Reduction [J]. Angewandte Chemie International Edition, 2022, 61 (6): e202115854.
[47] Qin, W. K, Si, D. H, Yin, Q., et al., Reticular Synthesis of Hydrogen–Bonded Organic Frameworks and Their Derivatives via Mechanochemistry [J]. Angewandte Chemie International Edition, 2022, 61 (27): e202202089.
[48] Feng J F, Liu T F, Cao R. An Electrochromic Hydrogen–Bonded Organic Framework Film [J]. Angewandte Chemie International Edition, 2020, 59 (50): 22392–22396.
[49] Liu B T, Pan X H, Nie D Y, et al. Ionic Hydrogen–Bonded Organic Frameworks for Ion–Responsive Antimicrobial Membranes [J]. Advanced Materials, 2020, 32 (48): e2005912.
[50] Zhang A A, Si D, Huang H, et al. Partial Metalation of Porphyrin Moieties in Hydrogen–Bonded Organic Frameworks Provides Enhanced CO_2 Photoreduction Activity [J]. Angewandte Chemie–International Edition, 2022, 61 (28): e202203955.
[51] Zhao X, Yin Q, Mao X, et al. Theory–guided design of hydrogen–bonded cobaltoporphyrin frameworks for highly selective electrochemical H_2O_2 production in acid [J]. Advanced Materials, 2022, 13 (1): 2721.
[52] Liu B T, Pan X H, Zhang D Y, et al. Construction of Function–Oriented Core–Shell Nanostructures in Hydrogen–Bonded Organic Frameworks for Near–Infrared–Responsive Bacterial Inhibition [J]. Angewandte Chemie International Edition, 2021, 60 (49): 25701–25707.
[53] Gao M Y, Wang K, Sun Y, Li D, et al. Tetrahedral Geometry Induction of Stable Ag–Ti Nanoclusters by Flexible Trifurcate TiL_3 Metalloligand[J]. J. Am. Chem. Soc., 2020, 142(29): 12784–12790.
[54] Fan X, Yuan F, Li D, et al. Threefold Collaborative Stabilization of Ag14–Nanorods by Hydrophobic Ti16–Oxo Clusters and Alkynes: Designable Assembly and Solid–State Optical–Limiting Application [J]. Angew. Chem. Int. Ed., 2021, 60(23): 12949–12954.
[55] Gao M Y, Wang Z, Li Q H, et al. Black Titanium–Oxo Clusters with Ultralow Band Gaps and Enhanced Nonlinear Optical Performance [J]. J. Am. Chem. Soc., 2022, 144(18): 8153–8161.
[56] Gao MY, Bai H, Cui X, et al. Precisely Tailoring Heterometallic Polyoxotitanium Clusters for the Efficient and Selective Photocatalytic Oxidation of Hydrocarbons [J]. Angew. Chem. Int. Ed., 2022, 61(52): e202215540.
[57] He Y P, Chen G H, Li D J, et al. Combining a Titanium–Organic Cage and a Hydrogen–Bonded Organic Cage for Highly Effective Third–Order Nonlinear Optics [J]. Angew. Chem. Int. Ed., 2021, 60(6): 2920–2923.

[58] Chen G H, He Y P, Yu Y, et al. Post-Assembly Modification of Homochiral Titanium-Organic Cages for Recognition and Separation of Molecular Isomers [J]. Angew. Chem. Int. Ed., 2023, 62(16): e202300726.

[59] Zhang L, Fan X, Yi X, et al. Coordination-Delayed-Hydrolysis Method for the Synthesis and Structural Modulation of Titanium-Oxo Clusters [J]. Acc. Chem. Res., 2022, 55(21): 3150-3161.

[60] Liu Y J, Fang W H, Zhang L, et al. Recent advances in heterometallic polyoxotitanium clusters [J]. Coordination Chem. Rev., 2020, 404: 213099.

[61] Geng L, Liu C H, Wang S T, et al. Designable Aluminum Molecular Rings: Ring Expansion and Ligand Functionalization [J]. Angew. Chem. Int. Ed., 2020, 59(38): 16735-16740.

[62] Liu C H, Fang W H, Sun Y, et al. Designable Assembly of Aluminum Molecular Rings for Sequential Confinement of Iodine Molecules [J]. Angew. Chem. Int. Ed., 2021, 60(39): 21426-21433.

[63] Liu Y J, Li Q H, Li D J, et al. Designable Al-32-Oxo Clusters with Hydrotalcite-like Structures: Snapshots of Boundary Hydrolysis and Optical Limiting [J]. Angew. Chem. Int. Ed., 2021, 60(9): 4849-4854.

[64] Yao S, Fang W H, Sun Y, et al. Mesoporous Assembly of Aluminum Molecular Rings for Iodine Capture [J]. J. Am. Chem. Soc., 2021, 143(5): 2325-2330.

[65] Li Y, Zheng C, Wang S T, et al. Record Aluminum Molecular Rings for Optical Limiting and Nonlinear Optics [J]. Angew. Chem. Int. Ed., 2022, 61(14): e202116563.

[66] Liu Y J, Sun Y F, Shen S H, et al. Water-stable porous Al_{24} Archimedean solids for removal of trace iodine [J]. Nat. Commun., 2022, 13(1): 6632.

[67] Wang S T, Liu Y J, Feng C C, et al. The largest aluminum molecular rings: Phenol-thermal synthesis, photoluminescence, and optical limiting [J]. Aggregate, 2022: e264.

[68] Chen EX, Qiu M, Zhang YF, et al. Energy Band Alignment and Redox-Active Sites in Metalloporphyrin-Spaced Metal-Catechol Frameworks for Enhanced CO_2 Photoreduction [J]. Angew. Chem. Int. Ed, 2022, 61(1): e202111622.

[69] Jin Y, Peng Q C, Li S, et al. Aggregation-induced barrier to oxygen-a new AIE mechanism for metal clusters with phosphorescence [J]. National Science Review, 2022, 9(8): nwab216.

[70] Jin Y, Peng Q C, Xie J W, et al. Photo-activated circularly polarized luminescence film based on aggregation-induced emission copper(I) cluster-assembled materials [J]. Angewandte Chemie International Edition, 2023, 62(19): e202301000.

[71] Jin Y, Dong X Y, Zhang C, et al. Predesigned cluster-based spacers for versatile luminescent metallacages [J]. Journal of the American Chemical Society, 2023, 145(25): 13514-13519.

[72] Wang J, Wang Z Y, Li S J, et al. Carboranealkynyl-protected gold nanoclusters: size conversion and UV/Vis-NIR optical properties [J]. Angewandte Chemie International Edition, 2021, 60(11): 5959-5964.

[73] Han Z, Si Y, Dong X Y, et al. Smart reversible transformations between chiral superstructures of copper clusters for optical and chiroptical switching [J]. Journal of American Chemical Society, 2023, 145(11): 6166-6176.

[74] Luo P, Zhai X J, Bai S, et al. Highly efficient circularly polarized luminescence from chiral Au_{13} clusters stabilized by enantiopure monodentate NHC ligands [J]. Angewandte Chemie International Edition, 2023, 62: e202219017.

[75] Kong Y J, Hu J H, Dong X Y, et al. Achiral-core-metal change in isomorphic enantiomeric $Ag_{12}Ag_{32}$ and $Au_{12}Ag_{32}$ clusters triggers circularly polarized phosphorescence [J]. Journal of American Chemical Society, 2022, 144(43): 19739-19747.

[76] Li S, Dong X Y, Qi K S, et al. Full-color tunable circularly polarized luminescence induced by the crystal defect from the co-assembly of chiral silver(I) clusters and dyes [J]. Journal of American Chemical Society, 2021, 143(49): 20574-20578.

[77] Zhang M M, Dong X Y, Wang Z Y, et al. Alkynyl-stabilized superatomic silver clusters showing circularly polarized

luminescence [J]. Journal of American Chemical Society, 2021, 143(16): 6048–6053.
[78] Huang J H, Si Y, Dong X Y, et al. Symmetry breaking of atomically precise fullerene–like metal nanoclusters [J]. Journal of American Chemical Society, 2021, 143(32): 12439–12444.
[79] Luo X M, Gong C H, Pan F, et al. Small symmetry–breaking triggering large chiroptical responses of Ag_{70} nanoclusters [J]. Nature Communications, 2022, 13: 177.
[80] He W M, Zhou Z, Han Z, et al. Ultrafast size expansion and turn–on luminescence of atomically precise silver clusters by hydrogen sulfide [J]. Angewandte Chemie International Edition, 2021, 60 (15): 8505–8509.
[81] Liu L J, Wang Z Y, Wang Z Y et al. Mediating CO_2 electroreduction activity and selectivity over atomically precise copper clusters [J]. Angewandte Chemie International Edition, 2022, 61: e202205626.
[82] Wang J, Xu F, Wang Z Y, et al. Ligand–Shell Engineering of a Au_{28} Nanocluster Boosts Electrocatalytic CO_2 Reduction [J]. Angewandte Chemie International Edition, 2022, 61: e202207492.
[83] Cao M, Wang S, Hu J H, et al. Silver cluster–porphyrin–assembled materials as advanced bioprotective materials for combating superbacteria [J]. Advanced Science, 2022, 9: 2103721.
[84] Hua Y, Huang J H, Shao Z H, et al. Composition–dependent enzyme mimicking activity and radiosensitizing effect of bimetallic clusters to modulate tumor hypoxia for enhanced cancer therapy [J]. Advanced Materials, 2022, 34: 2203734.
[85] Hua Y, Shao Z H, Zhao A, et al. Water–soluble Au_{25} clusters with single–crystal structure for mitochondria–targeting radioimmunotherapy [J]. ACS Nano, 2023, 17(8): 7837–7846.
[86] Li Y, Zang Q X, Dong X Y, et al. Atomically precise enantiopure bimetallic janus clusters [J]. ACS Central Science, 2022, 8(9): 1258–1264.
[87] Li Y, Luo X M, Luo P, et al. Cocrystallization of two negatively charged dimercaptomaleonitrile–stabilized silver nanoclusters [J]. ACS Nano, 2023, 17(6): 5834–5841.
[88] Ma X H, Si Y, Luo L L, et al. Directional doping and cocrystallizing an open–shell Ag_{39} superatom via precursor engineering [J]. ACS Nano, 2022, 16(4): 5507–5514.
[89] Huang J H, Liu L Y, Wang Z Y, et al. Modular cocrystallization of customized carboranylthiolate–protected copper nanoclusters via host–guest interactions [J]. ACS Nano, 2022, 16(11): 18789–18794.
[90] Luo X M, Li Y K, Dong X Y, et al. Platonic and Archimedean solids in discrete metal–containing clusters [J]. Chemical Society Reviews, 2023, 52(1): 383–444.
[91] Dong L Z, Zhang L, Liu J, et al. Stable Heterometallic Cluster–Based Organic Framework Catalysts for Artificial Photosynthesis[J]. Angew. Chem. Int. Ed., 2020, 59(7): 2659–2663.
[92] Zhou J, Li J, Kan L, et al. Linking oxidative and reductive clusters to prepare crystalline porous catalysts for photocatalytic CO_2 reduction with H_2O[J]. Nat. Commun., 2022, 13(1): 4681.
[93] Li X X, Zhang L, Liu J, et al. Design of Crystalline Reduction–Oxidation Cluster–Based Catalysts for Artificial Photosynthesis[J]. JACS Au, 2021, 1(8): 1288–1295.
[94] Zhang L, Li R H, Li X X, et al. Molecular oxidation–reduction junctions for artificial photosynthetic overall reaction [J]. Proceedings of the National Academy of Sciences, 2022, 119(40): e2210550119.
[95] Lin J, Li N, Yang S, et al. Self–Assembly of Giant Mo240 Hollow Opening Dodecahedra[J]. J. Am. Chem. Soc., 2020, 142(32): 13982–13988.
[96] Liu J, Jiang N, Lin J M, et al. Structural Evolution of Giant Polyoxometalate: From "Keplerate" to "Lantern" Type Mo132 for Improved Oxidation Catalysis[J]. Angew. Chem. Int. Ed., 2023, 62(33): e202304728.
[97] Niu Q, Huang Q, Yu T Y, et al. Achieving High Photo/Thermocatalytic Product Selectivity and Conversion via Thorium Clusters with Switchable Functional Ligands[J]. J. Am. Chem. Soc., 2022, 144(40): 18586–18594.
[98] Li N, Lin J M, Li R H, et al. Calix [4] arene–Functionalized Titanium–Oxo Compounds for Perceiving Differences in

Catalytic Reactivity Between Mono-and Multimetallic Sites [J] . J. Am. Chem. Soc., 2023, 145(29): 16098–16108.

[99] Liu J J, Sun S N, Liu J, et al. Achieving High-Efficient Photoelectrocatalytic Degradation of 4-Chlorophenol via Functional Reformation of Titanium-Oxo Clusters [J] . J. Am. Chem. Soc., 2023, 145(11): 6112–6122.

[100] Zhu Z, Zhang J, Cong Y, et al. Two Giant Calixarene-Like Polyoxoniobate Nanocups $\{Cu_{12}Nb_{120}\}$ and $\{Cd_{16}Nb_{128}\}$ Built from Mixed Macrocyclic Cluster Motifs [J] . Angew. Chemie Int. Ed., 2022: 61 (7): e202113381.

[101] Lai R D, Zhang J, Li X X, et al. Assemblies of Increasingly Large Ln-Containing Polyoxoniobates and Intermolecular Aggregation-Disaggregation Interconversions [J] . J. Am. Chem. Soc., 2022: 144 (42): 19603–19610.

[102] Yu H, Lin Y D, Huang S L, et al. Photochromic Polyoxoniobates with Photoinduced "D-f-A" Electron Transfer Mechanism [J] . Angew. Chemie-Int. Ed., 2023: 62 (26): e202302111.

[103] Guo ZW, Lin L H, Ye J P, et al. Core-Shell-Type All-Inorganic Heterometallic Nanoclusters: Record High-Nuclearity Cobalt Polyoxoniobates for Visible-Light-Driven Photocatalytic CO_2 Reduction [J] . Angew. Chemie-Int. Ed., 2023: 62 (26): e202305260.

[104] Wu P X, Guo Z W, Lai R D, et al. Giant Polyoxoniobate-Based Inorganic Molecular Tweezers: Metal Recognitions, Ion-Exchange Interactions and Mechanism Studies [J] . Angew. Chemie Int. Ed., 2023: 62 (7): e202217926.

[105] Zhang H, Li A, Li K, et al. Ultrafiltration separation of Am(Ⅵ)-polyoxometalate from lanthanides [J] . Nature, 2023, 616: 482–487.

[106] Cai W B, Abudurusuli A, Xie C W, et al. Toward the rational design of mid-infrared nonlinear optical materials with targeted properties via a multi-level data-driven approach [J] . Adv. Funct. Mater., 2022, 32: 2200231.

[107] Mutailipu M, Han J, Li Z, et al. Achieving the full-wavelength phase-matching for efficient nonlinear optical frequency conversion in $C(NH_2)_3BF_4$ [J] . Nat. Photonics, 2023, 17: 694–701.

[108] Luo M, Lin C, Ye N, et al. Rational Design of the Metal-Free $KBe_2BO_3F_2$ (KBBF) Family Member $C(NH_2)_3SO_3F$ with Ultraviolet Optical Nonlinearity [J] . Angew. Chem. Int. Ed., 2020, 59(37): 15978–15981.

[109] Hao X, Luo M, Ye N, et al. $M(NH_2SO_3)_2$ (M=Sr, Ba): Two Deep-Ultraviolet Transparent Sulfamates Exhibiting Strong Second Harmonic Generation Responses and Moderate Birefringence [J] . Angew. Chem. Int. Ed., 2021, 60(14): 7621–7625.

[110] Tian H, Ye N, Luo M. Sulfamide: A Promising Deep-Ultraviolet Nonlinear Optical Crystal Assembled from Polar Covalent [$SO_2(NH_2)_2$] Tetrahedra [J] . Angew. Chem. Int. Ed., 2022, 61(17): e202200395.

[111] Peng G, Lin C, Ye N. $NaZnCO_3(OH)$: A High-Performance Carbonate Ultraviolet Nonlinear Optical Crystal Derived from $KBe_2BO_3F_2$ [J] . J. Am. Chem. Soc., 2020, 142(49): 20542–20546.

[112] Peng G, Lin C, Ye N, et al. $Be_2(BO_3)(IO_3)$: The First Anion-mixed Van der Waals Member in the $KBe_2BO_3F_2$ Family with a Very Strong Second Harmonic Generation Response [J] . Angew Chem Int Ed Engl, 2021, 60(32): 17415–17418.

[113] Chen J, Chen H, Ye N, et al. $Mg_2In_3Si_2P_7$: A Quaternary Diamond-like Phosphide Infrared Nonlinear Optical Material Derived from $ZnGeP_2$ [J] . J. Am. Chem. Soc., 2021, 143(27): 10309–10316.

[114] Chen J, Lin C, Ye N, et al. Anionic Aliovalent Substitution from Structure Models of ZnS: Novel Defect Diamond-like Halopnictide Infrared Nonlinear Optical Materials with Wide Band Gaps and Large SHG Effects [J] . Angew. Chem. Int. Ed., 2020, 59(52): 23549–23553.

[115] Chen J, Luo M, Ye N, et al. Uncovering a Vital Band Gap Mechanism of Pnictides [J] . Adv. Sci., 2022, 9(14): e2105787.

[116] Chen J, Peng G, Ye N, et al. Honeycomb layered topology construction for exceptional long-wave infrared nonlinear optical crystals [J] . Mater. Horiz., 2023, 10: 2876–2882.

[117] Chen K, Ye N, Peng G, et al. Intense d-p Hybridization in Nb_3O_{15} Tripolymer Induced the Largest Second Harmonic Generation Response and Birefringence in Germanates [J] . Angew. Chem. Int. Ed., 2023, 62(9): e202217039.

[118] Li Y Q, Luo J H and Zhao S G. Local polarity-induced assembly of second-order nonlinear optical materials [J]. Accounts of Chemical Research, 2022, 55(23): 3460-3469.

[119] Ding Q R, Liu X M, Zhao S G, et al. Designing a deep-UV nonlinear optical fluorooxosilicophosphate [J]. Journal of the American Chemical Society, 2020, 142(14): 6472-6476.

[120] Li Y Q, Zhou Z Y, Zhao S G, et al. A deep-UV nonlinear optical borosulfate with incommensurate modulations [J]. Angewandte Chemie International Edition, 2021, 60(20): 11457-11463.

[121] Liu Y C, Liu X M, Liu S, et al. An unprecedented antimony(Ⅲ) borate with strong linear and nonlinear optical responses [J]. Angewandte Chemie International Edition, 2020, 59(20): 7793-7796.

[122] Li M J, Zhang X, Xiong Z Y, et al. A hybrid antiperovskite with strong linear and second-order nonlinear optical responses [J]. Angewandte Chemie International Edition, 2022, 61(42): e202211151.

[123] Liu H Y, Zhang H Y, Chen X G, et al. Molecular Design Principles for Ferroelectrics: Ferroelectrochemistry [J]. Journal of the American Chemical Society, 2020, 142(36): 15205-15218.

[124] Chen X G, Song X J, Zhang Z X, et al. Two-Dimensional Layered Perovskite Ferroelectric with Giant Piezoelectric Voltage Coefficient [J]. Journal of the American Chemical Society, 2020, 142(2): 1077-1082.

[125] Zhang H Y, Zhang Z X, Chen X G, et al. Large Electrostrictive Coefficient in a Two-Dimensional Hybrid Perovskite Ferroelectric [J]. Journal of the American Chemical Society, 2021, 143(3): 1664-1672.

[126] Lyu H P, Liao W Q, You Y M, et al. Inch-size Molecular Ferroelectric Crystal with Large Electromechanical Coupling Factor on Par with Barium Titanate [J]. Journal of the American Chemical Society, 2022,144(48): 22325-22331.

[127] Chen X G, Tang Y Y, Lyu H P, et al. Remarkable Enhancement of Piezoelectric Performance by Heavy Halogen Substitution in Hybrid Perovskite Ferroelectrics [J]. Journal of the American Chemical Society, 2023,145(3): 1936-1944.

[128] Zhang H, Xu Z K, Wang Z X, et al. Large Piezoelectric Response in a Metal-Free Three-Dimensional Perovskite Ferroelectric [J]. Journal of the American Chemical Society, 2023, 145(8): 4892-4899.

[129] Zhang H Y, Song X J, Cheng H, et al. A Three-Dimensional Lead Halide Perovskite-Related Ferroelectric [J]. Journal of the American Chemical Society, 2020 142(10): 4604-4608.

[130] Zhang H Y, Song X J, Chen X G, et al. Observation of Vortex Domains in a Two-Dimensional Lead Iodide Perovskite Ferroelectric [J]. Journal of the American Chemical Society, 2020, 142(10): 4925-4931.

[131] Deng B B, Xu C C, Cheng T T, et al. Homochiral Nickel Nitrite ABX_3 ($X = NO_2^-$) Perovskite Ferroelectrics [J]. Journal of the American Chemical Society, 2020, 142(15): 6946-6950.

[132] Chen X G, Song X J, Zhang Z X, et al. Confinement-Driven Ferroelectricity in a Two-Dimensional Hybrid Lead Iodide Perovskite [J]. Journal of the American Chemical Society, 2020, 142(22): 10212-10218.

[133] Wei Z H, Jiang Z T, Zhang X X, et al. Rational Design of Ceramic-Like Molecular Ferroelectric by Quasi-Spherical Theory [J]. Journal of the American Chemical Society, 2020, 142(4): 1995-2000.

[134] Tang Y Y, Xie Y, Ai Y, et al. Organic Ferroelectric Vortex-Antivortex Domain Structure [J]. Journal of the American Chemical Society, 2020, 142(52): 21932-21937.

[135] Zhang H Y, Zhang Z X, Song X J, et al. Two-Dimensional Hybrid Perovskite Ferroelectric Induced by Perfluorinated Substitution [J]. Journal of the American Chemical Society, 2020, 142(47): 20208-20215.

[136] Song X J, Zhang T, Gu Z X, et al. Record Enhancement of Curie Temperature in Host-Guest Inclusion Ferroelectrics [J]. Journal of the American Chemical Society, 2021, 143(13): 5091-5098.

[137] Tang Y Y, Xie Y, Zeng Y L, et al. Record Enhancement of Phase Transition Temperature Realized by H/F Substitution [J]. Advanced Materials, 2020, 32(36): 2003530.

[138] Huang C R, Luo X Z, Chen X G, et al. A multiaxial lead-free two-dimensional organic-inorganic perovskite ferroelectric [J]. National Science Review, 2021, 8(5): nwaa232.

[139] Zeng Y L, Ai Y, Tang S Y, et al. Axial-Chiral BINOL Multiferroic Crystals with Coexistence of Ferroelectricity and Ferroelasticity [J]. Journal of the American Chemical Society, 2022,144(42): 19559-19566.

[140] Huang C R, Li Y, Xie Y, et al. The First High-Temperature Supramolecular Radical Ferroics [J]. Angewandte Chemie International Edition, 2021, 60(30): 16668-16673.

[141] Ai Y, Sun R, Liao W Q, et al. Unprecedented Ferroelectricity and Ferromagnetism in a Cr^{2+}-Based Two-Dimensional Hybrid Perovskite [J]. Angewandte Chemie International Edition, 2022, 61(33): e202206034.

[142] Mao Y, Chen X G, Gu Z X, et al. Homochiral Multiferroic Cyanido-Bridged Dimetallic Complexes Assembled by C-F⋯K Interactions [J]. Angewandte Chemie International Edition, 2022, 61(32): e202204135.

[143] Peng H, Xu Z K, Du Y, et al. The First Enantiomeric Stereogenic Sulfur-Chiral Organic Ferroelectric Crystals [J]. Angewandte Chemie International Edition, 2023, e202306732.

[144] Tang Y Y, Liu J C, Zeng Y L, et al. Optical Control of Polarization Switching in a Single-Component Organic Ferroelectric Crystal [J]. Journal of the American Chemical Society, 2021,143(34): 13816-13823.

[145] Liao W Q, Deng B B, Wang Z X, et al. Optically Induced Ferroelectric Polarization Switching in a Molecular Ferroelectric with Reversible Photoisomerization [J]. Advanced Science, 2021, 8(24): 2102614.

[146] Liao W Q, Zeng Y L, Tang Y Y, et al. Multichannel Control of Multiferroicity in Single-Component Homochiral Organic Crystals [J]. Journal of the American Chemical Society, 2021, 143(51): 21685-21693.

[147] Wang Z X, Chen X G, Song X J, et al. Domain memory effect in the organic ferroics [J]. Nature Communications, 2022, 13(1): 2379.

[148] Tang Y Y, Zeng Y L, Xiong R G. Contactless Manipulation of Write-Read-Erase Data Storage in Diarylethene Ferroelectric Crystals [J]. Journal of the American Chemical Society, 2022, 144(19): 8633-8640.

[149] Zhang H Y, Zhang N, Zhang Y, et al. Ferroelectric Phase Transition Driven by Switchable Covalent Bonds [J]. Physical Review Letters, 2023, 130(17): 176802.

[150] Wang Z X, Liao W Q. Giant electromechanical effects in polymers. Science, 2022, 375(6587): 1353-1354.

[151] Song X J, Chen X G, Liu J C, et al. Biferroelectricity of a homochiral organic molecule in both solid crystal and liquid crystal phases [J]. Nature Communications, 2022, 13(1): 6150.

[152] Liu J C, Ai Y, Liu Q, et al. Solid-Liquid Crystal Biphasic Ferroelectrics with Tunable Biferroelectricity [J]. Advanced Material, 2023: e2302436.

[153] Jiang X M, Lin S J, He C, et al. Uncovering Functional Motif of Nonlinear Optical Material by In Situ Electron Density and Wavefunction Studies Under Laser Irradiation [J]. Angew. Chem. Int. Ed., 2021, 60: 11799-11803.

[154] Jiang X M, Deng S, Whangbo M H, et al. Material Research from the Viewpoint of Functional Motifs [J]. National Science Review, 2022, 9, nwac017.

[155] 姜小明，郭国聪．电子结构晶体学 [M]．北京：科学出版社，2022.

[156] Li, Z, Saruyama, M, Asaka, T, et al. Determinants of Crystal Structure Transformation of Ionic Nanocrystals in Cation Exchange Reactions [J]. Science, 2021, 373: 332-337.

[157] Da, P, Zheng Y, Yang H, et al. Synthesis of Bandgap-tunable Transition Metal Sulfides through Gas-phase Cation Exchange-induced Topological Transformation [J]. Angewandte Chemie International Edition, 2023, 135(18): e202301802.

[158] Gong X, Shu Y, Jiang Z, et al. Metal-Organic Frameworks for the Exploitation of Distance between Active Sites in Efficient Photocatalysis [J]. Angew. Chem. Int. Ed., 2020, 59(13): 5326-5331.

[159] Yan W, Li S, Yang T, et al. Molecular Vises for Precisely Positioning Ligands near Catalytic Metal Centers in Metal-Organic Frameworks [J]. J. Am. Chem. Soc., 2020, 142(38): 16182-16187.

[160] Liu J, Liu X, Liu Q, et al. Mesoporous Metal-Organic Frameworks for Catalytic RNA Deprotection and Activation [J]. Angew. Chem. Int. Ed., 2023: e202302649.

[161] Hu G, Liu Q, Zhou Y, et al. Extremely Large 3D Cages in Metal–Organic Frameworks for Nucleic Acid Extraction [J]. J. Am. Chem. Soc., 2023, 145(24): 13181–13194.

[162] Huang J R, Qiu X F, Zhao Z H, et al. Single–Product Faradaic Efficiency for Electrocatalytic of CO_2 to CO at Current Density Larger than 1.2 A cm−2 in Neutral Aqueous Solution by a Single–Atom Nanozyme [J]. Angew. Chem. Int. Ed., 2022, 61(44): e202210985.

[163] Zhuo L L, Chen P, Zheng K, et al. Flexible Cuprous Triazolate Frameworks as Highly Stable and Efficient Electrocatalysts for CO_2 Reduction with Tunable C_2H_4 /CH_4 Selectivity [J]. Angew. Chem. Int. Ed., 2022, 61(28): e202204967.

[164] Zhu H L, Chen H Y, Han Y X, et al. A Porous pi–pi Stacking Framework with Dicopper(I) Sites and Adjacent Proton Relays for Electroreduction of CO_2 to C_{2+} Products [J]. J. Am. Chem. Soc., 2022, 144(29): 13319–13326.

[165] Qiu X F, Zhu H L, Huang J R, et al. Highly Selective CO_2 Electroreduction to C_2H_4 Using a Metal–Organic Framework with Dual Active Sites [J]. J. Am. Chem. Soc., 2021, 143(19): 7242–7246.

[166] Qiu X F, Huang J R, Yu C, et al. A Stable and Conductive Covalent Organic Framework with Isolated Active Sites for Highly Selective Electroreduction of Carbon Dioxide to Acetate [J]. Angew. Chem. Int. Ed., 2022, 61(36): e202206470.

[167] Huang N Y, Shen J Q, Zhang X W, et al. Coupling Ruthenium Bipyridyl and Cobalt Imidazolate Units in a Metal–Organic Framework for an Efficient Photosynthetic Overall Reaction in Diluted CO_2 [J]. J. Am. Chem. Soc., 2022, 144(19): 8676–8682.

[168] Zhang M D, Huang J R, Shi W, et al. Synergistic Effect in a Metal–Organic Framework Boosting the Electrochemical CO_2 Overall Splitting [J]. J. Am. Chem. Soc., 2023, 145(4): 2439–2447.

[169] Wang C, Zhou D D, Gan Y W, et al. A partially fluorinated ligand for two super–hydrophobic porous coordination polymers with classic structures and increased porosities [J]. Natl. Sci. Rev., 2021, 8(3): nwaa094.

[170] Zhang X W, Zhou D D, Zhang J P. Tuning the gating energy barrier of metal–organic framework for molecular sieving [J]. Chem, 2021, 7(4): 1006–1019.

[171] Ye Z M, Zhang X W, Liao P Q, et al. A Hydrogen–Bonded yet Hydrophobic Porous Molecular Crystal for Molecular–Sieving–like Separation of Butane and Isobutane [J]. Angew. Chem. Int. Ed., 2020, 59(51): 23322–23328.

[172] Xie Y, Cui H, Wu H, et al. Electrostatically Driven Selective Adsorption of Carbon Dioxide over Acetylene in an Ultramicroporous Material [J]. Angew. Chem. Int. Ed., 2021, 60(17): 9604–9609.

[173] Tang Y C, Wang Z S, Yi H, et al. Water–Stable Metal Azolate Frameworks Showing Interesting Flexibilities for Highly Effective Bioethanol Dehydration [J]. Angew. Chem. Int. Ed., 2023, 62(24): e202303374.

[174] Lin R B, Zhang Z, Chen B. Achieving High Performance Metal–Organic Framework Materials through Pore Engineering [J]. Acc. Chem. Res., 2021, 54(17): 3362–3376.

[175] Lin R B, Chen B. Hydrogen–bonded organic frameworks: Chemistry and functions [J]. Chem, 2022, 8(8): 2114–2135.

[176] Zhou D D, Zhang J P. On the Role of Flexibility for Adsorptive Separation [J]. Acc. Chem. Res., 2022, 55(20): 2966–2977.

[177] Zhang S Y, Shu X, Zeng Y, et al. Molecule–based nonlinear optical switch with highly tunable on–off temperature using a dual solid solution approach [J]. Nat. Commun., 2020, 11(1): 2752.

[178] Liu D X, Zhu H L, Zhang W X, et al. Nonlinear Optical Glass–Ceramic From a New Polar Phase–Transition Organic–Inorganic Hybrid Crystal [J]. Angew. Chem. Int. Ed., 2023, 62(10): e202218902.

[179] Lu Y L, Song J Q, Qin Y H, et al. A Redox–Active Supramolecular Fe4L6 Cage Based on Organic Vertices with Acid–Base–Dependent Charge Tunability for Dehydrogenation Catalysis [J]. J. Am. Chem. Soc., 2022, 144(19): 8778–8788.

[180] Du J, Cheng B, Yuan H, et al. Molecular Nickel Thiolate Complexes for Electrochemical Reduction of CO_2 to C_{1-3} Hydrocarbons[J]. Angew. Chem. Int. Ed., 2023, 62(9): e202211804.

[181] Chen H, Xiong Y, Li J, et al. Epitaxially grown silicon-based single-atom catalyst for visible-light-driven syngas production[J]. Nat. Commun., 2023, 14(1): 1719.

[182] Xiong Y, Li B, Gu Y, et al. Photocatalytic nitrogen fixation under an ambient atmosphere using a porous coordination polymer with bridging dinitrogen anions[J]. Nat. Chem., 2023, 15(2): 286–293.

[183] Xian J, Li S, Su H, et al. Electrocatalytic Synthesis of Essential Amino Acids from Nitric Oxide Using Atomically Dispersed Fe on N-doped Carbon[J]. Angew. Chem. Int. Ed., 2023, 62(26): e202304007.

[184] Xian J, Li S, Su H, et al. Electrosynthesis of alpha-Amino Acids from NO and other NO_x species over CoFe alloy-decorated Self-standing Carbon Fiber Membranes[J]. Angew. Chem. Int. Ed., 2023, 62(30): e202306726.

[185] Zhang Q S, Wang S C, Xiong X H, et al. High-Temperature and Dynamic RGB (Red-Green-Blue) Long-Persistent Luminescence in an Anti-Kasha Organic Compound[J]. Angew. Chem. Int. Ed., 2022, 61(32): e202205556.

[186] Feng W, Tao J, Liu G, et al. Near-Stoichiometric and Homogenized Perovskite Films for Solar Cells with Minimized Performance Variation[J]. Angew. Chem. Int. Ed., 2023, 62(17): e202300265.

[187] Luo J B, Wei J H, Zhang Z Z, et al. A Melt-Quenched Luminescent Glass of an Organic-Inorganic Manganese Halide as a Large-Area Scintillator for Radiation Detection[J]. Angew. Chem. Int. Ed., 2023, 62(7): e202216504.

[188] Chen G, Kou X, Huang S, et al. Modulating the Biofunctionality of Metal-Organic-Framework-Encapsulated Enzymes through Controllable Embedding Patterns[J]. Angew. Chem. Int. Ed., 2020, 59(7): 2867–2874.

[189] Chen G, Huang S, Kou X, et al. Embedding Functional Biomacromolecules within Peptide-Directed Metal-Organic Framework (MOF) Nanoarchitectures Enables Activity Enhancement[J]. Angew. Chem. Int. Ed., 2020, 59(33): 13947–13954.

[190] Tong L, Huang S, Shen Y, et al. Atomically unveiling the structure-activity relationship of biomacromolecule-metal-organic frameworks symbiotic crystal[J]. Nat. Commun., 2022, 13(1): 951.

[191] Chen G, Huang S, Ma X, et al. Encapsulating and stabilizing enzymes using hydrogen-bonded organic frameworks[J]. Nat. Protoc., 2023, 18(7): 2032–2050.

[192] Chen G, Huang S, Shen Y, et al. Protein-directed, hydrogen-bonded biohybrid framework[J]. Chem, 2021, 7(10): 2722–2742.

[193] Chen G, Tong L, Huang S, et al. Hydrogen-bonded organic framework biomimetic entrapment allowing non-native biocatalytic activity in enzyme[J]. Nat. Commun., 2022, 13(1): 4816.

[194] Tong L, Lin Y, Kou X, et al. Pore-Environment-Dependent Photoresponsive Oxidase-Like Activity in Hydrogen-Bonded Organic Frameworks[J]. Angew. Chem. Int. Ed., 2023, 62(13): e202218661.

[195] Yan H, Shen M, Shen Y, et al. Spontaneous exciton dissociation in organic photocatalyst under ambient conditions for highly efficient synthesis of hydrogen peroxide[J]. Proc. Natl. Acad. Sci. U.S.A., 2022, 119(22): e2202913119.

[196] Wang J W, Jiang L, Huang H H, et al. Rapid electron transfer via dynamic coordinative interaction boosts quantum efficiency for photocatalytic CO_2 reduction[J]. Nat. Commun., 2021, 12(1): 4276.

[197] Wang J W, Li Z, Luo Z M, et al. Boosting CO_2 photoreduction by pi-pi-induced preassembly between a Cu(I) sensitizer and a pyrene-appended Co(II) catalyst[J]. Proc. Natl. Acad. Sci. U.S.A., 2023, 120(13): e2221219120.

[198] Liu J L, Chen Y C, Tong M L. Symmetry strategies for high performance lanthanide-based single-molecule magnets[J]. Chem. Soc. Rev., 2018, 47(7): 2431–2453.

[199] Wang J, Li Q W, Wu S G, et al. Opening Magnetic Hysteresis by Axial Ferromagnetic Coupling: From Mono-Decker to Double-Decker Metallacrown[J]. Angew. Chem. Int. Ed., 2021, 60(10): 5299–5306.

[200] Liu Y, Ho L T A, Huang G Z, et al. Magnetization Dynamics on Isotope-Isomorphic Holmium Single-Molecule Magnets[J]. Angew. Chem. Int. Ed., 2021, 60(52): 27282–27287.

[201] Wu S G, Ruan Z Y, Huang G Z, et al. Field–induced oscillation of magnetization blocking barrier in a holmium metallacrown single–molecule magnet[J]. Chem, 2021, 7(4): 982–992.

[202] Du S N, Su D, Ruan Z Y, et al. Reversible Switchability of Magnetic Anisotropy and Magnetodielectric Effect Induced by Intermolecular Motion[J]. Angew. Chem. Int. Ed., 2022, 61(35): e202204700.

[203] Wu S G, Wang L F, Ruan Z Y, et al. Redox–Programmable Spin–Crossover Behaviors in a Cationic Framework[J]. J. Am. Chem. Soc., 2022, 144(32): 14888–14896.

[204] Xie K P, Ruan Z Y, Lyu B H, et al. Guest–Driven Light–Induced Spin Change in an Azobenzene Loaded Metal–Organic Framework[J]. Angew. Chem. Int. Ed., 2021, 60(52): 27144–27150.

[205] Su P R, Wang T, Zhou P P, et al. Self–assembly–induced luminescence of Eu^{3+}–complexes and application in bioimaging[J]. Natl. Sci. Rev., 2022, 9(1): nwab016.

[206] Feng P, Yang X, Feng X, et al. Highly Stable Perovskite Quantum Dots Modified by Europium Complex for Dual–Responsive Optical Encoding[J]. ACS Nano, 2021, 15(4): 6266–6275.

[207] Xu H, Shan C, Wu X, et al. Fabrication of layered double hydroxide microcapsules mediated by cerium doping in metal–organic frameworks for boosting water splitting[J]. Energy Environ. Sci., 2020, 13(9): 2949–2956.

[208] Sun C-L, Li J, Song Q-W, et al. Lasing from an Organic Micro–Helix[J]. Angew. Chem. Int. Ed., 2020, 59(27): 11080–11086.

[209] Sun B, Liu X F, Li X Y, et al. Reversible Thermochromism and Strong Ferromagnetism in Two–Dimensional Hybrid Perovskites[J]. Angew. Chem. Int. Ed., 2020, 59(1): 203–208.

[210] Yang X F, Lyu Z Y, Dong H, et al. Lanthanide Upconverted Microlasing: Microlasing Spanning Full Visible Spectrum to Near–Infrared under Low Power, CW Pumping[J]. Small, 2021, 17(41): 2103140.

[211] Mei S, Zhou J, Sun H T, et al. Networking State of Ytterbium Ions Probing the Origin of Luminescence Quenching and Activation in Nanocrystals[J]. Adv. Sci., 2021, 8(6): 2003325.

[212] Yin J, Jin J, Yin Z, et al. The built–in electric field across FeN/Fe_3N interface for efficient electrochemical reduction of CO_2 to CO[J]. Nat. Commun., 2023, 14(1): 1724.

[213] Yang Z, Ji D, Li Z, et al. CeO_2/Cus Nanoplates Electroreduce CO_2 to Ethanol with Stabilized Cu^+ Species[J]. Small, 2023, DOI: 10.1002/smll.202303099.

[214] Yin J, Yin Z, Jin J, et al. A New Hexagonal Cobalt Nanosheet Catalyst for Selective CO_2 Conversion to Ethanal[J]. J. Am. Chem. Soc., 2021, 143(37): 15335–15343.

[215] Lu M, Zheng Y, Hu Y, et al. Artificially steering electrocatalytic oxygen evolution reaction mechanism by regulating oxygen defect contents in perovskites[J]. Sci. Adv., 2022, 8(30): eabq3563.

[216] Bao B, Liu Y, Sun M, et al. Boosting the Electrocatalytic Oxygen Evolution of Perovskite $LaCo1\text{–}xFe_xO_3$ by the Construction of Yolk–Shell Nanostructures and Electronic Modulation[J]. Small, 2022, 18(26): 2201131.

[217] Jin J, Yin J, Liu H, et al. Atomic Sulfur Filling Oxygen Vacancies Optimizes H Absorption and Boosts the Hydrogen Evolution Reaction in Alkaline Media[J]. Angew. Chem. Int. Ed., 2021, 60(25): 14117–14123.

[218] Yin J, Jin J, Liu H, et al. $NiCo_2O_4$–Based Nanosheets with Uniform 4 nm Mesopores for Excellent Zn–Air Battery Performance[J]. Adv. Mater., 2020, 32(39): 2001651.

[219] Hu Y, Zheng Y, Jin J, et al. Understanding the sulphur–oxygen exchange process of metal sulphides prior to oxygen evolution reaction[J]. Nat. Commun., 2023, 14(1): 1949.

[220] Da P, Zheng Y, Hu Y, et al. Synthesis of Bandgap–tunable Transition Metal Sulfides through Gas–phase Cation Exchange–induced Topological Transformation[J]. Angew. Chem. Int. Ed., 2023, 62(18): e202301802.

[221] Dai T, Zhang X, Sun M, et al. Uncovering the Promotion of $CeO_2/CoS_{1.97}$ Heterostructure with Specific Spatial Architectures on Oxygen Evolution Reaction[J]. Adv. Mater., 2021, 33(42): 2102593.

[222] An L, Wei C, Lu M, et al. Recent Development of Oxygen Evolution Electrocatalysts in Acidic Environment[J].

Adv. Mater., 2021, 33(20): 2006328.

[223] Yu Z, Wang L, Mu X, et al. Intramolecular Electric Field Construction in Metal Phthalocyanine as Dopant-Free Hole Transporting Material for Stable Perovskite Solar Cells with >21% Efficiency [J] . Angew. Chem. Int. Ed., 2021, 60(12): 6294–6299.

[224] Zhao J H, Mu X, Wang L, et al. Homogeneously Large Polarons in Aromatic Passivators Improves Charge Transport between Perovskite Grains for >24% Efficiency in Photovoltaics [J] . Angew. Chem. Int. Ed., 2022, 61(14): e202116308.

[225] Li X, Cao J. Porphyrin/phthalocyanine meatal complexes as modifiers for efficient perovskite solar cells [J] . Sci. Bull., 2020, 65(20): 1688–1690.

[226] Fang Z, Wang L, Mu X, et al. Grain Boundary Engineering with Self-Assembled Porphyrin Supramolecules for Highly Efficient Large-Area Perovskite Photovoltaics [J] . J. Am. Chem. Soc., 2021, 143(45): 18989–18996.

[227] Liu Z, Wang Y X, Fang Y H, et al. Electric field manipulation enhanced by strong spin-orbit coupling: promoting rare-earth ions as qubits [J] . Natl. Sci. Rev., 2020, 7(10): 1557–1563.

[228] Fang Y H, Liu Z, Zhou S, et al. Spin-Electric Coupling with Anisotropy-Induced Vanishment and Enhancement in Molecular Ferroelectrics [J] . J. Am. Chem. Soc., 2022, 144(19): 8605–8612.

[229] Zhou S, Yuan J, Wang Z Y, et al. Implementation of Quantum Level Addressability and Geometric Phase Manipulation in Aligned Endohedral Fullerene Qudits [J] . Angew. Chem. Int. Ed., 2022, 61(8): e202115263.

[230] Fu P X, Zhou S, Liu Z, et al. Multiprocessing Quantum Computing through Hyperfine Couplings in Endohedral Fullerene Derivatives [J] . Angew. Chem. Int. Ed., 2022, 61(52): e202212939.

[231] Yang T, Zhang S, Yuan H, et al. Platinum-Based TREM2 Inhibitor Suppresses Tumors by Remodeling the Immunosuppressive Microenvironment [J] . Angew. Chem. Int. Ed., 2023, 62(2): e202213337.

[232] Zhang P F, Zeng J C, Zhuang F D, et al. Parent B_2N_2-Perylenes with Different BN Orientations [J] . Angew. Chem. Int. Ed., 2021, 60(43): 23313–23319.

[233] Xue X, Qian C, Tao Q, et al. Using bio-orthogonally catalyzed lethality strategy to generate mitochondria-targeting anti-tumor metallodrugs in vitro and in vivo [J] . Natl. Sci. Rev., 2021, 8(9): nwaa286.

[234] Liu M, Chen Y, Guo Y, et al. Golgi apparatus-targeted aggregation-induced emission luminogens for effective cancer photodynamic therapy [J] . Nat. Commun., 2022, 13(1): 2179.

[235] Liu L Y, Ma T Z, Zeng Y L, et al. Structural Basis of Pyridostatin and Its Derivatives Specifically Binding to G-Quadruplexes [J] . J. Am. Chem. Soc., 2022, 144(26): 11878–11887.

[236] Wang W J, Mu X, Tan C P, et al. Induction and Monitoring of DNA Phase Separation in Living Cells by a Light-Switching Ruthenium Complex [J] . J. Am. Chem. Soc., 2021, 143(30): 11370–11381.

[237] Ling Y Y, Xia X Y, Hao L, et al. Simultaneous Photoactivation of cGAS-STING Pathway and Pyroptosis by Platinum(Ⅱ) Triphenylamine Complexes for Cancer Immunotherapy [J] . Angew. Chem. Int. Ed., 2022, 61(43): e202210988.

[238] Zhu B C, He J, Liu W, et al. Selectivity and Targeting of G-Quadruplex Binders Activated by Adaptive Binding and Controlled by Chemical Kinetics [J] . Angew. Chem. Int. Ed., 2021, 60(28): 15340–15343.

[239] Liu L Y, Wang K N, Liu W, et al. Spatial Matching Selectivity and Solution Structure of Organic-Metal Hybrid to Quadruplex-Duplex Hybrid [J] . Angew. Chem. Int. Ed., 2021, 60(38): 20833–20839.

[240] Liu L Y, Fang H, Chen Q, et al. Multiple-Color Platinum Complex with Super-Large Stokes Shift for Super-Resolution Imaging of Autolysosome Escape [J] . Angew. Chem. Int. Ed., 2020, 59(43): 19229–19236.

[241] Liu L Y, Liu W, Wang K N, et al. Quantitative Detection of G-Quadruplex DNA in Live Cells Based on Photon Counts and Complex Structure Discrimination [J] . Angew. Chem. Int. Ed., 2020, 59(24): 9719–9726.

[242] Liu W, Zhu B C, Liu L Y, et al. G-quadruplex structural transition driven by a platinum compound [J] . Nucleic

Acids Res., 2022, 50(14): 7816–7828.

[243] Su X, Liu B, Wang W J, et al. Disruption of Zinc Homeostasis by a Novel Platinum(Ⅳ)–Terthiophene Complex for Antitumor Immunity [J] . Angew. Chem. Int. Ed., 2023, 62(8): e202216917.

[244] Wang K N, Liu L Y, Mao D, et al. A Nuclear–Targeted AIE Photosensitizer for Enzyme Inhibition and Photosensitization in Cancer Cell Ablation [J] . Angew. Chem. Int. Ed., 2022, 61(15): e202114600.

[245] Wang K N, Liu L Y, Mao D, et al. A Polarity–Sensitive Ratiometric Fluorescence Probe for Monitoring Changes in Lipid Droplets and Nucleus during Ferroptosis [J] . Angew. Chem. Int. Ed., 2021, 60(27): 15095–15100.

[246] Cao Q, Zhou D J, Pan Z Y, et al. CAIXplatins: Highly Potent Platinum(Ⅳ) Prodrugs Selective Against Carbonic Anhydrase Ⅸ for the Treatment of Hypoxic Tumors [J] . Angew. Chem. Int. Ed., 2020, 59(42): 18556–18562.

[247] Pan Z Y, Tan C P, Rao L S, et al. Recoding the Cancer Epigenome by Intervening in Metabolism and Iron Homeostasis with Mitochondria–Targeted Rhenium(Ⅰ) Complexes [J] . Angew. Chem. Int. Ed., 2020, 59(42): 18755–18762.

[248] Peng K, Zheng Y, Xia W, et al. Organometallic anti–tumor agents: targeting from biomolecules to dynamic bioprocesses [J] . Chem. Soc. Rev., 2023, 52(8): 2790–2832.

[249] Hao L, Ling Y Y, Huang Z X, et al. Real–time tracking of ER turnover during ERLAD by a rhenium complex via lifetime imaging [J] . Natl. Sci. Rev., 2022, 9(7): nwab194.

[250] Su X, Wang W J, Cao Q, et al. A Carbonic Anhydrase IX (CAIX)–Anchored Rhenium(I) Photosensitizer Evokes Pyroptosis for Enhanced Anti–Tumor Immunity [J] . Angew. Chem. Int. Ed., 2022, 61(8): e202115800.

[251] Wang W J, Ling Y Y, Zhong Y M, et al. Ferroptosis–Enhanced Cancer Immunity by a Ferrocene–Appended Iridium(Ⅲ) Diphosphine Complex [J] . Angew. Chem. Int. Ed., 2022, 61(16): e202115247.

[252] Zhao Z, Tao X, Xie Y, et al. In Situ Prodrug Activation by an Affibody–Ruthenium Catalyst Hybrid for HER_2–Targeted Chemotherapy [J] . Angew. Chem. Int. Ed., 2022, 61(26): e202202855.

[253] Xiong K, Qian C, Yuan Y, et al. Necroptosis Induced by Ruthenium(Ⅱ) Complexes as Dual Catalytic Inhibitors of Topoisomerase Ⅰ/Ⅱ [J] . Angew. Chem. Int. Ed., 2020, 59(38): 16631–16637.

[254] Kuang S, Liao X, Zhang X, et al. FerriIridium: A Lysosome–Targeting Iron(Ⅲ)–Activated Iridium(Ⅲ) Prodrug for Chemotherapy in Gastric Cancer Cells [J] . Angew. Chem. Int. Ed., 2020, 59(8): 3315–3321.

[255] Wang L, Guan R, Xie L, et al. An ER–Targeting Iridium(Ⅲ) Complex That Induces Immunogenic Cell Death in Non–Small–Cell Lung Cancer [J] . Angew. Chem. Int. Ed., 2021, 60(9): 4657–4665.

[256] Kuang S, Sun L, Zhang X, et al. A Mitochondrion–Localized Two–Photon Photosensitizer Generating Carbon Radicals Against Hypoxic Tumors [J] . Angew. Chem. Int. Ed., 2020, 59(46): 20697–20703.

[257] Jin C, Liang F, Wang J, et al. Rational Design of Cyclometalated Iridium(Ⅲ) Complexes for Three–Photon Phosphorescence Bioimaging [J] . Angew. Chem. Int. Ed., 2020, 59(37): 15987–15991.

[258] Ouyang C, Li Y, Rees T W, et al. Supramolecular Assembly of An Organoplatinum(Ⅱ) Complex with Ratiometric Dual Emission for Two–Photon Bioimaging [J] . Angew. Chem. Int. Ed., 2021, 60(8): 4150–4157.

[259] Kuang S, Wei F, Karges J, et al. Photodecaging of a Mitochondria–Localized Iridium(Ⅲ) Endoperoxide Complex for Two–Photon Photoactivated Therapy under Hypoxia [J] . J. Am. Chem. Soc., 2022, 144(9): 4091–4101.

[260] Xiong K, Ouyang C, Liu J, et al. Chiral RuII–PtII Complexes Inducing Telomere Dysfunction against Cisplatin–Resistant Cancer Cells [J] . Angew. Chem. Int. Ed., 2022, 61(33): e202204866.

[261] Ke L, Wei F, Xie L, et al. A Biodegradable Iridium(Ⅲ) Coordination Polymer for Enhanced Two–Photon Photodynamic Therapy Using an Apoptosis–Ferroptosis Hybrid Pathway [J] . Angew. Chem. Int. Ed., 2022, 61(28): e202205429.

[262] Mo J, Xu Y, Zhu L, et al. A Cysteine–Mediated Synthesis of Red Phosphorus Nanosheets [J] . Angew. Chem. Int. Ed., 2021, 60(22): 12524–12531.

[263] Wang X, Hu Y, Mo J, et al. Arsenene: A Potential Therapeutic Agent for Acute Promyelocytic Leukaemia Cells by Acting on Nuclear Proteins [J]. Angew. Chem. Int. Ed., 2020, 59(13): 5151–5158.

[264] Sun P, Li K, Liu X, et al. Peptide-mediated Aqueous Synthesis of NIR-Ⅱ Emitting Ag_2S Quantum Dots for Rapid Photocatalytic Bacteria Disinfection [J]. Angew. Chem. Int. Ed., 2023, 62(14): e202300085.

[265] Wang X, Shi C, Mo J, et al. An Inorganic Biopolymer Polyphosphate Controls Positively Charged Protein Phase Transitions [J]. Angew. Chem. Int. Ed., 2020, 59(7): 2679–2683.

[266] Yang F, Wang M, Zhang D, et al. Chirality Pure Carbon Nanotubes: Growth, Sorting, and Characterization [J]. Chem. Rev., 2020, 120(5): 2693–2758.

[267] Han Z, Yang F, Li Y. Dynamics of metal-support interface revealed by environmental transmission electron microscopy [J]. Matter, 2022, 5(8): 2531–2533.

[268] Zhao X, Sun S, Yang F, et al. Atomic-Scale Evidence of Catalyst Evolution for the Structure-Controlled Growth of Single-Walled Carbon Nanotubes [J]. Acc. Chem. Res., 2022, 55(23): 3334–3344.

[269] Yang F, Zhao H, Wang X, et al. Atomic Scale Stability of Tungsten-Cobalt Intermetallic Nanocrystals in Reactive Environment at High Temperature [J]. J. Am. Chem. Soc., 2019, 141(14): 5871–5879.

[270] Yang F, Zhao H, Li R, et al. Growth modes of single-walled carbon nanotubes on catalysts [J]. Sci. Adv., 2022, 8(41): eabq0794.

[271] Yang X, Liu T, Li R, et al. Host-Guest Molecular Interaction Enabled Separation of Large-Diameter Semiconducting Single-Walled Carbon Nanotubes [J]. J. Am. Chem. Soc., 2021, 143(27): 10120–10130.

[272] Li Y, Pahlavan A A, Chen Y, et al. Oil-on-water droplets faceted and stabilized by vortex halos in the subphase [J]. Proc. Natl. Acad. Sci. U.S.A., 2023, 120(4): e2214657120.

[273] Liang X, Zheng Y X, Zuo J L. Two-Photon Ionization Induced Stable White Organic Long Persistent Luminescence [J]. Angew. Chem. Int. Ed., 2021, 60(31): 16984–16988.

[274] Liang X, Luo X F, Yan Z P, et al. Organic Long Persistent Luminescence Through In Situ Generation of Cuprous (Ⅰ) Ion Pairs in Ionic Solids [J]. Angew. Chem. Int. Ed., 2021, 60(46): 24437–24442.

[275] Luo X F, Song S Q, Ni H X, et al. Multiple-Resonance-Induced Thermally Activated Delayed Fluorescence Materials Based on Indolo [3,2,1-jk] carbazole with an Efficient Narrowband Pure-Green Electroluminescence [J]. Angew. Chem. Int. Ed., 2022, 61(41): e202209984.

[276] Zhang Y P, Liang X, Luo X F, et al. Chiral Spiro-Axis Induced Blue Thermally Activated Delayed Fluorescence Material for Efficient Circularly Polarized OLEDs with Low Efficiency Roll-Off [J]. Angew. Chem. Int. Ed., 2021, 60(15): 8435–8440.

[277] Zhang Y P, Mao M X, Song S Q, et al. Circularly Polarized White Organic Light-Emitting Diodes Based on Spiro-Type Thermally Activated Delayed Fluorescence Materials [J]. Angew. Chem. Int. Ed., 2022, 61(23): e202200290.

[278] Yan Z P, Liu T T, Wu R, et al. Chiral Thermally Activated Delayed Fluorescence Materials Based on R/S-N~2, N~2′-Diphenyl- [1,1′-binaphthalene] -2,2′-diamine Donor with Narrow Emission Spectra for Highly Efficient Circularly Polarized Electroluminescence [J]. Adv. Funct. Mater., 2021, 31(38): 2103875.

[279] Yan Z P, Yuan L, Zhang Y, et al. A Chiral Dual-Core Organoboron Structure Realizes Dual-Channel Enhanced Ultrapure Blue Emission and Highly Efficient Circularly Polarized Electroluminescence [J]. Adv. Mater., 2022, 34(36): 2204253.

[280] Liao X J, Pu D, Yuan L, et al. Planar Chiral Multiple Resonance Thermally Activated Delayed Fluorescence Materials for Efficient Circularly Polarized Electroluminescence [J]. Angew. Chem. Int. Ed., 2023, 62(6): e202217045.

有机化学

[1] Chen Y, Xu L, Jiang Y, et al. Assembly of alpha-(Hetero)aryl Nitriles via Copper-Catalyzed Coupling Reactions with (Hetero)aryl Chlorides and Bromides [J]. Angew. Chem. Int. Ed., 2021, 60: 7082-7086.

[2] Li Q, Xu L, Ma D, et al. Cu-Catalyzed Coupling Reactions of Sulfonamides with (Hetero)Aryl Chlorides/Bromides [J]. Angew. Chem. Int. Ed., 2022, 61: e202210483.

[3] Liu D, Liu Z R, Ma C, et al. Nickel-Catalyzed N-Arylation of NH-Sulfoximines with Aryl Halides via Paired Electrolysis [J]. Angew. Chem. Int. Ed., 2021, 60: 9444-9449.

[4] Wang H, Jung H, Song F, et al. Nitrene-Mediated Intermolecular N-N Coupling for Efficient Synthesis of Hydrazides [J]. Nat. Chem., 2021, 13: 378-385.

[5] Bai Z, Song F, Wang H, et al. Nitrene-Mediated P-N Coupling Under Iron Catalysis [J]. CCS Chem., 2022, 4: 2258-2266.

[6] Dong J, Yuan X A, Yan Z, et al. Manganese-Catalysed Divergent Silylation of Alkenes [J]. Nat. Chem., 2021, 13: 182-190.

[7] Ji C H J, Li T, Zhao C, et al. Photoinduced Gold-Catalyzed Divergent Dechloroalkylation of Gem-Dichloroalkanes [J]. Nat. Catal., 2022, 5: 1098-1109.

[8] Wang W, Yu Y, Cheng B, et al. Stereodefined Rhodium-Catalysed 1,4-H/D Delivery for Modular Syntheses and Deuterium Integration [J]. Nat. Catal., 2021, 4: 586-594.

[9] Wang W, Ding C, Yin G. Catalyst-Controlled Enantioselective 1,1-Arylboration of Unactivated Olefins [J]. Nat. Catal., 2020, 3: 951-958.

[10] Li Y, Li Y, Shi H, et al. Modular Access to Substituted Cyclohexanes with Kinetic Stereocontrol [J]. Science, 2022, 376: 749-753.

[11] Tian B, Chen P, Leng X, et al. Palladium-Catalysed Enantioselective Diacetoxylation of Terminal Alkenes [J]. Nat. Catal., 2021, 4: 172-179.

[12] Li X, Yang T, Li J, et al. Regio-and Enantioselective Remote Dioxygenation of Internal Alkenes [J]. Nat. Chem., 2023, 15: 862-871.

[13] Li X, Jin J, Chen P, et al. Catalytic Remote Hydrohalogenation of Internal Alkenes [J]. Nat. Chem., 2022, 14: 425-432.

[14] Li X, Yang X, Chen P, et al. Palladium-Catalyzed Remote Hydro-Oxygenation of Internal Alkenes: An Efficient Access to Primary Alcohols [J]. J. Am. Chem. Soc., 2022, 144: 22877-22883.

[15] Cheng L, Wang H, Cai H, et al. Iron-Catalyzed Arene C-H Hydroxylation [J]. Science, 2021, 374: 77-81.

[16] Zhang T, Luan Y X, Lam N Y S, et al. A Directive Ni Catalyst Overrides Conventional Site Selectivity in Pyridine C-H Alkenylation [J]. Nat. Chem., 2021, 13: 1207-1213.

[17] Shang Y, Wu C, Gao Q, et al. Diversity-Oriented Functionalization of 2-Pyridones and Uracils [J]. Nat. Commun., 2021, 12: 2988.

[18] Zhou L, Cheng H G, Li L, et al. Synthesis of Planar Chiral Ferrocenes via Enantioselective Remote C-H Activation [J]. Nat. Chem., 2023, 15: 815-823.

[19] Wang J, Qin C, Lumb J P, et al. Regioselective Synthesis of Polyfunctional Arenes by a 4-Component Catellani Reaction [J]. Chem., 2020, 6: 2097-2109.

[20] Wang F Y, Li Y X, Jiao L. Functionalized Cycloolefin Ligand as a Solution to Ortho-Constraint in the Catellani-Type Reaction [J]. J. Am. Chem. Soc., 2023, 145: 4871-4881.

[21] Zheng Y X, Jiao L. Hybrid Cycloolefin Ligands for Palladium-Olefin Cooperative Catalysis [J]. Nat. Synth., 2022, 1: 180-187.

[22] Liu Z, He J H, Zhang M, et al. Borane-Catalyzed C_3-Alkylation of Pyridines with Imines, Aldehydes, or Ketones as Electrophiles[J]. J. Am. Chem. Soc., 2022, 144: 4810-4818.

[23] Zhou X Y, Zhang M, Liu Z, et al. C_3-Selective Trifluoromethylthiolation and Difluoromethylthiolation of Pyridines and Pyridine Drugs via Dihydropyridine Intermediates[J]. J. Am. Chem. Soc., 2022, 144: 14463-14470.

[24] Zhang M, Zhou Q, Luo H, et al. C_3-Cyanation of Pyridines: Constraints on Electrophiles and Determinants of Regioselectivity[J]. Angew. Chem. Int. Ed., 2023, 62: e202216894.

[25] Yu Y J, Zhang F L, Peng T Y, et al.Sequential C-F Bond Functionalizations of Trifluoroacetamides and Acetates via Spin-Center Shifts[J]. Science, 2021, 371: 1232-1240.

[26] Zhao Q, Li B, Zhou X, et al. Boryl Radicals Enabled a Three-Step Sequence to Assemble All-Carbon Quaternary Centers from Activated Trichloromethyl Groups[J]. J. Am. Chem. Soc., 2022, 144: 15275-15285.

[27] Peng T Y, Xu Z Y, Zhang F L, et al. Dehydroxylative Alkylation of alpha-Hydroxy Carboxylic Acid Derivatives via a Spin-Center Shift[J]. Angew. Chem. Int. Ed., 2022, 61: e202201329.

[28] Liu J, Zhang C, Zhang Z, et al. Nitromethane as a nitrogen donor in Schmidt-type Formation of Amides and Nitriles[J]. Science, 2020, 367: 281-285.

[29] Qiu X, Sang Y, Wu H, et al. Cleaving Arene Rings for Acyclic Alkenylnitrile Synthesis[J]. Nature, 2021, 597: 64-69.

[30] Jin Y, Jing Y, Li C, et al. Palladium-Catalysed Selective Oxidative Amination of Olefins with Lewis Basic Amines[J]. Nat. Chem., 2022, 14: 1118-1125.

[31] Li M, Jin Y, Chen Y, et al. Palladium-Catalyzed Oxidative Amination of Unactivated Olefins with Primary Aliphatic Amines[J]. J. Am. Chem. Soc., 2023, 145: 9448-9453.

[32] Tan H, Wang S A, Yan Z, et al. N-Heterocyclic Carbene Catalyzed Ester Synthesis from Organic Halides through Incorporation of Oxygen Atoms from Air[J]. Angew. Chem. Int. Ed., 2021, 60: 2140-2144.

[33] Bao Z, Huang M, Xu Y, et al. Selective Formal Carbene Insertion into Carbon-Boron Bonds of Diboronates by N-Trisylhydrazones[J]. Angew. Chem. Int. Ed., 2023, 62: e202216356.

[34] Yang J M, Guo F K, Zhao Y T, et al. Insertion of Alkylidene Carbenes into B-H Bonds[J]. J. Am. Chem. Soc., 2020, 142: 20924-20929.

[35] Liu Y, Shi B, Liu Z, et al. Time-Resolved EPR Revealed the Formation, Structure, and Reactivity of N-Centered Radicals in an Electrochemical C(sp^3)-H Arylation Reaction[J]. J. Am. Chem. Soc., 2021, 143: 20863-20872.

[36] Zeng L, Jiao Y, Yan W, et al. Asymmetric-Waveform Alternating Current-Promoted Silver Catalysis for C-H Phosphorylation[J]. Nat. Synth., 2023, 2: 172-181.

[37] Zeng L, Li H, Hu J, et al. Electrochemical Oxidative Aminocarbonylation of Terminal Alkynes[J]. Nat. Catal., 2020, 3: 438-445.

[38] Wang S, Gao Y, Liu Z, et al. Site-Selective Amination Towards Tertiary Aliphatic Allylamines[J]. Nat. Catal., 2022, 5: 642-651.

[39] Chen Y J, Deng W H, Guo J D, et al. Transition-Metal-Free, Site-Selective C-F Arylation of Polyfluoroarenes via Electrophotocatalysis[J]. J. Am. Chem. Soc., 2022, 144: 17261-17268.

[40] Xiao X, Zeng J, Fang J, et al. One-Pot Relay Glycosylation[J]. J. Am. Chem. Soc., 2020, 142: 5498-5503.

[41] Zhang C, Xu S Y, Zuo H, et al. Direct Synthesis of Unprotected Aryl C-Glycosides by Photoredox Ni-Catalysed Cross-Coupling[J]. Nat. Synth., 2023, 2: 251-260.

[42] Xu S, Zhang W, Li C, et al. Generation and Use of Glycosyl Radicals under Acidic Conditions: Glycosyl Sulfinates as Precursors[J]. Angew. Chem. Int. Ed., 2023, 62: e202218303.

[43] Zhang C, Zuo H, Lee G Y, et al. Halogen-Bond-Assisted Radical Activation of Glycosyl Donors Enables Mild and Stereoconvergent 1,2-Cis-Glycosylation[J]. Nat. Chem., 2022, 14: 686-694.

[44] Xie D, Wang Y, Zhang X, et al. Alkyl/Glycosyl Sulfoxides as Radical Precursors and Their Use in the Synthesis of Pyridine Derivatives [J] . Angew. Chem. Int. Ed., 2022, 61: e202204922.
[45] Wan L Q, Zhang X, Zou Y, et al. Nonenzymatic Stereoselective S-Glycosylation of Polypeptides and Proteins [J] . J. Am. Chem. Soc., 2021, 143: 11919–11926.
[46] Wang Q, Sun Q, Jiang Y, et al. Iron-Catalysed Reductive Cross-Coupling of Glycosyl Radicals for the Stereoselective Synthesis of C-Glycosides [J] . Nat. Synth., 2022, 1: 235–244.
[47] Gou X Y, Li Y, Shi W Y, et al. Ruthenium-Catalyzed Stereo-and Site-Selective ortho-and meta-C-H Glycosylation and Mechanistic Studies [J] . Angew. Chem. Int. Ed., 2022, 61: e202205656.
[48] Zhao W C, Li R P, Ma C, et al. Stereoselective gem-C,B-Glycosylation via 1,2-Boronate Migration [J] . J. Am. Chem. Soc., 2022, 144: 2460–2467.
[49] Zhang Y, Tong S, Wang M X. Synthesis and Structure of Functionalized Zigzag Hydrocarbon Belts [J] . Angew. Chem. Int. Ed., 2020, 59: 18151–18155.
[50] Zhuang S Y, Cheng Y, Zhang Q, et al. Synthesis of i-Corona [6] arenes for Selective Anion Binding: Interdependent and Synergistic Anion-pi and Hydrogen-Bond Interactions [J] . Angew. Chem. Int. Ed., 2020, 59: 23716–23723.
[51] Tong S, Li J T, Liang D D, et al. Catalytic Enantioselective Synthesis and Switchable Chiroptical Property of Inherently Chiral Macrocycles [J] . J. Am. Chem. Soc., 2020, 142: 14432–14436.
[52] Shi T H, Guo Q H, Tong S, et al. Toward the Synthesis of a Highly Strained Hydrocarbon Belt [J] . J. Am. Chem. Soc., 2020, 142: 4576–4580.
[53] Guo S Y, Guo Q H, Tong S, et al. Synthesis of Electron-Deficient Corona [5] arenes and Their Selective Complexation with Dihydrogen Phosphate: Cooperative Effects of Anion-pi Interactions [J] . Angew. Chem. Int. Ed., 2020, 59: 8078–8083.
[54] Zhang Q, Zhang Y E, Tong S, et al. Hydrocarbon Belts with Truncated Cone Structures [J] . J. Am. Chem. Soc., 2020, 142: 1196–1199.
[55] Guo Q H, Qiu Y, Wang M X, et al. Aromatic hydrocarbon belts [J] . Nat. Chem., 2021, 13: 402–419.
[56] Ge Y, Qin C, Bai L, et al. A Dearomatization/Debromination Strategy for the [4+1] Spiroannulation of Bromophenols with alpha,beta-Unsaturated Imines [J] . Angew. Chem. Int. Ed., 2020, 59: 18985–18989.
[57] Zhang Q L, Xiong Q, Li M M, et al. Palladium-Catalyzed Asymmetric [8+2] Dipolar Cycloadditions of Vinyl Carbamates and Photogenerated Ketenes [J] . Angew. Chem. Int. Ed., 2020, 59: 14096–14100.
[58] Li M M, Xiong Q, Qu B L, et al. Utilizing Vinylcyclopropane Reactivity: Palladium-Catalyzed Asymmetric [5+2] Dipolar Cycloadditions [J] . Angew. Chem. Int. Ed., 2020, 59: 17429–17434.
[59] Zhang M M, Chen P, Xiong W, et al. A Dipolar Cyclization/Fragmentation Strategy for the Catalytic Asymmetric Synthesis of Chiral Eight-Membered Lactams [J] . CCS Chem., 2022, 4: 2620–2629.
[60] Gao L, Su C, Du X, et al. FAD-Dependent Enzyme-Catalysed Intermolecular [4+2] Cycloaddition in Natural Product Biosynthesis [J] . Nat. Chem., 2020, 12: 620–628.
[61] Li R, Li B, Zhang H, et al. A Ring Expansion Strategy towards Diverse Azaheterocycles [J] . Nat. Chem., 2021, 13: 1006–1016.
[62] Huang X, Chen B Z, Li P, et al. Palladium-Catalysed Construction of Butafulvenes [J] . Nat. Chem., 2022, 14: 1185–1192.
[63] Sun G Q, Yu P, Zhang W, et al. Electrochemical Reactor Dictates Site Selectivity in N-Heteroarene Carboxylations [J] . Nature, 2023, 615: 67–72.
[64] Song L, Wang W, Yue J P, et al. Visible-Light Photocatalytic Di-and Hydro-Carboxylation of Unactivated Alkenes with CO_2 [J] . Nat. Catal., 2022, 5: 832–838.
[65] Shi X, Wang Q, Qin C, et al. Synthesis of Pyrimidines from Dinitrogen and Carbon [J] . Nat. Sci. Rev., 2022, 9:

nwac168.

[66] Wu L J, Wang Q, Guo J, et al. From Dinitrogen to N-Containing Organic Compounds: Using Li_2CN_2 as a Synthon [J]. Angew. Chem. Int. Ed., 2023, 62: e202219298.

[67] Zhai D D, Zhang S Q, Xie S J, et al. $(n\text{-}Bu)_4NBr$-Promoted N_2 Splitting to Molybdenum Nitride [J]. J. Am. Chem. Soc., 2022, 144: 14071-14078.

[68] Xie S J, Wu R K, Huang Y F, et al. Direct Incorporation of Dinitrogen into an Aliphatic C-H Bond [J]. J. Am. Chem. Soc., 2023, 145: 6773-6780.

[69] Xie J H, Liu X Y, Xie J B, et al. An Additional Coordination Group Leads to Extremely Efficient Chiral Iridium Catalysts for Asymmetric Hydrogenation of Ketones [J]. Angew. Chem. Int. Ed., 2011, 50: 7329-7332.

[70] Yang F, Xie J H, Zhou Q L. Highly Efficient Asymmetric Hydrogenation Catalyzed by Iridium Complexes with Tridentate Chiral Spiro Aminophosphine Ligands [J]. Acc. Chem. Res., 2023, 56: 332-349.

[71] Cao Z Y, Wang X, Tan C, et al. Highly Stereoselective Olefin Cyclopropanation of Diazooxindoles Catalyzed by a C_2-Symmetric Spiroketal Bisphosphine/Au(Ⅰ) Complex [J]. J. Am. Chem. Soc., 2013, 135: 8197-8200.

[72] Liu J, Han Z, Wang X, et al. Highly Regio-and Enantioselective Alkoxycarbonylative Amination of Terminal Allenes Catalyzed by a Spiroketal-Based Diphosphine/Pd(Ⅱ) Complex [J]. J. Am. Chem. Soc., 2015, 137: 15346-15349.

[73] Zhang X Y, Shao Y P, Guo B K, et al. Catalytic Enantioselective Synthesis of Chiral Spirocyclic 1,3-Diketones via Organo-Cation Catalysis [J]. Chem. Commun., 2021, 57: 11233-11235.

[74] Yang J S, Lu K, Li C X, et al. Chiral 1,2,3-Triazolium Salt Catalyzed Asymmetric Mono-and Dialkylation of 2,5-Diketopiperazines with the Construction of Tetrasubstituted Carbon Centers [J]. Angew. Chem. Int. Ed., 2022, 61: e202114129.

[75] Liu X, Lin L, Feng X. Chiral N, N′-Dioxides: New Ligands and Organocatalysts for Catalytic Asymmetric Reactions [J]. Acc. Chem. Res., 2011, 44: 574-587.

[76] Cui W J, Wu Z J, Gu Q, et al. Divergent Synthesis of Tunable Cyclopentadienyl Ligands and Their Application in Rh-Catalyzed Enantioselective Synthesis of Isoindolinone [J]. J. Am. Chem. Soc., 2020, 142: 7379-7385.

[77] Li G, Yan X, Jiang J, et al. Chiral Bicyclo [2.2.2] octane-Fused CpRh Complexes: Synthesis and Potential Use in Asymmetric C-H Activation [J]. Angew. Chem. Int. Ed., 2020, 59: 22436-22440.

[78] Liang H, Vasamsetty L, Li T, et al. A New Class of C_2-Symmetric Chiral Cyclopentadienyl Ligand Derived from Ferrocene Scaffold: Design, Synthesis and Application [J]. Chem. Eur. J., 2020, 26: 14546-14550.

[79] Pan C, Yin S Y, Wang S B, et al. Oxygen-Linked Cyclopentadienyl Rhodium(Ⅲ) Complexes-Catalyzed Asymmetric C-H Arylation of Benzo [h] quinolines with 1-Diazonaphthoquinones [J]. Angew. Chem. Int. Ed., 2021, 60: 15510-15516.

[80] Yan X, Jiang J, Wang J. A Class of Readily Tunable Planar-Chiral Cyclopentadienyl Rhodium(Ⅲ) Catalysts for Asymmetric C-H Activation [J]. Angew. Chem. Int. Ed., 2022, 61: e202201522.

[81] Ruan L X, Sun B, Liu J M, et al. Dynamic Kinetic Asymmetric Arylation and Alkenylation of Ketones [J]. Science, 2023, 379: 662-670.

[82] Han J, He Y M, Pan Y, et al. Tunable Unsymmetrical Chiral N-Heterocyclic Carbene Ligands for Highly Diastereo-and Enantioselective Copper-Catalyzed Tandem Borylative Cyclization: Ligand Controlled Diastereoselectivity Reversal [J]. CCS Chem., 2023, 5: 2088-2100.

[83] Gao Y Y, Zhang C L, Jin M L, et al. Bifunctional NHC-Catalyzed Remote Enantioselective Mannich-type Reaction of 5-(Chloromethyl)furfural via Trienolate Intermediates [J]. Angew. Chem. Int. Ed., 2023, 62: e202301126.

[84] Zhang W, Zhang P C, Li Y L, et al. PC-Phos Enabled Catalytic Palladium-heteroallyl Asymmetric Cycloaddition [J]. J. Am. Chem. Soc., 2022, 144: 19627-19634.

[85] Feng J, Shi J, Wei L, et al. Palladium/PC-Phos-Catalyzed Asymmetric Heck/Tsuji-Trost Reactions of Amino-

Tethered 1,3-Cyclohexadiene with Aryl and Alkenyl Halides[J]. Angew. Chem. Int. Ed., 2023, 62: e202215407.
[86] Tu Y, Xu B, Wang Q, et al. Palladium/TY-Phos-Catalyzed Asymmetric Heck/Tsuji-Trost Reaction of o-Bromophenols with 1,3-Dienes[J]. J. Am. Chem. Soc., 2023, 145: 4378-4383.
[87] Zhang R, Xu S, Luo Z, et al. Enantiodivergent Hydrogenation of Exocyclic α,β-Unsaturated Lactams Enabled by Switching the N-Chirality of Iridium Catalyst[J]. Angew. Chem. Int. Ed., 2023, 62: e202213600.
[88] Zhang S, Wu S, Wang Q, et al. Enantioselective Synthesis of Dihydropyrazoles by Palladium/Xu-Phos-Catalyzed Alleneamination of β,γ-Unsaturated Hydrazones with Propargylic Acetates[J]. Angew. Chem. Int. Ed., 2023, 62: e202300309.
[89] Wang F, Chen Y, Yu P, et al. Asymmetric Hydrogenation of Oximes Synergistically Assisted by Lewis and Brønsted Acids[J]. J. Am. Chem. Soc., 2022, 144: 17763-17768.
[90] Zheng L S, Yin C, Wang F, et al. Enantioselective Synthesis of cis-Hexahydro-γ-Carboline Derivatives via Ir-Catalyzed Asymmetric Hydrogenation[J]. Chem. Commun., 2022, 58: 3286-3289.
[91] Yin C, Jiang Y F, Huang F, et al. A 13-Million Turnover-Number Anionic Ir-Catalyst for a Selective Industrial Route to Chiral Nicotine[J]. Nat. Commun., 2023, 14: 3718.
[92] Han X L, Hu B, Fei C, et al. Catalytic Asymmetric Imine Cross-Coupling Reaction[J]. J. Am. Chem. Soc., 2023, 145: 4400-4407.
[93] Liu S, Zhuang Z, Qiao J X, et al. Ligand Enabled Pd(Ⅱ)-Catalyzed γ-C(sp^3)-H Lactamization of Native Amides[J]. J. Am. Chem. Soc., 2021, 143: 21657-21666.
[94] Cheng J T, Xiao L J, Qian S Q, et al. Palladium(Ⅱ)-Catalyzed Selective Arylation of Tertiary C-H Bonds of Cyclobutylmethyl Ketones Using Transient Directing Groups[J]. Angew. Chem. Int. Ed., 2022, 61: e202117233.
[95] Hu L, Meng G, Yu J Q. Ligand-Enabled Pd(Ⅱ)-Catalyzed β-Methylene C(sp^3)-H Arylation of Free Aliphatic Acids[J]. J. Am. Chem. Soc., 2022, 144: 20550-20553.
[96] Li Y H, Ouyang Y, Chekshin N, et al. PdII-Catalyzed Site-selective β-and γ-C(sp^3)-H Arylation of Primary Aldehydes Controlled by Transient Directing Groups[J]. J. Am. Chem. Soc., 2022, 144: 4727-4733.
[97] Li Z, Park H S, Qiao J X, et al. Ligand-Enabled C-H Hydroxylation with Aqueous H_2O_2 at Room Temperature[J]. J. Am. Chem. Soc., 2022, 144: 18109-18116.
[98] Zhuang Z, Liu S, Cheng J T, et al. Ligand-Enabled β-C(sp^3)-H Lactamization of Tosyl-Protected Aliphatic Amides Using a Practical Oxidant[J]. Angew. Chem. Int. Ed., 2022, 61: e202207354.
[99] Chen J H, Teng M Y, Huang F R, et al. Cobalt/Salox-Catalyzed Enantioselective Dehydrogenative C-H Alkoxylation and Amination[J]. Angew. Chem. Int. Ed., 2022, 61: e202210106.
[100] Yao Q J, Chen J H, Song H, et al. Cobalt/Salox-Catalyzed Enantioselective C-H Functionalization of Arylphosphinamides[J]. Angew. Chem. Int. Ed., 2022, 61: e202202892.
[101] Zhou G, Chen J H, Yao Q J, et al. Base-Promoted Electrochemical CoII-catalyzed Enantioselective C-H Oxygenation[J]. Angew. Chem. Int. Ed., 2023, 62: e202302964.
[102] Liu Z S, Hua Y, Gao Q, et al. Construction of Axial Chirality via Palladium/Chiral Norbornene Cooperative Catalysis[J]. Nat. Catal., 2020, 3: 727-733.
[103] Gao Q, Wu C, Deng S, et al. Catalytic Synthesis of Atropisomeric o-Terphenyls with 1,2-Diaxes via Axial-to-Axial Diastereoinduction[J]. J. Am. Chem. Soc., 2021, 143: 7253-7260.
[104] Liu Z S, Xie P P, Hua Y, et al. An Axial-to-Axial Chirality Transfer Strategy for Atroposelective Construction of C-N Axial Chirality[J]. Chem., 2021, 7: 1917-1932.
[105] Cheng H G, Jia S, Zhou Q. Benzo-Fused-Ring Toolbox Based on Palladium/Norbornene Cooperative Catalysis: Methodology Development and Applications in Natural Product Synthesis[J]. Acc. Chem. Res., 2023, 56: 573-591.
[106] Ye J, Li L, You Y, et al. Enantioselective Assembly of Ferrocenes with Axial and Planar Chiralities via Palladium/

Chiral Norbornene Cooperative Catalysis [J] . JACS Au, 2023, 3: 384–390.

[107] Huo J, Zhong K, Xue Y, et al. Palladium–Catalyzed Enantioselective Carbene Insertion into Carbon–Silicon Bonds of Silacyclobutanes [J] . J. Am. Chem. Soc., 2021, 143: 12968–12973.

[108] Bao Z, Huang M, Xu Y, et al. Selective Formal Carbene Insertion into Carbon–Boron Bonds of Diboronates by N–Trisylhydrazones [J] . Angew. Chem. Int. Ed., 2023, 62: e202216356.

[109] Li M L, Pan J B, Zhou Q L. Enantioselective Synthesis of Amino Acids from Ammonia [J] . Nat. Catal., 2022, 5: 571–577.

[110] Pan J B, Zhang X G, Shi Y F, et al. A Spiro Phosphamide Catalyzed Enantioselective Proton Transfer of Ylides in a Free Carbene Insertion into N–H Bonds [J] . Angew. Chem. Int. Ed., 2023, 62: e202300691.

[111] Pan J B, Zhang X G, Shi Y F, et al. A Spiro Phosphamide Catalyzed Enantioselective Proton Transfer of Ylides in a Free Carbene Insertion into N–H Bonds [J] . Angew. Chem. Int. Ed., 2023, 62: e202300691.

[112] Zhang S X, Xu C, Yi N, et al. Ruthenium–Catalyzed Enantioselective Hydrogenation of 9–Phenanthrols [J] . Angew. Chem. Int. Ed., 2022, 61: e202205739.

[113] Jiang R, Ding L, Zheng C, et al. Iridium–Catalyzed Z–Retentive Asymmetric Allylic Substitution Reactions [J] . Science, 2021, 371: 380–386.

[114] Liang R X, Jia Y X. Aromatic π–Components for Enantioselective Heck Reactions and Heck/Anion–Capture Domino Sequences [J] . Acc. Chem. Res., 2022, 55: 734–745.

[115] Yang P, Wang Q, Cui B H, et al. Enantioselective Dearomative [3+2] Umpolung Annulation of N–Heteroarenes with Alkynes [J] . J. Am. Chem. Soc., 2022, 144: 1087–1093.

[116] Yang L, Zheng H, Luo L, et al. Palladium–Catalyzed Dynamic Kinetic Asymmetric Transformation of Racemic Biaryls: Axial–to–Central Chirality Transfer [J] . J. Am. Chem. Soc., 2015, 137: 4876–4879.

[117] Zhang Y C, Jiang F, Shi F. Organocatalytic Asymmetric Synthesis of Indole–Based Chiral Heterocycles: Strategies, Reactions, and Outreach [J] . Acc. Chem. Res., 2020, 53: 425–446.

[118] Zuo Z, Xu S, Zhang L, et al. Cobalt–Catalyzed Asymmetric Hydrogenation of Vinylsilanes with a Phosphine–Pyridine–Oxazoline Ligand: Synthesis of Optically Active Organosilanes and Silacycles [J] . Organometallics, 2019, 38: 3906–3911.

[119] Tang X, Qian L, Liu G, et al. Iridium–Catalyzed Asymmetric Transfer Hydrogenation of 1–Aryl–1–alkylethenes with Ethanol [J] . Org. Lett., 2023, 25: 4950–4954.

[120] Lu P, Ren X, Xu H, et al. Iron–Catalyzed Highly Enantioselective Hydrogenation of Alkenes [J] . J. Am. Chem. Soc., 2021, 143: 12433–12438.

[121] Lu P, Wang H, Mao Y, et al. Cobalt–Catalyzed Enantioconvergent Hydrogenation of Minimally Functionalized Isomeric Olefins [J] . J. Am. Chem. Soc., 2022, 144: 17359–17364.

[122] Li Y, Nie W, Chang Z, et al. Cobalt–Catalysed Enantioselective $C(sp^3)$–$C(sp^3)$ Coupling [J] . Nat. Catal., 2021, 4: 901–911.

[123] Chen J, Zhu S. Nickel–Catalyzed Multicomponent Coupling: Synthesis of α–Chiral Ketones by Reductive Hydrocarbonylation of Alkenes [J] . J. Am. Chem. Soc., 2021, 143: 14089–14096.

[124] He Y, Song H, Chen J, et al. NiH–Catalyzed Asymmetric Hydroarylation of N–acyl Enamines to Chiral Benzylamines [J] . Nat. Commun., 2021, 12: 638.

[125] Meng L, Yang J, Duan M, et al. Facile Synthesis of Chiral Arylamines, Alkylamines and Amides by Enantioselective NiH–Catalyzed Hydroamination [J] . Angew. Chem. Int. Ed., 2021, 60: 23584–23589.

[126] Zhang Y, Ma J, Chen J, et al. A Relay Catalysis Strategy for Enantioselective Nickel–Catalyzed Migratory Hydroarylation Forming Chiral α–Aryl Alkylboronates [J] . Chem., 2021, 7: 3171–3188.

[127] Wang W, Ding C, Yin G. Catalyst–Controlled Enantioselective 1,1–Arylboration of Unactivated Olefins [J] . Nat.

Catal., 2020, 3: 951–958.

[128] Ding C, Ren Y, Sun C, et al. Regio–and Stereoselective Alkylboration of Endocyclic Olefins Enabled by Nickel Catalysis [J]. J. Am. Chem. Soc., 2021, 143: 20027–20034.

[129] Li Y, Li Y, Shi H, et al. Modular Access to Substituted Cyclohexanes with Kinetic Stereocontrol [J]. Science, 2022, 376: 749–753.

[130] Liu J, Gong H, Zhu S. Nickel–Catalyzed, Regio–and Enantioselective Benzylic Alkenylation of Olefins with Alkenyl Bromide [J]. Angew. Chem. Int. Ed., 2021, 60: 4060–4064.

[131] Chen X W, Yue J P, Wang K, et al. Nickel–Catalyzed Asymmetric Reductive Carbo–Carboxylation of Alkenes with CO_2 [J]. Angew. Chem. Int. Ed., 2021, 60: 14068–14075.

[132] Pan Q, Ping Y, Wang Y, et al. Ni–Catalyzed Ligand–Controlled Regiodivergent Reductive Dicarbofunctionalization of Alkenes [J]. J. Am. Chem. Soc., 2021, 143: 10282–10291.

[133] Pan Q, Ping Y, Kong W. Nickel–Catalyzed Ligand–Controlled Selective Reductive Cyclization/Cross–Couplings [J]. Acc. Chem. Res., 2023, 56: 515–535.

[134] Wu X, Turlik A, Luan B, et al. Nickel–Catalyzed Enantioselective Reductive Alkyl–Carbamoylation of Internal Alkenes [J]. Angew. Chem. Int. Ed., 2022, 61: e202207536.

[135] Xi Y, Huang W, Wang C, et al. Catalytic Asymmetric Diarylation of Internal Acyclic Styrenes and Enamides [J]. J. Am. Chem. Soc., 2022, 144: 8389–8398.

[136] Zhang C, Wu X, Xia T, et al. Ni–Catalyzed Carbamoylation of Unactivated Alkenes for Stereoselective Construction of Six–Membered Lactams [J]. Nat. Commun., 2022, 13: 5964.

[137] Weng Y, Zhang Y, Turlik A, et al. Nickel–catalysed regio–and stereoselective acylzincation of unsaturated hydrocarbons with organozincs and CO [J]. Nat. Synth., 2023, 2: 261–274.

[138] Wang F, Chen P, Liu G. Copper–Catalyzed Radical Relay for Asymmetric Radical Transformations [J]. Acc. Chem. Res., 2018, 51: 2036–2046.

[139] Xu P, Fan W, Chen P, et al. Enantioselective Radical Trifluoromethylation of Benzylic C–H Bonds via Cooperative Photoredox and Copper Catalysis [J]. J. Am. Chem. Soc., 2022, 144: 13468–13474.

[140] Chen J J, Fang J H, Du X Y, et al. Enantioconvergent Cu–catalysed N–alkylation of aliphatic amines [J]. Nature, 2023, 618: 294–300.

[141] Qin T, Lyu G, Meng Q, et al. Cobalt–Catalyzed Radical Hydroamination of Alkenes with N–Fluorobenzenesulfonimides [J]. Angew. Chem. Int. Ed., 2021, 60: 25949–25957.

[142] Chen D F, Gong L Z. Organo/Transition–Metal Combined Catalysis Rejuvenates Both in Asymmetric Synthesis [J]. J. Am. Chem. Soc., 2022, 144: 2415–2437.

[143] Ma C, Wang S, Sheng, Y, et al. Synthesis and Characterization of Donor–Acceptor Iron Porphyrin Carbenes and Their Reactivities in N–H Insertion and Related Three–Component Reaction [J]. J. Am. Chem. Soc., 2023, 145: 4934–4939.

[144] Zhang J L, Liu J Y, Xu G Q, et al. One–Pot Enantioselective Construction of Polycyclic Tetrahydroquinoline Scaffolds through Asymmetric Organo/Photoredox Catalysis via Triple–Reaction Sequence [J]. Org. Lett., 2021, 23: 3287–3293.

[145] Zhang J L, Ye W L, Zhang J, et al. Enantioselective Construction of Polycyclic Indazole Skeletons Bearing Five Consecutive Chiral Centers through an Asymmetric Triple–Reaction Sequence [J]. Org. Lett., 2021, 23: 5033–5038.

[146] Jiang X, Xiong W, Deng S, et al. Construction of Axial Chirality via Asymmetric Radical Trapping by Cobalt under Visible Light [J]. Nat. Catal., 2022, 5: 788–797.

[147] Cai C Y, Lai X L, Wang Y, et al.Photoelectrochemical Asymmetric Catalysis Enables site–and Enantioselective

Cyanation of Benzylic C–H Bonds [J] . Nat. Catal., 2022, 5: 943–951.

[148] Fan W, Zhao X, Deng Y, et al. Electrophotocatalytic Decoupled Radical Relay Enables Highly Efficient and Enantioselective Benzylic C–H Functionalization [J] . J. Am. Chem. Soc., 2022, 144: 21674–21682.

[149] Huang Y Q, Wu Z J, Zhu L, et al. Electrochemical Rhodium–Catalyzed Enantioselective C–H Annulation with Alkynes [J] . CCS Chem., 2022, 4: 3181–3189.

[150] Qiu H, Shuai B, Wang Y Z, et al. Enantioselective Ni–Catalyzed Electrochemical Synthesis of Biaryl Atropisomers [J] . J. Am. Chem. Soc., 2020, 142: 9872–9878.

[151] Liu D, Liu Z R, Wang Z H, et al. Paired Electrolysis–Enabled Nickel–Catalyzed Enantioselective Reductive Cross–Coupling between α–Chloroesters and Aryl Bromides [J] . Nat. Commun., 2022, 13: 7318.

[152] Wang Y Z, Wang Z H, Eshel I L, et al. Nickel/Biimidazole–Catalyzed Electrochemical Enantioselective Reductive Cross–Coupling of Aryl Aziridines with Aryl Iodides [J] . Nat. Commun., 2023, 14: 2322.

[153] Huang M, Zhang L, Pan T, et al. Deracemization through Photochemical E/Z Isomerization of Enamines [J] . Science, 2022, 375: 869–874.

[154] Ma J, Zhou Q, Song G, et al. Enantioselective Synthesis of Pyroglutamic Acid Esters from Glycinate via Carbonyl Catalysis [J] . Angew. Chem. Int. Ed., 2021, 60: 10588–10592.

[155] Ma J, Gao B, Song G, et al. Asymmetric α–Allylation of Glycinate with Switched Chemoselectivity Enabled by Customized Bifunctional Pyridoxal Catalysts [J] . Angew. Chem. Int. Ed., 2022, 61: e202200850.

[156] Sun N, Huang J, Qian J, et al. Enantioselective [2+2] –Cycloadditions with Triplet Photoenzymes [J] . Nature, 2022, 611: 715–720.

[157] Zhang J, Huo X, Xiao J, et al. Enantio–and Diastereodivergent Construction of 1,3–Nonadjacent Stereocenters Bearing Axial and Central Chirality through Synergistic Pd/Cu Catalysis [J] . J. Am. Chem. Soc., 2021, 143: 12622–12632.

[158] Huo X, Li G, Wang X, et al. Bimetallic Catalysis in Stereodivergent Synthesis [J] . Angew. Chem. Int. Ed., 2022, 61: e202210086.

[159] Zhao L, Luo Y, Xiao J, et al. Stereodivergent Synthesis of Allenes with α,β–Adjacent Central Chiralities Empowered by Synergistic Pd/Cu Catalysis [J] . Angew. Chem. Int. Ed., 2023, 62: e202218146.

[160] Chang X, Cheng X, Liu X T, et al. Stereodivergent Construction of 1,4–Nonadjacent Stereocenters via Hydroalkylation of Racemic Allylic Alcohols Enabled by Copper/Ruthenium Relay Catalysis [J] . Angew. Chem. Int. Ed., 2022, 61: e202206517.

[161] Xiao L, Chang X, Xu H, et al. Cooperative Catalyst–Enabled Regio–and Stereodivergent Synthesis of α–Quaternary α–Amino Acids via Asymmetric Allylic Alkylation of Aldimine Esters with Racemic Allylic Alcohols [J] . Angew. Chem. Int. Ed., 2022, 61: e202212948.

[162] Zhou F, Tan C, Tang J, et al. Asymmetric Copper(Ⅰ)–Catalyzed Azide–Alkyne Cycloaddition to Quaternary Oxindoles [J] . J. Am. Chem. Soc., 2013, 135: 10994–10997.

[163] Liao K, Gong Y, Zhu R Y, et al. Highly Enantioselective CuAAC of Functional Tertiary Alcohols Featuring an Ethynyl Group and Their Kinetic Resolution [J] . Angew. Chem. Int. Ed., 2021, 60: 8488–8493.

[164] Hu X D, Chen Z H, Zhao J, et al. Enantioselective Synthesis of α–All–Carbon Quaternary Center–Containing Carbazolones via Amino–palladation/Desymmetrizing Nitrile Addition Cascade [J] . J. Am. Chem. Soc., 2021, 143: 3734–3740.

[165] Chen Z H, Sun R Z, Yao F, et al. Enantioselective Nickel–Catalyzed Reductive Aryl/Alkenyl–Cyano Cyclization Coupling to All–Carbon Quaternary Stereocenters [J] . J. Am. Chem. Soc., 2022, 144: 4776–4782.

[166] Xu P, Huang Z. Catalytic Reductive Desymmetrization of Malonic esters [J] . Nat. Chem., 2021, 13: 634–642.

[167] Xu P, Liu S, Huang Z. Desymmetric Partial Reduction of Malonic Esters [J] . J. Am. Chem. Soc., 2022, 144;

6918–6927.
[168] Zheng Y, Zhang S, Low K H, et al. A Unified and Desymmetric Approach to Chiral Tertiary Alkyl Halides [J]. J. Am. Chem. Soc., 2022, 144: 1951–1961.
[169] Huang X, Ma S. Allenation of Terminal Alkynes with Aldehydes and Ketones [J]. Acc. Chem. Res., 2019, 52: 1301–1312.
[170] Wang H, Luo H, Zhang Z M, et al. Pd–Catalyzed Enantioselective Syntheses of Trisubstituted Allenes via Coupling of Propargylic Benzoates with Organoboronic Acids [J]. J. Am. Chem. Soc., 2020, 142: 9763–9771.
[171] Wang H, Qian H, Zhang J, et al. Catalytic Asymmetric Axially Chiral Allenyl C–P Bond Formation [J]. J. Am. Chem. Soc., 2022, 144: 12619–12626.
[172] Wu G, Yao Y, Li G, et al. Enantioselective Allenation of Terminal Alkynes Catalyzed by Copper Halides of Mixed Oxidation States and Its Application to the Total Synthesis of Scorodonin [J]. Angew. Chem. Int. Ed., 2022, 61: e202112427.
[173] Han J, Liu S, Wang H, et al. Pd/Xu–Phos–Catalyzed Asymmetric Elimination of Fully Substituted Enol Triflates into Axially Chiral Trisubstituted Allenes [J]. Sci. Adv., 2023, 9: eadg1002.
[174] Zhang Y C, Jiang F, Shi F. Organocatalytic Asymmetric Synthesis of Indole–Based Chiral Heterocycles: Strategies, Reactions, and Outreach [J]. Acc. Chem. Res., 2020, 53: 425–446.
[175] Zhang H H, Shi F. Organocatalytic Atroposelective Synthesis of Indole Derivatives Bearing Axial Chirality: Strategies and Applications [J]. Acc. Chem. Res., 2022, 55: 2562–2580.
[176] Cheng J K, Xiang S H, Tan B. Organocatalytic Enantioselective Synthesis of Axially Chiral Molecules: Development of Strategies and Skeletons [J]. Acc. Chem. Res., 2022, 55: 2920–2937.
[177] Qin W, Liu Y, Yan H. Enantioselective Synthesis of Atropisomers via Vinylidene ortho–Quinone Methides (VQMs) [J]. Acc. Chem. Res., 2022, 55: 2780–2795.
[178] Zhang X, Zhao K, Gu Z. Transition Metal–Catalyzed Biaryl Atropisomer Synthesis via a Torsional Strain Promoted Ring–Opening Reaction [J]. Acc. Chem. Res., 2022, 55: 1620–1633.
[179] Zhang Z X, Zhai T Y, Ye L W. Synthesis of Axially Chiral Compounds through Catalytic Asymmetric Reactions of Alkynes [J]. Chem Catal., 2021, 1: 1378–1412.
[180] Jin L, Zhang P, Li Y, et al. Atroposelective Synthesis of Conjugated Diene–Based Axially Chiral Styrenes via Pd(Ⅱ)–Catalyzed Thioether–Directed Alkenyl C–H Olefination [J]. J. Am. Chem. Soc., 2021, 143: 12335–12344.
[181] Liao G, Zhang T, Jin L, et al. Experimental and Computational Studies on the Directing Ability of Chalcogenoethers in Palladium–Catalyzed Atroposelective C–H Olefination and Allylation [J]. Angew. Chem. Int. Ed., 2022, 61: e202115221.
[182] Wang B J, Xu G X, Huang Z W, et al. Single–Step Synthesis of Atropisomers with Vicinal C–C and C–N Diaxes by Cobalt–Catalyzed Atroposelective C–H Annulation [J]. Angew. Chem. Int. Ed., 2022, 61: e202208912.
[183] Hu P, Kong L, Wang F, et al. Twofold C–H Activation–Based Enantio–and Diastereoselective C–H Arylation Using Diarylacetylenes as Rare Arylating Reagents [J]. Angew. Chem. Int. Ed., 2021, 60: 20424–20429.
[184] Wang F, Jing J, Zhao Y, et al. Rhodium–Catalyzed C–H Activation–Based Construction of Axially and Centrally Chiral Indenes through Two Discrete Insertions [J]. Angew. Chem. Int. Ed., 2021, 60: 16628–16633.
[185] Ji D, Jing J, Wang Y, et al. Palladium–Catalyzed Asymmetric Hydrophosphination of Internal Alkynes: Atroposelective Access to Phosphine–Functionalized Olefins [J]. Chem., 2022, 8: 3346–3362.
[186] Mi R, Chen H, Zhou X, et al. Rhodium–Catalyzed Atroposelective Access to Axially Chiral Olefins via C–H Bond Activation and Directing Group Migration [J]. Angew. Chem. Int. Ed., 2022, 61: e202111860.
[187] Liu C X, Xie P P, Zhao F, et al. Explicit Mechanism of Rh(I)–Catalyzed Asymmetric C–H Arylation and Facile

Synthesis of Planar Chiral Ferrocenophanes [J] . J. Am. Chem. Soc., 2023, 145: 4765–4773.

[188] Zhou L, Cheng H G, Li L, et al. Synthesis of Planar Chiral Ferrocenes via Enantioselective Remote C–H Activation [J] . Nat. Chem., 2023, 15:815–823.

[189] Li K, Huang S, Liu T, et al. Organocatalytic Asymmetric Dearomatizing Hetero–Diels–Alder Reaction of Nonactivated Arenes [J] . J. Am. Chem. Soc., 2022, 144: 7374–7381.

[190] Wang Q, Zhang W W, Zheng C, et al. Enantioselective Synthesis of Azoniahelicenes by Rh–Catalyzed C–H Annulation with Alkynes [J] . J. Am. Chem. Soc., 2021, 143: 114–120.

[191] Wang C, Huang K, Ye J, et al. Asymmetric Synthesis of P–Stereogenic Secondary Phosphine–Boranes by an Unsymmetric Bisphosphine Pincer–Nickel Complex [J] . J. Am. Chem. Soc., 2021, 143: 5685–5690.

[192] Chen S, Mu D, Mai P L, et al. Enantioselective Construction of Six–and Seven–Membered Triorgano–Substituted Silicon–Stereogenic Heterocycles [J] . Nat. Commun., 2021, 12: 1249.

[193] Zhu J, Chen S, He C. Catalytic Enantioselective Dehydrogenative Si–O Coupling to Access Chiroptical Silicon–Stereogenic Siloxanes and Alkoxysilanes [J] . J. Am. Chem. Soc., 2021, 143: 5301–5307.

[194] Zeng Y, Fang X J, Tang R–H, et al. Rhodium–Catalyzed Dynamic Kinetic Asymmetric Hydrosilylation to Access Silicon–Stereogenic Center [J] . Angew. Chem. Int. Ed., 2022, 61: e202214147.

[195] Chang X, Ma P L, Chen H C, et al. Asymmetric Synthesis and Application of Chiral Spirosilabiindanes [J] . Angew. Chem. Int. Ed., 2020, 59: 8937–8940.

[196] Yang K, Mao Y, Xu J, et al. Construction of Axially Chiral Arylborons via Atroposelective Miyaura Borylation [J] . J. Am. Chem. Soc., 2021, 143: 10048–10053.

[197] Zhou X, Ding H, Chen P, et al. Radical Dehydroxymethylative Fluorination of Carbohydrates and Divergent Transformations of the Resulting Reverse Glycosyl Fluorides [J] . Angew. Chem. Int. Ed., 2020, 59: 4138–4144.

[198] Tang H J, Zhang X, Zhang Y F, et al. Visible–Light–Assisted Gold–Catalyzed Fluoroarylation of Allenoates [J] . Angew. Chem. Int. Ed., 2020, 59: 5242–5247.

[199] Xi Y, Wang C, Zhang Q, et al. Palladium–Catalyzed Regio–, Diastereo–, and Enantioselective 1,2–Arylfluorination of Internal Enamides [J] . Angew. Chem. Int. Ed., 2021, 60: 2699–2703.

[200] Ren J, Du F H, Jia M C, et al. Ring Expansion Fluorination of Unactivated Cyclopropanes Mediated by a New Monofluoroiodane(Ⅲ) Reagent [J] . Angew. Chem. Int. Ed., 2021, 60: 24171–24178.

[201] Liu A, Ni C, Xie Q, et al. $TMSCF_2Br$–Enabled Fluorination–Aminocarbonylation of Aldehydes: Modular Access to α–Fluoroamides [J] . Angew. Chem. Int. Ed., 2022, 61: e202115467.

[202] Liu Q, Lu Y, Sheng H, et al. Visible–Light–Induced Selective Photolysis of Phosphonium Iodide Salts for Monofluoromethylations [J] . Angew. Chem. Int. Ed., 2021, 60: 25477–25484.

[203] Sheng J, Ni H Q, Ni S X, et al. Diversity–Oriented Synthesis of Aliphatic Fluorides via Reductive $C(sp^3)$–$C(sp^3)$ Cross–Coupling Fluoroalkylation [J] . Angew. Chem. Int. Ed., 2021, 60: 15020–15027.

[204] Wu B B, Xu J, Gao Q, et al. A General and Efficient Solution to Monofluoroalkylation: Divergent Synthesis of Aliphatic Monofluorides with Modular Synthetic Scaffolds [J] . Angew. Chem. Int. Ed., 2022, 61: e202208938.

[205] Ning Y, Zhang X, Gai Y, et al. Difluoroacetaldehyde N–Triftosylhydrazone (DFHZ–Tfs) as a Bench–Stable Crystalline Diazo Surrogate for Diazoacetaldehyde and Difluorodiazoethane [J] . Angew. Chem. Int. Ed., 2020, 59: 6473–6481.

[206] Yang J, Zhu S, Wang F, et al. Silver–Enabled General Radical Difluoromethylation Reaction with $TMSCF_2H$ [J] . Angew. Chem. Int. Ed., 2021, 60: 4300–4306.

[207] Li H, Wang F, Zhu S, et al. Selective Fluoromethyl Couplings of Alkynes via Nickel Catalysis [J] . Angew. Chem. Int. Ed., 2022, 61: e202116725.

[208] Zhang Z Q, Sang Y Q, Wang C Q, et al. Difluoromethylation of Unactivated Alkenes Using Freon–22 through

Tertiary Amine-Borane-Triggered Halogen Atom Transfer [J] . J. Am. Chem. Soc., 2022, 144: 14288–14296.

[209] Wei Z, Miao W, Ni C, et al. Iron-Catalyzed Fluoroalkylation of Arylborates with Sulfone Reagents: Beyond the Limitation of Reduction Potential [J] . Angew. Chem. Int. Ed., 2021, 60: 13597–13602.

[210] Zhao H, Leng X B, Zhang W, et al. [Ph_4P] $^+$ [$Cu(CF_2H)_2$] $^-$: A Powerful Difluoromethylating Reagent Inspired by Mechanistic Investigation [J] . Angew. Chem. Int. Ed., 2022, 61: e202210151.

[211] Liu H, Wu J, Jin Y, et al. Mechanistic Insight into Copper-Mediated Trifluoromethylation of Aryl Halides: The Role of CuI [J] . J. Am. Chem. Soc., 2021, 143: 14367–14378.

[212] Peng L, Wang H, Guo C. Copper-Catalyzed Enantioselective Difluoromethylation of Amino Acids via Difluorocarbene [J] . J. Am. Chem. Soc., 2021, 143: 6376–6381.

[213] Bai D, Wu F, Chang L, et al. Highly Regio-and Enantioselective Hydrosilylation of gem-Difluoroalkenes by Nickel Catalysis [J] . Angew. Chem. Int. Ed., 2022, 61: e202114918.

[214] An L, Tong F F, Zhang S, et al. Stereoselective Functionalization of Racemic Cyclopropylzinc Reagents via Enantiodivergent Relay Coupling [J] . J. Am. Chem. Soc., 2020, 142: 11884–11892.

[215] Xu C, Cheng R, Luo Y C, et al. trans-Selective Aryldifluoroalkylation of Endocyclic Enecarbamates and Enamides by Nickel Catalysis [J] . Angew. Chem. Int. Ed., 2020, 59: 18741–18747.

[216] Fan W T, Li Y, Wang D, et al. Iron-Catalyzed Highly para-Selective Difluoromethylation of Arenes [J] . J. Am. Chem. Soc., 2020, 142: 20524–20530.

[217] Cheng X, Liu X, Wang S, et al. Organozinc Pivalates for Cobalt-Catalyzed Difluoroalkylarylation of Alkenes [J] . Nat. Commun., 2021, 12: 4366.

[218] Li Z, Jiao L, Sun Y, et al. CF_3SO_2Na as a Bifunctional Reagent: Electrochemical Trifluoromethylation of Alkenes Accompanied by SO_2 Insertion to Access Trifluoromethylated Cyclic N-Sulfonylimines [J] . Angew. Chem. Int. Ed., 2020, 59: 7266–7270.

[219] Li H, Zhang Y, Yang X, et al. Synthesis of Multifluoromethylated γ-Sultines by a Photoinduced Radical Addition-Polar Cyclization [J] . Angew. Chem. Int. Ed., 2023, 62: e202300159.

[220] Jiang Y, Li B, Ma N, et al. Photoredox-Catalyst-Enabled para-Selective Trifluoromethylation of tert-Butyl Arylcarbamates [J] . Angew. Chem. Int. Ed., 2021, 60: 19030–19034.

[221] Tang Z, Mo K, Ma X, et al. para-Selective Radical Trifluoromethylation of Benzamide Derivatives via Iminium Intermediates [J] . Angew. Chem. Int. Ed., 2022, 61: e202208089.

[222] Zhang W, Zou Z, Zhao W, et al. Integrated Redox-Active Reagents for Photoinduced Regio-and Stereoselective Fluorocarboborylation [J] . Nat. Commun., 2020, 11: 2572.

[223] Zhang H R, Feng C C, Chen N, et al. Direct Arene Trifluoromethylation Enabled by a High-Valent CuⅢ-CF_3 Compound [J] . Angew. Chem. Int. Ed., 2022, 61: e202209029.

[224] Xu P, Fan W, Chen P, et al. Enantioselective Radical Trifluoromethylation of Benzylic C-H Bonds via Cooperative Photoredox and Copper Catalysis [J] . J. Am. Chem. Soc., 2022, 144: 13468–13474.

[225] Hu W Q, Pan S, Xu X H, et al. Nickel-Mediated Trifluoromethylation of Phenol Derivatives by Aryl C-O Bond Activation [J] . Angew. Chem. Int. Ed., 2020, 59: 16076–16082.

[226] Mu B S, Gao Y, Yang F M, et al. The Bifunctional Silyl Reagent $Me_2(CH_2Cl)SiCF_3$ Enables Highly Enantioselective Ketone Trifluoromethylation and Related Tandem Processes [J] . Angew. Chem. Int. Ed., 2022, 61: e202208861.

[227] Chen X, Gong X, Li Z, et al. Direct Transfer of tri-and di-Fluoroethanol Units Enabled by Radical Activation of Organosilicon Reagents [J] . Nat. Commun., 2020, 11: 2756.

[228] Wei D, Liu T, He Y, et al. Radical 1,4/5-Amino Shift Enables Access to Fluoroalkyl-Containing Primary β(γ)-Aminoketones under Metal-Free Conditions [J] . Angew. Chem. Int. Ed., 2021, 60: 26308–26313.

[229] Li S S, Sun S, Wang J. Catalytic Asymmetric Homologation of 4-Substituted Cyclohexanones with CF_3CHN_2: Enantioselective Synthesis of α-Trifluoromethyl Cycloheptanones [J]. Angew. Chem. Int. Ed., 2022, 61: e202115098.

[230] Wu K, Zhang X, Wu L L, et al. A Convergent, Modular Approach to Trifluoromethyl-Bearing 5-Membered Rings via Catalytic C(sp^3)-H Activation [J]. Angew. Chem. Int. Ed., 2023, 62: e202215891.

[231] Zhang R Z, Zhang R X, Wang S, et al. An N-Trifluoromethylation/Cyclization Strategy for Accessing Diverse N-Trifluoromethyl Azoles from Nitriles and 1,3-Dipoles [J]. Angew. Chem. Int. Ed., 2022, 61: e202110749.

[232] Cheng A, Zhang L, Zhou Q, et al. Efficient Asymmetric Biomimetic Aldol Reaction of Glycinates and Trifluoromethyl Ketones by Carbonyl Catalysis [J]. Angew. Chem. Int. Ed., 2021, 60: 20166-20172.

[233] Ji P, Liu X, Xu J, et al. Direct Asymmetric α-C-H Addition of N-unprotected Propargylic Amines to Trifluoromethyl Ketones by Carbonyl Catalysis [J]. Angew. Chem. Int. Ed., 2022, 61: e202206111.

[234] Min Yu, Sheng J, Yu J L, et al. Diverse Synthesis of Chiral Trifluoromethylated Alkanes via Nickel-Catalyzed Asymmetric Reductive Cross-Coupling Fluoroalkylation [J]. Angew. Chem. Int. Ed., 2021, 60: 9947-9952.

[235] Wu B B, Xu J, Bian K J, et al. Enantioselective Synthesis of Secondary β-Trifluoromethyl Alcohols via Catalytic Asymmetric Reductive Trifluoroalkylation and Diastereoselective Reduction [J]. J. Am. Chem. Soc. 2022, 144: 6543-6550.

[236] Lin T Y, Pan Z, Tu Y, et al. Design and Synthesis of TY-Phos and Application in Palladium-Catalyzed Enantioselective Fluoroarylation of gem-Difluoroalkenes [J]. Angew. Chem. Int. Ed., 2020, 59: 22957-22962.

[237] Wang Q, Tao Q, Dong H, et al. Fluorination Triggers Fluoroalkylation: Nucleophilic Perfluoro-tert-butylation with 1,1-Dibromo-2,2-bis(trifluoromethyl)ethylene (DBBF) and CsF [J]. Angew. Chem. Int. Ed., 2021, 60: 27318-27323.

[238] Wei Z, Wen L, Zhu K, et al. Regioselective Aromatic Perfluoro-tert-butylation Using Perfluoro-tert-butyl Phenyl Sulfone and Arynes [J]. J. Am. Chem. Soc., 2022, 144: 22281-22288.

[239] Tu H Y, Wang F, Huo L, et al. Enantioselective Three-Component Fluoroalkylarylation of Unactivated Olefins through Nickel-Catalyzed Cross-Electrophile Coupling [J]. J. Am. Chem. Soc., 2020, 142: 9604-9611.

[240] Zhang Y, Geng H Q, Wu X F. Palladium-Catalyzed Perfluoroalkylative Carbonylation of Unactivated Alkenes: Access to β-Perfluoroalkyl Esters [J]. Angew. Chem. Int. Ed., 2021, 60: 24292-24298.

[241] Xie D T, Chen H L, Wei D, et al. Regioselective Fluoroalkylphosphorylation of Unactivated Alkenes by Radical-Mediated Alkoxyphosphine Rearrangement [J]. Angew. Chem. Int. Ed., 2022, 61: e202203398.

[242] Wang Q, Ni C, Hu M, et al. From C_1 to C_3: Copper-Catalyzed gem-Bis(trifluoromethyl)olefination of α-Diazo Esters with $TMSCF_3$ [J]. Angew. Chem. Int. Ed., 2020, 59: 8507-8511.

[243] Wang X, Pan S, Luo Q, et al. Controllable Single and Double Difluoromethylene Insertions into C-Cu Bonds: Copper-Mediated Tetrafluoroethylation and Hexafluoropropylation of Aryl Iodides with TMSCF2H and TMSCF2Br [J]. J. Am. Chem. Soc., 2022, 144: 12202-12211.

[244] Liu A, Ni C, Xie Q, et al. Transition-Metal-Free Controllable Single and Double Difluoromethylene Formal Insertions into C-H Bonds of Aldehydes with $TMSCF_2Br$ [J]. Angew. Chem. Int. Ed., 2023, 62: e202217088.

[245] Deng Z, Zhao M, Wang F, et al. Selective C-H trifluoromethoxylation of (hetero)arenes as limiting reagent [J]. Nat. Commun., 2020, 11: 2569.

[246] Hou Y, Zhang Z, Sun X, et al. Copper-Catalyzed Enantioselective Trifluoromethoxylation of Propargyl Sulfonates [J]. Angew. Chem. Int. Ed., 2023, 62: e202218919.

[247] Ouyang Y, Xu X H, Qing F L. Electrochemical Trifluoromethoxylation of (Hetero)aromatics with a Trifluoromethyl Source and Oxygen [J]. Angew. Chem. Int. Ed., 2022, 61: e202114048.

[248] Zhou X Y, Zhang M, Liu Z, et al. C_3-Selective Trifluoromethylthiolation and Difluoromethylthiolation of Pyridines

and Pyridine Drugs via Dihydropyridine Intermediates [J] . J. Am. Chem. Soc., 2022, 144: 14463–14470.

[249] Nie X, Xu T, Song J, et al. Radical Fluorosulfonylation: Accessing Alkenyl Sulfonyl Fluorides from Alkenes [J] . Angew. Chem. Int. Ed., 2021, 60: 3956–3960.

[250] Nie X, Xu T, Hong Y, et al. Introducing A New Class of Sulfonyl Fluoride Hubs via Radical Chloro-Fluorosulfonylation of Alkynes [J] . Angew. Chem. Int. Ed., 2021, 60: 22035–22042.

[251] Chen D, Nie X, Feng Q, et al. Electrochemical Oxo–Fluorosulfonylation of Alkynes under Air: Facile Access to β–Keto Sulfonyl Fluorides [J] . Angew. Chem. Int. Ed., 2021, 60: 27271–27276.

[252] Wang P, Zhang H, Nie X, et al. Photoredox Catalytic Radical Fluorosulfonylation of Olefins Enabled by a Bench-Stable Redox–Active Fluorosulfonyl Radical Precursor [J] . Nat. Commun., 2022, 13: 3370.

[253] Wang P, Zhang H, Zhao M, et al. Radical Hydro–Fluorosulfonylation of Unactivated Alkenes and Alkynes [J] . Angew. Chem. Int. Ed., 2022, 61: e202207684.

[254] Liu Y, Bai S, Du Y, et al. Expeditious and Efficient ortho–Selective Trifluoromethane–sulfonylation of Arylhydroxylamines [J] . Angew. Chem. Int. Ed., 2022, 61: e202115611.

[255] Tong C L, Xu X H, Qing F L. Nucleophilic and Radical Heptafluoroisopropoxylation with Redox–Active Reagents [J] . Angew. Chem. Int. Ed., 2021, 60: 22915–22924.

[256] Shou J Y, Xu X H, Qing F L. Chemoselective Hydro(Chloro)pentafluorosulfanylation of Diazo Compounds with Pentafluorosulfanyl Chloride [J] . Angew. Chem. Int. Ed., 2021, 60: 15271–15275.

[257] Shou J Y, Qing F L. Three–Component Reaction of Pentafluorosulfanyl Chloride, Alkenes and Diazo Compounds and Synthesis of Pentafluorosulfanylfurans [J] . Angew. Chem. Int. Ed., 2022, 61: e202208860.

[258] Kang Q K, Lin Y, Li Y, et al. Ru(II)–Catalyzed Amination of Aryl Fluorides via η6–Coordination [J] . J. Am. Chem. Soc., 2020, 142: 3706–3711.

[259] Kang Q K, Lin Y, Li Y, et al. Catalytic SNAr Hydroxylation and Alkoxylation of Aryl Fluorides. Angew. Chem. Int. Ed., 2021, 60: 20391–20399.

[260] Li X, Fu B, Zhang Q, et al. Copper–Catalyzed Defluorinative Hydroarylation of Alkenes with Polyfluoroarenes [J] . Angew. Chem. Int. Ed., 2020, 59: 23056–23060.

[261] Chen Y J, Deng W H, Guo J D, et al. Transition–Metal–Free, Site–Selective C–F Arylation of Polyfluoroarenes via Electrophotocatalysis [J] . J. Am. Chem. Soc., 2022, 144: 17261–17268.

[262] Luo Y C, Tong F F, Zhang Y, et al. Visible–Light–Induced Palladium–Catalyzed Selective Defluoroarylation of Trifluoromethylarenes with Arylboronic Acids [J] . J. Am. Chem. Soc., 2021, 143: 13971–13979.

[263] Zhou F Y, Jiao L. Asymmetric Defluoroallylation of 4–Trifluoromethylpyridines Enabled by Umpolung C–F Bond Activation [J] . Angew. Chem. Int. Ed., 2022, 61: e202201102.

[264] Yu Y J, Zhang F L, Peng T Y, et al. Sequential C–F Bond Functionalizations Oftrifluoroacetamides and Acetates via Spin–Center Shifts [J] . Science, 2021, 371: 1232–1240.

[265] Liu C, Shen N, Shang R. Photocatalytic Defluoroalkylation and Hydrodefluorination of Trifluoromethyls Using o–Phosphinophenolate [J] . Nat. Commun., 2022, 13: 354.

[266] Zhang X, Zhang X, Song Q, et al. A Carbene Strategy for Progressive (Deutero)Hydrodefluorination of Fluoroalkyl Ketones [J] . Angew. Chem. Int. Ed., 2022, 61: e202116190.

[267] Li L, Zhang X, Ning Y, et al. Carbodefluorination of Fluoroalkyl Ketones via a Carbene–Initiated Rearrangement Strategy [J] . Nat. Commun., 2022, 13: 4280.

[268] Shen Z J, Zhu C, Zhang X, et al. Organoboron Reagent–Controlled Selective (Deutero)Hydrodefluorination [J] . Angew. Chem. Int. Ed., 2023, 62: e202217244.

[269] Chen F, Xu X, He Y, et al. NiH–Catalyzed Migratory Defluorinative Olefin Cross–Coupling: Trifluoromethyl-Substituted Alkenes as Acceptor Olefins to Form gem–Difluoroalkenes [J] . Angew. Chem. Int. Ed., 2020, 59:

5398–5402.

[270] Zhang C, Lin Z, Zhu Y, et al. Chromium–Catalyzed Allylic Defluorinative Ketyl Olefin Coupling [J]. J. Am. Chem. Soc., 2021, 143: 11602–11610.

[271] Zhang J, Yang J D, Cheng J P. Chemoselective Catalytic Hydrodefluorination of Trifluoromethylalkenes towards mono–/gem–di–Fluoroalkenes under Metal–Free Conditions [J]. Nat. Commun., 2021, 12: 2835.

[272] Zhu C, Sun M M, Chen K, et al. Selective C–F Bond Allylation of Trifluoromethylalkenes [J]. Angew. Chem. Int. Ed., 2021, 60: 20237–20242.

[273] Jiang Z T, Huang J, Zeng Y, et al. Rhodium Catalyzed Regioselective C–H Allylation of Simple Arenes via C–C Bond Activation of Gem–difluorinated Cyclopropanes [J]. Angew. Chem. Int. Ed., 2021, 60: 10626–10631.

[274] Lyu L, Li C J. Palladium–Catalyzed Defluorinative Alkylation of gem–Difluorocyclopropanes: Switching Regioselectivity via Simple Hydrazones [J]. Angew. Chem. Int. Ed., 2021, 60: 13098–13104.

[275] Qian H, Nguyen H D, Lyu L, et al. Chemo–, Stereo–and Regioselective Fluoroallylation/Annulation of Hydrazones with gem–Difluorocyclopropanes via Tunable Palladium/NHC Catalysis [J]. Angew. Chem. Int. Ed., 2023, 62: e202303271.

[276] Ma Q, Wang Y, Tsui G C. Stereoselective Palladium–Catalyzed C–F Bond Alkynylation of Tetrasubstituted gem–Difluoroalkenes [J]. Angew. Chem. Int. Ed., 2020, 59: 11293–11297.

[277] Zhang H, Wang E, Geng S, et al. Experimental and Computational Studies of the Iron–Catalyzed Selective and Controllable Defluorosilylation of Unactivated Aliphatic gem–Difluoroalkenes [J]. Angew. Chem. Int. Ed., 2021, 60: 10211–10218.

[278] Zhu Z, Lin L, Xiao J, et al. Nickel–Catalyzed Stereo–and Enantioselective Cross–Coupling of gem–Difluoroalkenes with Carbon Electrophiles by C–F Bond Activation [J]. Angew. Chem. Int. Ed., 2022, 61: e202113209.

[279] Sun G, Liu H, Wang X, et al. Palladium–Catalyzed Defluorinative Coupling of Difluoroalkenes and Aryl Boronic Acids for Ketone Synthesis [J]. Angew. Chem. Int. Ed., 2023, 62: e202213646.

[280] Ge Z P, Fan Y Y, Deng W D, et al. Cephalodiones A–D: compound characterization and semisynthesis by [6+6] cycloaddition [J]. Angew. Chem. Int. Ed., 2021, 60: 9374–9378.

[281] Yan B C, Zhou M, Li J, et al. (−)–Isoscopariusin A, a Naturally Occurring Immunosuppressive Meroditerpenoid: Structure Elucidation and Scalable Chemical Synthesis [J]. Angew. Chem. Int. Ed., 2021, 60: 12859–12867.

[282] Li Y L, Zhuo L, Li X B, et al. Myxadazoles, Myxobacterium–Derived Isoxazole–Benzimidazole Hybrids with Cardiovascular Activities [J]. Angew. Chem. Int. Ed., 2021, 60: 21679–21684.

[283] Han W B, Zhai Y J, Zhang R, et al. Tricrilactones A–H, Potent Antiosteoporosis Macrolides with Distinctive Ring Skeletons from Trichocladium Crispatum, an Alpine Moss–Associated Fungus [J]. Angew. Chem. Int. Ed., 2023, 62: e202300773.

[284] Yang F, Sang M L, Lu J R, et al. Somalactams A–D: anti–Inflammatory Macrolide Lactams with Unique Ring Systems from an Arctic Actinomycete Strain [J]. Angew. Chem. Int. Ed., 2023, 62: e202218085.

[285] Zhou B, Gao X H, Zhang M M, et al. Discovery of Four Modified Classes of Triterpenoids Delineated a Metabolic Cascade: Compound Characterization and Biomimetic Synthesis [J]. Chemical Science, 2021, 12: 9831–9838.

[286] Guo Y, Huang F, Sun W G, et al. Unprecedented Polycyclic Polyprenylated Acylphloroglucinols with anti–Alzheimer's Activity from St. John's Wort [J]. Chemical Science, 2021, 12: 11438–11446.

[287] Ji K L, Fan Y Y, Kuok H H, et al. Macrocyclic Nonapeptides Incorporating Uncharacterized Amino Acids with Inhibitory Effects on Th17 Differentiation [J]. CCS Chemistry, 2021, 3: 844–858.

[288] Yin S P, Liu Z, Shen J J, et al. Chimeric Natural Products Derived from Medermycin and the Nature–Inspired Construction of Their Polycyclic Skeletons [J]. Nat. Commun., 2022, 13: 5169.

[289] He Q F, Wu Z L, Li L R, et al. Discovery of Neuritogenic Securinega Alkaloids from Flueggea Suffruticosa by a

Building Blocks-Based Molecular Network Strategy [J] . Angew. Chem. Int. Ed., 2021, 60: 19609–19613.

[290] Zhou Y F, Yan B C, Yang Q, et al. Harnessing Natural Products by a Pharmacophore-Oriented Semisynthesis Approach for the Discovery of Potential anti-SARS-CoV-2 Agents [J] . Angew. Chem. Int. Ed., 2022, 61: e202201684.

[291] Wang R B, Ma S G, Jamieson C S, et al. Library Construction of Stereochemically Diverse Isomers of Spirooliganin: Their Total Synthesis and Antiviral Activity [J] . Chemical Science, 2021, 12: 7003–7011.

[292] Liang Q, He J Y, Zhao X, et al. Selective Discovery of GPCR Ligands within DNA-Encoded Chemical Libraries Derived from Natural Products: a Case Study on Antagonists of Angiotensin II Type I Receptor [J] . J. Med. Chem., 2021, 64: 4196–4205.

[293] Li X L, Chi L P, Armando N V, et al. Stereochemical Elucidation of Natural Products from Residual Chemical Shift Anisotropies in a Liquid Crystalline Phase [J] . J. Am. Chem. Soc., 2020, 142: 2301–2309.

[294] Li W S, Yan R J, Yu Y, et al. Determination of the Absolute Configuration of Super-Carbon-Chain Compounds by a Combined Chemical, Spectroscopic, and Computational Approach: Gibbosols A and B [J] . Angew. Chem. Int. Ed., 2020, 59: 13028–13036.

[295] Jiang Z P, Sun S H, Yu Y, et al. Discovery of Benthol A and its Challenging Stereochemical Assignment: Opening up a New Window for Skeletal Diversity of Super-Carbon-Chain Compounds [J] . Chemical Science, 2021, 12: 10197–10206.

[296] Xiong J, Zhou P J, Jiang H W, et al. Forrestiacids A and B, Pentaterpene Inhibitors of ACL and Lipogenesis: Extending the Limits of Computational NMR Methods in the Structure Assignment of Complex Natural Products [J] . Angew. Chem. Int. Ed., 2021, 60: 22270–22275.

[297] Guo Y J, Zhang H, Yan C, et al. Small Molecule Agonist of Mitochondrial Fusion Repairs Mitochondrial Dysfunction [J] . Nat. Chem. Bio., 2023, 19: 468–477.

[298] Huang Q X, Su H, Qi B, et al. A SIRT1 Activator, Ginsenoside Rc, Promotes Energy Metabolism in Cardiomyocytes and Neurons [J] . J. Am. Chem. Soc., 2021, 143: 1416–1427.

[299] Huang J L, Yan X L, Li W, et al. Discovery of Highly Potent Daphnane Diterpenoids Uncovers Importin-β1 as a Druggable Vulnerability in Castration-Resistant Prostate Cancer [J] . J. Am. Chem. Soc., 2022, 144: 17522–17532.

[300] Zheng G J, Lyu K Y, Wang H, et al. Piericones A and B as Potent Antithrombotics: Nanomolar Noncompetitive Protein Disulfide Isomerase Inhibitors with an Unexpected Chemical Architecture [J] . J. Am. Chem. Soc., 2023, 145: 3196–3203.

[301] Tang Y, Yang X K, Zhang X W, et al. Harpagide, a Natural Product, Promotes Synaptic Vesicle Release as Measured by Nanoelectrode Amperometry [J] . Chemical Science, 2020, 11: 778–785.

[302] Deng T, Gao D X, Song X M, et al. A Natural Biological Adhesive from Snail Mucus for Wound Repair [J] . Nature Communications, 2023, 14: 396.

[303] He X F, Ma W J, Hu J, et al. Diverse Structures and Antihepatoma Effect of Sesquiterpenoid Dimers from Artemisia Ariopoda by AKT/STAT Signaling Pathway [J] . Signal Transduction and Targeted Therapy, 2023, 8: 64.

[304] Ye Y S, Li W Y, Du S Z, et al. Congenetic Hybrids Derived from Dearomatized Isoprenylated Acylphloroglucinol with Opposite Effects on Ca(v)3.1 Low Voltage Gated Ca^{2+} Channel [J] . J. Med. Chem., 2020, 63: 1709–1716.

[305] Cheng W Q, Xu T, Cui L P, et al. Discovery of Amphiphilic Xanthohumol Derivatives as Membrane-Targeting Antimicrobials against Methicillin-Resistant Staphylococcus Aureus [J] . J. Med. Chem., 2022, 66: 962–975.

[306] Saldivar Gonzalez F I, Aldas Bulos V D, Medina Franco J L, et al. Natural Product Drug Discovery in the Artificial Intelligence Era [J] . Chemical Science, 2022, 13: 1526–1546.

[307] Prihoda D, Maritz J M, Klempir O, et al. The Application Potential of Machine Learning and Genomics for

Understanding Natural Product Diversity, Chemistry, and Therapeutic Translatability [J] . Nat. Prod. Rep., 2021, 38: 1100–1108.

[308] Ma J M, Yao J L, Ren X Y, et al. Machine Learning–Assisted data–Driven Optimization and Understanding of the Multiple Stage Process for Extraction of Polysaccharides and Secondary Metabolites from Natural Products [J] . Green Chem., 2023, 25: 3057–3068.

[309] Wu A A, Ye Q, Zhuang X W, et al. Elucidating Structures of Complex Organic Compounds using a Machine Learning Model Based on the 13C NMR Chemical Shifts [J] . Precision Chemistry, 2023, 1: 57–68.

[310] Jia X N, Wang W J, Yin B, et al. Deep Learning Promotes the Screening of Natural Products with Potential Microtubule Inhibition Activity [J] . ACS Omega, 2022, 7: 28334–28341.

[311] Zheng S J, Zeng T, Li C T, et al. Deep Learning Driven Biosynthetic Pathways Navigation for Natural Products with BioNavi–NP [J] . Nat. Commun., 2022, 13: 3342.

[312] Lyu M Y, Zhong Z, Lo V K Y, et al. Total Synthesis of Cryptotrione [J] . Angew. Chem. Int. Ed., 2020, 59: 19929–19933.

[313] Lyu M Y, Zhong Z, Lo V K Y, et al. Total Synthesis of Cryptotrione [J] . Angew. Chem. Int. Ed., 2020, 59: 19929–19933.

[314] Jia X, Lei H, Han F, et al. Asymmetric Total Syntheses of Kopsane Alkaloids via a $PtCl_2$–Catalyzed Intramolecular [3+2] Cycloaddition [J] . Angew. Chem. Int. Ed., 2020, 59: 12832–12836.

[315] Qiao T, Wang Y, Zheng S, et al. Total Syntheses of Norrisolide–Type Spongian Diterpenes Cheloviolene C, Seconorrisolide B, and Seconorrisolide C [J] . Angew. Chem. Int. Ed., 2020, 59: 14111–14114.

[316] Xu B, Xun W, Su S, et al. Total Syntheses of (–)-Conidiogenone B, (–)-Conidiogenone, and (–)-Conidiogenol [J] . Angew. Chem. Int. Ed., 2020, 59: 16475–16479.

[317] Ren Z, Sun Z, Li Y, et al. Total Synthesis of (+)–3–Deoxyfortalpinoid F, (+)–Fortalpinoid A, and (+)–Cephinoid H [J] . Angew. Chem. Int. Ed., 2021, 60: 18572–18576.

[318] Liang L X, Zhou S Q, Zhang W, et al. Catalytic Asymmetric Alkynylation of 3,4–Dihydro–beta–carbolinium Ions Enables Collective Total Syntheses of Indole Alkaloids [J] . Angew. Chem. Int. Ed., 2021, 60: 25135–25142.

[319] Zhou W, Zhou T, Tian M, et al. Asymmetric Total Syntheses of Schizozygane Alkaloids [J] . J. Am. Chem. Soc., 2021, 143: 19975–19982.

[320] Deng Y, Liang X, Wei K, et al. Ir–Catalyzed Asymmetric Total Syntheses of Bisdehydrotuberostemonine D, Putative Bisdehydrotuberostemonine E and Structural Revision of the Latter [J] . J. Am. Chem. Soc., 2021, 143: 20622–20627.

[321] Kong L, Yu H, Deng M, et al. Enantioselective Total Syntheses of Grayanane Diterpenoids: (–)–Grayanotoxin Ⅲ, (+)–Principinol E, and (–)–Rhodomollein XX [J] . J. Am. Chem. Soc., 2022, 144: 5268–5273.

[322] Qing Z, Mao P, Wang T, et al. Asymmetric Total Syntheses of Cephalotane–Type Diterpenoids Cephanolides A–D [J] . J. Am. Chem. Soc., 2022, 144: 10640–10646.

[323] Zhong L P, Feng R, Wang J J, et al. Asymmetric Total Synthesis of Twin Bufogargarizins A and B [J] . J. Am. Chem. Soc., 2023, 145: 2098–2103.

[324] Tian H, Wu Y, Li X, et al. Total Syntheses of Kopsaporine, Kopsinol and Kopsiloscine A [J] . Angew. Chem. Int. Ed., 2023, 62: e202218935.

[325] Zhou W, Xi S, Chen H, et al. A Bridged Backbone Strategy Enables Collective Synthesis of Strychnan Alkaloids [J] . Nat. Chem., 2023, 15: 1074–1082.

[326] Zhang H, He H, Gao S. Asymmetric Total Synthesis of Cephanolide A [J] . Angew. Chem. Int. Ed., 2020, 59: 20417–20422.

[327] Zhou J, Tan D X, Han F S. A Divergent Enantioselective Total Synthesis of Post–Iboga Indole Alkaloids [J] .

Angew. Chem. Int. Ed., 2020, 59: 18731–18740.

[328] Wu H, Ding Y, Hu K, et al. Bioinspired Network Analysis Enabled Divergent Syntheses and Structure Revision of Pentacyclic Cytochalasans [J] . Angew. Chem. Int. Ed., 2021, 60: 15963–15971.

[329] Bai L, Ma Y, Jiang X. Total Synthesis of (–)–Calycanthine via Iron–Catalyzed Stereoselective Oxidative Dimerization [J] . J. Am. Chem. Soc., 2021, 143: 20609–20615.

[330] Wang B, Xu B, Xun W, et al. A General Strategy for the Construction of Calyciphylline A–Type Alkaloids: Divergent Total Syntheses of (–)–Daphenylline and (–)–Himalensine A [J] . Angew. Chem. Int. Ed., 2021, 60: 9439–9443.

[331] He F, Feng S, Zhao Y, et al. Collective Total Syntheses of Five Lycopodium Alkaloids [J] . Angew. Chem. Int. Ed., 2022, 61: e202205439.

[332] Zhao L P, Li P J, Wang L, et al. Allenamide–Initiated Cascade [2+2+2] Annulation Enabling the Divergent Total Synthesis of (–)–Deoxoapodine, (–)–Kopsifoline D and (±)–Melotenine A [J] . Angew. Chem. Int. Ed., 2022, 61: 11882–11886.

[333] Li Q Z, Hou S H, Kang J C, et al. Bioinspired Palladium–Catalyzed Intramolecular C(sp^3)–H Activation for the Collective Synthesis of Proline Natural Products [J] . Angew. Chem. Int. Ed., 2022, 61: 11882–11886.

[334] Jin S, Zhao X, Ma D, et al. Divergent Total Syntheses of Napelline–Type C_{20}–Diterpenoid Alkaloids: (–)–Napelline, (+)–Dehydronapelline, (–)–Songorine, (–)–Songoramine, (–)–Acoapetaldine D, and (–)–Liangshanone [J] . J. Am. Chem. Soc., 2022, 144: 15355–15362.

[335] Huang Z, Huang G, Wang X, et al. Asymmetric Total Synthesis of Natural Lindenane Sesquiterpenoid Oligomers via a Triene as a Potential Biosynthetic Intermediate [J] . Angew. Chem. Int. Ed., 2022, 61: e202204303.

[336] An X T, Ge X M, Liu X Y, et al. Enantioselective Divergent Syntheses of Cephalotaxus Alkaloids:(–)–Cephalotaxine, (–)–Cephalotine B, and (–)–Fortuneicyclidins A and B [J] . J. Am. Chem. Soc., 2023, 145: 9233–9241.

[337] Su S B, Lin C C, Zhai H B, et al. Divergent Total Syntheses of (–)–Daphnezomines A and B and (+)–Dapholdhamine B [J] . Angew. Chem. Int. Ed., 2023, 62: e202303402.

[338] Xu K X, Mu S, Rao H J Z, et al. Divergent Total Syntheses of (+)–Vulgarisins A–E. Angew. Chem. Int. Ed., 2023, 62: e202303668.

[339] Zhang Y, Zhang L, Qi X B, et al. Oxidative Coupling Approach to Sarpagine Alkaloids: Total Synthesis of (–)–Trinervine, Vellosimine, (+)–Normacusine B, and (–)–Alstomutinine C [J] . Angew. Chem. Int. Ed., 2023, 62:e202304435.

[340] Deng J, Ning Y, Tian H, et al. Divergent Synthesis of Antiviral Diterpenes Wickerols A and B [J] . J. Am. Chem. Soc., 2020, 142: 4690–4695.

[341] Wang Y, Tian H, Gui J, et al. Gram–Scale Synthesis of Bufospirostenin A by a Biomimetic Skeletal Rearrangement Approach [J] . J. Am. Chem. Soc., 2021, 143: 19576–19586.

[342] Li X, Zhang Z, Fan H, et al. Concise Synthesis of 9,11–Secosteroids Pinnigorgiols B and E [J] . J. Am. Chem. Soc., 2021, 143: 4886–4890.

[343] Huang J, Cao T, Zhang Z, et al. Semisynthesis of (–)–Bufospirostenin A Enabled by Photosantonin Rearrangement Reaction [J] . J. Am. Chem. Soc., 2022, 144: 2479–2483.

[344] Chen Z, Zhao K, Jia Y, et al. Bioinspired Total Synthesis of (+)–Euphorikanin A [J] . Angew. Chem. Int. Ed., 2022, 61.

[345] Long X, Li J, Gao F, et al. Bioinspired Synthesis of Spirochensilide A from Lanosterol [J] . J. Am. Chem. Soc., 2022, 144: 16292–16297.

[346] Zheng X, Li Y, Guan M, et al. Biomimetic Total Synthesis of the Spiroindimicin Family of Natural Products [J] . Angew. Chem. Int. Ed., 2022, 61: e202208802.

[347] Wang X, Huang G, Wang Y, et al. Asymmetric Total Synthesis of the Rearranged Steroid Phomarol Enabled by a

Biomimetic S_N2' Cyclization [J]. J. Am. Chem. Soc., 2023, 145: 9354–9363.

[348] Guo J, Li B, Ma W, et al. Total Synthesis of (–)–Glaucocalyxin A [J]. Angew. Chem. Int. Ed., 2020, 59: 15195–15198.

[349] Xie T, Zheng C, Chen K, et al. Asymmetric Total Synthesis of the Complex Polycyclic Xanthone FD–594 [J]. Angew. Chem. Int. Ed., 2020, 59: 4360–4364.

[350] Deng J, Ning Y, Tian H, et al. Divergent Synthesis of Antiviral Diterpenes Wickerols A and B [J]. J. Am. Chem. Soc., 2020, 142, 4690–4695.

[351] Wang F Y, Jiao L. Total Synthesis of (–)–Arborisidine [J]. Angew. Chem. Int. Ed., 2021, 60: 12732–12736.

[352] Zong Y, Xu Z J, Zhu R X, et al. Enantioselective Total Syntheses of Manginoids A and C and Guignardones A and C [J]. Angew. Chem. Int. Ed., 2021, 60: 15286–15290.

[353] Chong C, Zhang Q, Ke J, et al. Total Synthesis of Anti–Cancer Meroterpenoids Dysideanone B and Dysiherbol A and Structural Reassignment of Dysiherbol A [J]. Angew. Chem. Int. Ed., 2021, 60: 13807–13813.

[354] Zhang Y, Ji Y, Franzoni I, et al. Enantioselective Total Synthesis of Berkeleyone A and Preaustinoids [J]. Angew. Chem. Int. Ed., 2021, 60: 14869–14874.

[355] Ji Y, Hong B, Franzoni I, et al. Enantioselective Total Synthesis of Hyperforin and Pyrohyperforin [J]. Angew. Chem. Int. Ed., 2022, 61: e202116136.

[356] Zhang Q, Yang Z, Wang Q, et al. Asymmetric Total Synthesis of Hetidine–Type C_{20}–Diterpenoid Alkaloids: (+)–Talassimidine and (+)–Talassamine [J]. J. Am. Chem. Soc., 2021, 143: 7088–7095.

[357] Ao J, Sun C, Chen B, et al. Total Synthesis of Isorosthin L and Isoadenolin I [J]. Angew. Chem. Int. Ed., 2022, 61: e202114489.

[358] Cao M Y, Ma B J, Gu Q X, et al. Concise Enantioselective Total Synthesis of Daphenylline Enabled by an Intramolecular Oxidative Dearomatization [J]. J. Am. Chem. Soc., 2022, 144: 5750–5755.

[359] Ju W, Wang X, Tian H, et al. Asymmetric Total Synthesis of Clionastatins A and B [J]. J. Am. Chem. Soc., 2021, 143: 13016–13021.

[360] Qin B, Lu Z, Jia Y, et al. Divergent Total Synthesis of Four Kopsane Alkaloids: N–Carbomethoxy–10,22–dioxokopsane, Epikopsanol–10–lactam, 10,22–Dioxokopsane, and N–Methylkopsanone [J]. Angew. Chem. Int. Ed., 2022, 61: e202201712.

[361] Zhuo J, Zhu C, Wu J, et al. Reductive Radical Annulation Strategy toward Bicyclo [3.2.1] octanes: Synthesis of ent–Kaurane and Beyerane Diterpenoids [J]. J. Am. Chem. Soc., 2021, 144: 99–105.

[362] Que Y, Shao H, He H, et al. Total Synthesis of Farnesin through an Excited–State Nazarov Reaction [J]. Angew. Chem. Int. Ed., 2020, 59: 7444–7449.

[363] Xu Z J, Zong Y, Qiao Y N, et al. Divergent Total Synthesis of Euphoranginol C, Euphoranginone D, ent–Trachyloban–3β–ol, ent–Trachyloban–3–one, Excoecarin E, and ent–16α–Hydroxy–atisane–3–one [J]. Angew. Chem. Int. Ed., 2020, 59: 19919–19923.

[364] Gao J, Rao P, Xu K, et al. Total Synthesis of (–)-Rhodomollanol A [J]. J. Am. Chem. Soc., 2020, 142: 4592–4597.

[365] Zhang W, Zhang Z, Tang J–C, et al. Total Synthesis of (+)–Haperforin G [J]. J. Am. Chem. Soc., 2020, 142: 19487–19492.

[366] Guo Y, Guo Z, Lu J T, et al. Total Synthesis of (–)–Batrachotoxinin A: A Local–Desymmetrization Approach [J]. J. Am. Chem. Soc., 2020, 142: 3675–3679.

[367] Shen Y, Li L, Xiao X, et al. Site–Specific Photochemical Desaturation Enables Divergent Syntheses of Illicium Sesquiterpenes [J]. J. Am. Chem. Soc., 2021, 143: 3256–3263.

[368] Gao B, Yao F, Zhang Z, et al. Total Synthesis of (+)–Alsmaphorazine C and Formal Synthesis of (+)–Strictamine: A Photo–Fries Approach [J]. Angew. Chem. Int. Ed., 2021, 60: 10603–10607.

[369] Xu M, Hou M, He H, et al. Asymmetric Total Synthesis of Aglacins A, B, and E [J]. Angew. Chem. Int. Ed., 2021, 60: 16655–16660.

[370] Yang B, Wen G, Zhang Q, et al. Asymmetric Total Synthesis and Biosynthetic Implications of Perovskones, Hydrangenone, and Hydrangenone B [J]. J. Am. Chem. Soc., 2021, 143: 6370–6375.

[371] Ding S, Shi Y, Yang B, et al. Asymmetric Total Synthesis of Hasubanan Alkaloids: Periglaucines A–C, N,O–Dimethyloxostephine and Oxostephabenine [J]. Angew. Chem. Int. Ed., 2022, 62: e202214873.

[372] Zhang Z, Chen S, Tang F, et al. Total Synthesis of (+)–Cyclobutastellettolide B [J]. J. Am. Chem. Soc., 2021, 143: 18287–18293.

[373] Huang J, Cao T, Zhang Z, et al. Semisynthesis of (–)–Bufospirostenin A Enabled by Photosantonin Rearrangement Reaction [J]. J. Am. Chem. Soc., 2022, 144: 2479–2483.

[374] Chen H, Li Z, Shao P, et al. Total Synthesis of (+)–Mutilin: A Transannular [2+2] Cycloaddition/Fragmentation Approach [J]. J. Am. Chem. Soc., 2022, 144: 15462–15467.

[375] Hu S, Tang Y. Enantioselective Total Synthesis of Dysiherbols A, C, and D [J]. J. Am. Chem. Soc., 2022, 144: 19521–19531.

[376] Zhu A, Lyu Y, Xia Q D, et al. Divergent Synthetic Approach to Grayanane Diterpenoids [J]. J. Am. Chem. Soc., 2023, 145: 8540–8549.

[377] Qu Y, Wang Z, Zhang Z, et al. Asymmetric Total Synthesis of (+)–Waihoensene [J]. J. Am. Chem. Soc., 2020, 142: 6511–6515.

[378] Xu G, Wu J, Li L, et al. Total Synthesis of (–)-Daphnezomines A and B [J]. J. Am. Chem. Soc., 2020, 142: 15240–15245.

[379] Yu K, Yao F, Zeng Q, et al. Asymmetric Total Syntheses of (+)–Davisinol and (+)–18–Benzoyldavisinol: A HAT–Initiated Transannular Redox Radical Approach [J]. J. Am. Chem. Soc., 2021, 143: 10576–10581.

[380] Chen P, Wang C, Yang R, et al. Asymmetric Total Synthesis of Dankasterones A and B and Periconiastone A Through Radical Cyclization [J]. Angew. Chem. Int. Ed., 2021, 60: 5512–5518.

[381] Xin Z, Wang H, He H, et al. Asymmetric Total Synthesis of Norzoanthamine [J]. Angew. Chem. Int. Ed., 2021, 60: 12807–12812.

[382] Fang X, Zhang N, Chen S C, et al. Scalable Total Synthesis of (–)–Triptonide: Serendipitous Discovery of a Visible–Light–Promoted Olefin Coupling Initiated by Metal–Catalyzed Hydrogen Atom Transfer (MHAT) [J]. J. Am. Chem. Soc., 2022, 144: 2292–2300.

[383] Zhao Y, Hu J, Chen R, et al. Divergent Total Syntheses of (–)–Crinipellins Facilitated by a HAT–Initiated Dowd–Beckwith Rearrangement [J]. J. Am. Chem. Soc., 2022, 144: 2495–2500.

[384] Lu H H, Gan K J, Ni F Q, et al. Concise Total Synthesis of Salimabromide [J]. J. Am. Chem. Soc., 2022, 144: 18778–18783.

[385] Zhao X H, Meng L L, Liu X T, et al. Asymmetric Divergent Synthesis of ent–Kaurane–, ent–Atisane–, ent–Beyerane–, ent–Trachylobane–, and ent–Gibberellane–type Diterpenoids [J]. J. Am. Chem. Soc., 2023, 145: 311–321.

[386] Chen X, Yao W, Zheng H, et al. Enantiocontrolled Total Synthesis of (–)-Retigeranic Acid A [J]. J. Am. Chem. Soc., 2023, 145: 13549–13555.

[387] Cheng M J, Zhong L P, Gu C C, et al. Asymmetric Total Synthesis of Bufospirostenin A [J]. J. Am. Chem. Soc., 2020, 142: 12602–12607.

[388] Jiang Y L, Yu H X, Li Y, et al. Asymmetric Total Synthesis of Pre–schisanartanin C [J]. J. Am. Chem. Soc., 2019, 142: 573–580.

[389] Liang X T, Chen J H, Yang Z. Asymmetric Total Synthesis of (–)-Spirochensilide A [J]. J. Am. Chem. Soc., 2020,

142: 8116–8121.

[390] Wang J, Hong B, Hu D, et al. Protecting–Group–Free Syntheses of ent–Kaurane Diterpenoids: [3+2+1] Cycloaddition/Cycloalkenylation Approach [J] . J. Am. Chem. Soc., 2020, 142: 2238–2243.

[391] Yang P, Li J, Sun L, et al. Elucidation of the Structure of Pseudorubriflordilactone B by Chemical Synthesis [J] . J. Am. Chem. Soc., 2019, 142: 13701–13708.

[392] Zhang B, Wang X, Li C. Enantioselective Total Synthesis of (+)–Corymine and (–)-Deformylcorymine [J] . J. Am. Chem. Soc., 2020, 142: 3269–3274.

[393] Zhang W, Zhou Z X, Zhu X J, et al. Asymmetric Total Synthesis of the Highly Strained 4β–Acetoxyprobotryane–9β,15α–diol [J] . J. Am. Chem. Soc., 2020, 142: 19868–19873.

[394] Bai L, Ma Y, Jiang X. Total Synthesis of (–)-Calycanthine via Iron–Catalyzed Stereoselective Oxidative Dimerization [J] . J. Am. Chem. Soc., 2021, 143, 20609–20615.

[395] Hu Y J, Gu C C, Wang X F, et al. Asymmetric Total Synthesis of Taxol [J] . J. Am. Chem. Soc., 2021, 143, 17862–17870.

[396] Li T, Wang J, Zhu X, et al. Synthesis of Rare 6–Deoxy–d–/l–Heptopyranosyl Fluorides: Assembly of a Hexasaccharide Corresponding to Campylobacter jejuni Strain CG8486 Capsular Polysaccharide [J] . J. Am. Chem. Soc., 2021, 143: 11171–11179.

[397] Yang S, Chen C, Chen J, et al. Total Synthesis of the Potent and Broad–Spectrum Antibiotics Amycolamicin and Kibdelomycin [J] . J. Am. Chem. Soc., 2021, 143: 21258–21263.

[398] Zhao P, Guo Y, Luan X. Total Synthesis of Dalesconol A by Pd(0)/Norbornene–Catalyzed Three–Fold Domino Reaction and Pd(II)–Catalyzed Trihydroxylation [J] . J. Am. Chem. Soc., 2021, 143: 21270–21274.

[399] Wang Y, Zhao R, Yang M. Total Synthesis of Mollanol A [J] . J. Am. Chem. Soc., 2022, 144: 15033–15037.

[400] Cui H, Shen Y, Chen Y, et al. Two–Stage Syntheses of Clionastatins A and B [J] . J. Am. Chem. Soc., 2022, 144: 8938–8944.

[401] Li L X, Min L, Yao T B, et al. Total Synthesis of Yuzurine–type Alkaloid Daphgraciline [J] . J. Am. Chem. Soc., 2022, 144: 18823–18828.

[402] Ma T, Cheng H, Pitchakuntla M, et al. Total Synthesis of (–)–Principinol C [J] . J. Am. Chem. Soc., 2022, 144: 20196–20200.

[403] Wang Y Q, Xu K, Min L, et al. Asymmetric Total Syntheses of Hypoestin A, Albolic Acid, and Ceroplastol II [J]. J. Am. Chem. Soc., 2022, 144: 10162–10167.

[404] Yang P, Li Y Y, Tian H, et al. Syntheses of Bufospirostenin A and Ophiopogonol A by a Conformation–Controlled Transannular Prins Cyclization [J] . J. Am. Chem. Soc., 2022, 144: 17769–17775.

[405] Yao J J, Ding R, Chen X, et al. Asymmetric Total Synthesis of (+)–Alstonlarsine A [J] . J. Am. Chem. Soc., 2022, 144: 14396–14402.

[406] Zhang Y, Chen Y, Song M, et al. Total Syntheses of Calyciphylline A–Type Alkaloids (–)-10–Deoxydaphnipaxianine A, (+)–Daphlongamine E and (+)–Calyciphylline R via Late–Stage Divinyl Carbinol Rearrangements [J] . J. Am. Chem. Soc., 2022, 144: 16042–16051.

[407] Ji J, Chen J, Qin S, et al. Total Synthesis of Vilmoraconitine [J] . J. Am. Chem. Soc., 2023, 145: 3903–3908.

[408] Wang Y, Su Y, Jia Y. Total Synthesis of (+)–Aberrarone [J] . J. Am. Chem. Soc., 2023, 145: 9459–9463.

[409] Sun D, Chen R, Tang D, et al. Total Synthesis of (–)–Retigeranic Acid A: A Reductive Skeletal Rearrangement Strategy [J] . J. Am. Chem. Soc., 2023, 145: 11927–11932.

[410] Zou Y P, Lai Z L, Zhang M W, et al. Total Synthesis of (±)–and (–)–Daphnillonin B [J] . J. Am. Chem. Soc., 2023, 145: 10998–11004.

[411] Huang H X, Mi F, Li C, et al. Total Synthesis of Liangshanone [J] . Angew. Chem. Int. Ed., 2020, 59: 23609–

23614.

[412] Nagaraju K, Ni D, Ma D. Total Synthesis of Kopsinitarine E [J]. Angew. Chem. Int. Ed., 2020, 59: 22039–22042.

[413] Sun Z, Shang Z, Forelli N, et al. Total Synthesis of Malacidin A by β–Hydroxyaspartic Acid Ligation–Mediated Cyclization and Absolute Structure Establishment [J]. Angew. Chem. Int. Ed., 2020, 59: 19868–19872.

[414] Tan D X, Zhou J, Liu C Y, et al. Enantioselective Total Synthesis and Absolute Configuration Assignment of (+)–Tronocarpine Enabled by an Asymmetric Michael/Aldol Reaction [J]. Angew. Chem. Int. Ed., 2020, 59: 3834–3839.

[415] Yang J, Zhang X M, Zhang F M, et al. Enantioselective Catalytic Aldehyde α–Alkylation/Semipinacol Rearrangement: Construction of α–Quaternary–δ–Carbonyl Cycloketones and Total Synthesis of (+)–Cerapicol [J]. Angew. Chem. Int. Ed., 2020, 59: 8471–8475.

[416] Zhang J, Liu M, Wu C, et al. Total Synthesis of (–)–Pepluanol B: Conformational Control of the Eight–Membered–Ring System [J]. Angew. Chem. Int. Ed., 2020, 59, 3966–3970.

[417] Ao Q, Zhang H J, Zheng J, et al. Asymmetric Total Synthesis of (+)–Mannolide C [J]. Angew. Chem. Int. Ed., 2021, 60: 21267–21271.

[418] Cheng H G, Yang Z, Chen R, et al. A Concise Total Synthesis of (–)–Berkelic Acid [J]. Angew. Chem. Int. Ed., 2021, 60: 5141–5146.

[419] Lu Y, Xu M M, Zhang Z M, et al. Catalytic Asymmetric Inverse–Electron–Demand Diels–Alder Reactions of 2–Pyrones with Indenes: Total Syntheses of Cephanolides A and B [J]. Angew. Chem. Int. Ed., 2021, 60: 26610–26615.

[420] Shu X, Chen C C, Yu T, et al. Enantioselective Total Synthesis of (–)–Spiroxins A, C, and D [J]. Angew. Chem. Int. Ed., 2021, 60: 18514–18518.

[421] Wang B, Liu Z, Tong Z, et al. Asymmetric Total Syntheses of 8,9–Seco–ent–kaurane Diterpenoids Enabled by an Electrochemical ODI– [5+2] Cascade [J]. Angew. Chem. Int. Ed., 2021, 60: 14892–14896.

[422] Yang Z, Tan Q, Jiang Y, et al. Asymmetric Total Synthesis of Sarpagine and Koumine Alkaloids [J]. Angew. Chem. Int. Ed., 2021, 60: 13105–13111.

[423] Chen L, Xie K, Zhang J, et al. Total Synthesis of Spiro [cyclohexane–2–indoline] Alkaloids: A Regio–and Diastereoselective Spirocyclization Approach [J]. Angew. Chem. Int. Ed., 2022, 61: e202212042.

[424] Guo L D, Xu Z, Tong R. Asymmetric Total Synthesis of Indole Diterpenes Paspalicine, Paspalinine, and Paspalinine–13–ene [J]. Angew. Chem. Int. Ed., 2022, 61: e2021115384.

[425] Hu C, Wu S, He F, et al. Convergent Synthesis and Anti–Pancreatic Cancer Cell Growth Activity of a Highly Branched Heptadecasaccharide from Carthamus tinctorius [J]. Angew. Chem. Int. Ed., 2022, 61: e202202554.

[426] Huang W, Fan S, Gao J, et al. Total Synthesis of Complex Peptidyl Nucleoside Antibiotics: Asymmetric De Novo Syntheses of Miharamycin B and Its Biosynthetic Precursor [J]. Angew. Chem. Int. Ed., 2022, 61: e202204907.

[427] Shao X, Zheng C, Xu P, et al. Total Synthesis and Stereochemistry Assignment of Nucleoside Antibiotic A–94964 [J]. Angew. Chem. Int. Ed., 2022, 61: e202200818.

[428] Wang J, Gao J, Guo T, et al. Bioinspired Total Synthesis of Complex Nucleoside Antibiotics A201A, A201D and A201E [J]. Angew. Chem. Int. Ed., 2022, 62: e202213810.

[429] Wang X, Wang Z, Ma X, et al. Asymmetric Total Synthesis of Shizukaol J, Trichloranoid C and Trishizukaol A [J]. Angew. Chem. Int. Ed., 2022, 61: e202204303.

[430] White L V, Hu N, He Y T, et al. Expeditious Access to Morphinans by Chemical Synthesis [J]. Angew. Chem. Int. Ed., 2022, 61: e202203186.

[431] Wu G, Yao Y, Li G, et al. Enantioselective Allenation of Terminal Alkynes Catalyzed by Copper Halides of Mixed Oxidation States and Its Application to the Total Synthesis of Scorodonin [J]. Angew. Chem. Int. Ed., 2022, 61:

e202112427.

[432] Zhang N, Jiang H, Ma Z. Concise Synthesis of (±)-Myrioneurinol Enabled by Sequential [2+2] Cycloaddition/Retro-Mannich Fragmentation/Mannich Reaction [J]. Angew. Chem. Int. Ed., 2022, 61: e202200085.

[433] Zhu D, Geng M, Yu B, et al. Total Synthesis of Starfish Cyclic Steroid Glycosides [J]. Angew. Chem. Int. Ed., 2022, 61: e202203239.

[434] Sun J W, Chen Y, Ragab S S, et al. Total Syntheses of Polyhydroxylated Steroids by an Unsaturation-Functionalization Strategy [J]. Angew. Chem. Int. Ed., 2023, 62: e202303639.

[435] Zhang Y Q, Wang L L, Zhou Q L, et al. Modular Synthesis of a Tridecasaccharide Motif of Bacteroides vulgatus Lipopolysaccharides against Inflammatory Bowel Diseases through an Orthogonal One-Pot Glycosylation Strategy [J]. Angew. Chem. Int. Ed., 2023, 62: e202301351.

[436] Liu J X, Zhang S P, Sun F S, et al. Asymmetric Total Synthesis of Naphthospironone A [J]. Angew. Chem. Int. Ed., 2023, 62: e202303229.

[437] Dong H R, Hu D C, Hong B K, et al. Total Synthesis of Diverse Tetramic Acid Bearing cis-Decalin Natural Products [J]. Angew. Chem. Int. Ed., 2023, 62: e202301872.

[438] Zhang F, Zeng J, Gao M, et al. Concise, scalable and enantioselective total synthesis of prostaglandins [J]. Nature Chemistry, 2021, 13: 692-697.

[439] Long X, Wu H, Ding Y, et al. Biosynthetically Inspired Divergent Syntheses of Merocytochalasans [J]. Chem., 2021, 7: 212-223.

[440] Xu Y, Wang H, Yang Z, et al. Stereodivergent Total Synthesis of Rocaglaol Initiated by Synergistic dual-Metal-Catalyzed Asymmetric Allylation of Benzofuran-3(2H)-One [J]. Chem., 2022, 8: 2011-2022.

[441] Bai L Y, Li J Y, Jiang X F, et al. Total Synthesis of (+)-Asperazine A: A Stereoselective Domino Dimerization [J]. Chem., 2023, 9: 483-496.

[442] Li D, Meng J, Jiang X, et al. Total Synthesis of Trabectedin, Lurbinectedin, and Renieramycin T [J]. CCS Chemistry, 2022, 5: 2152-2158.

[443] Jiang D, Xin K, Yang B, et al. Total Synthesis of Three Families of Natural Antibiotics: Anthrabenzoxocinones, Fasamycins/Naphthacemycins, and Benastatins [J]. CCS Chemistry, 2020, 2: 800-812.

[444] Dong H, Hu D, Hong B, et al. Total Synthesis of Diverse Tetramic Acid Bearing cis-Decalin Natural Products [J]. Angew. Chem. Int. Ed., 2023, 62: e202301872.

[445] Liu J X, Zhang S P, Sun F S, et al. Asymmetric Total Synthesis of Naphthospironone A [J]. Angew. Chem. Int. Ed., 2023, 62: e202303229.

[446] Xu K, Mu S, Rao H, et al. Divergent Total Syntheses of (+)-Vulgarisins A-E [J]. Angew. Chem. Int. Ed., 2023, 62: e202303668.

[447] Sun J, Chen Y, Ragab S S, et al. Total Syntheses of Polyhydroxylated Steroids by an Unsaturation-Functionalization Strategy [J]. Angew. Chem. Int. Ed., 2023, 62: e202303639.

[448] Ji K L, He S F, Xu D D, et al. Concise Total Synthesis of (-)-Quinocarcin Enabled by Catalytic Enantioselective Reductive 1, 3-Dipolar Cycloaddition of Secondary Amides [J]. Angew. Chem. Int. Ed., 2023, 62: e202302832.

[449] Zhao X H, Meng L L, Liu X T, et al. Asymmetric Divergent Synthesis of ent-Kaurane-, ent-Atisane-, ent-Beyerane-, ent-Trachylobane-, and ent-Gibberellane-type Diterpenoids [J]. J. Am. Chem. Soc., 2023, 145: 311-321.

[450] Cheng M J, Zhong L P, Gu C C, et al. Asymmetric Total Synthesis of Bufospirostenin A [J]. J. Am. Chem. Soc., 2020, 142: 12602-12607.

[451] Jiang Y L, Yu H X, Li Y, et al. Asymmetric Total Synthesis of Pre-schisanartanin C [J]. J. Am. Chem. Soc., 2019, 142: 573-580.

[452] Liang X T, Chen J H, Yang Z. Asymmetric Total Synthesis of (-)-Spirochensilide A [J]. J. Am. Chem. Soc., 2020,

142: 8116–8121.

[453] Wang J, Hong B, Hu D, et al. Protecting–Group–Free Syntheses of ent–Kaurane Diterpenoids: [3+2+1] Cycloaddition/Cycloalkenylation Approach[J]. J. Am. Chem. Soc., 2020, 142: 2238–2243.

[454] Yang P, Li J, Sun L, et al. Elucidation of the Structure of Pseudorubriflordilactone B by Chemical Synthesis[J]. J. Am. Chem. Soc., 2019, 142: 13701–13708.

[455] Zhang B, Wang X, Li C. Enantioselective Total Synthesis of (+)–Corymine and (–)–Deformylcorymine[J]. J. Am. Chem. Soc., 2020, 142: 3269–3274.

[456] Zhang W, Zhou Z X, Zhu X J, et al. Asymmetric Total Synthesis of the Highly Strained 4β–Acetoxyprobotryane–9β,15α–diol[J]. J. Am. Chem. Soc., 2020, 142: 19868–19873.

[457] Bai L, Ma Y, Jiang X. Total Synthesis of (–)–Calycanthine via Iron–Catalyzed Stereoselective Oxidative Dimerization [J]. J. Am. Chem. Soc., 2021, 143: 20609–20615.

[458] Hu Y J, Gu C C, Wang X F, et al. Asymmetric Total Synthesis of Taxol[J]. J. Am. Chem. Soc., 2021, 143: 17862–17870.

[459] Li T, Wang J, Zhu X, et al. Synthesis of Rare 6–Deoxy–d–/l–Heptopyranosyl Fluorides: Assembly of a Hexasaccharide Corresponding to Campylobacter jejuni Strain CG8486 Capsular Polysaccharide[J]. J. Am. Chem. Soc., 2021, 143: 11171–11179.

[460] Yang S, Chen C, Chen J, et al. Total Synthesis of the Potent and Broad–Spectrum Antibiotics Amycolamicin and Kibdelomycin[J]. J. Am. Chem. Soc., 2021, 143: 21258–21263.

[461] Zhao P, Guo Y, Luan X. Total Synthesis of Dalesconol A by Pd(0)/Norbornene–Catalyzed Three–Fold Domino Reaction and Pd(Ⅱ)–Catalyzed Trihydroxylation[J]. J. Am. Chem. Soc., 2021, 143: 21270–21274.

[462] Wang Y, Zhao R, Yang M. Total Synthesis of Mollanol A[J]. J. Am. Chem. Soc., 2022, 144: 15033–15037.

[463] Cui H, Shen Y, Chen Y, et al. Two–Stage Syntheses of Clionastatins A and B[J]. J. Am. Chem. Soc., 2022, 144: 8938–8944.

[464] Li L X, Min L, Yao T B, et al. Total Synthesis of Yuzurine–type Alkaloid Daphgraciline[J]. J. Am. Chem. Soc., 2022, 144: 18823–18828.

[465] Ma T, Cheng H, Pitchakuntla M, et al. Total Synthesis of (–)–Principinol C[J]. J. Am. Chem. Soc., 2022, 144: 20196–20200.

[466] Wang Y Q, Xu K, Min L, et al. Asymmetric Total Syntheses of Hypoestin A, Albolic Acid, and Ceroplastol Ⅱ[J]. J. Am. Chem. Soc., 2022, 144: 10162–10167.

[467] Yang P, Li Y Y, Tian H, et al. Syntheses of Bufospirostenin A and Ophiopogonol A by a Conformation–Controlled Transannular Prins Cyclization[J]. J. Am. Chem. Soc., 2022, 144: 17769–17775.

[468] Yao J J, Ding R, Chen X, et al. Asymmetric Total Synthesis of (+)–Alstonlarsine A[J]. J. Am. Chem. Soc., 2022, 144: 14396–14402.

[469] Zhang Y, Chen Y, Song M, et al. Total Syntheses of Calyciphylline A–Type Alkaloids (–)-10-Deoxydaphnipaxianine A, (+)–Daphlongamine E and (+)–Calyciphylline R via Late–Stage Divinyl Carbinol Rearrangements[J]. J. Am. Chem. Soc., 2022, 144: 16042–16051.

[470] Ji J, Chen J, Qin S, et al. Total Synthesis of Vilmoraconitine[J]. J. Am. Chem. Soc., 2023, 145: 3903–3908.

[471] Wang Y, Su Y, Jia Y. Total Synthesis of (+)–Aberrarone[J]. J. Am. Chem. Soc., 2023, 145: 9459–9463.

[472] Sun D, Chen R, Tang D, et al. Total Synthesis of (–)–Retigeranic Acid A: A Reductive Skeletal Rearrangement Strategy[J]. J. Am. Chem. Soc., 2023, 145: 11927–11932.

[473] Zou Y P, Lai Z L, Zhang M W, et al. Total Synthesis of (±)–and (–)–Daphnillonin B[J]. J. Am. Chem. Soc., 2023, 145: 10998–11004.

[474] Huang H X, Mi F, Li C, et al. Total Synthesis of Liangshanone[J]. Angew. Chem. Int. Ed., 2020, 59(52): 23609–

23614.

[475] Nagaraju K, Ni D, Ma D. Total Synthesis of Kopsinitarine E[J]. Angew. Chem. Int. Ed., 2020, 59: 22039–22042.

[476] Sun Z, Shang Z, Forelli N, et al. Total Synthesis of Malacidin A by β–Hydroxyaspartic Acid Ligation–Mediated Cyclization and Absolute Structure Establishment[J]. Angew. Chem. Int. Ed., 2020, 59: 19868–19872.

[477] Tan D X, Zhou J, Liu C Y, et al. Enantioselective Total Synthesis and Absolute Configuration Assignment of (+)–Tronocarpine Enabled by an Asymmetric Michael/Aldol Reaction[J]. Angew. Chem. Int. Ed., 2020, 59: 3834–3839.

[478] Yang J, Zhang X M, Zhang F M, et al. Enantioselective Catalytic Aldehyde α–Alkylation/Semipinacol Rearrangement: Construction of α–Quaternary– δ –Carbonyl Cycloketones and Total Synthesis of (+)–Cerapicol[J]. Angew. Chem. Int. Ed., 2020, 59: 8471–8475.

[479] Zhang J, Liu M, Wu C, et al. Total Synthesis of (–)–Pepluanol B: Conformational Control of the Eight–Membered–Ring System[J]. Angew. Chem. Int. Ed., 2020, 59: 3966–3970.

[480] Ao Q, Zhang H J, Zheng J, et al. Asymmetric Total Synthesis of (+)–Mannolide C[J]. Angew. Chem. Int. Ed., 2021, 60: 21267–21271.

[481] Cheng H G, Yang Z, Chen R, et al. A Concise Total Synthesis of (–)-Berkelic Acid[J]. Angew. Chem. Int. Ed., 2021, 60: 5141–5146.

[482] Lu Y, Xu M M, Zhang Z M, et al. Catalytic Asymmetric Inverse–Electron–Demand Diels–Alder Reactions of 2–Pyrones with Indenes: Total Syntheses of Cephanolides A and B[J]. Angew. Chem. Int. Ed., 2021, 60: 26610–26615.

[483] Shu X, Chen C C, Yu T, et al. Enantioselective Total Synthesis of (–)–Spiroxins A, C, and D[J]. Angew. Chem. Int. Ed., 2021, 60: 18514–18518.

[484] Wang B, Liu Z, Tong Z, et al. Asymmetric Total Syntheses of 8,9–Seco–ent–kaurane Diterpenoids Enabled by an Electrochemical ODI–[5+2]Cascade[J]. Angew. Chem. Int. Ed., 2021, 60: 14892–14896.

[485] Yang Z, Tan Q, Jiang Y, et al. Asymmetric Total Synthesis of Sarpagine and Koumine Alkaloids[J]. Angew. Chem. Int. Ed., 2021, 60: 13105–13111.

[486] Chen L, Xie K, Zhang J, et al. Total Synthesis of Spiro[cyclohexane–2–indoline]Alkaloids: A Regio–and Diastereoselective Spirocyclization Approach[J]. Angew. Chem. Int. Ed., 2022, 61: e202212042.

[487] Guo L D, Xu Z, Tong R. Asymmetric Total Synthesis of Indole Diterpenes Paspalicine, Paspalinine, and Paspalinine–13–ene[J]. Angew. Chem. Int. Ed., 2022, 61: e202115384.

[488] Hu C, Wu S, He F, et al. Convergent Synthesis and Anti–Pancreatic Cancer Cell Growth Activity of a Highly Branched Heptadecasaccharide from Carthamus tinctorius[J]. Angew. Chem. Int. Ed., 2022, 61: e202202554.

[489] Huang W, Fan S, Gao J, et al. Total Synthesis of Complex Peptidyl Nucleoside Antibiotics: Asymmetric De Novo Syntheses of Miharamycin B and Its Biosynthetic Precursor[J]. Angew. Chem. Int. Ed., 2022, 61, e202204907.

[490] Shao X, Zheng C, Xu P, et al. Total Synthesis and Stereochemistry Assignment of Nucleoside Antibiotic A–94964[J]. Angew. Chem. Int. Ed., 2022, 61: e202200818.

[491] Wang J, Gao J, Guo T, et al. Bioinspired Total Synthesis of Complex Nucleoside Antibiotics A201A, A201D and A201E[J]. Angew. Chem. Int. Ed., 2022, 62: e202213810.

[492] Wang X, Wang Z, Ma X, et al. Asymmetric Total Synthesis of Shizukaol J, Trichloranoid C and Trishizukaol A[J]. Angew. Chem. Int. Ed., 2022, 61: e202204303.

[493] White L V, Hu N, He Y T, et al. Expeditious Access to Morphinans by Chemical Synthesis[J]. Angew. Chem. Int. Ed., 2022, 61: e202203186.

[494] Wu G, Yao Y, Li G, et al. Enantioselective Allenation of Terminal Alkynes Catalyzed by Copper Halides of Mixed Oxidation States and Its Application to the Total Synthesis of Scorodonin[J]. Angew. Chem. Int. Ed., 2022, 61:

e202112427.

[495] Zhang N, Jiang H, Ma Z. Concise Synthesis of (±)-Myrioneurinol Enabled by Sequential [2+2] Cycloaddition/Retro-Mannich Fragmentation/Mannich Reaction [J] . Angew. Chem. Int. Ed., 2022, 61: e202200085.

[496] Zhu D, Geng M, Yu B, et al. Total Synthesis of Starfish Cyclic Steroid Glycosides [J] . Angew. Chem. Int. Ed., 2022, 61: e202203239.

[497] Sun J W, Chen Y, Ragab S S, et al. Total Syntheses of Polyhydroxylated Steroids by an Unsaturation-Functionalization Strategy [J] . Angew. Chem. Int. Ed., 2023, 62: e202303639.

[498] Zhang Y Q, Wang L L, Zhou Q L, et al. Modular Synthesis of a Tridecasaccharide Motif of Bacteroides vulgatus Lipopolysaccharides against Inflammatory Bowel Diseases through an Orthogonal One-Pot Glycosylation Strategy [J] . Angew. Chem. Int. Ed., 2023, 62: e202301351.

[499] Liu J X, Zhang S P, Sun F S, et al. Asymmetric Total Synthesis of Naphthospironone A [J] . Angew. Chem. Int. Ed., 2023, 62: e202303229.

[500] Dong H R, Hu D C, Hong B K, et al. Total Synthesis of Diverse Tetramic Acid Bearing cis-Decalin Natural Products [J] . Angew. Chem. Int. Ed., 2023, 62, e202301872.

[501] Zhang F, Zeng J, Gao M, et al. Concise, scalable and enantioselective total synthesis of prostaglandins [J] . Nature Chemistry, 2021, 13: 692-697.

[502] Long X, Wu H, Ding Y, et al. Biosynthetically Inspired Divergent Syntheses of Merocytochalasans [J] . Chem., 2021, 7: 212-223.

[503] Xu Y, Wang H, Yang Z, et al. Stereodivergent Total Synthesis of Rocaglaol Initiated by Synergistic dual-Metal-Catalyzed Asymmetric Allylation of Benzofuran-3(2H)-One [J] . Chem., 2022, 8: 2011-2022.

[504] Bai L Y, Li J Y, Jiang X F, et al. Total Synthesis of (+)-Asperazine A: A Stereoselective Domino Dimerization [J] . Chem., 2023, 9: 483-496.

[505] Li D, Meng J, Jiang X, et al. Total Synthesis of Trabectedin, Lurbinectedin, and Renieramycin T [J] . CCS Chemistry, 2022, 5: 2152-2158.

[506] Jiang D, Xin K, Yang B, et al. Total Synthesis of Three Families of Natural Antibiotics: Anthrabenzoxocinones, Fasamycins/Naphthacemycins, and Benastatins [J] . CCS Chemistry, 2020, 2: 800-812.

[507] Dong H, Hu D, Hong B, et al. Total Synthesis of Diverse Tetramic Acid Bearing cis-Decalin Natural Products [J] . Angew. Chem. Int. Ed., 2023, 62: e202301872.

[508] Liu J X, Zhang S P, Sun F S, et al. Asymmetric Total Synthesis of Naphthospironone A [J] . Angew. Chem. Int. Ed., 2023, 62: e202303229.

[509] Xu K, Mu S, Rao H, et al. Divergent Total Syntheses of (+)-Vulgarisins A-E [J] . Angew. Chem. Int. Ed., 2023, 62: e202303668.

[510] Sun J, Chen Y, Ragab S S, et al. Total Syntheses of Polyhydroxylated Steroids by an Unsaturation-Functionalization Strategy [J] . Angew. Chem. Int. Ed., 2023, 62: e202303639.

[511] Ji K L, He S F, Xu D D, et al. Concise Total Synthesis of (-)-Quinocarcin Enabled by Catalytic Enantioselective Reductive 1, 3-Dipolar Cycloaddition of Secondary Amides [J] . Angew. Chem. Int. Ed., 2023, 62: e202302832.

[512] Huang M, Zhang L, Pan T, et al. Deracemization through Photochemical E/Z Isomerization of Enamines [J] . Science, 2022, 375: 869-874.

[513] Zhao Z, Wang Y, Chalcogen Bonding Catalysis with Phosphonium Chalcogenide (PCH) [J] . Acc. Chem. Res., 2023, 56: 608-621.

[514] Wu J Y, Li Z, Yang J D, et al. Bonding Energetics of Palladium Amido/Aryloxide Complexes in DMSO: Implications for Palladium-Mediated Aniline Activation [J] . Angew. Chem. Int. Ed., 2020, 59: 23782-23790.

[515] Wu J Y, Mo, B R, Yang J D, et al. A Distinctive Pattern for Substituent Effects on Transition Metal Centers:

Enhanced Electron–Donating Capacity of Cationic Palladium Species [J] . CCS Chemistry, 2022, 5: 1163–1175.

[516] Liu X, Yang D L, Liu Z, et al. Unraveling the Structure and Reactivity Patterns of the Indole Radical Cation in Regioselective Electrochemical Oxidative Annulations [J] . J. Am. Chem. Soc., 2023, 145: 3175–3186.

[517] Wang Y J, Liu S H, Yang H B. et al. Structure, Reactivity and Catalytic Properties of Manganese–Hydride Amidate Complexes [J] . Nat. Chem., 2022, 14: 1233–1241.

[518] An Q, Xing Y Y, Pu R H, et al. Identification of Alkoxy Radicals as Hydrogen Atom Transfer Agents in Ce–Catalyzed C–H Functionalization [J] . J. Am. Chem. Soc., 2023, 145: 359–376.

[519] Liu S, Su Y L, Sun T Y, et al. Precise Introduction of the $-CH_nX_{3-n}$ (X = F, Cl, Br, I) Moiety to Target Molecules by a Radical Strategy: A Theoretical and Experimental Study [J] . J. Am. Chem. Soc., 2021, 143: 13195–13204.

[520] Wang Y, Liao W, Wang Y, et al. Mechanism and Stereochemistry of Rhodium–Catalyzed [5+2+1] Cycloaddition of Ene–Vinylcyclopropanes and Carbon Monoxide Revealed by Visual Kinetic Analysis and Quantum Chemical Calculations [J] . J. Am. Chem. Soc., 2022, 144: 2624–2636.

[521] Yang Y, Liu L, Fang W H, et al. Theoretical Exploration of Energy Transfer and Single Electron Transfer Mechanisms to Understand the Generation of triplet Nitrene and the c(sp^3)–H Amidation with Photocatalysts [J] . JACS Au, 2022, 2: 2596–2606.

[522] Shi Q, Pei Z, Song J, et al. Diradical Generation via Relayed Proton–Coupled Electron Transfer [J] . J. Am. Chem. Soc., 2022, 144: 3137–3145.

[523] Zheng H, Cai L, Pan M, et al. Catalyst–Substrate Helical Character Matching Determines the Enantioselectivity in the Ishihara–Type Iodoarenes Catalyzed Asymmetric kita–Dearomative Spirolactonization [J] . J. Am. Chem. Soc., 2023, 145: 7301–7312.

[524] Zhang P, Yu Z X. Kinetic, Thermodynamic, and Dynamic Control in Normal vs. cross [2 + 2] Cycloadditions of ene–Keteniminium Ions: Computational Understanding, Prediction, and Experimental Verification [J] . J. Am. Chem. Soc., 2023, 145: 9634–9645.

[525] Yang Y, Zhang X, Zhong L P, et al. Unusual KIE and Dynamics Effects in the Fe–Catalyzed Hetero-Diels–Alder Reaction of Unactivated Aldehydes and Dienes [J] . Nat. Commun., 2020, 11: 1850.

[526] Meng S S, Yu P, Yu Y Z, et al. Computational Design of Enhanced Enantioselectivity in Chiral Phosphoric Acid–Catalyzed Oxidative Desymmetrization of 1,3–Diol Acetals [J] . J. Am. Chem. Soc., 2020, 142: 8506–8513.

[527] Yang Q, Li Y, Yang J D, et al. Holistic prediction of the pK_a in diverse solvents based on a machine–learning approach [J] . Angew. Chem. Int. Ed., 2020, 59: 19282–19291.

[528] Xu L C, Frey J, Hou X, et al. Enantioselectivity Prediction of Pallada–Electrocatalysed C–H Activation Using Transition State Knowledge in Machine Learning [J] . Nat. Synthesis, 2023, 2: 321–330.

高分子化学

[1] Zhang Y X, Kang X H, Jian Z B. Selective branch formation in ethylene polymerization to access precise ethylene–propylene copolymers [J] . Nature Communications, 2022, 13: 725.

[2] Hu X Q, Kang X H, Jian Z B. Suppression of chain transfer at high temperature in catalytic olefin polymerization [J] . Angewandte Chemie International Edition, 2022, 61(33): e202207363.

[3] Zhang Y X, Mecking S, Jian Z B, et al. Ultrahighly branched main–chain–functionalized polyethylenes via inverted insertion selectivity [J] . Angewandte Chemie International Edition, 2020, 59(34): 14296–14302.

[4] Ji G, Chen Z, Wang X Y, et al. Direct copolymerization of ethylene with protic comonomers enabled by multinuclear Ni catalysts [J] . Nature Communications, 2021, 12: 6283.

[5] Zou C, Si G F, Chen C L, A general strategy for heterogenizing olefin polymerization catalysts and the synthesis of

polyolefins and composites [J]. Nature Communications, 2022, 13: 1954.
[6] Tan C, Zou C, Chen C. L. An ionic cluster strategy for performance improvements and product morphology control in metal-catalyzed olefin-polar monomer copolymerization [J]. Journal American Chemical Society, 2022, 144(5): 2245-2254.
[7] Li J, Peng D, Tan C, et al. Outer-shell self-supported nickel catalysts for the synthesis of polyolefin composites [J]. Angewandte Chemie International Edition, 2023, 62(18): e202300359.
[8] Zhang Z, Kang X, Jiang Y, et al. Access to disentangled ultrahigh molecular weight polyethylene via a binuclear synergic effect [J]. Angewandte Chemie International Edition, 2023, 62: e202215582.
[9] Wang T, Wu C, Ji X, et al. Direct synthesis of functional thermoplastic elastomer with excellent mechanical properties by Scandium-catalyzed copolymerization of ethylene and fluorostyrenes [J]. Angewandte Chemie International Edition, 2021, 60: 25735-25740.
[10] Wu Y, Nan T, Ji X, et al. A Facile approach to produce star polymers based on coordination polymerization [J]. Angewandte Chemie International Edition, 2022, 61: e202205894.
[11] Shi Q Q, Yin H, Song R D, et al. Digital micelles of encoded polymeric amphiphiles for direct sequence reading and ex vivo label-free quantification [J]. Nature Chemistry, 2023: 15(2): 257-270.
[12] Shi Q Q, Zhou X, Xu J, et al. Dendritic quaternary-encoded oligourethanes for data encryption [J]. Angewandte Chemie International Edition, 2022: 62(3): e202214695.
[13] Duan S H, Huang Z H, Zhang Z B, et al. A versatile synthetic platform for discrete oligo-and polyesters based on optimized protective groups via iterative exponential growth [J]. Macromolecules, 2021, 54(23): 10830-10837.
[14] Sun Y X, Tan R, Ma Z, et al. Discrete block copolymers with diverse architectures: resolving complex spherical phases with one monomer resolution [J]. ACS Central Science, 2020, 6 (8): 1386-1393.
[15] Zhou D D, Xu M, Ma Z, et al. Precisely encoding geometric features into discrete linear polymer chains for robust structural engineering [J]. Journal of the American Chemical Society, 2021, 143 (44): 18744-18754.
[16] Gan Z, Zhou D, Ma Z, et al. Local chain feature mandated self-assembly of block copolymers [J]. Journal of the American Chemical Society, 2023, 145 (1): 487-497.
[17] Yu Z, Wang M, Chen X M, et al. Ring-opening metathesis polymerization of a macrobicyclic olefin bearing a sacrificial silyloxide bridge [J]. Angewandte Chemie International Edition, 2022, 61: e202112526.
[18] Li Z, Shi Q, Ma, X, et al. Efficient room temperature catalytic synthesis of alternating conjugated copolymers via c-s bond activation [J]. Nature Communications, 2022, 13: 144.
[19] Li M, Zhang S, Zhang X et al. Unimolecular anion-binding catalysts for selective ring-opening polymerization of O-carboxyanhydrides [J]. Angewandte Chemie International Edition, 2021, 60(11): 6003-6012.
[20] Lyu W, Wang Y, Li M, et al. Precision synthesis of polypeptides via living anionic ring-opening polymerization of N-carboxyanhydrides by tri-thiourea catalysts [J]. Journal of the American Chemical Society, 2022, 144(51): 23622-23632.
[21] Li M, Zhang Z, Yan Y, et al. Anion-binding catalysis enables living cationic polymerization [J]. Nature Synthesis, 2022, 1: 815-823.
[22] Li M, Li H, Zhang X, et al. Mechanistic insight into anion-binding catalytic living cationic polymerization [J]. Angewandte Chemie International Edition, 2023, 62(26): e202303237.
[23] Tian, Z Y, Zhang Z, Wang S, et al. A moisture-tolerant route to unprotected α/β-amino acid N-carboxyanhydrides and facile synthesis of hyperbranched polypeptides [J]. Nature Communications, 2021, 12(1): 5810.
[24] Hu Y, Tian Z Y, Xiong W, et al. Water-assisted and protein-initiated fast and controlled ring-opening polymerization of proline N-carboxyanhydride [J]. National Science Review, 2022, 9(8): nwac033.
[25] Wu G, Zhou H, Zhang J, et al. A high-throughput platform for efficient exploration of functional polypeptide chemical

space [J] . Nature Synthesis, 2023, 2(6): 515–526.

[26] Su M, Sheng Y J, Chen Y J, et al. Living covalent–anionic–radical polymerization via a Barbier strategy [J] . ACS Macro Letters, 2022, 11(3): 354–361.

[27] Chen Y J, Wu L T, Li T A, et al. Ketyl radical anion mediated radical polymerization and anionic ring–opening polymerization to give polymers with low molecular weight distribution [J] . Angewandte Chemie International Edition, 2023, 62: e2023040..

[28] Chen S Y, Pan R C, Chen M, et al. Synthesis of nonalternating polyketones using cationic diphosphazane monoxide–palladium complexes [J] . Journal of the American Chemical Society, 2021, 143 (28): 10743–10750.

[29] Chen S Y, Ren B H, Li S H, et al. Cationic P, O–coordinated Nickel(Ⅱ) catalysts for carbonylative polymerization of ethylene: unexpected productivity via subtle electronic variation [J] . Angewandte Chemie International Edition, 2022, 61 (29): e202204126.

[30] Yang J C, Yang J, Li W B, et al. Carbonylative polymerization of epoxides mediated by tri–metallic complexes: a dual catalysis strategy for synthesis of biodegradable polyhydroxyalkanoates [J] . Angewandte Chemie International Edition, 2022, 61(9): e202116208.

[31] Zhou L, Xu L, Song X, et al. Nickel(Ⅱ)–catalyzed living polymerization of diazoacetates toward polycarbene homopolymer and polythiophene–block–polycarbene copolymers [J] . Nature Communications, 2022, 13 (1): 811.

[32] Song Q L, Carlotti S, Zhao J P. Janus effect of Lewis acid enables one–step block copolymerization of ethylene oxide and N–sulfonyl aziridine [J] . Angewandte Chemie International Edition, 2023, 62(18): e202300187.

[33] Xia Y N, Zhao J P, Sumerlin B S, et al. Hybrid block copolymer synthesis by merging photoiniferter and organocatalytic ring–opening polymerizations [J] . Angewandte Chemie International Edition, 2021, 60(34): 18537–18541.

[34] Jiang S Q, Huang H C, Mechanism–guided design of chain–growth click polymerization based on a thiol–Michael reaction [J] . Angewandte Chemie–International Edition, 2023, 62: e2022178.

[35] Wang Q, Bai F Y, Wang Y, et al. Photoinduced ion–pair inner–sphere electron transfer–reversible addition–fragmentation chain transfer polymerization [J] . Journal of the American Chemical Society, 2022, 144(43): 19942–19952.

[36] Wang Y, Wang Q, Pan X. Controlled radical polymerization towards ultra–high molecular weight by rationally designed borane radical initiators [J] . Cell Reports Physical Science, 2020, 1: 100073.

[37] Huang Z, Chen Z, Jiang Y, et al. Metal–free hydrosilylation polymerization by merging photoredox and hydrogen atom transfer catalysis [J] . Journal of the American Chemical Society, 2021, 143(45): 19167–19177.

[38] Zhao Y, Chen Y, Zhou H, et al. Controlled radical copolymerization of fluoroalkenes by using light–driven redox–relay catalysis [J] . Nature Synthesis, 2023, 2: 653–662.

[39] Quan Q, Ma M, Wang Z, et al. Visible–light–enabled organocatalyzed controlled alternating terpolymerization of perfluorinated vinyl ethers [J] . Angewandte Chemie International Edition, 2021, 60 (37): 20443–20451.

[40] Jiang K, Han S, Ma M, et al. Photoorganocatalyzed reversible–deactivation alternating copolymerization of chlorotrifluoroethylene and vinyl ethers under ambient conditions: facile access to main–chain fluorinated copolymers [J] . Journal of the American Chemical Society, 2020, 142 (15): 7108–7115.

[41] Fu X, Qin A J, Tang B Z. X–yne click polymerization [J] . Aggregate, 2023, 4, e350.

[42] Song B, Lu D, Qin A J, et al. Combining hydroxyl–yne and thiol–ene click reactions to facilely access sequence–defined macromolecules for high–density data storage [J] . Journal of the American Chemical Society, 2022, 144(4): 1672–1680.

[43] Zhang J, Bai T W, Liu W X, et al. All–organic polymeric materials with high refractive index and excellent transparency [J] . Nature Communications, 2023, 14: 3524.

[44] Wang K, Liu J K, Liu P Y, et al. Multifunctional fluorescent main–chain charged polyelectrolytes synthesized by

cascade C–H activation/annulation polymerizations [J]. Journal of the American Chemical Society, 2023, 145(7): 4208–4220.

[45] Wang K, Yan S S, Han T, et al. Cascade C–H–activated polyannulations toward ring–fused heteroaromatic polymers for intracellular pH mapping and cancer cell killing [J]. Journal of the American Chemical Society, 2022, 144(26): 11788–11801.

[46] Li J, Liu Y, Ren W M, et al. Enantioselective terpolymerization of racemic and meso–epoxides with anhydrides for preparation of chiral polyesters [J]. Proceeding of the National Academy of Science of the United States of America, 2020, 117(27): 15429–15436.

[47] He G H, Ren B H, Chen S Y, et al. Enantioselective, stereoconvergent resolution copolymerization of racemic cis–internal epoxides and anhydrides [J]. Angewandte Chemie International Edition, 2021, 60(11): 5994–6002.

[48] He G H, Ren B H, Wang S, et al. Sequence control in asymmetric terpolymerizations of meso–epoxides, CO_2, and phthalic anhydride: unprecedented statistical ester–carbonate distributions [J]. Angewandte Chemie International Edition, 2023, 62(27): e202304943.

[49] Zhang R Y, Kuang Q X, Cao H, et al. Unity makes strength: constructing polymeric catalyst for selective synthesis of CO_2/epoxide copolymer [J]. CCS Chemistry, 2023, 5 (3): 750–760.

[50] Kuang Q X, Zhang R Y, Zhou Z Z, et al. A supported catalyst that enables the synthesis of colorless CO_2–Polyols with ultra–low molecular weight [J]. Angewandte Chemie International Edition, 2023, 62: e2023051.

[51] You H, Wang E H, Cao H, et al. From impossible to possible: Atom–economic polymerization of low strain five–membered carbonates [J]. Angewandte Chemie International Edition, 2022, 61 (5): e202113152.

[52] Zhang Y Y, Lu C J, Yang G W, et al. Mechanism–inspired upgradation of phosphonium–containing organoboron catalysts for epoxide–involved copolymerization and homopolymerization [J]. Macromolecules, 2022, 55(15): 6443–6452.

[53] Yang G W, Xu C K, Xie R, et al. Precision copolymerization of CO_2 and epoxides enabled by organoboron catalysts [J]. Nature Synthesis, 2022, 1: 892–901.

[54] Yang G W, Zhang Y Y, Wu G P. Modular organoboron catalysts enable transformations with unprecedented reactivity [J]. Accounts of Chemical Research, 2021, 54 (23): 4434–4448.

[55] Wang Y, Zhou X P, Xie X L, et al. Switchable polymerization triggered by fast and quantitative insertion of carbon monoxide into Cobalt–oxygen bonds [J]. Angewandte Chemie International Edition, 2020, 59: 5988–5994.

[56] Zhao Y J, Wang Y, Xie X L, et al. Cobalt–Mediated switchable catalysis for the one–pot synthesis of cyclic polymers [J]. Angewandte Chemie International Edition, 2021, 60: 16974–16979.

[57] Zhu S S, Zhao M J, Wang Y, et al. One–pot synthesis of hyperbranched polymers via visible light regulated switchable catalysis [J]. Nature Communications, 2023, 14: 1622.

[58] Yuan P, Sun Y, Hong M, et al. Towards high–performance sustainable polymers via isomerization–driven irreversible ring–opening polymerization of five–membered thionolactones [J]. Nature Chemistry, 2022, 14: 294–303.

[59] Xia Y, Yuan P, Hong M, et al. Converting non–strained γ–valerolactone and derivatives into sustainable polythioesters via isomerization–driven cationic ring–opening polymerization of thionolactone intermediate [J]. Angewandte Chemie International Edition, 2023, 62: e202217812.

[60] Yue T J, Ren B H, Zhang W J, et al. Randomly distributed sulfur atoms in the main chains of CO_2–based polycarbonates: Enhanced optical properties [J]. Angewandte Chemie International Edition, 2021, 60(8): 4315–4321.

[61] Yue T J, Bhat G A, Zhang W J, et al. Facile synthesis of well–defined branched sulfur–containing copolymers: One–pot copolymerization of carbonyl sulfide and epoxide [J]. Angewandte Chemie International Edition, 2020, 59(32): 13633–13637.

[62] Chao J Y, Yue T J, Ren B H, et al. Controlled disassembly of elemental sulfur: An approach to the precise synthesis of polydisulfides [J] . Angewandte Chemie International Edition, 2022, 61(16): e202115950.

[63] Xia Y N, Yue X C, Sun Y, et al. Chemically recyclable polyethylene–like sulfur–containing plastics from sustainable feedstocks [J] . Angewandte Chemie International Edition, 2023, 62 (13): e202219251.

[64] Wu X, He J, Hu R, et al. Room–temperature metal–free multicomponent polymerizations of elemental selenium toward stable alicyclic poly(oxaselenolane)s with high refractive index [J] . Journal of the American Chemical Society, 2021, 143(38): 15723–15731.

[65] Peng J W, Zheng N, Shen P, et al. Room–temperature polymerizations of selenium and alkynones for the regioselective synthesis of poly(1,4–diselenin)s or polyselenophenes [J] . Chem, 2022, 8(8): 2301–2316.

[66] Yang H, Huang J, Song Y, et al. Anionic hybrid copolymerization of sulfur with acrylate: strategy for synthesis of high–performance sulfur–based polymers [J] . Journal of the American Chemical Society 2023, 145 (26): 14539–14547.

[67] Dai Y, Zhang Z, Daniels M, et al. Polytelluoxane: A chalcogen polymer that bridges the gap between inorganic oxides and macromolecules [J] . Chem 2023, 9 (7): 2006–2015.

[68] Xu L, Gao B R, Xu X H, et al. Controlled synthesis of cyclic–helical polymers with circularly polarized luminescence [J] . Angewandte Chemie International Edition, 2022, 61: e202204966.

[69] Li Y X, Xu L, Kang S M, Z et al. Helicity–and molecular–weight–driven self–sorting and assembly of helical polymers towards two–dimensional smectic architectures and selectively adhesive gels [J] . Angewandte Chemie International Edition, 2021, 60 (13): 7174–7179.

[70] Wang S, Hu D P, Guan X Y, et al. Brightening up circularly polarized luminescence of monosubstituted polyacetylene by conformation control: mechanism, switching, and sensing [J] . Angewandte Chemie International Edition, 2021, 60(40): 21918–21926.

[71] Wang S, Xie S Y, Zeng H, et al. Self–reporting activated ester–amine reaction for enantioselective multi–channel visual detection of chiral amines [J] . Angewandte Chemie International Edition, 2022, 61(23): e202202268.

[72] Cai S L, Huang Y H, Xie S Y, et al. 2D Hexagonal assemblies of amphiphilic double helical poly(phenylacetylene) homopolymers with enhanced circularly polarized luminescence and chiral self–sorting [J] . Angewandte Chemie International Edition, 2022, 61(52): e202214293.

[73] Cheng X X, Miao T F, Zhang W, et al. Switchable phase helicity independent of the absolute configuration of the stereocenter: anomalous induction between sergeants and soldiers in chiral liquid–crystalline polymers [J] . Journal of the American Chemical Society, 2023, 145: 16474–16487.

[74] Cheng X X, Miao T F, Zhang W, et al. Controlling the multiple chiroptical inversion in biphasic liquid–crystalline polymers [J] . Angewandte Chemie International Edition, 2021, 60(46): 24430–24436.

[75] Cheng X X, Miao T F, Zhang W, et al. In Situ controlled construction of a hierarchical supramolecular chiral liquid–crystalline polymer assembly [J] . Angewandte Chemie International Edition, 2020, 59(24): 9669–9677.

[76] Qu Z, Fang J, Wang Y X, et al. A single–domain green fluorescent protein catenane [J] . Nat. Commun, 2023, 14: 3480.

[77] Liu Y, Bai X, Lyu C, et al. Mechano–bioconjugation strategy empowering fusion protein therapeutics with aggregation resistance, prolonged circulation, and enhanced antitumor efficacy [J] . Journal of the American Chemical Society, 2022, 144: 18387–18396.

[78] Wu W H, Bai X, Shao Y, et al. Higher order protein catenation leads to artificial antibody with enhanced affinity and in vivo stability [J] . Journal of the American Chemical Society, 2021, 143: 18029–18040.

[79] Lei H, Dong L, Li Y, et al. Stretchable hydrogels with low hysteresis and anti–fatigue fracture based on polyprotein cross–linkers [J] . Nature Communications, 2020, 11 (1): 4032.

[80] Lei H, Ma Q, Li W, et al. An ester bond underlies the mechanical strength of a pathogen surface protein [J] . Nature Communications, 2021, 12 (1): 5082.

[81] Li X, Dai X, Pan Y, et al. Studies on the synergistic effect of tandem semi-stable complementary domains on sequence-defined DNA block copolymers [J] . Journal of the American Chemical Society, 2022, 144 (46): 21267-21277.

[82] Zhou B, Yang B, Liu Q, et al. Effects of univariate stiffness and degradation of DNA hydrogels on the transcriptomics of neural progenitor cells [J] . Journal of the American Chemical Society, 2023, 145 (16): 8954-8964.

[83] Han J P, Guo Y F, Wang H, et al. Sustainable bioplastic made from biomass DNA and ionomers [J] . Journal of the American Chemical Society, 2021, 143 (46): 19486-19497.

[84] Yao C, Zhu C X, Tang J P, et al. T Lymphocyte-captured DNA network for localized immunotherapy [J] . Journal of the American Chemical Society, 2021, 143 (46): 19330-19340.

[85] Li F, Yu W T, Zhang J J, et al. Spatiotemporally programmable cascade hybridization of hairpin DNA in polymeric nanoframework for precise siRNA delivery [J] . Nature Communications, 2021, 12 (1), 1138.

[86] Li F, Liu Y J, Dong Y H, et al. Dynamic assembly of DNA nanostructures in living cells for mitochondrial interference [J] . Journal of the American Chemical Society, 2022, 144 (10): 4667-4677.

[87] Guo Y Y, Zhang Q S, Zhu Q W, et al. Copackaging photosensitizer and PD-L1 siRNA in a nucleic acid nanogel for synergistic cancer photoimmunotherapy [J] . Science Advances, 2022, 8 (16): eabn2941.

[88] Liu R Y, Zhang R, Li L, et al. A comprehensive landscape for fibril association behaviors encoded synergistically by saccharides and peptides [J] . Journal of the American Chemical Society, 2021, 143 (17): 6622-6633.

[89] Li L, Chen G S, Precise assembly of proteins and carbohydrates for next-generation biomaterials [J] . Journal of the American Chemical Society, 2022, 144 (36): 16232-16251.

[90] Qin B, Zhang S, Sun P, et al. Tough and multi-recyclable cross-linked supramolecular polyureas via incorporating noncovalent bonds into main-chains [J] . Advanced Materials, 2020, 32: 2000096.

[91] Zhang S, Qin B, Xu J F, et al. Multi-recyclable shape memory supramolecular polyurea with long cycle life and superior stability [J] . ACS Materials Letters, 2021, 3: 331-336.

[92] Sun P, Li Y, Qin B, et al. Super strong and multi-reusable supramolecular epoxy hot melt adhesives [J] . ACS Materials Letters, 2021, 3: 1003-1009.

[93] Guo Z, Lu X, Wang X, et al. Engineering of chain rigidity and hydrogen bond cross-linking toward ultra-strong, healable, recyclable, and water-resistant elastomers [J] . Advanced Materials, 2023, 35: e2300286.

[94] Wu Y, Shangguan L, Li Q, et al. Chemoresponsive supramolecular polypseudorotaxanes with infinite switching capability [J] . Angewandte Chemie International Edition, 2021, 60: 19997-20002.

[95] Yang X, Cheng L, Zhang Z, et al. Amplification of integrated microscopic motions of high-density [2] rotaxanes in mechanically interlocked networks [J] . Nature Communications, 2022, 13: 6654.

[96] Zhao J, Zhang Z, Cheng L, et al. Mechanically interlocked vitrimers [J] . Journal of the American Chemical Society, 2022, 144: 872-882.

[97] Li W J, Wang X Q, Zhang D Y, et al. Artificial light-harvesting systems based on aiegen-branched rotaxane dendrimers for efficient photocatalysis [J] . Angewandte Chemie International Edition, 2021, 60: 18761-18768.

[98] Li W J, Wang W, Wang X Q, et al. Daisy chain dendrimers: Integrated mechanically interlocked molecules with stimuli-induced dimension modulation feature [J] . Journal of the American Chemical Society, 2020, 142: 8473-8482.

[99] Yin Z, Yang Y, Yang J, et al. Supramolecular polymerization powered by escherichia coli: Fabricating a near-infrared photothermal antibacterial agent in situ [J] . CCS Chemistry, 2022, 4: 3285-3295.

[100] Yin Z, Song G, Jiao Y, et al. Dissipative supramolecular polymerization powered by light [J]. CCS Chemistry, 2019, 1:

335–342.

[101] Han Y, Zhang X, Ge Z, et al. A bioinspired sequential energy transfer system constructed via supramolecular copolymerization [J] . Nature Communications, 2022, 13: 3546.

[102] Liao R, Wang F, Guo Y, et al. Chirality–controlled supramolecular donor–acceptor copolymerization with distinct energy transfer efficiency [J] . Journal of the American Chemical Society, 2022, 144: 9775–9784.

[103] Xin R, Li Y, Shen H, et al. Ⅱ to Ⅰ Phase transition of isotactic poly(1–butene) single crystals at early stage [J] . Macromolecules, 2022, 55(18): 8203–8209.

[104] Tong Z, Xie Y, Arno M C, et al. Uniform segmented platelet micelles with compositionally distinct and selectively degradable cores [J] . Nature Chemistry 2023, 15: 824–831.

[105] Wang Y, Zhu P, Qian C, et al. The Brill transition in long–chain aliphatic polyamide 1012: the role of hydrogen–bonding organization [J] . Macromolecules, 2021, 54(14): 6835–6844.

[106] Lu Y, Lyu D, Zhao X T, et al. Influence of molecular weight on the nucleation and growth of different crystal forms in isotactic polypropylene: in situ synchrotron microfocus x–ray scattering combined with fast–scanning chip calorimetry investigations [J] . Macromolecules, 2023, 56(7): 2772–2780.

[107] Liu G M, Müller A J, Wang D J, Confined crystallization of polymers within nanopores [J] . Accounts of Chemical Research, 2021, 54 (15): 3028–3038.

[108] Zheng Y, Xu S S, Yu C T, et al. Stereocomplexed materials of chiral polymers tuned by crystallization: A case study on poly(lactic acid) [J] . Accounts of Materials Research, 2022, 3(12): 1309–1322.

[109] Hu W B. Polymer features in crystallization [J] . Chinese Journal of Polymer Science 2022, 40: 545–555.

[110] Hu W B. Personal perspective on strain–induced polymer crystallization [J] . Journal of Physical Chemistry B, 2023, 127(4): 822–827.

[111] 胡文兵. 可结晶共聚物的分子建模及其应用 [J] . 中国科学：化学，2023，53（4）：606–615.

[112] Ruan Y J, Lu Y Y, An L J, et al. Shear banding in entangled polymers: Stress plateau, banding location, and lever rule [J] . ACS Macro Letters, 2021, 10(12): 1517–1523.

[113] Ding Z Y, Lyu P H, Shi A, et al. Diffusio–mechanical theory of gel bending induced by liquid penetration [J] . Macromolecules, 2022, 55: 7092–7099.

[114] Tang J, Colby R H, Chen Q. Revisiting the elasticity of tetra–poly(ethylene glycol) hydrogels [J] . Macromolecules, 2023, 56(8): 2939–2946.

[115] Qiu H K, Zhao W C, Li J P, et al. Highly accurate prediction of viscosity of epoxy resin and diluent at various temperatures utilizing machine learning [J] . Polymer, 2022, 256: 125216.

[116] Wei X, Zhou J, Wang Y, et al. Modelling elastically mediated liquid–liquid phase separation [J] . Physical Review Letters, 2020, 125: 268001.

[117] Meng F, Saed M, Terentjev E, Rheology of vitrimers [J] . Nature Communications, 2022, 13: 5753.

[118] Xu Z Y, Dai X B, Bu X Y, et al. Enhanced heterogeneous diffusion of nanoparticles in semiflexible networks [J] . ACS Nano, 2021, 15(3): 4608–4616.

[119] Dai X B, Zhang X Y, Gao L J, et al. Topology mediates transport of nanoparticles in macromolecular networks [J] . Nature Communications, 2022, 13(1): 4094.

[120] Dai X B, Zhu Z C, Li Y J, et al. "Shutter" effects enhance protein diffusion in dynamic and rigid molecular networks [J] . Journal of the American Chemical Society, 2022, 144(41): 19017–19025.

[121] Zhang X Z, Lu Z Y, Qian H J. Temperature transferable and thermodynamically consistent coarse–grained model for binary polymer systems [J] . Macromolecules, 2023, 56 (10): 3739–3753.

[122] Wang J P, Yu Y H, Guo Y Q, et al. Local transient jamming in stress relaxation of bulk amorphous polymers [J] . Chinese Journal of Polymer Science 2021, 39: 906–913.

[123] Wang J P, Yu Y H, Guo Y Q, et al. Roles of repeating-unit interactions in the stress relaxation process of bulk amorphous polymers [J] . Polymer, 2021, 224: 123740.

[124] Wang J P, Hu W B. Nonlinear viscoelasticity raised at low temperatures by intermolecular cooperation of bulk amorphous polymers [J] . Chinese Journal of Polymer Science 2021, 39: 1496–1501.

[125] Wang J P, Hu W B. Roles of repeating-unit interactions in the stress relaxation process of bulk amorphous polymers: 2 Nonlinear viscoelasticity [J] . Polymer, 2022, 260: 125367.

[126] 代亮. 管子模型在高分子纽结体系中的构建和应用[J]. 中国科学：化学，2023，53（4）：693–707.

[127] Hao Z, Ghanekarade A, Zhu N, et al. Mobility gradients yield rubbery surfaces on top of polymer glasses [J] . Nature, 2021, 596: 372–376.

[128] Pan J S, Ai X Q, Ma C F, et al. Degradable vinyl polymers for combating marine biofouling [J] . Accounts of Chemical Research, 2022, 55(11): 1586–1598.

[129] Du J, Yin H, Zhu H, et al. Forming a double-helix phase of single polymer chains by the cooperation between local structure and nonlocal attraction [J] . Physical Review Letters, 2022, 128: 197801.

[130] Chang Q, Jiang J. Force regulation by sequence-defined polyelectrolytes [J] . Macromolecules, 2023, 56: 4100–4110.

[131] Cao N, Zhao Y, Chen H, et al. Poly(ethylene glycol) becomes a supra-polyelectrolyte by capturing hydronium ions in water [J] . Macromolecules, 2022, 55: 4656–4664.

[132] Liu J Y, Guo H Z, Gao Q J, et al. Coil-globule transition of a water-soluble polymer [J] . Macromolecules, 2022, 55: 8524–8532.

[133] Liu G Q, Xu Z Y, Dai X B, et al. Design of entropy-driven polymers resistant to bacterial attachment via multicomponent reactions [J] . Journal of the American Chemical Society, 2021, 143(41): 17250–17260.

[134] Qiang Y C, Li W H. accelerated pseudo-spectral method of self-consistent field theory via crystallographic fast fourier transform [J] . Macromolecules, 2020, 53(22): 9943–9952.

[135] Liu Z H, Liu Y X, Yang Y L, et al. Template design for complex block copolymer patterns using a machine learning method [J] . ACS Applied Materials & Interfaces, 2023,15: 31049–31056.

[136] Dong Q, Gong X, Yuan K, et al. Inverse design of complex block copolymers for exotic self-assembled structures based on bayesian optimization [J] . ACS Macro Letters, 2023,12(3): 7.

[137] Wu W W, Luo J T, Liu G X, et al. Micronewton shear rheometer performing SAOS using 2 mg of sample [J] . Journal of Rheology, 2023, 67(1): 207–218.

[138] Hu Z, Zhou J, Song Y, et al. Strain softening of natural rubber composites filled with carbon black and aramid fiber [J] . Jornal of Rheology, 2023, 67: 157–168.

[139] Li Z, Wen F, Hussain M, et al. Scaling laws of Mullins effect in nitrile butadiene rubber nanocomposites [J] . Polymer, 2020, 193: 122350.

[140] Wang Y M, Sun M H, Zhang H, et al. Structural rheology of silica-filled nanocomposites: chain entanglements and particle network [J] . Macromolecules, 2023, 56(3): 934–946.

[141] Zhang H, You W, Bian F G, et al. Heterogeneous percolation in poly(methylvinylsiloxane) /silica nanocomposites: the role of polymer-particle interaction [J] . Macromolecules, 2022, 55(19): 8834–8845.

[142] Cui W Z, You W, Yu W. Mechanical enhancement of polymers by nanoparticles in glassy and rubbery state [J] . Macromolecules, 2021, 54(2): 824–834.

[143] Shu Q, Liao G, Liu S, et al. An electrothermal and magnetic dual-modal actuator toward soft self-sensing robots [J] . Advanced Materials Technologies 2023, 8: 2300019.

[144] Zhang J, Wang Y, Deng H, et al. Bio-inspired bianisotropic magneto-sensitive elastomers with excellent multimodal transformation [J] . ACS Applied Materials & Interfaces 2022, 14: 20101–20112.

[145] Huang Q, Li H, Xie Y, et al. Electrorheological behaviors of waxy crude oil gel [J] . Journal of Rheology, 2021, 65(2): 103–112.

[146] Zhang C, Zhang J, Kang J, et al. Electrorheological effects of waxy crude oils under high-voltage AC electric field [J] . Fuel, 2023, 340: 127494.

[147] Huang Y Z, Hu C Y, Zhou Y C, et al. Monomer controlled switchable copolymerization: a feasible route for the functionalization of poly(lactide) [J] . Angewandte Chemie International Edition, 2021, 60(17): 9274–9278.

[148] Huang, Y Z, Hu, C Y, Pang X, et al. Electrochemically controlled switchable copolymerization of lactide, carbon dioxide, and epoxides [J] . Angewandte Chemie International Edition, 2022, 61(20): e202202660.

[149] Huang J J, Xu Y C, Xue Y F, et al. Identification of potent antimicrobial peptides via a machine-learning pipeline that mines the entire space of peptide sequences [J] . Nature Biomedical Engineering, 2023, 7: 797–810.

[150] Jiao C, Zhao C, Ma Y, et al. A versatile strategy to coat individual cell with fully/partially covered shell for preparation of self-propelling living cells [J] . ACS Nano 2021, 15(10): 15920–15929.

[151] Zheng D W, Pan P, Chen K W, et al. An orally delivered microbial cocktail for the removal of nitrogenous metabolic waste in animal models of kidney failure [J] . Nature Biomedical Engineering, 2020, 4(9): 853–862.

[152] Chen P, Liu X, Gu C, et al. A plant-derived natural photosynthetic system for improving cell anabolism [J] . Nature, 2022, 612(7940): 546–554.

[153] Zhao H, Liu S, Wei Y, et al. Multiscale engineered artificial tooth enamel [J] . Science, 2022, 375(6580): 551–556.

[154] Liu Y, Jiang Z Y, Tong S Z, et al. Acidity-triggered transformable polypeptide self-assembly to initiate tumor-specific biomineralization [J] . Advanced Materials, 2023, 35(15): 2203291.

[155] Fan W F, Wei Q Y, Xiang J J, et al. Mucus penetrating and cell-binding polyzwitterionic micelles as potent oral nanomedicine for cancer drug delivery [J] . Advanced Materials, 2022, 34(16): 2109189.

[156] Zhang Q L, Zheng D, Dong X, et al. A strategy based on the enzyme-catalyzed polymerization reaction of Asp-Phe-Tyr tripeptide for cancer immunotherapy [J] . Journal of the American Chemical Society, 2021, 143(13): 5127–5140.

[157] Liu M, Huang L, Zhang W, et al. A transistor-like pH-sensitive nanodetergent for selective cancer therapy [J] . Nature Nanotechnology, 2022, 17(5): 541–551.

[158] Pan S, Guan J, Xianyu B, et al. A nanotherapeutic strategy to reverse NK cell exhaustion [J] . Advanced Materials, 2023, 35(23):2211370.

[159] Ding Y, Zheng D, Xie L, et al. Enzyme-instructed peptide assembly favored by preorganization for cancer cell membrane engineering [J] . Journal of the American Chemical Society, 2023, 145(8): 4366–4371.

[160] Yu N, Zhang Y, Li J, et al. Daratumumab immunopolymersome-enabled safe and CD38-targeted chemotherapy and depletion of multiple myeloma [J] . Advanced Materials, 2021, 33(39): 2007787.

[161] Pan J, Li X, Shao B, et al. Self-blockade of PD-L1 with bacteria-derived outer-membrane vesicle for enhanced cancer immunotherapy [J] . Advanced Materials, 2022, 34(7): 2106307.

[162] Hu H, Wang H, Yang Y et al. A bacteria-responsive porphyrin for adaptable photodynamic/photothermal therapy [J] . Angewandte Chemie International Edition, 2022, 61(23): e202200799.

[163] Wu X H, Ma F H, Pan B B, et al. Tailoring a nanochaperone to regulate α-synuclein assembly [J] . Angewandte Chemie International Edition, 2022, 61(19): e202200192.

[164] Song X, Ji H, Li Y, et al. Transient blood thinning during extracorporeal blood purification via the inactivation of coagulation factors by hydrogel microspheres [J] . Nature Biomedical Engineering, 2021, 5(10): 1143–1156.

[165] Deng K C, Tang Y, Xiao Y, et al. A biodegradable, flexible photonic patch for in vivo phototherapy [J] . Nature Communications, 2023, 14(1): 3069.

[166] Xiao, J G, Du, J Z, Tetrapod Polymersomes [J] . Journal of the American Chemical Society 2020, 142 (14): 6569–

6577.

[167] Sun M, Wang C Y, Lyu M C, et al. Intracellular self-assembly of peptides to induce apoptosis against drug-resistant melanoma [J] . Journal of the American Chemical Society 2022, 144 (16): 7337-7345.

[168] Tang H, Liang Y, Liu C, et al. A solution-processed n-type conducting polymer with ultrahigh conductivity [J] . Nature, 2022, 611(7935): 271-277.

[169] Guo H, Yang C Y, Zhang X, et al. Transition metal-catalysed molecular n-doping of organic semiconductors [J] . Nature, 2021, 599(7883): 67-73.

[170] Yang C Y, Ding Y F, Huang D, et al. A thermally activated and highly miscible dopant for n-type organic thermoelectrics [J] . Nature Communications, 2020, 11(1): 3292.

[171] Hou L, Cui X, Guan B, et al. Synthesis of a monolayer fullerene network [J] . Nature, 2022, 606(7914): 507-510.

[172] He Z, Shen H, Ye D, et al. An organic transistor with light intensity-dependent active photoadaptation [J] . Nature Electronics, 2021, 4(7): 522-529.

[173] Wang Z, Gao M, He C, et al. Unraveling the molar mass dependence of shearing-induced aggregation structure of a high-mobility polymer semiconductor [J] . Advanced Materials, 2022, 34(7): 2108255.

[174] Zhu L, Zhang M, Xu J, et al. Single-junction organic solar cells with over 19% efficiency enabled by a refined double-fibril network morphology [J] . Nature Materials, 2022, 21(6): 656-663.

[175] Zhuo H, Li X, Zhang J, et al. Giant molecule acceptor enables highly efficient organic solar cells processed using non-halogenated solvent [J] . Angewandte Chemie International Edition, 2023, 62(26): e202303551.

[176] Zheng Z, Wang J, Bi P, et al. Tandem organic solar cell with 20.2% efficiency [J] . Joule, 2022, 6(1): 171-184.

[177] Chen H, Zou Y, Liang H, et al. Lowing the energy loss of organic solar cells by molecular packing engineering via multiple molecular conjugation extension [J] . Science China Chemistry, 2022, 65(7): 1362-1373.

[178] Zhan L, Li S, Lau T-K, et al. Over 17% efficiency ternary organic solar cells enabled by two non-fullerene acceptors working in an alloy-like model [J] . Energy & Environmental Science, 2020, 13(2): 635-645.

[179] Liu Q, Jiang Y, Jin K, et al. 18% Efficiency organic solar cells [J] . Science Bulletin, 2020, 65(4): 272-275.

[180] Sun R, Wang T, Yang X, et al. High-speed sequential deposition of photoactive layers for organic solar cell manufacturing [J] . Nature Energy, 2022, 7(11): 1087-1099.

[181] Jiang K, Zhang J, Zhong C, et al. Suppressed recombination loss in organic photovoltaics adopting a planar-mixed heterojunction architecture [J] . Nature Energy, 2022, 7(11): 1076-1086.

[182] Jiang Y, Dong X, Sun L, et al. An alcohol-dispersed conducting polymer complex for fully printable organic solar cells with improved stability [J] . Nature Energy, 2022, 7(4): 352-359.

[183] Meng X, Cai Z, Zhang Y, et al. Bio-inspired vertebral design for scalable and flexible perovskite solar cells [J] . Nature Communications, 2020, 11(1): 3016.

[184] Li D, Yang J, Fang M, et al. Stimulus-responsive room temperature phosphorescence materials with full-color tunability from pure organic amorphous polymers [J] . Science Advances, 2022, 8(8): eabl8392.

[185] Deng Y, Peng F, Lu Y, et al. Solution-processed green and blue quantum-dot light-emitting diodes with eliminated charge leakage [J] . Nature Photonics, 2022, 16(7): 505-511.

[186] Li Q, Hu J, Lyu J, et al. Through-space charge-transfer polynorbornenes with fixed and controllable spatial alignment of donor and acceptor for high-efficiency blue thermally activated delayed fluorescence [J] . Angewandte Chemie International Edition, 2020, 59(45): 20174-20182.

[187] Xie Y, Liu W, Deng W, et al. Bright short-wavelength infrared organic light-emitting devices [J] . Nature Photonics, 2022, 16(11): 752-761.

[188] Jiang Q, Zhang J, Mao Z, et al. Room-temperature ferromagnetism in perylene diimide organic semiconductor [J] . Advanced Materials, 2022, 34(14): 2108103.

[189] Huang W, Chen J, Yao Y, et al. Vertical organic electrochemical transistors for complementary circuits [J]. Nature, 2023, 613(7944): 496–502.

[190] Wang S, Chen X, Zhao C, et al. An organic electrochemical transistor for multi-modal sensing, memory and processing [J]. Nature Electronics, 2023, 6(4): 281–291.

[191] Xiong T, Li C, He X, et al. Neuromorphic functions with a polyelectrolyte-confined fluidic memristor [J]. Science, 2023, 379(6628): 156–161.

[192] Wang Z, Bai H, Yu W, et al. Flexible bioelectronic device fabricated by conductive polymer-based living material [J]. Science Advances, 2022, 8(25): eabo1458.

[193] Bian Y, Liu K, Ran Y, et al. Spatially nanoconfined N-type polymer semiconductors for stretchable ultrasensitive X-ray detection [J]. Nature Communications, 2022, 13(1): 7163.

[194] Xiong Y, Li B, Gu Y, et al. Photocatalytic nitrogen fixation under an ambient atmosphere using a porous coordination polymer with bridging dinitrogen anions [J]. Nature Chemistry, 2023, 15(2): 286–293.

[195] Guo M, Guo C, Han J, et al. Toroidal polar topology in strained ferroelectric polymer [J]. Science, 2021, 371(6533): 1050–1056.

[196] Chen H, Hou Y, Shi Y, et al. organic all-photonic artificial synapses enabled by anti-stokes photoluminescence [J]. Journal of the American Chemical Society, 2023, 145, 11988–11996.

[197] Xiong W, Chang W, Shi D, et al. Geminal dimethyl substitution enables controlled polymerization of penicillamine-derived beta-thiolactones and reversed depolymerization [J]. Chem, 2020, 6(7): 1831–1843.

[198] Wang Y, Li M, Wang S, et al. S-Carboxyanhydrides: ultrafast and selective ring-opening polymerizations towards well-defined functionalized polythioesters [J]. Angewandte Chemie International Edition, 2021, 60(19): 10798–10805.

[199] Wang Y, Li M, Chen J, et al. O-to-S substitution enables dovetailing conflicting cyclizability, polymerizability, and recyclability: dithiolactone vs dilactone [J]. Angewandte Chemie International Edition, 2021, 60(41): 22547–22553.

[200] Zhu Y, Li M, Wang Y, et al. Performance-advantaged stereoregular recyclable plastics enabled by Aluminum-catalytic ring-opening polymerization of dithiolactone [J]. Angewandte Chemie International Edition, 2023, 62(24): e202302898.

[201] Wang Y, Zhu Y, Lyu W, et al. Tough while Recyclable Plastics Enabled by Monothiodilactone Monomers [J]. Journal of the American Chemical Society, 2023, 145(3): 1877–1885.

[202] Wan Y, He J, Zhang Y, et al. One-step synthesis of lignin-based triblock copolymers as high-temperature and uv-blocking thermoplastic elastomers [J]. Angewandte Chemie International Edition, 2022, 61(8): e202114946.

[203] Bai Y, Wang H, He J, et al. Dual-initiating and living frustrated Lewis pairs: expeditious synthesis of biobased thermoplastic elastomers [J]. Nature Communications, 2021, 12(1): 4874.

[204] Song Y, He J, Zhang Y, et al. Recyclable cyclic bio-based acrylic polymer via pairwise monomer enchainment by a trifunctional Lewis pair [J]. Nature Chemistry, 2023, 15(3): 366–376.

[205] Jia Z, Jiang J, Zhang X, et al. Isotactic-alternating, heterotactic-alternating, and abaa-type sequence-controlled copolyester syntheses via highly stereoselective and regioselective ring-opening polymerization of cyclic diesters [J]. Journal of the American Chemical Society 2021, 143 (11): 4421–4432.

[206] He C, Xian J, Fu H, et al. Monomer-promoting asymmetric kinetic resolution-alternating copolymerization to afford AAB-type copolyesters [J]. Journal of the American Chemical Society 2023, 145 (17): 9786–9799.

[207] Shen Y, Xiong W, Li Y, et al. Chemoselective polymerization of fully biorenewable α-methylene-γ-butyrolactone using organophosphazene/urea binary catalysts toward sustainable polyesters [J]. CCS Chemistry, 2020, 3(1): 620–630.

[208] Li C, Wang L, Yan Q, et al. Rapid and controlled polymerization of bio-sourced δ-caprolactone toward fully recyclable polyesters and thermoplastic elastomers [J]. Angewandte Chemie International Edition, 2022, 61(16): e202201407.

[209] Li J, Liu F, Liu Y, et al. Functionalizable and chemically recyclable thermoplastics from chemoselective ring-opening polymerization of bio-renewable bifunctional α-methylene- δ -valerolactone [J]. Angewandte Chemie International Edition, 2022, 61(32): e202207105.

[210] Li Z, Zhao D, Shen Y, et al. Ring-opening polymerization of enantiopure bicyclic ether-ester monomers toward closed-loop recyclable and crystalline stereoregular polyesters via chemical upcycling of bioplastic [J]. Angewandte Chemie International Edition, 2023, 62(23): e202302101.

[211] Li L G, Wang Q Y, Zheng Q Y, et al. Tough and thermally recyclable semiaromatic polyesters by ring-opening polymerization of benzo-thia-caprolactones [J]. Macromolecules 2021, 54 (14): 6745-6752.

[212] Guo Y T, Shi C X, Du T Y, et al. Closed-loop recyclable aliphatic poly(ester-amide)s with tunable mechanical properties [J]. Macromolecules 2022, 55 (10): 4000-4010.

[213] Tu Y M, Wang X M, Yang X, et al. Biobased high-performance aromatic-aliphatic polyesters with complete recyclability [J]. Journal of the American Chemical Society, 2021, 143(49): 20591-20597.

[214] Fan H Z, Yang X, Chen J H, et al. Advancing the development of recyclable aromatic polyesters by functionalization and stereocomplexation [J]. Angewandte Chemie International Edition, 2022, 61(15): e202117639.

[215] Tu Y M, Gong F L, Wu Y C, et al. Insights into substitution strategy towards thermodynamic and property regulation of chemically recyclable polymers [J]. Nature Communications, 2023, 14(1): 3198.

[216] Li X L, Clarke R W, Jiang J Y, et al. A circular polyester platform based on simple gem-disubstituted valerolactones [J]. Nature Chemistry, 2023, 15(2): 278-285.

[217] Li X L, Clarke RW, An H Y, et al. Dual recycling of depolymerization catalyst and biodegradable polyester that markedly outperforms polyolefins [J]. Angewandte Chemie International Edition, 2023, 62(26): e202303791.

[218] Zhang X, Sun Y, Zhang C J, et al. Upcycling polytetrahydrofuran to polyester [J]. CCS Chemistry, 2022, 5 (5): 1233-1241.

[219] Zhang X, Zhang C J, Zhang X H. A facile and unprecedented route to a library of thermostable formaldehyde-derived polyesters: highly active and selective copolymerization of cyclic acetals and anhydrides [J]. Angewandte Chemie International Edition, 2022, 61(13): e202117316.

[220] Qin B, Liu S, Huang Z, et al. Closed-loop chemical recycling of cross-linked polymeric materials based on reversible amidation chemistry [J]. Nature Communications, 2022, 13 (1): 7595.

[221] Wang X, Zhan S, Lu Z, et al. Healable, recyclable, and mechanically tough polyurethane elastomers with exceptional damage tolerance [J]. Advanced Materials, 2020, 32, 2005759.

[222] Li Z, Zhu Y L, Niu W, et al. Healable and recyclable elastomers with record-high mechanical robustness, unprecedented crack tolerance, and superhigh elastic restorability [J]. Advanced Materials, 2021, 33, 2101498.

[223] Fang X, Tian N, Hu W, et al. Dynamically cross-linking soybean oil and low-molecular-weight polylactic acid toward mechanically robust, degradable, and recyclable supramolecular plastics [J]. Advanced Functional Materials, 2022, 32: 2208623.

[224] Liu B W, Zhao H B, Wang Y Z. Advanced flame-retardant methods for polymeric materials [J]. Advanced Materials, 2022, 34 (46): 2107905.

[225] Yan Y T, Wu G, Chen S C, et al. Controlled synthesis and closed-loop chemical recycling of biodegradable copolymers with composition-dependent properties [J]. Science China Chemistry, 2022, 65 (5): 943-953.

[226] Liu X, Tian F, Zhao X, et al. Multiple functional materials from crushing waste thermosetting resins [J]. Materials Horizons, 2021, 8 (1): 234-243.

[227] Wang Q Q, Yang J R, Liu P J, et al. Facile one-step approach to manufacture environmentally friendly poly(vinyl alcohol) bead foam products [J] . Industrial & Engineering Chemistry Research, 2021, 60(7): 2962–2970.

[228] Feng D, Liu P J, Wang Q. Selective microwave sintering to prepare multifunctional poly(ether imide) bead foams based on segregated carbon nanotube conductive network [J] . Industrial & Engineering Chemistry Research, 2020, 59(13): 5838–5847.

[229] Yin J, Deng L F, Li Z M, et al. High-throughput in situ characterization of polymer crystallization under an intense flow, high pressure, and cooling gradient during injection molding [J] . Macromolecules, 2023, 56 (11): 4111–4122.

[230] Zhang X X, Liu Q, Li Z M, et al. Promoted formation of α crystals in the polymorph selection of syndiotatic polystyrene under the coupling of pressure, flow, and temperature [J] . Macromolecules, 2022, 55(12): 5094–5103.

[231] Li Z, Zhang M R, Zhang Y, et al. P(VDF–TrFE)-based self-sustained monitoring system. IEEE Trans [J] . Dielectr. Electr. Insul. 2022, 29: 1771–1776.

[232] Li Z, Fan X, Yi J, et al. Outstanding piezoelectric sensitivity of Poly(vinylidene-trifluoroethylene) for acceleration sensor application [J] . IEEE Trans. Dielectr. Electr. Insul. 2022, 29: 808–814.

[233] Zhang YR, Meng BW, Ma PC, et al. Aggregation-induced demulsification triggered by the hydrophilic fabric for the separation of highly emulsified oil droplets from water [J] . Aggregate, 2022, 3: e131.

[234] Zhang Y L, Ruan K P, Zhou H, et al. Controlled distributed $Ti_3C_2T_x$ hollow microspheres on thermally conductive polyimide composite films for excellent electromagnetic interference shielding [J] . Advanced Materials, 2023, 35(16): 202211642.

[235] Han Y X, Ruan K P, Gu J W. Multifunctional thermally conductive composite films based on fungal tree-like heterostructured silver nanowires@boron nitride nanosheets and aramid nanofibers [J] . Angewandte Chemie International Edition, 2023, 62(5): e202216093.

[236] Ruan K P, Gu J W. Ordered alignment of liquid crystalline graphene fluoride for significantly enhancing thermal conductivities of liquid crystalline polyimide composite films [J] . Macromolecules, 2022, 55(10): 4134–4145.

[237] You Y, Peng W L, Xie P, et al. Topological rearrangement-derived homogeneous polymer networks capable of reversibly interlocking: from phantom to reality and beyond [J] . Materials Today, 2020, 33: 45–55.

[238] Peng W L, You Y, Xie P, et al. Adaptable interlocking macromolecular networks with homogeneous architecture made from immiscible single networks [J] . Macromolecules, 2020, 53: 584–593.

[239] Ou Z R, Peng W L, Rong M Z, et al. Controllable depolymerization and recovery of interlocked covalent adaptable networks via cascading reactions of the built-in reversible bonds [J] . Macromolecules, 2022, 55: 262–269.

[240] Miao W S, Zou W K, Jin B J, et al. On demand shape memory polymer via light regulated topological defects in a dynamic covalent network [J] . Nature Communications 2020, 11: 4257.

[241] Zhang C C, Jin B J, Cao X N, et al. Dielectric polymer with designable large motion under low electric field [J] . Advanced Materials 2022, 34: 2206393.

[242] Xu X N, Fang Z Z, Jin B J, et al. Regenerative living 4D printing via reversible growth of polymer networks [J] . Advanced Materials 2023, 35: 2209824.

[243] Zhang Z, Zhao J, Guo Z, et al. Mechanically interlocked networks cross-linked by a molecular necklace [J] . Nature Communications, 2022, 13: 1393.

[244] Zhao D, Zhang Z, Zhao J, et al. A mortise-and-tenon joint inspired mechanically interlocked network [J] . Angewandte Chemie International Edition, 2021, 60(29): 16224–16229.

[245] Bai R, Zhang Z, Di W, et al. Oligo [2] catenane that is robust at both the microscopic and macroscopic scales [J] . Journal of the American Chemical Society, 2023, 145(16): 9011–9020.

[246] Zhao J, Hong M, Ju Z, et al. Durable lithium metal anodes enabled by interfacial layers based on mechanically interlocked networks capable of energy dissipation [J] . Angewandte Chemie International Edition, 2022, 61(52):

e202214386.

[247] Shao J, Dong X, Wang D. Stretchable Self-Healing Plastic Polyurethane with Super-High Modulus by Local Phase-Lock Strategy[J]. Macromolecular Rapid Communications, 2023, 44(1): 2200299.

[248] Wang H, Liu H, Cao Z, et al. Room-temperature autonomous self-healing glassy polymers with hyperbranched structure[J]. Proceedings of the National Academy of Sciences, 2020, 117(21): 11299-11305.

[249] Li W, Liu H, Wang H, et al. Biomimetic hybrid networks with excellent toughness and self-healing ability in the glassy state[J]. Chemistry of Materials, 2023, 35(2): 682-691.

[250] Yao Y, He E, Xu H, et al. Enabling liquid crystal elastomers with tunable actuation temperature[J]. Nature Communications, 2023, 14(1): 3518.

[251] Liang H, Wu Y, Zhang Y, et al. Elastomers grow into actuators[J]. Advanced Materials, 2023, 35(12): 2209853.

[252] Liang H, Zhang S, Liu Y, et al. Merging the interfaces of different shape-shifting polymers using hybrid exchange reactions[J]. Advanced Materials, 2023, 35(1): 2202462.

[253] Zhao X, Chen Y, Peng B, et al. A facile strategy for the development of recyclable multifunctional liquid crystal polymers via post-polymerization modification and ring-opening metathesis polymerization[J]. Angewandte Chemie International Edition, 2023, 62: e202300699.

[254] Pang X L, Qin L, Xu B, et al. Ultralarge contraction directed by light-driven unlocking of prestored strain energy in linear liquid crystal polymer fibers[J]. Advanced Functional Materials, 2020, 30(32): 2002451.

[255] Huang X, Qin L, Wang J, et al. Multiple shape manipulation of liquid crystal polymers containing Diels-Alder network[J]. Advanced Functional Materials, 2022, 32(51): 2208312.

[256] Zhang X N, Du C, Du M, et al. Kinetic insights into glassy hydrogels with hydrogen bond complexes as the crosslinks [J]. Materials Today Physics, 2020, 15: 100230.

[257] Du C, Zhang X N, Sun T L, et al. Hydrogen-bond association-mediated dynamics and viscoelastic properties of tough supramolecular hydrogels[J]. Macromolecules, 2021, 54(9): 4313-4325.

[258] Hou L X, Ju H, Hao X P, et al. Intrinsic anti-freezing and unique phosphorescence of glassy hydrogels with ultrahigh stiffness and toughness at low temperatures[J]. Advanced Materials, 2023, 35(21): 2300244.

[259] Zhuo S Y, Zhao Z G, Xie Z X, et al. Complex multiphase organohydrogels with programmable mechanics toward adaptive soft-matter machines[J]. Science Advances, 2020, 6 (5): eaax1464.

[260] Zhao C Q, Zhang P C, Zhou J J, et al. Layered nanocomposites by shear-flow-induced alignment of nanosheets [J]. Nature, 2020, 580 (7802): 210-215.

[261] Zhuo S Y, Song C, Rong Q F, et al. Shape and stiffness memory ionogels with programmable pressure-resistance response[J]. Nature Communications, 2022, 13 (1): 1743.

[262] Cui C Y, Wu T L, Chen X Y, et al. A Janus hydrogel wet adhesive for internal tissue repair and anti-postoperative adhesion[J]. Advanced Functional Materials, 2020, 30 (49): 2005689.

[263] Yu J, Wang K, Fan C C, et al. An ultrasoft self-fused supramolecular polymer hydrogel for completely preventing postoperative tissue adhesion[J]. Advanced Materials, 2021, 33 (16): 2008395.

[264] Xu Z Y, Fan C C, Zhang Q, et al. A self-thickening and self-strengthening strategy for 3d printing high-strength and antiswelling supramolecular polymer hydrogels as meniscus substitutes[J]. Advanced Functional Materials, 2021, 31 (18): 2100462.

[265] Li J, Li S, Huang J, et al. Spider silk-inspired artificial fibers[J]. Advance Science, 2022, 9 (5): 2103965.

[266] Liu F, Wang Q, Zhai G, et al. Continuously processing waste lignin into high-value carbon nanotube fibers[J]. Nature Communications, 2022, 13 (1): 5755.

[267] Zhang J, Zheng J, Gao M, et al. Nacre-mimetic nanocomposite aerogels with exceptional mechanical performance for thermal superinsulation at extreme conditions[J]. Advanced Materials, 2023, 35: 2300813.

[268] Shi X, Zuo Y, Zhai P, et al. Large-area display textiles integrated with functional systems [J]. Nature, 2021, 591 (7849): 240–245.

[269] He J Q, Lu C H, Jiang H B, et al. Scalable production of high-performing woven lithium-ion fibre batteries [J]. Nature, 2021, 597 (7874): 57–63.

化学教育学

[1] 中华人民共和国教育部．普通高中化学课程标准（2017 年版）[S]．北京：人民教育出版社，2018.

[2] 房喻，周青．凝练素养彰显魅力高效育人——对《普通高中化学课程标准（2017 年版）》的思考 [J]．中学化学教学参考，2018（11）：1–3.

[3] 郑长龙．2017 年版普通高中化学课程标准的重大变化及解析 [J]．化学教育（中英文），2018，39（9）：41–47.

[4] 王磊，魏锐．学科核心素养发展导向的高中化学课程内容和学业要求——《普通高中化学课程标准（2017 年版）》解读 [J]．化学教育（中英文），2018，39（9）：48–53.

[5] 王磊，于少华．对高中化学课程标准若干问题的理论阐释及实践解读 [J]．中学化学教学参考，2018（13）：3–9.

[6] 李俊．谈《普通高中化学课程标准（2017 年版）》的特点 [J]．中学化学教学参考，2018（9）：6–8.

[7] 王军翔．以“素养为本”引领中学化学教育向深度发展——对《普通高中化学课程标准》（2017 年版）变化及其意义的研究 [J]．中学化学教学参考，2018（7）：1–5.

[8] 中华人民共和国教育部．义务教育化学课程标准（2022 年版）[S]．北京：北京师范大学出版社，2022.

[9] 胡久华，王磊．2022 年版义务教育化学课程标准对教师的要求及挑战 [J]．教师教育学报，2022，9（6）：72–80.

[10] 王磊．初中化学项目式学习教材 [M]．山西：山西教育出版社，2018.

[11] 郑长龙．核心素养导向的化学教学设计 [M]．北京：人民教育出版社，2020.

[12] 郑长龙，迟铭．从理念看变化:《义务教育化学课程标准（2022 年版）》解析 [J]．教师教育学报，2022，9（3）：129–136.

[13] 郑长龙．大概念的内涵解析及大概念教学设计与实施策略 [J]．化学教育（中英文），2022，43（13）：6–12.

[14] 刘健，郑长龙，康波，等．基于学科理解的“物质成分”大概念教学 [J]．化学教育（中英文），2022，43（17）：73–79.

[15] 孙磊，郑长龙．基于尺度视角下的“催化剂”拓展课教学 [J]．化学教育（中英文），2020，41（5）：17–25.

[16] 李雪源，李艳梅，张笑言，等．基于学科理解的电功视角下“化学反应与能量”教学 [J]．化学教育（中英文），2023，44（3）：72–78.

[17] 张笑言，郑长龙．基于学科理解的学习任务设计策略 [J]．化学教育（中英文），2021，42（9）：41–45.

[18] Wei B, Chen Y. The Meaning of “experiment” in the intended chemistry curriculum in China: the changes over the period from 1952 to 2018. International Journal of Science Education, 2020, 42: 656–674.

[19] Wei B. The change of the intended senior high school chemistry curriculum in China: Focus on intellectual demands. Chemistry Education Research and Practice, 2020, 21: 14–23.

[20] Chen B, Wei B, Wang X. Examining the factors that influence high school chemistry teachers’ use of curriculum materials: From the teachers’ perspective. Journal of Baltic Science Education, 2020, 19 (6): 893–907.

[21] Wei B, Lin J. Manifestation of three visions of scientific literacy in a senior high school chemistry curriculum: A content analysis study. Journal of Chemical Education, 2022, 99 (5): 1906–1912.

[22] 王后雄，杨季冬．国际教育考试质量与公平标准的特点与趋势——基于 NVivo 11.0 的编码分析 [J]．现

代教育管理，2020（3）：45-51.
［23］孙建明，王祖浩，王后雄，等. 高考化学命题公平性影响因素研究［J］. 化学教学，2021（12）：12-16.
［24］姚娟娟，王后雄. 情境在高中化学必修教材习题中的作用水平研究［J］. 化学教学，2023（1）：78-82.
［25］孙妍，王后雄. 化学情境化试题的内涵、类型及命题思路［J］. 课程·教材·教法，2023，43（3）：132-139.
［26］管华东，朱颖，彭信文，等. 基于“地方特色化工情境”的化学作业题设计——以江西地区“稀土化工”为例［J］. 化学教学，2023（3）：89-94.
［27］姜建文，王丽珊. 基于核心素养的化学教学目标设计策略［J］. 化学教育（中英文），2020，41（5）：37-44.
［28］姜建文，王丽珊.“教、学、评”一体化的化学课堂教学评价目标设计［J］. 化学教育（中英文），2020，41（21）：1-6.
［29］吴俊杰，姜建文. 素养测评导向的化工流程题命制实践与思考——以“海水提溴”为例［J］. 化学教学，2020（8）：84-87，92.
［30］赵晗蕾，黎泓波，艾小丽，等. 以“曾侯乙青铜编钟”命制的原创试题及思考［J］. 化学教学，2023（8）：84-90.
［31］叶婉，李婉冰，姜建文. 发展学生“证据推理与模型认知”素养的教学实践——以“燃烧与灭火”为例［J］. 化学教学，2021（3）：57-62.
［32］刘毛毛，姜建文. 基于职业取向的化学教学设计——以“硫酸的工业生产”为例［J］. 化学教育（中英文），2021，42（15）：21-26.
［33］王磊，周冬冬.“互联网 +”学科能力评、学、教一体化研究与实践·初中化学［M］. 北京：北京师范大学出版社，2022.
［34］Wang L, Wang Q, Kong S, et al. Subject competency framework in fostering high-end lesson study-a case of teaching “properties of iron salts” unit in a senior high school. International Journal for Lesson & Learning Studies, 2022, 11(2): 73-90.
［35］胡久华. 深度学习：走向核心素养（学科教学指南·初中化学）［M］. 北京：教育科学出版社，2019.
［36］胡久华，刘洋. 基于课程标准设计核心素养导向的单元教学［J］. 课程·教材·教法，2021，41（9）：101-107.
［37］王磊，郑楠，孙影. 视觉表征视角下中学化学教科书编排的“三序”结合［J］. 化学教育，2022，43（5）：26-34.
［38］王迪. 基于科学本质的人教版初高中化学教材分析［D］. 广州：华南师范大学，2022.
［39］胡润泽. 中学生化学基本观念结构与水平实证研究［D］. 广州：华南师范大学，2022.
［40］吴来泳. 基于元素观的人教版初高中化学教材分析［D］. 广州：华南师范大学，2022.
［41］成梦醒. 基于化学分类观的人教版初高中化学教材分析［D］. 广州：华南师范大学，2021.
［42］符美珍. 基于变化观的人教版初高中化学教材分析［D］. 广州：华南师范大学，2021.
［43］廖丹桦. 基于结构观的人教版初高中化学教材分析［D］. 广州：华南师范大学，2021.
［44］王西宇. 化学教师学科基本观念的实证研究［D］. 广州：华南师范大学，2021.
［45］陈泳蓉. 基于微粒观的人教版初高中化学教材分析［D］. 广州：华南师范大学，2023.
［46］李川，刘敬华. 化学学科核心素养导向的教学实践改革思考——基于 2019 版 AP 化学课程标准的分析［J］. 化学教育（中英文），2021，42（13）：14-20.
［47］李婷婷，王秀红. 从新订《学习指导要领》看日本小学理科课程改革新趋势［J］. 外国中小学教育，2018，3.
［48］李婷婷，王秀红，李延龙. 日本初中理科教科书中“离子的存在”内容选择及启示［J］. 化学教育，2018，7.

[49] 李婷婷，王秀红，李延龙．日本初中理科教科书中“离子的存在”内容组织与呈现特征［J］．化学教育，2018，23.
[50] 李婷婷，王秀红，伊冉．日本新订初中化学学习指导要领述评［J］．化学教育（中英文），2019，15.
[51] 李婷婷，王秀红．日本新一轮基础教育课程改革新动向［J］．外国教育研究，2019，3.
[52] 陈金玉，王祖浩．化学试题中融入中华优秀文化的研究——基于2022年化学中考试题的分析［J］．基础教育课程，2023，No.343（7）：65–74.
[53] 陈沙沙，迟少辉，王祖浩．加拿大安大略省新一轮科学与技术课程改革的特色与启示［J］．比较教育学报，2023，No.344（2）：147–160.
[54] 毕华林，卢姗姗．化学三重表征的实质与三重表征能力的培养［J］．课程·教材·教法，2021，41（3）：110–116.
[55] 邓峰，林颖，陈泳蓉，等．高中生化学知识架构及其与问题解决关系研究——以“电化学”主题为例［J］．化学教学，2023（1）：12–18.
[56] 刘丽珍，邓峰，陈泳蓉，等．高中有机化学教学内容结构化［J］．化学教学，2022（10）：33–38.
[57] 林颖，邓峰，胡润泽，等．国内外近30年“电化学”主题概念测查研究进展［J］．化学教育（中英文），2022，43（7）：109–115.
[58] 邓峰，储独俊，董娟，等．化学教师模型认识与模型教学观的关系研究［J］．化学教育（中英文），2021，42（5）：66–7.
[59] 邓峰，王西宇，段训起．化学教师学科基本观念的结构与水平研究——基于高阶验证性因子分析［J］．化学教育（中英文），2021，42（2）：84–89.
[60] 伍春雨，邓峰，吴微，等．化学师范生变化观及其教学认识的调查研究［J］．化学教育（中英文），2020，41（10）：83–89.
[61] 吴微，邓峰，伍春雨，等．高一学生“氧化还原反应”观念结构的调查研究［J］．化学教学，2020（5）：29–35.
[62] 吴俊杰，姜建文．化学学科理解研究综述［J］．化学教学，2021（8）：15–20.
[63] 吴俊杰，姜建文．化学哲学：化学学科理解维度解构与水平提升路径［J］．化学教育（中英文），2022，43（5）：8–13.
[64] Zhang L, Wang L, Treagust D F. Discipline-specific cognitive factors that influence grade 9 students' performance in chemistry［J］. Chemistry education research and practice, 2021, 22(4), 813–841.
[65] Wei B，Long F. Teaching chemistry in context: What we know from teachers' lesson plans. International Journal of Science Education［J］. 2021, 43 (8), 1208–1227.
[66] 郑长龙．核心素养导向的化学教学设计［M］．北京：人民教育出版社，2021.
[67] 郑长龙，陈彬．化学学科理解系列丛书——物质结构篇［M］．北京：高等教育出版社，2022.
[68] Schwartz R S, Lederman N G, Crawford B A. Developing views of nature of science in an authentic context: an explicit approach to bridging the gap between nature of science and scientific inquiry. Science Education, 2010, 88(4): 610–645.
[69] 柴小翠，盖立春．职前化学教师对“科学探究”理解水平的调查研究［J］．化学教育（中英文），2020，41（4）：52–59.
[70] 赵亚杰，刘瑞，罗小凤．“显性”科学本质教学与论证结合对学生科学本质观影响的研究综述［J］．化学教育（中英文），2020，41（9）：62–68.
[71] 任红艳．化学论证教学研究［M］．北京：科学出版社，2020.
[72] 朱燕，俞嘉燕，任红艳．基于模型－证据链的科学论证教学研究进展［J］．化学教育，2021，42（9）：88–94.
[73] 徐昳，俞嘉燕，任红艳．化学课堂内学生论证话语的序贯分析［J］．化学教学，2021（4）：26–31.

［74］沈天宇，任红艳. 基于驳斥型文本学习的概念转变案例研究［J］. 化学教学，2022（3）：8-14.
［75］Ling Y, Ren H, Yu J, et al. Factors affecting the formation of views of nature of science: A mixed-methods study［J］. Research in Science & Technological Education, 2023: 1-24.
［76］He X Y, Deng Y, Yu S S, et al. The influence of context on the large-scale assessment of high school students' epistemic cognition of scientific argumentation［J］. Science & Education, 2020, 29:7-41.
［77］Jiang Z, Wei B, Chen S, et al. Examining the Formation of High School Students' Science Identity: The Role of STEM-PBL Experiences［J］. Science & Education, 2022: 1-23.
［78］Chen S, Wei B, Zhang H. Exploring high school students' disciplinary science identities and their differences［J］. International Journal of Science and Mathematics Education. 2023, 21(2) 377-394.
［79］Chen S，Wei B. Development and validation of an instrument to measure high school students' science identity in science learning［J］. Research in Science Education, 2022, 52 (1), 111-126.
［80］Nicolaou C T, Constantinou C P. Assessment of the modeling competence: A systematic review and synthesis of empirical research［J］. Educational Research Review, 2014, 13, 52-73.
［81］Chiu M H, Lin J W. Modeling competence in science education［J］. Disciplinary and Interdisciplinary Science Education Research, 2019, 1(1): 1-11.
［82］Namdar B, Shen J. Modeling-oriented assessment in K-12 science education: A synthesis of research from 1980 to 2013 and new directions. International Journal of Science Education, 2015, 37(7), 993-1023.
［83］朱帅颖，刘业涵，凌一洲. 基于"捶草印花"传统工艺改进设计的实验［J］. 化学教学，2022（6）：76-80.
［84］陈梦麟，凌一洲，任红艳. 融合艺术创作与科学探究的实验活动——以"油层上绽放的彩色液滴"为例［J］. 化学教学，2021（9）：67-71.
［85］张泽，任红艳. 自制光电比色计及其在中学化学实验中的应用［J］. 化学教育（中英文），2020，41（15）：58-62.
［86］朱彦博，余小燕，凌一洲，等. 摄影与视频定量分析在化学实验中的应用案例［J］. 化学教学，2021（10）：78-81.
［87］陈梦麟，庞春波，凌一洲，等. 基于热成像的实验室不规范加热操作的风险认识［J］. 化学教育，2020（15）：67-72.
［88］Zhao Y, Wang L. A case study of student development across project-based learning units in middle school chemistry［J］. Disciplinary and Interdisciplinary Science Education Research, 2022, 4(1): 1-20.
［89］Shi F, Wang L, Liu X, et al. Development and validation of an observation protocol for measuring science teachers' modeling-based teaching performance［J］. Journal of Research in Science Teaching, 2021, 58(9): 1359-1388.
［90］杨宇航，李琼，姜建文. 初中化学"酸、碱、盐专题复习"的项目式教学——制作一枚食用皮蛋［J］. 化学教学，2023（2）：54-59.
［91］管华东，武战雪，彭信文，等. 高中"化学反应与电能"跨学科项目式教学——探究原电池电动势的影响因素［J］. 化学教育（中英文），2022，43（23）：22-27.
［92］姜建文，杨宇航，管华. "化学教育测量与评价"的项目式教学——命制一道高考化学试题［J］. 化学教育（中英文），2022，43（18）：98-106.
［93］姜显光，郑长龙，赵红杰. 提升教师学科理解能力：缘起、意义及策略［J］. 化学教育（中英文），2022，43（17）：94-99.
［94］杨桂榕，郑长龙. 基于学科理解的初中化学教师专业发展研究——以大概念课例"物质成分的探究"研发项目为例［J］. 化学教育（中英文），2023，44（05）：87-95.
［95］孙佳林，郑长龙. 国外教师评价素养标准及评价工具研究述评［J］. 中国考试，2023（3）：77-85.
［96］He P, Zheng C, Li T. Development and Validation of an Instrument for Measuring Chinese Chemistry Teachers'

Perceived Self-Efficacy Towards Chemistry Core Competencies [J]. International Journal of Science and Mathematics Education, 2021, 20(7):1337-1359.
[97] 靳莹，姜雪莹．教学机智的内涵、特点及启示——基于化学优质课例的观察研究 [J]．中国多媒体与网络教学学报，2023，5：177-180.
[98] Gong, X Y, Wei B, Bergey B W, Shockley E T. Unpacking chemistry teachers' pedagogical reasoning and decisions for a PHET simulation: A TPACK perspective [J]. Journal of Chemical Education, 2023, 100(1): 34-44.
[99] 李川，张莹莹，李艳灵，等．全日制化学教育硕士的 PCK 水平调查研究 [J]．化学教育（中英文），2020，41（14）：58-65.
[100] 王伟，吴海生，马愿愿，等．化学师范生学科理解能力的培养研究：问题与对策 [J]．化学教育（中文），2022，43（22）：72-76.
[101] 王后雄，李猛．卓越教师核心素养的内涵、构成要素及发展路径 [J]．教育科学，2020，36（6）：40-46.
[102] 胡杨，王后雄．学科核心素养视域下科学教师学科教学知识的特征与发展 [J]．课程·教材·教法，2020，40（11）：123-128.
[103] EDUCAUSE Publications. 2020 EDUCAUSE Horizon Report™ | Teaching and Learning Edition [EB/OL]. 2020. https://library.educause.edu/resources/2020/3/2020-educause-horizon-report-teaching-and-learning-edition.
[104] 中华人民共和国教育部．教育信息化 2.0 行动计划 [EB/OL]．(2018-04-18) [2023-11-16] .http://www.moe.gov.cn/srcsite/A16/S3342/201804/t20180425_334188.html.
[105] 符吉霞，丁伟．碳酸钠和碳酸氢钠与稀盐酸反应的创新实验设计及教学应用 [J]．教育与装备研究，2020（2）：28-32.
[106] 樊艺蕾，丁伟．沉浸式虚拟现实技术在科学教学中的应用述评 [J]．化学教育（中英文），2020，41（5）：84-90.
[107] 温培娴，丁伟．品红褪色机理的实验探究 [J]，化学教育（中英文），2020，41（7）：96-100.
[108] 钱莉，丁伟．利用手持技术探究石墨电极电解水的实验 [J]，化学教育（中英文），2020，41（13）：96-100.
[109] 卢文静，丁伟．基于阳极氧化铝的简易气体酸碱性检测器的制备和性能研究 [J]，化学教育（中英文），2020，41（15）：44-48.
[110] 徐小迪，丁伟．铝与碱溶液反应的实验研究 [J]，化学教育（中英文），2020，41（17）：101-104.
[111] 邵川华，景峭壁，丁伟．苯酚和溴水反应的实验探究 [J]，化学教学，2020，（9）：75-78.
[112] 李晓月，李珂卿，丁伟．基于过程可视化的“桐树”标本制作 [J]．教育与装备研究，2020，（10）：50-54.
[113] 王意婷，丁伟．铁氰化钾 / 亚铁氰化钾原电池实验创新设计 [J]．教育与装备研究，2020，（11）：34-38.
[114] 叶梦倩，丁伟．对钠燃烧产物颜色的研究 [J]，化学教育（中英文），2021，42（17）：90-95.
[115] 李晓月，丁伟．基于“虚拟化学实验室”的在线课堂深度学习——以“价层电子对互斥模型（VSEPR）”在线教学设计为例 [J]．化学教育（中英文），2021，42（21）：73-78.
[116] 戚佳一，丁伟．中空磁性金属微纳米材料的特性及应用研究进展 [J]．化学教育（中英文），2021，42（20）：1-9.
[117] 李珂卿，丁伟．基于数字传感器比较氧化性——以“海带提碘”教学为例 [J]．化学教与学，2021（1）：75-77，72.
[118] 邵川华，李卓，丁伟．基于双液原电池的钢铁电化学腐蚀实验研究 [J]．教育与装备研究，2021（5）：58-62.
[119] 杨舒茜，丁伟．基于红外热成像技术的物质溶解吸放热创新实验 [J]．教育与装备研究，2022，38（1）：

62-64.
[120] 蒋鹏，丁伟. 测定鸡蛋壳中碳酸钙含量的创新实验［J］. 教育与装备研究，2022，38（2）：53-55.
[121] 曾红，丁伟. 应用智能手机显微镜技术的可视化实验研究［J］. 教育与装备研究，2022，38（5）：69-74.
[122] 吴文萱，丁伟. 模拟海洋酸化对钙基生物影响的实验室活动设计［J］. 化学教与学，2022（8）：85-89.
[123] 莫小静，丁伟. 电解饱和食盐水制漂白剂实验的可视化研究［J］. 化学教与学，2022（11）：88-92，62.
[124] 莫小静，丁伟. “电解原理的应用”项目式教学——电解法处理船舶压载水［J］. 化学教与学，2022，（12）：6-11，33.
[125] Que R, Ding W, Sha S. A Simple, Facile Demonstration of Copper and Nitric Acid Reaction［J］. Journal of Chemical Education, 2022, 99(7): 2762-2765.
[126] 黄秀梅，钱扬义. “忘不了”化学扑克牌教育游戏新牌的开发与应用［J］. 考试周刊，2013,（79）：151-154.
[127] 任竞昕，林建芬，钱扬义，等. “520 化学开胃菜”扑克教育游戏——化学启蒙学习的好帮手［J］. 中学化学教学参考，2013（12）：41-43.
[128] 钱扬义，林丹萍，张惠敏，等. 玩转 520 化学桌游：化学用语启蒙教育游戏学习法［M］. 北京：科学出版社，2021.
[129] Ling Y Z, Chen P W, Wang J Y, et al. Design, implementation, and evaluation of a scientific modeling course on concentration cells［J］. Journal of Chemical Education. 2021, 98(4): 1163-1173.
[130] Ling Y, Xiang J, Chen K, et al. Integrating aesthetics education into chemistry education: Students perceive, appreciate, explore, and create the beauty of chemistry in scientific photography activity［J］. Journal of Chemical Education, 2020, 97(6): 1556-1565.
[131] 朱彦博，刘业涵，任红艳. 双水解反应的可视化创新实验设计——以碳酸钠和硫酸铝的反应为例［J］. 化学教学，2022（7）：57-61.
[132] 中学化学实验教学研究_华东师范大学_中国大学 MOOC（慕课）(icourse163.org).
[133] 袁振东，岳越，乔腾，等. 高师化学微格教学二级指导模式的构建与实施［J］. 化学教育（中英文），2019，40（10）：71-76.
[134] Bernard R H, Wutich A, Ryan W G. Analyzing qualitative data: Systematic approaches［M］. 2nd ed. Newberry-Park: SAGE, 2010.
[135] King D T. New perspectives on context-based teaching: Using a dialectical socioculturalapproach to view teaching and learning［J］. Studies in Science Education, 2012, 48(1): 51-87.
[136] 王磊，支瑶. 化学学科能力及其表现研究［J］. 教育学报，2016，12（4）：46-56.
[137] Abell S K, Lederman N G. In Handbook of Research on Science Education［M］. New York: Routledge, 2007.
[138] Brickhouse N W, Lowery P, Schultz K. What kind of a girl does science? The construction of school science identities［J］. Journal of Research in Science Teaching, 2000, 37(5): 441-458.
[139] George K D. A comparison of the critica-thinking abilities of science and non-science majors［J］. Science and Education,1967,51(1):11-18.
[140] Novak J D. An approach to the interpretation and measurement of problem-solving ability［J］. Science and Education,1961,45(2):122-131.
[141] Stuessy C L. Path analysis: A model for the development of scientific reasoning abilities in adolescents［J］. Journal of Research in Science Teaching,1989,26(1):41-53.
[142] Stieff M. Improving representational competence using molecular simulations embedded in inquiry activities［J］.

Journal of Research in Science Teaching, 2011,48(10): 1137–1158.

[143] Pine J. Aschbacher P. Roth E, Fifth graders' science inquiry abilities: A comparative study of students in hands-on and textbook curricula [J]. Journal of Research in Science Teaching, 2006,43(5):467–484.

[144] Kuhn D. Teaching and learning science as argument [J]. Science and Education, 2010, 94(5): 810–824.

[145] Teichman L. The ability of science students to make conclusions [J]. Science and Education, 1944,28(5):268–279.

[146] Lawson A E, Blake A J D. Training Effects and Generalization of the Ability to Control Variables in High School Biology Students [J]. Science and Education, 1975,59(3):387–396.

[147] Filippatou D, Kaldi S. The effectiveness of project-based learning on pupils with learning difficulties regarding academic performance, group work and motivation [J]. International Journal of Special Education, 2010, 25(1): 1.

[148] Vaino K, Holbrook J, Rannikme, M. Stimulating students' intrinsic motivation for learning chemistry through the use of context-based learning modules [J]. Chemistry Education Research and Practice, 2012, 13(4): 410–419.

[149] Kanter D E, Konstantopoulos S. The impact of a project-based science curriculum on minority student achievement, attitudes, and careers [J]: The effects of teacher content and pedagogical content knowledge and inquiry-based practices. Science Education, 2010, 94(5): 855–887.

[150] Clark. Self and collective efficacy perceptions during project-based learning implementation. (Doctor of Education in Leadership Studies), Ashland University, Ashland, OH, USA, 2014.

[151] Tseng K H, Chang C C, Lou S J, et al. Attitudes towards science, technology, engineering and mathematics (stem) in a project-based learning (pjbl) environment [J]. International Journal of Technology and Design Education, 2013, 23(1): 87–102.

[152] Liu O L, Rios J A, Heilman, M, et al. Validation of automated scoring of science assessments: automated scoring of science assessment [J]. Journal of Research in Science Teaching, 2016, 53(2): 215–233.

交叉学科 · 其他学科

核化学与放射化学

[1] Wang Z, Lu J B, Dong X, et al. Ultra-efficient americium/lanthanide separation through oxidation state control [J]. Journal of the American Chemical Society, 2022, 144(14): 6383–6389.

[2] Zhang H, Li A, Li K, et al. Ultrafiltration separation of Am (Ⅵ)-polyoxometalate from lanthanides [J]. Nature, 2023, 616(7957): 482–487.

[3] Chen H, Zhang G H, He L, et al. Nanopockets with a Thermoresponsive Nitrate Ionic Liquid for Highly Efficient Uranium Extraction at High Acidity [J]. ACS Applied Nano Materials, 2022, 5(10): 14893–14901.

[4] Lyu C, Fu J, Wang S L, et al. Separation and recovery of Th (Ⅳ) from rare earth and other cation solutions using pH-responsive ionic liquids at high acidity condition of 1 M HNO_3 [J]. Hydrometallurgy, 2022, 214: 105953.

[5] Fu J, Zhang L, Yuan W L, et al. Ultrasound-responsive ionic liquid for selective phase transition extraction of Zr (Ⅳ) ions [J]. ACS Sustainable Chemistry & Engineering, 2022, 10(28): 9053–9065.

[6] Zou Y, Lan J H, Yuan L Y, et al. Theoretical Insights into Phenanthroline-Based Ligands toward the Separation of Am (Ⅲ)/Eu (Ⅲ) [J]. Inorganic Chemistry, 2022, 61(39): 15423–15431.

[7] Lei X P, Wu Q Y, Wang C Z, et al. Theoretical Insights into the Substitution Effect of Phenanthroline Derivatives on Am (Ⅲ)/Eu (Ⅲ) Separation [J]. Inorganic Chemistry, 2023, 62(6): 2705–2714.

[8] Liu Y, Wang C Z, Wu Q Y, et al. Theoretical Insights on the Complexation of Americium (Ⅲ) and Europium (Ⅲ) with Diglycolamide-and Dimethylacetamide-Functionalized Calix[4]arenes [J]. norganic Chemistry, 2023.

[9] Liu Y L, Lan J H, Wang L, et al. The influence of F-ion on the electrochemical behavior and coordination properties of

uranium in LiCl–KCl molten salt [J]. Electrochimica Acta, 2022, 404: 139573.
[10] Jiang S, Lan J, Wang L, et al. Competitive coordination of chloride and fluoride anions towards trivalent lanthanide cations (La^{3+} and Nd^{3+}) in molten salts [J]. Chemistry–A European Journal, 2021, 27(45): 11721–11729.
[11] Jiang S, Ye C, Liu Y, et al. Insights into the effects of fluoride anions on the electrochemical behavior and solution structure of trivalent samarium in LiCl–KCl molten salt [J]. Electrochimica Acta, 2023, 439: 141733.
[12] Zhong Y K, Liu Y L, Liu K, et al. In–situ anodic precipitation process for highly efficient separation of aluminum alloys [J]. Nature communications, 2021, 12(1): 5777.
[13] Liu Y, Liu Y, Wang L, et al. Chemical species transformation during the dissolution process of U_3O_8 and UO_3 in the LiCl–KCl–$AlCl_3$ molten salt [J]. Inorganic Chemistry, 2022, 61(17): 6519–6529.
[14] 孙雪杰，杨素亮，王秀凤，等. 裂变产物中锑的色层分离方法研究 [J]. 原子能科学技术，2022，56（9）：1878–1888.
[15] Jia T, Shi K, Wang Y, et al. Sequential separation of iodine species in nitric acid media for speciation analysis of 129I in a PUREX process of spent nuclear fuel reprocessing [J]. Analytical Chemistry, 2022, 94(31): 10959–10966.
[16] Tong J, Yang J, Zhang L, et al. Efficient removal of Se–79 from highly acidic solution using SiO2 particles functionalised with iron hydroxide [J]. Chemical Engineering Journal, 2022, 446: 137387.
[17] Yang J, Chen Y, Shi K, et al. Stability of selenium and its speciation analysis in water using automatic system separation and HR–ICP–MS measurement [J]. Chinese Chemical Letters, 2022, 33(7): 3444–3450.
[18] Xing S, Peng C, Christl M, et al. Simultaneous determination of transuranium radionuclides for nuclear forensics by compact accelerator mass spectrometry [J]. Analytical Chemistry, 2023, 95(7): 3647–3655.
[19] Goodwin C A P, Su J, Stevens L M, et al. Isolation and characterization of a californium metallocene [J]. Nature, 2021, 599(7885): 421–424.
[20] Yang Q, Liu T, Tan J, et al. Identifying the missing protonated complex species and revisiting the overestimated stability constants of two known complexes of uranyl (Ⅵ) with dipicolinic acid [J]. Inorganic Chemistry, 2022, 61(25): 9381–9384.
[21] Hu C, Cheng L, Zhou L, et al. Radiolytic Water Splitting Sensitized by Nanoscale Metal–Organic Frameworks [J]. Journal of the American Chemical Society, 2023, 145(9): 5578–5588.
[22] Kong X H, Wu Q Y, Mei L, et al. Silver ion–induced formation of unprecedented thorium nonamer clusters via lacuna–construction strategy [J]. CCS Chemistry, 2023, 5(5): 1144–1153.
[23] 兰友世，杨素亮，柳倩，等. U（Ⅳ）水合物吸收光谱相对论量子化学计算 [J]. 原子能科学技术，2023，57（05）：888–897.
[24] Guo Q, Fang T, Liu Q, et al. Identification of complexes of Nd (Ⅲ) with dithiophosphinic acids verifying the difference in complexation between Ln (Ⅲ) and An (Ⅲ) [J]. Dalton Transactions, 2022, 51(19): 7416–7419.
[25] Wang X, Ma F, Liu S, et al. Thermodynamics–kinetics–balanced metal–organic framework for in–depth radon removal under ambient conditions [J]. Journal of the American Chemical Society, 2022, 144(30): 13634–13642.
[26] Wang X, Ma F, Liu S, et al. Thermodynamics–kinetics–balanced metal–organic framework for in–depth radon removal under ambient conditions [J]. Journal of the American Chemical Society, 2022, 144(30): 13634–13642.
[27] Li J, Chen L, Shen N, et al. Rational design of a cationic polymer network towards record high uptake of $^{99}TcO_4^-$ in nuclear waste [J]. Science China Chemistry, 2021, 64(7): 1251–1260.
[28] 张曦，余振华，姚曜晖，等. 百克量级花岗岩中痕量镎的分离纯化方法研究 [J]. 原子能科学技术，2022，56（6）：1013–1021.
[29] Chu Z Q, Zhu R Y, Su J. Theoretical insights into the coordination structures, stabilities and electronic spectra of Cm3+ species at the gibbsite–water interface: A computational study combing ab initio molecular dynamics and wave function theory [J]. Journal of Colloid and Interface Science, 2023, 640: 727–736.

[30] Zeng Q, Zhu T, Wen Y, et al. The dynamic behavior and mechanism of uranium (Ⅵ) biomineralization in Enterobacter sp. X57 [J]. Chemosphere, 2022, 298: 134196.

[31] Cheng Y, Zhang T, Chen S, et al. Unusual uranium biomineralization induced by green algae: Behavior investigation and mechanism probe [J]. Journal of Environmental Sciences, 2023, 124: 915–922.

[32] Chen B, Wu K, Yang Y, et al. A uranium capture strategy based on self-assembly in a hydroxyl-functionalized ionic liquid extraction system [J]. Chemical Communications, 2019, 55(48): 6894–6897.

[33] Chen B, Shi C, Xiong S, et al. Insights into the spontaneous multi-scale supramolecular assembly in an ionic liquid-based extraction system [J]. Physical Chemistry Chemical Physics, 2022, 24(42): 25950–25961.

[34] 史策，熊世杰，沈兴海. 基于离子液体萃取体系宏观超分子组装的锶分离 [J]. 核化学与放射化学，2022，44（1）：52.

[35] Li X, Jia Z, Zhang J, et al. Moderate and universal synthesis of undoped covalent organic framework aerogels for enhanced iodine uptake [J]. Chemistry of Materials, 2022, 34(24): 11062–11071.

[36] Peng H, Jiang B, Li F, et al. Single-Crystal-Structure Directed Predesign of Cationic Covalent Organic Polymers for Rapidly Capturing $^{99}TcO_4^-$ [J]. Chemistry of Materials, 2023, 35(6): 2531–2540.

[37] Li X, Jia Z, Zhang J, et al. Regioselective One-Step Cyclization and Aromatization towards Directly Amino-Functionalized Covalent Organic Framework with Stable Benzodiimidazole Linkage [J]. Small, 2023: 2303775.

[38] Wang Z, Huang L, Dong X, et al. Ion sieving in graphene oxide membrane enables efficient actinides/lanthanides separation [J]. Nature Communications, 2023, 14(1): 261.

[39] Liu Z, Lan Y, Jia J, et al. Multi-scale computer-aided design and photo-controlled macromolecular synthesis boosting uranium harvesting from seawater [J]. Nature Communications, 2022, 13(1): 3918.

[40] Zhang Z, Gao P, Montavon G, et al. Strengthened erosion resistance of compacted bentonite by layered double hydroxide: A new electrostatic interaction-based approach [J]. Chemosphere, 2022, 292: 133402.

[41] Chen Z, Wang S, Hou H, et al. China's progress in radionuclide migration study over the past decade (2010–2021): Sorption, transport and radioactive colloid [J]. Chinese Chemical Letters, 2022, 33(7): 3405–3412.

[42] Zhang D, Wang Y, Heng J, et al. Stability of Eu (Ⅲ)-silicate colloids: Effect of Eu content, pH, electrolyte and fulvic acid [J]. Journal of Hazardous Materials, 2022, 438: 129363.

[43] Pan D, Zhao X, Wang P, et al. Insights into sorption speciation of uranium on phlogopite: evidence from TRLFS and DFT calculation [J]. Journal of Hazardous Materials, 2022, 427: 128164.

[44] Li Y, Ren Q, Hua R, et al. Synergistic strategy design of (malonamide-amidoxime) bifunctional branching network crosslinked membrane and application in uranium (Ⅵ) resource recovery [J]. Chemical Engineering Journal, 2023, 461: 142013.

[45] Chen B, Hong S, Dai X, et al. In vivo uranium decorporation by a tailor-made hexadentate ligand [J]. Journal of the American Chemical Society, 2022, 144(25): 11054–11058.

[46] Liang R, Liao Z, Li F, et al. In Vitro Anticancer Ability of Nano Fluorescent 111In-MIL-68/PEG-FA on Hela Cells [J]. Chemistry-A European Journal, 2022, 28(19): e202104589.

[47] Liao Z, Tang Y, Liu W, et al. 111In and 131I labeled nimotuzumabs for targeted radiotherapy of a murine model of glioma [J]. Journal of Radioanalytical and Nuclear Chemistry, 2023, 332(4): 1337–1343.

[48] Li F, Yang Y, Liao J, et al. Recent progress of astatine-211 in endoradiotherapy: Great advances from fundamental properties to targeted radiopharmaceuticals [J]. Chinese Chemical Letters, 2022, 33(7): 3325–3338.

[49] Ma H, Li F, Shen G, et al. In vitro and in vivo evaluation of 211At-labeled fibroblast activation protein inhibitor for glioma treatment [J]. Bioorganic & Medicinal Chemistry, 2022, 55: 116600.

[50] Zhang Y, Li F, Cui Z, et al. A Radioluminescent Metal-Organic Framework for Monitoring 225Ac in Vivo [J]. Journal of the American Chemical Society, 2023.

[51] Liu J, Hu F, Wu M, et al. Bioorthogonal coordination polymer nanoparticles with aggregation-induced emission for deep tumor-penetrating radio-and radiodynamic therapy [J]. Advanced Materials, 2021, 33(9): 2007888.

[52] Tian L, Shao M, Gong Y, et al. Albumin-binding lipid-aptamer conjugates for cancer immunoimaging and immunotherapy [J]. Science China Chemistry, 2022, 65(3): 574-583.

化学生物学

[1] Pan M, Zheng Q, Wang T, et al. Structural insights into Ubr1-mediated N-degron polyubiquitination [J]. Nature, 2021, 600 (7888): 334-338.

[2] Yu Y, Zheng Q, Erramilli S K, et al. K29-linked ubiquitin signaling regulates proteotoxic stress response and cell cycle [J]. Nature Chemical Biology, 2021, 17 (8): 896-905.

[3] Pan M, Yu Y, Ai H, et al. Mechanistic insight into substrate processing and allosteric inhibition of human p97 [J]. Nature Structural & Molecular Biology, 2021, 28 (7): 614-625.

[4] Ai H, Tong Z, Deng Z, et al. Synthetic E2-Ub-nucleosome conjugates for studying nucleosome ubiquitination [J]. Chem, 2023, 9 (5): 1221-1240.

[5] Ai H, Sun M, Liu A, et al. H2B Lys34 Ubiquitination Induces Nucleosome Distortion to Stimulate Dot1L Activity [J]. Nature Chemical Biology, 2022, 18 (9): 972-980.

[6] Ai H, Chu G C, Gong Q, et al. Chemical Synthesis of Post-Translationally Modified H2AX Reveals Redundancy in Interplay between Histone Phosphorylation, Ubiquitination, and Methylation on the Binding of 53BP1 with Nucleosomes [J]. Journal of the American Chemical Society, 2022, 144 (40): 18329-18337.

[7] Yao W, Xiong D C, Yang Y, et al. Automated solution-phase multiplicative synthesis of complex glycans up to a 1,080-mer [J]. Nature Synthesis, 2022, 1 (11): 854-863.

[8] Zhu Q, Shen Z, Chiodo F, et al. Chemical synthesis of glycans up to a 128-mer relevant to the O-antigen of Bacteroides vulgatus [J]. Nature Communications, 2020, 11 (1).

[9] Zhou J, Zhang C, Wei R, et al. Exogenous artificial DNA forms chromatin structure with active transcription in yeast [J]. SCIENCE CHINA-LIFE SCIENCES, 2022, 65 (5): 851-860.

[10] Wang X, Feng Y, Guo X, et al. Creating enzymes and self-sufficient cells for biosynthesis of the non-natural cofactor nicotinamide cytosine dinucleotide [J]. Nature Communications, 2021, 12 (1): 2116.

[11] Liu Y, Liang G, Xu H, et al. Tumors exploit FTO-mediated regulation of glycolytic metabolism to evade immune surveillance [J]. Cell Metabolism, 2021, 33 (6): 1221-1233.e1211.

[12] Wang P, Zhang T, Wang X, et al. Aberrant human ClpP activation disturbs mitochondrial proteome homeostasis to suppress pancreatic ductal adenocarcinoma [J]. Cell Chemical Biology, 2022, 29 (9): 1396-1408.e1398.

[13] Wei B, Zhang T, Wang P, et al. Anti-infective therapy using species-specific activators of Staphylococcus aureus ClpP [J]. Nature Communications, 2022, 13 (1): 6909.

[14] Huang Z, Liu Z, Xie X, et al. Bioorthogonal Photocatalytic Decaging-Enabled Mitochondrial Proteomics [J]. Journal of the American Chemical Society, 2021, 143 (44): 18714-18720.

[15] Liu Z, Xie X, Huang Z, et al. Spatially resolved cell tagging and surfaceome labeling via targeted photocatalytic decaging [J]. Chem, 2022, 8 (8): 2179-2191.

[16] Ran X Y, Chen P, Liu Y Z, et al. Rational Design of Polymethine Dyes with NIR-Ⅱ Emission and High Photothermal Conversion Efficiency for Multimodal-Imaging-Guided Photo-Immunotherapy [J]. Advanced Materials, 2023, 35(12): 2210179.

[17] Wu Y, Ruan H, Dong Z, et al. Fluorescent Polymer Dot-Based Multicolor Stimulated Emission Depletion Nanoscopy with a Single Laser Beam Pair for Cellular Tracking [J]. Analytical Chemistry, 2020, 92 (17): 12088-12096.

[18] Jiang M, Yan X, Wang Y, et al. One-Component Artificial Gustatory System Based on Hydrogen-Bond Organic Framework for Discrimination of Versatile Analytes [J]. Advanced Functional Materials, 2023: 2300091.

[19] Yi S, Wei S, Wu Q, et al. Azaphilones as Activation-Free Primary-Amine-Specific Bioconjugation Reagents for Peptides, Proteins and Lipids [J]. Angewandte Chemie-International Edition, 2022, 61 (6): e202111783.

[20] Wang Y, Weng J, Lin J, et al. NIR Scaffold Bearing Three Handles for Biocompatible Sequential Click Installation of Multiple Functional Arms [J]. Journal of the American Chemical Society, 2020, 142 (6): 2787-2794.

[21] Chen P, Liu X, Gu C, et al. A plant-derived natural photosynthetic system for improving cell anabolism [J]. Nature, 2022, 612 (7940): 546-554.

[22] Hao H, Wu S, Lin J, et al. Immunization against Zika by entrapping live virus in a subcutaneous self-adjuvanting hydrogel [J]. Nature Biomedical Engineering, 2023, 7: 928-942.

[23] Zhao Y, Fan M, Chen Y, et al. Surface-anchored framework for generating RhD-epitope stealth red blood cells [J]. Science Advances, 2020, 6 (12): eaaw9679.

[24] Jin W, Lin X, Pan H, et al. Engineered osteoclasts as living treatment materials for heterotopic ossification therapy [J]. Nature Communications, 2021, 12 (1): 6327.

[25] Lin L, Wu Q, Song J, et al. Revealing the in vivo growth and division patterns of mouse gut bacteria [J]. Science Advances, 2020, 6 (36): eabb2531.

[26] Lin L, Song J, Du Y, et al. Quantification of Bacterial Metabolic Activities in the Gut by d-Amino Acid-Based In Vivo Labeling [J]. Angewandte Chemie-International Edition, 2020, 59 (29): 11923-11926.

[27] Lin L, Song J, Li J, et al. Imaging the in vivo growth patterns of bacteria in human gut Microbiota [J]. Gut Microbes, 2021, 13 (1): 1960134.

[28] Wang W, Yang Q, Du Y, et al. Metabolic Labeling of Peptidoglycan with NIR-Ⅱ Dye Enables In Vivo Imaging of Gut Microbiota [J]. Angewandte Chemie-International Edition, 2020, 59 (7): 2628-2633.

[29] Wang W, Zhang N, Du Y, et al. Three-Dimensional Quantitative Imaging of Native Microbiota Distribution in the Gut [J]. Angewandte Chemie-International Edition, 2021, 60 (6): 3055-3061.

[30] Chen C, Zhou Y, Chen C, et al. Quantification of Available Ligand Density on the Surface of Targeted Liposomal Nanomedicines at the Single-Particle Level [J]. ACS Nano, 2022, 16 (4): 6886-6897.

[31] Liu H, Tian Y, Xue C, et al. Analysis of extracellular vesicle DNA at the single-vesicle level by nano-flow cytometry [J]. Journal of Extracellular Vesicles, 2022, 11 (4): e12206.

[32] Gao L, Su C, Du X, et al. FAD-dependent enzyme-catalysed intermolecular 4+2 cycloaddition in natural product biosynthesis [J]. Nature Chemistry, 2020, 12 (7): 620-628.

[33] Chen X C, Tang G X, Luo W H, et al. Monitoring and Modulating mtDNA G-Quadruplex Dynamics Reveal Its Close Relationship to Cell Glycolysis [J]. Journal of the American Chemical Society, 2021, 143 (49): 20779-20791.

[34] Liu M, Chen Y, Guo Y, et al. Golgi apparatus-targeted aggregation-induced emission luminogens for effective cancer photodynamic therapy [J]. Nature Communications, 2022, 13 (1): 2179.

[35] Zhang Y, Zhao W, Chen Y, et al. Rational construction of a reversible arylazo-based NIR probe for cycling hypoxia imaging in vivo [J]. Nature Communications, 2021, 12 (1): 2772.

[36] Liu L Y, Liu W, Wang K N, et al. Quantitative Detection of G-Quadruplex DNA in Live Cells Based on Photon Counts and Complex Structure Discrimination [J]. Angewandte Chemie International Edition, 2020, 59 (24): 9719-9726.

[37] Wang K N, Shao X, Tian Z, et al. A Continuous Add-On Probe Reveals the Nonlinear Enlargement of Mitochondria in Light-Activated Oncosis [J]. Advanced Science, 2021, 8 (17): 2004566.

[38] Zhang Y, Zang C, An G, et al. Cysteine-specific protein multi-functionalization and disulfide bridging using 3-bromo-5-methylene pyrrolones [J]. Nature Communications, 2020, 11 (1): 1015.

[39] Li Q, Chen J, Trajkovski M, et al. 4′-Fluorinated RNA: Synthesis, Structure, and Applications as a Sensitive 19F NMR Probe of RNA Structure and Function [J]. Journal of the American Chemical Society, 2020, 142 (10): 4739-4748.

[40] Qin F, Li B, Wang H, et al. Linking chromatin acylation mark-defined proteome and genome in living cells [J]. Cell, 2023, 186 (5): 1066-1085.e1036.

[41] Sun D E, Fan X, Shi Y, et al. Click-ExM enables expansion microscopy for all biomolecules [J]. Nature Methods, 2021, 18 (1): 107-113.

[42] Lyu P, Du Y, He C, et al. O-GlcNAcylation modulates liquid-liquid phase separation of SynGAP/PSD-95 [J]. Nature Chemistry, 2022, 14 (7): 831-840.

[43] Zhao K, Lim Y J, Liu Z, et al. Parkinson's disease-related phosphorylation at Tyr39 rearranges alpha-synuclein amyloid fibril structure revealed by cryo-EM [J]. Proceedings of the National Academy of Sciences of the United States of America, 2020, 117 (33): 20305-20315.

[44] Zhang S, Liu Y Q, Jia C, et al. Mechanistic basis for receptor-mediated pathological α-synuclein fibril cell-to-cell transmission in Parkinson's disease [J]. Proceedings of the National Academy of Sciences, 2021, 118 (26): e2011196118.

[45] Du Y, Lyu Y, Lin J, et al. Membrane-anchored DNA nanojunctions enable closer antigen-presenting cell-T-cell contact in elevated T-cell receptor triggering [J]. Nature Nanotechnology, 2023, 18: 818-827.

[46] Su H, Xu J, Chen Y, et al. Photoactive G-Quadruplex Ligand Identifies Multiple G-Quadruplex-Related Proteins with Extensive Sequence Tolerance in the Cellular Environment [J]. Journal of the American Chemical Society, 2021, 143 (4): 1917-1923.

[47] Weng X, Gong J, Chen Y, et al. Keth-seq for transcriptome-wide RNA structure mapping [J]. Nature Chemical Biology, 2020, 16 (5): 489-492.

[48] Song Y, Song J, Wei X, et al. Discovery of Aptamers Targeting the Receptor-Binding Domain of the SARS-CoV-2 Spike Glycoprotein [J]. Analytical Chemistry, 2020, 92 (14): 9895-9900.

[49] Sun M, Liu S, Wei X, et al. Aptamer Blocking Strategy Inhibits SARS-CoV-2 Virus Infection [J]. Angewandte Chemie International Edition, 2021, 60 (18): 10266-10272.

[50] Sun M, Liu S, Song T, et al. Spherical Neutralizing Aptamer Inhibits SARS-CoV-2 Infection and Suppresses Mutational Escape [J]. Journal of the American Chemical Society, 2021, 143 (51): 21541-21548.

[51] Sun M, Wu Z, Zhang J, et al. Spherical neutralizing aptamer suppresses SARS-CoV-2 Omicron escape [J]. Nano Today, 2022, 44: 101499.

[52] Huang M, Yang J, Wang T, et al. Homogeneous, Low-volume, Efficient, and Sensitive Quantitation of Circulating Exosomal PD-L1 for Cancer Diagnosis and Immunotherapy Response Prediction [J]. Angewandte Chemie International Edition, 2020, 59 (12): 4800-4805.

[53] Huang M, Li T, Xu Y, et al. Activation of Aptamers with Gain of Function by Small-Molecule-Clipping of Intramolecular Motifs [J]. Angewandte Chemie-International Edition, 2021, 60 (11): 6021-6028.

[54] Zhang M, Zou Y, Xu X, et al. Highly parallel and efficient single cell mRNA sequencing with paired picoliter chambers [J]. Nature Communications, 2020, 11 (1): 2118.

[55] Lin S, Yin K, Zhang Y, et al. Well-TEMP-seq as a microwell-based strategy for massively parallel profiling of single-cell temporal RNA dynamics [J]. Nature Communications, 2023, 14 (1): 1272.

[56] Kuang S, Wei F, Karges J, et al. Photodecaging of a Mitochondria-Localized Iridium(III) Endoperoxide Complex for Two-Photon Photoactivated Therapy under Hypoxia [J]. Journal of the American Chemical Society, 2022, 144 (9): 4091-4101.

[57] Ke L, Wei F, Xie L, et al. A Biodegradable Iridium(III) Coordination Polymer for Enhanced Two-Photon

Photodynamic Therapy Using an Apoptosis–Ferroptosis Hybrid Pathway [J]. Angewandte Chemie–International Edition, 2022, 61 (28): e202205429.

[58] Wang L, Guan R, Xie L, et al. An ER–Targeting Iridium(Ⅲ) Complex That Induces Immunogenic Cell Death in Non–Small–Cell Lung Cancer [J]. Angewandte Chemie–International Edition, 2021, 60 (9): 4657–4665.

[59] Kuang S, Liao X, Zhang X, et al. FerriIridium: A Lysosome–Targeting Iron(Ⅲ)–Activated Iridium(Ⅲ) Prodrug for Chemotherapy in Gastric Cancer Cells [J]. Angewandte Chemie International Edition, 2020, 59 (8): 3315–3321.

[60] Huang J L, Yan X L, Li W, et al. Discovery of Highly Potent Daphnane Diterpenoids Uncovers Importin–β1 as a Druggable Vulnerability in Castration–Resistant Prostate Cancer [J]. Journal of the American Chemical Society, 2022, 144 (38): 17522–17532.

[61] Xiong X, Huang K B, Wang Y, et al. Target Profiling of an Iridium(Ⅲ)–Based Immunogenic Cell Death Inducer Unveils the Engagement of Unfolded Protein Response Regulator BiP [J]. Journal of the American Chemical Society, 2022, 144 (23): 10407–10416.

[62] Fan J, Hu L, Yue Z, et al. Structural basis of TRPV3 inhibition by an antagonist [J]. Nature Chemical Biology, 2023, 19 (1): 81–90.

公共安全化学

[1] 贺福初. 关于国家化学安全的战略思考 [J]. 防化研究，2022，1 (1)：1–7.

[2] Zhang M J, Liu Y L, Chen J, et al. Sensitive untargeted screening of nerve agents and their degradation products using liquid chromatography–high resolution mass spectrometry [J]. Analytical Chemistry, 2020, 92(15): 10578–10587.

[3] Jiang P Y, Yuan L, Liu S L, et al. Simultaneous solvent extraction and quantification of eleven amine compounds related to chemical weapon convention in soils via hydrophilic interaction liquid chromatography–tandem mass spectrometry [J]. Journal of Chromatography A, 2022, 1671, 462990.

[4] 王栋，夏俊美，黄帅，等. 一种用于混合物分析的一维双选择性全相关谱核磁共振方法 [J]. 分析化学，2022，50 (8)：1224–1232.

[5] 张奎，陈倩. 荧光探针可视化检测气相有机磷神经毒剂模拟剂 [C]. 中国化学会第 33 届学术年会，2023，青岛.

[6] Xing Z F, Zhang R Q, Zhao Z H, et al. Identification of four novel flavonoid adducts in Arabidopsis thaliana (L.) exposed to isobutyl S–2–diethylaminoethyl methylphosphonothiolate as potential plant exposure biomarkers [J]. RSC Advances, 2022, 12: 35026–35031.

[7] 卢晓刚. 塔崩类毒剂化学归因技术研究 [D]. 北京：军事科学院，2021：11.

[8] Gu K, Qin S, Zhang Y, et al. Metabolic profiles and screening tactics for MDMB–4en–PINACA in human urine and serum samples [J]. Journal of Pharmaceutical and Biomedical Analysis, 2022, 220: 114985.

[9] Xu D, Ji J, Xiang P, et al. Two DFSA cases involving midazolam clarified by the micro–segmental hair analyses [J]. Forensic Toxicology, 2022, 40(2): 374–382.

[10] Xu D, Ji J, Xiang P, et al. Determination of 5 synthetic cannabinoids in hair by Segmental analysis using UHPLC–MS/MS and its application to eight polydrug abuse cases [J]. Forensic Science International, 2023, 346: 111611.

[11] 黄钰，张婷婷，胡爽，等. 超高效液相色谱 – 串联质谱法同时检测毛发中 112 种合成大麻素类物质 [J]. 质谱学报，2022，43 (4)：426–437.

[12] He X Y, Wang J F, Wang Y Y. Influence of cosmetic hair treatments on hair of methamphetamine abuser: Bleaching, perming and coloring [J]. Ecotoxicology and Environmental Safety, 2021: 112542.

[13] 刘培培，乔宏伟，陈捷，等. 污水毒品监测技术在禁毒实战中的应用 [J]. 警察技术，2022 (5)：14–18.

[14] Song S, Chen F, Wang Y, et al. Accelerating the discovery of energetic melt–castable materials by a high–throughput

virtual screening and experimental approach [J]. Journal of Materials Chemistry A, 2021, 9(38): 21723–21731.
[15] Wang Z, Dai Y, Zhou X, et al. Fabrication of flexible AuNPs@ polyimide heating chips for in situ explosives SERS sensing in nature samples [J]. Talanta, 2023, 258: 124460.
[16] Liu W, Wang Z, Liu Z, et al. Utilizing an automated SERS-digital microfluidic system for high-throughput detection of explosives [J]. ACS Sensors, 2023, 8(4): 1733–1741.
[17] Liu P L, Guo X Z, Liang C Y, et al. Rapid detection of trace nitro-explosives under UV irradiation by electronic nose with neural networks [J]. ACS Applied Materials & Interfaces, 2023, 15(30): 36539–36549.
[18] Zhao X Q, Wu W Q, Li H B, et al. Heat-quench-heat method in adiabatic calorimetry: determining decomposition mechanism model and kinetic evaluation with lower thermal inertia experimental data [J]. Journal of Thermal Analysis and Calorimetry, 2022, 147(2): 1405–1419.
[19] 杨庭，陈利平，陈网桦，等. 分解反应自催化性质快速鉴别的实验方法 [J]. 物理化学学报，2014，30（7）：1215–1222.
[20] Zhao X Q, Wang H, Wu W Q, et al. Kinetic-parameters-free method of determining autocatalytic decomposition from experimental adiabatic data [J]. Process Safety and Environmental Protection, 2020, 142: 250–259.
[21] Zhao X Q, Wu W Q, Li H B, et al. Pressure-identification method in adiabatic calorimetry: Determining decomposition mechanism model from initial conversion based on experimental pressure data [J]. Thermochimica Acta, 2021, 703: 178997.
[22] 张一凡. 石油罐区火灾多米诺事故风险及防控措施研究 [D]. 西安：西安建筑科技大学，2023.
[23] 王轶宏，翟越. 城市燃气管网泄漏蒸气云爆炸事故风险评估 [J]. 中国安全科学学报，2023，33（2）：194–201.
[24] 谢桂芳，苏本超，谢晓霞，等. 点击化学在食品安全检测中的应用研究进展 [J]. 分析测试学报，2021，40（5）：648–655.
[25] 吴齐粤，蒲煦均，樊雪静，等. 导电聚合物基电化学传感器在食品安全分析中的应用 [J]. 食品安全质量检测学报，2023，14（8）：155–162.
[26] 闫帅，李永玉，彭彦昆，等. 表面增强拉曼光谱结合化学计量学快速检测鸡蛋中的喹诺酮类抗生素残留 [J]. 分析化学，2022，50（10）：1578–1586.
[27] 杨春霞. 食品安全化学性污染物高氯酸盐污染现状及风险管控策略 [J]. 黑龙江农业科学，2023（4）：71–76.
[28] 彭虹云. 二硫化钼 / 聚丙烯腈阻燃纤维的设计构筑及其性能与回收利用研究 [D]. 江南大学，2022.
[29] 李坤天，谭芳，宝冬梅，等. 自修复阻燃聚氨酯的研究进展 [J]. 胶体与聚合物，2022，40（4）：190–193.
[30] 张帅，张隐，潘明珠. 阻燃预警智能涂层的研究进展 [J]. 复合材料学报，2021，38（1）：55–66.
[31] Zhang L, Liu Y, Rehman S U, et al. In situ synthesis of Fe_3O_4 coated on iron-based magnetic microwave absorbing materials and the influence of oxide magnetic materials on microwave absorption mechanism [J]. Ceramics International, 2023, 49(8): 12972–12979.
[32] 曲忠吉. 石墨烯基柔性吸波材料的制备及性能研究 [D]. 上海：东华大学，2022.
[33] Chen T, Zhou F, Qian K, et al. Synchronously modulated the morphology and crystal defects of α-MnO_2 for high-performance mono-component electromagnetic wave absorber [J]. Applied Surface Science, 2023, 608: 155024.
[34] Chen T, Jiang S, Li L, et al. Vertically aligned MnO_2 nanostructures on carbon fibers with tunable electromagnetic wave absorption performance [J]. Applied Surface Science, 2022, 589: 152858.
[35] 郝琛韬. 新型防弹复合材料 [J]. 纺织科技进展，2022，4：10–13.
[36] 李深. 陶瓷 /UHMWPE 纤维复合材料的设计制备及弹道侵彻性能研究 [D]. 江南大学，2021.
[37] Jiang Y, Qian K, Zhang Y, et al. Experimental characterisation and numerical simulation of ballistic penetration of

columnar ceramic/fiber laminate composite armor［J］. Materials & Design, 2022, 224: 111394.
［38］李敏. 超大城市运行安全现状及对策建议研究［J］. 建设监理，2022（5）：62–63.
［39］王洪亮，张彦博. 危险化实验品规范化管理与公共安全教育管理——评《危险化学品和化学实验室安全教育读本》［J］. 化学工程，2021，49（9）：1.
［40］卢文刚，郑薇. 城市重大危化品事故风险隐患防控与应急处置研究——以黎巴嫩贝鲁特港口爆炸事故为例［J］. 中国应急救援，2021（3）：4–10.

环境化学

［1］Hu Q, Liu S, Liu Y, et al. Development of an on-site detection approach for rapid and highly sensitive determination of persistent organic pollutants in real aquatic environment［J］. Analytica Chimica Acta, 2019, 1050: 88–94.
［2］Liu X, Hu Q, Tong Y, et al. Sample bottle coated with sorbent as a novel solid-phase extraction device for rapid on-site detection of btex in water［J］. Analytica Chimica Acta, 2021, 1152: 338226–338233.
［3］Deng J, Li W, Yang Q, et al. Biocompatible surface-coated probe for in vivo, in situ, and microscale lipidomics of small biological organisms and cells using mass spectrometry［J］. Analytical Chemistry, 2018, 90: 6936–6944.
［4］Jia Y, Qian J, Pan B. Dual-functionalized mil-101(Cr) for the selective enrichment and ultrasensitive analysis of trace per-and poly-fluoroalkyl substances［J］. Analytical Chemistry, 2021, 93: 11116–11122.
［5］Chang Y, Chen Y, Shao Y, et al. Solid-phase microextraction integrated nanobiosensors for the serial detection of cytoplasmic dopamine in a single living cell［J］. Biosensors and Bioelectronics, 2021, 175: 112915–112919.
［6］Prata J, Paco A, Reis V, et al. Identification of microplastics in white wines capped with polyethylene stoppers using micro-Raman spectroscopy［J］. Food Chemistry, 2020, 127323.
［7］Peng C, Tang X, Gong X, et al. Development and application of a mass spectrometry method for quantifying nylon microplastics in environment［J］. Analytical Chemistry, 2020, 92: 13930–13935.
［8］Tang C, Tan J, Tang C, et al. Chlorine isotope analysis of polychlorinated organic pollutants using chromatography-high resolution mass spectrometry and evaluation of isotope ratio calculation schemes by experiment and numerical simulation［J］. Journal of Chromatography A, 2021, 1651: 462311.
［9］Li C, Chen J, Angot H, et al. Seasonal variation of mercury and its isotopes in atmospheric particles at the coastal Zhongshan Station, eastern Antarctica［J］. Environmental Science & Technology, 2020, 54: 11344–11355.
［10］Sun R, Yuan J, Sonke J, et al., Methylmercury produced in upper oceans accumulates in deep Mariana Trench fauna［J］. Nature Communications, 2020, 11: 3389–3397.
［11］Tang B, Luo X, Huang C, et al. Characterizing the influence of metabolism on the halogenated organic contaminant biomagnification in two artificial food chains using compound-and enantiomer-specific stable carbon isotope analysis［J］. Environmental Science & Technology, 2018, 52: 10359–10368.
［12］Ji F, Sreenivasmurthy S, Wei J, et al. Study of BED-47 induced Parkinson's disease-like metabolic changes in C57BL/6 mice by integrated metabolomic, lipidomic and proteomic analysis［J］. Journal of Hazardous Materials, 2019, 378: 120738.
［13］Wang T, Xu C, Xu S, et al. Untargeted metabolomics analysis by gas chromatography/time-of-flight mass spectrometry of human serum from methamphetamine abusers［J］. Addiction Biology, 2021, e13062.
［14］Yu N, Guo H, Yang J, et al. Non-target and suspect screening of per-and polyfluoroalkyl substances in airborne particulate matter in China［J］. Environmental Science & Technology, 2018, 52: 8205–8214.
［15］Wang Y, Yu N, Zhu X, et al. Suspect and nontarget screening of per-polyfluoroalkyl substances in wastewater from a fluorochemical manufacturing park［J］. Environmental Science & Technology, 2018, 52: 11007–11016.
［16］Wang L, Kang Q, Jia Y, et al. Identification of three novel chloroalkyl organophosphate triesters in house dust

using halogenation-guided nontarget screening combined with suspect screening [J]. Environmental Science & Technology, 2021, 55: 2482–2490.

[17] Yu N, Wen H, Wang X, et al. Nontarget discovery of per-and polyfluoroalkyl substances in atmospheric particulate matter and gaseous phase using cryogenic air sampler [J]. Environmental Science & Technology, 2020, 54: 3103–3113.

[18] Li Y, Yu N, Du L, et al. Transplacental transfer of per-and polyfluoroalkyl substances identified in paired maternal and cord sera using suspect and nontarget screening [J]. Environmental Science & Technology, 2020, 54: 3407–3416.

[19] Ye L, Meng W, Huang J, et al. Establishment of a target, suspect, and functional group-dependent screening strategy for organophosphate esters (OPEs): "Into the unknown" of OPEs in the sediment of Taihu Lake, China [J]. Environmental Science & Technology, 2021, 55: 5836–5847.

[20] Li Y, Wang X, Wu Z, et al. Atmospheric nitrous acid (HONO) in an alternate process of haze pollution and ozone pollution in urban Beijing in summertime: Variations, sources and contribution to atmospheric photochemistry [J]. Atmospheric Research, 2021, 260: 105689.

[21] Guo Y, Wang S, Gao S, et al. Influence of ship direct emission on HONO sources in channel environment [J]. Atmospheric Environment, 2020, 242: 117819.

[22] Li J, Li H, Li K, et al. Enhanced secondary organic aerosol formation from the photo-oxidation of mixed anthropogenic volatile organic compounds [J]. Atmospheric Chemistry and Physics, 2021, 21: 7773–7789.

[23] Yang Z, Tsona N, Li J, et al. Effects of NO_x and SO_2 on the secondary organic aerosol formation the photooxidation of 1,3,5-trimethylbenzene: A new source of organosulfates [J]. Environmental Pollution, 2020, 264: 114742.

[24] He X, Tham Y, Dada L, et al. Role of iodine oxoacids in atmospheric aerosol nucleation [J]. Science, 2021, 371: 589–595.

[25] Cai R, Yan C, Yang D, et al. Sulfuric acid-amine nucleation in urban Beijing [J]. Atmospheric Chemistry and Physics, 2021, 21: 2457–24650

[26] Fang X, Hu M, Shang D, et al. Observational evidence for the involvement of dicarboxylic acids in particle nucleation [J]. Environmental Science & Technology Letters, 2020, 7: 388–394.

[27] Lu Y, Liu L, Ning A, et al. Atmospheric sulfuric acid-dimethylamine nucleation enhanced by trifluoroacetic acid [J]. Geophysical Research Letters, 2020, 47: e2019GL085627.

[28] Ma X, Sun Y, Huang Z, et al. A density functional theory study of the molecular interactions between a series of amides and sulfuric acid [J]. Chemosphere, 2019, 214: 781–790.

[29] Lu X, Zhang L, Wu T, et al. Development of the global atmospheric chemistry general circulation model BCC-GEOS-Chem V1.0: model description and evaluation [J]. Geoscientific Model Development, 2020, 13: 3817–3838.

[30] Liu C, Chen R, Sera F, et al. Ambient particulate air pollution and daily mortality in 652 cities [J]. The New England Journal of Medcine, 2019, 381: 705–715.

[31] Peng L, Xiao S, Gao W, et al. Short-term associations between size-fractionated particulate air pollution and COPD mortality in Shanghai, China [J]. Environmental Pollution, 2020, 257: 113483.

[32] Hu K, Guo Y, Hu D, et al. Mortality burden attributable to PM(1) in Zhejiang Province, China [J]. Environment International, 2018, 121: 515–522.

[33] Zhang J, Sun H, Chen Q, et al. Effects of individual ozone exposure on lung function in the elderly: a cross-sectional study in China [J]. Environmental Science Pollution Research International, 2019, 26: 11690–11695.

[34] Song J, Zhu J, Tian G, et al. Short time exposure to ambient ozone and associated cardiovascular effects: A panel study of healthy young adults [J]. Environment International, 2020, 137: 105579.

[35] Du X, Zhang Y, Liu C, et al. Fine particulate matter constituents and sub-clinical outcomes of cardiovascular

diseases: A multi-center study in China [J]. Science of the Total Environment, 2021, 759: 143555.

[36] Xu X, Li G, Wei Z, et al. High temperature selective oxidative of H_2S to elemental sulfur on β-SiC-supported cerium catalyst [J]. Industrial & Engineering Chemistry Research, 2021, 60: 12798-12810.

[37] Li S, Gu Q, Cao N, et al. Defect enriched N-doped carbon nanoflakes as robust carbocatalysts for H_2S selective oxidation [J]. Journal of Materials Chemistry A, 2020, 8: 8892-8902.

[38] Liu Y, Song C, Wang Y, et al. Rational designed Co@N-doped carbon catalyst for high-efficient H_2S selective oxidation by regulating electronic structures [J]. Chemical Engineering Journal, 2020, 401: 126038.

[39] Zhu J, Xu W, Chen J, et al. Development of core-shell structured Mo2C@BN as novel microwave catalysts for highly effective direct decomposition of H_2S into H_2 and S at low temperature [J]. Catalysis Science & Technology, 2020, 10: 6769-6779.

[40] Zhao L, Liu X, Mu X, et al. Highly selective conversion of H_2S-CO_2 to syngas by combination of non-thermal plasma and MoS_2/Al_2O_3 [J]. Journal of CO_2 utilization, 2020, 37: 45-54.

[41] Liu N, Shi D, Zhang R, et al. Highly selective catalytic combustion of acrylonitrile towards nitrogen over Cu-modified zeolites [J]. Catalysis Today, 2019, 332: 201-213.

[42] Xing X, Li N, Sun Y, et al. Selective catalytic oxidation of n-butylamine over Cu-zeolite catalysts [J]. Catalysis Today, 2020, 339: 192-199.

[43] Zhang Z, Li R, Wang M, et al. Two steps synthesis of $CeTiO_x$ oxides nanotube catalyst: Enhanced activity, resistance of SO_2 and H_2O for low temperature NH_3-SCR of NO_x [J]. Applied Catalysis B: Environmental, 2021, 282: 119542.

[44] Wang J, Asakura Y, Hasegawa T, et al. High-concentration N-doped $LaTi_2O_7$ nanocrystals: Effects of nano-structuration and doping sites on enhancing the photocatalytic activity [J]. Chemical Engineering Journal, 2021, 423: 2-12.

[45] Li M, Shang H, Li H, et al. Kirkendall effect boosts phosphorylated nZVI for efficient heavy metal wastewater treatment [J]. Angewandte Chemie International Edition, 2021, 60: 17115-17122.

[46] Xu J, Li H, Lowry G. Sulfidized nanoscale zero-valent iron: Tuning the properties of this complex material for efficient groundwater remediation [J]. Accounts of Materials Research, 2021, 2:

[47] Xu J, Avellan A, Li H, et al. Sulfur loading and speciation control the hydrophobicity, electron transfer, reactivity, and selectivity of sulfidized nanoscale zerovalent iron [J]. Advanced Materials, 2020, 32(17): 1-10.

[48] Song L, Li C, Chen W, et al. Highly efficient MnO_2/reduced graphene oxide hydrogel motors for organic pollutants removal [J]. Journal of Materials Science, 2020, 55: 1984-1995.

[49] Sun M, Chen W, Fan X, et al. Cooperative recyclable magnetic microsubmarines for oil and microplastics removal from water [J]. Applied Materials Today, 2020, 20: 100682.

[50] Liu Y, Wu T, White J, et al. A new strategy using nanoscale zero-valent iron to simultaneously promote remediation and safe crop production in contaminated soil [J]. Nature Nanotechnology, 2021, 16: 197-205.

[51] Wu T, Liu Y, Yang K, et al. Synergistic remediation of PCB-contaminated soil with nanoparticulate zero-valent iron and alfalfa: targeted changes in the root metabolite-dependent microbial community. Environmental Science: Nano 2021, 8: 986-999.

[52] Deng R, Huang D, Xue W, et al. Eco-friendly remediation for lead-contaminated riverine sediment by sodium lignin sulfonate stabilized nano-chlorapatite [J]. Chemical Engineering Journal, 2020, 397: 125396.

[53] Lyu L, Wang S, Ding Y, et al. Reaction mechanism dominated by the hard-soft acid-base theory for the oxidation of CH_2Cl_2 and CH_3Br over a titanium oxide-supported Ru catalyst [J]. Industrial Engineering Chemistry Research, 2020, 59: 7383-7388.

[54] Lyu L, Wang S, Ding Y, et al. Mechanistic insights into the contribution of Lewis acidity to brominated VOCs combustion over titanium oxide supported Ru catalyst [J]. Chemosphere, 2021, 263: 128112.

[55] Yang J, Huang Y, Chen Y, et al. Active site–directed tandem catalysis on CuO/VO–MnO_2 for efficient and stable catalytic ozonation of S–VOCs under mild condition [J]. Nano Today, 2020, 35: 100944.

[56] Wang X, Song H, Zhang J, et al. Chlorination decreases acute toxicity of iodophenols through the formation of iodate and chlorinated aliphatic disinfection byproducts [J]. Water Research, 2021, 194: 116951.

[57] Chen N, Huang D, Liu G, et al. Active iron species driven hydroxyl radicals formation in oxygenation of different paddy soils: Implications to polycyclic aromatic hydrocarbons degradation [J]. Water Research, 2021, 203: 117484.

[58] Xie W, Yuan S, Tong M, et al.,Contaminant degradation by HO· during sediment oxygenation: Dependence on Fe(Ⅱ) species [J]. Environmental Science & Technology, 2020, 54: 2975–2984.

[59] Xie W, Zhang P, Liao W, et al. Ligand–enhanced electron utilization for trichloroethylene degradation by HO· during sediment oxygenation [J]. Environmental Science & Technology, 2021, 55: 7044–7051.

[60] Cai X, ThomasArrigo L, Fang X, et al. Impact of organic matter on microbially–mediated reduction and mobilization of arsenic and iron in arsenic(V)–bearing ferrihydrite [J]. Environmental Science & Technology, 2021, 55: 1319–1328.

[61] Zhou Z, Muehe E, Tomaszewski E, et al. Effect of natural organic matter on the fate of cadmium during microbial ferrihydrite reduction [J]. Environmental Science & Technology, 2020, 54: 9445–9453.

[62] Wang C, Xian Z, Jin X, et al. Photo–aging of polyvinyl chloride microplastic in the presence of natural organic acids [J]. Water Research, 2020, 183: 116082.

[63] Liu H, Liu K, Fu H, et al. Sunlight mediated cadmium release from colored microplastics containing cadmium pigment in aqueous phase [J]. Environmental Pollution, 2020, 263: 114484.

[64] Zhang W, Song K, Ding R, et al. Role of polystyrene imcroplastics in sunlight–mediated transformation of silver in aquatic environments: Mechanisms, kinetics and toxicity [J]. Journal of Hazardous Materials, 2021, 419: 126429.

[65] Liu P, Wu X, Liu H, et al. Desorption of pharmaceuticals from pristine and aged polystyrene microplastics under simulated gastrointestinal conditions [J]. Journal of Hazardous Materials, 2020, 392: 122346.

[66] Yang Y, Liu G, Song W, et al. Plastics in the marine environment are reservoirs for antibiotic and metal resistance genes [J]. Environment International, 2019, 123: 79–86.

[67] Wang S, Deng Y, Shao B, et al. Three kinetic patterns for the oxidation of emerging organic contaminants by Fe(Ⅵ): The critical roles of Fe(Ⅴ) and Fe(Ⅳ) [J]. Environmental Science & Technology, 2021, 55: 11338–11347.

[68] Pan B, Feng M, McDonald T, et al. Enhanced ferrate(Ⅵ) oxidation of micropollutants in water by carbonaceous materials: Elucidating surface functionality [J]. Chemical Engineering Journal, 2020, 398: 125607.

[69] Tian S, Wang L, Liu Y, et al. Degradation of organic pollutants by ferrate/biochar: Enhanced formation of strong intermediate oxidation iron species [J]. Water Research, 2020, 183: 116054.

[70] Cheng Y, Zhu L, Song W, et al. Combined effects of mulch film–derived microplastics and atrazine on oxidative stress and gene expression in earthworm (Eisenia fetida) [J]. Science of the Total Environment, 2020, 746: 141280.

[71] Shi Q, Tang J, Liu X, et al. Ultraviolet–induced photodegradation elevated the toxicity of polystyrene nanoplastics on human lung epithelial A549 cells [J]. Environmental Science: Nano 2021, 8: 2660–2675.

[72] Song J, Na J, An D, et al. Role of benzophenone–3 additive in chronic toxicity of polyethylene microplastic fragments to Daphnia magna [J]. Science of the Total Environment, 2021, 800: 149638.

[73] Wu D, Wang T, Wang J, et al. Size–dependent toxic effects of polystyrene microplastic exposure on Microcystis aeruginosa growth and microcystin production. Science of the Total Environment, 2021, 761: 143265.

[74] Wei W, Li Y, Lee M, et al. Anionic nanoplastic exposure induces endothelial leakiness [J]. Nature Communications, 2022, 13: 4757.

[75] Wu D, Li J, Xu S, et al. Engineering Fe–N doped graphene to mimic biological functions of NADPH oxidase in cells [J].

Journal of American Chemistry Society, 2020, 142: 19602–19610.

[76] Li X, Wei W, Liu Z, et al. Serum apolipoprotein A–I depletion is causative to silica nanoparticles–induced cardiovascular damage [J]. Proceedings of National Academy of Science USA, 2021, 118: e2108131118.

[77] Jiang N, Zhang Z, Chen X, et al. Plasma Lipidomics profiling reveals biomarkers for papillary thyroid cancer diagnosis [J]. Frontiers in Cell and Developmental Biology, 2021, 9: 682269.

[78] Li Y, Kang Q, Chen R, et al. 2–ethylhexyl diphenyl phosphate and its hydroxylated metabolites are anti–androgenic and cause adverse reproductive outcomes in male Japanese medaka (Oryzias latipes) [J]. Environmental Science & Technology, 2020, 54: 8919–8925.

[79] Zhang Y, Yi X, Huang K, et al. Tris(1,3–dichloro–2–propyl)phosphate reduces growth hormone expression via binding to growth hormone releasing hormone receptors and inhibits the growth of crucian carp [J]. Environmental Science & Technology, 2021, 55: 8108–8118.

[80] Guo W, Hang J, Wu S, et al. Bis(2–ethylhexyl)–2,3,4,5–tetrabromophthalate affects lipid metabolism in zebrafish larvae via DNA methylation modification [J]. Environmental Science & Technology, 2020, 54: 355–363.

[81] Yan X, Sedykh A, Wang W, et al. Construction of a web–based nanomaterials database by big data curation and modeling friendly nanostructure annotations [J]. Nature Communications, 2020, 11: 2519.

[82] Yan X, Zhang J, Russo D, et al. Prediction of nano–bio interactions through convolutional neural network analysis of nanostructure images [J]. ACS Sustainble Chemistry & Engineering, 2020, 8: 19096–19104.

[83] Liu G, Yan X, Sedykh A, et al. Analysis of model PM2.5–induced inflammation and cytotoxicity by the combination of a virtual carbon nanoparticle library and computational modeling [J]. Ecotoxicology Environmental Safety, 2020, 191: 110216.

[84] Peng T, Wei C, Yu F, et al. Predicting nanotoxicity by an integrated machine learning and metabolomics approach [J]. Environmental Pollution, 2020, 267: 115434.

[85] Feng R, Yu F, Xu J, et al. Knowledge gaps in immune response and immunotherapy involving nanomaterials: Databases and artificial intelligence for material design. Biomaterials, 2021, 266: 120469.

[86] Yu F, Wei C, Deng P, et al. Deep exploration of random forest model boosts the interpretability of machine learning studies of complicated immune responses and lung burden of nanoparticles [J]. Science Advances, 2021, 7: eabf4130.

[87] Dai W, Tang T, Dai Z, et al. Probing the mechanism of hepatotoxicity of hexabromocyclododecanes through toxicological network analysis [J]. Environmental Science & Technology, 2020, 54: 15235–15245.

[88] Xing J, Zheng S, Ding D, et al. Deep learning for prediction of the air quality response to emission changes [J]. Environmental Science & Technology, 2020, 54: 8589–8600.

有机固体

[1] Li C, Zhou J, Song J, et al. Non–fullerene acceptors with branched side chains and improved molecular packing to exceed 18% efficiency in organic solar cells [J]. Nature Energy, 2021, 6 (6): 605–613.

[2] Zhu L, Zhang M, Xu J, et al. Single–junction organic solar cells with over 19% efficiency enabled by a refined double–fibril network morphology [J]. Nature Materials, 2022, 21 (6): 656–663.

[3] Hu Y X, Miao J, Hua T, et al. Efficient selenium–integrated TADF OLEDs with reduced roll–off [J]. Nature Photonics, 2022, 16 (11): 803–810.

[4] Cao X, Pan K, Miao J, et al. Manipulating exciton dynamics toward simultaneous high–efficiency narrowband electroluminescence and photon upconversion by a selenium–incorporated multiresonance delayed fluorescence emitter [J]. Journal of the American Chemical Society, 2022, 144 (50): 22976–22984.

[5] Wu X, Su B K, Chen D G, et al. The role of host-guest interactions in organic emitters employing MR-TADF [J]. Nature Photonics, 2021, 15 (10): 780-786.

[6] Meng G, Dai H, Wang Q, et al. High-efficiency and stable short-delayed fluorescence emitters with hybrid long-and short-range charge-transfer excitations [J]. Nature Communication, 2023, 14 (1): 2394.

[7] Xie Y, Liu W, Deng W, et al. Bright short-wavelength infrared organic light-emitting devices [J]. Nature Photonics, 2022, 16 (11): 752-761.

[8] Liu G, Li Z, Hu X, et al. Efficient and stable one-micrometre-thick organic light-emitting diodes [J]. Nature Photonics, 2022, 16 (12): 876-883.

[9] Yu X, Chen L, Li C, et al. Intrinsically stretchable polymer semiconductors with good ductility and high charge mobility through reducing the central symmetry of the conjugated Backbone Units [J]. Advanced Materials, 2023, 35 (17): e2209896.

[10] Zhang W, Shi K, Lai J, et al. Record-high electron mobility exceeding 16 cm(2) V(-) (1) s(-) (1) in Bisisoindigo-based Polymer semiconductor with a fully locked conjugated backbone [J]. Advanced Materials, 2023, 35 (17): e2300145.

[11] He Z H, Shen H G, Ye D K, et al. An organic transistor with light intensity-dependent active photoadaptation [J]. Nature Electronics, 2021, 4 (7): 522-529.

[12] Wang S, Chen X, Zhao C, et al. An organic electrochemical transistor for multi-modal sensing, memory and processing [J]. Nature Electronics, 2023, 6 (4): 281-291.

[13] Bian Y, Liu K, Ran Y, et al. Spatially nanoconfined N-type polymer semiconductors for stretchable ultrasensitive X-ray detection [J]. Nature Communication, 2022, 13 (1): 7163.

[14] Liu G, Wen W, Zhao Z, et al. Bionic tactile-gustatory receptor for object identification based on all-polymer electrochemical transistor [J]. Advanced Materials, 2023, 35 (24): e2300242.

[15] Guo H, Yang C Y, Zhang X, et al. Transition metal-catalysed molecular n-doping of organic semiconductors [J]. Nature, 2021, 599 (7883): 67-73.

[16] Tang H, Liang Y, Liu C, et al. A solution-processed n-type conducting polymer with ultrahigh conductivity [J]. Nature, 2022, 611 (7935): 271-277.

[17] Wang D, Ding J, Dai X, et al. Triggering ZT to 0.40 by engineering orientation in one polymeric semiconductor [J]. Advanced Materials, 2023, 35 (2): e2208215.

[18] Yu Z D, Lu Y, Wang Z Y, et al. High n-type and p-type conductivities and power factors achieved in a single conjugated polymer [J]. Science Advances, 2023, 9 (8): eadf3495.

[19] Qi R, Zhao H, Zhou X, et al. In situ synthesis of photoactive polymers on a living cell surface via bio-palladium catalysis for modulating biological functions [J]. Angewandte Chemie International Edition, 2021, 60 (11): 5759-5765.

[20] Wang Z, Bai H, Yu W, et al. Flexible bioelectronic device fabricated by conductive polymer-based living material [J]. Science Advances, 2022, 8 (25): eabo1458.

[21] Gao Y, Xue Y, He F, et al. Controlled growth of a high selectivity interface for seawater electrolysis [J]. Proceedings of the National Academy of Sciences, 2022, 119 (36): e2206946119.

[22] Gao Y, Xue Y, Qi L, et al. Rhodium nanocrystals on porous graphdiyne for electrocatalytic hydrogen evolution from saline water [J]. Nature Communication 2022, 13 (1): 5227.

[23] Hou L, Cui X, Guan B, et al. Synthesis of a monolayer fullerene network [J]. Nature, 2022, 606 (7914): 507-510.

[24] Li J, Hou S, Yao Y R, et al. Room-temperature logic-in-memory operations in single-metallofullerene devices [J]. Nature Materials, 2022, 21 (8): 917-923.

[25] Yang C, Li Y, Zhou S, et al. Real-time monitoring of reaction stereochemistry through single-molecule observations

of chirality-induced spin selectivity [J]. Nature Chemistry, 2023, 15 (7): 972–979.

[26] Lin J, Wang S, Zhang F, et al. Highly efficient charge transport across carbon nanobelts [J]. Science Advances, 2022, 8 (51): eade4692.

[27] Lyu Y, Lin J, Song K, et al. Single cycloparaphenylene molecule devices: Achieving large conductance modulation via tuning radial π-conjugation [J]. Science Advances, 2021, 7 (52): eabk3095.

[28] Lin J, Lyu Y, Song K, et al. Cleavage of non-polar C(sp^2)–C(sp^2) bonds in cycloparaphenylenes via electric field-catalyzed electrophilic aromatic substitution [J]. Nature Communication, 2023, 14 (1): 293.

分子医学

[1] Ma Q, Zhang M, Zhang C, et al. An automated DNA computing platform for rapid etiological diagnostics [J]. Science Advances, 2022, 8(47): eade0453.

[2] Zhang C, Zhao Y, Xu X, et al. Cancer diagnosis with DNA molecular computation [J]. Nature Nanotechnology, 2020, 15(8): 709–715.

[3] Zhang C, Zheng T, Ma Q, et al. Logical analysis of multiple single-nucleotide-polymorphisms with programmable DNA molecular computation for clinical diagnostics [J]. Angewandte Chemie International Edition, 2022, 61(15): e202117658.

[4] Wu J, Liu H, Chen W, et al. Device integration of electrochemical biosensors [J]. Nature Reviews Bioengineering, 2023, 1(5): 346–360.

[5] Hao Q, Ren X R, Chen Y, et al. A sweat-responsive covalent organic framework film for material-based liveness detection and sweat pore analysis [J]. Nature Communications, 2023, 14(1): 578.

[6] Xu C, Ma B, Gao Z, et al. Electrochemical DNA synthesis and sequencing on a single electrode with scalability for integrated data storage [J]. Science Advances, 2021, 7(46): eabk0100.

[7] Zhang X, Gao J, Tang Y, et al. Bioorthogonally activatable cyanine dye with torsion-induced disaggregation for in vivo tumor imaging [J]. Nature Communications, 2022, 13(1): 3513.

[8] Qiao C, Zhang R, Wang Y, et al. Rabies virus-inspired metal-organic frameworks (MOFs) for targeted imaging and chemotherapy of glioma [J]. Angewandte Chemie International Edition, 2020, 59(39): 16982–16988.

[9] Miao Y, Gao Q, Mao M, et al. Bispecific aptamer chimeras enable targeted protein degradation on cell membranes [J]. Angewandte Chemie International Edition, 2021, 133(20): 11267–11271.

[10] Wang D, Wang W, Fang L, et al. Mitochondrial protease targeting chimeras for mitochondrial matrix protein degradation [J]. Journal of the American Chemical Society, 2023, 145(23): 12861–12869.

[11] Li Y, Deng J, Han Z, et al. Molecular identification of tumor-derived extracellular vesicles using thermophoresis-mediated DNA computation [J]. Journal of the American Chemical Society, 2021, 143(3): 1290–1295.

[12] ian F, Zhang S, Liu C, et al. Protein analysis of extracellular vesicles to monitor and predict therapeutic response in metastatic breast cancer [J]. Nature Communications, 2021, 12(1): 2536.

[13] Zhang G, Cong Y, Liu F L, et al. A nanomaterial targeting the spike protein captures SARS-CoV-2 variants and promotes viral elimination [J]. Nature Nanotechnology, 2022, 17(9): 993–1003.

[14] Cao M, Cai R, Zhao L, et al. Molybdenum derived from nanomaterials incorporates into molybdenum enzymes and affects their activities in vivo [J]. Nature Nanotechnology, 2021, 16(6): 708–716.

[15] Ren J, Andrikopoulos N, Velonia K, et al. Chemical and biophysical signatures of the protein corona in nanomedicine [J]. Journal of the American Chemical Society, 2022, 144(21): 9184–9205.

[16] Cai S, Liu J, Ding J, et al. Tumor-microenvironment-responsive cascade reactions by a cobalt-single-atom nanozyme for synergistic nanocatalytic chemotherapy [J]. Angewandte Chemie International Edition, 2022, 61(48):

e202204502.
[17] Cai R, Ren J, Guo M, et al. Dynamic intracellular exchange of nanomaterials' protein corona perturbs proteostasis and remodels cell metabolism [J] . Proceedings of the National Academy of Sciences of the United States of America, 2022, 119(23): e2200363119.
[18] Qi Y, Jiang H, Wu W, et al. Homeostasis inside single activated phagolysosomes: quantitative and selective measurements of submillisecond dynamics of reactive oxygen and nitrogen species production with a nanoelectrochemical sensor [J] . Journal of the American Chemical Society, 2022, 144(22): 9723–9733.
[19] Yang X, Zhang F, Wu W, et al. Quantitative nano–amperometric measurement of intravesicular glutamate content and its sub–quantal release by living neurons [J] . Angewandte Chemie International Edition, 2021, 60(29): 15803–15808.
[20] Rong M, Liu J, Sun Z, et al. Rational utilization of black phosphorus nanosheets to enhance palladium–mediated bioorthogonal catalytic activity for activation of therapeutics [J] . Angewandte Chemie International Edition, 2023, 62(19): e202216822.
[21] Gao P, Wang D, Che C, et al. Regional and functional division of functional elements of solid–state nanochannels for enhanced sensitivity and specificity of biosensing in complex matrices [J] . Nature Protocols, 2021, 16(9): 4201–4226.
[22] Ma Q, Li Y, Wang R, et al. Towards explicit regulating–ion–transport: nanochannels with only function–elements at outer–surface [J] . Nature Communications, 2021, 12(1): 1573.
[23] Yu S, Zhou Y, Sun Y, et al. Endogenous mRNA triggered DNA–Au nanomachine for in situ imaging and targeted multimodal synergistic cancer therapy [J] . Angewandte Chemie International Edition, 2021, 60(11): 5948–5958.
[24] Xu T, Yu S, Sun Y, et al. DNA origami frameworks enabled self–protective siRNA delivery for dual enhancement of chemo–photothermal combination therapy [J] . Small, 2021, 17(46): e2101780.
[25] Zhang Y, Xu H, Jiang L, et al. Sulfonium–driven neoantigen–released DNA nanodevice as a precise vaccine for tumor immunotherapy and prevention [J] . ACS Nano, 2022, 16(11): 19509–19522.
[26] Xiong T, Li C, He X, et al. Neuromorphic functions with a polyelectrolyte–confined fluidic memristor [J] . Science, 2023, 379(6628): 156–161.
[27] Wu F, Yu P, Mao L. Multi–spatiotemporal probing of neurochemical events by advanced electrochemical sensing methods [J] . Angewandte Chemie International Edition, 2023, 62(1): e202208872.
[28] Li K, Ren T, Huan S, et al. Progress and perspective of solid–state organic fluorophores for biomedical applications [J] . Journal of the American Chemical Society, 2021, 143(50): 21143–21160.
[29] Li K, Lyu Y, Huang Y, et al. A de novo strategy to develop NIR precipitating fluorochrome for long–term in situ cell membrane bioimaging [J] . Proceedings of the National Academy of Sciences of the United States of America, 2021, 118(8):e2018033118.
[30] Guo C, Nie Q, Xu S, et al. (19)F–grafted fluorescent carbonized polymer dots for dual–mode imaging [J] . Analytical Chemistry, 2021, 93(41): 13880–13885.
[31] Zhou J, Gao Z, Xiang G, et al. Interfacial compatibility critically controls Ru/TiO_2 metal–support interaction modes in CO_2 hydrogenation [J] . Nature Communications, 2022, 13(1): 327.
[32] Zhang Q, Wang Y, Wang W, et al. A telomerase–assisted strategy for regeneration of DNA nanomachines in living cells [J] . Angewandte Chemie International Edition, 2023, 62(6): e202213884.
[33] Li Y, Li H, Gao J, et al. Visualizing the intermittent gating of Na^+ /H^+ antiporters in single native bioluminescent bacteria [J] . Angewandte Chemie International Edition, 2023, 62(6): e202215800.
[34] Li Y, Wang S, He X, et al. Imaging the oxygen wave with a single bioluminescent bacterium [J] . Chemical Science, 2021, 12(37): 12400–12406.

[35] Ying Y, Hu Z, Zhang S, et al. Nanopore-based technologies beyond DNA sequencing[J]. Nature Nanotechnology, 2022, 17(11): 1136–1146.
[36] Hu Z, Huo M, Ying Y, et al. Biological nanopore approach for single-molecule protein sequencing[J]. Angewandte Chemie International Edition, 2021, 60(27): 14738–14749.
[37] Jiang J, Li M, Wu X, et al. Protein nanopore reveals the renin-angiotensin system crosstalk with single-amino-acid resolution[J]. Nature Chemistry, 2023, 15(4): 578–586.
[38] Wei X, Fu S, Li H, et al. Single-cell Stereo-seq reveals induced progenitor cells involved in axolotl brain regeneration [J]. Science, 2022, 377(6610): eabp9444.
[39] Chen A, Liao S, Cheng M, et al. Spatiotemporal transcriptomic atlas of mouse organogenesis using DNA nanoball-patterned arrays[J]. Cell, 2022, 185(10): 1777–1792 e1721.
[40] Yu M, Abnousi A, Zhang Y, et al. SnapHiC: a computational pipeline to identify chromatin loops from single-cell Hi-C data[J]. Nature Methods, 2021, 18(9): 1056–1059.

能源化学

[1] Qiu C, Wang B, Zhang N, et al. Transparent ferroelectric crystals with ultrahigh piezoelectricity[J]. Nature, 2020, 577: 350–354.
[2] Shi X, Zuo Y, Zhai P, et al. Large-area display textiles integrated with functional systems [J]. Nature, 2021, 591: 240–245.
[3] Xu X, Wang T, Chen P, et al. Femtosecond laser writing of lithium niobate ferroelectric nanodomains [J]. Nature, 2022, 609: 496–501.
[4] Sun K, Tan D, Fang X, et al. Three-dimensional direct lithography of stable perovskite nanocrystals in glass [J]. Science, 2022, 375: 307–310.
[5] Chen R, Ren Z, Liang Y, et al. Spatiotemporal imaging of charge transfer in photocatalyst particles [J]. Nature, 2022, 610: 296–301.
[6] Liu W, Liu Y, Yang Z, et al. Flexible solar cells based on foldable silicon wafers with blunted edges [J]. Nature, 2023, 617: 717–723.
[7] Zhu L, Zhang M, Xu J, et al. Single-junction organic solar cells with over 19% efficiency enabled by a refined double-fibril network morphology [J]. Nat. Mater., 2022, 21: 656–663.
[8] Zhao Y, Ma. F, Qu Z, et al. Inactive (PbI_2)2RbCl stabilizes perovskite films for efficient solar cells [J]. Science, 2022, 377: 531–534.
[9] Xiao K, Liu Y, Zhang M, et al. Scalable processing for realizing 21.7%-efficient all-perovskite tandem solar modules [J]. Science, 2023, 376: 762–767.
[10] Xie H, Zhao Z, Liu T, et al. A membrane-based seawater electrolyser for hydrogen generation [J]. Nature, 2022, 612: 673–678.
[11] Li X, Pereira-Hernάndez X.I, Chen Y, et al. Functional CeO_x nanoglues for robust atomically dispersed catalysts [J]. Nature, 2022, 611: 284–288.
[12] Yang J, Li W H, Tang H T, et al. CO_2-mediated organocatalytic chlorine evolution under industrial conditions[J]. Nature, 2023, 617: 519–523.
[13] Jin J, Wicks J, Min Q, et al. Constrained C_2 adsorbate orientation enables CO-to-acetate electroreduction[J]. Nature, 2023, 617: 724–729.
[14] Zhang Q, Dong S, Shao P, et al. ,Covalent organic framework-based porous ionomers for high-performance fuel cells [J]. Science, 2022, 378: 181–186.

[15] Gao F Y, Liu S N, Ge J C, et al. Nickel-molybdenum-niobium metallic glass for efficient hydrogen oxidation in hydroxide exchange membrane fuel cells[J]. Nat Catal, 2022, 5: 993-1005.
[16] Kong S, Lyu X, Wang X, et al. Delocalization state-induced selective bond breaking for efficient methanol electrosynthesis from CO_2[J]. Nat Catal, 2023, 6: 6-15.
[17] Cai M, Dong Y, Xie M, et al. Stalling oxygen evolution in high-voltage cathodes by lanthurization [J]. Nat. Energy, 2023, 8 (2): 159-168.
[18] Wang L, Liu T, Wu T, et al. Strain-retardant coherent perovskite phase stabilized Ni-rich cathode [J]. Nature, 2022, 611 (7934): 61-67.
[19] Yin Y, Yang J, Luo J, et al. A $LaCl_3$-based lithium superionic conductor compatible with lithium metal [J]. Nature, 2023, 616 (7955): 77-83.
[20] Liu Y, Tao X, Wang Y, et al. Self-assembled monolayers direct a LiF-rich interphase toward long-life lithium metal batteries[J]. Science, 2022, 375 (6582): 739-745.
[21] Chi X, Li M, Di J, et al. A highly stable and flexible zeolite electrolyte solid-state Li-air battery [J]. Nature, 2021, 592 (7855): 551-557.
[22] Pang Q, Meng J, Gupta S, et al. Fast-charging aluminium-chalcogen batteries resistant to dendritic shorting [J]. Nature, 2022, 608 (7924): 704-711.
[23] Zuo P, Ye C, Jiao Z, et al. Near-frictionless ion transport within triazine framework membranes [J]. Nature, 2023, 617 (7960): 299-305.
[24] Zhao C, Wang Q, Yao Z, et al. Rational design of layered oxide materials for sodium-ion batteries [J]. Science, 2020, 370 (6517): 708-711.
[25] Li Y, Zhou Q, Weng S, et al. Interfacial engineering to achieve an energy density of over 200 Wh/kg in sodium batteries [J]. Nat. Energy, 2022, 7 (6): 511-519.
[26] He J, Lu C, Jiang H, et al. Scalable production of high-performing woven lithium-ion fibre batteries [J]. Nature, 2021, 597 (7874): 57-63.
[27] Yang C, Ma H, Yuan R, et al. Roll-to-roll prelithiation of lithium-ion battery anodes by transfer printing [J]. Nat. Energy, 2023, 8: 703-713.
[28] Zhang X, Zhang M, Deng Y, et al. A stable low-temperature H_2-production catalyst by crowding Pt on α-MoC [J]. Nature, 2021, 589: 396-401.
[29] Zhou H, Yi X, Wang L, et al. Isolated boron in zeolite for oxidative dehydrogenation of propane [J]. Science, 2021, 372: 76-80.
[30] Cai T, Sun H, Qiao J, et al. Cell-free chemoenzymatic starch synthesis from carbon dioxide [J]. Science, 2021, 373: 1523-1527.
[31] Zheng J, Huang L, Cui C, et al. Ambient-pressure synthesis of ethylene glycol catalyzed by C_{60}-buffered Cu/SiO_2 [J]. Science, 2022, 376: 288-292.
[32] Jiao F, Bai B, Li G, et al. Disentangling the activity-selectivity trade-off in catalytic conversion of syngas to light olefins [J]. Science, 2023, 380: 727-730.

燃烧化学

[1] Mi J, Ye C, Guo Y, et al. Strategical design of bridged vanillic Schiff-bases as jet fuel antioxidants[J]. Fuel, 2023, 351: 128834.
[2] 钟凯，张朝阳. 纳米铝颗粒在不同炸药环境中氧化燃烧的分子动力学模拟 [J]. 含能材料，2023，31: 48-60.

[3] Zhang S, Li Y, Xue, H, et al. Neural network PID control for combustion instability [J]. Combustion Theory and Modelling, 2022, 26: 383–398.
[4] 任海生，王静波，李象远. 燃烧动力学平台 CDS 网络版 [OB/OL].（2021–10–18）[2023–9–15]. http://cds.scu.edu.cn.
[5] Mi J, Bai S, Zhao L, et al. A polyester–based initiation strategy for achieving high–efficient cracking of hydrocarbon fuels [J]. Chemical Engineering Journal, 2021, 425: 128059.
[6] Mi J, Ye D, Dai Y, et al. Strategically designed macromolecules as additives for high energy–density hydrocarbon fuels [J]. Fuel, 2020, 270: 117433.
[7] Mi J, Jiang P, Dai Y, et al. Mechanistic study on oxidative degradation and deposition of exo–tetrahydrodicyclo–pentadiene [J]. Fuel, 2022, 317: 123533.
[8] Li S, Guo Y, Fang W, et al. A sulfur–rich segmental hyperbranched polymer as a coking inhibitor for endothermic hydrocarbon fuels [J]. Fuel, 2021, 287: 119477.
[9] Wu P, Dai Y, Du T, et al. The pyrolysis kinetics and heat exchange performance of biomass hydrocarbon pinane [J]. Fuel, 2022, 317: 123453.
[10] Zhong K, Niu L L, Li G, et al. Crack mechanism of Al@Al_2O_3 nanoparticles in hot energetic materials [J]. J. Phys. Chem. C, 2021, 125: 2770–2778.
[11] Li G, Niu L L, Hao W Z, et al. Atomistic insight into the microexplosion–accelerated oxidation process of molten aluminum nanoparticles [J]. Combust. Flame., 2020, 214: 238–250.
[12] Li G, Niu L L, Xue X G, et al. Atomic perspective about the reaction mechanism and H_2 production during the combustion of Al nanoparticles/H_2O_2 bipropellants [J]. J. Phys. Chem. A, 2020, 124: 7399–7410.
[13] Li G, Niu L L, Xue X G, et al. Chainlike products from the reaction of aluminum nanoparticles in HF atmosphere: an atomic insight [J]. J. Mater. Sci., 2022, 57: 16948–16964.
[14] Zhong K, Niu L L, Zhang C Y. Atomic insight into the thermobaric effect of aluminized explosives [J]. FirePhysChem, 2021, 1: 191–198.
[15] Xu H, Xu Z, Liu L, et al. Method and automatic program for accurate thermodynamic data of reaction mechanisms for combustion modeling [J]. Fuel, 2022, 329: 125431.
[16] Xu Z, Xu H, Liu L, et al. High–precision standard enthalpy of formation for polycyclic aromatic hydrocarbons predicting from general connectivity based hierarchy with discrete correction of atomization energy [J]. Frontiers of Chemical Science and Engineering, 2022,16: 1743–1750.
[17] 李象远，申屠江涛，李宜蔚. 燃烧反应机理构建的极小反应网络方法——氢氧燃烧 [J]. 高等学校化学学报，2020，4：772–779.
[18] Li Z, Wang J, Li X, Application of hydrogen mechanisms in combustion simulation of DLR scramjet combustor and their effect on combustion performance [J]. Fuel, 2023, 349: 128659.

专题报告

理论与计算化学研究进展

1. 引言

理论与计算化学已经被广泛应用于化学、物理、材料、生命科学等相关学科。随着理论方法和计算机技术的不断发展，理论与计算化学可处理越来越复杂的化学体系或化学过程。理论化学最早可以追溯到1869年门捷列夫提出的元素周期表，可用于预测元素的性质和关系。1927年，海特勒（Heitler）和兰登（London）用量子力学计算了氢分子的平衡键长和解离能，标志着现代理论化学的诞生。当前理论与计算化学（包括量子化学、化学动力学和统计力学等）已经成为化学不可缺少的组成部分。近十几年来，随着人工智能和量子计算等新技术的迅速发展，科学家开创了人工智能化学和量子计算化学方法，为理论与计算化学带来了新的机遇和挑战。

近年来，我国学者在理论与计算化学的各个领域做出了重要贡献，并取得了一系列突出成果。例如，发展了可处理强关联或复杂体系的高精度波函数方法和密度泛函方法，编制了复杂体系的绝热和非绝热量子或经典动力学的高效计算模拟程序，探索量子计算化学的理论、实现与优越性，将人工智能融入化学反应预测、功能材料、生物分子设计和光谱解析等方面。理论与计算化学领域的研究成果多次获省部级自然科学奖。复旦大学徐昕等的“密度泛函理论新进展”、南京大学黎书华等的“复杂体系的量子化学方法及应用”两个项目均获得2019年教育部自然科学奖一等奖，清华大学帅志刚等的“有机和碳材料中电荷输运的理论研究”获2020年北京市科学技术奖自然科学一等奖。同时，我国学者的国际影响力持续提升，在2019—2023年，我国理论化学家多次获亚太理论与计算化学家协会的奖励。北京师范大学方维海“用于非绝热动力学模拟和解决光诱导化学和生物系统中问题的量子轨迹平均场方法”（2020）和中国科学院大连化学物理研究所张东辉“量子动力学，特别是势能面构造和含时波包模拟方法”（2022）获得亚太理论与计算化学家协会的最高奖项——福井奖章（Fukui Medal）。还有多位年轻学者获亚太理论与计算化学家协会颁发的波普尔奖章（Pople Medal，45 岁以下），分别是刘剑（2019）、黄旭辉（2021）、马海波（2023）。

结合新时代背景下理论与计算化学的发展，本章将从电子结构理论、量子与经典动力学、量子计算化学、人工智能理论与计算化学这 4 个方面介绍 2019—2023 年我国在理论与计算化学领域的主要成果，并对未来几年的挑战性难题、战略发展需求和发展趋势等方面进行展望。

2. 电子结构理论

基于第一性原理的电子结构理论计算已经成为物理、化学、生物、材料等物质科学领域非常重要的研究工具。发展"算得更准、算得更大"的通用电子结构理论方法是进一步提升电子结构理论在物质科学领域基础性地位的重要推动力。波函数方法和密度泛函方法是电子结构理论的两块重要基石，在计算精度和效率方面各有千秋。近 5 年来，针对主流电子结构理论方法无法统一描述不同类型相互作用、计算消耗随着计算精度及体系复杂度急剧增大等核心难点问题，我国科学家做出了重要贡献，取得了长足的进步，部分工作已经引领了国际相关领域的发展。

近年来，可以精确、均衡、高效地处理静态和动态电子相关的波函数方法受到越来越多的关注。这类方法对正确描述化学键解离、共轭分子、过渡金属 / 稀土 / 锕系化合物等强关联体系至关重要。刘文剑等[1-3]基于"先静态再动态又静态（SDS）"的多组态波函数构造方案，设计实现了选择性迭代组态相互作用（iCI）及其二阶微扰理论（iCIPT2）和多组态自洽场方法（iCISCF）等一系列新方法。其中，iCIPT2 的精度接近全组态相互作用方法，iCISCF 可实现 60 个电子、60 个轨道的选择性活性空间自洽场计算。密度矩阵重正化群（DMRG）以多体约化密度矩阵的本征矢为多电子基函数，结合自洽优化算法，可实现上百个活性轨道的静态相关计算，但传统 DMRG 对动态相关无能为力。为了解决这一问题，马海波等[4]提出了由 DMRG 波函数选择性重构组态相互作用波函数（sCI），进而对动态相关进行微扰或变分处理的高精度方法（DMRG2sCI-PT2/MRCI）。如何将高精度电子相关方法与相对论相结合也是极具挑战性的课题。在这方面，刘文剑、李振东分别发展了相对论 SOiCI/iCISO[5]和相对论 DMRG[6]方法，充分利用双值点群和时间反演对称性来简化计算和对激发态的指认。

价键理论对揭示化学键的本质具有独特的优势。吴玮等[7]利用自行开发的厦门价键程序（XMVB），发现了一种特殊的四元环锕系化合物（Pa_2B_2）。该化合物具有 4 个 π 轨道和 4 个 σ 轨道同时贡献的双重莫比乌斯芳香性，为设计新型锕系化合物提供了新思路。黎书华等[8, 9]提出了以广义价键波函数（GVB）为参考态的块关联耦合簇方法（GVB-

BCCC），高效实现了大活性空间体系的多参考态计算，为强相关体系的电子结构计算提供了一种有前景的新方法。

密度泛函理论方面的进展也卓有成效。张颖和徐昕[10]实现了 XYG3 型双杂化泛函的超大型并行的周期性计算功能，证实了其可以同时兼顾分子和固体性质的精确描述，精度远超目前主流密度泛函方法，接近化学精度。何晓等人[11]将机器学习应用于杂化泛函方法的发展，构造了 CF22D 泛函，提升了杂化泛函的计算精度。针对当前密度泛函方法无法描述强关联体系的挑战，张颖和徐昕[12]将重整化二级微扰的概念引入双杂化泛函的构造，提出了自旋对分离的无规相近似泛函 scsRPA，提升了双杂化泛函在描述分子解离和过渡金属络合物等强关联体系的计算精度。苏乃强和方维海等[13]将密度泛函理论与约化密度矩阵理论结合，提出了ωP22 泛函方法，显著降低了传统密度泛函方法在分数自旋体系的系统误差。高加力等[14-16]发展的多态密度泛函理论（MS-DFT）则突破了传统密度泛函理论的框架，原则上是精确的理论。MS-DFT 对典型体系的计算非常成功，但亟待发展更可靠的密度泛函，尤其是跃迁密度泛函，才能系统地提高计算精度。

电子结构计算方法的实现和推广离不开高效的算法实现。针对传统电子结构方法计算标度高，且计算消耗随精度的提升而急剧增大的重大挑战，人们相继发展了基于“分而治之”“分子片”“局域相关”“低秩分解”等策略的低标度量子化学方法。对于无法用传统方法处理的大分子，最直接的办法就是将其分割成容易处理的“分子片”，并根据“分子片”能量等性质的“可迁移性”得到整个体系的能量或性质。李伟和黎书华等[17, 18]将“广义能量分子片”方法（GEBF）扩展至凝聚相核磁的模拟，以及大分子吸收、发射光谱的研究。徐昕等将 eXtended ONIOM 方法（XO）拓展到周期性体系，成功实现了分子晶体[19]和金属表面催化体系[20]的精确描述。何晓等[21]将“静电嵌入广义分子片共轭帽子”方法（EE-GMFCC）扩展到了生物大分子激发态的计算。崔刚龙和方维海等[22]将“多层能量分子片”方法（MLEBF）成功应用于共价大分子体系激发态的研究。“局域相关”方法通常使用分子轨道或波函数的“局域性”降低量子化学方法的计算量。黎书华等[23]在“分子中的簇”（CIM）方法中引入了“长程电子对”校正，在不增加任何计算量的情况下，进一步提高了 CIM 的精度。此外，郭阳和黎书华等[24]还将 CIM 方法与另一类“局域相关”方法 DLPNO-CCSD（T）结合，在保证计算精度的同时，进一步提高了分子体系和周期性体系的计算效率。刘文剑等[25]发展了基于分子片局域轨道的“迭代轨道相互作用”方法（iOI），该方法是一个“自下而上”的平均场求解器，不仅对能量分而治之，对波函数也分而治之。此外，基于局域激发态波函数，马海波等[26]提出用于降低聚集体激发态计算的“块相互作用乘积态”方法（BIPS）。刘杰、胡伟和杨金龙等[27, 28]发展出了基于“低秩分解”的“可分离密度拟合插值”方法（ISDF），并将其用于降低平面波密度泛函方法及其线性响应的激发态方法的计算标度。

3. 量子与经典动力学

在化学、材料、生物等诸多研究领域中，需要采用动力学模拟对复杂的物理过程和化学反应常数进行准确描述，并正确揭示其微观本质。近年来，各种动力学方法在研究复杂体系的绝热和非绝热的物理、化学过程中均取得了巨大成功，突破性进展列举如下。

张东辉课题组与实验同行合作，通过基于高精度势能面的量子动力学研究，揭示了三原子 H+HD 反应中的几何相位效应、量子干涉、立体动力学效应和 F+HD 反应中旋轨耦合分裂的分波干涉等动力学过程[29-31]，进而发展了多原子反应体系的量子动力学方法，实现了五、六原子最高维度的精确计算[32, 33]，发现了 F+H_2O、OH+HCl 和 F+CH_4 反应中的量子共振态，揭示了 Cl+CH_4 反应中的重 – 轻 – 重振荡机理等[34-37]。谢代前课题组通过量子动力学计算，分别揭示了 HCO 光解中的量子干涉和 HF–HF 非弹性碰撞能量转移不遵循能量和角动量间隙定律[38, 39]，该团队还发展了多原子分子与原子之间转动非弹性散射的量子立体动力学模型，揭示了 H_2O 与 He 的低温碰撞可以通过形貌共振实现强烈的立体动力学控制[40]。边文生课题组发现了 C（^1D）+H 反应中锥形交叉引起的中间体，并通过量子和准经典动力学计算揭示其在化学键选择性活化中的重要作用[41]。杨明晖课题组发展了（10）维量子动力学模型，研究了 H + CH_4 反应的模式选择动力学[42-44]。张东辉、傅碧娜课题组发展了高效精确的基本不变量 – 神经网络 FI–NN 势能面构造方法，将精确准经典动力学研究拓展到了 15 个原子的反应体系中，发现了化学反应中新奇的多重漫游机理，揭示了 F^-（H_2O）+CH_3I 的微溶剂动力学效应，澄清了 F^- +（CH_3）$_3$CI 亲核取代反应中 S_N2 通道消失的微观本质[45-48]。

史强课题组提出了用张量网络态演化级联运动方程的高效算法[49]。严以京、徐瑞雪团队提出了耗散子运动方程 DEOM，建立了一套耗散子代数，并将其推广到不同应用环境[50-54]。郑晓课题组推导了费米子随机涨落的数学表示和数值可解的随机运动方程 SEOM，实现了费米子环境的量子耗散动力学的随机数值模拟[55-57]。赵仪课题组发展了级联随机薛定谔方程 HSSE 和相应的微扰近似方法，并将其用于模拟材料体系的超快载流子动力学[58, 59]。在含时密度矩阵重正化群方法 TD–DMRG 方面，帅志刚课题组发展了矩阵乘积分解算法和高效时间演化算法，并给出了有机半导体中电荷输运的统一物理图像[60]。马海波课题组发展了级联映射方法 HM，将复杂凝聚相环境逐步变换为少量的重正化环境模式，显著减少了需要处理的模式数[61]。邵久书课题组提出了一种随机薛定谔方程的新形式，将动量与白噪声耦合，将量子演化算符严格拆分为基于动量的贡献和来自势能的贡献，将量子演化算符转化为一个随机积分期望值，有望为随机量子动力学方向带来新的突破[62]。刘剑课题组发展了等温等容 / 等温等压条件下的路径积分分子动力学高效算法和针对绝热体系的机器学习相空间量子动力学方法[63]。此外，针对非绝热体系，该团队基于算符对易关系和李群发展了严格的量子力学位置 – 动量相空间表示理论和近似轨线动力学方法[64]。

方维海课题组拓展了可准确处理退相干效应的量子轨迹平均场方法 QTMF，使其可同时处理内转换和系间窜跃过程[65]。王林军课题组提出了基于轨迹分叉的面跳跃方法 BCSH，通过判断波包反射来识别非绝热动力学中的轨迹分叉，并同时重置波函数系数考虑退相干效应[66]，该团队还提出了一种基于子空间势能面交叉校正的面跳跃方法 SCC-SH 处理复杂势能面交叉，并将其扩展至多层子系统框架[67, 68]。崔刚龙课题组编制了基于原子轨道基的载流子非绝热动力学模拟方法 GTSH[69]，并通过与二分量非共线性密度泛函理论方法和线性响应含时密度泛函理论方法结合，发展了考虑旋 - 轨耦合和激子效应的载流子非绝热动力学模拟方法[70]。黎书华、李伟课题组利用普适的分块电子结构方法 GEBF，结合机器学习技术，发展了精准高效的动力学方法[71]。何晓、张增辉课题组利用分子碎片共轭帽方法 EE-MFCC 和深度学习技术，实现了对团簇和凝聚相体系的从头算动力学模拟[72, 73]。崔刚龙课题组发展了机器学习辅助、多层分块、多体展开和多态耦合的非绝热动力学模拟方法 MLEBF[74, 75]。申林、方维海课题组和兰峥岗课题组分别利用长短期记忆递归神经网络 LSTM 模型，在面间最少跳跃和映射哈密顿量框架下，实现了非绝热动力学轨迹演化[76–78]。王林军等人利用基于万尼尔分析和机器学习的哈密顿量，实现了分而治之的电子结构快速计算，成功模拟了石墨烯纳米带中的载流子动力学过程[79]。

吕中元课题组通过发展定制模型，发展了针对高分子组装且兼顾精度和效率的动力学方法[80–83]。李国辉等人在全原子模型与粗粒化模型之间建立了一套迭代策略，发展了适用于蛋白、核酸等生物大分子的动力学模拟方法[84]。马晶课题组结合分块算法和机器学习技术，发展了处理力场中极化作用的新方案和动力学方法[85]。吴云东等人在此前发展的残基特异性 RSFF1 和 RSFF2 力场的基础上，发展了基于新一代 RSFF2C 力场的动力学方法[86]。朱重钦、方维海课题组基于元动力学发展了逐步多子相空间元动力学方法[87]。侯中怀课题组建立了纳米电催化体系统计动力学模型，揭示了纳米局域电场可通过调控物质输运增强电催化的表观活性与选择性[88, 89]。赵南蓉课题组立足介观统计模型，采用郎之万动力学模拟方法，系统研究了活性大分子在拥挤环境中的构象变化[90]。胡中汉课题组将适用于界面相的保对称平均场理论推广至体相，并提出简单可行的满足保对称平均场条件的矫正方案[91, 92]。高毅勤课题组发展了粗粒化力场优化方法 Re-VADE[93, 94]，编制了分子动力学模拟软件包 SPONGE[95]。

综上，国内理论化学同行们近年来在动力学领域已经取得了许多突破性进展，做出了重要贡献。目前，化学学科正不断迈向“精准化”和“智能化”，这对新时代的动力学方法提出了更高要求。一方面，化学学科需要发展兼顾高精度、高效率且具有预测能力的动力学方法，实现对不同复杂体系（复杂分子、生物分子、团簇、材料等）动力学过程的精准描述和微观机制的准确预测。另一方面，人工智能时代正全面到来，量子计算正处在快速发展阶段，人工智能与量子计算结合、经典算法与量子算法结合是推动新时代动力学领域飞跃发展的重要契机。

4. 量子计算化学

量子计算化学是指借助量子计算机，模拟化学体系的电子结构、动力学及统计等性质，以期突破经典计算化学的瓶颈，解决化学中有挑战性的难题。随着我国量子信息技术的飞速发展，量子计算化学作为量子计算机最具潜力的应用之一受到了越来越多的关注。而量子计算在化学、材料领域的应用亟须理论化学和量子信息技术学的高效融合。针对量子计算化学中的重要挑战，我国学者对相关科学问题进行了系统的研究，并取得了一系列重要进展。

变分量子特征值求解方法（VQE）作为目前最主要的量子算法之一，能够有效地降低量子线路的深度、压制量子噪声的影响，适合在近期含噪中等尺度的量子器件上实现量子计算。杨金龙和李震宇等首次基于数值模拟方法发展了面向真实周期性化学体系的自适应 VQE 算法，通过引入多 K 点到 r 点能带折叠、辅助算符池等手段，克服了分子体系发展的变分量子算法在推广到周期性体系时出现的系统性误差，并进一步通过引入运动方程方法发展了高精度计算固体能带的量子算法 EOM-ADAPT-C，实现了硅和金刚石的能带结构的计算[96, 97]。自适应的 VQE 方法能够有效地降低量子线路的深度，但是其计算复杂度太高，杨金龙和李震宇等基于约化密度矩阵方法，重新设计了自适应变分量子算法的公式，并引入 Valdemoro 重构方法用于近似高阶约化密度矩阵，在此基础上提出了 ADAPT-V 方法，从而将计算复杂度从原来的 O（N^8）降低到现在的 O（N^4）[98]。梁万珍等基于变分参数大小重新排序的方法，设计了一种新的自适应 VQE 优化的方法，显著降低了波函数拟设构建需要的迭代数目，并保证了量子线路的紧凑性[99]。此外，华为团队利用点群对称性有效地减少了基于酉耦合簇的 VQE 方法中非零激发算符的数目，从而压缩了量子线路的深度，并在经典计算机上实现了 28 量子比特的分子模拟[100]。为了进一步降低量子线路的深度，杨金龙等结合有效哈密顿量理论发展了量子线路深度可控的 EHT-VQE 算法，能够针对可用的量子资源设计波函数拟设，从而实现浅层线路的电子结构量子计算[101]。

人工智能和量子计算的结合将带来计算能力的巨大提升，从而给计算化学带来前所未有的变革。杨金龙和刘杰等结合机器学习的数据处理能力和量子计算的强大算力提出了一种全新的量子机器学习算法（DNN-VQE），打破了传统机器学习方法的研究范式，通过量子线路参数的学习得到体系在不同构象下的精确波函数，并计算体系的各种性质，能够广泛地用于材料的稳定构型预测、蛋白质药物分子结合能计算等领域[102]。腾讯量子团队将机器学习与量子变分算法耦合，作为量子线路输出端的后处理方法，利用机器学习强大的表达能力改善了浅层量子线路计算能量的精度[103]。李震宇等基于量子前向深度神经网络设计了一种硬件自适应的波函数拟设，该波函数拟设在线路深度和宽度（量子比特数）

两个维度上均优于传统变分量子波函数拟设，并且可以很方便地用于超导量子平台（比特数多，深度低）和离子井平台（比特数少，深度深）等多种硬件平台[104]。

张量网络态与量子计算的结合对量子算法的设计和对量子模拟器的开发都有显著提升。王磊等提出一种量子比特友好型量子线路张量网络波函数拟设，实现了在使用远低于常规变分算法量子比特资源的条件下对海森堡模型基态的模拟[105]。李震宇等将量子线路矩阵乘积态波函数拟设应用于化学体系中，结合特殊设计的线路结构和合适的轨道局域化方法，使用 6 量子比特高精度地模拟了 50 轨道氢分子链基态，有望成为一种在有限量子比特资源下模拟较大化学体系的新方法[106]。张量网络也可以用于量子线路模拟器算法。杨金龙和李震宇等开发了基于矩阵乘积态（MPS）的量子线路模拟器，通过将量子态的高阶张量表示为多个三阶张量的张量积，有效地将线路模拟的复杂度降低至多项式量级，实现了几十个量子比特、10^6 个两比特量子门的高效模拟[107]。

量子计算在蛋白质－小分子复合物的电子结构模拟领域的应用是一个很有挑战性的课题。杨金龙和刘杰等建立了多尺度的量子计算框架，将一个复杂的生物大分子模拟问题逐级分解成具体的计算化学问题，并根据这些问题的计算精度需求选取合适的经典算法或量子算法来处理，有望在近期含噪的中型量子计算机上实现生物大分子的电子结构模拟[108]。商红慧和刘杰等结合密度矩阵嵌入理论和多级并行的架构，将量子计算化学的模拟规模拓展至包含 1 280 自旋轨道的体系，实现了药物分子的电子结构模拟[109]。同时，该团队基于国产 E 级异构众核超算实现了千万核的量子仿真模拟，首次将量子仿真模拟的尺度拓展到了 1 000 量子比特。

近年来，我国在激发态、响应性质和动力学的量子计算方法方面蓬勃发展。在激发态电子结构方面，杜江锋和王鹤峰提出了基于量子共振跃迁的量子算法，通过将辅助量子比特与目标量子体系进行耦合，让整个体系进行演化，并连续变化探测量子比特的频率，从而获得从参考态到激发态的跃迁频率[110]。在分子响应性质方面，方维海和李振东利用量子线性方程算法在频率空间求解线性响应方程，提出了计算分子响应性质的量子算法，并证明了其计算复杂度随体系的增大仅呈现多项式增长[111]。在同一理论框架下，该团队进一步提出了更适合现阶段中等规模有噪声量子器件的量子经典杂化变分算法，并与中国科学院物理研究所范桁课题组合作，在超导量子计算平台上实现了多并苯、一氧化碳等分子的紫外可见和 X 射线吸收光谱的量子计算[112]。在分子振动光谱方面，清华大学帅志刚课题组提出了基于玻色采样的量子经典组合算法，可以考虑复杂分子体系末态势能面的非谐性和 Duschinsky 转动效应[113]。赵焱等提出一种正交态约化变分本征解算器，用于在量子计算机上计算分子体系的任意激发态，同时保证能量最小和正交约束，在求解某些特定的低阶激发态时具有明显的优势[114]。在动力学方面，北京大学袁骁等基于含时变分原理，发展了量子经典杂化的变分含时演化方法[115]。传统的量子计算动力学方法对传播子进行 Trotter–Suzkuki 分解，量子线路深度深，难以在近期量子硬件上实现，而变分含时演化方法可以大大减少线路深度。此外，基于微扰理论和“分而治之”的思想，袁骁等提出了将大问题分解为小问题的含时演化方法，实现了利用 9 量子比特模拟 48 量子比特含时演化问题的量子计算[116]。

5. 人工智能理论与计算化学

随着人工智能的迅猛发展，其在化学反应、功能材料和复杂体系光谱等领域的应用正呈现出令人瞩目的进展，为科学家和工程师提供了强大的工具和方法，推动了新材料的发现、化学反应的模拟，以及光谱分析的精确解读。

近几年我国在基于人工智能的化学反应、功能材料设计、光谱模拟和分析领域均取得了许多重要进展。其中一个重要影响是在时间和空间尺度极大地拓展了复杂系统的原子模拟能力。通过对基于量子力学计算的数据集进行学习，获得机器学习势函数，再基于这些势函数进行计算可以达到与量子力学相当的精度，但速度却快了几个数量级，从而实现了对成千上万个原子进行纳秒至微秒的模拟。在发展机器学习势函数方面，我国在过去几年取得了许多原创性成果。其中一些方法由于普适性强或计算代价小或计算精度高等特点，已经得到广泛的应用。比如中国科学技术大学蒋彬课题组基于原子神经网络架构，创新性地提出了递归的嵌入原子神经网络模型[117]。该模型利用相邻原子轨道的线性组合构成的嵌入式密度描述符，其特点在于结合消息传递神经网络的特征，仅依靠两体和三体环境的计算，实现对完备的多体环境的隐含描述。在成功描述势能面的基础上，蒋彬等人也将这一描述符成功拓展到对分子偶极和极化率等材料性质的机器学习模型上。复旦大学刘智攀课题组同样基于原子神经网络架构，开发了基于幂指数结构描述符的原子神经网络势函数。通过引入幂指数函数、球谐函数和内侧截断函数等来增强结构识别能力，并创新性地将基于幂指数结构描述符的机器学习势函数与全局势能面搜索相结合，实现了全元素级别的全局势函数的自动拟合[118]。目前这一方法已经通过软件的形式发布，并广泛应用于全局结构搜索分子动力学模拟、化学反应通道、过渡态搜索等不同的原子结构模拟场景。

新型功能材料的研发是当今社会发展的关键。随着机器学习的发展，功能材料的研发模式正向着更高效、更快速、更具灵活性的数据驱动模式转型。与烦琐的试错法不同，机器学习通过对大量数据的学习和训练，可以构建出高效、准确的预测模型，极大地提升了材料研发的效率。这种数据驱动模式不仅可以保持高精度，还能缩短研发时间。近年来，我国化学家运用所发展的机器学习方法，在新型功能材料的设计与筛选方面取得了显著进展。例如，在描述符设计与选择方面，潘峰等提出了一种基于图论对晶体中的结构块进行拓扑分类的方法[119]。欧阳润海等发展了基于压缩感知的符号回归方法，用于快速搜索特征空间中与材料目标性质相关的描述符[120]。为了解决材料数据的稀疏性与不平衡性，化学家通过调整模型算法以保持泛化能力，这被称为模型中心机器学习。例如，王金兰等结合机器学习技术和密度泛函理论计算开发了一种目标驱动的钙钛矿光伏材料筛选方法[121]，并提出了一种基于生成模型与能量转移机制的钙钛矿室温磷光材料的设计方法[122]。尹万健等运用符号回归方法，实现了一系列双钙钛矿材料催化活性的预测[123]。李金金等结合监督学习和非监督学习解决了数据稀疏性问题，实现了一系列具有欧姆接触和高隧穿概率的二维范德瓦尔斯金属半导体异质结[124]。苏刚等结合高通量计算和机器学习技术，实现了二维八面体卤氧化物潜在光电材料的快速筛选[125]。李有勇等提出了一个通用的图形神经网络 CrystalGNN，通过引入动态嵌入层在训练过程中自更新原子输入，实现了 IrO_2 构型形成能准确预测[126]。王笑楠等对多个机器学习模型进行集成，实现了聚集态分子发光性质的预测[127]。刘铁等结合了第一性原理计算和机器学习方法，研究了烃类分子在不同合金表面的吸附行为[128]。徐勇等开发了一个深度等变神经网络框架来表示磁性材料的密度泛函理论哈密顿量，实现了高效的电子结构计算[129]。赵怡程等结合了高通量实验与机器学习技术，揭示了钙钛矿光伏材料中阳离子对于器件稳定性的影响[130]。另外，随着对材料数据质量和数量重要性的认识加深，数据中心机器学习也受到更多关注。例如，王金兰等结合磁性、晶体场理论和原子环境发展了主动学习策略，实现了二维铁磁材料性质的预测[131]。张统一等结合实验和主动学习策略，实现了高效低温脱硝催化剂的发现[132]。施思齐等开发了一种基于元学习的自动建模方法，实现了材料性能预测[133]。鞠生宏等通过迁移学习将大数据集的低阶特征属性迁移至小数据集，解决了小数据集的数据稀缺问题[134]。薛德祯等在主动学习中使用基于克里金模型的定向探索方法，实现了最小化实验次数的最优采样策略[135]。丁向东等发展了基于先验理化知识的主动学习策略，合成了具有高能量存储密度的无铅钛酸钡基介质[136]。

光谱是探测物质微观结构，推演其变化规律的重要手段之一。发展高效智能算法，驱动机器自动解读光谱信号并反演识别相应结构，是当前最为迫切发展的科学前沿。中国科学技术大学的罗毅和江俊研究团队结合多尺度理论模拟和机器学习技术，发展了一系列基于光谱描述符预测物质结构的新方法。比如通过结合高通量第一性原理计算和机器学习方法，解耦振动光谱信号，获取光谱描述符与催化剂表面－分子相互作用的定量关系[137]，实现了对光谱描述符所蕴含的物理内涵的解耦。在另一项工作中，江俊课题组结合多尺度理论模拟和机器学习技术，发展了基于二维紫外光谱信号智能识别蛋白质二级结构的方案，结合卷积神经网络和迁移学习技术，实现了基于光谱数据的二级结构识别，对同源和非同源蛋白片段的识别准确率分别达到了 97% 和 91%，同时证实了该方案的数值稳定性和优秀的迁移预测能力，使得建立稳定的“结构－光谱”关联成为可能[138]。这些研究工作都体现了如何利用光谱的可解耦描述符来破解构效关系的高维关联，并为机器学习模型赋予化学认知。除了从光谱描述符获取结构，其逆向过程，即根据结构快速模拟光谱信号，也对化学研究具有非常重要的作用。江俊等人结合量子化学计算和人工智能（AI）技术，发展了一套可高效模拟蛋白质紫外和红外光谱的计算方案[139]，该方案不仅建立了蛋白质二级结构的变化与红外光谱信号变化之间的关联，而且具备快速解析红外光谱的能力。将该方案与蛋白质分子红外光谱数据库结合，AI 光谱模拟技术就能快速将实验测量的瞬态红外光谱信息翻译为蛋白质瞬态结构信息，进而跟踪蛋白质结构变化过程。

6. 理论与计算化学在反应机制和生物等领域的应用

理论与计算化学可以在原子、分子等微观尺度上帮助研究人员认识化学反应机制，并揭示生物、材料等复杂体系的重要化学性质，国内学者运用理论与计算化学方法开展了深入的研究，并与实验研究紧密结合，取得了突出的研究进展。

有机分子化学键选择性断裂和可控重组是均相催化反应中的重要科学问题，理论新机制模型的提出，不仅能够揭示这些过程的微观本质，还将推动化学反应的理性设计及精准化学的发展。近年来，我国化学工作者在该领域大力攻关，尤其是在不对称催化、自旋电子调控反应机制等领域取得了显著进展。吴云东等提出 π–π 和 σ–π 色散相互作用驱动的不对称迈克尔反应的新模式[140]，以及手性催化剂二重态钴（Ⅱ）卡宾对乙烯基卡宾 N–H 键插入反应的选择性调控[141]。蓝宇等提出了手性磷酸催化环氧化物转化为硫环烷的立体化学模型，并设计和开发了新型高效的手性磷酸催化剂[142]。彭谦等在氢质子迁移领域提出了动态三元氢键效应和手性骨架限域的调控新机制，为实现区域和立体选择性 C–H 键官能团化和不对称轴手性联烯化合物生成提供了理论模型[143–145]。薛小松等提出了质子迁移耦合去芳构化新机制，揭示了柔性高价碘配体的螺旋手性模型[146]。党延锋等提出了 Cu/Pd 双金属催化立体诱导机制[147]。黄根平等人提出了螯合辅助内球层亲核进攻机制，并将其用于不对称烯丙基取代反应[148]。

自旋电子调控的自由基反应机制一直是有机化学反应理论研究的热点领域。陈雪波等提出了结合功能挡板的拓展单电子转移理论模型，揭示了光催化酰胺导向的远端 C（sp^3）–H 键官能化反应机理[149]。陈辉等提出了“价层反转反应性”的激发态概念，揭示了双激发三重态二价镍活化 C–H 键的反应机制[150]。蓝宇等提出了接力质子协同电子转移的双自由基生成新机制，为自由基交叉偶联反应提供了新模式[151, 152]。林振阳、钟龙华和彭谦课题组均揭示了自旋电子对铁催化烯烃发生氢烯基化、狄尔斯－阿尔德反应及脱氟硅化反应的选择性重要调控作用[153–155]。

此外，理论计算在设计新化学反应和启迪化学认知方面也取得重要进展。黎书华、王国强等基于 B（C_6F_5）$_3$ 与苯酚缔合形成的路易斯酸碱复合物的理论功能，发展了 1,3- 共轭二烯的选择性氢芳基化新反应[156]。林振阳基于自主开发的 IPO 成键分析方法，将金属－硼基配合物中的硼基负离子配体从传统的亲核性拓展到了未被认识的亲电性[157]。朱军、夏海平等发现了反芳香性化合物的 Craig 反芳香性本质，指出酸碱反应的高放热过程驱动了 Craig 反芳香物种的生成，填补了π芳香体系的研究空缺[158, 159]。蓝宇等提出了 Z- 型配体锌协助下的 Ni（Ⅱ）/Ni（0）催化 C（sp^3）–C（sp^3）还原消除新机制[160]。

在多相催化反应理论研究方面，国内相关工作起步稍晚但发展势头强劲，目前的研究水平与国外学者研究水平处于并跑阶段，近 5 年来在计算方法发展及重要实际应用方面取得了系列重要研究成果。胡培君等围绕表面催化反应动力学活性评估，开发了具有自主知识产权的微观反应动力学求解软件 CATKINAS，实现了对涉及复杂反应网络、多位点耦合、覆盖度效应等催化体系的高效、精准求解[161-163]。李微雪等建立了界面调控的纳米催化剂烧结动力学理论，揭示了金属与载体界面作用能的标度关系[164]，打破了催化剂颗粒大小对活性 - 选择性的影响[165]，发现了金属 Pd 的表面加氢反应具有高活性和高选择性[166]。徐昕等提出了一种适用于金属表面催化体系研究的组合方法 XO-PBC，准确预测了铜基催化剂上 CO_2 电还原体系的平衡电位和电还原过电位[167]，并发现金属 - 载体配位的动态演化可以改变活性中心的电子结构，增强反应物活化和产物脱附[168, 169]。刘智攀等开发了全局人工神经网络势函数方法，通过整合课题组提出的系列势能面搜索技术，形成了一套用于研究复杂催化材料和反应的高效计算平台[170]，成功解析了工业催化剂 Cu、Zn、Al 催化制备甲醇的活性中心与反应机理[171, 172]。肖建平等基于图论开发了用于建立完整催化反应网络的算法，通过反应相图明确了 ZnO 表面合成气催化转化[173]及 Cu、Pd 表面 N_2 还原反应机理[174]。杨波等发展了复杂反应网络自动生成程序和表面催化反应优化方法，实现了对 Rh（111）表面合成气催化转化制乙醇的多角度分析[175]。

针对复杂多相催化反应机理及其调控机制，李隽等揭示了单原子催化剂表面催化活性、选择性、稳定性与其局域结构和电子性质的关联[176]，发现 Ir_1/FeO_x 单原子催化剂可用于水 - 气转移反应[177]，并通过设计铜单原子催化剂实现 CO_2 电还原直接制甲烷[178]。龚学庆等揭示了稀土二氧化铈作为催化反应电子和氧储存器的行为模式和结构特征，分析了稀土催化材料在烷烃氧化和 CO_2 及不饱和烃选择性加氢的作用机制[179, 180]，并通过理论结合实验阐明了碳捕集和原位转化等其他重要工业催化反应过程中的协同促进作用机制[181]。傅钢等通过从实际复杂的催化体系中提炼模型，深入认识了表面有机配体对催化加氢反应选择性的调控机制[182]，发现了半胱氨修饰的 Pd 纳米片及 Cu 修饰的 Pd 纳米催化剂可显著提升炔烃加氢反应的活性和选择性[183, 184]。温晓东等发展了固体表面自旋状态的理论计算方法，并成功将其应用于铁基费托合成反应研究，首次发现了吸附诱导固体表面自旋翻转的规律及其在费托合成中的本征催化作用[185-187]。程俊等结合从头算分子动力学和计算标准氢电极方法，发现化学吸附水的覆盖度在 Pt（111）表面随电位变化遵循 Frumkin 等温吸附的规律[188, 189]，同时，氟改性的铜催化剂可以促进水活化生成活性 H 并加速 CO 的吸附和加氢[190]，为理解催化剂表面发生的各类电化学过程提供了理论基础。方维海等采用非绝热分子动力学模拟结合“Impulsive Two-State”方法，通过高价金属掺杂增强 p-d 杂化，实现了低温下 N_2O 高效热解离[191]。杨金龙等发现共掺杂和引入内建电场可以改善材料的光吸收，进而增强光吸收和电子 - 空穴分离[192]。龙润、方维海等通过计算水分子与铅空位相互作用机制，揭开了工况潮湿环境中金属卤化物钙钛矿载流子寿命衰减之谜[193]。针对具有双锌位点 MOF 光催化固氮的实验结果，马晶开展了密度泛函理论和低标度耦合簇计算，与实验合作者共同阐明了两端锌配位协同催化氮氮键活化的反应机制[194]。帅志刚等开发了分子功能材料发光效率与载流子迁移率的计算程序 MOMAP，并提出了一对分子描述符分别表征磷光效率和寿命[195]。陈兆旭等通过在 Fe 位点部分掺杂 Ni 实现了 Fe^{3+} 从低自旋到高自旋的转变，加速了电催化水分解产氧[196]。

理论计算化学还能够从电子、原子和分子层面帮助我们认识生物分子的构效关系，并进一步辅助设计和调控生物过程，使其服务于生命健康及生物合成等领域。我国化学家在增强采样、粗粒化、量子分块等研究方向提出了一系列原创性生物体系理论研究新方法。

李国辉等提出的 IaMD 增强采样方法[197]和 iterANM-IaMD 方法[198]，董昊等提出的基于特征空间的 teDA2 增强采样方法[199]，蔡文生等提出的 WTM-eABF[200]、GaWTM-eABF[201]等方法已经在蛋白折叠模式转化[202]、配体结合[198, 203]、离子跨膜运输[204]和蛋白质功能态动态转化[199]等重要生物过程的模拟中发挥作用。吴云东等发展了残基特异力场，能够同时实现对具有特定三维结构的蛋白质和天然无序蛋白质的准确模拟[205]。王乾韬等发展了可极化电荷转移模型，为新一代可极化力场的发展提供了重要参考[206]。杨忠志等将基于浮动电荷模型的可极化力场 ABEEM 嵌入 QM/MM，并将其应用于 DNA 损伤修复等生物过程的模拟[207]。徐昕等提出了“静 LJ 势”，并通过对 LJSP 进行势匹配，快速准确地获得了粗粒化模型中的 LJ 参数[208]。李国辉等提出了 ART CG 方法[209]，能够对广泛的体系生成任意精度的粗粒化模型，且具有较高精度的非共价相互作用项。李国辉等与高毅勤等还分别发展了结合粗粒化模型与全原子模型的方法[210-212]，使粗粒化模型与全原子模型之间可以优势互补。夏飞等发展了基于低分辨率冷冻电镜结构构造粗粒化模型的方法[213]及超粗粒化模型[214]，并将其应用于微管蛋白[215]、新冠病毒[216]等重要大尺度体系的模拟。高靓辉等提出了粗粒化模型参数化新策略，并将粗粒化模型用于抗菌肽杀菌机制的研究中[217-219]。除了经典分子力学模拟，量子力学的引入能够极大提升理论计算化学的模拟精度。何晓等通过引入量子多体相互作用和环境极化效应，发展了高效的静电嵌入量子分块方法，并将其成功应用于蛋白质光谱的精准模拟[220-222]。黎书华、李伟、马晶等将 GEBF 量子分块方法与机器学习方法结合，用于构建高精度的蛋白质力场[223]。梅晔等提出的结合 MBAR 与热力学积分的参考势方法可将低精度方法下采样得到的势能面校正到高精度势能面，大大降低了获得高精度势能面所需要的计算量[224, 225]。

在重要生物过程模拟方面，我国化学家也取得了一系列进展。高加力等解析了氢键和疏水相互作用增强新冠病毒与受体之间亲和力的机制[226]，以及隐花色素光诱导构象变化机制[227]。李国辉等采用分子动力学模拟手段，与实验课题组合作揭示了尿苷二磷酸葡萄糖抑制肺癌转移[228]、环核苷酸 cGMP 激活 TAX-4 通道[229]、人类端粒 DNA 合成[230]等重要过程的分子机制。董昊等揭示了短肽自组装中氨基酸序列、自组装结构与活性功能之间的复杂关系[231]。宋晨等揭示了钙离子高效通透 RyR 通道的微观过程[232]。王文宁等揭示了固有无序蛋白的分子识别机制[233]。韩伟等揭示了 Aβ 致病与非致病亚型在早期自组装过程的差异[234]。徐昕和王文宁等首次将马尔科夫分析法引入磷脂酰胆碱的自组装体系，并获得了该过程的热力学、动力学信息[235]。刘亚军等对甲虫生物发光化学机理进行了系统性研究[236, 237]。曹泽星等通过多尺度理论模拟解析了磷酸三酯酶降解神经毒素的完整机理[238]。陈辉等提出了双铁羟化酶 CmlA 活化氧气的新机制[239]。王斌举等揭示了纯化颗粒甲烷单加氧酶的催化循环机制[240]，以及自旋交换和超交换作用对多核金属酶催化的调控机制[241, 242]。

我国化学工作者还将相关理论与计算化学方法用于药物设计与筛选，推进生命健康领域的发展。张增辉等发展了一系列基于氢键、静电、范德华等物理项的线性组合打分函数，对预测蛋白 - 小分子间的相互作用具有较高精度和鲁棒性[243-245]。刘志荣等通过综合系综构象，提升了药物配体与无序蛋白的结合亲和力计算精度[246]。侯廷军课题组长期致力于用于计算蛋白 - 小分子结合自由能的 MM/PBSA 与 MM/GBSA 方法的发展与完善，在国际上具有较大影响[247]。

7. 理论与计算化学的发展趋势和展望

尽管近年来我国理论与计算化学已经取得了显著成就，但随着新的理论方法和算法的出现、新的实验技术和计算机技术的快速发展，特别是为了适应人工智能技术和量子技术突飞猛进的这一新时代，理论与计算化学仍然需要进一步发展和突破。针对理论与计算化学的几个主要方向，仍有一些关键问题亟待解决。

7.1 强关联量子化学方法

尚待解决的关键科学问题为激发态、近简并基态和多自由基等具有多组态特征的强关联体系的精确高效处理方法。当前国内外重要前沿研究有密度矩阵重正化群方法、基于广义价键或价键的多参考态方法、静态 - 动态相关共存的方法、基于量子蒙特卡罗的方法和格林函数方法等。此外，发展强关联体系的核磁、振动光谱等性质计算方法和程序等方面的工作也亟待开展。

7.2 复杂体系动力学和统计力学方法

当前需要攻克的核心科学问题是非绝热过程的动力学方法、非平衡统计理论和高效分子模拟方法及性质预测等。针对当前国内外重要研究前沿，如光化学与热化学典型反应的动态学、超越 B–O 近似的计算方法、统计力学基础理论、凝聚相统计力学和动力学方法、非平衡态演化过程的动力学与统计力学方法等，我们还需要投入更多的研究精力。

7.3 量子计算化学方法

迫切需要解决的核心科学问题是如何借助量子计算机，发展化学问题的求解方法，如化学反应过程的模拟方法。当前国内外的前沿主要集中在强关联体系等的电子结构理论方法的算法上，我们仍需要关注的重要前沿研究包括量子变分求解器算法、用于激发态和光化学的变分量子线性响应算法等。

7.4 计算与数据驱动的反应设计

重要的科学问题是借助量子化学计算和大数据技术，加速化学反应催化剂的设计和化学反应路径的预测，并考虑环境对化学反应的影响。重要前沿研究包括利用计算预测化学反应的机理、利用大数据进行催化剂的设计和筛选、结合多尺度模拟预测包含复杂化学环境（溶液或生物体系中）的反应势能面。

需要指出的是，均相有机反应作为非均相界面反应和生物酶反应体系的重要衔接，尽管已取得重要进展，但仍然面临弱（键）作用的精准评估和调控模式欠统一、强关联体系电子自旋对反应模式的调控认识匮乏等问题，这些问题限制了理性设计的实现，有待通过理论方法开发、新机制模式不断深化及与实验化学协同发展解决问题。对多相催化反应而言，体系的复杂性、动态性等特征仍是理论计算模拟研究的重要挑战。其中，催化活性结构的搜索与优化、催化剂以外的环境与外场的描述、反应网络的完整构建和反应过程的完整模拟、先进（人工）智能算法在催化研究中的应用等诸多问题还亟待解决。另外，势能面精度与采样效率仍然是生物体系模拟中的两大挑战。特别是目前尚缺乏能够高效精准描述金属的静电极化效应和配位效应的力场框架，这限制了计算化学方法对生物体内金属相关过程的精准模拟能力。同时，还需进一步发展适用于较大体系的高精度电子结构理论，并探索新一代多尺度模拟方法，如 QM/ 可极化 MM 方法等，以促进酶催化机制研究。

7.5 人工智能辅助的材料与药物设计

材料设计的关键科学问题是在复杂体系的结构预测、材料功能的微观定量描述、服役条件下，材料系统的非平衡、非绝热演化。当前国内外重要研究前沿包括数据挖掘和人工智能辅助的材料结构预测和性质预测、宏观时间尺度下材料的生长机理和相变机制的动力学模拟、人工智能加速功能材料的设计与开发。

目前人工智能技术在化学领域的应用蓬勃发展，吸引了众多学者加入。然而，人工智能与理论化学的结合仍面临许多挑战。例如，如何在机器学习势函数中准确描述长程相互作用、在功能材料研发中如何选择和设计合适描述符、如何提升材料数据的数量与质量、算法模型的鲁棒性与可解释性等。通过结合先进硬件技术，如大规模并行技术和 GPU 加速，以及新的机器学习模型，如自注意力机制等，相信人工智能技术在化学研究领域将发挥越来越重要的作用。此外，在药物小分子相互作用的快速筛选中，也亟须新理论、新方法来高效解决蛋白构象柔性等痛点问题。

7.6 光化学和光物理过程的计算模拟

光化学和光物理的研究涉及复杂的电子激发态，亟待解决的关键科学问题是激发态的动力学演化和非绝热模拟方法，包含复杂环境的大体系（材料和生物）的激发态计算、共轭材料体系的离域激发机制。国外重要研究前沿有复杂体系的激发态演化、复杂体系的非绝热动力学过程、激发态的多尺度、激发态计算中的电子核运动耦合等，这些方向还需要更多学者的加入。

参考文献

[1] Zhang N, Liu W, Hoffmann M R. Iterative configuration interaction with selection [J]. Journal of Chemical Theory and Computation, 2020, 16 (4): 2296–2316.

[2] Zhang N, Liu W, Hoffmann M R. Further development of iCIPT2 for strongly correlated electrons [J]. Journal of Chemical Theory and Computation, 2021, 17 (2): 949–964.

[3] Guo Y, Zhang N, Lei Y, et al. iCISCF: An iterative configuration interaction–based multiconfigurational self–consistent field theory for large active spaces [J]. Journal of Chemical Theory and Computation, 2021, 17 (12): 7545–7561.

[4] Cheng Y, Xie Z, Ma H. Post–density matrix renormalization group methods for describing dynamic electron correlation with large active spaces [J]. The Journal of Physical Chemistry Letters, 2022, 13 (3): 904–915.

[5] Zhang N, Xiao Y, Liu W. SOiCI and iCISO: Combining iterative configuration interaction with spin–orbit coupling in two ways [J]. J. Phys.: Condens. Matter, 2022, 34 (22): 224007.

[6] Li Z. Time–reversal symmetry adaptation in relativistic density matrix renormalization group algorithm [J]. The Journal of Chemical Physics, 2023, 158 (4): 044119.

[7] Lin X, Wu W, Mo Y. Planar four–membered diboron actinide compound with double möbius aromaticity [J]. Journal of the American Chemical Society, 2023, 145 (14): 8107–8113.

[8] Wang Q, Duan M, Xu E, et al. Describing strong correlation with block–correlated coupled cluster theory [J]. The Journal of Physical Chemistry Letters, 2020, 11 (18): 7536–7543.

[9] Zou J, Wang Q, Ren X, et al. Efficient implementation of block–correlated coupled cluster theory based on the

generalized valence bond reference for strongly correlated systems [J] . Journal of Chemical Theory and Computation, 2022, 18 (9): 5276–5285.

[10] Wang Y, Li Y, Chen J, et al. Doubly hybrid functionals close to chemical accuracy for both finite and extended systems: implementation and test of XYG3 and XYGJ–OS [J] . JACS Au, 2021, 1: 543–549.

[11] Liu Y, Zhang C, Liu Z, et al. Supervised learning of a chemistry functional with damped dispersion [J] . Nature Computational Science, 2022, 3 (1): 48–58.

[12] Zhang I Y, Xu X. Simultaneous attenuation of both self–interaction error and nondynamic correlation error in density functional theory: a spin–pair distinctive adiabatic–connection approximation [J] . The Journal of Physical Chemistry Letters, 2019, 10: 2617–2623.

[13] Ai W, Fang W H, Su N Q. Functional–based description of electronic dynamic and strong correlation: old issues and new insights [J] . The Journal of Physical Chemistry Letters, 2022, 13: 1744–1751.

[14] Lu Y, Gao J. Multistate density functional theory of excited states [J] . The Journal of Physical Chemistry Letters, 2022, 13 (33): 7762–7769.

[15] Lu Y, Zhao R, Zhang J, et al. Minimal active space: NOSCF and NOSI in multistate density functional theory [J] . Journal of Chemical Theory and Computation, 2022, 18 (11): 6407–6420.

[16] Lu Y, Gao J. Fundamental variable and density representation in multistate DFT for excited states [J] . Journal of Chemical Theory and Computation, 2022, 18 (12): 7403–7411.

[17] Zhao D, Shen X, Cheng Z, et al. Accurate and efficient prediction of NMR parameters of condensed–phase systems with the generalized energy–based fragmentation method [J] . Journal of Chemical Theory and Computation, 2020, 16: 2995–3005.

[18] Du J, Liao K, Ma J, et al. Generalized energy–based fragmentation approach for the electronic emission spectra of large systems [J] . Journal of Chemical Theory and Computation, 2022, 18: 7630–7638.

[19] Chen B, Xu X. XO–PBC: An accurate and efficient method for molecular crystals [J] . Journal of Chemical Theory and Computation, 2020, 16:4271–4285.

[20] Chen Z, Liu Z, Xu X. Accurate descriptions of molecule–surface interactions in electrocatalytic CO_2 reduction on the copper surfaces [J] . Nature Communications, 2023, 14: 936.

[21] Jin X, Glover W J, He X. Fragment quantum mechanical method for excited states of proteins: development and application to the green fluorescent protein [J] . Journal of Chemical Theory and Computation, 2020, 16: 5174–5188.

[22] Chen W, Fang W, Cui G. Extending multi–layer energy–based fragment method for excited–state calculations of large covalently bonded fragment systems [J] . The Journal of Chemical Physics, 2023, 158: 044110.

[23] Ni Z, Guo Y, Neese F, et al. Cluster–in–molecule local correlation method with an accurate distant pair correction for large systems [J] . Journal of Chemical Theory and Computation, 2021, 17: 756–766.

[24] Wang Y, Ni Z, Neese F, et al. Cluster–in–molecule method combined with the domain–based local pair natural orbital approach for electron correlation calculations of periodic systems [J] . Journal of Chemical Theory and Computation, 2022, 18: 6510–6521.

[25] Wang Z, Liu W. iOI: An iterative orbital interaction approach for solving the self–consistent field problem [J] . Journal of Chemical Theory and Computation, 2021, 17: 4831–4845.

[26] Wang K, Xie Z, Luo Z, et al. Low–scaling excited state calculation using the block interaction product state [J] . The Journal of Physical Chemistry Letters, 2022, 13: 462–470.

[27] Liu J, Hu W, Yang J. Accelerating linear–response time–dependent hybrid density functional theory with low–rank decomposition techniques in the plane–wave basis [J] . Journal of Chemical Theory and Computation, 2022, 18: 6713–6721.

[28] Wu K, Qin X, Hu W, et al. Low-rank approximations accelerated plane-wave hybrid functional calculations with k-Point sampling[J]. Journal of Chemical Theory and Computation, 2022, 18: 206–218.

[29] Xie Y R, Zhao H L, Wang Y F, et al. Quantum interference in H plus HD → H_2 + D between direct abstraction and roaming insertion pathways[J]. Science, 2020, 368: 767–771.

[30] Chen W T, Wang R S, Yuan D F, et al. Quantum interference between spin-orbit split partial waves in the F + HD → HF + D reaction[J]. Science, 2021, 371: 936–940.

[31] Wang Y F, Huang J Y, Wang W, et al. Stereodynamical control of the H plus HD → H_2+D reaction through HD reagent alignment[J]. Science, 2023, 379: 191–195.

[32] Zhang Z J, Gatti F, Zhang D H. Full dimensional quantum mechanical calculations of the reaction probability of the H + NH_3 collision based on a mixed jacobi and radau description[J]. Journal of Chemical Physics, 2019, 150: 204301.

[33] Zhang Z J, Gatti F, Zhang D H. Full-dimensional quantum mechanical calculations of the reaction probability of the H + CH_4 reaction based on a mixed jacobi and radau description[J]. Journal of Chemical Physics, 2020, 152: 201101.

[34] Zhang X R, Li L L, Chen J, et al. Feshbach resonances in the F + H_2O → HF plus OH reaction[J]. Nature Communications, 2020, 11: 223.

[35] Xu X, Chen J, Lu X X, et al. Strong non-arrhenius behavior at low temperatures in the OH plus HCl → H_2O + Cl reaction due to resonance induced quantum tunneling[J]. Chemical Science, 2022, 13: 7955–7961.

[36] Chen Z, Chen J, Chen R J, et al. Reactivity oscillation in the heavy-light-heavy Cl + CH_4 reaction[J]. Proceedings of the National Academy of Sciences of the United States of America, 2020, 117: 9202–9207.

[37] Zhang X R, Chen J, Xu X, et al. A neural network potential energy surface for the F + H_2O ↔ HF plus OH reaction and quantum dynamics study of the isotopic effect[J]. Physical Chemistry Chemical Physics, 2021, 23: 8809–8816.

[38] Han S Y, Zheng X F, Ndengue S, et al. Dynamical interference in the vibronic bond breaking reaction of HCO[J]. Science Advances, 2019, 5: eaau0582.

[39] Yang D Z, Huang J, Hu X X, et al. Breakdown of energy transfer gap laws revealed by full-dimensional quantum scattering between HF molecules[J]. Nature Communications, 2019, 10: 4658.

[40] Yang D Z, Xie D Q, Guo H. Stereodynamical control of cold collisions of polyatomic molecules with atoms[J]. Journal of Physical Chemistry Letters, 2022, 13: 1777–1784.

[41] Wu Y N, Cao J W, Ma H T, et al. Conical intersection-regulated intermediates in bimolecular reactions: Insights from C(D-1)[J]. Science Advances, 2019, 5: eaaw0446.

[42] Yang M J, Cheng T, Zheng R, et al. Ten-dimensional quantum dynamics study of H+CH_3D → H_2+CH_2D reaction[J]. Chinese Journal of Chemical Physics, 2022, 35: 213–218.

[43] Yang M J, Cheng T, Zheng R, et al. Comparative study of the H and D abstraction in the H + CH_3D reaction with a ten-dimensional quantum dynamics model[J]. Journal of Chemical Physics, 2022, 157: 224302.

[44] Liu R, Song H W, Qi J, et al. A ten-dimensional quantum dynamics model for the X + YCAB(2) reaction: Application to H + CH_4 reaction[J]. Journal of Chemical Physics, 2020, 153: 224119.

[45] Chen R J, Shao K J, Fu B N, et al. Fitting potential energy surfaces with fundamental invariant neural network. II. Generating fundamental invariants for molecular systems with up to ten atoms[J]. Journal of Chemical Physics, 2020, 152: 204307.

[46] Fu Y L, Lu X X, Han Y C, et al. Collision-induced and complex-mediated roaming dynamics in the H + C_2H_4 → H_2 + C_2H_3 reaction[J]. Chemical Science, 2020, 11: 2148–2154.

[47] Lu X X, Li L L, Zhang X R, et al. Dynamical effects of SN_2 reactivity suppression by microsolvation: Dynamics

simulations of the $F^-(H_2O) + CH_3I$ reaction on a 21-dimensional potential energy surface [J] . Journal of Physical Chemistry Letters, 2022, 13: 5253-5259.

[48] Fu Y L, Bai Y Y, Han Y C, et al. Double-roaming dynamics in the $H + C_2H_2 \rightarrow H_2 + C_2H$ reaction: Acetylene-facilitated roaming and vinylidene-facilitated roaming [J] . Journal of Physical Chemistry Letters, 2021, 12: 4211-4217.

[49] Yan Y M, Xu M, Li T C, et al. Efficient propagation of the hierarchical equations of motion using the tucker and hierarchical tucker tensors [J] . Journal of Chemical Physics, 2021, 154: 194104.

[50] Chen Z H, Wang Y, Xu R X, et al. Quantum dissipation with nonlinear environment couplings: Stochastic fields dressed dissipaton equation of motion approach [J] . Journal of Chemical Physics, 2021, 155: 174111.

[51] Chen Z H, Wang Y, Xu R X, et al. Open quantum systems with nonlinear environmental backactions: Extended dissipaton theory vs core-system hierarchy construction [J] . Journal of Chemical Physics, 2023, 158: 074102.

[52] Gong H, Wang Y, Zhang H D, et al. Equilibrium and transient thermodynamics: A unified dissipaton-space approach [J] . Journal of Chemical Physics, 2020, 153: 154111.

[53] Zhang H D, Cui L, Gong H, et al. Hierarchical equations of motion method based on fano spectrum decomposition for low temperature environments [J] . Journal of Chemical Physics, 2020, 152: 064107.

[54] Wang Y, Xu R X, Yan Y J. Entangled system-and-environment dynamics: Phase-space dissipaton theory [J] . Journal of Chemical Physics, 2020, 152: 041102.

[55] Han L, Chernyak V, Yan Y A, et al. Stochastic representation of non-markovian fermionic quantum dissipation [J] . Physical Review Letters, 2019, 123: 050601.

[56] Han L, Ullah A, Yan Y A, et al. Stochastic equation of motion approach to fermionic dissipative dynamics. I. Formalism [J] . Journal of Chemical Physics, 2020, 152: 204105.

[57] Ullah A, Han L, Yan Y A, et al. Stochastic equation of motion approach to fermionic dissipative dynamics. II. Numerical implementation [J] . Journal of Chemical Physics, 2020, 152: 204106.

[58] Lian M, Wang Y C, Ke Y L, et al. Non-markovian stochastic schrodinger equation in k-space toward the calculation of carrier dynamics in organic semiconductors [J] . Journal of Chemical Physics, 2019, 151: 044115.

[59] Wang Y C, Ke Y L, Zhao Y. The hierarchical and perturbative forms of stochastic Schrodinger equations and their applications to carrier dynamics in organic materials [J] . Wiley Interdisciplinary Reviews-Computational Molecular Science, 2019, 9: e1375.

[60] Ge Y F, Li W T, Ren J J, et al. Computational method for evaluating the thermoelectric power factor for organic materials modeled by the holstein model: A time-dependent density matrix renormalization group formalism [J] . Journal of Chemical Theory and Computation, 2022, 18: 6437-6446.

[61] Xu Y H, Liu C E, Ma H B. Hierarchical mapping for efficient simulation of strong system-environment interactions [J] . Journal of Chemical Theory and Computation, 2023, 19: 426-435.

[62] Shao J. Quantum evolution represented by brownian motion [J] . Journal of Chemical Physics, 2023, 159: 024128.

[63] He X, Wu B H, Shang Y H, et al. New phase space formulations and quantum dynamics approaches [J] . Wiley Interdisciplinary Reviews-Computational Molecular Science, 2022, 12: e1619.

[64] Liu J, He X, Wu B H. Unified formulation of phase space mapping approaches for nonadiabatic quantum dynamics [J] . Accounts of Chemical Research, 2021, 54: 4215-4228.

[65] Xie B B, Liu B L, Tang X F, et al. Nonadiabatic dynamics simulation of photoinduced ring-opening reaction of 2(5H)-thiophenone with internal conversion and intersystem crossing [J] . Physical Chemistry Chemical Physics, 2021, 23: 9867-9877.

[66] Xu J B, Wang L J. Branching corrected surface hopping: Resetting wavefunction coefficients based on judgement of wave packet reflection [J] . Journal of Chemical Physics, 2019, 150: 164101.

[67] Qiu J, Bai X, Wang L J. Subspace surface hopping with size-independent dynamics [J]. Journal of Physical Chemistry Letters, 2019, 10: 637–644.

[68] Qiu J, Lu Y, Wang L J. Multilayer subsystem surface hopping method for large-scale nonadiabatic dynamics simulation with hundreds of thousands of states [J]. Journal of Chemical Theory and Computation, 2022, 18: 2803–2815.

[69] Liu X Y, Chen W K, Fang W H, et al. Nonadiabatic dynamics simulations reveal distinct effects of the thickness of PTB7 on interfacial electron and hole transfer dynamics in PTB7@MoS_2 heterostructures [J]. Journal of Physical Chemistry Letters, 2019, 10: 2949–2956.

[70] Liu X Y, Yang J J, Chen W K, et al. Spin-orbit coupling accelerates the photoinduced interfacial electron transfer in a fullerene-based perovskite heterojunction [J]. Journal of Physical Chemistry Letters, 2021, 12: 1131–1137.

[71] Liao K, Dong S Y, Cheng Z, et al. Combined fragment-based machine learning force field with classical force field and its application in the NMR calculations of macromolecules in solutions [J]. Physical Chemistry Chemical Physics, 2022, 24: 18559–18567.

[72] Liu J F, Liu Y Q, Yang J R, et al. Directional proton transfer in the reaction of the simplest criegee intermediate with water involving the formation of transient H_3O^+ [J]. Journal of Physical Chemistry Letters, 2021, 12: 3379–3386.

[73] Liu J F, He X. Ab initio molecular dynamics simulation of liquid water with fragment-based quantum mechanical approach under periodic boundary conditions [J]. Chinese Journal of Chemical Physics, 2021, 34: 761–768.

[74] Chen W K, Fang W H, Cui G L. Multi-layer energy-based fragment method for excited states and nonadiabatic dynamics [J]. Physical Chemistry Chemical Physics, 2019, 21: 22695–22699.

[75] Chen W K, Fang W H, Cui G L. Integrating machine learning with multi-layer energy-based fragment method for excited states of large systems [J]. Journal of Physical Chemistry Letters, 2019, 10: 7836–7841.

[76] Tang D, Jia L, Shen L, et al. Fewest-switches surface hopping with long short-term memory networks [J]. Journal of Physical Chemistry Letters, 2022, 13: 10377–10387.

[77] Lin K N, Peng J W, Xu C, et al. Automatic evolution of machine-learning-based quantum dynamics with uncertainty analysis [J]. Journal of Chemical Theory and Computation, 2022, 18: 5837–5855.

[78] Lin K N, Peng J W, Xu C, et al. Trajectory propagation of symmetrical quasi-classical dynamics with meyer-miller mapping hamiltonian using machine learning [J]. Journal of Physical Chemistry Letters, 2022, 13: 11678–11688.

[79] Wang Z D, Dong J W, Qiu J, et al. All-atom nonadiabatic dynamics simulation of hybrid graphene nanoribbons based on wannier analysis and machine learning [J]. ACS Applied Materials & Interfaces, 2022, 14: 22929–22940.

[80] Xu D, Zhao L, Zhang K, et al. Dynamic self-assembly of block copolymers regulated by time-varying building block composition via reversible chemical reaction [J]. Science China-Chemistry, 2019, 62: 1666–1674.

[81] Yan Y D, Xue Y H, Zhao H Y, et al. Insight into the polymerization-induced self-assembly via a realistic computer simulation strategy [J]. Macromolecules, 2019, 52: 6169–6180.

[82] Ma S M, Zhao L, Wang Y L, et al. The coarse-grained models of poly(ethylene oxide) and poly(propylene oxide) homopolymers and poloxamers in big multipole water (BMW) and martini frameworks [J]. Physical Chemistry Chemical Physics, 2020, 22: 15976–15985.

[83] Xu D, Shi R, Sun Z Y, et al. Mechanism of periodic field driven self-assembly process [J]. Journal of Chemical Physics, 2021, 154: 144904.

[84] Zhong Q L, Li G H. Adaptively iterative multiscale switching simulation strategy and applications to protein folding and structure prediction [J]. Journal of Physical Chemistry Letters, 2021, 12: 3151–3162.

[85] Zhu Q, Ge Y, Li W, et al. Treating polarization effects in charged and polar bio-molecules through variable electrostatic parameters [J]. Journal of Chemical Theory and Computation, 2023, 19: 396–411.

[86] Jiang F, Wu H N, Kang W, et al. Developments and applications of coil-library-based residue specific force fields for

molecular dynamics simulations of peptides and proteins [J] . Journal of Chemical Theory and Computation, 2019, 15: 2761–2773.

[87] Fang Y G, Li X J, Gao Y R, et al. Efficient exploration of complex free energy landscapes by stepwise multi–subphase space metadynamics [J] . Journal of Chemical Physics, 2022, 157: 214111.

[88] Jiang H J, Hou Z H, Luo Y. Unraveling the mechanism for the sharp–tip enhanced electrocatalytic carbon dioxide reduction: The kinetics decide [J] . Angewandte Chemie–International Edition, 2017, 56: 15617–15621.

[89] Liu Y, Jiang H, Hou Z. Hidden mechanism behind the roughness–enhanced selectivity of carbon monoxide electrocatalytic reduction [J] . Angewandte Chemie International Edition, 2021, 60: 11133–11137.

[90] Yan R, Tan F, Wang J L, et al. Conformation and dynamics of an active filament in crowded media [J] . Journal of Chemical Physics, 2023, 158: 114905.

[91] Hu Z H. The symmetry–preserving mean field condition for electrostatic correlations in bulk [J] . Journal of Chemical Physics, 2022, 156: 034111.

[92] Gao W H, Hu Z H, Xu Z L. A screening condition imposed stochastic approximation for long–range electrostatic correlations [J] . Journal of Chemical Theory and Computation, 2023, 19(15): 4822–4827.

[93] Zhang J, Lei Y K, Yang Y I, et al. Deep learning for variational multiscale molecular modeling [J] . Journal of Chemical Physics, 2020, 153: 174115.

[94] Zhang J, Lei Y K, Zhang Z, et al. Deep reinforcement learning of transition states [J] . Physical Chemistry Chemical Physics, 2021, 23: 6888–6895.

[95] Huang Y P, Xia Y J, Yang L J, et al. Sponge: A GPU–accelerated molecular dynamics package with enhanced sampling and AI–driven algorithms [J] . Chinese Journal of Chemistry, 2022, 40: 160–168.

[96] Liu J, Wan L, Li Z, et al. Simulating periodic systems on a quantum computer using molecular orbitals [J] . Journal of Chemical Theory and Computation, 2020, 16(11): 6904–6914.

[97] Fan Y, Liu J, Li Z, et al. Equation–of–motion theory to calculate accurate band structures with a quantum computer [J] . Journal of Physical Chemistry Letters, 2021, 12(36): 8833–8840.

[98] Liu J, Li Z, Yang J. An efficient adaptive variational quantum solver of the Schrödinger equation based on reduced density matrices [J] . Journal of Chemical Physics, 2021, 154(24): 244112.

[99] Lan Z, Liang W. Amplitude reordering accelerates the adaptive variational quantum eigensolver algorithms [J] . Journal of Chemical Theory and Computation, 2022, 18(9): 5267–5275.

[100] Cao C, Hu J, Zhang W, et al. Progress toward larger molecular simulation on a quantum computer: Simulating a system with up to 28 qubits accelerated by point–group symmetry [J] . Physical Review A, 2022, 105(6): 062452.

[101] Liu J, Li Z, Yang J. Reducing circuit depth in adaptive variational quantum algorithms via effective Hamiltonian theories [J] . Journal of Chemical Theory and Computation, 2022, 18(8): 4795–4805.

[102] Tao Y, Zeng X, Fan Y, et al. Exploring accurate potential energy surfaces via integrating variational quantum eigensolver with machine learning [J] . Journal of Physical Chemistry Letters, 2022, 13(28): 6420–6426.

[103] Zhang S, Wan Z, Lee C, et al. Variational quantum–neural hybrid eigensolver [J] . Physical Review Letters, 2022, 128: 120502.

[104] Zeng X, Fan Y, Liu J, et al. Quantum neural network inspired hardware adaptable ansatz for efficient quantum simulation of chemical systems [J] . arXiv:quant–ph, 2023, 2301.07542.

[105] Liu J, Zhang Y, Wan Y, et al. Variational quantum eigensolver with fewer qubits [J] . Physical Review Research, 2019, 1(2): 023025.

[106] Fan Y, Liu J, Li Z, et al. Quantum circuit matrix product state ansatz for large–scale simulations of molecules [J] . arXiv:quant–ph, 2023, 2301.06376.

[107] Fan Y, Liu J, Zeng X, et al. Q2Chemistry: A quantum computation platform for quantum chemistry [J] . Journal of

Universal Science and Technology of China, 2022, 52(12): 2.

[108] Ma H, Liu J, Shang H, et al. Multiscale quantum algorithms for quantum chemistry [J] . Chemical Science, 2023, 14 (12): 3190–3205.

[109] Shang H, Fan Y, Shen L, et al. Towards practical and massively parallel quantum computing emulation for quantum chemistry [J] . NPJ Quantum Information, 2023, 9(1): 33.

[110] Li Z, Liu X, Wang H, et al. Quantum simulation of resonant transitions for solving the eigenproblem of an effective water hamiltonian [J] . Physical Review Letters, 2019, 122: 090504.

[111] Cai X, Fang W, Fan H, et al. Quantum computation of molecular response properties [J] . Physical Review Research, 2020, 2: 033324.

[112] Huang K, Cai X, Li H, et al. Variational quantum computation of molecular linear response properties on a superconducting quantum processor [J] . Journal of Physical Chemistry Letters, 2022, 13: 9114–9121.

[113] Wang Y, Ren J, Li W, et al. Hybrid quantum-classical boson sampling algorithm for molecular vibrationally resolved electronic spectroscopy with duschinsky rotation and anharmonicity [J] . Journal of Physical Chemistry Letters, 2022, 13: 6391–6399.

[114] Xie Q, Liu S, Zhao Y. Orthogonal state reduction variational eigensolver for the excited-state calculations on quantum computers [J] . Journal of Chemical Theory and Computation, 2022, 18(6): 3737–3746.

[115] Yuan X, Endo S, Zhao Q, et al. Theory of variational quantum simulation [J] . Quantum, 2019, 3: 191.

[116] Sun J, Endo S, Lin H, et al. Perturbative Quantum Simulation [J] . Physical Review Letters, 2022, 129: 120505.

[117] Zhang Y, Xia J, Jiang B. Physically motivated recursively embedded atom neural networks: incorporating local completeness and nonlocality [J] . Physical Review Letters. 2021, 127: 156002.

[118] Kang P L, Shang C, Liu, Z P. Large-scale atomic simulation via machine learning potentials constructed by global potential energy surface exploration [J] , Accounts of Chemical Research. 2020, 53: 2119–2129.

[119] Li S N, Chen Z F, Wang Z, et al. Graph-based discovery and analysis of atomic-scale one-dimensional materials [J] . National Science Review, 2022, 9: nwac028.

[120] Ouyang R H, Curtarolo S, Ahmetcik E, et al. SISSO: a compressed-sensing method for identifying the best low-dimensional descriptor in an immensity of offered candidates [J] . Physical Review Materials, 2018, 2(8): 083802.

[121] Lu S H, Zhou Q H, Ouyang Y X, et al. Accelerated discovery of stable lead-free hybrid organic-inorganic perovskites via machine learning [J] . Nature Communications, 2018, 9: 3405.

[122] Wu Y L, Lu S H, Zhou Q H, et al. Two-dimensional perovskites with tunable room-temperature phosphorescence [J] . Advanced Functional Materials, 2022, 32: 2204579.

[123] Weng B C, Song Z L, Zhu R L, et al. Simple descriptor derived from symbolic regression accelerating the discovery of new perovskite catalysts [J] . Nature Communications, 2020, 11: 3513.

[124] Chen A, Wang Z L, Zhang X, et al. Accelerated mining of 2D Van der Waals heterojunctions by integrating supervised and unsupervised learning [J] . Chemistry of Materials, 2022, 34: 5571–5583.

[125] Ma X Y, Lewis J P, Yan C B, et al. Accelerated discovery of two-dimensional optoelectronic octahedral oxyhalides via high-throughput ab initio calculations and machine learning [J] . Journal of Physical Chemistry Letters, 2019, 10: 6734–6740.

[126] Feng J, Dong Z H, Ji Y J, et al. Accelerating the discovery of metastable IrO_2 for the oxygen evolution reaction by the self-learning-input graph neural network [J] . JACS Au, 2023, 3: 1131–1140.

[127] Xu S D, Liu X L, Cai P F, et al. Machine-learning-assisted accurate prediction of molecular optical properties upon aggregation [J] . Advanced Science, 2022, 9: 2101074.

[128] Chen R, Liu F, Tang Y C, et al. Combined first-principles and machine learning study of the initial growth of carbon nanomaterials on metal surfaces [J] . Applied Surface Science, 2022, 586: 152762.

[129] Li H, Tang Z C, Gong X X, et al. Deep-learning electronic-structure calculation of magnetic superstructures [J] . Nature Computational Science, 2023, 3: 321-327.

[130] Zhao Y C, Zhang J Y, Xu Z W, et al. Discovery of temperature-induced stability reversal in perovskites using high-throughput robotic learning [J] . Nature Communications, 2021, 12: 2191.

[131] Lu S H, Zhou Q H, Guo Y, et al. On-the-fly interpretable machine learning for rapid discovery of two-dimensional ferromagnets with high Curie temperature [J] . Chem, 2022, 8: 769-783.

[132] Wang Y, Zhang J, Qian G, et al. Data-driven discovery of low temperature denitration catalysts with strong anti-sulfur and anti-water property [J] . Materials Letters, 2023, 342: 134315.

[133] Liu Y, Wang S, Yang Z, et al. Auto-MatRegressor: liberating machine learning alchemists [J] . Science Bulletin, 2023, 68(12): 1259-1270.

[134] Ju S H, Yoshida R, Liu C, et al. Exploring diamondlike lattice thermal conductivity crystals via feature-based transfer learning [J] . Physical Review Materials, 2021, 5(5): 053801.

[135] Tian Y, Xue D Z, Yuan R H, et al. Efficient estimation of material property curves and surfaces via active learning [J] . Physical Review Materials, 2021, 5(1): 013802.

[136] Yuan R H, Tian Y, Xue D Z, et al. Accelerated search for $BaTiO_3$-based ceramics with large energy storage at low fields using machine learning and experimental design [J] . Advanced Science, 2019, 6: 1901395.

[137] Wang X, Jiang S, Hu W, et al. Quantitatively determining surface-adsorbate properties from vibrational spectroscopy with interpretable machine learning [J] . Journal of the American Chemical Society, 2022, 144: 16069-16076.

[138] Ren H, Zhang Q, Wang Z, et al. Machine learning recognition of protein secondary structures based on two-dimensional spectroscopic descriptors [J] . Proceedings of the National Academy of Sciences, 2022, 119: e2202713119.

[139] Ye S, Zhang G, Jiang J. AI-based spectroscopic monitoring of real-time interactions between SARS-CoV-2 and human ACE2 [J] . Proceedings of the National Academy of Sciences, 2021, 118: e2025879118.

[140] Chen L, Pu M, Li S, et al. Enantioselective synthesis of nitriles containing a quaternary carbon center by Michael reactions of silyl ketene imines with 1-acrylpyrazoles [J] . Journal of the American Chemical Society, 2021, 143(45): 19091-19098.

[141] Yang W, Pu M, Lin X, et al. Enantioselective formal vinylogous N-H insertion of secondary aliphatic amines [J] . Journal of the American Chemical Society, 2021, 143(25): 9648-9656.

[142] Duan M, Díaz-Oviedo C D, Zhou Y, et al. Chiral phosphoric acid catalyzed conversion of epoxides into thiiranes: Mechanism, stereochemical model, and new catalyst design [J] . Angewandte Chemie International Edition, 2022, 61(9): e202113204.

[143] Lin Q, Zheng S, Chen L, et al. Catalytic regio- and enantioselective protonation for the synthesis of chiral allenes: Synergistic effect of the counterion and water [J] . Angewandte Chemie International Edition, 2022, 61(27): e202203650.

[144] Wang Y, Zhang K, Li R, et al. Dynamic hydrogen bonds promote C-H functionalization driven by Cl^- anion [J] . Tetrahedron Chem, 2022, 2: 100016.

[145] Wang J, Zheng S, Rajkumar S, et al. Chiral phosphoric acid-catalyzed stereodivergent synthesis of trisubstituted allenes and computational mechanistic studies [J] . Nature Communications, 2020, 11(1): 5527.

[146] Zheng H, Cai L, Pan M, et al. Catalyst-substrate helical character matching determines the enantioselectivity in the ishihara-type iodoarenes catalyzed asymmetric kita-dearomative spirolactonization [J] . Journal of the American Chemical Society, 2023, 145(13): 7301-7312.

[147] Li B, Xu H, Dang Y, et al. Dispersion and steric effects on enantio-diastereoselectivities in synergistic dual transition-metal catalysis [J] . Journal of the American Chemical Society, 2022, 144(4): 1971-1985.

[148] Wu H, Hu L, Shi Y, et al. Computational insights into palladium/boron–catalyzed allylic substitution of vinylethylene carbonates with water: Outer–sphere versus inner–sphere pathway and origins of regio– and enantioselectivities [J] . ACS Catalysis, 2022, 12(5): 2722–2728.

[149] Wang J, Fang W H, Qu L B, et al. An expanded SET model associated with the functional hindrance dominates the amide–directed distal sp^3 C–H functionalization [J] . Journal of the American Chemical Society, 2021, 143(46): 19406–19416.

[150] Wang S, Ma P, Shaik S, et al. Valence–inverted states of nickel(Ⅱ) complexes perform facile C–H bond activation [J] . Journal of the American Chemical Society, 2022, 144(32): 14607–14613.

[151] Shi Q, Pei Z, Song J, et al. Diradical generation via relayed proton–coupled electron transfer [J] . Journal of the American Chemical Society, 2022, 144(7): 3137–3145.

[152] Shi Q, Chen K, Guo L, et al. Deaminative radical reactions via relayed proton–coupled electron transfer [J] . Organic Chemistry Frontiers, 2023, 10(9): 2155–2164.

[153] Zhang Z, Zhang J X, Sheong F K, et al. 1,4–selective hydrovinylation of diene catalyzed by an iron diimine catalyst: A computational case study on two–state reactivity [J] . ACS Catalysis, 2020, 10(21): 12454–12465.

[154] Yang Y, Zhang X, Zhong L P, et al. Unusual KIE and dynamics effects in the Fe–catalyzed hetero–diels–alder reaction of unactivated aldehydes and dienes [J] . Nature Communications, 2020, 11(1): 1850.

[155] Zhang H, Wang E, Geng S, et al. Experimental and computational studies of the iron–catalyzed selective and controllable defluorosilylation of unactivated aliphatic gem–difluoroalkenes [J] . Angewandte Chemie International Edition, 2021, 60(18): 10211–10218.

[156] Wang G, Gao L, Chen H, et al. Chemoselective borane–catalyzed hydroarylation of 1,3–dienes with phenols [J] . Angewandte Chemie International Edition, 2019, 58(6): 1694–1699.

[157] Guo X, Yang T, Sheong F K, et al. Beyond the nucleophilic role of metal–boryl complexes in borylation reactions [J] . ACS Catalysis, 2021, 11(9): 5061–5068.

[158] Chen L, Lin L, Nath A R, et al. Synthesis and characterization of craig–type antiaromatic species with [4n+2] π electrons [J] . Proceedings of the National Academy of Sciences, 2023, 120(6): e2215900120.

[159] Chen D, Xie Q, Zhu J. Unconventional aromaticity in organometallics: The power of transition metals [J] . Accounts of Chemical Research, 2019, 52: 1449–1460.

[160] Zhang T, Zhong K, Lin Z K, et al. Revised mechanism of $C(sp^3)$–$C(sp^3)$ reductive elimination from Ni (Ⅱ) with the assistance of a Z–type metalloligand [J] . Journal of the American Chemical Society, 2023, 145(4): 2207–2218.

[161] Xie W, Xu J, Chen J, Wang H, et al. Achieving theory–experiment parity for activity and selectivity in heterogeneous catalysis using microkinetic modeling [J] . Accounts of Chemical Research, 2022, 55: 1237–1248.

[162] Chen J, Jia M, Hu P, et al. CATKINAS: A large–scale catalytic microkinetic analysis software for mechanism auto–analysis and catalyst screening [J] . Journal of Computational Chemistry, 2021, 42: 379–391.

[163] Chen P, Liu Y, Xu Y R, et al. Quantitative evidence to challenge the traditional model in heterogeneous catalysis: Kinetic modeling for ethane dehydrogenation over Fe/SAPO–34 [J] . JACS Au, 2023, 3: 165–175.

[164] Hu S L, Li W X. Sabatier principle of metal–support interaction for design of ultrastable metal nanocatalysts [J] . Science, 2021, 374: 1360–1365.

[165] Guan Q Q, Zhu C W, Lin Y, et al. Bimetallic monolayer catalyst breaks catalytic volcanoes on metal particle size for efficient chemoselective hydrogenation [J] . *Nature Catalysis*, 2021, 4: 840–849.

[166] Zhu C W, Xu W L, Liu F, et al. Molecule saturation boosts acetylene semihydrogenation activity and selectivity on a core–shell ruthenium@palladium catalyst [J] . Angewandte Chemie International Edition, 2023, 62: e202300110.

[167] Chen Z, Liu Z, Xu X. Accurate descriptions of molecule–surface interactions in electrocatalytic CO_2 reduction on the copper surfaces [J] . Nature Communications, 2023, 14: 936.

[168] Chen Z, Liu Z, Xu X. Dynamic evolution of the active center driven by hemilabile coordination in Cu/CeO_2 single-atom catalyst[J]. Nature Communications, 2023, 14: 2512.
[169] Ji Y L, Chen Z, Wei R L, et al. Selective CO-to-acetate electroproduction via intermediate adsorption tuning on ordered Cu-Pd sites[J]. Nature Catalysis, 2022, 5: 251-258.
[170] Chen D X, Shang C, Liu Z P. Machine-learning atomic simulation for heterogeneous catalysis[J]. npj Computational Materials, 2023, 9: 2.
[171] Shi Y F, Kang P L, Shang C, et al. Methanol synthesis from CO_2/CO mixture on Cu-Zn catalysts from microkinetics-guided machine learning pathway search[J]. Journal of the American Chemical Society, 2022, 144: 13401.
[172] Ma S C, Huang S D, Liu Z P. Dynamic coordination of cations and catalytic selectivity on Zn-Cr oxide alloy during syngas conversion[J]. Nature Catalysis, 2019, 2: 671.
[173] Fu X Y, Li J Y, Long J, et al. Understanding the product selectivity of syngas conversion on ZnO surfaces with complex reaction network and structural evolution[J]. ACS Catalysis, 2021, 11(19): 12264-12273.
[174] Li H, Long J, Jing H J, et al. Steering from electrochemical denitrification to ammonia synthesis[J]. Nature Communications, 2023, 14: 112.
[175] Gu T J, Wang B C, Chen S Y, et al. Automated generation and analysis of the complex catalytic reaction network of ethanol synthesis from syngas on Rh(111)[J]. ACS Catalysis, 2020, 10(11): 6346-6355.
[176] Lin Z, Escribano M E, Li J. Recent progress and perspectives on single-atom catalysis[J]. Journal of Materials Chemistry A, 2022, 10(11): 5670-5672.
[177] Liang J X, Lin J, Liu J, et al. Dual metal active sites in an Ir_1/FeO_x single-atom catalyst: A redox mechanism for the water-gas-shift reaction[J]. Angewandte Chemie International Edition, 2020, 59(31): 12868-12875.
[178] Jiang J C, Chen J C, Zhao M D, et al. Rational design of copper-based single-atom alloy catalysts for electrochemical CO_2 reduction[J]. Nano Research, 2022, 15(8): 7116-7123.
[179] Wang Z Q, Chu D R, Zhou H, et al. Role of low-coordinated Ce in hydride formation and selective hydrogenation reactions on CeO_2 surfaces[J]. ACS Catalysis, 2022, 12(1): 624-632.
[180] Wang Z Q, Wang D, Gong X Q. Strategies to improve the activity while maintain the selectivity of oxidative coupling of methane at La_2O_3 catalysts: A density functional theory study[J]. ACS Catalysis, 2020, 10(1): 586-594.
[181] Shao B, Wang Z Q, Gong X Q, et al. Synergistic promotions between CO_2 capture and in-siu conversion on Ni-CaO composite catalyst[J]. Nature Communications, 2023, 14: 996.
[182] Zhou L Y, Zhuo L S, Yuan R M, et al. Theoretical modeling for interfacial catalysis[J]. WIREs Computational Molecule Science, 2021, 11: e1531.
[183] Zhang W J, Qin R X, Fu G, et al. Hydrogen bond network induced by surface ligands shifts the semi-hydrogenation selectivity over palladium catalysts[J]. Journal of the American Chemical Society, 2023, 145(18): 10178-10186.
[184] Liu K L, Jiang L Z, Huang W G, et al. Atomic overlayer of permeable microporous cuprous oxide on palladium promotes hydrogenation catalysis[J]. Nature Communications, 2022, 13: 2597.
[185] Zhai P, Li Y W, Wang M, et al. Development of direct conversion of syngas to unsaturated hydrocarbons based on Fischer-Tropsch route[J]. Chem, 2021, 7: 3027-3051.
[186] Cao D B, Liu X C, Lewis J P, et al. Tuning surface-electron spins on Fe_3O_4(111) through chemisorption of carbon monoxide[J]. Angewandte Chemie International Edition, 2022, 61: e2022027.
[187] Yin J Q, Liu X C, Liu X W, et al. Theoretical exploration of intrinsic facet-dependent CH_4 and C_2 formation on Fe_5C_2 particle[J]. Applied Catalysis B: Environmental, 2020, 278: 119308.
[188] Le J B, Fan Q Y, Li J Q, et al. Molecular origin of negative component of Helmholtz capacitance at electrified Pt(111)/water interface[J]. Science Advances, 2020, 6: eabb1219.
[189] Le J B, Chen A, Li L, et al. Modeling electrified Pt(111)-H_{ad}/water interfaces from Ab initio molecular dynamics

[J]. JACS Au, 2021, 1(5): 569.

[190] Ma W C, Xie S J, Liu T T, et al. Electrocatalytic reduction of CO_2 to ethylene and ethanol through hydrogen-assisted C–C coupling over fluorine-modified copper[J]. Nature Catalysis, 2020, 3: 478–487.

[191] Cheng C, Prezhdo O V, Long R, et al. Photolysis versus photothermolysis of N_2O on a semiconductor surface revealed by nonadiabatic molecular dynamics[J]. Journal of the American Chemical Society, 2023, 145(1): 476–486.

[192] Fu C F, Wu X J, Yang J L. Material design for photocatalytic water splitting from a theoretical perspective[J]. Advanced Materials, 2018, 30: 1802106.

[193] Qiao L, Fang W H, Long R. The interplay between lead vacancy and water rationalizes the puzzle of charge carrier lifetimes in $CH_3NH_3PbI_3$: time-domain Ab initio analysis [J]. Angewandte Chemie International Edition, 2020, 59(32): 13347–13353.

[194] Xiong Y, Li B, Gu Y, et al. Photocatalytic nitrogen fixation under an ambient atmosphere using a porous coordination polymer with bridging dinitrogen anions [J]. Nature Chemistry, 2023, 15(2): 286–293.

[195] Ma H L, Peng Q, An Z F, et al. Efficient and long-lived room-temperature organic phosphorescence: Theoretical descriptors for molecular designs[J]. Journal of the American Chemical Society, 2019, 141(2): 1010–1015.

[196] Tang H, Yang D S, Lu M F, et al. Spin unlocking oxygen evolution reaction on antiperovskite nitrides[J]. Journal of Materials Chemistry A, 2021, 9: 25435–25444.

[197] Peng X, Zhang Y, Li Y, et al. Integrating multiple accelerated molecular dynamics to improve accuracy of free energy calculations[J]. Journal of Chemical Theory and Computation, 2018, 14 (3): 1216–1227.

[198] Wang A, Zhang D, Li Y, et al. Large-scale biomolecular conformational transitions explored by a combined elastic network model and enhanced sampling molecular dynamics[J]. The Journal of Physical Chemistry Letters, 2020, 11(1): 325–332.

[199] Yuan Y, Zhu Q, Song R, et al. A two-ended data-driven accelerated sampling method for exploring the transition pathways between two known states of protein[J]. Journal of Chemical Theory and Computation, 2020, 16(7): 4631–4640.

[200] Fu H, Chen H, Wang X, et al. Finding an optimal pathway on a multidimensional free-energy landscape[J]. Journal of Chemical Information and Modeling, 2020, 60(11): 5366–5374.

[201] Chen H, Fu H, Chipot C, et al. Overcoming free-energy barriers with a seamless combination of a biasing force and a collective variable-independent boost potential[J]. Journal of Chemical Theory and Computation, 2021, 17(7): 3886–3894.

[202] Wang Y, Zhao L, Zhou X, et al. Global fold switching of the RafH protein: Diverse structures with a conserved pathway[J]. The Journal of Physical Chemistry B, 2022, 126(16): 2979–2989.

[203] Wang A, Zhang Y, Chu H, et al. Higher accuracy achieved for protein-ligand binding pose prediction by elastic network model-based ensemble docking[J]. Journal of Chemical Information and Modeling, 2020, 60(6): 2939–2950.

[204] Miao M, Shao X, Cai W. Conformational change from U- to I-shape of ion transporters facilitates K^+ transport across lipid bilayers[J]. The Journal of Physical Chemistry B, 2022, 126(7): 1520–1528.

[205] Jiang F, Wu H N, Kang W, et al. Developments and applications of coil-library-based residue-specific force fields for molecular dynamics simulations of peptides and proteins[J]. Journal of Chemical Theory and Computation, 2019, 15(5): 2761–2773.

[206] Wang W, Yan D, Cai Y, et al. General charge transfer dipole model for AMOEBA-like force fields[J]. Journal of Chemical Theory and Computation, 2023, 19(9): 2518–2534.

[207] Liu C, Jiang H, Li Y, et al. Development of a QM/MM(ABEEM) method combined with a polarizable force field to investigate the excision reaction mechanism of damaged thymine[J]. Physical Chemistry Chemical Physics, 2023,

25(4): 3432–3448.

[208] Zhang Y, Wang Y, Xia F, et al. Accurate and efficient estimation of Lennard–Jones interactions for coarse–grained particles via a potential matching method [J]. Journal of Chemical Theory and Computation, 2022, 18(8): 4879–4890.

[209] Zhong Q, Li G. Arbitrary resolution with two bead types coarse–grained strategy and applications to protein recognition [J]. The Journal of Physical Chemistry Letters, 2020, 11(9): 3263–3270.

[210] Zhong Q, Li G. Adaptively iterative multiscale switching simulation strategy and applications to protein folding and structure prediction [J]. The Journal of Physical Chemistry Letters, 2021, 12(12): 3151–3162.

[211] Zhang D, Li Y, Zhong Q, et al. Ribonucleic acid folding prediction based on iterative multiscale simulation [J]. The Journal of Physical Chemistry Letters, 2022, 13(42): 9957–9966.

[212] Zhang J, Lei Y K, Yang Y I, et al. Deep learning for variational multiscale molecular modeling [J]. The Journal of Chemical Physics, 2020, 153(17): 174115.

[213] Zhang Y, Xia K, Cao Z, et al. A new method for the construction of coarse–grained models of large biomolecules from low–resolution cryo–electron microscopy data [J]. Physical Chemistry Chemical Physics, 2019, 21(19): 9720–9727.

[214] Zhang Y, Cao Z, Zhang J Z, et al. Double–well ultra–coarse–grained model to describe protein conformational transitions [J]. Journal of Chemical Theory and Computation, 2020, 16(10): 6678–6689.

[215] Zha J Y, Zhang Y W, Xia K L, et al. Coarse–grained simulation of mechanical properties of single microtubules with micrometer length [J]. Frontiers in Molecular Biosciences, 2021, 7: 632122.

[216] Li F, Zhang Y, Xia F, et al. Development of multiscale ultra–coarse–grained models for the SARS–CoV–2 virion from cryo–electron microscopy data [J]. Physical Chemistry Chemical Physics, 2023, 25(18): 12882–12890.

[217] Wan M W, Song J J, Li W L, et al. Development of coarse–grained force field by combining multilinear interpolation technique and simplex algorithm [J]. Journal of Computational Chemistry, 2020, 41(8): 814–829.

[218] Fu L, Li X Y, Zhang S, et al. Polymyxins induce lipid scrambling and disrupt the homeostasis of Gram–negative bacteria membrane [J]. Biophysical Journal, 2022, 121(18): 3486–3498.

[219] Zhang S, Fu L, Wan M W, et al. Peripheral antimicrobial peptide gomesin induces membrane protrusion, folding, and laceration [J]. Langmuir, 2019, 35(40): 13233–13242.

[220] Liu J, He X. Recent advances in quantum fragmentation approaches to complex molecular and condensed–phase systems [J]. WIREs Computational Molecular Science, 2023, 13(3): e1650.

[221] Shen C F, Jin X S, Glover W J, et al. Accurate prediction of absorption spectral shifts of proteorhodopsin using a fragment–based quantum mechanical method [J]. Molecules, 2021, 26(15): 4486.

[222] Wang Z, Han Y, Li J, et al. Combining the fragmentation approach and neural network potential energy surfaces of fragments for accurate calculation of protein energy [J]. The Journal of Physical Chemistry B, 2020, 124(15): 3027–3035.

[223] Zhu Q, Ge Y, Li W, et al. Treating polarization effects in charged and polar bio–molecules through variable electrostatic parameters [J]. Journal of Chemical Theory and Computation, 2023, 19(2): 396–411.

[224] Wang J N, Xue Y F, Li P F, et al. Perspective: Reference–potential methods for the study of thermodynamic properties in chemical processes: Theory, applications, and pitfalls [J]. The Journal the Physical Chemistry Letters, 2023, 14(20): 4866–4875.

[225] Jin S W, Wang J N, Xue Y F, et al. Selectivity of parvalbumin B protein binding to Ca^{2+} and Mg^{2+} at an *ab initio* QM/MM level using the reference–potential method [J]. Chinese Journal of Chemical Physics, 2021, 34(6): 741–750.

[226] Wang Y, Liu M, Gao J. Enhanced receptor binding of SARS–CoV–2 through networks of hydrogen–bonding and hydrophobic interactions [J]. Proceedings of the National Academy of Sciences, 2020, 117(25): 13967–13974.

[227] Wang Y J, Veglia G, Zhong D P, et al. Activation mechanism of Drosophila cryptochrome through an allosteric switch[J]. Science Advances, 2021, 7(25): eabg3815.

[228] Wang X, Liu R, Zhu W, et al. UDP-glucose accelerates SNAI1 mRNA decay and impairs lung cancer metastasis [J]. Nature, 2019, 571(7763): 127-131.

[229] Zheng X, Fu Z, Su D, et al. Mechanism of ligand activation of a eukaryotic cyclic nucleotide-gated channel[J]. Nature Structural & Molecular Biology, 2020, 27(7): 625-634.

[230] Wan F, Ding Y, Zhang Y, et al. Zipper head mechanism of telomere synthesis by human telomerase[J]. Cell Research, 2021, 31(12): 1275-1290.

[231] Song R, Wu X, Xue B, et al. Principles governing catalytic activity of self-assembled short peptides[J]. Journal of the American Chemical Society, 2019, 141(1): 223-231.

[232] Zhang A, Yu H, Liu C, et al. The Ca^{2+} permeation mechanism of the ryanodine receptor revealed by a multi-site ion model[J]. Nature Communications, 2020, 11(1): 922.

[233] Wang D, Wu S, Wang D, et al. The importance of the compact disordered state in the fuzzy interactions between intrinsically disordered proteins[J]. Chemical Science, 2022, 13(8): 2363-2377.

[234] Yuan M, Tang X, Han W. Anatomy and formation mechanisms of early amyloid-β oligomers with lateral branching: graph network analysis on large-scale simulations[J]. Chemical Science, 2022, 13(9): 2649-2660.

[235] Weng J, Yang M, Wang W, et al. Revealing thermodynamics and kinetics of lipid self-assembly by Markov state model analysis[J]. Journal of the American Chemical Society, 2020, 142(51): 21344-21352.

[236] Yu M, Liu Y J. Same luciferin in different luciferases emitting different-color light. A theoretical study on beetle bioluminescence[J]. Journal of Chemical Theory and Computation, 2020, 16(6): 3904-3909.

[237] Liu Y J. Understanding the complete bioluminescence cycle from a multiscale computational perspective: A review [J]. Journal of Photochemistry & Photobiology, C: Photochemistry Reviews, 2022, 52: 100537.

[238] Fan F, Zheng Y, Zhang Y, et al. A comprehensive understanding of enzymatic degradation of the G-type nerve agent by phosphotriesterase: Revised role of water molecules and rate-limiting product release[J]. ACS Catalysis, 2019, 9(8): 7038-7051.

[239] Lu J R, Lai W Z, Chen H. C(sp^3)-H hydroxylation in diiron β-hydroxylase CmlA transpires by amine-assisted O_2 activation avoiding $FeIV_2O_2$ species[J]. Angewandte Chemie International Edition, 2022, 61(46): e202211843.

[240] Peng W, Qu X, Shaik S, et al. Deciphering the oxygen activation mechanism at the CuC site of particulate methane monooxygenase[J]. Nature Catalysis, 2021, 4(4): 266-273.

[241] Feng J, Shaik S, Wang B. Spin-regulated electron transfer and exchange-enhanced reactivity in Fe_4S_4-mediated redox reaction of the Dph2 enzyme during the biosynthesis of diphthamide[J]. Angewandte Chemie International Edition, 2021, 60(37): 20430-20436.

[242] Wang B, Wu P, Shaik S. Critical roles of exchange and super-exchange interactions in dictating electron transfer and reactivity in metalloenzymes[J]. The Journal of Physical Chemistry Letters, 2022, 13(13): 2871-2877.

[243] Bao J, He X, Zhang J Z H. Development of a new scoring function for virtual screening: APBscore[J]. Journal of Chemical Information and Modeling, 2020, 60 (12): 6355-6365.

[244] Pan X, Wang H, Zhang Y, et al. AA-score: A new scoring function based on amino acid-specific interaction for molecular docking[J]. Journal of Chemical Information and Modeling, 2022, 62(10): 2499-2509.

[245] Li C, Zhang A, Wang L, et al. Development of a polynomial scoring function P3-score for improved scoring and ranking powers[J]. Chemical Physics Letters, 2023, 824: 140547.

[246] Chong B, Yang Y, Zhou C, et al. Ensemble-based thermodynamics of the fuzzy binding between intrinsically disordered proteins and small-molecule ligands[J]. Journal of Chemical Information and Modeling, 2020, 60(10): 4967-4974.

[247] Wang E, Sun H, Wang J, et al. End-point binding free energy calculation with MM/PBSA and MM/GBSA: Strategies and applications in drug design [J] . Chemical Reviews, 2019, 119(16): 9478-9508.

撰稿人：黎书华 李 伟 张 颖 马海波 郭 阳 崔刚龙 刘 剑 傅碧娜
李震宇 李振东 江 俊 商 城 巨明刚 龚学庆 彭 谦 王斌举

超分子组装和软物质材料的最新研究进展

1. 引言

改革开放以来，我国超分子化学基础研究不断发展，成绩显著，并在国际上产生了一定的学术影响。本文邀请国内从事超分子化学研究的一线专家学者撰文，回顾和总结了近年来我国在大环超分子化学、超分子手性、生物和药物活性导向的超分子化学、超分子聚合物、基于生物大分子的分子组装 5 个方面的部分重要研究工作进展，并对未来的发展趋势做出了一定的展望。希望本文能为长期关注我国超分子化学发展的学者、科技管理人员和各类资助机构提供有价值的信息，同时也能使刚步入超分子化学这一化学核心和交叉研究领域的青年研究人员和研究生更好地了解和把握超分子化学的前沿和关键科学问题。

2. 大环超分子化学研究进展

在超分子化学的诞生和发展历程中，大环主体分子发挥着历史性的重要作用，冠醚、穴醚、球醚、环糊精、杯芳烃、葫芦脲等几代大环主体的相继涌现，奠定了超分子化学的基础，推动了超分子化学研究不断走向深入。大环主体分子不仅提供了色彩斑斓的分子结构，更为重要的是为研究分子间非共价相互作用的本质和规律提供了物质基础和模型，在建立和发展分子识别、分子机器、功能组装材料和超分子催化等方面均具有重要作用。进入 21 世纪，该领域依然呈现快速发展态势，一些具有独特结构的大环分子，如杂杯芳烃、柱芳烃及其他大环芳烃、环对苯撑等成为研究的焦点。目前我国已成为国际上该领域研究最为活跃的国家之一。近 5 年来，我国学者在新型大环化合物的设计合成、新型非共价相互作用研究、分子识别、超分子催化研究等方面取得了突出进展，并在若干方面引领了国际发展趋势。

2.1 新型大环化合物的设计合成

锯齿型环带烃分子自 1954 年由理论化学家提出，后成为化学家梦寐以求的合成目标之一，但合成研究长期停滞不前，王梅祥等建立和发展了全新和通用的“跨湾造桥”策略，从简单易得的杯雷琐芳烃出发，合成了系列具有不同直径、形状、官能化及杂原子镶嵌的锯齿型环带烃分子，并首次观测到完全共轭的环带烃分子的形成[1, 2]。朱克龙等利用片段环化策略，合成了含有硫（氧）杂蒽单元的碗形环带分子[3]。利用不同富电子芳香单元与甲醛缩合可形成结构多样的亚甲基桥连的大环分子[4]，近些年来我国学者在这方面取得了快速发展，陈传峰等分别以 2,7– 二甲氧基萘、2,6– 二甲氧基蒽为单元，合成了具有延深空腔的碟芳烃[5]、塔芳烃或异塔芳烃[6]；李春举等以联苯芳烃为单元，模块化构筑了一系列结构和空腔尺寸可调的联苯大环芳烃[7]；杨英威等通过片段缩合，在柱芳烃或杯芳烃骨架中引入联苯单元，合成了斜塔芳烃和双子芳烃[8]；苏纪豪等合成了双缘去对称化的柱芳烃[9]，并通过亚胺缩合连接两个柱芳烃单元，构筑了有机管柱[10]。在对苯撑衍生的碳纳米环构建方面，杜平武等合成了一系列含有长共轭拓展 p 面的碳纳米环分子[11]；丛欢等利用跨环的蒽光二聚反应[12]，以及通过环八四噻吩桥连两端成环[13]，合成了两例“8”字形双环分子。在其他类型大环合成方面，蒋伟等利用弧形刚性桥连双萘作基元，通过酰胺化、酯化或脲缩合等构建了一系列具有内修饰氢键位点的萘基分子管[14]；林建斌等以萘二噻吩 – 二酰亚胺为基元，通过转金属化、电化学氧化促进的还原消除，合成了共轭纳米柱大环[15]；蔡康等利用片段偶联环化策略，合成了由邻炔基联苯单元组成的具有自适应空腔的管状大环[16]；龚汉元等通过片段偶联环化，合成了环［8］间苯大环并研究了其阻转异构构象转化过程[17]；李昊等利用亚胺、肟及腙的动态缩合反应，构建了一系列水溶性的分子笼[18]。

近几年来，我国学者在固有手性大环合成方面取得了重要进展。固有手性（Inherent chirality）概念由德国化学家伯默（Böhmer）于 1994 年首次提出，用于描述在杯［4］芳烃的芳环片段上引入不同的取代基团，使大环不再含有任何对称元素而呈现出的一种“整体的手性”[19]。与经典的中心手性、轴手性、面手性分子不同，固有手性大环具有手性空腔，由于不受手性砌块限制，分子多样性更加丰富，手性空腔的电性和尺寸在很大程度上能够被设计和调控，有望呈现出独特的手性识别与催化性能。长久以来，固有手性大环的合成与获得一直面临巨大挑战，自 2020 年起，我国学者在这一领域逐渐取得突破。佟硕和王梅祥等通过线性前驱体的不对称催化环化形成杂杯芳烃，首次实现了固有手性大环分子的高效、高对映选择性催化合成[20]。随后，佟硕[21]和蔡泉等[22]又分别将固有手性大环的催化不对称构筑策略进一步拓展到传统杯芳烃中，利用杯芳烃骨架上的去对称化反应，通过跨环和同环选择性 C–H 键活化高效构筑了高光学活性的固有手性杯芳烃。最近，佟硕和王梅祥等还利用催化不对称乌尔曼反应成功实现了外消旋杯［4］雷琐芳烃的动力学拆分[23]。在新型固有手性骨架构建方面，王其强等将固有手性概念由大环拓展到具有更高拓扑连接的笼状结构，通过按等级去对称化策略实现了笼固有手性的构建[24]。

2.2 新型非共价相互作用研究

分子间非共价相互作用是超分子化学的科学基础，是主–客体和自组装过程的热力学驱动力。发现和理解不同的分子间非共价相互作用力，协同和调控多重和多种分子间非共价相互作用力，是实现高效和选择性分子识别及可控自组装的必由之路。从历史发展的角度来看，传统的非共价相互作用如离子–偶极、氢键、亲脂疏水效应、π–π 堆积等推动了超分子化学学科的建立和发展，因此发现和阐明新型非共价相互作用，将加深我们对物质世界和生命体系的认识，为促进超分子化学和相关学科的发展提供新的契机。近 5 年来，化学界涌现出一些新型的非共价相互作用，代表性的例子有与氢键相关的抓氢键（agostic bond），与 σ–hole 作用相关的卤键（halogen bond）、硫键（chalcogen bond）、氮键（pnictogen bond）和碳键（tetrel bond），与 π 作用相关的阴离子 –π 作用（anion–π interactions），与羰基相关的 $n\rightarrow\pi^*$ 相互作用（$n\rightarrow\pi^*$ interactions）等，它们在晶体工程、主客体化学和自组装、化学催化、离子传输、生物大分子结构和功能等方面发挥了重要作用。

不难看出，近 5 年来我国超分子化学家在新型非共价相互作用研究方面做出了主要贡献，在科技文献数据库（Web of Science）收录的期刊上所发表的论文数居首位（占比大于 20%），特别是在阴离子 –π 作用和 $n\rightarrow\pi^*$ 相互作用领域处于领先地位（占比约 40%）。代表性的研究成果有江云宝[25]和黎占亭[26]等人利用卤键作为驱动力构筑了超分子螺旋结构；于洋等人基于硫键构筑了功能性的自组装胶囊，后者可调控肟类化合物的构型平衡[27]；王瑶等人基于硫键作用设计了系列催化剂，实现了硫键催化的化学反应[28]；王梅祥和王德先等人利用理性设计的缺电性大环主体，实现了对阴离子的选择性或高效识别，以及阴离子 –π 作用驱动的超分子可控自组装[29, 30]；王德先等人基于阴离子 –π 作用建立了阴离子跨膜传输新体系——分子沙漏，实现了高选择性和 pH 响应性的氯离子传输[31]；尤磊等人巧妙设计了具有不同取代基的联芳基醛、亚胺和烯烃的分子转子作为模型，揭示了 $n\rightarrow\pi^*$ 相互作用对过渡态的稳定性[32]；王瑶等人合成了具有四氰基和双羰基的环丙烷分子作为催化剂，实现了分子间 $n\rightarrow\pi^*$ 相互作用驱动的呋喃衍生物与烯酮的迈克尔加成反应[33]；王德先等人设计了含多羰基基元的大环分子，获得了分子间 C=O⋯C=O 相互作用驱动的自组装纳米管结构，实现了组装体对染料的单晶色谱分离[34]。

2.3 分子识别

分子识别是超分子化学和众多生命过程的基础，随着超分子化学发展进入新阶段，深入揭示分子识别机制、实现具有挑战和重要意义客体分子的高效识别是当前超分子化学的核心研究内容之一。大环主体分子具有预组织的构象和协同的作用位点，可以有效克服识别过程中的熵不利因素，在分子识别方面具有天然优势。近几年来我国学者在挑战性的阴离子识别、水相识别、生物分子识别、手性识别、氙气识别等方面取得了重要进展。王梅祥和王德先等利用他们所发展的杂杯芳烃、冠芳烃、苯三酰亚胺分子笼等具有的缺电性空腔，系统研究了一系列阴离子的识别过程，揭示了阴离子 -π 作用协同性规律[30]。陈传峰等研究了大环芳烃类主体对季铵盐等阳离子客体及长链烷烃的识别行为[4]，实现了对特定客体的高效结合，以及水相中高对映选择性的手性识别[35]。于洋等利用超分子杯探究了水相中阳离子 -π 作用和疏水去溶剂化作用的相对强弱[36]。蒋伟等提出水相仿生识别理念，通过在疏水空腔内部引入极性氢键位点，利用内修饰分子管，在水相中实现了对一系列极性小分子如环氧化合物、聚乙二醇等的高效选择性识别[14]。曹利平等利用具有潜在手性构象的水溶性大环和分子笼，通过客体诱导的手性自适应光学信号响应，实现了对三磷酸核苷、碱基对等生物分子的识别[37]。刘育等利用环糊精和葫芦脲对特定客体的识别，构建了基于透明质酸的大环超分子组装体，并开展了其生物应用研究[38]。郭东升等利用两亲环糊精和杯芳烃杂多价共组装体，实现了对阿尔茨海默病相关蛋白的纳摩尔级结合[39]。杨成等详细研究了柱芳烃等具有动态平面手性大环的手性光学响应机制，发现了超分子手性诱导过程中的自抑制现象，并揭示了其热力学和动力学调控机制[40]。王其强等建立了针对重要惰性气体氙气的大环组装识别体系，实现了氙气的高效结合，揭示了氙气诱导的自适应结合与范德华作用机制，增进了对氙主客体化学的理解[41，42]。

2.4 超分子催化研究

超分子催化作为超分子化学与催化的交叉融合，强调运用超分子化学的原理和手段，如主客体体系、多种非共价作用协同和模块组装等，其不仅可用于修饰改善现有催化剂，也为创制组装新催化剂提供新的路径，是超分子体系功能化研究的重要方向之一。大环化合物具有仿酶受限空腔和专一性识别特点，在发展高效超分子催化体系方面显示了巨大潜力，如早期布里斯罗（Breslow）等利用环糊精疏水空腔对底物的包合，在水相中模拟了一系列酶促类型的反应。近年来，我国学者王其强等在大环超分子催化领域开展了研究，提出阴离子识别导向的超分子催化设计理念，发展了大环抗阴离子捕获[43]、底物诱导组装[44]超分子催化策略，实现了反应的显著加速与精准手性控制，建立了协同阴离子 -π 识别与活化模式，实现了非共价 π 作用驱动的高效、高选择性催化转化[45]。杨成等研究了环糊精介导的蒽酸光二聚反应，实现了手性光化学反应立体选择性的有效控制[46]。张希等利用葫芦脲的包合调节反应中间体的活性与稳定性，以及其促进的光二聚反应，实现了高效的超分子催化醇氧化[47]和聚合反应[48]。范青华等利用冠醚作为识别位点，合成了含有

[2]轮烷分子梭单元的膦配体，实现了酸碱刺激响应的铑催化氢化反应的开关切换[49]。

2.5 展望

过去5年，大环化学研究方兴未艾，我国学者已成为一支中坚研究力量，已合成了众多各具特色的大环分子，包括化学家长期梦想的新奇大环分子，形成了重要的国际影响力。这些大环分子各有特点，展现了在分子识别、组装、材料、催化、生物医学等领域的巨大应用潜力。需要指出的是，每一种大环分子都不是万能的，不能多方面满足超分子化学研究的所有需求，因此开发具有独特结构和性质的新型大环主体仍是今后努力的重要方向，也是超分子化学创新发展的驱动力。另外，深入研究这些大环分子的理化性质和超分子性能，针对每一种大环分子自身结构和性质方面的特点，开发其独特应用，以及针对特定应用目标反馈到大环分子的再设计合成也是超分子化学的重要方向。在新型非共价弱相互作用力研究方面，如何认识其内在的物理本质、如何通过分子设计实现协同增强、如何利用高精度和高灵敏技术对其进行准确测量和表征、如何探索与“新作用”相关联的“新功能”将是今后的努力方向。与此同时，加深对分子识别机制的理解，从分子水平上揭示识别的构效关系和内在驱动力，更加关注具有挑战性和重要意义客体分子的识别，以及在特定环境或外在竞争下的高效、高选择性识别，努力开发与识别相关的应用也是一个重要研究方向。我国学者也应注重加强超分子催化研究，从超分子化学的角度增进对化学催化和酶催化过程的理解，提升催化剂的理性设计能力，关注新型非共价作用原理驱动的催化，开发新型活化模式，力争为挑战性化学催化反应提供创新解决思路。

3. 超分子手性研究进展

手性是指物质通过平移和旋转等变换与其镜像不能重合的不对称特征，是自然界诸多物体的基本属性之一，显著影响生命活动与物质功能。手性在自然界具有多层次特征，既有分子层次的手性，也有分子以上层次的超分子手性和宏观手性[50]。分子手性由原子的空间不对称排列决定，超分子手性由分子或纳米粒子等构筑基元的不对称排列控制。不同的是，超分子手性系统主要是基于构筑基元之间的非共价相互作用，因此，超分子手性研究聚焦分子组装和主客体化学系统中手性的产生、传递和放大现象，以及由此衍生的超分子手性功能[51]。我国学者在国际上较早地开展了超分子手性研究，在我国基金委、科技部、教育部和中国科学院等部门的大力支持下，近年来更是取得了快速发展。数据显示，在全世界超分子手性研究保持快速发展的同时，我国在该领域的SCI论文占比和高质量论文占比均大幅提高，完成了从追随到领跑的发展跃迁（图1）。本章从自组装系统的超分子手性、主客体系统的超分子手性及超分子手性功能三方面介绍我国学者近几年的主要研究成果。

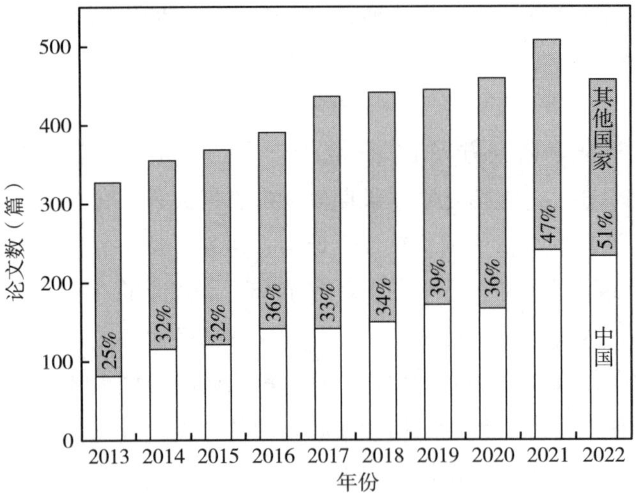

图 1　在 Web of Science 以“supramolecular chiral*”为关键词检索的 SCI 论文统计（浅色为中国学者发布的论文数，深色为其他国家学者发布的论文数，百分比为当年我国学者发布的论文数的占比）

3.1　自组装系统的超分子手性

基于分子间非共价相互作用的自组装系统是研究超分子手性的理想平台。分子和纳米粒子等构筑基元在手性不对称影响下，通过多重非共价作用协同组装形成从数个纳米到微米乃至更大尺度的手性聚集结构，这一过程涉及手性信息从分子层次到超分子层次的可控传递，对理解自然界多层次手性物质与功能具有重要意义。从组装基元的类型出发，自组装系统的超分子手性研究大致可以分为分子组装超分子手性和纳米组装超分子手性。

在分子组装超分子手性研究方面，中国科学院化学研究所刘鸣华等在溶液手性组装的研究基础上，发展了溶液 - 界面多级组装新策略，综合溶液体系的自组装和二维基底的表面限域效应，实现了微米尺度单分散同手性螺旋微环的精准构建，为理解超分子手性传递机制和发展多层次手性微纳结构提供了一种新思路[52]。中国科学院化学研究所万立骏等报道了卤键介导的表面超分子手性识别与结晶现象，他们通过扫描透射电镜和密度泛函计算系统研究了 Br⋯Br 相互作用在 Ag（100）和 Ag（111）面对溴代三嗪分子手性结晶的影响与调控机制[53]。吉林大学吴宗铨等发展了聚合物组装超分子手性功能体系，他们利用聚联烯 - 聚噻吩嵌段共轭聚合物两个组分的结晶性和手性特征，成功制备了端基活性的螺旋纳米线，继而引发手性的活性超分子聚合，实现了螺旋手性和聚合度的有效调控[54]。

在纳米组装超分子手性研究方面，我国学者近年来取得了系列重要研究成果。江南大学胥传来和匡华等与美国密歇根大学尼古拉斯 · A. 科托夫（Nicolas A. Kotov）合作，制备了各向异性因子达到 0.44 的手性纳米颗粒，并将其作为手性纳米佐剂应用于疫苗研发。

他们发现手性纳米佐剂可以同时有效激活体液和细胞免疫应答，产生更好的预防感染效果，为新型治疗性疫苗的研发提供了全新思路[55]。吉林大学刘堃等与美国密歇根大学尼古拉斯·A. 科托夫、巴西圣卡洛斯联邦大学安德烈·德·莫拉（André de Moura）合作，使用人胰岛淀粉样肽与金纳米棒共组装制备了长程有序的超分子螺旋结构，将各向异性因子提高了 4 600 倍，并利用其手性液晶性质和纳米棒加速的纤维化过程，进一步将这一超分子手性结构应用于复杂生物介质中的药物筛选[56]。

3.2 主客体系统的超分子手性

超分子大环主体与客体分子形成的主客体复合物是超分子手性研究的重要内容，对阐明分子间手性诱导和手性传递具有重要意义。四川大学杨成等揭示了超分子手性诱导过程中的自抑制现象，他们将手性客体诱导剂加入具有大体积取代基修饰的非手性柱［5］芳烃溶液中，发现自抑制实质上是由三重串联平衡的动力学偶合造成的，此外，还可以通过温度、浓度和化学修饰控制超分子手性诱导、擦除和逆转，为控制超分子手性系统动力学提供了新思路[40]。中国科学院化学研究所陈传峰等设计合成了新型塔芳烃，由于萘环的翻转，该类塔芳烃以动态消旋体存在，通过与手性客体分子络合，塔芳烃主客体络合物展现了明确的超分子手性，得到圆二色光谱和圆偏振荧光光谱的证实[5]。西北大学曹立平等制备了一种水溶性纳米管状分子，该大环主体可以通过超分子手性的响应性实现不同三磷酸核苷分子的选择性识别，具有荧光、圆二色及圆偏振荧光信号的正交响应特性，可以有效提高生物分子的精准识别[57]。华东师大杨海波和复旦大学金国新等发展了基于轮烷和锁烃等拓扑结构的手性体系，推动了拓扑结构中超分子手性的研究进展[58, 59]。

3.3 超分子手性功能

在生命系统中，手性分子不仅在分子层次调控新陈代谢与生命过程，而且作为一个重要的基本单元和构筑因子形成双螺旋 DNA 和螺旋蛋白等手性生物结构，从而在超分子手性层次增加调控维度和复杂性，以更好地适应生物进化与自然环境。受此启发，科学家利用超分子手性的动态、手性放大和跨尺度等特征，在发展新型手性功能材料方面取得了系列进展，具有代表性的几个领域为超分子圆偏振发光、超分子手性识别与催化、超分子手性生物效应等。

通过构筑基元的不对称有序排列，分子手性在超分子层次可能得到非线性放大，从而为发展高发光不对称因子的圆偏振发光材料提供了可能性。中国科学院化学研究所刘鸣华等通过 π- 氨基酸分子的双螺旋排列实现了光致发光量子效率和发光不对称因子（g 值）的同步提高，将 g 值提高到 0.14[60]。国家纳米科学中心唐智勇和苏州大学张伟等通过无机手性光子晶体与半导体量子点共组装的途径，实现了纳米材料圆偏振发光旋向、波长和强度的高效调控，g 值达到 0.25 的较高水平[61]。北京大学闫云和香港中文大学（深圳）

唐本忠等则发展了固相分子手性组装策略，通过温和的机械压力驱动囊泡到二维薄膜的结构转变，实现了基于分子组装调控的簇聚圆偏振发光[62]。

超分子手性控制下的自组装系统能够提供类似于酶口袋的不对称限域环境，从而在超分子手性识别与催化方面具有独特应用。复旦大学李明洙等制备了具有超分子手性的二维片层多孔结构，将其成功应用于消旋氨基酸的对映选择性识别捕获，并通过偶氮苯构筑基元的光致顺反异构可逆调节孔道大小，进一步实现了捕获手性客体分子的精准释放[63]。复旦大学车顺爱等使用具有超分子手性的无机纳米铜材料实现了二氧化碳电催化还原合成手性丝氨酸，对映体过量值超过 90%，并揭示了手性晶面对二氧化碳电催化还原路径的热力学和动力学调控机制[64]。上海交通大学冯传良等发展了超分子手性调控的水凝胶生物医用材料，该团队发现水凝胶纳米结构在细胞培养和伤口愈合等方面具有明确的超分子手性效应，右旋的手性凝胶能够更好地促进细胞黏附、增殖和迁移[65]。

3.4 展望

我国学者近几年在超分子手性研究领域取得了系列重要研究成果，在超分子手性结构的精准构建方面，实现了从纳米到微米尺度手性组装微纳结构的高效调控；在超分子手性功能方面，推动了圆偏振发光材料、超分子手性催化及手性生物医用材料的快速发展，展示了超分子手性在创制新材料领域的巨大潜力。

4. 生物和药物活性导向的超分子化学

超分子化学研究分子间相互作用、结合与识别、分子自组装及识别和组装引起的单组分和超分子或组装体性质的变化等，包括简单的理化性质、各种材料性能和生物活性等。分子识别和超分子化学研究的源头动力来自生命体系，因此增强、抑制或产生不同的生物活性就成为超分子化学研究的一个重要目标。进入 21 世纪，以生物和药物活性为导向的超分子化学越来越受国内外超分子化学家的重视，2021 年以来，我国在本领域研究取得了许多重要进展，本节主要总结超分子化学原理在药物递送、光动力治疗、超分子和组装体药物（包括抗菌与抗病毒、拮抗与缓解阿尔茨海默病等）方面的进展。

4.1 药物递送

药物递送可实现提高成药性、药物药效增强、降低药物副作用、克服病灶细胞多药耐药性及提高靶向性等目的。1995 年阿霉素脂质体的临床上市极大地推动了药物递送技术的持续研究。超分子化学家发展了多种原理和策略，以实现对不同药物的递送功能。2019 年以来，我国学者在利用高效主客体化学和自组装策略构筑新型载体方面不断开展研究，取得许多重要进展。刘育等利用连接到透明质酸的 b– 环糊精对四苯基卟啉的苯基络合作用，构筑了一类自组装纳米粒[66]。这一主客体络合作用能显著提高被包结的卟啉敏化产生单线态 $^1O_2$ 的效率，相应的纳米组装体能增强连接到卟啉基团的康普瑞汀前药的释放和结合微管蛋白的能力。胡晓玉和裴志超等报道[67, 68]了对柱［5］芳烃和柱［6］芳烃修饰，在其大环骨架上下两端引入正、负离子或中性亲水基团，如半乳糖等，可产生新的两亲分子，组装形成纳米粒子，包埋阿霉素等抗癌药物。这些纳米粒子能实现跨膜递送，并在肿瘤酸性微环境解离释放药物，提高其抗肿瘤活性。张希等报道[69]了在葫芦［7］脲外侧引入长的聚乙二醇链，可产生两亲性，并利用葫芦［7］脲疏水内穴络合活性肽的苯丙氨酸侧链苯基，形成共组装体，该共组装体能延长血液循环，实现前药递送并提高抗癌活性。马达等合成了疏水性的卟啉－喜树碱偶联分子[70]，其喜树碱片段可被开环葫芦脲包结，其与引入亲水性聚乙二醇链的喜树碱－开环葫芦脲络合物共组装，可提高卟啉敏化产生单线态氧 $^1O_2$ 效率，而喜树碱仍保留抑制肿瘤细胞生长的活性，由此实现化疗和光动力治疗的一体化。

4.2 光动力疗法

光动力疗法具有快速、精准、可重复、不产生耐药性等优点，是一种重要的肿瘤疗法。张希和徐江飞等把两个苄基铵基团引入苝二酰亚胺，通过葫芦［7］脲络合苄基铵基团，形成三组分络合物[71]。受肿瘤微环境乏氧影响，苝二酰亚胺被还原为负离子自由基，并被两端主客体络合物稳定，这一负离子自由基具有很高的光热治疗活性和生物安全性，揭示了负离子自由基新的独特的生物功能。基于电子转移机制的Ⅰ－型光敏剂被认为可以克服乏氧肿瘤光动力疗法低效率的问题，但产生Ⅰ－型光敏剂的策略非常有限。杨清正等报道了富电子柱［5］芳烃可作为电子供体和大环宿主，与硼亚甲基二吡咯（BODIPY）衍生的缺电子Ⅱ－型光敏剂形成主客体配合物[72]。这种主客体络合促进了相互作用，在光照下电子从柱［5］芳烃转移到 BODIPY，再通过Ⅰ－型机制转移到 O_2，产生超氧自由基（$O_2^{-\cdot}$）。抗肿瘤研究表明，这种超分子光敏剂在乏氧条件下也显示出高效光动力治疗效果，为各位学者提供了一种利用超分子策略从传统Ⅱ－型光敏剂制备Ⅰ－型光敏剂的有效方法。

4.3 超分子和组装体药物（抗菌与抗病毒、拮抗及缓解阿尔茨海默病等）

小分子和大分子药物临床应用广泛，发现超分子和自组装结构的治疗功能为药物设计提供了新策略。2019 年以来，我国学者在此方向取得了重要研究进展。王瑞兵等合成了连接金刚烷的甘露糖和连接葫芦［7］脲的磷脂衍生物[73]，二者通过葫芦［7］脲络合金刚烷形成主客体络合物。这种主客体络合物的磷脂片段可嵌入巨噬细胞表面，而甘露糖用于结合到大肠杆菌表面，从而促进巨噬细胞对大肠杆菌内化，并进一步产生活性氧物种，从而有效杀死细胞内的细菌。抗疟疾药物氯喹曾在美国用于治疗新型冠状病毒感染，后因严重毒副作用取消。王瑞兵等发现，葫芦［7］脲络合氯喹，结合常数大 10^4L/mol[74]。这一络合作用显著降低了氯喹的细胞毒性，细胞和病毒实验表明葫芦［7］脲大环具有显著的抗新冠病毒活性，而二者的 1：1 络合物能产生协同的抗病毒活性，表明主客体络合物具有单一组分不具备的药物活性，值得进一步研究。

淀粉样蛋白 -β（Aβ）的产生与清除不平衡引起 $A\beta_{1-42}$ 单体簇集，导致其纤维化和斑块化，并最终产生阿尔茨海默病。因此，抑制这一纤维化和斑块化的过程被认为是发现阿尔茨海默病治疗药物的一个途径。张涛和郭东升等设计合成了环糊精和杯芳烃两亲单体，二者共组装形成纳米粒子，其环糊精和杯芳烃大环可以选择性地结合 $A\beta_{1-42}$，抑制其纤维化并溶解已形成的 $A\beta_{1-42}$ 纤维[75]。这一组装体表面的主客体化学为设计治疗阿尔茨海默病的药物提供了一个独特的超分子策略。

两端引入短肽或酰肼基团的柱［5］芳烃具有高效的单分子跨膜输送功能。侯军利等报道[76]，在柱［5］芳烃两端引入亲水的铵离子，相应衍生物可跨膜形成单分子通道，模拟天然水通道蛋白的功能，并达到媲美水通道蛋白的跨细胞膜水渗透效率。这一高效的跨膜水通道也被发现具有独特的生物功能，即能促进嵌入功能失调的水通道蛋白的细胞伤口愈合。

黎占亭、马达等在葫芦［8］脲外侧引入亲水的磺酸盐基团，由此大幅提高了其水溶性[77]。动物实验表明，这类高水溶性葫芦［8］脲衍生物可以有效络合罗库溴铵和顺阿曲库铵等去极化性肌肉松弛药物，并实现快速拮抗去肌松活性的目的。卟啉光动力治疗药物在体内长期残留导致患者长期避光生活。黎占亭等设计合成了一类并入萘环的四吡啶盐刚性环番[78]，通过疏水作用和离子对静电作用，络合疏水性并具有羧酸根负离子基团的卟吩姆钠等临床用光敏剂。动物实验表明，这一络合作用能显著降低光敏剂在体内的残留，缓解模拟太阳光照射引起的光损伤，而不降低光敏剂对肿瘤的光动力治疗效率。

2019 年以来，我国学者围绕利用超分子化学和主客体化学原理设计发现生物和药物活性开展了深入研究，发展的一些超分子和自组装体系具有进一步开展临床前研究的潜力。天然环糊精及修饰物对药物的络合作用已经广泛应用于药物辅剂和药物研发，但目前超分子化学家构筑的生物活性超分子体系还没有获得临床应用。在过去研究工作的基础上，未来需要针对一些生物相容性高、疗效确定的超分子结构体系，进一步开展结构 - 活性关系研究，以发现具有临床应用前景的先导结构，建立超分子和自组装体系体内代谢与分布研究的方法，并与产业界合作或依靠产业界，以期在超分子化学应用于药物发现领域早日获得突破。

5. 超分子聚合物研究进展

超分子聚合物是一种由构筑单元通过分子间非共价键链接形成的新型聚合物，其结合了超分子与高分子的优点，已成为化学与材料领域的一个重要研究方向。与基于共价键聚合的传统聚合物不同，超分子聚合物的重复单元由非共价键连接，具有一些特殊性质，如刺激响应性、环境自适应性和自修复能力，这些性质在某种程度上弥补了共价聚合物智能响应性较差的缺点。近年来，中国科学家在开发新型超分子聚合物等方面取得了长足的进展，并在某些领域引领了国际发展趋势。以下将列举该领域主要亮点工作。

第一，开发新型构筑基元及新型超分子聚合策略。在开发新型构筑基元方面，曲大辉等采用天然小分子硫辛酸为构筑基元，成功将其转化为高性能超分子聚合物材料[79，80]，并且通过在材料内部的羧酸基团分子间氢键或引入二级离子键，进而制备出了具有高杨氏模量、高机械延展性、自修复和可重复加工回收性的超分子聚合物网络材料[81]。汪峰等开发了多种手性超分子单体，并对超分子聚合行为和超分子共聚物序列结构对能量传递行为的影响进行了深入研究[82，83]。董盛谊等则利用天然小分子有机酸和环糊精之间的氢键相互作用，成功地制备出透明状态的低共熔超分子聚合物材料[84]，该团队还研发了基于冠醚修饰的柱芳烃与水分子的共聚物黏合剂，该黏合剂在极低温度下展现了强效持久的黏合性能[85]。陈森斌等则开发了侧链为巴比妥酸盐和汉密尔顿楔的功能化共聚物，用于构筑全新的氢键型超分子聚合物黏合剂[86]等。

除了新型构筑基元，我国科学家还开发了多种设计策略来构筑超分子聚合物。田威等利用选择性识别的阳离子 –π 和给体 – 受体作用构筑了新型的二维超分子聚合物，为设计具有复杂拓扑结构的超分子聚合物提出了新策略[87]。徐江飞等开发了超分子乳液界面聚合新方法[88]。颜徐州等提出了协同共价 – 超分子聚合物的概念，用于构筑机械性能和动态性兼备的新型聚合物材料[89，90]。李霄羽等开发了液晶嵌段共聚物原位“成核 – 生长”超分子聚合自组装的新策略，通过“一锅法”精确合成了多种超分子聚合物纳米结构[91]。王旭等开发了一种利用刚性和柔性超分子片段协同增韧热塑性弹性体的方法，有效避免了过度的超分子聚集，从而研制出世界上韧性最高的超分子聚合物弹性材料[92]。王朝等开发了一种新的低熵罚（low-entropy-penalty）离子偶极相互作用的多价设计，利用这种强离子 – 偶极相互作用的超分子材料拥有良好的弹性，并能在 25~200℃的温度下保持稳定，而不牺牲其动态自愈合性能，解决了超分子聚合物机械性能在高温下快速衰减的问题[93]。刘培念等在金属基底上进行超分子聚合物的构建和性质研究，率先实现了基于卟啉前体的超分子聚合物的后官能化[94]。丁书江等通过锁相策略设计了一种新型动态超分子离子导电弹性体聚合物，实现了超分子聚合物多种性能的完美结合[95]。

第二，发展了一系列独具特色的超分子聚合物拓扑结构，包括编织聚合物和机械互锁聚合物。编织聚合物通过编织节点的相互交联构筑出聚合物网络，将编织技术引入超分子聚合物材料可以赋予材料高耐久性、高韧性和高强度等优异力学性能。颜徐州等报道了一种利用带有双键的锌配位［2］索烃开环复分解聚合的拓扑转换策略，可以在分子水平上构建编织聚合物网络[96]。在此基础上，他们还报道了一种同时具有动态性能和编织几何结构的交联体，可以整合共价聚合物网络和超分子聚合物网络的优点，具有强度与机械适应性兼备的优越性能[97]。除了编织聚合物，我国科学家在新型机械互锁聚合物的设计与应用方面也取得了显著进展。机械互锁聚合物由机械互锁基元构筑而成，兼具超分子聚合物的动态特性和共价聚合物的稳定性。颜徐州等开发了多种机械互锁聚合物网络结构，包括仿榫卯结构[98]、分子项链交联型结构[99]和雏菊链型结构[100]等，并研究了其微观机械键运动的宏观集成放大规律。曲大辉等将准轮烷交联剂引入具有丰富氢键堆积域的聚氨酯网络中，发现极少量的准轮烷交联剂就可以显著提高聚氨酯的机械强度等性能，为高性能弹性体的构建提供了新思路[101]。此外，梁正等人将具有能量耗散功能的机械互锁聚合物网络作为电池材料保护层，对充放电过程中由电池材料反复膨胀或枝晶生长产生的机械应力进行耗散，实现了电池材料的长效稳定[102]。梁嘉杰等人在碳化钛基纤维中引入基于环糊精的机械互锁聚合物聚准轮烷作为黏合剂，克服了碳化钛基纤维的低延展性、低韧性和较差的鲁棒性等缺点[103]。张秋红等人构筑了一系列新型的滑环型聚合物，分别探究了该类聚合物在高韧性室温自修复弹性体[104]、离子凝胶[105]及锂硅负极黏结剂[106]等方面的应用。

第三，构筑了一系列固态超分子聚合物。溶液态及凝胶态的超分子聚合物已经得到了广泛研究，并被成功用于制备具有刺激响应性或黏附性的软材料。相对来说，制备固体状态的超分子聚合物是一个具有挑战性但很有前景的研究方向。相较于传统的超分子聚合物软材料，制备固态的超分子聚合物使我们有机会以此特性发展具有新功能的“硬”材料。而随着 X 射线晶体学技术的迅速发展，我们可以清晰地得到这些固态材料在微观分子层次上的结构排列信息，并且还能够在晶体结构中观察到连接这些单体的非共价键作用力类型，从而进一步明确固态下自组装的机理。我国科学家在基于大环主客体化学的固态超分子聚合物方面取得了一些进展。臧双全等使用不同银簇作为连接剂将基于葫芦脲的准轮烷连接起来构筑了 3 种新型的固态超分子聚合物，并且这些固态聚合物材料具有独特的固态发光性质[107]。苏忠民等开发了 2 种基于葫芦脲准轮烷和铜簇的多轮烷型固态超分子聚合物，这些材料具有优异的质子传导性能[108]。黄飞鹤等利用基于［双（1,4- 亚苯基）-34- 冠 -10- 醚］的准轮烷化合物与银离子进行配位，构筑了聚准轮烷型固态超分子聚合物结构，并且该超分子聚合物可以通过控制基元组分实现可逆地转换为［3］准轮烷[109]。黄飞鹤等利用柱芳烃与 BB 型单体 4,7- 二（2- 噻吩基）-2,1,3- 苯并噻二唑分子自组装形成了 A_2B_2 型固态超分子聚合物，通过固态下的超分子聚合，客体分子的聚集方式与发光性质发生了显著变化，其固态发光效率得到大幅提升。此外这种固态超分子聚合物材料还具有双光子发射特性[110]。在该研究的基础上，黄飞鹤将柱芳烃分子与 1,2,4,5- 四氰基苯进行共结晶，获得了一类具有蒸汽响应行为的线性固态超分子聚合物[111]。史兵兵等利用铂金属环主客体相互作用，实现了基于离散金属大环的固态超分子聚合物的构筑，并且通过改变客体分子的结构，能够有效地控制固态超分子聚合物的拓扑结构，实现线形超分子聚合物到交联超分子聚合物的转换[112, 113]。

6. 基于生物大分子的分子组装研究

超分子化学和分子自组装概念的提出，均受到生命体系构筑基元间的非共价相互作用的启发。因此，随着超分子化学和分子自组装体系的进一步推进和发展，考虑到生物分子，特别是生物大分子的化学结构与非共价作用的复杂性，科学家已经不能满足于采用化学合成分子构建组装基元而获得的具有动态、可逆、智能等特征的组装体系。为了更好地向生命体系学习，科学家希望能够直接以参与生命活动的生物分子为基元，构筑仿生组装体，研究其中非共价作用协同与竞争的复杂关系，从而在构筑基元、非共价作用、热力学起源等多个方面更深刻地认识自然、理解自然。因而，基于生物大分子的超分子化学，特别是分子自组装研究应运而生，并在近年得到了长足的发展。

常见的生物大分子包括核酸、蛋白质、糖链和脂类。这 4 类分子虽都属于生物大分子，但其结构和目前获得基元的难易程度差距很大，使得其相关自组装研究处于不同发展阶段，形成各自相对独立的研究领域。核酸分子的自动化学合成目前已成为成熟的商品化技术，可以较为方便地定制所需要的核酸序列，并在特定位点上进行化学修饰。更重要的是，DNA 纳米技术的蓬勃发展，使得利用核酸构建具不同形貌和复杂性的精确微纳结构的设计制备方法被较多实验室广泛采用和掌握。同时，核酸保守的碱基互补配对原则和可定点修饰的特征，赋予了核酸组装体远超其他体系的精确性和复杂性。因此，基于核酸的分子组装研究，在组装体的结构与功能复杂性、智能化、动态性等方面远远领先于其他几类生物大分子组装体。在此领域，樊春海、刘冬生、丁宝全、仰大勇、张川等多个课题组均做出了突出贡献。

樊春海等致力于发展 DNA 编码的智能响应性分子机器和 DNA 存储构建策略，他们通过 DNA 的正交配对设计了具精确颗粒数和各向异性的纳米分子机器，用于构建智能逻辑电路[114]。近期，他们与严灏等合作发展了一种通用的“元 DNA”策略，将 DNA 组装体拓展至微米尺寸，大大提升了 DNA 组装体的实用性[115]。刘冬生等在可控网络设计的 DNA 水凝胶方向取得了很大进展，他们通过调换碱基位置改变 DNA 序列连续性，实现了在不改变水凝胶网络拓扑结构和化学组成的前提下，调控其弹性模量以达到不同的功能应用[116, 117]。丁宝全等发展了多种微环境响应的动态核酸组装体，例如谷胱甘肽响应的“DNA 锁”，以实现活体水平上的精准治疗[118]。仰大勇等开发了新型药物载体，例如，利用通过酶促滚环扩增，以获得特异性识别 T 细胞的适配体序列从而构建水凝胶网络，引入 pH 响应的核酸序列以获得在细胞内吞途径中动态组装的 DNA 组装体等[119]。德国的威尔（Weil）等提出了多种在 DNA 组装体表面原位进行高分子聚合的策略，例如，在特定位点插入光敏剂以原位引发多巴胺聚合[120]。加拿大的苏莱曼（Sleiman）等则致力于扩大

ATCG 四种碱基的 DNA“字母表”，发现了廉价的小分子三聚氰酸具有类胸腺嘧啶的平面结构，并可与 polyA（聚腺嘌呤）的链相互作用以形成新型纳米纤维[121]。

天然氨基酸种类和结构的多样性，加上多级结构赋予蛋白质广阔的可变空间，使得制备具有相对精确结构的蛋白质组装体的难度明显增加。与核酸不同，蛋白质之间涉及数量众多且接触界面复杂的分子间相互作用。因此，该领域在发展初期以在天然蛋白质表面定点引入其他类型的超分子相互作用和对称性融合为主要研究思路[122]。目前，随着计算机科学的发展，快速增长的算力推动了对非天然蛋白质结构和接触界面的大规模从头设计。由此，在国际上，计算机设计的蛋白质相互作用界面逐渐成为目前制备蛋白质组装体的主流策略[123]。国内的刘俊秋、王强斌、张文彬、杨鹏等课题组均取得了出色的成果。刘俊秋等长期致力于人工仿酶蛋白质组装体的研究，他们利用较高分子量的非蛋白质组分与蛋白质形成共组装体，制备了具有可控酶催化、高光转换效率及对物理化学环境高抗性等优异性能的蛋白质组装材料[124–126]。王强斌等则利用量子点与工程化的烟草花叶病毒外壳蛋白产生了多种晶格排列的功能化二维共组装体[127]。随后，他们在该蛋白自组装过程中引入二硫键共价键网络，形成了长达十几微米、具良好稳定性的纤维结构[128]。利用蛋白质拓扑学工程，张文彬等针对治疗性蛋白质，如抗体和干扰素，制备了具有高亲和性、长循环、抗聚集的蛋白质共价串联结构，以提高其抗肿瘤效果[129，130]。而刘凯和杨鹏等则致力于开发基于蛋白质聚集的宏观材料，包括高性能纤维和涂层等，这类材料在工业和医学等领域具有广泛应用前景[131–136]。

不同于以上工程化改造或从头设计的蛋白质，利用直接发挥生理功能的天然蛋白质为组装基元尚处于起步阶段。近年来，陈国颂等开发了具超分子作用的小分子“诱导配体”，为天然蛋白质提供了一种全新的自组装方法。“诱导配体”蛋白质精确组装策略通过诱导配体所参与的相互作用，对蛋白质表面非特异性的相互作用进行调控，赋予其一定的强度和方向性，因此不需要对蛋白质进行从头设计和重组表达纯化。同时，小分子“诱导配体”参与的非共价作用所贡献的焓，可以改变组装动力学。基于这些优点，不同的天然蛋白质可以快速自组装，形成微米级的多孔蛋白质晶体和类微管结构的蛋白质纳米管[137，138]。改变小分子“诱导配体”的结构可调控组装过程和结果，使组装过程具有更多动态可控因素，使组装结构具备多样性[139，140]。近期，该方法被证明可调控蛋白质相互作用界面，从而制备具有动态演变能力的蛋白质组装体系，为制备各种复杂、动态和智能的蛋白质组装体提供了研究基础[141]。

相对蛋白质而言，肽链在结构上更为简单，同时成熟的化学合成工艺使得肽可以与各类分子偶联，从而赋予其更复杂和更多样的功能，肽在纳米医学、生物传感和组织工程等领域具有广泛应用。国内代表性研究组包括邵正中、杨志谋、闫学海、王浩、梁高林、冯传良等[142–147]。李艳梅等深耕肿瘤疫苗领域，在多糖抗原的合成、组装及疫苗佐剂方面有众多贡献，其以共价连接的肽段和糖蛋白作为组装基元，将超分子作用引入疫苗设计[148, 149]。近年来，液液相分离的发展使得分子组装与生命科学实现了更为紧密的融合。刘聪等发现帕金森病患者富集的突触核蛋白的磷酸化修饰对其液－固相转化及致病淀粉样聚集具有重要调控作用，阐释了磷酸化介导的病理性聚集体形成的分子机制[150]。陈兴等研究了 *O*– 乙酰氨基葡萄糖修饰对认知缺陷突触相关蛋白所参与的液液相分离的调控作用[151]。尤林（Ulijn）等使用计算工具对 8 000 种三肽在水中的自组装行为进行预测，并比较实验结果，从而获得了一套针对肽序列的自组装设计规则[152]。斯图普（Stupp）等利用脂基化 β– 折叠肽与可溶性短肽共组装，获得了有序性的超分子共聚物[153]。徐兵等专注于通过酶催化诱导小分子多肽特异于细胞内外组装，在选择性杀伤肿瘤等应用领域取得了系列成果[154]。

相比上述各类分子，糖链相关的组装研究则更为初步，虽已有不少令人振奋的进展，但总体尚处于起步阶段。原因主要在于：糖链合成通过糖基转移酶和糖苷酶调控，并非像蛋白质那样由基因直接调控[155]；糖链的信息功能主要通过与蛋白质的结合完成，但结合强度低，功能受限。但作为自然界丰度最高的生物大分子，糖链广泛存在的事实和无处不在的功能激发了科学家的研究兴趣[156]。同时，随着通过化学方法和化学酶法制备糖链技术的不断成熟，可被利用的糖链组装基元也在逐渐增多。在此领域，陈国颂课题组进行了长期系统性研究，从糖链的化学结构和所参与的化学反应出发，发展了多个全新的基于糖的自组装策略，构筑了一系列多维度、多层次的组装体系，并探索了上述组装体系在肿瘤免疫学等领域的应用[157–159]。最近他们通过设计糖肽结构单元，结合实验和计算工具，通过调控寡糖间和寡肽间的氢键平衡实现了对超分子纤维的螺旋手性调控，并进一步提出了针对糖肽纤维形成凝胶与否及其模量大小的调控策略[160]。该团队还开展了一种基于稀缺性单糖（3– 脱氧 –d– 甘露 –2– 辛酮糖酸）的糖脂类衍生物自组装研究，通过实验和计算机模拟相结合，详细阐述了脂链在糖环上不同的修饰位点对糖脂组装体形貌和组装动力学的影响[161]。董甦伟等人合成了富含二聚酪氨酸的系列糖肽，发现糖的立体构型能够对糖肽自组装及进一步形成凝胶产生影响[162]。泽贝格尔（Seeberger）等通过调控寡糖的链长、结构及聚集控制其超分子组装体的形貌，有望帮助了解基于纤维素的糖基自组装[163]。

7. 国内外发展比较、我国发展趋势与对策

从上文对大环超分子化学、超分子手性、生物和药物活性导向的超分子化学、超分子聚合物、基于生物大分子的分子组装 5 个方面的论述可以看到，近年来国内学者在超分子组装和软物质材料领域取得和积累了丰硕的研究成果。为了便于读者清晰了解各个领域的发展脉络和趋势，下文小结了各领域国内外发展比较及我国发展趋势与对策。

大环超分子化学：在超分子化学的诞生和发展历程中，大环主体分子发挥着历史性的重要作用，几代优势大环主体分子的涌现奠定了超分子化学的基础，推动了超分子化学研

究不断走向深入。进入 21 世纪以来，国际上大环超分子化学研究方兴未艾，呈现快速发展态势。令人欣喜的是，经过前期的积累和努力，近年来我国已经成为大环超分子化学领域研究最活跃的国家之一，并在若干方面（如新型大环主体分子设计合成、新型非共价作用研究）引领了国际发展趋势，在挑战性分子识别及特色超分子催化体系构建方面也取得了可喜的进展。今后应继续加强和巩固我国在大环超分子化学方面的研究力量，支持有影响力的学者继续深究该领域的核心问题和挑战，同时引领和鼓励更多的年轻学生和学者投身大环超分子化学创新研究，推动我国大环超分子化学不断向前发展。

超分子手性：目前，作为一个普遍现象，超分子手性研究涉及超分子科学的各个方面，除了基态手性，激发态的手性研究更是引起众多关注，中国科学家将聚集诱导发光（AIE）与手性相结合，在圆偏振发光领域取得了重要进展，论文的数量和质量整体处于第一梯队。但是我们在手性的原创概念、在手性表征新技术及原创性手性材料研究领域与国际还有差距。一方面我们仍然要加强研究投入，鼓励长期的坚持与创新；另一方面，我们要加强多学科融合，加强超分子手性与物理学的融合，提升超分子手性概念的认识与创新，加强超分子手性与生物与医药的结合，扎实拓展手性物质的应用。此外，还要加强国际合作，与国外科学家同等对话，不断提升我国在该领域的国际影响力。

生物和药物活性导向的超分子化学：2019 年以来，中国学者对利用超分子化学和主客体化学原理设计发现生物和药物活性开展了深入研究，发展的一些超分子和自组装体系具有进一步开展临床前研究的潜力。目前国内外本领域研究处于同步发展阶段，如何进一步把生物和药物活性超分子推向临床前研究是国内外面临的共同挑战，也代表了本领域未来研究的重要目标和发展趋势。为实现这一挑战性目标，我国学者未来需要围绕以下几个方面开展针对性研究：①围绕生物相容性高、疗效确定的超分子结构体系，开展结构 – 活性关系研究，以发现具有临床应用前景的先导结构；②建立超分子和自组装体系体内分布与代谢研究的方法；③与产业界合作或依靠产业界，增加开展临床前研究的机会；④厘清临床重要需求，发挥超分子化学和分子识别研究的特点和优势，提高基础研究成果应用转化的综合竞争力。

超分子聚合物：经过多年的努力追赶，我国在超分子聚合物领域取得了巨大进步，缩小了与国外顶尖水平的差距。我国学者不仅发展了各种新颖的功能组装基元，建立了多层次多组分的构筑超分子聚合物的新方法，还尝试了一些超分子聚合物新体系，如机械互锁聚合物、编织聚合物和固态超分子聚合物，这为超分子聚合物功能材料的创新提供了实质性的物质基础和理论指导。但该领域的发展仍面临挑战。首先，化学合成是获得精细结构的主要难题，需要采用商业化和高产率的合成策略来推动超分子聚合物的研究和实际应用。其次，非共价键的动态可逆性赋予超分子聚合物良好的环境适应性和自愈合性等性能，但如何在这些性能与力学性能之间取得平衡也是一个值得研究的方向。最后，将材料应用于实践是所有化学家的初衷和使命。虽然我们已经在生物材料、电池和 3D 打印材料等方面取得了一些实际应用，但仍有许多独特特性仅限于实验室研究水平，这表明超分子聚合物材料的应用才刚刚起步。因此，我们需要进一步努力，将超分子聚合物材料推向更广泛的实际应用领域。

基于生物大分子的分子组装：近年来，基于生物大分子的超分子化学和自组装研究逐步取得了令人瞩目的成果，在不同尺度和维度上实现了自组装结构的多样性和复杂性。与国际主流研究相比，国内在该领域虽起步较晚，但随着一些原创性自组装方法和理论的提出，齐头并进之态曙光初现。为了该领域的进一步发展并实现赶超，从师法自然的角度，总体需要在以下三个方面进行深入研究。第一，从生物大分子的分子结构出发，着重突破复杂非共价相互作用的调控瓶颈，针对直接发挥生理功能的天然蛋白质和糖链等进行基元扩展，利用生命系统直接生产目标组装体，同时通过数量众多的天然生物大分子进行自组装以实现对生命系统的直接调控。第二，在组装过程上深化对生命复杂体系的理解与结合，通过学习生理过程中的自组装行为和调控方式深度阐明生物大分子在复杂体系下的自组装行为。并在此基础上，发展活性、动态、智能的自组装结构，实现人工自组装体与生命系统的对接。第三，在组装体功能设计上，需瞄准生命科学重要问题，或以重大疾病相关问题为靶标，整合化学、生物学、医学、材料学、计算机科学等多个学科发展多功能集成组装体，以此发展满足精准识别和诊疗一体等现代医学需求的生物大分子自组装材料。

参考文献

[1] Shi T H, Guo Q H, Tong S, et al. Toward the synthesis of a highly strained hydrocarbon belt [J]. Journal of the American Chemical Society, 2020, 142 (10): 4576–4580.

[2] Shi T H, Wang M X. Zigzag hydrocarbon belts [J]. CCS Chemistry, 2020, 2: 916–931.

[3] Xie J, Li X, Wang S, et al. Heteroatom-bridged molecular belts as containers [J]. Nature Communications, 2020, 11: 3348.

[4] Han X N, Han Y, Chen C F. Recent advances in the synthesis and applications of macrocyclic arenes [J]. Chemical Society Reviews, 2023, 52 (9): 3265–3298.

[5] Li J, Zhou H Y, Han Y, et al. Saucer [n] arenes: synthesis, structure, complexation, and guest-induced circularly polarized luminescence property [J]. Angewandte Chemie International Edition, 2021, 60 (40): 21927–21933.

[6] Han X N, Han Y, Chen C F. Pagoda [4] arene and *i*-pagoda [4] arene [J]. Journal of the American Chemical Society, 2020, 142 (18): 8262–8269.

[7] Zhang Z Y, Li C J. Biphen [n] arenes: modular synthesis, customizable cavity sizes, and diverse skeletons [J]. Accounts of Chemical Research, 2022, 55 (6): 916–929.

[8] Wu J R, Wu G, Yang Y W. Pillararene-inspired macrocycles: from extended pillar [n] arenes to geminiarenes [J]. Accounts of Chemical Research, 2022, 55 (21): 3191–3204.

[9] Yang W, Samanta K, Wan X, et al. Tiara [5] arenes: synthesis, solid-state conformational studies, host-guest

properties, and application as nonporous adaptive crystals [J]. Angewandte Chemie International Edition, 2020, 59 (10): 3994–3999.

[10] Tian Y, Guo Y, Dong X, et al. Synthesis of covalent organic pillars as molecular nanotubes with precise length, diameter and chirality [J] . Nature Synthesis, 2023, 2: 395–402.

[11] Wang J, Zhang X, Jia H, et al. Large π–extended and curved carbon nanorings as carbon nanotube segments [J] . Accounts of Chemical Research, 2021, 54 (22): 4178–4190.

[12] Xu W, Yang X D, Fan X B, et al. Synthesis and characterization of a pentiptycene–derived dual oligoparaphenylene nanohoop [J] . Angewandte Chemie International Edition, 2019, 58 (12): 3943–3947.

[13] Zhan L, Dai C, Zhang G, et al. A conjugated figure–of–eight oligoparaphenylene nanohoop with adaptive cavities derived from cyclooctatetrathiophene core [J] . Angewandte Chemie International Edition, 2022, 61 (5): e202113334.

[14] Yang L P, Wang X, Yao H, et al. Naphthotubes: macrocyclic hosts with a biomimetic cavity feature [J] . Accounts of Chemical Research, 2020, 53 (1): 198–208.

[15] Zhang L, Zhang G, Qu H, et al. Naphthodithiophene diimide based chiral p–conjugated nanopillar molecules [J] . Angewandte Chemie International Edition, 2021, 60 (46): 24543–24548.

[16] Han H, Fu R, Wang R G, et al. Corralarenes: a family of conjugated tubular hosts [J] . Journal of the American Chemical Society, 2022, 144 (44): 20351–20362.

[17] Yang Y D, Gong H Y. Thermally activated isomeric all–hydrocarbon molecular receptors for fullerene separation [J] . Chemical Communications, 2019, 55 (26): 3701–3704.

[18] Chen Y, Wu G, Chen B, et al. Self–assembly of a purely covalent cage with homochirality by imine formation in water [J] . Angewandte Chemie International Edition, 2021, 60 (34): 18815–18820.

[19] Böhmer V, Kraft D, Tabatabai M. Inherently chiral calixarenes [J] . Journal of Inclusion Phenomena and Molecular Recognition in Chemistry, 1994, 19: 17–39.

[20] Tong S, Li J T, Liang D D, et al. Catalytic enantioselective synthesis and switchable chiroptical property of inherently chiral macrocycles [J] . Journal of the American Chemical Society, 2020, 142 (34): 14432–14436.

[21] Zhang X, Tong S, Zhu J, et al. Inherently chiral calixarenes by a catalytic enantioselective desymmetrizing cross–dehydrogenative coupling [J] . Chemical Science, 2023, 14 (4): 827–832.

[22] Zhang Y Z, Xu M M, Si X G, et al. Enantioselective synthesis of inherently chiral calix [4] arenes via palladium–catalyzed asymmetric intramolecular C–H arylations [J] . Journal of the American Chemical Society, 2022, 144 (50): 22858–22864.

[23] Mao Y Q, Zhang Y, Tong S, et al. Asymmetric synthesis of enantioenriched zigzag–type molecular belts by kinetic resolution and subsequent transformations [J] . Organic Letters, 2023, 25 (21): 3936–3940.

[24] Zhou H, Ao Y F, Wang D X, et al. Inherently chiral cages via hierarchical desymmetrization [J] . Journal of the American Chemical Society, 2022, 144 (37): 16767–16772.

[25] Lin X, Kou B, Cao J, et al. Spontaneous resolution of helical building blocks through the formation of homochiral helices in two dimensions [J] . Angewandte Chemie International Edition, 2022, 61 (34): e202205914.

[26] Liu C Z, Koppireddi S, Wang H, et al. Halogen bonding directed supramolecular quadruple and double helices from hydrogen–bonded arylamide foldamers [J] . Angewandte Chemie International Edition, 2019, 58 (1): 226–230.

[27] Kanagaraj K, Wang R, Zhao M K, et al. Selective bonding and isomerization of oximes in a self–assembled capsule [J] . Journal of the American Chemical Society, 2023, 145 (10): 5816–5823.

[28] Zhao Z, Wang Y. Chalcogen bonding catalysis with phosphonium chalcogenide (PCH) [J] . Accounts of Chemical Research, 2023, 56 (5): 608–621.

[29] Liu H B, Zhang Q, Wang M X. Synthesis, structure, and anion binding properties of electron–deficient

tetrahomocorona [4] arenes: shape selectivity in anion–π interactions [J]. Angewandte Chemie International Edition, 2018, 57 (22): 6536–6540.

[30] Wang D X, Wang M X. Exploring anion–π interactions and their applications in supramolecular chemistry [J]. Accounts of Chemical Research, 2020, 53 (7): 1364–1380.

[31] Huang W L, Wang X D, Ao Y F, et al. An artificial single molecular channel showing high chloride transport selectivity and pH–responsive conductance [J]. Angewandte Chemie International Edition, 2023, 62 (23): e202302198.

[32] Zheng H, Ye H, Yu X, et al. Interplay between n → π* Interactions and dynamic covalent bonds: quantification and modulation by solvent effects [J]. Journal of the American Chemical Society, 2019, 141 (22): 8825–8833.

[33] Wang W, Li X, Zhou P P, et al. Catalysis with supramolecular carbon–bonding interactions [J]. Angewandte Chemie International Edition, 2021, 60 (42): 22717–22721.

[34] Zhu J, Wang X D, Ao Y F, et al. Intermolecular n → π* interactions based on a tailored multicarbonyl–containing macrocycle [J]. Chemistry – A European Journal, 2023, 29 (12): e202203485.

[35] Han X N, Li P F, Han Y, et al. Enantiomeric water–soluble octopus [3] arenes for highly enantioselective recognition of chiral ammonium salts in water [J]. Angewandte Chemie International Edition, 2022, 61 (21): e202202527.

[36] Zhu Y, Tang M, Zhang H, et al. Water and the cation–π interaction [J]. Journal of the American Chemical Society, 2021, 143 (31): 12397–12403.

[37] Cheng L, Tian P, Li Q, et al. Stabilization and multiple–responsive recognition of natural base pairs in water by a cationic cage [J]. CCS Chemistry, 2022, 4 (9): 2914–2620.

[38] Liu Z, Lin W, Liu Y. Macrocyclic supramolecular assemblies based on hyaluronic acid and their biological applications [J]. Accounts of Chemical Research, 2022, 55 (23): 3417–3429.

[39] Xu Z, Jia S, Wang W, et al. Heteromultivalent peptide recognition by co–assembly of cyclodextrin and calixarene amphiphiles enables inhibition of amyloid fibrillation [J]. Nature Chemistry, 2019, 11: 86–93.

[40] Ji J, Wei X, Wu W, et al. The more the slower: self–inhibition in supramolecular chirality induction, memory, erasure, and reversion [J]. Journal of the American Chemical Society, 2022, 144 (3): 1455–1463.

[41] Nie S X, Guo H, Huang T Y, et al. Xenon binding by a tight yet adaptive chiral soft capsule [J]. Nature Communications, 2020, 11: 6257.

[42] Nie S X, Huang T Y, Guo H, et al. Xenon induces its own preferred heterochiral host from exclusive homochiral assembly [J]. Journal of the American Chemical Society, 2022, 144 (50): 22884–22889.

[43] Ning R, Zhou H, Nie S X, et al. Chiral macrocycle–enabled counteranion trapping for boosting highly efficient and enantioselective catalysis [J]. Angewandte Chemie International Edition, 2020, 59 (27): 10894–10898.

[44] Guo H, Zhang L W, Zhou H, et al. Substrate–induced dimerization assembly of chiral macrocycle catalysts toward cooperative asymmetric catalysis [J]. Angewandte Chemie International Edition, 2020, 59 (7): 2623–2627.

[45] Luo N, Ao Y F, Wang D X, et al. Exploiting anion–π interactions for efficient and selective catalysis with chiral molecular cages [J]. Angewandte Chemie International Edition, 2021, 60 (38): 20650–20655.

[46] Wei X Q, Ji J C, Nie Y X, et al. Synthesis of cyclodextrin derivatives for enantiodifferentiating photocyclodimerization of 2–anthracenecarboxylate [J]. Nature Protocols, 2022, 17: 2494–2516.

[47] Jiao Y, Tang B H, Zhang Y C, et al. Highly efficient supramolecular catalysis by endowing the reaction intermediate with adaptive reactivity [J]. Angewandte Chemie International Edition, 2018, 57 (21): 6077–6081.

[48] Tang X, Huang Z, Chen H, et al. Supramolecularly catalyzed polymerization: from consecutive dimerization to polymerization [J]. Angewandte Chemie International Edition, 2018, 57 (28): 8545–8549.

[49] Tang Y P, Luo Y E, Xiang J F, et al. Rhodium–catalyzed ON–OFF switchable hydrogenation using a molecular shuttle

based on a [2] rotaxane with a phosphine ligand [J] . Angewandte Chemie International Edition, 2022, 61 (15): e202200638.

[50] Morrow S M, Bissette A J, Fletcher S P. Transmission of chirality through space and across length scales [J] . Nature Nanotechnology, 2017, 12: 410–419.

[51] Liu M, Zhang L, Wang T. Supramolecular chirality in self–assembled systems [J] . Chemical Reviews. 2015, 115: 7304–7397.

[52] Du C, Li Z, Zhu X, et al. Hierarchically self–assembled homochiral helical microtoroids [J] . Nature Nanotechnology, 2022, 17: 1294–1302.

[53] Yi Z Y, Yang X Q, Duan J J, et al. Evolution of Br···Br contacts in enantioselective molecular recognition during chiral 2D crystallization [J] . Nature Communications, 2022, 13: 5850.

[54] Xu L, Wang C, Li Y X, et al. Crystallization–driven asymmetric helical assembly of conjugated block copolymers and the aggregation induced white–light emission and circularly polarized luminescence [J] . Angewandte Chemie International Edition, 2020, 59: 16675–16682.

[55] Xu L, Wang X, Wang W, et al. Enantiomer–dependent immunological response to chiral nanoparticles [J] . Nature, 2022, 601: 366–373.

[56] Lu J, Xue Y, Bernardino K, et al. Enhanced optical asymmetry in supramolecular chiroplasmonic assemblies with long–range order [J] . Science, 2021, 371: 1368–1374.

[57] Nian H, Cheng L, Wang L, et al. Hierarchical two–level supramolecular chirality of an achiral anthracene–based tetracationic nanotube in water [J] . Angewandte Chemie International Edition, 2021, 60: 15354–15358.

[58] Wang Y, Gong J, Wang X, et al. Multistate circularly polarized luminescence switching through stimuli–induced co–conformation regulations of pyrene functionalized topologically chiral [2] catenane [J] . Angewandte Chemie International Edition, 2022, 61: e202210542.

[59] Cui Z, Mu Q S, Gao X, et al. Stereoselective construction of chiral linear [3] catenanes and [2] catenanes [J] . Journal of the American Chemical Society. 2023, 145: 725–731.

[60] Wang Y, Niu D, Ouyang G, et al. Double helical π–aggregate nanoarchitectonics for amplified circularly polarized luminescence [J] . Nature Communications, 2022, 13: 1710.

[61] Yang X, Lyu J, Zhang J, et al. Tunable circularly polarized luminescence from inorganic chiral photonic crystals doped with quantum dots [J] . Angewandte Chemie International Edition, 2022, 61: e202201674.

[62] Li P, Zang S, Wu T, et al. Generating circularly polarized luminescence from clusterization–triggered emission using solid phase molecular self–assembly [J] . Nature Communications, 2021, 12: 5496.

[63] Shen B, Pan C, Feng X, et al. Spontaneous chirality induction in the assembly of a single layer 2D network with switchable pores [J] . Angewandte Chemie International Edition, 2023, 62: e 202300658.

[64] Fang Y, Liu X, Liu Z, et al. Synthesis of amino acids by electrocatalytic reduction of CO_2 on chiral Cu surfaces [J] . Chem, 2023, 9: 460–471.

[65] Zhu H, Chao X, Dou X, et al. Chiral hydrogel accelerates re–epithelization in chronic wounds via mechanoregulation [J] . Advanced Healthcare Materials. 2022, 11: 2201032.

[66] Tang M, Song Y, Lu Y, et al. Cyclodextrin–activated porphyrin photosensitization for boosting self–cleavable drug release [J] . Journal of Medicinal Chemistry, 2022, 65(9): 6764–6774.

[67] Sun G, Zuo M, Xu Z, et al. Orthogonal design of supramolecular prodrug vesicles via water–soluble pillar [5] arene and betulinic acid derivative for dual chemotherapy [J] . ACS Applied Bio Materials, 2022, 5(7): 3320–3328.

[68] Shen Z, Pei Y, Pei Z, et al. pH– and H_2O_2–sensitive drug delivery system based on sodium xanthate: Dual–responsive supramolecular vesicles from one functional group [J] . Chinese Chemical Letters, 2022, 33(10): 4563–4566.

[69] Wang H, Yan Y Q, Yi Y, et al. Supramolecular peptide therapeutics: host–guest interaction–assisted systemic delivery

of anticancer peptides [J]. CCS Chemistry, 2020, 2(6): 739–748.

[70] Mao W, Liao Y, Ma D. A supramolecular assembly mediated by host–guest interactions for improved chemo-photodynamic combination therapy [J]. Chemical Communications, 2020, 56(30): 4192–4195.

[71] Wang H, Xu K F, Yang Y, et al. In situ hypoxia–induced supramolecular perylene diimide radical anions in tumors for photothermal therapy with improved specificity [J]. Journal of the American Chemical Society, 2022, 144(5): 2360–2367.

[72] Teng K X, Niu L Ya, Yang Q Z, A host–guest strategy for converting the photodynamic agents from a singlet oxygen generator to a superoxide radical generator [J]. Chemical Science 2022, 13(20): 5951–5956.

[73] Cheng Q, Xu M, Sun C, et al. Enhanced antibacterial function of a supramolecular artificial receptor–modified macrophage (SAR–Macrophage) [J]. Materials Horizons, 2022, 9(3): 934–941.

[74] Kwong C H T, Mu J, Li S, et al. Reviving chloroquine for anti–SARS–CoV–2 treatment with cucurbit [7] uril–based supramolecular formulation [J]. Chinese Chemical Letters, 2021, 32(10): 3019–3022.

[75] Pan Y C, Wang H, Xu X, et al. Coassembly of macrocyclic amphiphiles for anti–β–amyloid therapy of Alzheimer's disease [J]. CCS Chemistry, 2021, 3(9): 2485–2497.

[76] Yan Z J, Wang D, Ye Z, et al. Artificial aquaporin that restores wound healing of impaired cells [J]. Journal of the American Chemical Society, 2020, 142(37): 15638–15643.

[77] Liu H K, Lin F, Yu S B, et al. Highly water–soluble cucurbit [8] uril derivative as a broad–spectrum neuromuscular block reversal agent [J]. Journal of Medicinal Chemistry, 2022, 65(24): 16893–16901.

[78] Sun J D, Liu Y, Zhao Z, et al. Host–guest binding of tetracationic cyclophanes to photodynamic agents inhibits posttreatment phototoxicity and maintains antitumour efficacy [J]. RSC Medicinal Chemistry, 2023, 14(3): 563–572.

[79] Zhang Q, Shi C Y, Qu D H, et al. Exploring a naturally tailored small molecule for stretchable, self–healing, and adhesive supramolecular polymers [J]. Science Advances, 2018, 4 (7): eaat8192.

[80] Zhang Q, Deng Y X, Luo H X, et al. Assembling a natural small molecule into a supramolecular network with high structural order and dynamic functions [J]. Journal of the American Chemical Society, 2019, 141 (32): 12804–12814.

[81] Deng Y, Zhang Q, Feringa B L, et al. Toughening a self–healable supramolecular polymer by ionic cluster–enhanced iron–carboxylate complexes [J]. Angewandte Chemie International Edition, 2020, 59 (13): 5278–5283.

[82] Liao R, Wang F, Guo Y, et al. Chirality–controlled supramolecular donor–acceptor copolymerization with distinct energy transfer efficiency [J]. Journal of the American Chemical Society, 2022, 144 (22): 9775–9784.

[83] Yin Y, Chen Z, Han Y, et al. Chiral supramolecular polymerization of dicyanostilbenes with emergent circularly polarized luminescence behavior [J]. Organic Chemistry Frontiers, 2021, 8 (18): 4986–4993.

[84] Wu S, Cai C, Li F, et al. Deep eutectic supramolecular polymers: Bulk supramolecular materials [J]. Angewandte Chemie International Edition, 2020, 59 (29): 11871–11875.

[85] Li X, Lai J, Deng Y, et al. Supramolecular adhesion at extremely low temperatures: A combined experimental and theoretical investigation [J]. Journal of the American Chemical Society, 2020, 142 (51): 21522–21529.

[86] Chen S, Li Z, Wu Y, et al. Hydrogen–bonded supramolecular polymer adhesives: straightforward synthesis and strong substrate interaction [J]. Angewandte Chemie International Edition, 2022, 61 (27): e202203876.

[87] Gao Z, Shi L, Yan F, et al. Two–dimensional supramolecular polymers based on selectively recognized aromatic cation–π and donor–acceptor motifs for photocatalytic hydrogen evolution [J]. Angewandte Chemie International Edition, 2023, 62 (21): e202302274.

[88] Zhang S, Qin B, Huang Z, et al. Supramolecular emulsion interfacial polymerization [J]. ACS Macro Letters, 2019, 8 (2): 177–182.

[89] Zhang Z, Cheng L, Zhao J, et al. Synergistic covalent and supramolecular polymers for mechanically robust but dynamic materials [J] . Angewandte Chemie International Edition, 2020, 59 (29): 12139–12146.

[90] Zhang Z, Cheng L, Zhao J, et al. Muscle-mimetic synergistic covalent and supramolecular polymers: phototriggered formation leads to mechanical performance boost [J] . Journal of the American Chemical Society, 2021, 143 (2): 902–911.

[91] Jin B, Li Q, Hu L, et al. In situ nucleation-growth strategy for controllable heterogeneous supramolecular polymerization of liquid crystalline block copolymers and their hierarchical assembly [J] . Angewandte Chemie International Edition, 2023, 62 (18): e202219067.

[92] Wang L, Guo L, Zhang K, et al. Development of tough thermoplastic elastomers by leveraging rigid-flexible supramolecular segment interplays [J] . Angewandte Chemie International Edition, 2023, e2023017.

[93] Jin Z, Chen T, Liu Y, et al. Multivalent design of low-entropy-penalty ion-dipole interactions for dynamic yet thermostable supramolecular networks [J] . Journal of the American Chemical Society, 2023, 145 (6): 3526–3534.

[94] Li D, Zhu Y, Li S, et al. Post-functionalization of supramolecular polymers on surface and the chiral assembly-induced enantioselective reaction [J] . Angewandte Chemie International Edition, 2021, 60 (20): 11370–11377.

[95] Chen J, Gao Y, Shi L, et al. Phase-locked constructing dynamic supramolecular ionic conductive elastomers with superior toughness, autonomous self-healing and recyclability [J] . Nature Communications, 2022, 13: 4868.

[96] Li G, Wang L, Wu L, et al. Woven polymer networks via the topological transformation of a [2] catenane [J] . Journal of the American Chemical Society, 2020, 142 (33): 14343–14349.

[97] Li G, Zhao J, Zhang Z, et al. Robust and dynamic polymer networks enabled by woven crosslinks [J] . Angewandte Chemie International Edition, 2022, 61(43): e202210078.

[98] Zhao D, Zhang Z, Zhao J, et al. A mortise-and-tenon joint inspired mechanically interlocked network [J] . Angewandte Chemie International Edition, 2021, 60 (29): 16224–16229.

[99] Zhang Z, Zhao J, Guo Z, et al. Mechanically interlocked networks cross-linked by a molecular necklace [J] . Nature Communications, 2022, 13: 1393.

[100] Wang Y, Zhang Z, Zhang H, et al. Mechanically interlocked [an] daisy chain networks [J] . Chem, 2023, DOI: 10.1016/j.chempr.2023.04.005.

[101] Shi C, Zhang Q, Yu C, et al. An ultrastrong and highly stretchable polyurethane elastomer enabled by a zipper-like ring-sliding effect [J] . Advanced Materials, 2020, 32 (23): 2000345.

[102] Zhao J, Hong M, Ju Z, et al. Durable lithium metal anodes enabled by interfacial layers based on mechanically interlocked networks capable of energy dissipation [J] . Angewandte Chemie International Edition, 2022, 61 (52): e202214386.

[103] Gu J, Li F, Zhu Y, et al. Extremely robust and multifunctional nanocomposite fibers for strain-unperturbed textile electronics [J] . Advanced Materials, 2023, 35 (15): 2209527.

[104] Jin Q, Du, R, Tang H. et al. Quadruple h-bonding and polyrotaxanes dual cross-linking supramolecular elastomer for high toughness and self-healing conductors [J] . Angewandte Chemie International Edition, 2023, 62: e202305282.

[105] Du R, Bao T, Zhu T, et al. A low-hysteresis and highly stretchable ionogel enabled by well dispersed slidable cross-linker for rapid human-machine interaction [J] . Advanced Functional Materials, 2023: 2212888.

[106] Cai Y, Liu C, Yu Z, et al. Slidable and highly ionic conductive polymer binder for high-performance si anodes in lithium-ion batteries [J] . Advanced Science, 2023, 10 (6): 2205590.

[107] Li N, Yang M, Xu X, et al. Ensembles from silver clusters and cucurbit [6] uril-containing linkers [J] . Dalton Transactions, 2021, 50 (42): 15267–15273.

[108] Wu X, Cheng D, Wang X, et al. Syntheses of cucurbit [6] uril-based metal-organic rotaxane networks by the anion

regulation strategy and their proton conduction properties [J] . Dalton Transactions, 2020, 49 (6): 1747–1751.

[109] Wu Y, Shangguan L, Li Q, et al. Chemoresponsive supramolecular polypseudorotaxanes with infinite switching capability [J] . Angewandte Chemie International Edition, 2021, 60 (36): 19997–20002.

[110] Hua B, Zhang C, Zhou W, et al. Pillar [5] arene–based solid–state supramolecular polymers with suppressed aggregation–caused quenching effects and two–photon excited emission [J] . Journal of the American Chemical Society, 2020, 142 (39): 16557–16561.

[111] Wang M, Li Q, Li E, et al. Polymer based on exo–wall complexation of perethylated pillar [5] arene with 1,2,4,5–tetracyanobenzene [J] . Angewandte Chemie International Edition, 2021, 60 (15): 8115–8120.

[112] Shi B, Liu Y, Zhu H, et al. Spontaneous formation of a cross–linked supramolecular polymer both in the solid state and in solution, driven by Platinum(Ⅱ) metallacycle–based host–guest interactions [J] . Journal of the American Chemical Society, 2019, 141 (16): 6494–6496.

[113] Shi B, Zhou Z, Vanderlinden R T, et al. Spontaneous supramolecular polymerization driven by discrete platinum metallacycle–based host–guest complexation [J] . Journal of the American Chemical Society, 2019, 141 (30): 11837–11841.

[114] Yao G, Li J, Li Q, et al. Programming nanoparticle valence bonds with single–stranded DNA encoders [J] . Nature Materials, 2020, 19 (7): 781–788.

[115] Yao G, Zhang F, Wang F, et al. Meta–DNA structures [J] . Nature Chemistry, 2020, 12 (11): 1067–1075.

[116] Dai X, Zhu Z, Li Y, et al. "Shutter" effects enhance protein diffusion in dynamic and rigid molecular networks [J] . Journal of the American Chemical Society, 2022, 144 (41): 19017–19025.

[117] Li Y, Ding Y, Yang B, et al. Reinforcing DNA supramolecular hydrogel with polymeric multiple–unit linker [J] . CCS Chemistry, 2023, 5 (2): 434–444.

[118] Wang Z, Song L, Liu Q, et al. A tubular DNA nanodevice as a siRNA/chemo–drug co–delivery vehicle for combined cancer therapy [J] . Angewandte Chemie International Edition, 2021, 60 (5): 2594–2598.

[119] Yao C, Xu Y, Tang J, et al. Dynamic assembly of DNA–ceria nanocomplex in living cells generates artificial peroxisome [J] . Nature Communications, 2022, 13 (1): 7739.

[120] Winterwerber P, Whitfield C J, Ng D Y W, et al. Multiple wavelength photopolymerization of stable poly(catecholamines)–DNA origami nanostructures [J] . Angewandte Chemie International Edition, 2022, 61 (8): e202111226.

[121] Avakyan N, Greschner A A, Aldaye F, et al. Reprogramming the assembly of unmodified DNA with a small molecule [J] . Nature Chemistry, 2016, 8 (4): 368–376.

[122] Luo Q, Hou C, Bai Y, et al. Protein assembly: versatile approaches to construct highly ordered nanostructures [J] . Chemical Reviews, 2016, 116 (22): 13571–13632.

[123] Zhu J, Avakyan N, Kakkis A, et al. Protein assembly by design [J] . Chemical Reviews, 2021, 121 (22): 13701–13796.

[124] Pan T, Liu Y, Sun H, et al. Reversible switch of a selenium–containing antioxidant system regulated by protein assembly [J] . ACS Catalysis, 2020, 10 (17): 9735–9740.

[125] Li Y, Xia C, Tian R, et al. "On/Off" switchable sequential light–harvesting systems based on controllable protein nanosheets for regulation of photocatalysis [J] . ACS Nano, 2022, 16 (5): 8012–8021.

[126] Li X, Qiao S, Zhao L, et al. Template–free construction of highly ordered monolayered fluorescent protein nanosheets: a bioinspired artificial light–harvesting system [J] . ACS Nano 2019, 13 (2): 1861–1869.

[127] Zhang J, Zhou K, Zhang Y, et al. Precise self assembly of nanoparticles into ordered nanoarchitectures directed by tobacco mosaic virus coat protein [J] . Advanced Materials, 2019, 31 (23): e1901485.

[128] Zhou K, Zhou Y, Yang H, et al. Interfacially bridging covalent network yields hyperstable and ultralong virus–based

fibers for engineering functional materials [J]. Angewandte Chemie International Edition, 2020, 59 (41): 18249-18255.

[129] Wu W H, Bai X, Shao Y, et al. Higher order protein catenation leads to artificial antibody with enhanced affinity and in vivo stability [J]. Journal of the American Chemical Society, 2021, 143 (16): 18029-18040.

[130] Liu Y, Bai X, Lyu C, et al. Mechano-bioconjugation strategy empowering fusion protein therapeutics with aggregation resistance, prolonged circulation, and enhanced antitumor efficacy [J]. Journal of the American Chemical Society, 2022, 144 (40): 18387-18396.

[131] Li Y, Li J, Sun J, et al. Bioinspired and mechanically strong fibers based on engineered non-spider chimeric proteins [J]. Angewandte Chemie International Edition, 2020, 59 (21): 8148-8152.

[132] Ma C, Li B, Shao B, et al. Anisotropic protein organofibers encoded with extraordinary mechanical behavior for cellular mechanobiology applications [J]. Angewandte Chemie International Edition, 2020, 59 (48): 21481-21487.

[133] Xiao L, Wang Z, Sun Y, et al. An artificial phase-transitional underwater bioglue with robust and switchable adhesion performance [J]. Angewandte Chemie International Edition, 2021, 60 (21): 12082-12089.

[134] Su H, Zhang Y, Liu Y, et al. Enhancing bioavailability of fertilizer through an amyloid-like protein coating [J]. Advanced Materials, 2023, 19: e2300829.

[135] Tian J, Fu D, Liu Y, et al. Rectifying disorder of extracellular matrix to suppress urethral stricture by protein nanofilm-controlled drug delivery from urinary catheter [J]. Nature Communications, 2023, 14 (1): 2816.

[136] Su H, Liu Y, Gao Y, et al. Amyloid-like protein aggregation toward pesticide reduction [J]. Advanced Science, 2022, 9 (13): e2105106.

[137] Sakai F, Yang G, Weiss M S, et al. Protein crystalline frameworks with controllable interpenetration directed by dual supramolecular interactions [J]. Nature Communications, 2014, 5: 4634.

[138] Yang G, Zhang X, Kochovski Z, et al. Precise and reversible protein-microtubule-like structure with helicity driven by dual supramolecular interactions [J]. Journal of the American Chemical Society, 2016, 138 (6): 1932-1937.

[139] Li Z, Chen S, Gao C, et al. Chemically controlled helical polymorphism in protein tubes by selective modulation of supramolecular interactions [J]. Journal of the American Chemical Society, 2019, 141 (49): 19448-19457.

[140] Yang G, Ding H M, Kochovski Z, et al. Highly ordered self-assembly of native proteins into 1D, 2D, and 3D structures modulated by the tether length of assembly-inducing ligand [J]. Angewandte Chemie International Edition, 2017, 56 (36): 10691-10695.

[141] Liu R, Li L, Chen S, et al. Evolution of protein assemblies driven by the switching of interplay mode [J]. ACS Nano, 2023, 17 (3): 2245-2256.

[142] Wen H, Chen X, Wang Y, et al. Proteinic artificial skin with molecularly encoded coloration [J]. ACS Applied Materials & Interfaces, 2022, 14 (34): 39322-39331.

[143] Ding Y, Zheng D, Xie L, et al. Enzyme-instructed peptide assembly favored by preorganization for cancer cell membrane engineering [J]. Journal of the American Chemical Society, 2023, 145 (8): 4366-4371.

[144] Zou Q, Abbas M, Zhao L, et al. Biological photothermal nanodots based on self-assembly of peptide-porphyrin conjugates for antitumor therapy [J]. Journal of the American Chemical Society, 2017, 139 (5): 1921-1927.

[145] Wang M D, Lyu G T, An H W, et al. In situ self-assembly of bispecific peptide for cancer immunotherapy [J]. Angewandte Chemie International Edition, 2022, 61 (10): e202113649.

[146] Liu X, Zhan W, Gao G, et al. Apoptosis-amplified assembly of porphyrin nanofiber enhances photodynamic therapy of oral tumor [J]. Journal of the American Chemical Society, 2023, 145 (14): 7918-7930.

[147] Sun M, Peng S, Zhao C, et al. Herb-functionalized chronic wound dressings for enhancing biological functions: multiple flavonoids coordination driven strategy [J]. Advanced Functional Materials, 2022, 32: 2204291.

[148] Li W H, Li Y M. Chemical strategies to boost cancer vaccines [J] . Chemical Reviews, 2020, 120 (20): 11420–11478.

[149] Chen P, Huang Z, Sun Z, et al. Chitosan nanoparticles based nanovaccines for cancer immunotherapy [J] . Pure and Applied Chemistry, 2017, 89 (7): 931–939.

[150] Zhao K, Lim Y J, Liu Z, et al. Parkinson's disease–related phosphorylation at Tyr39 rearranges α–synuclein amyloid fibril structure revealed by cryo–EM [J] . Proceedings of the National Academy of Sciences of the United States of America, 2020, 117 (33): 20305–20315.

[151] Lyu P, Du Y, He C, et al. O–GlcNAcylation modulates liquid–liquid phase separation of SynGAP/PSD–95 [J] . Nature Chemistry, 2022, 14 (7): 831–840.

[152] Frederix P W, Scott G G, Abul–Haija Y M, et al. Exploring the sequence space for (tri–)peptide self–assembly to design and discover new hydrogels [J] . Nature Chemistry, 2015, 7 (1): 30–37.

[153] Qiu R, Sasselli I R, Álvarez Z, et al. Supramolecular copolymers of peptides and lipidated peptides and their therapeutic potential [J] . Journal of the American Chemical Society, 2022, 144 (12): 5562–5574.

[154] Liu S, Zhang Q, Shy A N, et al. Enzymatically forming intranuclear peptide assemblies for selectively killing human induced pluripotent stem cells [J] . Journal of the American Chemical Society, 2021, 143 (38): 15852–15862.

[155] Yang J, Du Q, Li L, et al. Glycosyltransferase–induced morphology transition of glycopeptide self–assemblies with proteoglycan residues [J] . ACS Macro Letters, 2020, 9 (7): 929–936.

[156] Wu L, Zhang Y, Li Z, et al. "Sweet" architecture–dependent uptake of glycocalyx–mimicking nanoparticles based on biodegradable aliphatic polyesters by macrophages [J]. Journal of the American Chemical Society, 2017, 139 (41): 14684–14692.

[157] Su L, Wang C, Polzer F, et al. Glyco–inside micelles and vesicles directed by protection–deprotection chemistry [J] . ACS Macro Letters, 2014, 3 (6): 534–539.

[158] Liu Y, Zhang Y, Wang Z, et al. Building nanowires from micelles: hierarchical self–assembly of alternating amphiphilic glycopolypeptide brushes with pendants of high–mannose glycodendron and oligophenylalanine [J] . Journal of the American Chemical Society, 2016, 138 (38): 12387–12394.

[159] Yao L, Wu L, Wang R, et al. Liposome–based carbohydrate vaccine for simultaneously eliciting humoral and cellular antitumor immunity [J] . ACS Macro Letters, 2022, 11 (8): 975–981.

[160] Liu R, Zhang R, Li L, et al. A comprehensive landscape for fibril association behaviors encoded synergistically by saccharides and peptides [J] . Journal of the American Chemical Society, 2021, 143 (17): 6622–6633.

[161] Feng Y, Li L, Du Q, et al. Polymorphism of Kdo–based glycolipids: the elaborately determined stable and dynamic bicelles [J] . CCS Chemistry, 2022, 4 (7): 2228–2238.

[162] He C, Wu S, Liu D, et al. Glycopeptide self–assembly modulated by glycan stereochemistry through glycan–aromatic interactions [J] . Journal of the American Chemical Society, 2020, 142 (40): 17015–17023.

[163] Gim S, Fittolani G, Nishiyama Y, et al. Supramolecular assembly and chirality of synthetic carbohydrate materials [J] . Angewandte Chemie International Edition, 2020, 59 (50): 22577–22583.

撰稿人：王其强　佟　硕　王德先　欧阳光辉　余尚博　华　彬　李　龙
陈鹏磊　陈国颂　黄飞鹤　黎占亭　刘鸣华　王梅祥

质谱研究进展

质谱具有高灵敏、高特异、结构解析能力强的显著优势，在定性定量、单实体分析、组学分析、生命科学、精准医学、化学化工等领域发挥着不可替代的作用。过去4年，我国学者在质谱分析方法的原始创新、应用领域探索、仪器装置制造等方面均开展了系统、深入的工作，取得了一系列研究成果。基础科研和应用领域研究成果已经比肩国际先进水平；在质谱仪器制造领域，科技部重大仪器专项项目近年来加大了质谱相关仪器布局，该领域正在稳步推进。本研究报告从蛋白质组、蛋白质翻译后修饰组、代谢组、质谱成像、单细胞质谱、化学反应中间产物的质谱检测、国防与公共安全分析及质谱仪器研制等几个方面进行总结。

1. 蛋白质组

基于质谱的蛋白质组大规模定量分析新方法、空间蛋白质组分析和相互作用组分析对生命过程的深刻理解及精准医学等领域意义重大，我国学者在上述领域开展了系列创新性的工作。

对特定生物样本中蛋白质在不同状态下表达的动态变化进行规模化定量分析，对发现重要生物功能的蛋白质、筛选疾病相关的生物标志物及寻找药物靶标具有重大意义。高祥等发展了基于等重稳定同位素标记磷试剂的蛋白质组定量分析新方法，为实现微量样品的精准定量提供了关键技术支撑[1]。张旭敏等开发了基于TAG-TMTpro的蛋白质组定量分析新方法，可同时实现54个样品定量，为实现临床大队列样品分析奠定了基础[2]。

空间蛋白组从细胞和组织整体水平反应蛋白质定位和表达水平随环境的变化，对理解生命过程具有重要意义。阐明亚细胞结构蛋白质组的时空动态特性可为相关分子机制研究提供重要信息。张丽华团队提出了一种光氧化驱动的邻近标记策略，实现了活细胞内线粒体的蛋白质组分析，并将其用于研究难以基因转染的胶质细胞 HMC3 在脂多糖刺激下线粒体蛋白质组的动态变化，为神经系统炎症的分子机制研究提供了基础数据[3]。组织水平的蛋白质空间分布对精准研究其在不同微环境中的功能至关重要。郭天南等提出了基于膨胀水凝胶技术的空间蛋白质组分析新方法，实现了 ~160μm 横向分辨率下组织切片的空间异质性分析，并发现了老年 AD 模型小鼠海马中 CA1 亚区的蛋白质表达存在明显差异，为研究阿尔茨海默病的病理异质性提供了关键技术支撑和重要基础数据[4]。

蛋白质相互作用研究对揭示其生物学功能至关重要。尽管亲和纯化质谱技术可以成功解决诸多生物学问题，但仍难以捕获存在弱相互作用和瞬时相互作用的蛋白质。为解决这一问题，李刚等开发了光激活依赖性邻近标记方法，发现了与疾病相关的转录共激活因子 BRD4 和 E3 连接酶 Parkin 未见报道的相互作用蛋白[5]。张丽华团队以海藻糖为骨架，研制了具有高生物兼容性的质谱可碎裂型交联剂，并在低扰动前提下建立了活细胞内化学交联方法，实现了蛋白质原位构象和相互作用的规模化解析[6]。

2. 蛋白质翻译后修饰组

蛋白质翻译后修饰作为蛋白质功能调节的方式之一，参与各种重要生理功能调控并与一些疾病的发生发展密切相关。深入研究蛋白质翻译后修饰在揭示生命活动机理、筛选临床疾病标志物、鉴定药物靶点等方面具有重要意义。我国科学家在基于质谱的蛋白质翻译后修饰研究领域取得了长足的进展，经典翻译后修饰位点鉴定深度和可靠性不断提升，多种功能独特的新型修饰不断被发现，形成了一系列创新性工作，比肩该领域国际发展前沿趋势。

在蛋白质磷酸化修饰方面，基于质谱的大队列研究和新方法发展驱动磷酸化蛋白质组学进入了高深度、大样本研究时代。贺福初院士团队发展的快速蛋白质组分析策略在肝癌[7]、肺癌[8]等肿瘤蛋白质组学研究中取得了成功，通过对 103 例临床患者的肺腺癌（LUAD）和癌旁组织进行蛋白质表达谱和磷酸化翻译后修饰谱的深度解析，最终共鉴定到 11 119 个蛋白和 22 564 个磷酸化修饰位点，全面解析了 LUAD 的调控网络和分子特征，为 LUAD 更精确的诊断和治疗提供了理论基础。张丽华团队发展的 N- 磷酸化肽段高选择性富集新方法，从 HeLa 细胞中鉴定到 3 384 个 N- 磷酸化位点，是目前最大的哺乳动物 N- 磷酸化数据集，实现了 N- 磷酸化蛋白质组的深度覆盖分析[9]。在传承经典的 Ti-IMAC 磷酸化蛋白质组学分析策略方面，叶明亮团队不仅发展了基于 Ti-IMAC 高特异性富集和酪氨酸磷酸酶选择性去磷酸化的分析新方法[10]，还积极探索了该技术在复杂生物样品分析中的应用，助力揭示蛋白质酯化修饰的分子机制[11]。水雯菁等通过设计质谱数据非依赖（DIA）采集模式的基准数据集，对 DIA-NN、MaxDIA、Skyline、Spectronaut 等多种软件处理蛋白质组和磷酸化组 DIA 数据的能力进行了评估[12]，为研究人员选择合适的分析流程提供了借鉴。

在蛋白质糖基化修饰中糖肽的高效富集和质谱谱图解析方面，叶明亮团队在 N 糖肽富集方面发展了适用于大样本分析的高稳健位点特异性糖型分析系统[13]，在 O-GlcNAc 糖肽富集方面发展了酶促标记结合化学氧化法[14]。该团队通过与黄蔚团队合作，发展了基于可逆酶促化学标记的 O-GlcNAc 糖肽无痕富集方法，克服了标记基团对糖肽质谱检测的干扰，实现了 O-GlcNAc 糖基化的高灵敏分析[15]。秦伟捷与易文合作，发展了一种以时空精度光学控制细胞中 O-GlcNAc 转移酶（OGT）活性的策略，利用定量蛋白质组学技术监测细胞 O-GlcNAc 和糖蛋白谱的时间依赖性增加来证明 OGT 活性的激活，有助于研究人员更好地理解 O-GlcNAc 的功能[16]。陈兴与其合作者利用化学半合成策略构建了特定位点具有 O-GlcNAc 修饰的 SynGAP 蛋白，阐明了 O-GlcNAc 修饰对 SynGAP/PSD95 液 - 液相分离过程的调控和分子机制[17]。陆豪杰团队提出了一种高通量、位点特异性的糖蛋白质组研究方法（HTiGQs），一次质谱分析可以完成 10 例样品的同时采集，将糖肽的鉴定率提高了 3 倍[18]。质谱数据的准确、快速解析依赖于高效的谱图处理工具，针对完整糖肽质谱数据检索速度慢、准确度差、糖型匹配率低等挑战，叶明亮团队发展了基于“模式识别”的肽段序列鉴定新方法 Glyco-Decipher[19]，为深度解析位点特异性糖型、揭示糖基化修饰的微观不均一性及研究糖生物学功能提供了新工具。杨芃原和贺思敏等合作发展了 pGlyco 系列方法[20]，以糖链优先，同时兼顾糖链和肽段的 FDR 控制，为糖蛋白质组分析提供了重要的鉴定策略和检索工具，pGlyco 系列工具的假阳性率低于 1%，而目前最常用的商用软件 Byonic，其假阳性率在特定情况下高达 20%。

在其他经典翻译后修饰如甲基化、泛素化、乙酰化[21]等方面，国内学者也取得了突破性进展。叶明亮和刘聪等合作，将硼酸化学引入甲基化蛋白质组分析方法中，并巧妙利用了精氨酸残基上不同修饰基团的位阻差异，实现了高效的精氨酸二甲基化肽段富集，显著提高了蛋白质甲基化的分析能力；其利用此新方法，系统分析了蛋白质分相过程中精氨酸二甲基化的变化，揭示了此类修饰的发生会降低蛋白质的分相能力[22]。在泛素化修饰研究方面，徐平等通过基于质谱的定量蛋白质组学技术实现了对酵母蛋白组的深度覆盖，并深入探究了甲硫氨酸合成通路关键转录因子 Met4 由失活到激活的状态转变的分子机制，为复杂且精密的泛素密码的解析提供了理论依据[23]。

近年来，随着质谱技术的不断革新，一批新的翻译后修饰脱颖而出。杨靖等发展的基于点击化学探针的氧化还原蛋白质组学方法[24]，系统分析了秀丽隐杆线虫中半胱氨酸几种主要的氧化还原形式，揭示了半胱氨酸氧化还原修饰可调节线虫体内多种生物过程和途径。叶慧等基于质谱技术通过合成和研究模型乳酸化肽段的谱图，首次发现了携带乳酸化修饰赖氨酸的多肽所形成的亚胺离子，从而在非富集条件下挖掘出大量全新的乳酸化修饰底物蛋白及其位点信息，为阐释乳酸化修饰在炎症、肿瘤等重大慢性疾病发生发展之间的因果关系，进而发现新的疾病治疗靶点提供线索[25]。刘小云和邵峰院士团队合作发现了一种由 OspC 家族蛋白介导的新型翻译后修饰——精氨酸 ADP-riboxanation。该研究不仅揭示了重要的肠道病原菌志贺氏菌如何逃逸宿主的天然免疫系统，也开辟了蛋白质翻译后修饰领域一个全新的研究方向，堪称在宿主和病原菌相互作用领域里程碑式的工作[26]。

3. 代谢组

代谢组学通过对生物体代谢物的全景解析，为深入了解生命体系中的代谢网络及其调控机制提供了契机。近年来，我国学者在基于质谱的代谢组学新方法及在生命健康领域的应用等方面取得了诸多重要进展，发表文章数量不断增长，位居第一（见图 1）。

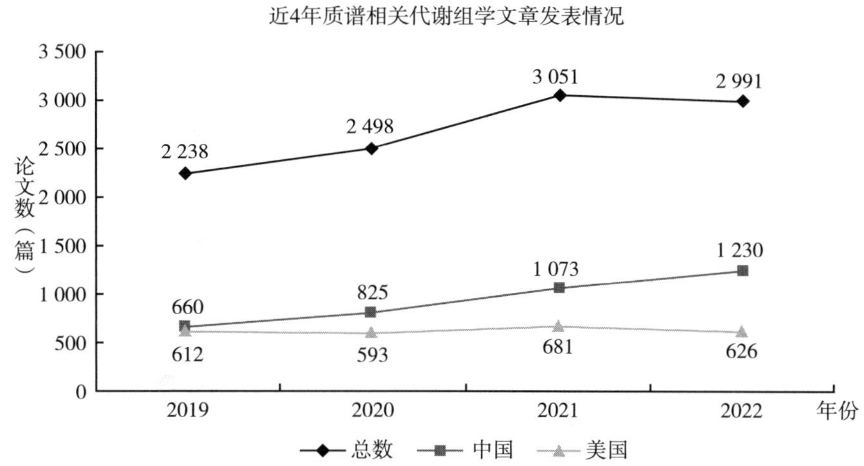

图 1　在 WOS 核心合集上检索的 2019—2022 年发表的质谱相关代谢组学论文发表情况，检索日期：2023.7.6，检索词：((metabonomics OR metabolomics OR ("metabolic profiling") OR (lipidomics) OR lipidome OR ("lipid profiling"))) AND (mass spectrometry)

在代谢组学新方法研究方面，我国学者发展了包括代谢物标记与识别、大规模代谢组学分析、代谢组规模化鉴定、深度结构解析等诸多方法，极大提升了代谢组分析的灵敏度和通量，改进了代谢组定性、定量分析的能力。冯钰锜与魏振威合作研发了一种快速、经济且具有化学选择性的代谢组学分析方法，基于整体材料上硼酸酯反应的快速、高效化学选择性标记，并利用天然同位素丰度的硼元素标签，实现快速识别标记代谢物[27]。万晶晶等开发了一种多壳空心 Cr_2O_3 球辅助激光解吸 / 电离质谱（LDI-MS）方法，用于体液的代谢指纹分析[28]。针对大规模人群队列代谢组学分析的迫切需求，许国旺团队将其自主研发的拟靶向代谢组学方法形成范本，提供了开放式软件和工具[29]。针对代谢组规模化鉴定及深度结构解析等瓶颈问题，我国学者发展了诸多计算代谢组学工具及注释新方法。朱正江等发展了基于代谢反应网络的代谢物结构鉴定方法（MetDNA，MetDNA2）[30, 31]，该方法无须依赖大规模 MS^2 谱库就可对代谢特征进行注释。该团队还进一步发展了基于离子淌度质谱的多维代谢物鉴定技术及其数据库 AllCCS，利用多维信息提升代谢物鉴定的准确性[32]。陈立与美国拉比诺维茨（Rabinowitz）团队发展了 NetID 新算法，为低丰度代谢特征注释提供了解决方案[33]。

代谢组和脂质组分析向着精细结构解析领域深入发展。马潇潇等为脂质组学领域提供了一种高效的脂质深度结构解析方法，该方法基于光衍生试剂 2- 乙酰吡啶和串联质谱，单次分析即可实现 C=C 位置和 *sn*- 位置异构体的定量解析[34]。代谢数据的质量和标准化越来越受到关注，为了满足实验室间代谢组学数据共享与比较的需求，包括中国科学家在内的国际顶尖代谢组学研究团队共同建议了基于质谱技术的代谢组学分析指南。该指南涵盖了样品制备、生物重复、定量分析、质谱鉴定等方面，旨在对代谢组分析进行标准化，提高代谢数据集的质量[35]。在空间代谢组学方面，贺玖明及其合作者利用基于空间代谢组、空间脂质组及空间转录组的空间多组学新技术，揭示了胃癌异质性及胃癌组织的代谢重编程[36]。我国学者在单细胞代谢组领域也取得了重大进展，相关介绍请见本报告后文“单细胞质谱”。

代谢组学在生命健康和疾病机制研究领域的作用越来越重要。税光厚与合作者利用代谢组和脂质组技术揭示了新冠病毒感染患者的血浆代谢紊乱特征[37]，发现 COVID-19 患者的病情发展影响患者的全身代谢[38]，并进一步利用脂质组 / 蛋白组学数据揭示了不同感染阶段的新冠病毒感染患者血浆外泌体的组成及生物功能[39]。郭天南及合作者采用代谢组 / 蛋白质组学揭示了新冠病毒感染重症患者血清中存在特征的分子变化，并发现与新冠感染相关的特征分子及潜在生物标志物[40]。为了探讨 COVID-19 患者的代谢重塑与细胞因子释放综合征（CRS）之间的关联性，胡泽平与合作者通过对 COVID-19 患者的代谢重塑与炎症反应进行整合分析，发现在重症患者中两者密切相关且相互影响，而干预精氨酸、色氨酸或嘌呤代谢能够显著改善过度炎症反应[41]。

在代谢标志物研究方面，我国学者也取得了可喜的进展。许国旺、贾伟平和吴家睿等合作在糖尿病视网膜病变的早期标志物领域开展研究，发现了 12- 羟基花生四烯酸（12-HETE）和 2- 哌啶酮（2-piperidone）适用于糖尿病视网膜病变的早期筛查[42]。功能代谢组学旨在探究重要差异代谢物的生物功能及其与生理病理的关系，许国旺团队及合作者利用功能代谢组学方法对胶质瘤、肝癌、肝衰竭等疾病展开深入研究，揭示了疾病代谢异常的关键分子机制[43-45]；发现了去泛素化酶 USP22 可调控肝癌脂代谢的合成过程，揭示了 USP22 可通过氧化物酶体增殖物激活受体 γ（PPARγ）促进肝癌脂肪酸合成的新机制，明确靶向癌症细胞脂肪酸合成过程是治疗肝癌的重要方法之一[44]；阐释了 Nrf2 调控的谷胱甘肽（GSH）代谢通路的重要性，提出了干预谷胱甘肽代谢治疗胶质瘤的新方法[43]；揭示了肝衰竭的代谢重编程机制，提出了代谢干预治疗肝衰竭的新策略[45]。

总之，我国科学家在过去的几年里在基于质谱的代谢组学研究中，无论在方法学还是在生命科学和临床应用方面都取得了长足的进步，下一步的重点在于发展原创性的分析新方法，为大规模临床样品及单细胞、亚细胞的代谢组学分析提供支撑，并切实解决生命科学中的问题。

4. 质谱成像

质谱成像是一种重要的、无须标记的高通量分子空间分布信息的获取手段，近 4 年来，我国学者在质谱成像新基质、组织和单细胞质谱成像新方法等领域取得了重要技术突破，并围绕临床肿瘤等重大疾病开展了系列创新应用。

在生物组织的 MALDI 质谱成像方面，王晓东、李彬和欧阳证等开发出一系列包含 3,4- 二甲氧基肉桂酸[46]、3- 氨基邻苯二甲酰肼[47]、2,3- 二氰基对苯二酚[48]、肼苯哒嗪[49]、四乙基米氏酮[50]等的有机小分子基质，以及聚多巴胺膜涂覆抗反射表面的复合基底[51]、杂原子掺杂石墨烯量子点[52]、锚定在 N 掺杂石墨烯上的卵黄壳 Ni/NiO[53]等纳米材料基质，解决了传统基质在小分子区域背景干扰严重、耐盐性能差、分析复杂样本中小分子代谢物难等问题。为了提高质谱成像的空间分辨率，欧阳钢锋等搭建了自动化的升华喷涂装置，改善了咖啡环效应和分子弥散现象[54]。陈德华等对升华喷涂装置进行了改进，提高了质谱成像的空间分辨率[55]和灵敏度[56]。聂宗秀团队基于超声喷雾原理，搭建了自动化的超声基质喷雾装置，结晶颗粒可达 10μm，成像结果重复性好，与商用喷涂仪相比，避免了分子弥散现象，图像更为清晰[57]。为了提高质谱成像的结构分辨率，欧阳证等开发了一种基于双线性离子阱质谱系统的多功能 AP-MALDI-MS^2I 方法，每个采样点可实现 10MS/MS 扫描，结合组织内光化学衍生，可实现多个磷脂 C=C 位置异构体的质谱成像[58]。

随着质谱成像技术的进步和方法学的逐渐成熟，其应用范围越来越广。聂宗秀等利用质谱成像实现了植物组织中二糖异构体的区分和原位分析[59]。蔡宗苇等建立了以 3- 乙酰基吡啶为反应试剂的组织原位 PB 衍生方法，实现了多种脂类分子中双键位置的确定及脂类分子的可视化[60]。李彬等利用质谱成像技术结合基因组挖掘策略，发现了桔梗根中催化桔梗皂苷 E 合成的酶，并阐明了桔梗皂苷 E 生物合成中的 2 个关键步骤[61]。聂宗秀团队利用前期建立的免标记的纳米材料质谱成像方法，实现了大气碳质气溶胶颗粒物（PM2.5）在小鼠肺中的多组分成像研究，获得了碳质气溶胶中有机碳和无机（或元素）碳的分布差异[62]。最近该团队实现了对聚集诱导荧光纳米粒子及其引起内源性代谢变化的同时成像，评估了基于被动运输的纳米粒子在肿瘤内的递送效率，并从空间代谢的角度分析了纳米粒子在生物体内的行为和癌症治疗过程中的代谢影响[63]。

在生物组织解吸电喷雾质谱成像（DESI-MSI）方面，为了解决该技术存在极性歧视、较强的离子抑制及空间分辨率有限等问题，潘洋等发展了一种基于 DESI 的二次光电离质谱成像技术（DESI-PI-MSI），通过在 DESI 喷雾装置后引入一套光电离系统和高效离子传输管道，可通过开、关光电离源，实现对多种极性和非极性组分的高灵敏度空间成像[64]。再帕尔（Zeper）团队在其开发的敞开式空气动力辅助离子化（AFADESI）质谱成像技术基础上取得了一系列进展，发展了定量质谱成像的方法，可以准确测量异质性组织中的代谢物[65]；发展了原位化学衍生化方法[66]，很大程度上提高了脂肪醛、氧化脂肪酸等难电离分子的灵敏度；提出了一种器官特异性、代谢物数据库驱动的方法，可以有效和准确地对质谱成像代谢物进行注释和可视化[67]。此外，该团队将 AFADESI 质谱成像技术应用于疾病研究，发现了与食管癌相关的代谢通路的变化[68]，以及同一胃癌症标本中的肿瘤内代谢异质性和细胞代谢相互作用[36]。

在单细胞质谱成像方面，张新荣、张奇伟、陈阳等将显微光学成像与 TOF-SIMS 的分子成像相结合，从 400μm × 400μm 的组织区域记录了多达 300 种离子物种的原位代谢曲线（约 1.5μm 像素），并根据核代谢标记物描绘出感兴趣的细胞区域，研究了肝细胞亚群与纤维化微环境的关系[69]。赵耀、陈兴和张俊龙等合作开发了近红外（NIR）镧系元素（Ln）配合物用于生物正交标记，对细胞中的蛋白质、聚糖和核酸进行 NIR 荧光成像，并结合 TOF-SIMS（Bi_3^+，空间分辨率 200nm）成像，首次实现了双模态 NIRF-SIMS 成像[70]。方晓红、赵耀、汪福意等合作利用激光共聚焦荧光显微镜对 HMGB1-Pt-DNA 三元复合物成像，利用 ToF-SIMS（Bi_3^+，空间分辨率 200~350nm）对同组细胞内的顺铂进行成像，实现了原位可视化蛋白质与细胞内顺铂损伤 DNA 之间的识别和相互作用[71]。赵耀和汪福意等通过遗传密码扩展技术将含氟非天然氨基酸作为化学标签遗传结合到蛋白质中，通过 TOF-SIMS（Bi_3^+、Cs^+）对单细胞中的特定蛋白质进行成像，空间分辨率 200~300nm[72]。李展平、马潇潇和张四纯等使用 TOF-SIMS（Bi_3^+，空间分辨率 700nm）成像技术，直接从草履虫中鉴定和定位了 6 种常见的微塑料[73]。邢蕾、康斌和徐静娟等将 130nm 真空紫外激光垂直聚焦于样品表面，实现了单细胞内源性及外源性物质三维成像，像素点约为 300nm × 300nm × 25nm，通过对细胞膜代谢组学进行分析，可区分癌细胞与正常细胞[74]。杭纬等研发了基于微透镜光纤的自动化激光解吸电离质谱成像平台，成像分辨率可达 300nm，远超目前商品化的激光采样质谱技术，成功实现了对细胞内多种内源性和外源性的元素和分子在细胞器水平上的可视化定位[75]。该团队进而利用微透镜光纤激光溅射技术，设计了具有三通结构的样品剥蚀池，搭建了 LA-ICP-MS 成像平台，实现了低至 400nm 空间分辨率的质谱成像，可对生物组织和单细胞内的多种化学物质进行可视化探测[76]。该团队使用自行研发的微透镜光纤激光解吸质谱成像平台探究了两种抗肿瘤药物在单个细胞内的三维空间分布成像，获得了 500nm × 500nm × 500nm 的空间分辨率，还提出了一种基于嵌入式均匀圆形聚苯乙烯微球的三维定位方法，可用于准确重构还原药物在单细胞内的三维分布[77]。

5. 单细胞质谱

在单细胞水平检测细胞生命过程中各种化学物质的变化，对生物及医学方面的研究具有重要的科学价值。受限于细胞内物质种类多、浓度差异大、存在严重干扰，以及皮升级别的样品量，常规质谱仪器及分析方法无法胜任。近年来，我国学者在单细胞蛋白质组学及代谢组学等领域开展了方法学及应用研究，进行了一系列开拓性研究工作。

针对单细胞水平的蛋白质检测，主要包含金属元素标记及非标记检测两个方向。以质谱流式为代表的技术通过抗体标记、金属元素信号放大，结合电感耦合等离子体质谱，可大幅提高蛋白质检测灵敏度。王建华和陈明丽等发展了三维螺旋毛细管阵列聚焦系统，在单细胞水平研究了金属纳米颗粒摄取及其分布[78]。王秋泉等基于镧系元素编码的方法，实现了单个细菌细胞的计数和识别[79]。丁显廷、郅晓和沈广霞等[80]及罗英武、赵俊杰和曾浔等[81]分别基于金属有机框架材料，拓展了标签材料的种类和功能。在质谱流式应用研究方面，徐兵、李志铭和杜克大学何旭华合作，利用成像质谱流式研究了肿瘤免疫微环境的进化[82]，梁廷波等将外周免疫细胞亚群用于实体肿瘤的筛查和早期检测[83]。除质谱流式外，汪福意和赵耀等[72]将含氟元素的化学标签引入二次离子质谱，刘宝红和乔亮等[84]把功能化金纳米探针引入基质辅助激光解吸附质谱，分别实现了单细胞内蛋白质的定位和信号放大。在非标记单细胞蛋白质检测方面，张祥民[85]等将蛋白质前处理集成到毛细管内，方群和黄超兰[86]等发展了微液滴的流控及萃取技术，降低了前处理过程中的样品损失，实现了单个细胞内的上百种蛋白质鉴定。

在单细胞代谢组学方面，我国学者在活体单细胞代谢分析和细胞内代谢物的成像分析方面均取得了特色成果。由于单细胞内代谢物变化较快，利用微量取样装置进行原位取样，能更好地揭示其生物学功能。黄光明等发展了快速电泳分离技术提高单细胞质谱分析的灵敏度[87]，在此基础上，通过结合膜片钳取样技术，揭示了外周调控中枢神经系统内谷氨酸水平的分子机制[88]。与溶酶体膨胀技术结合，熊伟与仓春蕾研发了单溶酶体代谢组质谱（SLMS）技术，可同时对单个溶酶体进行代谢和电生理分析，探索了其在细胞衰老中的作用[89]。郑小虎、魏海明、田志刚和黄光明通过免疫细胞分析，揭示了鞘磷脂代谢对天然杀伤细胞的调控作用[90]。在张新荣等 2015 年开发的皮升电喷雾基础上，张新荣和再帕尔·阿不力孜等结合液滴微萃取实现了单细胞代谢物的检测[91]，进而张四纯等通过在微纳加工的小孔内进行纳升级微萃取，解决了单细胞定量分析中内标物质难以添加的问题[92]。马潇潇和欧阳证等结合 Paternò–Büchi 光化学反应，实现了单细胞水平的脂质代谢物中双键的准确定位[93]。此外，张新荣和张四纯等发展了非标记质谱流式技术，提高了活体细胞的质谱检测速度[94, 95]。白玉等发展了基于罗丹明类化合物的蛋白质标签技术[96]，与非标记质谱流式结合，实现了单个细胞蛋白质和代谢物的同时分析[97]。

在细胞内代谢物的成像分析方面，我国学者也获得了突破性进展。张新荣、张奇伟和陈阳等结合机器学习，发展了适用于组织原位的高分辨二次离子质谱分析方法，实现了单细胞核分辨的代谢异质性的可视化分析[72]。杭纬、颜晓梅和李剑锋等研制了激光近场解吸附质谱平台，将空间分辨率提高至 250nm[98]，杭纬等在细胞器水平实现了代谢可视化分析[75, 76]。杭纬和李晓萍等在上述研究基础上，实现了药物分子在单细胞内的三维空间分布成像[77]。

6. 化学反应中间产物的质谱检测

揭示化学反应及其相关过程的机制和基本规律，对认识化学反应的本质、创制新的物质有着不可替代的作用。利用质谱的特异性、灵敏度、易操作性、原位性等优势，我国学者在化学反应中间体的捕捉、化学反应机制的跟踪等方面取得了一系列创新性成果。

精准监测电化学反应中的界面电子转移及其耦合的溶液化学反应过程，特别是瞬态中间体的形成与转化过程，是深入理解其反应机理、优化反应条件、设计新型合成路线的基础和关键。徐静娟团队在超微毛细管喷针末端集成双极电极，构建了多种低延迟的电化学 - 质谱接口，实现了微秒寿命电化学反应中间体的快速捕获与精准鉴定[99-101]，如电致化学发光反应中的重要中间体三正丙胺阳离子自由基和多巴胺电氧化中半醌自由基中间体[99]，鉴定了 8- 甲基 -1,2,3,4- 四氢喹啉氧化二聚中的关键自由基阳离子中间体，首次报道了 *N,N′* - 二甲基苯胺和吩噻嗪之间的 C—H/N—H 交叉偶联反应中亚氮离子参与的反应途径[100]，鉴定了交流电解过程中参与 4- 烷氧基苯胺和醇之间 C—O/O—H 交叉复分解反应的关键反应中间体[101]，为相关的有机电化学反应机理提供了直接证据。

在基于微液滴的化学反应机制研究方面，微液滴中可能存在的羟基自由基和自由电子使其兼具氧化性和还原性[102]，且微液滴中的物质可被质谱直接检测。张新星等报道了微液滴表面的自由电子将吡啶还原成吡啶阴离子自由基[103]、将紫精类化合物（如百草枯）还原成相应的自由基[104]、微液滴表面的 OH 将咖啡因和褪黑素氧化成相应的羟基化产物[105]、微液滴表面的极高电场催化的 C—H/N—H 氧化交叉偶联反应[106]等一系列兼具科研和应用价值的化学过程。在未来工作中，通过实验设计进一步开发多种微液滴的产生方法和反应方式，利用质谱技术原位捕捉微液滴反应中间产物，并在此基础上，拓展微液滴表面自发电场可催化反应的类型范围，对拓宽微液滴化学的认知边界有极其重要的意义。

许多有机反应采用导电性较差的溶剂，这样的反应液难以直接通过电喷雾的方法离子化，从而使电喷雾离子化在有机反应的机理研究中受到限制。针对这一问题，郭寅龙等开发了溶剂辅助电喷雾离子化技术，实现了电喷雾不友好溶剂中有机化学反应体系的质谱分析，并成功地对钯 PC-Phos 催化动态动力学转化实现吲哚不对称去芳构化[107]、钴催化的区域和立体选择性的联烯硼氢化反应[108]、环丙醇开环铜催化苄位自由基的不对称三氟甲基化反应[109]、异位钴催化剂选择性硼化不饱和键[110]、多核镍催化剂催化乙烯与质子共聚单体的直接共聚[111]、N- 杂环碳配体在钯催化下的区域选择性和对映选择性双氟烯丙基化[112]、分子内 1,5- 氢原子转移实现光诱导铜催化的环胺不对称炔基化反应[113]、铜介导的芳基硼的噻蒽锍盐化和吩恶噻锍盐化[114]等反应体系中的活性物种进行检测和分析，其结果为相关有机反应机理提供了佐证。

在实际复杂反应体系研究中，中间体的捕获和监测常常会受反应体系中基质、盐效应、离子化效率低等问题的困扰。那娜课题组针对多种不同的化学反应体系，设计了不同的常压质谱监测装置。该团队设计的多相流萃取电喷雾电离（MF-EESI）装置，有效捕获和追踪到了酶催化葡萄糖氧化反应中葡萄糖与辅酶的中间体复合物，成功发现了多种动力学变化各异的光催化 C-N 偶联反应中的多个中间体[115]，还辅助表征了 GSH 引发的纳米酶高效协同肿瘤治疗过程，为生物诊疗过程相关重要分析的变化研究提供了有效工具[116]。针对电催化、限域空间内独特高效化学反应、单液滴污染物光化学转化、等离子体催化降解反应等体系，该团队设计了多套常压质谱检测系统，发现了多种重要中间体，并开展了相关机理研究[117，118]。

研究有机反应的活性中间体，是阐明有机反应机理的核心。然而，该类中间体反应活性高，通常难以用常规方法检测。质谱凭借其检测速度快、灵敏度高等特点，在活性中间体的检测中有着不可忽视的作用。涂永强等开发了螺环 NHC-Ru（Ⅳ）钳形配合物催化芳香族和烯属 C—H 烯基化反应，但是在该反应的机理研究中活性中间体化合物的检测是一个难点，也是证明该反应的关键点。潘远江等通过高分辨质谱检测到复杂的螺环 NHC-Ru（Ⅳ）钳形配合物的同时，还检测到了该配合物与溴代烯烃的氧化加成的关键反应中间体，说明该反应可能通过单电子转移（SET）触发氧化加成，为依赖于活化烯基前体的经典烯基化反应机理研究提供了有价值的补充[119]。

7. 国防与公共安全分析

随着纳米技术、基因编辑技术、合成生物学及人工智能等的飞速发展，国防和公共安全领域的现实威胁呈现以下特征。第一，毒物种类更加多样化，可通过人工智能设计合成更高毒性的新型化学毒物或毒肽；第二，投毒手段多样化，纳米递送拓宽了毒物可及性和释放方式，导致毒物损伤效应更加多样化、复杂化；第三，新型或未知毒物不断出现，导致毒物的检测与中毒后救治难度进一步加大。我国学者针对多种类化学战剂、生物毒素、毒品等重要与潜在的国防和公共安全关注对象，建立了高灵敏、高特异的质谱定性定量新方法，发展了多种新型的质谱快速检测、筛查鉴定与溯源追踪技术，在化学武器核查、中毒诊断、法庭科学鉴定等方面成绩斐然。

随着小型质谱和常压电离技术的发展，质谱在新一代国防与公共安全专用快检设备方面发展迅速，其应用着力于拓宽分析物种类、增加抗干扰能力、适配多种复杂基质及安全应急场景等。李翠萍等开发了热解吸 - 低温等离子体质谱法，可直接检测土壤中神经性毒剂模拟剂（LOD：5pg）[120]。杨波和束继年等研制了一种超灵敏热解吸电离 - 飞行时间质谱，发展了激发态 CH_2Cl_2 诱导的缔合电离模式，对 9 种化学战剂模拟剂的检测灵敏度达 0.08~3.90pg[121]。李海洋等提出了基于真空紫外灯的丙酮辅助负光电离 - 飞行时间质谱技术，结合源内碰撞诱导解离，对人口鼻呼出的 HCN 的在线监测，定量下限为 0.5ppbv[122]。马强等使用基质辅助电离与小型离子阱质谱联用，实现了 49 种芬太尼类物质的快速和通量现场检测[123]。郭磊等以多物理场仿真指导 3D 打印构建半封闭空间，结合介质阻挡放电电离和干血斑热解吸，实现了干血斑中芬太尼类的直接筛查鉴定及定量[124]。

国防与公共安全的实际需求在于对全未知盲样的高效精准筛查鉴定，实现多种类分子的特征结构筛查和化学归因。通过从样品中尽可能多地获取与分析物相关的前体、降解产物、合成或提取制备过程原料、地域同位素特征贡献等信息，构建广泛的“杂质谱”这一化学归因特征（Chemical Attribution Signature）以用于危害物质的追踪溯源。谢剑炜和徐斌等发展了基于“警示离子”追踪的神经性毒剂及相关物的质谱筛查新策略，通过包含 40 个特定的“警示离子”和 10 种特征结构片段，结合构建包含 202 个理论精确质量的数据库，可完整涵盖神经性毒剂及相关物的 13 大类母核、41 万种理论结构，该策略成功多次应用于国际禁化武组织效能水平测试与真实国际核查样品的筛查鉴定[125]。王红梅等针对神经性毒剂塔崩，应用全二维气相色谱 - 飞行时间质谱技术等，绘制了不同合成路线样品的杂质谱，构建了塔崩的 4 类共 682 个因子的化学归因特征，其分类预测模型可区分典型合成路线，准确度大于 85%[126，127]。谢剑炜和徐斌等基于深度学习分子网络模型，构建了吡咯里西啶类生物碱的筛查技术，其鉴定数量是特征诊断“警示离子”的 8~10 倍，且 1/4 的新化合物能获得可靠的结构信息[128]。赵晓燕等建立了一种基于特征分子的网络分析和 LC-MS，在毒蘑菇中鉴定出 4 个新的环肽——鬼臼毒素类似物，并确定了致死鹅膏和蘑菇毒力环肽的化学组成[129]。郭磊等基于毒液蛋白质组学，鉴定数份法医样品为眼镜蛇毒，并对眼镜蛇毒进行了家族及功能分析[130]。杨自忠等将毒腺 RNA 测序和蛋白质组学分析结合，研究了云南省大型雅尼蜘蛛毒液蛋白和多肽的组成特征[131]。吴永宁和周爽等建立了真菌毒素及标志物的多组分定量确证技术[132]。毒品的污水流行病学有助于相关学者获取区域内毒品的类型、消费数量和变化趋势，推断新型毒品种类、毒品合成路线等。鲁建江等对新疆维吾尔自治区 5 个代表性的城市污水处理厂的污水分析结果表明，吗啡、大麻、苯丙胺类是主要的滥用物质[133]。头发检材可将部分毒品的摄入时间由数小时远推到数月，可用于区域毒品流行情况的回顾分析。向平和沈敏等回顾了 2018 年 8 月至 2019 年 7 月上海 5 610 例利用毛发分析鉴定的吸毒案件，发现 30.5% 呈毒品阳性，苯丙胺类兴奋剂最为常见[134]。

化学毒物通常结合体内外代谢行为，以特征结构筛选发现毒物体内毒作用分子和生物标记物实现剂量测定和精确溯源。王红梅和裴承新等通过蛋白空腔标记分析，对四类典型神经性毒剂的蛋白加合特征结构进行了解析[135]，发现420种新的膦酰化多肽酶切片段，揭示了塔崩和高丰度蛋白在特定的赖氨酸残基上发生膦酰化共价结合这一特征[136]。刘石磊等构造了VX类似物拟南芥染毒模型，鉴定出异丁基甲基膦修饰的四个黄酮类化合物可作为潜在的生物标志物，为神经性毒剂的植物法医学鉴定提供新策略[137]。刘石磊和徐平等针对芥子气-人血白蛋白的加合物，酶切筛选获得5种特异氨基酸加合物，可作为芥子气暴露溯源的生物标记物[138]。对人类毒性最强的肉毒毒素（BoNT），谢剑炜和徐华等建立复杂基质中BoNT/A/B/E同时监测的内切酶质谱法，成功应用于12批次69份临床样本检测，并建立了食源性肉毒中毒典型临床病例的毒素代谢特征分析轮廓，首次鉴定出以E型为主的ABE型混合肉毒中毒病例[139]。该方法已被列入中国2021版肉毒中毒诊断与治疗临床指导原则。针对日益严重的合成大麻素滥用问题，钱振华等利用超高效液相色谱-高分辨Orbitrap质谱，鉴定了两种新的合成大麻素共30种Ⅰ相代谢产物，并结合毒代动力学结果优选出三种标志性代谢物[140]。王景林等利用转录组、蛋白质组和代谢组等多组学技术，分析了蓖麻毒素致人肺上皮细胞损伤的可能机制，为相关中毒的预防诊治奠定了基础[141]。

8. 质谱仪器研制

在过去的4年，我国在科学研究高端质谱仪研制方面整体处于落后跟跑水平的现状没有太大改变。特别是蛋白质组学、代谢组学等生命科学前沿领域，科学研究仍然完全依赖进口高分辨质谱仪。质谱仪作为一种成熟的商品化科学仪器，核心部件包括离子源、质量分析器、检测器等，虽然核心部件工作原理已经清楚，但要实现“0到1”的重大突破较为困难。国内质谱仪的发展主要受限于加工工艺、零部件产业链、质量控制、用户群体等多方面因素。

虽然在整体水平上处于落后状态，但国产质谱仪研制在一些特定应用场景中还是取得了较大进展，部分达到了国际先进水平。代表性工作包括方向等研制的四极杆-线形离子阱质谱仪，达到了亚飞克级定量检测限，获得了基于离子阱定量技术的质谱医疗器械证[142, 143]；李海洋等研制的高灵敏光电离飞行时间质谱仪，出口到美国宝洁公司；李海洋团队研制的高通量呼出气质谱仪在多家医院用于呼出气疾病标志物快速筛查[144-146]；欧阳证等研制的小型离子阱质谱仪系列产品已应用于毒品快速检测和临床样品脂质分析[147-149]；禾信、谱育等公司面向生命科学领域推出了三重四极杆质谱仪和四极杆-飞行时间串联质谱仪等产品。此外，国产基质辅助激光解吸电离-飞行时间质谱仪（MALDI-TOF）也被应用于微生物和核酸检测等方面。

近年来我国投入了大量资源建设大科学装置，包括同步辐射、自由电子激光、散裂中子源、强磁场等。其中，高亮度可调波长极紫外自由电子激光可以实现大部分分子的外层电子激发电离及蛋白质等生物分子的高效骨架解离，为高灵敏度质谱检测和二级质谱碎片分析的核心技术突破提供了全新机遇[150-152]。杨学明、王方军等在大连相干光源搭建了世界首台 50~150nm 皮秒脉冲极紫外激光解离（UVPD）装置，并开发了蛋白质串联质谱光解离碎片分析软件，与商品化碰撞诱导解离（HCD/CID）相比，该软件解离速率提升了 7~10 个数量级，突破了串联质谱核心技术高度依赖国外质谱公司的限制[153-155]。与 HCD/CID 相比，UVPD 可在单脉冲皮秒 – 纳秒内将 30kDa 以上蛋白质直接激发至电子激发态，产生更多骨架解离形成的结构特征碎片。由于高能紫外激光激发主要针对蛋白质骨架能级吸收，碎片离子保留了丰富的原位非共价相互作用和高级结构信息。利用该装置，国内学者首次探测到蛋白质非变性电喷雾离子化过程中的瞬态结构变化[156, 157]，并提出了通过超快光解离碎片离子产率定量表征蛋白质结构变化的质谱分析新原理，实现了高度动态复合物识别分子机制的单氨基酸位点分辨分析[158]。由于 HCD/CID 串联质谱已经是国外商品化质谱组学测序的成熟技术，200nm 以下高能紫外激光 UVPD 可以提供更为丰富的生物分子序列和结构信息，且该技术目前仍处于研究初期，可能是以点带面实现国产高端质谱仪突破的契机。

9. 我国质谱发展趋势和展望

在过去 3 年，我国质谱学者在方法学、应用和仪器装置方面都取得了长足的进步，未来的研究工作将继续着力发展原创性的分析新方法、创新型应用、质谱科学装置搭建等领域。在原创性分析方法方面，单细胞 / 亚细胞代谢组学分析成为关注焦点，亟须更高通量和鉴定深度的质谱方法，这也依赖于仪器方法和数据处理方法两方面的突破。时空变换空间蛋白组和空间代谢组从动态的多组学角度揭示生命现象，也对新方法提出了更高的挑战和要求。动态大分子蛋白质结构解析和蛋白质相互作用组的深入研究，为生命现象的分子机理提供坚实的支撑。在创新应用领域，基于大队列样本的临床组学研究为大规模临床样品高通量、高精准分析新方法的建立提出了更高要求；以临床重大疾病精准医疗为导向，深入开展临床质谱分析，为健康中国计划服务；以环境、食品安全等国计民生领域分析需求为牵引，进一步深入开展相关领域的应用。在质谱仪器领域，我国学者仍需在加工工艺、零部件产业链等方面持续深入，与此同时，在仪器原理创新上不断探索和深入是我国仪器研发领域持续努力的目标和方向。

参考文献

[1] Wang X Y, Chen C J, He Y H, et al. Isobaric stable isotope N-phosphorylation labeling (iSIPL) for ultrasensitive proteome quantification [J]. Angewandte Chemie International Edition, 2023, 62(22): e202303656.

[2] Wu Z, Shen Y, Zhang X M. TAG-TMTpro, a hyperplexing quantitative approach for high throughput proteomic studies [J]. Analytical Chemistry, 2022, 94(37): 12565-12569.

[3] Wang H, Wang Z T, Gao H, et al. A photo-oxidation driven proximity labeling strategy enables profiling of mitochondrial proteome dynamics in living cells [J]. Chemical Science, 2022, 13(40): 11943-11950.

[4] Li L , Sun C J, Sun Y T, et al, Spatially resolved proteomics via tissue expansion [J]. Nature Communications, 2022, 13(1): 7242.

[5] Zhai Y S, Huang X Y, Zhang K R, et al. Spatiotemporal-resolved protein networks profiling with photoactivation dependent proximity labeling [J]. Nature Communications, 2022, 13(1): 4906.

[6] Chen J, Zhao Q, Gao H, et al. A glycosidic-bond-based mass-spectrometry-cleavable cross-linker enables in vivo cross-linking for protein complex analysis. Angewandte Chemie International Edition [J]. 2023, 62(24): e202212860.

[7] Jiang Y, Sun A H, Zhao Y, et al. Proteomics identifies new therapeutic targets of early-stage hepatocellular carcinoma [J]. Nature, 2019, 567(7747): 257-261.

[8] Xu J Y, Zhang C C, Wang X, et al. Integrative proteomic characterization of human lung adenocarcinoma [J]. Cell, 2020, 182(1): 245-261.

[9] Hu Y C, Jiang B, Weng Y J, et al. Bis(zinc(Ⅱ)-dipicolylamine)-functionalized sub-2μm core-shell microspheres for the analysis of N-phosphoproteome [J]. Nature Communications, 2020, 11(1):6226.

[10] Liu X Y, Dong M M, Yao Y T, et al. A Tyrosine phosphoproteome analysis approach enabled by selective dephosphorylation with protein tyrosine phosphatase [J]. Analytical Chemistry, 2022, 94(10): 4155-4164.

[11] Hu S H, He X D, Nie J, et al. Methylene-bridge tryptophan fatty acylation regulates PI3K-AKT signaling and glucose uptake [J]. Cell Reports, 2022, 38(11): 110509.

[12] Lou R H, Cao Y, Li S S, et al. Benchmarking commonly used software suites and analysis workflows for DIA proteomics and phosphoproteomics [J]. Nature Communications, 2023, 14: 94.

[13] Liu L Y, Zhu B, Fang Z, et al. Automated intact glycopeptide enrichment method facilitating highly reproducible analysis of serum site-specific N-glycoproteome [J]. Analytical Chemistry, 2021, 93(20): 7473-7480.

[14] Chen Y, Qin H Q, Yue X Y, et al. Highly efficient enrichment of O-GlcNAc glycopeptides based on chemical oxidation and reversible hydrazide chemistry [J]. Analytical Chemistry, 2021, 93(49): 16618-16627.

[15] Chen Y, Tang F, Qin H Q, et al. Endo-M mediated chemoenzymatic approach enables reversible glycopeptide labeling for O-GlcNAcylation analysis [J]. Angewandte Chemie International Edition, 2022, 61(23): e202117849.

[16] He J H, Fan Z Y, Tian Y P, et al. Spatiotemporal activation of protein O-GlcNAcylation in living cells [J]. Journal of the American Chemical Society, 2023, 144(10): 4289-4293.

[17] Lyu P O, Du Y F, He C D, et al. Spatiotemporal activation of protein O-GlcNAcylation in living cells-liquid phase separation of SynGAP/PSD-95 [J]. Nature Chemistry, 2022, 14(7): 831-840.

[18] Sun Z Y, Fu B, Wang G L, et al. High-throughput site-specific N-glycoproteomics reveals glyco-signatures for liver disease diagnosis [J]. National Science Review, 2023, 10(1): nwac059.

[19] Fang Z, Qin H Q, Mao J W, et al. Glyco-Decipher enables glycan database-independent peptide matching and in-

depth characterization of site-specific N-glycosylation [J]. Nature Communications, 2022, 13(1): 1900.

[20] Zeng W F, Cao W Q, Liu M Q, et al. Precise, fast and comprehensive analysis of intact glycopeptides and modified glycans with pGlyco3 [J]. Nature Methods, 2021, 18(12):1515–1523.

[21] Wang Z, Yang X, Liu C, et al. Acetylation of PHF5A modulates stress responses and colorectal carcinogenesis through alternative splicing-mediated upregulation of KDM3A [J]. Molecular Cell, 2019, 74(6): 1250–1263.

[22] Wang Q, Li Z X, Ye M L, et al. Global profiling of arginine dimethylation in regulating protein phase separation by a steric effect-based chemical-enrichment method [J]. Proceedings of the National Academy of Sciences of the United States of America, 2022, 119(43): e2205255119.

[23] Li Y C, Dammer E B, Gao Y, et al. Proteomics links ubiquitin chain topology change to transcription factor activation [J]. Molecular Cell, 2019, 76(1):126–137.

[24] Meng J, Fu L, Liu K K, et al. Global profiling of distinct cysteine redox forms reveals wide-ranging redox regulation in C. elegans [J]. Nature Communications, 2021, 12(1415):1415.

[25] Wang N, Wang N, Yu S Q, et al. Cyclic immonium ion of lactyllysine reveals widespread lactylation in the human proteome [J]. Nature Methods, 2022, 19(7): 854–864.

[26] Li Z L, Liu W, Fu J Q, et al. Shigella evades pyroptosis by arginine ADP-riboxanation of caspase-11 [J]. Nature, 2021, 599(7884): 290–295.

[27] Wang X, Bai P, Li Z, et al. Rapid and economical chemoselective metabolomics using boronate ester formation on a monolithic substrate [J]. Angewandte Chemie International Edition, 2022, 61(44): e202208138.

[28] Li R, Zhou Y, Liu C, et al. Design of multi-shelled hollow Cr_2O_3 spheres for metabolic fingerprinting [J]. Angewandte Chemie International Edition, 2021, 60(22): 12504–12512.

[29] Zheng F, Zhao X, Zeng Z, et al. Development of a plasma pseudotargeted metabolomics method based on ultra-high-performance liquid chromatography-mass spectrometry [J]. Nature Protocols, 2020, 15(8): 2519–2537.

[30] Shen X T, Wang R H, Xiong X, et al. Metabolic reaction network-based recursive metabolite annotation for untargeted metabolomics [J]. Nature Communications, 2019, 10(1): 1516.

[31] Zhou Z W, Luo M D, Zhang H S, et al. Metabolite annotation from knowns to unknowns through knowledge-guided multi-layer metabolic networking [J]. Nature Communications, 2022, 13(1): 6656.

[32] Zhou Z W, Luo M D, Chen X, et al. Ion mobility collision cross-section atlas for known and unknown metabolite annotation in untargeted metabolomics [J]. Nature Communications, 2020, 11(1): 4334.

[33] Chen L, Lu W Y, Wang L, et al. Metabolite discovery through global annotation of untargeted metabolomics data [J]. Nature Methods, 2021, 18(11): 1377–1385.

[34] Cao W, Cheng S, Yang J, et al. Large-scale lipid analysis with C=C location and sn-position isomer resolving power [J]. Nature Communications, 2020, 11(1): 375.

[35] Alseekh S, Aharoni A, Brotman Y, et al. Mass spectrometry-based metabolomics: a guide for annotation, quantification and best reporting practices [J]. Nature Methods, 2021, 18(7): 747–756.

[36] Sun C, Wang A, Zhou Y, et al. Spatially resolved multi-omics highlights cell-specific metabolic remodeling and interactions in gastric cancer [J]. Nature Communications, 2023, 14(1): 2692.

[37] Song J W, Lam S M, Fan X, et al. Omics-drivensystems interrogation of metabolic dysregulation in COVID-19 pathogenesis [J]. Cell Metabolism, 2020, 32(2):188–202.e5.

[38] Wu D, Shu T, Yang X B, et al. Plasma metabolomic and lipidomic alterations associated with COVID-19 [J]. National Science Review, 2020, 7(7): 1157–1168.

[39] Lam S M, Zhang C, Wang Z H, et al. A multi-omics investigation of the composition and function of extracellular vesicles along the temporal trajectory of COVID-19 [J]. Nature Metabolism, 2021, 3(7): 909–922.

[40] Shen B, Yi X, Sun Y T, et al. Proteomic and Metabolomic Characterization of COVID-19 Patient Sera [J]. Cell,

2020, 182(1): 59–72.e15.

[41] Xiao N, Nie M, Pang H, et al. Integrated cytokine and metabolite analysis reveals immunometabolic reprogramming in COVID–19 patients with therapeutic implications [J]. Nature Communications, 2021, 12(1): 1618.

[42] Xuan Q, Ouyang Y, Wang Y, et al. Multiplatform metabolomics reveals novel serum metabolite biomarkers in diabetic retinopathy subjects [J]. Advanced Science, 2020, 7(22): 2001714.

[43] Yu D, Liu Y, Zhou Y,et al. Triptolide suppresses IDH1–mutated malignancy via Nrf2–driven glutathione metabolism [J]. Proceedings of the National Academy of Sciences of the United States of America, 2020, 117(18): 9964–9972.

[44] Ning Z, Guo X, Liu X, et al. USP22 regulates lipidome accumulation by stabilizing PPAR gamma in hepatocellular carcinoma [J]. Nature Communications, 2022, 13(1): 2187.

[45] Yu Z, Li J, Ren Z, Switching from fatty acid oxidation to glycolysis improves the outcome of acute–on–chronic liver failure [J]. Advanced Science, 2020, 7(7): 1902996.

[46] He H X, Qin L, Zhang Y W, et al. 3,4–Dimethoxycinnamic acid as a novel matrix for enhanced in situ detection and imaging of low–molecular–weight compounds in biological tissues by MALDI–MSI [J]. Analytical Chemistry, 2019, 91(4): 2634–2643.

[47] Li B, Sun R Y, Gordon A, et al. 3–Aminophthalhydrazide (Luminol) as a matrix for dual–polarity MALDI MS imaging [J]. Analytical Chemistry, 2019, 91(13): 8221–8228.

[48] Liu Y Q, Chen L L, Qin L, et al. Enhanced in situ detection and imaging of lipids in biological tissues by using 2,3–dicyanohydroquinone as a novel matrix for positive–ion MALDI–MS imaging [J]. Chemical Communications, 2019, 55(83): 12559–12562.

[49] Tang W W, Gordon A, Wang F, et al. Hydralazine as a versatile and universal matrix for high–molecular coverage and dual–polarity matrix–assisted laser desorption/ionization mass spectrometry imaging [J]. Analytical Chemistry, 2021, 93(26): 9083–9093.

[50] Shi Y Y, Hu H, Hao Q C, et al. Michler's ethylketone as a novel negative–ion matrix for the enhancement of lipid MALDI tissue imaging [J]. Chemical Communications, 2022, 58(5): 633–636.

[51] Yang J, Zhang W P, Zhang H J, et al. Polydopamine–modified substrates for high–sensitivity laser desorption ionization mass spectrometry imaging [J]. ACS Applied Materials Interfaces, 2019, 11(49): 46140–46148.

[52] Jin Z H, Liu M, Huang X D, et al. Top–down rational engineering of heteroatom–doped graphene quantum dots for laser desorption/ionization mass spectrometry detection and imaging of small biomolecules [J]. Analytical Chemistry, 2022, 94(21): 7609–7618.

[53] Zhao H F, Li Y Q, Zhao H Y, et al. Yolk–shell Ni/NiO anchored on N–doped graphene synthesized as dual–ion MALDI matrix for detecting and imaging bioactive small molecules [J]. Journal of Colloid and Interface Science, 2022, 613: 285–296.

[54] Luo Y K, Song C C, Mao J, et al. Developing a noncontact heating matrix spraying apparatus with controllable matrix film formation for MALDI mass spectrometry imaging [J]. Analytical Chemistry, 2022, 94(35): 12136–12143.

[55] Xie H Y, Wu R, Hung Y L W, et al. Development of a matrix sublimation device with controllable crystallization temperature for MALDI mass spectrometry imaging [J]. Analytical Chemistry, 2021, 93(16): 6342–6347.

[56] Li H Z, Wu R, Hu Q Z, et al. A matrix sublimation device with an integrated solvent nebulizer for MALDI–MSI [J]. Journal of the American Society for Mass Spectrometry, 2022, 33(1): 11–16.

[57] Meng L W, Han J, Chen J Y, et al. Development of an automatic ultrasonic matrix sprayer for matrix–assisted laser desorption/ionization mass spectrometry imaging [J]. Analytical Chemistry, 2022, 94(17): 6457–6462.

[58] Guo X Y, Cao W B, Fan X M, et al. Tandem mass spectrometry imaging enables high definition for mapping lipids in tissues [J]. Angewandte Chemie International Edition, 2023, 62(9): e202214804.

[59] Zhan L P, Huang X, Xue J J, et al. MALDI–TOF/TOF tandem mass spectrometry imaging reveals non–uniform

distribution of disaccharide isomers in plant tissues [J]. Food Chemistry, 2021, 338: 127984.

[60] Chen Y Y, Xie C Y, Wang X X, et al. 3-Acetylpyridine on-tissue Paternò-Büchi derivatization enabling high coverage lipid C=C location-resolved MS imaging in biological tissues [J]. Analytical Chemistry, 2022, 94(44): 15367-15376.

[61] Tang W, Shi J J, Liu W, et al. MALDI Imaging Assisted Discovery of a Di-O-glycosyltransferase from platycodon grandiflorum root [J]. Angewandte Chemie International Edition, 2023, 62(19): e202301309.

[62] Jiang Y M, Sun J, Xiong C Q, et al. Mass spectrometry imaging reveals in situ behaviors of multiple components in aerosol particles [J]. Angewandte Chemie International Edition, 2021, 60(43): 23225-23231.

[63] Chen J Y, Mao L C, Jiang Y M, et al. Revealing the in situ behavior of aggregation-induced emission nanoparticles and their biometabolic effects via mass spectrometry imaging [J]. ACS Nano, 2023, 17(5): 4463-4473.

[64] Liu C, Qi K, Yao L, et al. Imaging of polar and nonpolar species using compact desorption electrospray ionization/postphotoionization mass spectrometry [J]. Analytical Chemistry, 2019, 91(10): 6616-6623.

[65] Song X W, He J M, Pang X C, et al. Virtual calibration quantitative mass spectrometry imaging for accurately mapping analytes across heterogenous biotissue [J]. Analytical Chemistry, 2019, 91(4): 2838-2846.

[66] Zang Q C, Wang M J C, Zhu Y, et al. Enhanced on-tissue chemical derivatization with hydrogel assistance for mass spectrometry imaging [J]. Analytical Chemistry, 2021, 93(46): 15373-15380.

[67] Zhu Y, Zang Q C, Luo Z G, et al. An organ-specific metabolite annotation approach for ambient mass spectrometry imaging reveals spatial metabolic alterations of a whole mouse body [J]. Analytical Chemistry, 2022, 94(20): 7286-7294.

[68] Sun C L, Li T G, Song X W, et al. Spatially resolved metabolomics to discover tumor-associated metabolic alterations [J]. Proceedings of the National Academy of Sciences of the United States of America. 2019, 116(1): 52-57.

[69] Yuan Z Y, Zhou Q M, Cai L, et al. SEAM is a spatial single nuclear metabolomics method for dissecting tissue microenvironment [J]. Nature Methods, 2021, 18(10): 1223-1232.

[70] Jin G Q, Sun D E, Xia X Q, et al. Bioorthogonal lanthanide molecular probes for near-infrared fluorescence and mass spectrometry imaging [J]. Angewandte Chemie International Edition, 2022, 61(43): e202208707.

[71] Lin Y, Wu K, Jia F F, et al. Single cell imaging reveals cisplatin regulating interactions between transcription (co) factors and DNA [J]. Chemical Science, 2021,12(15): 5419-5429.

[72] Jia F F, Wang J, Zhao Y, et al. In situ visualization of proteins in single cells by time-of-flight-secondary ion mass spectrometry coupled with genetically encoded chemical tags [J]. Analytical Chemistry, 2020, 92(23): 15517-15525.

[73] Feng J X, Zhao H S, Gong X Y, et al. In situ identification and spatial mapping of microplastic standards in paramecia by secondary-ion mass spectrometry imaging [J]. Analytical Chemistry, 2021, 93(13): 5521-5528.

[74] Mou H Z, Pan J B, Zhao C L, et al. Nanometer resolution mass spectro-microtomography for in-depth anatomical profiling of single cells [J]. ACS Nano, 2023, 17(11): 10535-10545.

[75] Meng Y F, Cheng X L, Wang T T, et al. Micro-lensed fiber laser desorption mass spectrometry imaging reveals subcellular distribution of drugs within single cells [J]. Angewandte Chemie International Edition, 2020, 59(41):17864-17871.

[76] Meng Y F, Gao C H, Lu Q, et al. Single-cell mass spectrometry imaging of multiple drugs and nanomaterials at organelle level [J]. ACS Nano, 2021, 15(8): 13220-13229.

[77] Li X, Hang L, Wang T, et al. Nanoscale three-dimensional imaging of drug distributions in single cells via laser desorption post-ionization mass spectrometry [J]. Journal of American Chemical Society, 2021, 143(51): 21648-21656.

[78] Wei X, Chen M L, Wang J H, et al. A spiral-helix (3D) tubing array that ensures ultrahigh-throughput single-cell sampling [J]. Analytical Chemistry, 2019, 91(24): 15826-15832.

[79] Liang Y, Liu Q, Wang Q Q, et al. Counting and recognizing single bacterial cells by a lanthanide-encoding inductively coupled plasma mass spectrometric approach [J]. Analytical Chemistry, 2019, 91(13): 8341–8349.

[80] Dang J Q, Zhi, X, Ding X T, et al. New structure mass tag based on Zr-NMOF for multiparameter and sensitive single-cell interrogating in mass cytometry [J]. Advanced Materials, 2021, 33(35): 2008297.

[81] Chen Y, Zeng X, Luo Y W, et al. Metal-chelatable porphyrinic frameworks for single-cell multiplexing with mass cytometry [J]. Angewandte Chemie International Edition, 2022, 61(38): e202208640.

[82] Liu L, Li Z M, Xu B, et al. Revealing the evolution of the tumor immune microenvironment in follicular lymphoma patients progressing within 24 months using single-cell imaging mass cytometry [J]. Journal of Hematology & Oncology, 2022, 15(1): 115.

[83] Zhang Q, Bai X L, Liang T B, et al. Mass cytometry-based peripheral blood analysis as a novel tool for early detection of solid tumours: a multicentre study [J]. Gut, 2023, 72(5): 996–1006.

[84] Wang Y N, Qiao L, Liu B H, et al. Ultrasensitive profiling of multiple biomarkers from single cells by signal amplification mass spectrometry [J]. Chemical Communications, 2018, 54: 9659–9662.

[85] Shao X, Deng C H, Zhang X M, et al. Integrated proteome analysis device for fast single-cell protein profiling [J]. Analytical Chemistry, 2018, 90(23): 14003–14010.

[86] Li Z Y, Wong C C L, Fang Q, et al. Nanoliter-scale oil-air-droplet chip-based single cell proteomic analysis [J]. Analytical Chemistry, 2018, 90(8): 5430–5438.

[87] Chen Y T, Li G Y, Huang G M, et al. Ultrafast microelectrophoresis: behind direct mass spectrometry measurements of proteins and metabolites in living cell/cells [J]. Analytical Chemistry, 2019, 91(16): 10441–10447.

[88] Zhu H Y, Huang G M, Xiong W, et al. Moderate UV exposure enhances learning and memory by promoting a novel glutamate biosynthetic pathway in the brain [J]. Cell, 2018, 173(7): 1716–1727.

[89] Zhu H Y, Huang G M, Xiong W, et al. Metabolomic profiling of single enlarged lysosomes [J]. Nature Methods, 2021, 18(7): 788–798.

[90] Zheng X H, Huang G M, Wei H M, et al. Tumors evade immune cytotoxicity by altering the surface topology of NK cells [J]. Nature Immunology, 2023, 24: 802–813.

[91] Zhang X C, Abliz Z, Zhang X R, et al. Combination of droplet extraction and PICO-ESI-MS allows the identification of metabolites from single cancer cells [J]. Analytical Chemistry, 2018, 90(16): 9897–9903.

[92] Feng J X, Zhang S C, Zhang X R, et al. Quantitation of glucose-phosphate in single cells by microwell-based nanoliter droplet microextraction and mass spectrometry [J]. Analytical Chemistry, 2019, 91(9): 5613–5620.

[93] Li Z S, Xia Y, Ma X X, et al. Single-cell lipidomics with high structural specificity by mass spectrometry [J]. Nature Communications, 2021, 12(1): 2869.

[94] Yao H, Zhang S C, Zhang X R, et al. Label-free mass cytometry for unveiling cellular metabolic heterogeneity [J]. Analytical Chemistry, 2019, 91(15): 9777–9783.

[95] Shen Z Z, Zhang S C, Zhang X R, et al. Dynamic metabolic change of cancer cells induced by natural killer cells at the single-cell level studied by label-free mass cytometry [J]. Chemical Science, 2022, 13(6): 1641–1647.

[96] Xu S T, Bai Y, Liu H W, et al. Ultrasensitive ambient mass spectrometry immunoassays: multiplexed detection of proteins in serum and on cell surfaces [J]. Journal of the American Chemical Society, 2019, 141(1): 72–75.

[97] Xu S T, Bai Y, Liu H W, et al. Multi-dimensional organic mass cytometry: simultaneous analysis of proteins and metabolites on single cells [J]. Angewandte Chemie International Edition, 2021, 60(4): 1806–1812.

[98] Yin Z B, Hang W, Tian Z Q, et al. Chemical and topographical single-cell imaging by near -field desorption mass spectrometry [J]. Angewandte Chemie International Edition, 2019, 58(14): 4541–4546.

[99] Hu J, Zhang N, Zhang P K, et al. Coupling a wireless bipolar ultramicroelectrode with nano-electrospray ionization mass spectrometry: insights into the ultrafast initial step of electrochemical reactions [J]. Angewandte Chemie

International Edition, 2020, 59(41):18244–18248.

[100] Hu J, Wang T, Zhang W J, et al. dissecting the flash chemistry of electrogenerated reactive intermediates by microdroplet fusion mass spectrometry [J] . Angewandte Chemie International Edition, 2021, 60(34): 18494–18498.

[101] Xi X J, Hu J, Chen H Y, et al. Rapid identification of the short–lived intermediates in alternating–current electrolysis by mass spectrometry [J] . Chemical Communications, 2022, 58(73): 10233–10236.

[102] Chen H, Wang R, Xu J, et al. Raspontaneous reduction by one electron on water microdroplets facilitates direct carboxylation with CO_2 [J] . Journal of the American Chemical Society, 2023, 145(4): 2647–2652.

[103] Gong C, Li D, Li X, et al. Spontaneous reduction–induced degradation of viologen compounds in water microdroplets and its inhibition by host–guest complexation [J] . Journal of the American Chemical Society, 2022, 144(8): 3510–3516.

[104] Xing D, Meng Y, Yuan X, et al. Capture of hydroxyl radicals by hydronium cations in water microdroplets [J] . Angewandte Chemie International Edition, 2022, 61(33): e202207587.

[105] Zhang D, Yuan X, Gong C, et al. High electric field on water microdroplets catalyzes spontaneous and ultrafast oxidative C–H/N–H cross–coupling [J] . Journal of the American Chemical Society, 2022, 144(35): 14184–16190.

[106] Yuan X, Zhang D, Liang C, et al. Sspontaneous reduction of transition metal ions by one electron in water microdroplets and the atmospheric implications [J] . Journal of the American Chemical Society, 2023, 145(5): 2800–2805.

[107] Chu H, Cheng J, Yang J, et al. Asymmetric dearomatization of indole by palladium/pc–phos–catalyzed dynamic kinetic transformation [J] . Angewandte Chemie International Edition, 2020, 59(49): 21991–21996.

[108] Li C, Yang Z, Wang L, et al. Cobalt–catalyzed regio–and stereoselective hydroboration of allenes [J] . Angewandte Chemie International Edition, 2020, 59(15): 6278–6283.

[109] Jiang C, Wang L, Zhang H, et al. Enantioselective copper–catalyzed trifluoromethylation of benzylic radicals via ring opening of cyclopropanols [J] . Chem, 2020, 6(9): 2407–2419.

[110] Li C, Song S, Li Y, et al. Selective hydroboration of unsaturated bonds by an easily accessible heterotopic cobalt catalyst [J] . Nature Communications, 2021, 12(1): 3813.

[111] Ji G, Chen Z, Wang X Y, et al. Direct copolymerization of ethylene with protic comonomers enabled by multinuclear Ni catalysts [J] . Nature Communications, 2021, 12(1): 6283.

[112] Huang S, Tong F F, Bai D C, et al. Regio– and enantioselective umpolung gem–difluoroallylation of hydrazones via palladium catalysis enabled by N–heterocyclic carbene ligand [J] . Nature Communications, 2021, 12(1): 6551.

[113] Guo R, Xiao H, Li S, et al. Photoinduced Copper–Catalyzed Asymmetric C(sp(3))–H Alkynylation of Cyclic Amines by Intramolecular 1,5–Hydrogen Atom Transfer [J] . Angewandte Chemie International Edition, 2022, 61(34): e202208232.

[114] Chen X Y, Li Y N, Wu Y, et al. Cu–mediated thianthrenation and phenoxathiination of arylborons [J] . Journal of the American Chemical Society, 2023, 145(18): 10431–10440.

[115] Sun J, Fan X, Lu H, et al. Observation of intermediates by online mass spectrometry to demonstrate the multiple mechanisms of dye–sensitized photocatalysis [J] . Chemical Communications, 2021, 57(32): 3921.

[116] Zhao Q, Zheng L, Gao Y, et al. Dual active centers linked by a reversible electron station as a multifunctional nanozyme to induce synergetically enhanced cascade catalysis for tumor–specific therapy [J] . Journal of the American Chemical Society, 2023, 145(23): 12586–12600.

[117] Sun J, Yin Y, Li W, et al. Chemical reaction monitoring by ambient mass spectrometry [J] . Mass Spectrometry Reviews, 2022, 41(1): 70–99.

[118] Ge X, Yin Y, Sun J, et al. OH radical–initiated single–electron transfer for accelerated degradation via carbocation intermediates [J] . Chemical Science, 2023, 14(8): 2229–2236.

[119] Cai H, Tu Y Q, Lu K, et al. Romatic and olefinic C–H alkenylation by catalysis with spirocyclic NHC Ru(Ⅳ) pincer complex [J] . Science China Chemistry, 2023, 66: 2791–2796.

[120] Li B, Kong J, Yang L, et al. Direct detection of chemical warfare agent simulants in soil by thermal desorption–low temperature plasma–mass spectrometry [J] . International Journal of Mass Spectrometry, 2020, 451: 116320.

[121] Huang J, Shu J, Yang B, et al. Ultrasensitive detection of trace chemical warfare agent–related compounds by thermal desorption associative ionization time–of–flight mass spectrometry [J] . Talanta, 2021, 235: 122788.

[122] Xie Y, Li Q, Hua L, et al. Highly selective and sensitive online measurement of trace exhaled HCN by acetone–assisted negative photoionization time–of–flight mass spectrometry with in–source CID [J] . Analytica Chimica Acta, 2020, 1111: 31–39.

[123] Guo X, Shang Y, Lyu Y, et al. Suspect screening of fentanyl analogs using matrix–assisted ionization and a miniature mass spectrometer with a custom expandable mass spectral library [J] . Analytical Chemistry, 2021, 93(29): 10152–10159.

[124] Li D, Li Z, Xu B, et al. Thermal desorption bridged the gap between dielectric barrier discharge ionization and dried plasma spot samples for sensitive and rapid detection of fentanyl analogs in mass spectrometry [J] . Analyst, 2022, 147(19): 4187–4196.

[125] Zhang M, Liu Y, Chen J, et al. Sensitive untargeted screening of nerve agents and their degradation products using liquid chromatography–high resolution mass spectrometry [J] . Analytical Chemistry, 2020, 92(15): 10578–10587.

[126] Lu X, Zhang Z, Liu H, et al. Forensic signatures of a chemical weapon precursor DMPADC for determination of a synthetic route [J] . Talanta, 2021, 232: 122476.

[127] Lu X, Zhu X, Gao R, et al. Chemometrics–assisted analysis of chemical impurity profiles of tabun nerve agent using comprehensive two–dimensional gas chromatography–time–of–flight mass spectrometry [J] . Journal of Chromatography A, 2022, 1685: 463643.

[128] Xu Y, Li J, Mao H, et al. Structural annotation, semi–quantification and toxicity prediction of pyrrolizidine alkaloids from functional food: In silico and molecular networking strategy [J] . Food and Chemical Toxicology, 2023,176: 113738.

[129] Zhao Z, Hengchao E, Tian E, et al. Structural annotation and discovery of toxic cyclopeptides and their analogues in lethal mushroom Amanita and Lepiota species using UPLC–HRMS and molecular networking strategy [J] . Food Control, 2023, 146: 109548.

[130] Li Z, Li K, Xu B, et al. Identification evidence unraveled by strict proteomics rules toward forensic samples [J] . Electrophoresis, 2023, 44(1–2): 337–348.

[131] Gu X L, Wang Y, Zhang C G, et al. Proteomics, peptidomics and transcriptomic analysis of the venom from the spider macrothele yani (mygalomorphae: macrothelidae) [J] . Current Proteomics, 2022,19(4): 308–322.

[132] Sun D, Li C, Zhou S, et al. Determi nation of trace zearalenone and its metabolites in human serum by a high–throughput UPLC–MS/MS analysis [J] . Applied Sciences, 2019, 9(4): 741.

[133] Zhao J, Lu J, Zhao H, et al. Illicit drugs and their metabolites in urban wastewater: Analysis, occurrence and consumption in Xinjiang, China [J] . Science of the Total Environment 2022, 852: 158457.

[134] Wang X, Cui J, Zhuo Y, et al. A Retrospective of prevalence of drugs of abuse by hair analysis in shanghai using LC–MS–MS [J] . Journal of Analytical Toxicology, 2020, 44(5): 482–489.

[135] Fu F, Guo Y, Lu X, et al. Forensic analysis of soman exposure using characteristic fragment ions from protein adducts [J] . Human & Experimental Toxicology, 2021, 40(9): 1519–1527.

[136] Fu F, Liu H, Gao R, et al. Protein adduct binding properties of tabun-subtype nerve agents after exposure in vitro and in vivo [J] . Toxicology Letters, 2020, 321: 1-11.

[137] Xing Z, Zhang R, Zhao Z, et al. Identification of four novel flavonoid adducts in Arabidopsis thaliana (L.) exposed to isobutyl S-2-diethylaminoethyl methylphosphonothiolate as potential plant exposure biomarkers [J] . RSC Advances, 2022,12(54): 35026-35031.

[138] Chen B, Ren Z, Zhang T, et al. Simultaneous quantification of multiple amino acid adducts from sulfur mustard-modified human serum albumin in plasma at trace exposure levels by ultra-high performance liquid chromatography-triple quadrupole mass spectrometry after propionyl derivatization [J] . Journal of Chromatography A, 2022, 1678: 463354.

[139] Wang J, Xu H, Zhang C, et al. Serotype features of 17 suspected cases of foodborne botulism in China 2019-2022 revealed by a multiplex immuno-endopep-MS Method [J] . Frontiers in Microbiology, 2022, 13: 869874.

[140] Li H, Qian Z, Zhao Y, et al. Study on the metabolic process of synthetic cannabinoids 4F-MDMB-BINACA and 4F-MDMB-BICA in human liver microsome and zebrafish model via UHPLC-QE Orbitrap MS [J] . Analytical and Bioanalytical Chemistry, 2022, 414(13): 3905-3916.

[141] Xu N, Dong M, Yang Y, et al. Integrative transcriptomics, proteomics, and metabolomics data analysis exploring the injury mechanism of ricin on human lung epithelial cells [J] . Toxicology in Vitro, 2019, 60: 160-172.

[142] Fang X, Xie J, Chu S, et al. Quadrupole-linear ion trap tandem mass spectrometry system for clinical biomarker analysis [J] . Engineering, 2022, 16: 56-64.

[143] Li C, Jiang Y, Chu S, et al. Analysis of low-abundance molecules in complex matrices by quadrupole-linear ion trap mass spectrometry using a simultaneous fragmentation and accumulation strategy [J] . Rapid Communications in Mass Spectrometry, 2022, 36 (10): e9276.

[144] Wan N B, Jiang J C, Hu F, et al. Nonuniform electric field-enhanced in-source declustering in high-pressure photoionization/photoionization-induced chemical ionization mass spectrometry for operando catalytic reaction monitoring [J] . Analytical Chemistry, 2021, 93 (4): 2207-2214.

[145] Wang L, Jiang D D, Hua L, et al. Breath-by-breath measurement of exhaled ammonia by acetone-modifier positive photoionization ion mobility spectrometry via online dilution and purging sampling [J] . Journal of Pharmaceutical Analysis, 2023, 13 (4): 412-420.

[146] Wen Y X, Xie Y Y, Cao Y X, et al. Online detection of hcn in humid exhaled air by gas flow-assisted negative photoionization mass spectrometry [J] . Analytical Chemistry, 2023, 95 (15): 6351-6357.

[147] Jiao B, Ye H M, Liu X W, et al. Handheld mass spectrometer with intelligent adaptability for on-site and point-of-care analysis [J] . Analytical Chemistry, 2021, 93 (47): 15607-15616.

[148] Li Z S, Cheng S M, Lin Q H, et al. Single-cell lipidomics with high structural specificity by mass spectrometry [J] . Nature Communications, 2021, 12 (1): 2869.

[149] Guo X Y, Cao W B, Fan X M, et al. Tandem mass spectrometry imaging enables high definition for mapping lipids in tissues [J] . Angewandte Chemie-International Edition, 2023, 135(9): e202214804.

[150] Zhang B, Yu Y, Zhang Y-Y, et al. Infrared spectroscopy of neutral water clusters at finite temperature: Evidence for a noncyclic pentamer [J] . Proceedings of the National Academy of Sciences, 2020, 117 (27): 15423-15428.

[151] Chang Y, Yu Y, Wang H, et al. Hydroxyl super rotors from vacuum ultraviolet photodissociation of water [J] . Nature Communications, 2019, 10 (1): 1250.

[152] Luo Z, Zhao Y, Chen Z, et al. Strong isotope effect in the vuv photodissociation of hod: A possible origin of d/h isotope heterogeneity in the solar nebula [J] . Science Advances, 2021, 7 (30): eabg7775.

[153] Liu Z, Li Z, Li G, et al. Single-atom pt+ derived from the laser dissociation of a platinum cluster: Insights into nonoxidative alkane conversion [J] . The Journal of Physical Chemistry Letters, 2020, 11 (15): 5987-5991.

[154] Sun B, Liu Z, Fang X, et al. Improving the performance of proteomic analysis via vailase cleavage and 193nm ultraviolet photodissociation[J]. Analytica Chimica Acta, 2021, 1155: 338340.

[155] Liu Z, Qin Z, Cui C, et al. In-situ generation and global property profiling of metal nanoclusters by ultraviolet laser dissociation-mass spectrometry[J]. Science China Chemistry, 2022, 65 (6): 1196–1203.

[156] Zhou L, Liu Z, Guo Y, et al. Ultraviolet photodissociation reveals the molecular mechanism of crown ether microsolvation effect on the gas-phase native-like protein structure[J]. Journal of the American Chemical Society, 2023, 145 (2): 1285–1291.

[157] Bai Y, Liu Z, Li Y, et al. Structural mass spectrometry probes the inhibitor-induced allosteric activation of cdk12/cdk13-cyclin k dissociation[J]. Journal of the American Chemical Society, 2023, 145 (21): 11477–11481.

[158] Chen X, Ji S, Liu Z, et al. Motif-dependent immune co-receptor interactome profiling by photoaffinity chemical proteomics[J]. Cell Chemical Biology, 2022, 29 (6): 1024–1036.

撰稿人：江桂斌　郭寅龙　谢剑炜　聂宗秀　杭　纬　张丽华　徐静娟
叶明亮　许国旺　黄光明　王方军　白　玉　汪海林

智能合成化学研究进展

1. 引言

合成化学作为现代社会进步的重要驱动力，不仅是化学学科的核心，更是人类认识、改造和丰富物质世界的重要途径。随着数百年的长期发展，合成化学的研究尺度和广度持续扩大，所探究的物质复杂性、多样性已经达到了新的高度。与此同时，科技的进步与社会的发展对合成过程和目标的精准性、可持续性不断提出更高要求[1]。如何在浩如烟海的合成空间中寻找精准可控、经济绿色的理想目标，已成为合成化学发展的关键挑战之一[2]。

针对这种复杂性与精确性的冲突，基于经验、粗放性的传统研究模式存在瓶颈，难以满足日新月异的合成需求。只有深入掌握合成化学的构效关系和调控机制，化学家才能够达到精准合成的目标，而这一点正是物理有机化学所关注的核心内容。作为有机化学的重要组成部分，物理有机化学注重有机反应机理和构效关系的研究，旨在揭示有机化学的内在规律和调控原理。物理有机化学从分子水平为合成化学提供了关键的理论支撑，形成了现代合成化学研究中一系列重要原理和方法。自哈米特（Hammett）提出物理有机化学的概念以来，关于分子合成构效关系的研究已经有了诸多重要进展，如 Hammett 方程、Taft 方程、Mayr 方程等[3]。我国老一辈物理有机化学家高振衡[4]、刘有成[5]、蒋明谦[6]、蒋锡夔[7]等也有一系列经典研究成果传世，为有机反应构效关系的定量描述提供了数据驱动的宝贵经验与早期范例。

近年来，大数据和人工智能技术的快速崛起为物质科学研究揭开了新篇章。以 DeepMind 开发的 AlphaFold 为代表，它通过深度学习技术，能够以前所未有的效率和精度预测蛋白质的三维结构，为人类理解生物系统带来了范式变革，揭示了人工智能技术在科学领域的无限可能[8]。目前，智能合成化学研究方兴未艾，一系列前沿工作为合成方法开发、反应路线优化、催化剂设计等重要领域带来了全新的解决方案[9]，这不仅标志着合成化学正迈向一个新的高峰，更预示着合成化学正快速步入智能化的新时代。

在全球科技范式转变的背景下，我国的化学研究正积极拥抱并驱动这场“数据变革”。智能合成化学在我国受到高度重视并得到了迅速发展。《国家自然科学基金“十四五”发展规划》将“大数据与人工智能在化学、化工中的应用”列为优先发展领域之一，旨在从数据库、算法和应用等层面全链条推动该领域的发展，充分体现了我国对智能化学的重视程度。国家自然科学基金委员会先后组织了第 237 期双清论坛“AI 时代的中国化学研究”“人工智能助力合成化学”圆桌会议及“人工智能与人类健康”战略研讨会等高层次学术会议，中国化学会第 33 届学术年会专门设立了“智能合成”论坛，旨在推动人工智能技术与合成化学的深度融合，促进我国智能合成化学的交流与进步。在这些积极举措下，我国的智能合成化学虽然起步时间相对较晚，但经过近年来的高速发展，逐渐形成了若干富有活力、充满创新精神的高水平研究队伍，敢于挑战化学科学与数据科学的前沿交叉领域，涌现了以 *i*Bond 数据库[10]为代表的相关研究成果。我国的智能合成化学在多个研究领域紧跟世界先进水平，并在少数研究方向处于并跑或领跑位置。

智能合成化学可分为数据、编码及应用三个层面，并包含反应性与选择性预测、合成路线设计、自动化智能化合成装置开发等研究方向。数据与 AI 技术、合成化学理论及自动化合成的融合互促正成为智能合成化学的研究新趋势。我国科学家在合成化学数据库建设、面向合成化学的描述符与模型开发及智能合成应用等方面均取得了重要进展。本章按照研究方向的不同简要介绍近几年来的主要成果。

2. 合成化学数据库

合成化学经历了百余年的长期探索，至今已积累了海量数据，其中蕴含着丰富的合成化学规律和知识。由于合成化学的独特性和复杂性，合成化学领域并没有如蛋白质结构数据库 PDB 或基因组学数据库 GenBank 一样的大规模公开数据库。现阶段，应用广泛的合成化学数据库主要包括 Elsevier 公司开发的 Reaxys 数据库[11]，以及美国化学会分支机构 Chemical Abstracts Service（CAS）旗下的 SciFinder 数据库等[12]。这些数据库经过长期的积累和建设，汇集了来自文献和专利中海量的合成反应及化合物数据。其中，Reaxys 数据库拥有近 5 000 万条反应数据和超过 1 亿条化合物数据，CAS 数据库则包括超过 1.5 亿条单步和多步反应信息。注册用户可以通过图形界面进行数据检索，但这些数据库并不公开，且缺乏获取结构化数据的接口，难以应用于智能合成化学的研究。此外，基于美国专利和商标办公室（United States Patent and Trademark Office）发布的专利文本，通过文本挖掘所获取的数据库 USPTO 是目前智能合成化学研究应用广泛的开源数据库之一，其中包含了百万级别的分子合成与转化反应数据[13]。上述数据库的特点为数据量大、适用性广，且每条数据均有明确对应的文献或专利。然而，这些数据库同样存在着明显局限，即大部分反应数据来源于成功的实验结果，数据分布与实际的物质世界存在显著偏差，且公开数据库通常缺乏关于反应性和选择性的定量数据。这些问题增加了数据驱动合成化学建模的难度，制约了人工智能合成化学技术的发展和应用。

针对这些问题与挑战，我国科学家做出了卓有成效的探索。程津培等针对合成化学中最重要的物理有机化学参数——均裂键能（BDE）与酸度系数（pK_a），建立了迄今为止国际上化学键能领域综合度最高、收录数目最多的大型数据库 Internet Bond-energy Databank（pK_a and BDE）——*i*BonD[10]。*i*BonD 收录了超过 5 000 个代表性有机化合物的 7 600 余条 BDE 数据，以及约 2 万种化合物在多种溶剂中 3 万余条 pK_a 数据。数据库中详细记录了键能数据的测量方法及文献出处，并提供了图形和文字界面供检索查阅。*i*BonD 对学术界免费开放，被国际著名物理有机化学家赫佰特·梅尔（Herbert Mayr）教授评价为“发现 pK_a 数值最为有效的方法”[14]，为智能合成化学的发展提供了关键的能量学数据基础，填补了国内与国际相关工作的空白。

此外，面向特定的合成化学研究目标，国内若干课题组通过文献整理、高通量实验或计算的手段，构建了一系列具有特色的公开数据集。洪鑫等针对过渡金属催化的烯烃不对称氢化反应，收集整理了 2000 年以来主流学术期刊发表的相关反应数据[15]。该公开数据集包含 12 000 余条不对称催化反应信息，涉及 1 600 余种手性催化剂及 2 700 多个烯烃化合物，并提供了网站供检索获取。汤文军等针对过渡金属催化不对称转移氢化反应，收集整理了约 380 条反应数据用于机器学习建模[16]。莫凡洋等运用自然语言处理技术，从 644 篇不对称催化文献的支持信息中挖掘并构建了手性化合物在高效液相色谱分离中的保留时间数据集[17]。该数据集包含 25 847 个手性分子对应的保留时间、实验细节及高效液相色谱柱信息，为手性分离的智能预测提供了数据基础。为克服文献数据有偏分布、质量不一的问题，自动化、高通量的实验与计算为合成化学数据集的构建提供了有效方法。廖矿标等运用自动化合成平台，针对包括间位碳氢键官能团化反应[18]、伯醇氧化[19]、脱羧硒化[20]，以及氧氢键插入[21]在内的一系列有机转化，进行了高通量的实验数据采集，提供了千量级的高质量反应产率数据用于人工智能建模。莫凡洋等运用自主开发的薄层色谱检测机器人平台，高效、高准确性地测定了 387 个有机化合物在不同溶剂中的 4 944 个比移值 R_f，构建了高质量的色谱数据集，并将其用于相关问题的智能建模[22]。洪鑫等通过所开发的过渡态模板拼接方法，针对自由基的芳环碳氢官能团化[23]和氢转移反应[24]，进行了基元反应能垒的高通量计算，构建了千量级的密度泛函理论计算数据集，并将其用于反应性和选择性的建模预测。

3. 合成化学的描述符与建模方法

建模作为智能合成化学的核心，是链接合成数据与应用场景的关键环节，其重要性不言而喻。通过人工智能模型来描述和预测合成化学，不仅能提升合成化学设计的效率和精度，更为理解合成化学的内在规律提供了有效方式。其中，描述符以数字化的语言刻画合成化学体系，是人工智能模型“读懂”合成化学的途径。由于合成化学的物质对象和反应组合近乎无穷，寻找到既能充分描述合成现象，又能满足计算效率和预测要求的描述符是极具挑战的。如何基于合成化学的理论和认识，发展具有普适性和高描述能力的描述符，已经成为当前智能合成描述符研究的趋势。此外，建模方法也对智能合成化学的进步至关重要。分子结构天然的不连续性，以及合成预测的外推需求，使得智能合成化学的应用场景显著区别于自然语言处理、图片识别等人工智能经典问题。因此，如何面向合成化学的需求和问题，发展新型人工智能建模方法，是该研究方向关注的热点。近年来，我国科学家在合成化学的描述符与建模方法上取得了一系列喜人的进展，显著推动了智能合成化学的建模水平。

基于化学认识设计新型的分子描述手段，是描述符开发的有效途径之一。罗三中、张龙等将分子结构与物理有机性质相结合，提出了一种新型的分子描述符 SPOC（Structural and Physicochemical Combined Descriptors）。该描述符将基于分子指纹的结构参数与 RDKit、Mordred 计算得到的物理有机参数相结合，为有机分子提供了一种普适、高效且准确的描述方法[25]。洪鑫等在自由基反应选择性建模中发现，原子电荷、前线轨道能量及芳香性等经典物理有机化学参数可作为有效的合成反应描述符，能够在满足建模精度需求的同时，提升模型的化学可解释性[23]。针对分子立体环境描述符缺乏的问题，洪鑫等运用球面投影的策略，开发了分子三维形貌的描述符 SPMS（Spherical Projection descriptor of Molecular Stereostructure）[26]。除了计算所产生的描述符，实验测量也是合成体系描述符的重要来源。罗毅、江俊等发现谱学表征提供了化学信息丰富、可解释性强的编码方式，可以运用包括振动光谱特征在内的谱学描述符，来构建物质结构与化学性质之间的联系[27]。洪鑫等基于光学字符识别技术，开发了将谱学图像直接变换为模型可读向量的编码方法[28]。丁梦宁、黎书华等提出起始电位、Tafel 斜率及有效电压可作为电化学有机合成体系的三个关键描述符，相关工作表明该描述符可有效地评估和预测电有机合成体系，并进行反应条件寻优[29]。

除了基于专家经验设计的描述符，符号回归为化学体系编码提供了一种基于数据驱动的新颖途径。该方法可从大量候选描述符中选取最重要的特征进行模型拟合，并给出明确的方程表达式，我国化学家在该方向也做出了一系列出色工作。罗毅、江俊、陈忻等运用符号回归中的 SISSO 方法，从众多谱学特征中明确了与催化剂表面吸附最具关联的描述符，并构建了形式明晰、具有化学可解释性和启发性的方程式[30]。王金兰、邓伟侨、尹万健、周跫桦等将 SISSO 方法拓展到多任务学习中，基于此探究了钙钛矿氧化物的活性描述符和表达式，并在新催化剂预测中得到了应用[31]。欧阳润海、王元庆等将 SISSO 方法与符号限制多任务学习相结合，发展了名为 SCMT-SISSO 的符号回归技术，该技术可以高效、可靠地处理非自洽多源数据，并运用该技术找出了决定钙钛矿析氧反应活性的描述符[32]。

国内相关课题组在合成化学的建模方法上同样取得了突破，面向合成化学开发了一系列富有创新性的模型架构和建模策略。宋明黎、侯廷军等针对传统 SMILES 字符串对反应转化缺乏表达能力的问题，提出了 Root-aligned SMILES（R-SMILES）方法，在反应物和产物的字符串表达之间建立了紧密对应的映射关系，显著提升了模型对化学转化的学习能力[33]。由原子和化学键链接而成的分子结构也可以天然地表达为具有点和边的图模型。我国化学家的系列工作表明，将化学信息融入分子图模型，能够丰富图模型的化学表达能力，有效提升传统图模型对合成化学的学习和预测能力。罗毅、江俊、陈忻等将原子的 NMR 位移和键解离能分别作为节点和边的信息注入图模型中，并将催化剂、溶剂等反应条件信息作为全局特征，设计了 CIMG（Chemistry-Informed Molecular Graph）模型，有效提升了图模型对化学反应的掌握能力，并将该模型运用于多步逆合成规划问题中[34]。洪鑫等通过在图模型的原子节点上引入球面投影的方式刻画周围的立体环境，并将电子密度分布以三维张量的形式存储，从而开发了嵌入立体位阻与电子信息的分子图模型 SEMG（Sterics-and Electronics-embedded Molecular Graph）[35]。SEMG 模型以一种普适、无偏的方式将合成化学中的位阻与电子效应表达为数字化的语言，为分子图模型注入了与合成转化紧密相关的化学信息，提升了模型对反应性和选择性的预测能力。汪炀、陈忻等针对传统二维分子图模型难以区分构象及立体异构体的问题，提出了一种融合分子二维和三维表达的分子图架构 CFFN（Chemical Feature Fusion Network）。该模型以一种新颖的“拉链”式架构交替处理三维和二维的模态信息，为立体结构敏感的化学预测任务提供了有效的建模方法[36]。刘琦等将图神经网络应用于整个合成化学反应的表达中，以反应组分的二维分子结构为节点，构建了能够显示表达反应组分相互联系的反应图架构 DeepReac+，突破了传统架构对合成反应的单向、线性表达方式[37]。

在建模预测的数据来源方面，智能合成化学体现出另一个鲜明的特点，即小样本学习问题。由于合成化学采样的成本不菲，针对特定的反应场景难以产生百万量级的大数据。在实际的智能合成化学建模研究中，更多是百到千量级、分布有偏的小样本数据。国内课题组就智能合成化学的小样本学习问题做出了积极探索。洪鑫等提出“层级学习”的建模策略，即根据反应相似度划分大数据与小样本的距离，通过与合成目标弱关联的大数据训练出普适的构效关系模型，再通过 delta learning 方法来学习普适模型在目标化合物区域的扰动，从而层层递进减少模型的预测误差，为“大数据 - 小样本”的智能联动提供了有效途径[15]。陈广勇等针对小样本产率预测问题，运用元学习框架开发了基于注意力机制的随机森林模型 MetaRF，相较于传统的建模方法，该方法显著降低了模型对数据量的需求[38]。段宏亮、苏安等发现迁移学习与数据增强的建模方法能够有效提升 Transformer 模型在有限数据下的预测能力，并在 Baeyer-Villiger 氧化反应的小样本学习任务上表现出显著进步[39]。

4. 反应性和选择性预测

目前，合成反应设计大部分依赖合成化学定性的理论框架与化学家长期实践经验的结合。既难以满足设计精度的需求，更缺乏可复制性。通过智能模型的开发，化学界有望建立合成反应的分子结构与化学家迫切关心的反应性、选择性目标之间的联系，为合成化学家的反应设计提供数据驱动的引擎，以智能预测助力合成化学的原始创新和应用拓展。因此，反应性和选择性预测是智能合成化学研究的重点领域之一。然而，反应性和选择性的精准预测充满挑战。合成化学涉及的结构与反应数目庞大且不连续，而反应性和选择性目标却处于一个非常有限的连续值域空间。这种高维、复杂且不连续的映射关系极大地增加了反应性和选择性建模的难度。此外，合成反应性和选择性的预测应用有别于人工智能领域的经典问题，化学家尤其关注智能合成模型对领域外（out-of-domain）与值域外（out-of-range）目标的预测能力。这意味着人工智能模型需要预测新化合物、新反应，并就尚未成功的目标给出高活性、高选择性的合成设计。这种对泛化能力和创新能力的要求无疑进一步提升了反应性和选择性预测的难度，但也为改进和发展人工智能技术提供了新机遇。在该领域，我国涌现了一系列高水平研究工作，在若干反应性和选择性预测问题上达到了先进水平。

在合成化学反应性预测方面，罗三中、张龙等基于 *i*BonD 中的 pK_a 数据，运用结构与物理有机参数融合的 SPOC 描述符，通过神经网络和 XGBoost 算法训练所得的机器学习模型能够以优异的表现预测分子的宏观 pK_a 值[40]。模型的平均绝对误差仅为 0.87 个 pK_a 单位，且适用于多种溶剂的预测应用。罗三中、张龙等进一步将 SPOC 描述符应用于分子亲核性与亲电性的预测中，基于梅尔（Mayr）所发展的亲核性参数 N、亲电性参数 E 及相关数据，构建的机器学习模型能够以高准确性、高泛化能力评估分子在亲核 / 亲电型转化中的反应性[41]。此外，上述反应性参数预测的工作被整合在公开的在线预测平台中，为实验化学家的合成反应设计提供了有力的智能参考。同样针对梅尔亲核性参数 N 的预测，傅尧、于海珠、李帅成等从图模型的角度提供了新的方案。该图神经网络模型不需要预定义的结构描述符，并将 DFT 计算参数作为图全局属性纳入模型，取得了均方根误差 1.63 的预测精度[42]。江俊、陈世稆等针对键解离能，结合第一性原理计算和机器学习方法，探究了羰基的化学结构与碳氧双键 BDE 之间的内在关系，发现了智能模型不仅可以有效预测羰基的 BDE，还可以指导羰基化合物的结构设计[43]。除了反应性参数的预测，我国学者的研究还表明人工智能模型能够准确地预测合成反应的产率。徐峻等从商业可得的炔烃与有机溴代化合物出发，利用实验数据开发了一种预测铜（Ⅰ）催化炔与叠氮环加成反应（CuAAC）可行性的循环神经网络模型，准确率达到 80%[44]。并且，该模型可通过自注意力机制识别分子结构中影响产率的片段。余达刚、李益洲等运用机器学习算法进行了多组分反应的产率预测，利用物理化学参数为描述符，实现了铜催化的氨基醇、杂芳基甲胺与 CO_2 的自由基型氧化烷基化合成 2- 氧杂唑酮反应的产率预测，并展示了模型的外推预测能力[45]。廖矿标等结合高通量合成平台产生的大量优质产率数据，针对一系列合成转化开发了产率预测的人工智能模型，并展示了数据驱动合成条件优化的可能性[18-21]。除反应产率外，反应速率常数也是反应性预测问题中关注的场景之一。杨明晖、宋宏伟等利用多层神经网络模型，成功构建了羟基自由基与烷烃反应速率常数的预测模型[46]。张若纯等开发了名为 MaxMin 的数据处理方法，用于选择尽可能结构多样的分子建立数据集，并应用深度神经网络和分子指纹，预测了碳酸根自由基与多种有机物的二阶反应速率常数[47]。利用高通量计算的能垒数据，洪鑫等使用 AdaBoost 算法构建了光氧化还原介导氢原子转移反应速率的预测模型，模型的平均绝对误差仅为 0.60kcal/mol，并且模型预测值和文献实验速率常数高度吻合[24]。

针对合成化学的选择性预测问题，国内课题组也做出了一系列积极探索。汤文军等通过构建机器学习模型，预测了不对称转移氢化反应的对映选择性。该模型基于密度泛函理论计算优化的分子结构，提取了空间位阻参数、埋藏体积参数、NBO 电荷等作为手性体系的描述符，所训练的随机森林模型能够以 8.6% 的均方根误差预测 ee 值，为数据驱动的不对称转移氢化反应的催化剂和底物设计提供了智能工具[16]。洪鑫等针对过渡金属催化的不对称氢化反应，利用所开发的标准化数据库，通过层级学习的建模方法，实现了反应对映选择性的机器学习预测[15]，他们进一步将该方法拓展到大规模合成空间的智能探索中，针对钯催化碳氢烯基化反应，进行了 846 720 个反应立体选择性分布的全局描绘[48]。洪鑫等针对自由基参与的杂芳烃碳氢键键官能团化的区域选择性，利用物理有机描述符与随机森林模型构建了碳氢键官能团化选择性预测的智能模型。该模型达到了 94.2% 的位点准确率和 89.9% 的选择性准确率，且模型预测值与文献中的实验结果高度一致[23]。

此外，人工智能建模可实现神经网络势函数的构建，解决与合成反应微观机制相关的问题。刘智攀、商城等利用机器学习技术解析了葡萄糖裂解的复杂反应网络，明确了生成 5- 羟甲基糠醛平台分子选择性的关键路径。该工作将随机表面行走（SSW）方法与全局神经网络（G-NN）势能相结合，揭示了数据驱动解析合成反应微观机制网络的可行性，并为理解和预测生物质合成转化提供了普适的智能技术，有助于推进生物质合成的反应设计[49]。张东辉、傅碧娜等通过全局神经网络势能面的构建，运用数据驱动的方法进行了氟负离子与叔丁基碘气相 S_N2 反应的系统动力学模拟。该工作表明，表观的低 S_N2 反应活性源于竞争的 E2 消除反应，而非传统教科书中所提的空间位阻导致，为亲核取代反应的活性和选择性调控提供了新的理论认识[50]。李军等通过神经网络势能面拟合的方法，构建了 N_2O 与 C_2H_2 进行 1,3- 偶极环加成反应的全局高精度势能面，并基于此进行了反应机制的研究，发现了分子的特定振动模式对环加成反应性的促进作用[51]。

5. 合成路径设计

合成路径设计是合成化学中一个兼具逻辑性和艺术性，且挑战性极高的经典问题。自从 E. J. 科里（E. J. Corey）等首次引入计算机辅助合成设计（Computer-Aided Synthesis Planning，CASP）以来，该研究领域已历经数十年的发展。合成路径设计需要从目标化合物的结构与性质出发，在海量的可能中寻找优势的反应序列和反应条件，提出合成路径的候选方案。有趣的是，合成路径设计与反应性选择性预测在问题属性上有着本质区别：反应性选择性预测问题拥有明确且唯一的定量答案，而合成路径设计则像是在一个开放式的迷宫中寻找连接起点和终点的路线。这也导致两个研究方向所使用的建模策略有着显著差异。合成路径智能设计的挑战不仅在于推测合理的中间体并构建有效的逆合成路线，还在于对反应可行性、潜在副反应等因素的评估，同时要兼顾化合物的来源甚至成本。这为合成路径的智能设计带来了极大的复杂性，但也让它充满了探索和创新的空间。由于合成路径设计与功能分子创制的紧密联系，该方向既有重要的学术价值也有出色的应用前景。合成路径的智能设计不仅可以提高合成效率、降低生产成本，也有希望启发化学合成方法与策略的创新，并催生具有新颖结构和优异性质的分子产品。近年来，我国学者和企业也在这个研究方向不断探索和突破，做出了一系列出色的研究成果。

在逆合成路线智能设计领域，我国学者近年来取得了许多独具特色的研究成果。通过预设的反应模板，模型能够有效地识别和推断合成反应，但基于专家经验的模板规则也在一定程度上约束了模型能力。来鲁华、裴剑锋等基于 Transformer 架构，不依赖于反应模板、规则或原子映射，将每个反应预测任务视为数据驱动的序列翻译问题，实现了逆合成设计任务的端到端建模预测。基于 USPTO 数据集的训练，来鲁华、裴剑锋等所开发的模型在单步逆合成任务中 top-1 预测准确率达到了 63.0%，top-1 分子有效性为 99.6%。在完整合成路线的规划中，来鲁华、裴剑锋等通过蒙特卡洛树搜索的方法对中间分子进行路径检索，并运用启发式分数评估所产生的反应路径，开发了全自动逆向合成路径规划系统 AutoSynRoute，成功再现了 4 个复杂化合物文献中的合成路径[52]。吴飞、魏颖等运用了预训练的思路，解决了无模板方法中逆向合成预测中不符合化学规则的难题[53]。该方案通过分子重构的预训练任务来约束原子守恒，再通过反应类型预训练任务来捕捉反应中心的转化规律。通过这些预训练任务让路线设计模型掌握更多潜在的化学规律，从而显著提升了合成路线设计的成功率和有效性。杨跃东、徐峻等开发了可以端到端训练的、具有自我修正功能的逆合成路径预测模型 SCROP。该模型使用 Transformer 架构来预测逆合成路径，并与神经网络的语法校正器耦合，显著提升了模型对有效反应前体的预测成功率[54]。此外，赵沛霖等结合图模型的架构，提出了一种逆合成路线设计的新模型 MARS。

该模型以具有化学含义的反应模块为核心，相较于原子层面的分子演化策略，取得了更好的预测效果[55]。由于逆合成路线分析在功能分子创制中的广泛应用，我国已经出现了多家新兴科创企业开发了具有自主知识产权的逆合成智能设计平台，如智化科技有限公司的 ChemAIRS 等[56]，进一步展现了逆合成路线智能设计在我国的蓬勃发展。

此外，针对复杂化合物多步逆合成分析中的路径规划问题，国内课题组也做出了创新性的工作。吴飞、魏颖等提出了一种目标驱动的逆合成规划方法 GRASP[57]。不同于将路径规划限制在静态数据集中的方法，GRASP 支持目标的高度定制化，进一步减轻了人工筛选和后处理的成本，在合成化学家与计算机交互式逆合成规划框架方面提供了有益的借鉴。严睿等提出了名为 RetroGraph 的新型图搜索策略来进行逆合成路线规划[58]，与传统的树形搜索方法相比，RetroGraph 能有效减少搜索过程中分子重复的问题，并通过引入图神经网络更好地处理了搜索图的复杂性，从而更加有效地指导逆合成路线网络的搜索过程。

反应条件预测不仅是合成路径设计中的重要组成部分，也可以指导目标合成反应的优化，提高产物的产率和选择性。由于影响反应条件的化学维度极高，难以在完备的合成空间中进行遍历的检索和评估，反应条件的智能预测仍处于初步阶段。现有的反应条件预测模型多使用深度学习框架，模型预测结果的化学可解释性有限，很难理解模型背后的化学原理，合成反应条件预测的可靠性和启发性能存在挑战。在这方面，我国近年来也出现了一系列高水平研究工作。吴明红等使用机器学习策略，成功地预测、优化并加速了碳量子点的合成过程[59]，其模型揭示了各种合成参数与量子点合成结果之间的关系，确定了合成高量子产率碳量子点的关键因素，再运用机器学习建模和实验验证的结合，获得了量子产率高达 39.3% 的碳量子点。黄承志、刘慧等运用机器学习算法建立了合成反应条件与碳量子点光致发光特性之间的相关性，并基于此优化了碳量子点的合成路线，实现了多色碳量子点的可控合成[60]。汪骋、周达等运用了智能建模的策略，指导了纳米级金属有机框架的生长[61]。该工作发现配体溶解度和调节剂浓度可用于预测金属有机框架的生长形态，并将相关模型用于设计具有更高底物输运能力和烯烃氢化活性的材料。此外，汪骋、周达等还通过机器学习建模指导了电化学二氧化碳还原铜基催化剂的制备，设计了数据驱动的迭代优化循环，发现含有脂肪族羟基的分子添加剂可有效提高多碳产物的法拉第效率[62]。王笑楠等开发的人工智能模型能够实现批量结晶过程的实时优化控制[63]。在聚合物合成方面，陈茂等提出了机器学习辅助的聚合设计策略，以满足聚合物合成的多维度要求[64]，该团队所建立的机器学习模型可解析聚合结果和反应条件之间的数据联系，从而指导最佳反应条件的设计，以实现化学组分、分子量和分子量分布值等聚合目标的提升。我国学者的这些工作充分展示了数据和智能驱动为合成路径设计带来的新机遇，也为其他合成反应的条件优化提供了切实可行的借鉴思路。

6. 智能合成自动化实验装置设备

合成化学的自动化实验装置是实现合成化学精准化、智能化的关键平台支撑。通过机器高效、准确地执行合成反应，不仅能够大大提高实验效率、减少实验人员的工作量，同时可保障合成数据的质量及合成结果的可重复性。自动化实验装置通常包括物料处理、条件控制、产物收集和分离表征等模块，可以在智能算法的调度下精确控制反应物量、调控反应条件，并进行多个合成反应的平行操作。此外，自动化合成的硬件装置非常适配于实验数据的自动化记录、存储与管理，为合成数据及实验室的智能管理提供了有效的解决途径。国外在自动化合成装置领域拥有较长时间积累，形成了以 Chemspeed 为代表的商用自动化合成平台和一些前沿研究工作[65]。近年来，我国在自动化合成装置方面发展迅猛，在一些方向上取得了突出的研究进展。

罗毅、江俊等开发了集成化学合成、样品表征与性能测试的机器人化学家平台“小来”[66]。该装置不仅能实现合成、表征和测试的全流程自动化控制，还装配了数据驱动的“智能大脑”，可以基于采集的实验数据，运用贝叶斯优化主动迭代实验方案。该平台针对应用广泛的高熵合金催化剂，结合文献数据与前人知识，建立了理论与实验交融的智能模型，极大地加速了新型催化剂的开发，充分展示了人工智能化学家在合成化学中的应用潜力。喻学锋、江俊、赵海涛等利用机器人合成平台，针对金纳米晶体和双钙钛矿纳米晶体，进行了自动化的合成和原位表征，实现了对目标形态纳米晶体的可控合成[67]。廖矿标等构建了有机合成的自动化平台，在一系列有机合成反应中实现了高通量、高准确性的产率表征，为数据驱动的合成反应性建模提供了重要的硬件装置和数据支撑[18-21]。莫凡洋等将机械臂、紫外可见光谱、光学识别等装置与技术结合，自主设计了机器人平台，能够实现薄层色谱分析的全流程自动化，为色谱问题的智能解决提供了硬件支撑[22, 68]。

7. 我国智能合成化学发展趋势与展望

在物质科学与信息科学交汇的重要时代节点上，世界正在经历以大数据为基础的研究范式变革。这场变革意义深远，将推动自然科学领域进入全新的阶段，合成化学这个历久弥新的学科方向也正快速步入数据驱动的新时代。为此，世界各国都在认真谋划并积极推动智能合成化学的发展，以期在化学智能化的浪潮中抢占先机。我国学者近年来积极求索，抓住了智能合成化学的机遇，发挥了我国物理有机化学的优良研究传统，成功站在了智能合成化学研究的世界前沿，涌现了如 *i*Bond 数据库等研究成果，并形成了以中青年骨干为主、充满活力的跨学科交叉研究团队，在建模方法、合成预测、反应设计等方向做出了一系列高水平的研究工作。此外，学术界和产业界的紧密互动也正积极助力中国智能合成化学的发展。学术界发展的先进算法、预测平台和自动化合成设备等，正在快速转化为实际应用，服务于经济和社会发展的需求。同时，产业界对智能合成化学的应用和需求也在反向驱动学术界的创新研究。这种百家争鸣的创新态势支撑了我国智能合成化学领域创新研究和落地应用的快速增长，使得中国在智能合成化学领域步入了世界先进行列。然而，我们也必须清醒地认识到，智能合成化学作为一门新兴学科，仍处于初级阶段。目前，具有颠覆性影响的人工智能技术，如 AlphaFold、ChatGPT 等，均由国外开发。要在智能合成化学领域开发出引领全球的颠覆性人工智能技术，还需要我国学者持之以恒的努力。未来，在围绕“四个面向”、解决国家“卡脖子”战略需求的征程中，智能合成化学将扮演至关重要的角色。因此，我们必须保持锐意进取的精神，坚持不懈，针对领域中的关键科学问题进行深入研究，以期在世界智能合成化学领域做出更多“中国品牌”的突破和贡献。

智能合成需要数据基础与开放合作。目前，我国除了 *i*Bond 数据库，在合成化学领域鲜有独立自主、高水平的大规模数据库。因此，如何发挥中国合成化学研究队伍数量大、水平高的优势，构建中国特色、中国标准的合成化学数据库，将是未来智能合成化学发展长期的核心任务之一。通过合成化学数据库建设的契机，推动合成化学数据库的新型国际标准，不仅保障数据记录的质量和数量，更关注阴性合成数据的记录，尽量还原物质世界真实分布。通过数据的共享互联，形成以中国为核心，引领全球的智能合成化学研究数据基础大本营。

智能合成的构效关系研究需要数据驱动与化学驱动“两手抓”。物理有机化学发展至今，已经形成了宝贵的理论架构和丰富的知识储备，针对一系列合成转化的关键问题均有自洽的知识体系与解析方法。未来的智能合成，不可能只有“智能”而没有“化学”。只有将化学理论与数据驱动充分融合，才能为合成化学真正插上数据化与智能化的翅膀，真正利用好人工智能技术带来的机遇，推动合成化学的进步。因此，立足于我国特色的优势合成体系，将物理有机化学的思想和理论引入，从而“以点带面”，将合成理论与人工智能实践相结合，推动人工智能与合成化学的汇聚融通，是今后的重要发展方向之一。

智能合成研究的评判标准有待优化和发展。随着合成数据量的爆炸式增长和合成应用场景的多样化，智能合成面临着广袤合成空间带来的巨大挑战。不同场景、不同目标的智能合成研究各异，建模标准缺乏统一。目前，大部分相关工作着重于模型的统计性表现，而较少关注其在化学方面的启发性和指导性。为保障智能合成领域的健康发展，有必要从关键的合成问题出发，结合化学家的需求和人工智能专家的专长和经验，建立智能合成研究全面、科学的评判标准，促进智能合成更有效地迈向正轨，为开拓更具挑战性的合成领域、创新和发展提供更可靠的支持。

参考文献

[1] Noyori R. Synthesizing our future [J]. Nature Chemistry, 2009, 1(1): 5–6.

[2] 姚建年. 化学走向“精准”化 [J]. 中国科学院院刊，2011，26 (Z1)：11–18.

[3] Williams W L, Zeng L, Gensch T, et al. The Evolution of Data–Driven Modeling in Organic Chemistry [J]. ACS Central Science, 2021, 7(10):1622–1637.

[4] 高振衡. 有机化学结构理论 [M]. 北京：人民教育出版社，1960：1–309.

[5] 刘有成. 刘有成院士文集 [M]. 北京：科学出版社，2010：1–1454.

[6] 蒋明谦. 共轭基团的结合效应 [M]. 北京：科学出版社，1987：1–333.

[7] 蒋锡夔. 蒋锡夔院士论文集 [M]. 上海：中国科学院上海有机化学研究所，2005：1–1675.

[8] Jumper J, Evans R, Pritzel A, et al. Highly accurate protein structure prediction with AlphaFold [J]. 2021, Nature, 596(7873): 583–589.

[9] de Almeida A, Moreira R, Rodrigues T. Synthetic organic chemistry driven by artificial intelligence [J]. Nature Reviews Chemistry, 2019, 3(10): 589–604.

[10] iBond [DB/OL]. http://ibond.nankai.edu.cn.

[11] Reaxys® [DB/OL]. https://reaxys.com.

[12] SciFinder® [DB/OL]. https://scifinder.cas.org.

[13] USPTO [DB/OL]. https://www.uspto.gov.

[14] Mayr H. The Most Efficient Way to Find pK_a Values [J/OL]. ChemViews. https://doi.org/10.1002/chemv.201600113.

[15] Xu L, Zhang S, Li X, et al. Towards Data–Driven Design of Asymmetric Hydrogenation of Olefins: Database and Hierarchical Learning [J]. Angewandte Chemie International Edition, 2021, 60(42): 22804–22811.

[16] Gao B, Chang Y, Tang W. Prediction of the enantiomeric excess value for asymmetric transfer hydrogenation based on machine learning [J]. Organic Chemistry Frontiers, 2023, 10(6): 1456–1462.

[17] Xu H, Lin J, Zhang D, et al. Retention time prediction for chromatographic enantioseparation by quantile geometry–enhanced graph neural network [J]. Nature Communications, 2023, 14(1): 3095.

[18] Qiu J, Xie J, Su S, et al. Selective functionalization of hindered meta–C–H bond of o–alkylaryl ketones promoted by automation and deep learning [J]. Chem, 2022, 8(12): 3275–3287.

[19] Qiu J, Xu Y, Su S, et al. Auto Machine Learning Assisted Preparation of Carboxylic Acid by TEMPO–Catalyzed Primary Alcohol Oxidation [J]. Chinese Journal of Chemistry, 2023, 41(2): 143–150.

[20] Yu Z, Kong Y, Li B, et al. HTE– and AI–assisted development of DHP–catalyzed decarboxylative selenation [J]. Chemical Communications, 2023, 59(20): 2935–2938.

[21] Xu Y, Ren F, Su L, et al. HTE and machine learning–assisted development of iridium(i)–catalyzed selective O–H bond insertion reactions toward carboxymethyl ketones [J]. Organic Chemistry Frontiers, 2023, 10(5): 1153–1159.

[22] Xu H, Lin J, Liu Q, et al. High–throughput discovery of chemical structure–polarity relationships combining automation and machine–learning techniques [J]. Chem, 2022, 8(12): 3202–3214.

[23] Li X, Zhang S Q, Xu L C, et al. Predicting Regioselectivity in Radical C–H Functionalization of Heterocycles through Machine Learning [J]. Angewandte Chemie International Edition, 2020, 59(32): 13253–13259.

[24] Yang L C, Li X, Zhang S Q, et al. Machine learning prediction of hydrogen atom transfer reactivity in photoredox-mediated C-H functionalization [J]. Organic Chemistry Frontiers, 2021, 8(22): 6187-6195.

[25] Yang Q, Liu Y, Cheng J, et al. An Ensemble Structure and Physicochemical (SPOC) Descriptor for Machine-Learning Prediction of Chemical Reaction and Molecular Properties [J]. ChemPhysChem, 2022, 23(14): e202200255.

[26] Xu L, Li X, Tang M, et al. A Molecular Stereostructure Descriptor Based On Spherical Projection [J]. Synlett, 2021, 32(18): 1837-1842.

[27] Ren H, Li H, Zhang Q, et al. A machine learning vibrational spectroscopy protocol for spectrum prediction and spectrum-based structure recognition [J]. Fundamental Research, 2021, 1(4): 488-494.

[28] Tang M, Xu L, Zhang S, et al. Exploring Spectrum-based Molecular Descriptors for Reaction Performance Prediction [J]. Chemistry - An Asian Journal, 2023.18(7): e202300011.

[29] Chen Y, Tian B, Cheng Z, et al. Electro-Descriptors for the Performance Prediction of Electro-Organic Synthesis [J]. Angewandte Chemie International Edition, 2021, 60(8): 4199-4207.

[30] Wang X, Jiang S, Hu W, et al. Quantitatively Determining Surface-Adsorbate Properties from Vibrational Spectroscopy with Interpretable Machine Learning [J]. Journal of the American Chemical Society, 2022, 144(35): 16069-16076.

[31] Song Z, Wang X, Liu F, et al. Distilling universal activity descriptors for perovskite catalysts from multiple data sources *via* multi-task symbolic regression [J]. Materials Horizons, 2023, 10(5): 1651-1660.

[32] Wang J, Xie H, Wang Y, et al. Distilling Accurate Descriptors from Multi-Source Experimental Data for Discovering Highly Active Perovskite OER Catalysts [J/OL]. Journal of the American Chemical Society, 2023, 145(20): 11457-11465.

[33] Zhong Z, Song J, Feng Z, et al. Root-aligned SMILES: a tight representation for chemical reaction prediction [J]. Chemical Science, 2022, 13(31): 9023-9034.

[34] Zhang B, Zhang X, Du W, et al. Chemistry-informed molecular graph as reaction descriptor for machine-learned retrosynthesis planning [J]. Proceedings of the National Academy of Sciences, 2022, 119(41): e2212711119.

[35] Li S, Xu L, Zhang C, et al. Reaction performance prediction with an extrapolative and interpretable graph model based on chemical knowledge [J]. Nature Communications, 2023, 14(1): 3569.

[36] Du W, Yang X, Wu D, et al. Fusing 2D and 3D molecular graphs as unambiguous molecular descriptors for conformational and chiral stereoisomers [J]. Briefings in Bioinformatics, 2023, 24(1): bbac560.

[37] Gong Y, Xue D, Chuai G, et al. DeepReac+: deep active learning for quantitative modeling of organic chemical reactions [J]. Chemical Science, 2021, 12(43): 14459-14472.

[38] Chen K, Chen G, Li J, et al. MetaRF: attention-based random forest for reaction yield prediction with a few trails [J]. Journal of Cheminformatics, 2023, 15(1): 43.

[39] Zhang Y, Wang L, Wang X, et al. Data augmentation and transfer learning strategies for reaction prediction in low chemical data regimes [J]. Organic Chemistry Frontiers, 2021, 8(7): 1415-1423.

[40] Yang Q, Li Y, Yang J, et al. Holistic Prediction of the pK_a in Diverse Solvents Based on a Machine-Learning Approach [J]. Angewandte Chemie International Edition, 2020, 59(43): 19282-19291.

[41] Liu Y, Yang Q, Cheng J, et al. Prediction of Nucleophilicity and Electrophilicity Based on a Machine-Learning Approach [J]. ChemPhysChem, 2023: e202300162.

[42] Nie W, Liu D, Li S, et al. Nucleophilicity Prediction Using Graph Neural Networks [J]. Journal of Chemical Information and Modeling, 2022, 62(18): 4319-4328.

[43] Yu H, Wang Y, Wang X, et al. Using Machine Learning to Predict the Dissociation Energy of Organic Carbonyls [J]. The Journal of Physical Chemistry A, 2020, 124(19): 3844-3850.

[44] Su S, Yang Y, Gan H, et al. Predicting the Feasibility of Copper(Ⅰ)-Catalyzed Alkyne-Azide Cycloaddition Reactions

Using a Recurrent Neural Network with a Self-Attention Mechanism [J]. Journal of Chemical Information and Modeling, 2020, 60(3): 1165–1174.

[45] Zhu X Y, Ran C K, Wen M, et al. Prediction of Multicomponent Reaction Yields Using Machine Learning [J]. Chinese Journal of Chemistry, 2021, 39(12): 3231–3237.

[46] Lu J, Zhang H, Yu J, et al. Predicting Rate Constants of Hydroxyl Radical Reactions with Alkanes Using Machine Learning [J]. Journal of Chemical Information and Modeling, 2021, 61(9): 4259–4265.

[47] Sun P, Ma H, Li S, et al. Prediction of second-order rate constants between carbonate radical and organics by deep neural network combined with molecular fingerprints [J]. Chinese Chemical Letters, 2022, 33(1): 438–441.

[48] Xu L, Frey J, Hou X, et al. Enantioselectivity prediction of pallada-electrocatalysed C–H activation using transition state knowledge in machine learning [J]. Nature Synthesis, 2(4): 321–330.

[49] Kang P L, Shang C, Liu Z P. Glucose to 5-Hydroxymethylfurfural: Origin of Site-Selectivity Resolved by Machine Learning Based Reaction Sampling [J]. Journal of the American Chemical Society, 2019, 141(51): 20525–20536.

[50] Lu X, Shang C, Li L, et al. Unexpected steric hindrance failure in the gas phase $F^- + (CH_3)_3CI$ S_N2 reaction [J]. Nature Communications, 2022, 13(1): 4427.

[51] Liu Y, Li J. Quantitative Dynamics of the $N_2O + C_2H_2 \rightarrow$ Oxadiazole Reaction: A Model for 1,3-Dipolar Cycloadditions [J]. ACS Omega, 2020, 5(36): 23343–23350.

[52] Lin K, Xu Y, Pei J et al. Automatic retrosynthetic route planning using template-free models [J]. Chemical Science, 2020, 11(12): 3355–3364.

[53] Jiang Y, Wei Y, Wu F, et al. Learning Chemical Rules of Retrosynthesis with Pre-training [J]. Proceedings of the AAAI Conference on Artificial Intelligence, 2023, 37(4): 5113–5121.

[54] Zheng S, Rao J, Zhang Z, et al. Predicting Retrosynthetic Reactions Using Self-Corrected Transformer Neural Networks [J]. Journal of Chemical Information and Modeling, 2020, 60(1): 47–55.

[55] Liu J, Yan C, Yu Y, et al. MARS: A Motif-based Autoregressive Model for Retrosynthesis Prediction [J]. arXiv, 2022, arXiv:2209.13178v1.

[56] Ding S, Jiang X, Meng C et al. Application of artificial intelligence and big data technology in synthesis planning [J]. SCIENTIA SINICA Chimica, 2023, 53(1): 66–78.

[57] Yu Y, Wei Y, Kuang K, et al. Grasp: Navigating retrosynthetic planning with goal-driven policy [J]. Advances in Neural Information Processing Systems, 2022, 35: 10257–10268.

[58] Xie S, Yan R, Han P, et al. RetroGraph: Retrosynthetic Planning with Graph Search [C/OL]. Proceedings of the 28th ACM SIGKDD Conference on Knowledge Discovery and Data Mining. 2022, New York, NY, USA: ACM: 2120–2129.

[59] Han Y, Tang B, Wang L, et al. Machine-Learning-Driven Synthesis of Carbon Dots with Enhanced Quantum Yields [J]. ACS Nano, 2020, 14(11): 14761–14768.

[60] Chen J, Luo J B, Hu M Y, et al. Controlled Synthesis of Multicolor Carbon Dots Assisted by Machine Learning [J]. Advanced Functional Materials, 2023, 33(2): 2210095.

[61] Chen P, Tang Z, Zeng Z, et al. Machine-Learning-Guided Morphology Engineering of Nanoscale Metal-Organic Frameworks [J]. Matter, 2020, 2(6): 1651–1666.

[62] Guo Y, He X, Su Y, et al. Machine-Learning-Guided Discovery and Optimization of Additives in Preparing Cu Catalysts for CO_2 Reduction [J]. Journal of the American Chemical Society, 2021, 143(15): 5755–5762.

[63] Zheng Y, Wang X, Wu Z. Machine Learning Modeling and Predictive Control of the Batch Crystallization Process [J]. Industrial & Engineering Chemistry Research, 2022, 61(16): 5578–5592.

[64] Gu Y, Lin P, Zhou C, et al. Machine learning-assisted systematical polymerization planning: case studies on reversible-deactivation radical polymerization [J]. Science China Chemistry, 2021, 64(6): 1039–1046.

[65] Bai J, Cao L, Mosbach S, et al. From Platform to Knowledge Graph: Evolution of Laboratory Automation [J]. JACS Au, 2022, 2(2): 292–309.
[66] Zhu Q, Zhang F, Huang Y, et al. An all-round AI–Chemist with a scientific mind [J]. National Science Review, 2022, 9(10): nwac190.
[67] Zhao H, Chen W, Huang H, et al. A robotic platform for the synthesis of colloidal nanocrystals [J]. Nature Synthesis, 2023, 2(6): 505–514.
[68] Xu H, Zhang D, Mo F. High–throughput automated platform for thin layer chromatography analysis [J]. STAR Protocols, 2022, 3(4): 101893.

撰稿人：洪 鑫 张硕卿 罗三中

聚集诱导发光研究进展

2001 年，唐本忠院士在国际上首次提出了“聚集诱导发光（Aggregation-Induced Emission，AIE）”的科学概念[1]，打破了教科书上关于聚集引起发光淬灭（Aggregation Caused Quenching，ACQ）的传统论断，在国际上受到了化学、材料、生物、医学等领域科学家的广泛关注。2016 年，“AIE 点（由 AIE 分子形成的纳米粒子）”被 *Nature* 杂志列为支持未来纳米光革命的四大纳米材料体系之一[2]，这也是唯一由中国人提出和发展的材料体系，其在生物成像和诊疗等方面表现出巨大的应用前景。2017 年，基于 AIE 的原创性和引领性，唐本忠、秦安军、董宇平、李振、孙景志荣获国家自然科学一等奖。2020 年，AIE 被 IUPAC（国际纯粹与应用化学联合会）遴选为全球化学领域十大新兴技术之一，并于 2021 年入选国家“十三五”科技创新成就展。经过二十余年的发展，AIE 已经成为一个由我国科学家开创和引领，国外科学家竞相跟进的新兴研究领域，推动科学研究范式由还原论向整体论产生重大转变，促进了聚集体科学的初步形成。

近几年，AIE 研究领域得到了迅猛发展。据爱思唯尔权威机构统计[3]，截至 2021 年，全球 76 个国家和地区有 2 200 多个科研机构、近 24 000 位学者从事 AIE 领域研究。可见，AIE 领域已经发展成一个全球关注的热点前沿领域。值得关注的是，目前 AIE 领域研究正表现出从基础研究向应用基础研究，甚至向产业应用转变的发展态势。此外，2015 年以来，AIE 相关专利申请快速增长，达 1 600 多件，广泛分布在化学、信息技术、医疗健康及电子等技术领域，促进了 OLED、制药、生物科技和化学制品等产业的技术创新。得益于我国不断出台的加快促进科技成果转化的政策和法律，AIE 科研成果转化将会得到极大加速。

目前，AIE 的研究横跨了化学、材料、光学、物理、生物、医学等多个学科，并在电子学、光子学、生物技术、环境科学、医疗健康等领域取得了众多基础理论和应用开发等方面的研究成果。为此，中国化学会分子聚集发光专业委员会客观地分析了 2020—2023

年 AIE 领域的科研发展趋势和科研成果转化情况，重点阐述了 AIE 在有机室温磷光、光电材料与器件、生物医学、簇发光等相关热点领域的最新研究进展。

1. 有机室温磷光

室温磷光是一种在室温下缓慢发光的光致发光现象，指当激发光关闭后，发光以余辉的形式持续存在。近年来，由于其理论研究与实际应用价值，基于纯有机化合物的室温磷光研究受到广泛关注。在传统认知中，有机化合物的自旋轨道耦合系数较小，三线态激子难以产生，而且有机化合物中激子高度局域化，极易复合，对磷光这种长寿命过程非常不利。有机化合物的室温磷光往往只出现于低温或惰性氛围中。有机化合物室温磷光现象的出现在一定程度上改变了研究人员对发光的认识。实际应用中，纯有机室温磷光在显示、防伪与生物成像等方面表现出广阔的应用前景。特别是在生物成像中，有机室温磷光由于具有较大的斯托克斯位移与超长发光寿命，研究人员可以通过停止激发光后收集磷光信号的方法过滤背景荧光，实现超高对比度的生物成像。纯有机室温磷光的研究起步较晚，2010 年，唐本忠院士课题组发现了二苯甲酮衍生物结晶导致的室温磷光现象，从而引起研究人员对这一领域的关注[4]。有机室温磷光材料的发光机制如图 1 所示，三线态激子在稳定化之后产生长寿命的室温磷光。目前，已有报道表明纯有机室温磷光的余辉可长达数小时，可媲美无机长余辉材料。按组成结构，有机室温磷光材料可分为单组分、多组分、聚合物及非芳香化合物，下面将以此分类介绍其发光特点，以及其在刺激响应、生物成像与光电子器件方面的应用。

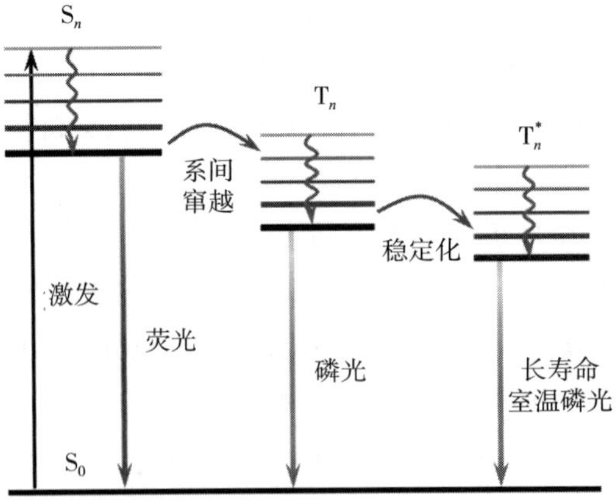

图 1　有机室温磷光材料的发光机制

单组分有机室温磷光材料通常是有机单晶，研究人员通过晶体解析可以获得分子的精确空间结构，对研究分子的构型与聚集态结构提供了巨大便利。重原子与含孤对电子基团的引入能有效提高系间窜越效率，而晶体中有序的分子堆积对三线态激子的稳定具有重要作用。赵翠华等人通过扭曲的分子结构降低了 S_1 与 T_1 态能隙，并引入溴原子增强自旋轨道耦合效应，提高了 T_1 态激子产生效率，利用 B–N 配位键增强分子刚性，使三苯基硼衍生物的磷光量子效率高达 36%，寿命为 73.0μs[5]。朱亮亮等人将氧族元素（O、S、Se）引入六取代苯醚化合物中，实现了发光从荧光到磷光的转变，S 与 Se 取代产物的固态磷光效率与寿命分别为 42%、7.05μs 与 21%、2.91μs，证明了重原子对磷光的增强作用[6]。李振等人将甲氧基引入苯硼酸对位，在晶体中形成较强的分子间氢键作用，使三线态激子得到稳定，磷光寿命长达 2.24s[7]。黄维等利用离子键调控晶体的磷光性质，发现苯四甲酸四钠晶体中生色团与阳离子形成的高密度离子键，可以使生色团之间的相互作用减弱，从而得到 96.5% 的磷光效率和 184.91ms 磷光寿命的蓝色磷光，可用于实现数据加密、指纹识别和余辉显示[8]。

多组分有机室温磷光体系的构筑为提升材料性能、丰富材料种类提供了一条便利的途径。针对有机室温磷光在水溶液中易于猝灭的问题，刘育等人利用具有大环空腔的葫芦脲对磷光基团进行包合，隔绝水、氧对三线态激子的影响，实现了水相室温磷光发射，磷光效率达 7.58%[9]。马骧和田禾等人构筑了一个葫芦脲介导的四元堆积结构，在水溶液中实现了首例可见光激发纯有机室温磷光，有利于促进其在生物成像等领域的应用[10]。目前报道的水溶液室温磷光体系，其磷光寿命都在毫秒级，甚至微秒级，还有待进一步提升。在多组分室温磷光体系的机制研究方面，构筑具有确定单晶结构的共晶体系是一种有效途径。安众福和黄维等人利用三聚氰胺和芳香酸在水介质中的自组装成功制备了一个兼具长寿命（1.91s）和高效率（24.3%）的磷光共晶体系，并基于单晶结构分析了分子间作用力对其磷光性能的影响[11]。同样是基于该体系，闫东鹏等人提出了另一种机制：基于热活化延迟荧光和共振能量转移机理来增强室温磷光发射[12]。为大幅延长室温磷光寿命，构筑基于激基复合物的主 – 客体掺杂体系是目前最有效的策略。唐本忠等人以具有强吸电子能力的溴化膦盐为主体，以强给电子的 *N,N*– 二甲基苯胺为电子供体来构筑相应体系，在大气氛围下实现了长达 7h 的余辉发光，为当前最高值[13]。

与多组分有机室温磷光体系发光机制类似，聚合物室温磷光通过共聚或均聚等方法将磷光基团引入聚合物的主链、侧链或端基，通过聚合物刚性环境抑制磷光基团的无辐射跃迁，增强室温磷光性能。此外，还能通过引入其他功能基团赋予聚合物额外的光物理性质，这也是聚合物材料的性能优势所在。吴锦荣等人通过乙烯基苯硼酸和丙烯酰胺衍生物的共聚得到了室温磷光聚合物，其中，B—N 与 B—O 动态配位键能够固定磷光基团以抑制其无辐射跃迁，并赋予聚合物对水的响应特性及自修复能力，该物质在防伪、加密等领域具有潜在应用价值[14]。田禾等人以苯甲醛、2,5– 二羟基对苯二甲酸酯、螺吡喃和丙烯酰胺共聚得到 3 种室温磷光共聚物。由于螺吡喃在光照条件下的开环 / 关环反应，聚合物在紫外光和可见光照射下，对光、温度、湿度有一定的响应，被成功应用于二维码的光刻、光擦除、光重印和非接触式温度测量[15]。安众福等人将多个发光团与丙烯酸自由基交联共聚实现了颜色可调的超长室温磷光，当激发波长由254nm变为370nm时，室温磷光由蓝色变为黄色，颜色变化是不同生色团磷光强度的比值变化导致的；聚合物刚性交联网络结构和聚合物链间的氢键能有效抑制聚合物链的运动，防止三线态激子被氧和水分猝灭；得到的多组分共聚物的磷光寿命为1.2s，磷光量子产率高达37.5%[16]。这种聚合物构筑策略为颜色可调的室温磷光聚合物材料的设计和制备开辟了一条新途径。

除有机芳香体系外，科研人员在一些非芳香化合物中也观察到了室温磷光现象。袁望章和唐本忠等人在此方面做了较为系统的工作，并提出了“簇发光”机制，强调团簇中的空间电子相互作用对其室温磷光性质的影响。由于袁望章和唐忠的研究对象主要是一些不具单晶结构的非芳香聚合物，故该团队无法对磷光机制进行深入研究。2018年，李振等人报道了第一例非芳香有机长寿命室温磷光小分子氰基乙酸，通过确定的单晶结构明晰了分子间强氢键相互作用及空间电子相互作用与磷光性质之间的联系[17]。2020年，袁望章等人在非芳香有机小分子中成功实现了长寿命（1.74s）和高效率（21.8%）的室温磷光发射，该性能甚至超过了大部分芳香室温磷光体系。由于晶体中不同聚集体的形成，其在不同激发波长下能表现出天蓝色到黄绿色的可调谐磷光发射，进一步证明了聚集态结构对其磷光性质的影响[18]。此外，袁望章等还利用卤素效应将马来酰亚胺衍生物的室温磷光发射成功拓展到了红光甚至近红外光区域[19]。即便如此，长波长非芳香室温磷光体系仍是当前研究的难点。

在实际应用方面，刺激响应性室温磷光材料具有特定优势，但其开发相对困难。如图2所示，李振等人在该方面研究较多，报道了首例光诱导室温磷光现象[20]，并发展了

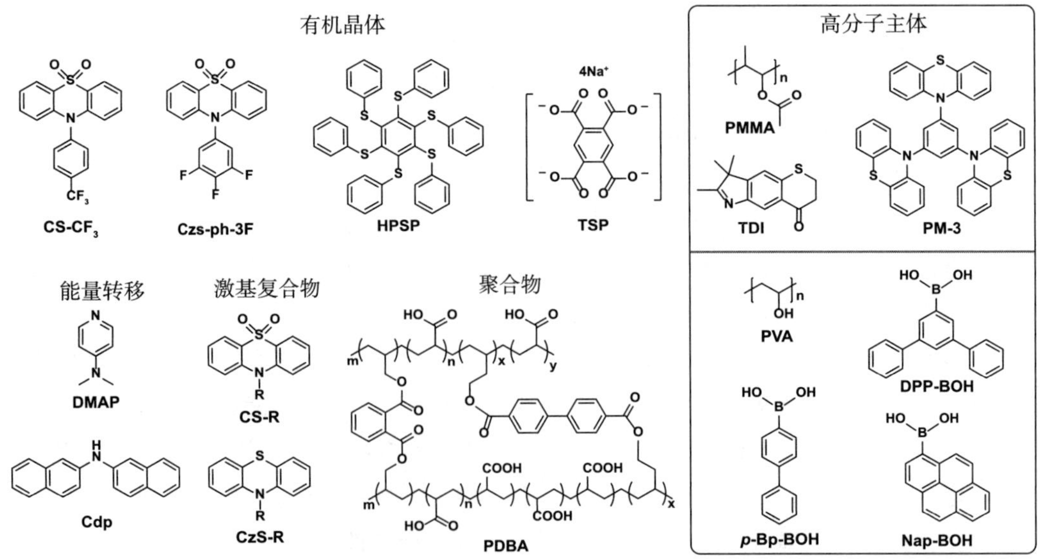

图2 具有刺激响应性质的有机室温磷光体系

一系列构筑刺激响应性室温磷光材料的新策略，包括基于 Förster 共振能量转移和三线态激基复合物的距离敏感性开发力 / 热响应室温磷光体系[21, 22]、基于构象转变开发力刺激启亮室温磷光体系[23]、基于三线态激子对刚性环境的敏感性开发水 / 热响应室温磷光体系等[24, 25]。在各类刺激响应体系中，光刺激相关材料最受关注。朱亮亮等通过光激发自主操纵分子聚集在水相条件下成功实现了光诱导室温磷光现象[26]。李振、马骧、陈润锋等人分别通过将磷光小分子或基团掺杂进具有一定透氧性能的高分子主体基质中成功开发出一系列基于三线态激子氧敏感性的光响应室温磷光薄膜材料，这类材料具有良好的加工性和循环稳定性，极具实用价值[27-29]。杨朝龙等人利用聚乙烯醇具有光交联特性构筑了光照增强室温磷光性能的掺杂体系，但其光响应性能不可逆[30, 31]。安众福和黄维等人发现一些有机体系的室温磷光发射能够被 X 射线激发[32]，也可被认为是一种新型的光刺激响应室温磷光材料，其在无损检测、深层次生物诊疗等方面表现出潜在应用能力。

有机室温磷光材料因其超长发光寿命在时间分辨的生物成像方面极具应用潜力。通过“自上而下”法制备磷光纳米晶，黄维和陈润锋等人初步探索了有机室温磷光材料在小鼠淋巴结成像中的应用，成像对比度远高于传统荧光材料[33]。为进一步提升有机室温磷光材料的成像效果，开发具有长波长发射的磷光体系至关重要。李振等人一方面通过磷光共振能量转移过程开发了首例纯有机近红外磷光纳米颗粒，并成功将其应用于活体淋巴结成像，信噪比可达 104dB[34]；另一方面以三苯胺为电子给体，以苯并噻二唑为电子受体，以羧基为末端官能团开发了 3 个磷光发射峰处于 635~660nm 的单组分室温磷光体系，且其磷光发射可直接通过手机光源激发，生物成像信噪比可达 230dB[35]。丁丹和黄小波等人以二苯甲酮为主体，以芘衍生物为客体构筑了具有红色室温磷光的主 – 客体掺杂体系，并基于此实现了较高对比度的腋窝肿瘤成像，信噪比为 43dB[36]。除发光波长外，超长的磷光余辉对其生物成像应用也非常重要。李振等人构筑了一系列基于三线态激基复合物的室温磷光体系，在水溶液中磷光余辉最长达 25min，并基于此首次实现了预激活室温磷光成像及小鼠肝肿瘤磷光标记，成像信噪比高达 158dB，是目前已报道的肝肿瘤光学成像最优结果之一[37]。同样基于该体系的优越室温磷光性能，他们还实现了早期肿瘤转移的检测与成像[38]。纯有机室温磷光材料还可用于光动力治疗。黄维和安众福等人开发了能被 X 射线激发并产生单线态氧的纯有机室温磷光材料，利用 X 射线的强穿透作用成功实现了对深层次肿瘤的光动力治疗[39]。

有机室温磷光材料的磷光性质也为有机发光二极管（Organic Light Emitting Diode，OLED）提供了新的设计思路，利用不含金属元素的磷光材料实现低成本的高电致发光效率，是 OLED 的发展新方向。张国庆等人报道双咔唑衍生物的固态磷光量子产率高达 64%，OLED 器件外量子效率达到 5.8%[40]。王悦等人报道吩噻嗪衍生物薄膜态量子效率达到 38%，OLED 器件外量子效率高达 11.5%，并且在亮度 1 000cd · m^{-2} 时效率为 9.6%，三线态激子被完全捕获，达到器件效率的理论极限[41]。Kim 等人进一步利用吩硒嗪提高了磷光发光效率，在 OLED 器件中外量子效率达到 10.7%[42]。苏仕健等人将吩噻硒与二苯基三嗪连接，获得了高达 68.1% 的磷光量子效率与 1.2ms 的短磷光寿命，在 OLED 器件中实现了 100% 的激子利用率与 19.5% 的外量子效率，是目前纯有机室温磷光材料电致发光的最高效率[43]。

2. 光电材料及器件

有机光电材料是具有光电活性的有机功能材料，已被广泛应用于有机场效应晶体管、OLED、有机太阳能电池和圆偏振发光等领域。AIE 材料由于其优异的发光性能在有机光电领域大放异彩，有机光电领域是 AIE 材料证明其优越性的舞台。近年来，我国科学家开发了一系列具有光电活性的高效 AIE 材料，积极探索了此类材料在 OLED、有机太阳能电池与圆偏振发光方面的应用，并取得了显著进展，在诸多方面引领了国际发展趋势。

具有自主知识产权的新型且高效的 AIE 材料被越来越多地应用于高效 OLED 的研究（见图 3）。秦安军等人利用四苯基苯骨架的 AIE 基元构建了一种高效的蓝紫光 AIE 分子 1，纯膜量子效率高达 98%，并制备了非掺杂的蓝紫光 OLED 器件，最大外量子效率（External Quantum Efficiency，EQE）为 4.78%，器件的 CIE 坐标为（0.159，0.035）[44]。马东阁等人通过将杂化局域 - 电荷转移激发态（Hybridized Local and Charge-transfer，HLCT）与 AIE 有机结合得到了高激子利用率的蓝色发光材料 2，其掺杂型蓝光 OLED 器件的最大 EQE 为 9.4%，并以该材料为敏化剂获得了性能优异的蓝光 OLED 器件，最大 EQE 高达 17.4%[45]。唐本忠和王志明等人通过长短轴的分子设计策略合成了一种高效的紫外发射的 HLCT 分子 3，并获得了高色纯度的紫外 OLED 器件，器件的最大 EQE 高达 10.79%[46]。池振国等人通过调节分子局域态的比例获得了一种高效的 HLCT 分子 4，其纯膜的量子效率高达 90.5%，并基于该材料制备了非掺杂 OLED 器件，其最大 EQE 为 17.8%[47]。除上述应用外，通过将 AIE 与延迟荧光的有机结合来设计高发光效率的新型延迟荧光材料也被广泛报道。游劲松等人开发了一种全新的电子受体（七元环二酰亚胺，BPI）并将其应用于构建新型聚集诱导延迟荧光分子 5，延迟荧光分子 5 的纯膜具有极高的光致发光效率，光致发光效率为 95.8%，基于该材料的非掺杂 OLED 器件也取得了优异成绩，最大 EQE 为 24.7%，在 1 000cd · m^{-2} 亮度下 EQE 仍能维持在 21.7%[48]。赵祖金等人通过在含有羰基核的电子受体上引入大平面且刚性的电子给体基团构建了一类天蓝光发射的延迟荧光材料 6，其纯膜具有极高的光致发光效率（Φ=92%）和高水平偶极比取向（Θ=85.5%）。在该材料的基础上，赵祖金等人制备了高效的天蓝色非掺杂和掺杂 OLED 器件，最大 EQE 分别为 26.1% 和 38.6%[49]，并且探索了该材料在全荧光白光 OLED 器件方面的应用前景，也取得了十分优异的成果[50]。蒋伟等人提出了一种分子锚定策略，构建了一系列高发光效率和高水平偶极取向的具有热活化延迟荧光（TADF）的聚集诱导发光材料 7，并将这类

TADF 材料作为非掺杂发光层，首次实现了 EQE 超过 30% 的溶液法非掺杂 OLED 器件[51]。唐本忠和赵征等人报道了一种基于二硫富瓦烯和苯并噻二唑的强电子受体 BSM，并构建了一类具有聚集诱导延迟荧光（AIDF）特性的高效近红外发光分子 8，通过溶液法制备了其近红外 OLED 器件，效率突破了目前纯有机近红外 OLED 器件在该波段的最高值[52]。

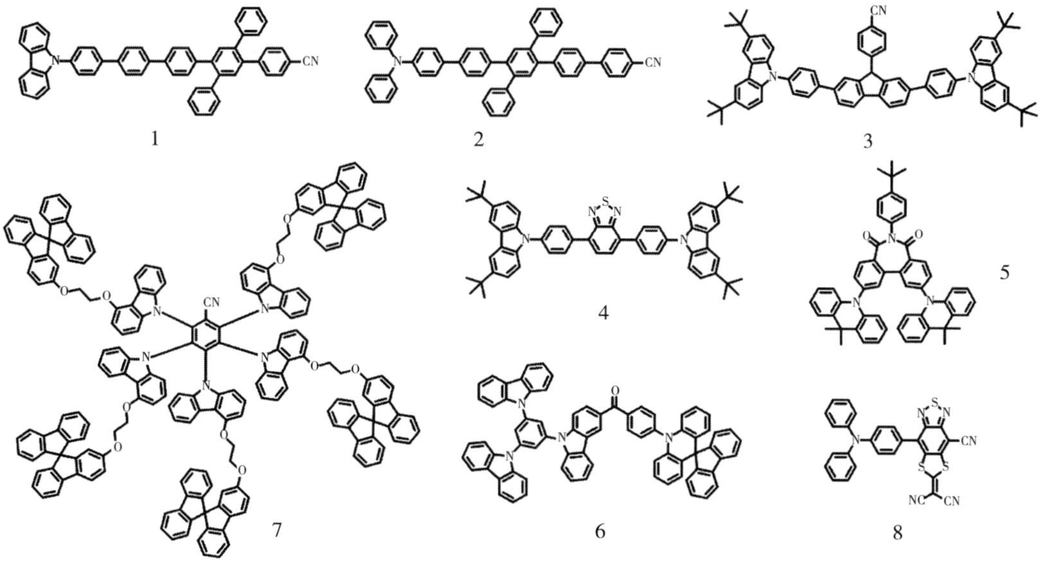

图 3　我国科学家自主开发的代表性 OLED 用发光材料

此外，AIE 材料由于聚集效应引起的介观及宏观水平发光性能的调控，在手性发光及电致发光器件的研究中受到学术界和产业界的广泛关注。朱为宏等人开发了 TPE-Chol 为给体，与非手性 AIEgen 受体共组装成手性液晶，实现了高效的能量转移及手性放大[53]。郑炎松等人基于四苯乙烯基元进行超分子螺旋手性调控，而后通过酒石酸自组装，手性可放大 219 倍[54]。郑佑轩等人报道了笼型手性碳硼烷的咔唑衍生物，可以实现聚集诱导电化学发光及圆偏振发光[55]，这些研究极大地推动了 CP-OLED 的发展。唐建新等人发展了基于八氢联萘 AIE 材料的黄光和橙红光 CP-OLED 器件[56]。蒋佐权等人开发的手性 TADF 材料在外界刺激下可表现出溶剂变色、压致变色及 AIE 特性，制备的 CP-OLED 器件效率高达 28.4%[57]。陈传峰等人将手性八氢联萘酚部分与三嗪基 TADF 骨架结合，合成了一对手性 AIE 大环，制备的溶液法 CP-OLED 器件效率可到 17.1%[58]。廖良生等人制备了基于苯并噻二唑和手性联萘酚的热激子 AIE 荧光材料，通过 TADF 敏化的 CP-OLED 器件最大 EQE 为 15.3%，电致发光不对称因子（g_{EL}）为 2.1×10^{-3}[59]。杨楚罗等人设计制备了基于四配位硼构型 AIE 材料的近红外发光 CP-OLED[60]。赵祖金等人将蓝紫光手性 AIE 材料作为主体，将非手性 TADF 及磷光分子作为客体，通过能量转移及手性传递构建了从蓝紫光、黄光到橙光 CP-OLED 器件[61]。

AIE 材料同样也可以应用于太阳能电池领域，其不仅有望解决太阳能电池的光利用效率和稳定性问题，而且可以大幅提高电池的光能转换效率。陈义旺等人发现，当 AIEgens 取代传统的空穴传输层（HTL）分子时，反射光可以吸收和转换 300~700nm（不包含 400~450nm）的可见光，从而将钙钛矿电池的功率转换效率（PCE）从 16.7% 提高到 18.0%，并能显著提高钙钛矿电池的稳定性[62]。何祝兵和王东等人通过简便的化学途径设计合成了具有 AIE 性质的分子，并将其作为有机空穴传输材料（HTM）应用于钙钛矿型太阳能电池（PSC）中。因此，AIE 材料首次成功在倒置平面 PSC 中作为 HTM 使用，获得了不错的器件性能，证明了 AIE 材料可以显著提高钙钛矿太阳能电池的效率[63]。邵光等人首次合成了基于三苯乙烯的不对称 3D 空穴传输材料，并成功将其用于钙钛矿太阳能电池，使钙钛矿太阳能电池的最高功率转换效率从 12.57% 提高到 18.56%[64]。李振和陈义旺等人利用 AIE 活性阴极界面层（CIL），增强了 p-i-n 钙钛矿型太阳能电池的性能和稳定性[65]。陈义旺和谈利承等人利用 AIE 分子作为光阻挡层，将其涂覆在 ZnO-ETL 和活性层之间，AIE 分子的紫外线过滤效果提高了有机太阳能电池的光稳定性，器件在 $5mW \cdot cm^{-2}$ 的紫外光连续照射下保持原始功率转换效率的 84%[66]。上述成果证明 AIE 分子的可调特性可以提高器件的效率和稳定性，并在实际生产和学科研究中起到了至关重要的作用。

3. 生物医学

AIE 材料在生物医学领域经过十余年发展，具有低背景噪声、免洗、光稳定性好等优势，已经在细胞器成像、疾病标志物检测、医学影像、荧光手术导航、光动力和光热治疗、免疫治疗等方面取得了一系列高水平成果。AIE 生物医学材料的开发和应用也成为目前光学材料领域的前沿和热点。近年来，我国科学家在 AIE 生物医学材料开发和应用等诸多方向产出了一系列创新性成果，在国际上展示出引领发展的良好趋势。

亚细胞水平成像对揭示细胞结构与功能之间的关系具有重要意义。得益于在聚集态下的高荧光亮度，AIE 分子在亚细胞结构成像方面显示出突出优势，科研人员取得了一系列研究进展，一些代表性成果如图 4 所示。唐本忠和孟令杰等人将阳离子 AIE 探针与超分辨荧光显微镜结合，成功获得了亚细胞结构的超高清显影[67]。张德清等人通过在 AIE 分子结构中引入吡啶基阳离子，实现了细胞内线粒体的高选择性成像[68]。付红兵等人通过调控 AIE 分子的表面电荷，实现了溶酶体与线粒体的特异性高亮度成像[69]。余孝其等人构建了一种可特异性结合细胞膜的水溶性 AIE 分子，并将其成功应用于脑组织中红细胞膜成像[70]。童爱军和帅志刚等人通过在 AIE 分子结构中同时引入正电荷亲水端和碳链疏水端，实现了线粒体和细胞膜的同时双色成像[71]。李楠等人通过构建具有高亲脂性的 AIE 分子，成功对活细胞中的脂滴进行了高亮度成像[72]。

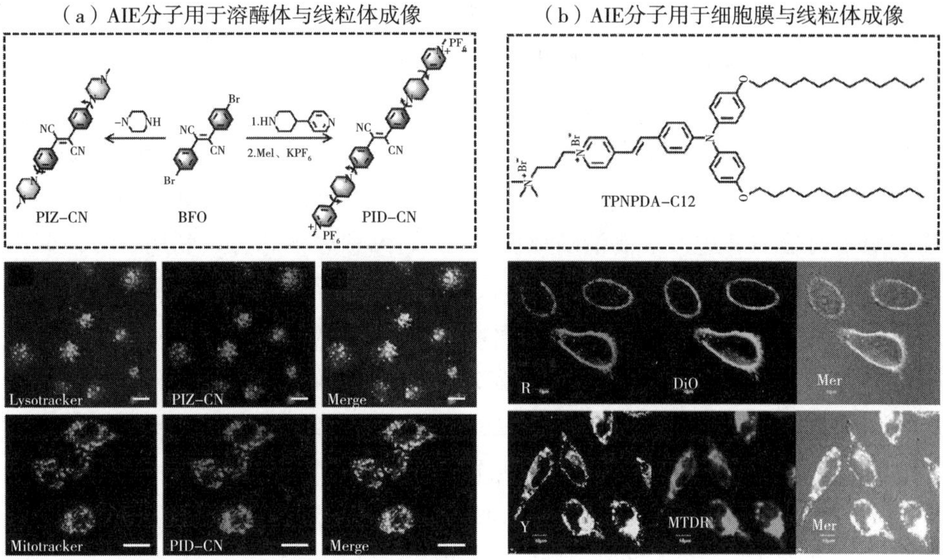

图 4　基于 AIE 荧光材料的亚细胞结构高效成像

基于 AIE 材料，研究人员也实现了多种疾病标志物的体内外灵敏检测。在细胞水平的标志物检测方面，唐本忠和何学文等人通过在 AIE 分子结构中引入磷酸基团，实现了癌细胞中碱性磷酸酶的特异性检测[73]。朱为宏等人利用组织蛋白酶 E 响应性断裂的多肽片段与 AIE 分子偶联，实现了癌细胞内源性组织蛋白酶 E 的高信噪比成像[74]。刘斌等人通过利用 MOF-199 被谷胱甘肽还原产生的一价铜离子为催化剂，实现了癌细胞内部谷胱甘肽的高灵敏检测[75]。值得一提的是，唐本忠和丁丹等人将 AIE 探针与免疫荧光层析技术相结合，开发了新冠病毒抗原检测试剂盒，实现了新冠病毒抗原的快速灵敏检测，并成功进行了一定规模量产，是 AIE 诊断材料服务国家重大需求的重要体现[76]。在体内疾病标志物诊断方面，赵彦利和吴水珠等人通过在 AIE 分子结构中引入硝基苯基氧代乙酰胺单元，实现了体内炎症部位过氧化氢的灵敏检测[77]。朱为宏等人通过在 AIE 分子结构中引入亲脂性的 Aβ 斑块靶向基团，实现了体内 Aβ 斑块的超灵敏检测[78]。唐本忠和丁丹等人利用中性粒细胞负载近红外二区 AIE 纳米探针，实现了信噪比 30.6dB 的脑部炎症诊断[79]。丁丹和王婷等人发展了超高亮度的 AIE 纳米探针，通过与特异性抗体偶联，成功实现了早期动脉粥样硬化斑块的灵敏诊断[80]。曲玮等人通过制备具有良好肿瘤穿透能力的乏氧 AIE 荧光纳米探针，实现了肿瘤的乏氧检测[81]。丁丹等人构筑了响应性长余辉发光 AIE 纳米探针，实现了中性粒细胞相关疾病的体内诊断及可视化研究[82]。

荧光材料在医学影像中具有重要的应用价值。其中，荧光成像引导的手术治疗和深部组织灵敏显影是两个重要的发展方向。AIE 荧光材料借助聚集发光的独特优势在两个研究方向中均取得了一系列重要成果，一些代表性成果如图 5 所示。在荧光导航手术治疗方面，丁丹等利用杯芳烃超分子共组装策略，实现了 AIE 荧光分子荧光性能的最大化，在小鼠肿瘤荧光导航切除过程中展现出超高的灵敏度[83]。陈洪敏等人设计合成了近红外二区 AIE 纳米颗粒，实现了效果优于临床使用的吲哚菁绿的原位肝癌荧光导航手术切除[84]。林辉和钱俊等人利用近红外二区 AIE 荧光纳米颗粒，实现了炎症性肠病的荧光导航手术切除[85]。唐本忠和侯建全等利用高亮度近红外二区发光 AIE 纳米探针，首次在动物模型中对输尿管进行了高清晰显影[86]。周民和唐本忠等人利用 AIE 发光材料在发光和生物安全性方面的显著优势，在非人灵长类动物模型中验证了 AIE 荧光导航手术的临床转化潜力[87]。在深部组织成像方面，王东和唐本忠等人通过分子工程手段合成了 920nm 最大吸收的近红外二区 AIE 分子，实现了体内淋巴结的高清晰显影[88]。唐本忠和师冰洋等人利用多肽构筑了脑靶向近红外二区发射的 AIE 纳米探针，实现了血脑屏障的穿越和原位脑胶质瘤的深度光学诊疗[89]。屈军乐等人设计制备了近红外二区激发的双光子 AIE 荧光探针，实现了纵深 800μm 的深脑血管成像[90]。钱俊等人发展了具有强三光子吸收截面的 AIE 纳米探针，在 1 300nm 激发下实现了深度超过 1.4mm 的皮下血管显影[91]。

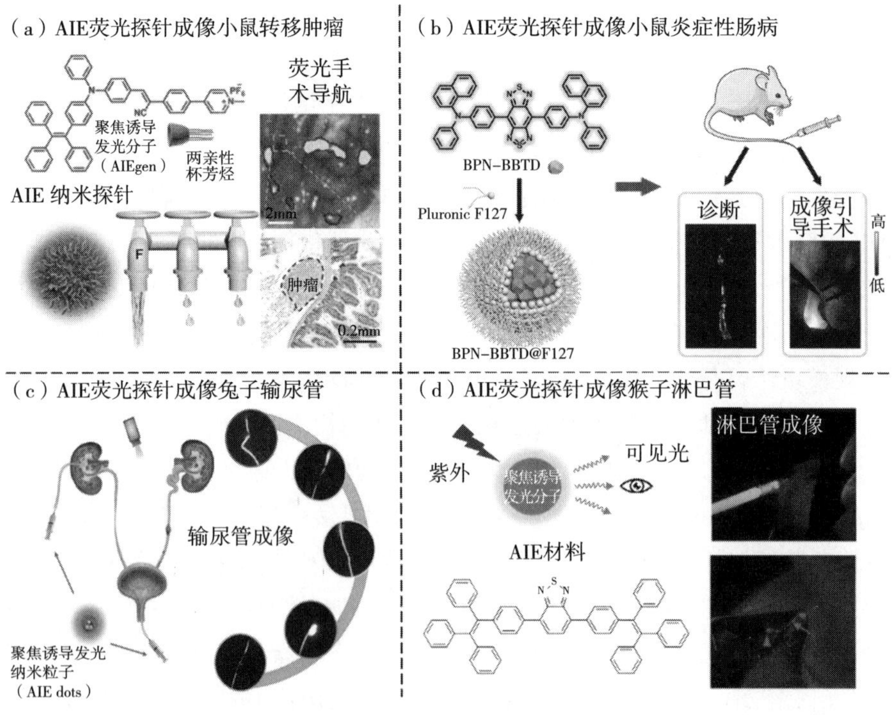

图 5　基于 AIE 荧光材料的荧光成像引导的手术治疗和深部组织灵敏显影

光动力治疗是光学材料在临床治疗中使用的典型范例。AIE 光敏材料能够克服传统光敏材料在聚集态下光动力效率低的难题。借助这一独特优势，研究人员发展了一系列 AIE

光敏分子，成功实现了肿瘤和细菌等疾病靶标的高效识别和清除。朱为宏等人通过在分子结构中引入强的电子供体和受体结构，制备了能够同时产生一型和二型 ROS 的 AIE 光敏分子，并成功将其用于细菌和肿瘤的高效清除[92]。易小艺和蓝敏焕等人利用金属铱配合物体系发展了具有 AIE 性质的铱配合物光敏体系，在肿瘤治疗中体现出优异的效果[93]。李凯等人设计了独特的平面构型 AIE 光敏分子，成功实现了高效 ROS 产生和耐药菌清除[94]。孟令杰和党东风等人发展了一系列具有溶酶体和细胞核双靶向的 AIE 光敏材料，在肿瘤治疗中展示出优异的效果[95]。赵娜等人开发了近红外二区发光的一型光敏剂，通过在线粒体产生大量 ROS，成功激活了肿瘤细胞的凋亡和铁死亡两条死亡途径[96]。唐本忠等人利用 AIE 一型光敏剂，成功诱导了细胞铜死亡，开辟了光动力治疗的新范式[97]。为进一步提高光动力治疗的特异性、可控性和穿透深度等，刘义和孙跃等人利用柱芳烃超分子组装手段，发展了一种酸性环境激活的水溶性 AIE 光敏分子体系，实现了光敏分子产生单线态氧的智能可控[98]。祁争健等人利用分子工程手段开发了一系列具有肿瘤细胞识别潜力的 AIE 光敏分子，实现了肿瘤细胞的特异性清除[99]。幸美佳和陈实等人将高性能 AIE 光敏分子共价修饰到噬菌体上，成功制备了 AIE 工程化噬菌体，实现了败血症病原菌的特异性检测和治疗[100]。唐本忠等人构筑了细胞膜包被的仿生 AIE 纳米光敏材料，实现了肿瘤干细胞的特异性清除[101]。陈洪敏和陈小元等人发展了一种具有 AIE 性质的金发光簇，实现了低剂量 X 射线激发的光动力治疗，解决了光动力穿透深度限制[102]。

光热治疗以优异的治疗效果成为光学治疗研究的重点内容。如何设计具有高效光热转化效率的光学材料是该研究领域内长期存在的科学问题。受分子激发态运动理论的启发，唐本忠和丁丹等提出了利用 AIE 分子内运动产热来构筑高效光热材料的新概念，补充和完善了光热材料设计理论[103]。他们又进一步提出了促进分子 TICT 增强光热转化效率的新思路，并将其成功应用于肿瘤的光热治疗中[104]。此外，利用 AIE 材料在设计多功能分子中的优势，研究人员设计了一系列兼具近红外二区荧光的光热材料，并将其成功应用于肿瘤等疾病的光热治疗与荧光诊断。陆伟和肖泽宇等人利用白蛋白 - 近红外二区 AIE 小分子组成的诊疗一体化制剂，在术中近红外二区成像指导下实现了对微小肿瘤的精准光热清除[105]。龚萍和蔡林涛等人开发了一种基于 AIE 聚合物和一氧化碳载体聚合物自组装的过氧化氢响应型近红外二区纳米炸弹，实现了肿瘤的低温光热治疗[106]。唐本忠等人发展了一种高效靶向炎症细胞因子的中性粒细胞仿生 AIE 光热纳米粒，实现了细菌的精准光热治疗[107]。唐本忠和王东等制备了癌细胞膜包被的 AIE 仿生纳米粒，实现了三模态成像（近红外二区荧光成像 - 光声成像 - 光热成像）引导的高效光热治疗[108]。

光学免疫治疗是近年来肿瘤免疫治疗领域发展的新兴方向。借助 AIE 材料引起肿瘤细胞免疫原性死亡、细胞焦亡等成为光学免疫领域的研究前沿，一些代表性成果如图 6 所示。在研究 AIE 材料引发肿瘤细胞免疫源性死亡方面，丁丹等人发展了一系列靶向肿瘤细胞中不同细胞器（包括线粒体、内质网、溶酶体）且具有高 ROS 产率的 AIE 光敏材料，系统性地探究了不同细胞器靶点氧化应激诱导肿瘤细胞免疫原性死亡的情况，成功构建了AIE 光敏材料与细胞免疫原性死亡之间的关联[109-111]。娄筱叮等人通过笼式模块化多肽将可诱导肿瘤细胞免疫原性死亡的 AIE 光敏剂和可降解免疫检查点（PD-L1）的 mRNA 共组装，实现了协同提升肿瘤免疫治疗的效果[112]。此外，刘斌等人采用可靶向细胞膜的 AIE 光敏剂，成功在肿瘤细胞中通过光动力触发细胞焦亡，并在胰腺癌的免疫治疗中展现出良好的治疗效果[113]。唐本忠和蔡林涛等人采用树突状细胞膜包被 AIE 光敏剂，构建了一种具有搭便车能力的光活性抗原呈递平台，实现了高效的药物递送和癌症光免疫治疗[114]。陈小元和王东等人通过激活环 GMP-AMP 合酶 - 干扰素基因刺激因子通路的气体疗法的免疫佐剂特性，大幅提高了基于 AIE 光敏剂的光免疫治疗效果[115]。

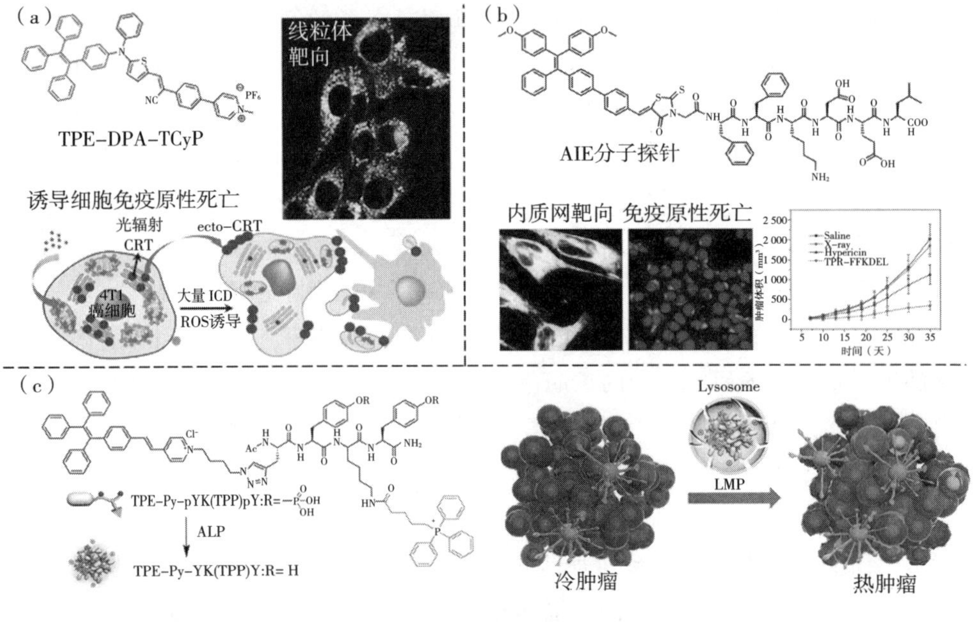

图 6　基于 AIE 荧光材料的光学免疫治疗

4. 簇发光

簇发光是指非价键共轭的结构在聚集状态下产生的反常可见光发射现象，它作为聚集诱导发光材料的一类特殊结构，在基础的光物理机制探究和应用领域具有重要的价值和意义。与传统的大 π 共轭类发光材料相比，簇发光材料具有以下显著特点：①非共轭的分子结构；②吸收波长和激发波长不匹配；③激发波长依赖性发射；④多重发射峰；⑤大部分簇发光材料具有室温磷光性质。正是这些显著特点造就了簇发光材料巨大的应用优势。近年来，簇发光材料在机理探究、发光性能调控和应用等方向得到了长足的发展，我国在该领域处于世界领先和引领发展地位，该类材料也越来越受国内外学术界的广泛关注。

传统大π共轭类发光材料的设计和性能调控都是基于价键共轭这一理论基础，而簇发光材料由于缺乏价键共轭结构，在发光机理上与传统材料有较大不同。首先针对大部分含羰基脂肪族聚合物簇发光材料中广泛存在的蓝光发射现象，唐本忠、孙景志和张浩可等人提出，这一蓝光发射来自羰基本征的（n，π*）跃迁，这一禁阻的跃迁在聚合效应的诱导下被激活，进而显示出较强的荧光发射，如图7（a）所示[116]。张军等人通过采用不同路易斯碱对马来酰亚胺进行聚合，得到了具有不同聚合度和聚合物链长的聚马来酰亚胺，这些材料显示出从蓝光到红光的全色发射，进而表明聚合物的分子量对其内部的电子离域程度有较大影响[117]。同时，唐本忠和张浩可等人提出，在路易斯碱催化的聚马来酰亚胺中，富电子的路易斯碱催化剂和酰亚胺基团的络合对其长波发射同样有重要影响，这也在他们探究不同有机碱和碳基聚合物络合诱导长波簇发光的研究中得到了证实，如图7（b）所示[118, 119]。在一系列研究的基础上，唐本忠和张浩可提出分子内和分子间不同基元间的空间相互作用是簇发光产生的根本机理，如图7（c）所示[120]。而这一机理也被同行提出的堆积密度增强发光进一步证实[121]。

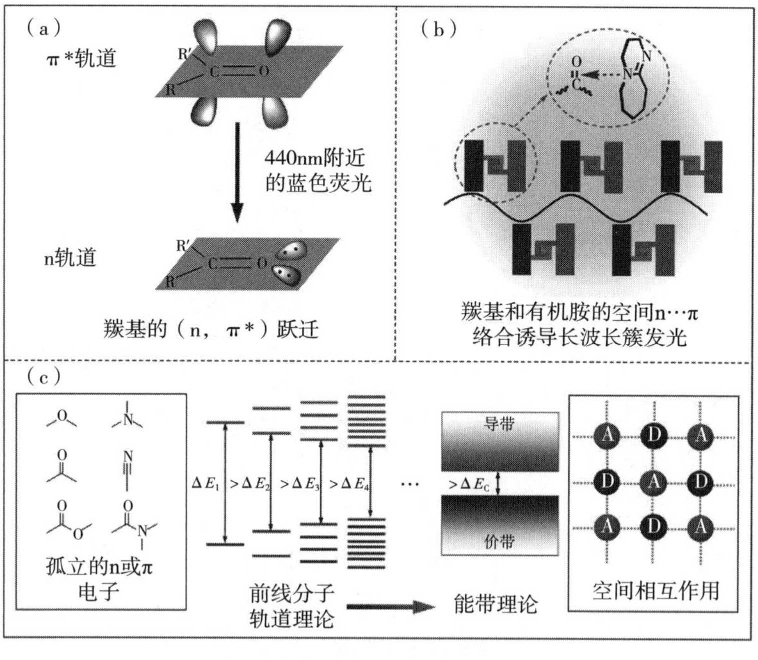

图7　簇发光的理论机制研究进展

在簇发光材料新体系开发和性能调控上，我国科学家作出了突出性贡献（见图8）。颜红侠等人独立报道了在聚硅氧烷和硅氧烷表面活性剂中观察到的蓝色簇发光现象[122, 123]。他们同时报道了在超支化聚硼酸酯体系中发现的超高效率簇发光现象，效率高达54.1%，发光波长有较强的激发波长依赖性[124]。张兴宏等人在聚酯的簇发光现象探究中发现，聚合物链的柔顺性和刚性对簇发光的波长和效率有较大影响，通过平衡聚酯链的柔性和刚性，聚酯的簇发光波长红移到了 504nm，发光效率为 38%[125]，进一步将聚酯链的二级结构从螺旋链改变到折叠链，聚酯的簇发光波长又进一步红移到了 580nm[126]。张振彪和张卫东等人在对侧链聚酯的簇发光性能研究中发现，单体单元的排列顺序对簇发光的强度有较大影响，梯度型的聚合物簇发光强度要高于无规聚合物[127]。在侧链聚合物的簇发光性能研究上，文韬等人发现通过不同催化剂催化的自由基聚合和可逆加成－断裂链转移聚合得到的聚丙烯腈具有不同的簇发光性能，发射波长从 400nm 到 630nm，其中聚合物的分子量是重要的影响因素[128]。除了均聚物，乔金樑等人发现通过溶液聚合的方法得到

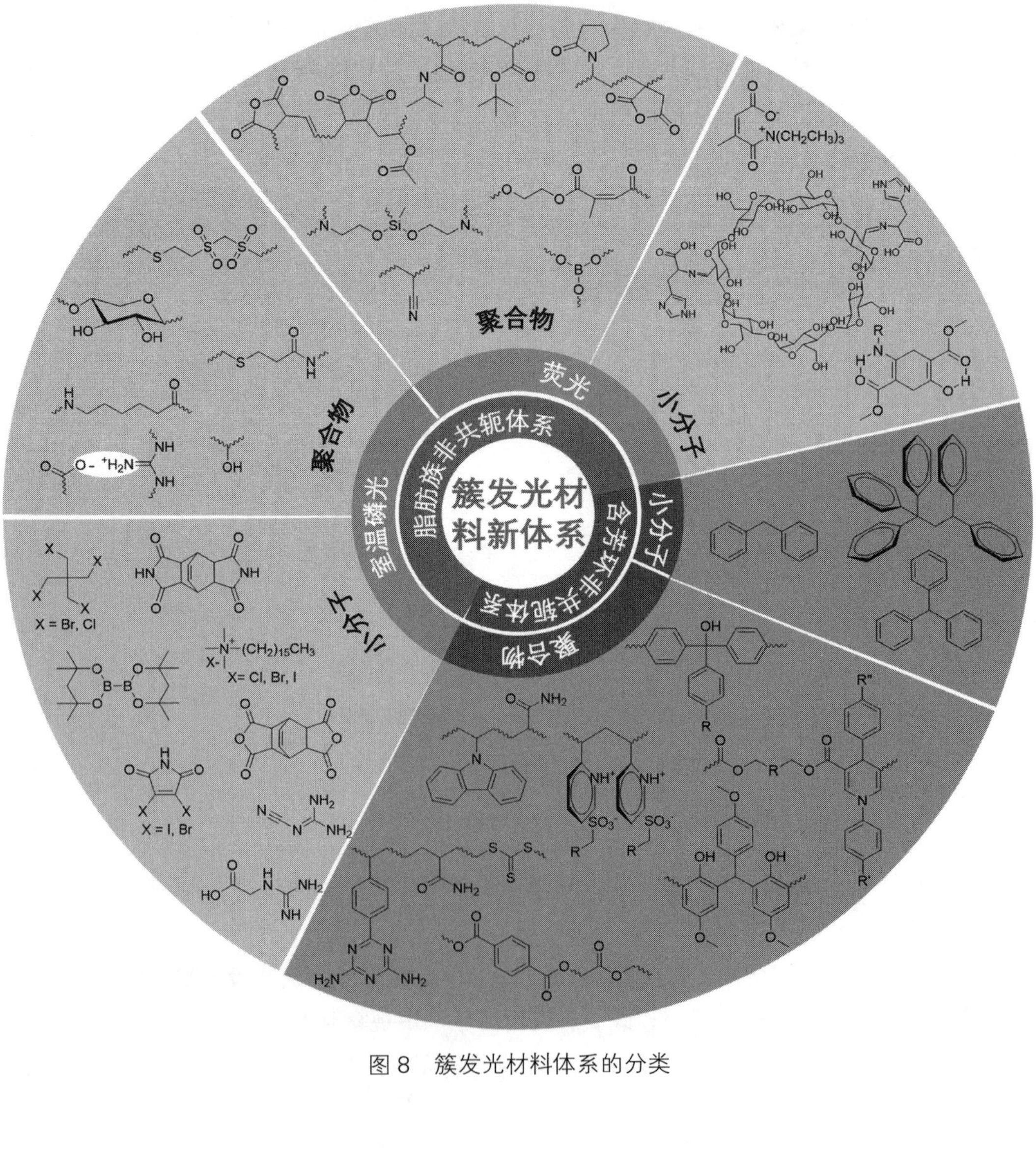

图 8　簇发光材料体系的分类

的马来酸酐和醋酸乙烯酯交替共聚物有较强的簇发光，效率达到 20.65%，且聚合物的簇发光颜色与选取的溶剂体系有较大关系[129]。在此基础上，该团队还发现，在不同温度下处理制备的马来酸酐和醋酸乙烯酯的交替共聚物，会得到不同颜色的簇发光，反应温度越高、时间越长，簇发光的波长越长，该团队最终得到了发光波长在 675nm，效率在 9.83% 的交替共聚物[130]。同时，汪辉亮等人制备了衣康酸酐和乙烯基己内酰胺的交替共聚物，该材料表现出较好的簇发光性能，在 365nm 激发下有橙红光的发射[131]。除了聚合物体系，我国科学家在簇发光的小分子性能研究上也取得了丰硕成果。毛舜和唐本忠等人发现通过氨基酸修饰环糊精，可以对环糊精的簇发光性能进行可控调节，发光颜色从蓝色到蓝绿色，最高荧光量子效率高达 40.7%[132]。另外，郭鸣明等人发现衣康酸酐和三乙胺在低温下可生成两亲性的小分子，该分子的簇发光波长为 585nm，效率为 12.63%[133]。

此外，室温磷光作为簇发光的重要特征性质之一，我国科学家也在该领域取得了突出成果。在天然簇发光材料领域，彭锋等人在一系列半纤维素中发现了超长的室温磷光性质，尤其是线形的木聚糖，在晶态时的寿命长达 588.8ms[134]。田迪和朱泽策等人发现将纤维素进行脱水处理后，其室温磷光的效率和寿命都得到了较大提升[135]，他们进一步将卤盐加入脱水处理的纤维素中，发现其室温磷光的效率得到了进一步提升[136]。在人工合成的聚合物体系中，杨永珍和刘斌等人发现聚甲醇和聚（3– 丁烯 –1,2– 二醇）这一类只含氧原子与饱和碳原子的氧簇分子有绿色的室温磷光，寿命为 89ms[137]。袁望章等人发现聚硫醚砜这类含硫原子的聚合物表现出发射波长可调的低温磷光现象[138]，而通过将聚酰胺引入聚硫醚体系，形成聚（硫醚 – 酰胺）交替共聚物，可诱导出室温磷光[139]。将硫原子从聚合物中移除，袁望章等人发现尼龙 6 有波长可调控的低温磷光[140]。除了单一组分体系，阎云等人通过将带有阴离子的聚丙烯酰胺和带阳离子的聚己内酰胺双胍共混，经过磷光共振能量转移过程，成功得到了波长从绿光到近红外的室温磷光[141]。在小分子簇发光体系的磷光性质研究中，袁望章等人发现了一系列高效磷光发射分子，如脂肪族的季铵盐[142]、含卤素烷烃[143]、硼酯[144]、含胍基小分子[145]、卤素取代的马来酰胺 / 琥珀酰胺[146]，以及双马来酸酐 / 马来酰亚胺衍生物[147]。

大部分簇发光研究对象为非共轭的脂肪族聚合物，但近年来在含芳环的非共轭小分子和聚合物的簇发光性能研究上也有较大突破。在小分子体系上，唐本忠和张浩可等人先后在二苯甲烷和三苯甲烷衍生物中发现了基于空间共轭的簇发光现象，并且通过结构改变实现了对其簇发光波长和效率的可控调节[148–150]。同时，他们还发现了存在于马来酰亚胺和琥珀酰亚胺小分子中的簇发光现象，并且发现硫原子的引入可进一步提高簇发光的效率和波长[151]。袁望章等人将苯环和环状酰亚胺结合，得到的小分子表现出室温磷光的性质，寿命在 369~754ms[152]。从小分子到超分子体系，杨英威等人发现通过在非共轭的柱芳烃中引入两个氰基，可极大提升其分子内空间相互作用，并诱导出了波长超过 500nm 的簇发光峰[153]。在高分子领域，李炳志等人发现，用乙二胺处理过的木质素有较强的蓝色簇发光[154]。在主链含芳环的线性高分子中，李春成和刘佳健等人报道了聚对苯二甲酸乙二醇酯在 365nm 激发下有绿色的簇发光[155]。蔡政旭等人报道了一系列聚（1,4- 二氢吡啶），这一类非共轭高分子具有 645nm 的磷光发射[156]。除此之外，万文明等人利用巴比耶（Barbier）聚合反应制备了一系列不同主链和侧链含芳基的非共轭聚合物，这类材料展现出显著的激发依赖性发射，得到的最大发射波长在 600nm 以上[157-158]。唐本忠、张兴宏和张浩可等人通过改变酚醛单体的推拉电子性，制备了一系列酚醛树脂衍生物，成功实现了对分子链内和链间空间相互作用的调控，得到了具有近红外发射的酚醛树脂，其最大发射波长在 680nm[159]。在侧链含芳环的非共轭聚合物体系中，宛新华和张洁等人制备了侧基带电荷的聚（2- 乙烯基吡啶），该材料展现出黄色的室温磷光[160]。陈润锋等人制备了丙烯酰胺和乙烯基咔唑的无规共聚物，该聚合物的室温磷光寿命达到了 4.2s，磷光效率为 15.5%[161]。赵传壮等人将丙烯酰胺和 6-（4- 乙烯基苯基）-2,4- 二氨基 -1,3,5- 三嗪无规共聚，该材料也表现出较强的蓝色荧光[162]。上述研究结果表明，主链和侧基修饰策略都可极大改善簇发光的效率和波长。

簇发光材料在机理探究和材料性能调控等方向上都取得了较大进展，但该类材料在应用上仍有较大的发展空间，是未来的重要研究方向，簇发光材料的柔性结构和优异的生物相容性使其在光电和生物等领域有巨大应用优势。阎云[163]、郝京诚[164]、邓建平[165]和张海良[166]等人分别开发了簇发光材料在圆偏振发光方向的应用。孔祥珍和朱晓丽等人开发了簇发光材料作为金属离子探针的应用[167]。蒋必彪[168]和曲大辉[169]等人分别探究了簇发光材料的外界刺激响应性，如 pH 响应和力学响应。张晓东等人探索了簇发光效应在生物成像和探针方向的应用[170]。颜红侠等人将聚硅氧烷体系应用于癌细胞的靶向和可视化药物递送[171]。唐本忠和张浩可等人利用簇发光效应实现了对蛋白质聚集的原位监测，与传统外源探针方法相比，该方法有更好的灵敏度[172]。

5. 国内外发展比较、我国发展趋势与对策

AIE 是一个由中国领跑、全球协作的新兴科研领域，该领域正在高速发展，并带来了世界范围内突出的科研影响力。根据爱思唯尔最近统计的数据，全世界参与 AIE 研究的学者有 70% 来自中国。在论文数量、质量及对其他领域的科学贡献上，我国科学家都处于遥遥领先的地位，充分体现了我国在这一领域的国际领先和引领地位。在全世界发表过与 AIE 相关的研究的国家和地区中，除中国外，新加坡贡献了较高影响力的 AIE 文献，印度贡献了较大数量的 AIE 文献，美、日、韩等国家也都在该领域快速发展。在 AIE 机制研究、新材料开发和新应用探究等具体的研究内容上我国科学家都做出了突出贡献，尤其是在 AIE 基础光物理机制的系统建立方面，几个里程碑式的工作都由我国科学家领衔。然而，在 AIE 材料的应用探索上，国外的研究课题组在领域交叉方面做出了一些有特色的研

究工作，将 AIE 材料和现象拓展至其他研究方向，甚至是大的学科领域，比如在生命过程可视化的应用研究上。总而言之，对比国内外的近年研究进展，我国在 AIE 领域具有绝对的优势，在 AIE 研究的各个方向都做出了突出贡献，而国外课题组在不同方向和学科的交叉上具有较为鲜明的特色。

以 AIE 概念为基础的理论还直接推动、发展和影响了多个相关领域和新概念，如碳量子点、热致延迟荧光和圆偏振发光材料等。这也充分说明未来我国在 AIE 方向的主要研究趋势将是领域间的交叉和融合，比如：在基础光物理机制研究上，融合 AIE 的特殊聚集态光物理机制和传统的分子光物理机制，为发光材料构建更为系统的光物理理论；在新材料开发上，科研人员可将 AIE 作为一种效应“嫁接”在其他功能材料中，实现材料的多功能和多模态应用，这对开发具有我国自主知识产权的新材料具有重要意义，想要在材料领域逐步实现从突破“卡脖子”技术到创造“卡脖子”技术的转变，我国应在相关 AIE 材料领域提前做好规划和布局。在应用探究上，要更好地推进 AIE 材料在生命科学领域的应用，逐步开发出一系列 AIE 材料的特殊应用场景。在上述方向的科学布局下，我国必将继续在国际上引领 AIE 领域的发展，并逐步将 AIE 发展成具有重要国际影响力的科学研究方向。

参考文献

[1] Luo J, Xie Z, Lam J W Y, et al. Aggregation-induced emission of 1-methyl-1,2,3,4,5-pentaphenylsilole[J]. Chemical Communications, 2001, (18):1740-1741.

[2] Lim X. The nanolight revolution is coming[J]. Nature, 2016, 531(7592): 26-28.

[3] 聚集诱导发光高等研究院，爱思唯尔. 聚集诱导发光：中国原创，世界引领：二十年征程巡礼[M]. 北京：科学出版社，2023.

[4] Yuan W Z, Shen X Y, Zhao H, et al. Crystallization-induced phosphorescence of pure organic luminogens at room temperature[J]. The Journal of Physical Chemistry C, 2010, 114(13): 6090-6099.

[5] Ma J L, Liu H, Li S Y, et al. Metal-free room-temperature phosphorescence from amorphous triarylborane-based biphenyl[J]. Organometallics, 2020, 39(23): 4153-4158.

[6] Weng T, Baryshnikov G, Deng C, et al. A fluorescence-phosphorescence-phosphorescence triple-channel emission strategy for full-color luminescence[J]. Small, 2020, 16(7): 1906475.

[7] Chai Z, Wang C, Wang J, et al. Abnormal room temperature phosphorescence of purely organic boron-containing compounds: the relationship between the emissive behavior and the molecular packing, and the potential related applications[J]. Chemical Science, 2017, 8(12): 8336-8344.

[8] Ye W, Ma H, Shi H, et al. Confining isolated chromophores for highly efficient blue phosphorescence[J]. Nature Materials, 2021, 20(11): 1539-1544.

[9] Zhou W, Chen Y, Yu Q, et al. Ultralong purely organic aqueous phosphorescence supramolecular polymer for targeted tumor cell imaging[J]. Nature Communications, 2020, 11(1): 4655.

[10] Wang J, Huang Z, Ma X, et al. Visible-light-excited room-temperature phosphorescence in water by cucurbit [8] uril-mediated supramolecular assembly [J] . Angewandte Chemie International Edition, 2020, 59(25): 9928-9933.

[11] Bian L, Shi H, Wang X, et al. Simultaneously enhancing efficiency and lifetime of ultralong organic phosphorescence materials by molecular self-assembly [J] . Journal of the American Chemical Society, 2018, 140(34): 10734-10739.

[12] Zhou B, Yan D. Hydrogen-bonded two-component ionic crystals showing enhanced long-lived room-temperature phosphorescence via tadf-assisted förster resonance energy transfer [J] . Advanced Functional Materials. 2019, 29(4): 1807599.

[13] Alam P, Leung N L C, Liu J, et al. Two are better than one: a design principle for ultralong-persistent luminescence of pure organics [J] . Advanced Materials, 2020, 32(22): 2001026.

[14] Wu Q, Xiong H, Zhu Y, et al. Self-healing amorphous polymers with room-temperature phosphorescence enabled by boron-based dative bonds [J] . ACS Applied Polymer Materials, 2020, 2(2): 699-705.

[15] Gu F, Ding B, Ma X, et al. Tunable fluorescence and room-temperature phosphorescence from multiresponsive pure organic copolymers [J] . Industrial & Engineering Chemistry Research, 2020, 59(4): 1578-1583.

[16] Gu L, Wu H, Ma H, et al. Color-tunable ultralong organic room temperature phosphorescence from a multicomponent copolymer [J] . Nature Communications, 2020, 11(1): 944-951.

[17] Fang M, Yang J, Xiang X, et al. Unexpected room-temperature phosphorescence from a non-aromatic, low molecular weight, pure organic molecule through the intermolecular hydrogen bond [J] . Materials Chemistry Frontiers, 2018, 2(11): 2124-2129.

[18] Wang Y, Tang S, Wen Y, et al. Nonconventional luminophores with unprecedented efficiencies and color-tunable afterglows [J] . Materials Horizons, 2020, 7(8): 2105-2112.

[19] Zhu T, Yang T, Zhang Q, et al. Clustering and halogen effects enabled red/near-infrared room temperature phosphorescence from aliphatic cyclic imides [J] . Nature Communications, 2022, 13: 2658.

[20] Yang J, Zhen X, Wang B, et al. The influence of the molecular packing on the room temperature phosphorescence of purely organic luminogens [J] . Nature Communications, 2018, 9: 840.

[21] Wang Y, Yang J, Fang M, et al. Förster resonance energy transfer: an efficient way to develop stimulus-responsive room-temperature phosphorescence materials and their applications [J] . Matter, 2020, 3(2): 449-463.

[22] Wang Y, Gao H, Yang J, et al. High performance of simple organic phosphorescence host-guest materials and their application in time-resolved bioimaging [J] . Advanced Materials, 2021, 33(18): 2007811.

[23] Ren J, Wang Y, Tian Y, et al. Force-induced turn-on persistent room-temperature phosphorescence in purely organic luminogen [J] . Angewandte Chemie International Edition, 2021, 133(22): 12443-12448.

[24] Li D, Yang Y, Yang J, et al. Completely aqueous processable stimulus responsive organic room temperature phosphorescence materials with tunable afterglow color [J] . Nature Communications, 2022, 13: 347.

[25] Li D, Yang J, Fang M, et al. Stimulus-responsive room temperature phosphorescence materials with full-color tunability from pure organic amorphous polymers [J] . Science Advances, 2022, 8(8): eabl8392.

[26] Jia X, Shao C, Bai X, et al. Photoexcitation-controlled self-recoverable molecular aggregation for flicker phosphorescence [J] . Proceedings of the National Academy of Sciences, 2019, 116(11): 4816-4821.

[27] Wang Y, Yang J, Fang M, et al. New phenothiazine derivatives that exhibit photoinduced room-temperature phosphorescence [J] . Advanced Functional Materials, 2021, 31(40): 2101719.

[28] Ma L, Sun S, Ding B, et al. Highly efficient room-temperature phosphorescence based on single-benzene structure molecules and photoactivated luminescence with afterglow [J] . Advanced Functional Materials, 2021, 31(17): 2010659.

[29] Li H, Xue X, Cao Y, et al. Achieving stimuli-responsive amorphous organic afterglow in single-component copolymer through self-doping [J] . Journal of the American Chemical Society, 2023, 145(13): 7343-7351.

[30] Su Y, Phua S Z F, Li Y, et al. Ultralong room temperature phosphorescence from amorphous organic materials toward confidential information encryption and decryption [J]. Science Advances, 2018, 4(5): eaas9732.

[31] Zhang Y, Gao L, Zheng X, et al. Ultraviolet irradiation-responsive dynamic ultralong organic phosphorescence in polymeric systems [J]. Nature Communications, 2021, 12: 2297.

[32] Wang X, Shi H, Ma H, et al. Organic phosphors with bright triplet excitons for efficient X-ray-excited luminescence [J]. Nature Photonics, 2021, 15(3): 187-192.

[33] Zhen X, Tao Y, An Z, et al. Ultralong phosphorescence of water-soluble organic nanoparticles for in vivo afterglow imaging [J]. Advanced Materials, 2017, 29(33): 1606665.

[34] Dang Q, Jiang Y, Wang J, et al. Room-temperature phosphorescence resonance energy transfer for construction of near-infrared afterglow imaging agents [J]. Advanced Materials, 2020, 32(52): 2006752.

[35] Fan Y, Liu S, Wu M, et al. Mobile phone flashlight-excited red afterglow bioimaging [J]. Advanced Materials, 2022, 34(18): 2201280.

[36] Xiao F, Gao H, Lei Y, et al. Guest-host doped strategy for constructing ultralong-lifetime near-infrared organic phosphorescence materials for bioimaging [J]. Nature Communications, 2022, 13: 186.

[37] Wang Y, Gao H, Yang J, et al. High performance of simple organic phosphorescence host-guest materials and their application in time-resolved bioimaging [J]. Advanced Materials, 2021, 33(18): 2007811.

[38] Chang K, Xiao L, Fan Y, et al. Lighting up metastasis process before formation of secondary tumor by phosphorescence imaging [J]. Science Advances, 2023, 9(20): eadf6757.

[39] Wang X, Sun W, Shi H, et al. Organic phosphorescent nanoscintillator for low-dose X-ray-induced photodynamic therapy [J]. Nature Communications, 2022, 13: 5091.

[40] Wang T, Su X, Zhang X, et al. Aggregation-induced dual-phosphorescence from organic molecules for nondoped light-emitting diodes [J]. Advanced Materials, 2019, 31(51): e1904273.

[41] Wang J, Liang J, Xu Y, et al. Purely organic phosphorescence emitter-based efficient electroluminescence devices [J]. Journal of Physical Chemistry Letters, 2019, 10(19): 5983-5988.

[42] Lee D R, Lee K H, Shao W, et al. Heavy atom effect of selenium for metal-free phosphorescent light-emitting diodes [J]. Chemistry of Materials, 2020, 32(6): 2583-2592.

[43] Chen Z, Li M, Gu Q, et al. Highly efficient purely organic phosphorescence light-emitting diodes employing a donor-acceptor skeleton with a phenoxaselenine donor [J]. Advanced Science, 2023, 10(12), 2207003.

[44] Han P, Lin C, Ma D, et al. Violet-blue emitters featuring aggregation-enhanced emission characteristics for nondoped OLEDs with CIEy smaller than 0.046 [J]. ACS Applied Materials & Interfaces, 2020, 12(41): 46366-46372.

[45] Lin C, Han P, Xiao S, et al. Efficiency breakthrough of fluorescence OLEDs by the strategic management of "hot excitons" at highly lying excitation triplet energy levels [J]. Advanced Functional Materials, 2021; 31(48): 2106912.

[46] Zhang H, Li G, Guo X, et al. High-performance ultraviolet organic light-emitting diode enabled by high-lying reverse intersystem crossing [J]. Angewandte Chemie International Edition, 2021, 60(41): 22241-22247.

[47] Liu T, Chen X, Zhao J, et al. Hybridized local and charge-transfer excited state fluorophores enabling organic light-emitting diodes with record high efficiencies close to 20% [J]. Chemical Science, 2021, 12(14): 5171-5176.

[48] Huang Z, Bin Z, Su R, et al. Molecular design of non-doped OLEDs based on a twisted heptagonal acceptor: a delicate balance between rigidity and rotatability [J]. Angewandte Chemie International Edition, 2020, 59(25): 9992-9996.

[49] Fu Y, Liu H, Yang D, et al. Boosting external quantum efficiency to 38.6% of sky-blue delayed fluorescence molecules by optimizing horizontal dipole orientation [J]. Science Advances, 2021, 7(43): eabj25.

[50] Liu H, Fu Y, Tang B Z, et al. All-fluorescence white organic light-emitting diodes with record-beating power efficiencies over 130 lm W^{-1} and small roll-offs [J]. Nature Communications, 2022, 13: 5154.

[51] Zhao G, Liu D, Wang P, et al. Exceeding 30% external quantum efficiency in non-doped OLEDs utilizing solution processable TADF emitters with high horizontal dipole orientation via anchoring strategy [J]. Angewandte Chemie International Edition, 2022, 61(45): e202212861.
[52] Yu Y, Xing H, Liu D, Zhao M, et al. Solution-processed AIEgen NIR OLEDs with EQE approaching 15% [J]. Angewandte Chemie International Edition, 2022, 61(26): e202204279.
[53] Wu Y, Yan C, Li X S, et al. Circularly polarized fluorescence resonance energy transfer (CFRET) for efficient chirality transmission within an intermolecular system [J]. Angewandte Chemie International Edition, 2021, 60(46): 24549-24557.
[54] Yuan Y X, Hu M, Zhang K R, et al. The largest CPL enhancement by further assembly of self-assembled superhelices based on the helical TPE macrocycle [J]. Materials Horizons, 2020, 7(12): 3209-3216.
[55] Yang D, Duan P, Zhang L, et al. Chiral-at-cage carboranes for circularly polarized luminescence and aggregation-induced electrochemiluminescence [J]. Angewandte Chemie International Edition, 2022, 61(45): e202209438.
[56] Xie F, Zhou J, Zeng X, et al. Efficient circularly polarized electroluminescence from chiral thermally activated delayed fluorescence emitters featuring symmetrical and rigid coplanar acceptors [J]. Advanced Optical Materials, 2021, 9(9): 2100017.
[57] Yang S Y, Feng Z Q, Fu Z, et al. Highly efficient sky-blue π-stacked thermally activated delayed fluorescence emitter with multi-stimulus response properties [J]. Angewandte Chemie International Edition, 2022, 61(34): e202206861.
[58] Zhao W L, Wang Y F, Wan S P, et al. Chiral thermally activated delayed fluorescence-active macrocycles displaying efficient circularly polarized electroluminescence [J]. CCS Chemistry, 2022, 4(11): 3540-3548.
[59] Kong F C, Yang S Y, Liao X J, et al. Highly efficient sensitized chiral hybridized local and charge-transfer emitter circularly polarized electroluminescence [J]. Advanced Functional Materials, 2022, 32(31): 2201512.
[60] Zhou L, Ni F, Li N, et al. Tetracoordinate boron-based multifunctional chiral thermally activated delayed fluorescence emitters [J]. Angewandte Chemie International Edition, 2022, 61(28): e202203844.
[61] Xu L, Liu H, Peng X, et al. Efficient circularly polarized electroluminescence from achiral luminescent materials [J]. Angewandte Chemie International Edition, 2023, 62(20): e202300492.
[62] Huang B, Cheng Y, Lei H, et al. A novel AIE molecule as a hole transport layer enables efficient and stable perovskite solar cells [J]. Chemical Communications, 2021, 57(33): 4015-4018.
[63] Cao Y, Chen W, Sun H, et al. Efficient perovskite solar cells with a novel aggregation-induced emission molecule as hole-transport material [J]. Solar RRL, 2020, 4(2): 1900189.
[64] Chen J, Xia J, Yu H J, et al. Asymmetric 3D hole-transporting materials based on triphenylethylene for perovskite solar cells [J]. Chemistry of Materials, 2019, 31(15), 5431-5441.
[65] Tu J, Liu C, Fan Y, et al. Enhanced performance and stability of p-i-n perovskite solar cells by utilizing an AIE-active cathode interlayer [J]. Journal of Materials Chemistry A, 2019, 7(26): 15662-15672.
[66] Zeng L, Zhang L, Mao L, et al. AIE molecules UV-filtering effect improves the photostability of organic solar cells [J]. Advanced Optical Materials, 2022, 10(20): 2200968.
[67] Xu Y, Dang D, Zhang N, et al. Aggregation-induced emission (AIE) in super-resolution imaging: cationic AIE luminogens (AIEgens) for tunable organelle-specific imaging and dynamic tracking in nanometer scale [J]. ACS Nano, 2022, 16(4): 5932-5942.
[68] Huang Y, You X, Wang L, et al. Pyridinium-substituted tetraphenylethylenes functionalized with alkyl chains as autophagy modulators for cancer therapy [J]. Angewandte Chemie International Edition, 2020, 59(25): 10042-10051.
[69] Lyu Z, Man Z, Cui H, et al. Red AIE luminogens with tunable organelle specific anchoring for live cell dynamic super

resolution imaging[J]. Advanced Functional Materials, 2021, 31(10): 2009329.
[70] Shi L, Liu Y H, Li K, et al. An AIE-based probe for rapid and ultrasensitive imaging of plasma membranes in biosystems[J]. Angewandte Chemie International Edition, 2020, 59(25): 9962–9966.
[71] Zheng Y, Ding Y, Ren J, et al. Simultaneously and selectively imaging a cytoplasm membrane and mitochondria using a dual-colored aggregation-induced emission probe[J]. Analytical Chemistry, 2020, 92(21): 14494–14500.
[72] Zhao N, Li Y, Yang W, et al. Multifunctional pyrazoline based AIEgens: real-time tracking and specific protein "fishing" of lipid droplets[J]. Chemical Science, 2019, 10(39): 9009–9016.
[73] Lam K W K, Chau J H C, Yu E Y, et al. An alkaline phosphatase-responsive aggregation-induced emission photosensitizer for selective imaging and photodynamic therapy of cancer cells[J]. ACS Nano, 2023, 17(8): 7145–7156.
[74] Zhu Z, Wang Q, Chen X, et al. An enzyme-activatable aggregation-induced-emission probe: intraoperative pathological fluorescent diagnosis of pancreatic cancer via specific cathepsin e[J]. Advanced Materials, 2022, 34(3): 2107444.
[75] Wang Y, Xu S, Shi L, et al. Cancer-cell-activated in situ synthesis of mitochondria-targeting AIE photosensitizer for precise photodynamic therapy[J]. Angewandte Chemie International Edition, 2021, 60(27): 14945–14953.
[76] Zhang G Q, Gao Z, Zhang J, et al. A wearable AIEgen-based lateral flow test strip for rapid detection of SARS-CoV-2 RBD protein and N protein[J]. Cell Reports Physical Science, 2022, 3(2): 100740.
[77] Chen J, Chen L, Wu Y, et al. A H_2O_2-activatable nanoprobe for diagnosing interstitial cystitis and liver ischemia-reperfusion injury via multispectral optoacoustic tomography and NIR-Ⅱ fluorescent imaging[J]. Nature Communications, 2021, 12: 6870.
[78] Fu W, Yan C, Guo Z, et al. Rational design of near-infrared aggregation-induced-emission-active probes: in situ mapping of amyloid-β plaques with ultrasensitivity and high-fidelity[J]. Journal of the American Chemical Society, 2019, 141(7): 3171–3177.
[79] Liu S J, Chen C, Li Y Y, et al. Constitutional isomerization enables bright NIR-Ⅱ AIEgen for brain-inflammation imaging[J]. Advanced Functional Materials, 2020, 30(7): 1908125.
[80] Wang K, Gao H Q, Zhang Y W, et al. Highly bright AIE nanoparticles by regulating the substituent of rhodanine for precise early detection of atherosclerosis and drug screening[J]. Advanced Materials, 2022, 34(9): 2106994.
[81] Zhang Z T, Wang R Y, Huang X X, et al. A simple aggregation-induced emission nanoprobe with deep tumor penetration for hypoxia detection and imaging-guided surgery in vivo[J]. Analytical Chemistry, 2021, 93(3): 1627–1635.
[82] Chen C, Gao H Q, Ou H L, et al. Amplification of activated near-infrared afterglow luminescence by introducing twisted molecular geometry for understanding neutrophil-involved diseases[J]. Journal of the American Chemical Society, 2022, 144(8): 3429–3441.
[83] Chen C, Ni X, Tian H W, et al. Calixarene-based supramolecular aie dots with highly inhibited nonradiative decay and intersystem crossing for ultrasensitive fluorescence image-guided cancer surgery[J]. Angewandte Chemie International Edition, 2020, 59(25): 10008–10012.
[84] Jia R Z, Xu H, Wang C L, et al. NIR-Ⅱ emissive AIEgen photosensitizers enable ultrasensitive imaging-guided surgery and phototherapy to fully inhibit orthotopic hepatic tumors[J]. Journal of Nanobiotechnology, 2021, 19(1): 419.
[85] Fan X, Xia Q, Zhang Y, et al. Aggregation-induced emission (AIE) nanoparticles-assisted NIR-Ⅱ fluorescence imaging-guided diagnosis and surgery for inflammatory bowel disease (ibd)[J]. Advanced Healthcare Materials, 2021, 10(24): 2101043.
[86] Du J, Liu S, Zhang P F, et al. Highly stable and bright NIR-Ⅱ AIE dots for intraoperative identification of ureter

[J]. ACS Applied Materials & Interfaces, 2020, 12(7): 8040–8049.
[87] Zhong D N, Chen W Y, Xia Z M, et al. Aggregation-induced emission luminogens for image-guided surgery in non-human primates[J]. Nature Communications, 2021, 12: 6485.
[88] Song S, Wang Y, Zhao Y, et al. Molecular engineering of AIE luminogens for NIR-II/IIb bioimaging and surgical navigation of lymph nodes[J]. Matter, 2022, 5(9): 2847–2863.
[89] Wang J F, Liu Y S, Morsch M, et al. Brain-targeted aggregation-induced-emission nanoparticles with near-infrared imaging at 1550 nm boosts orthotopic glioblastoma theranostics[J]. Advanced Materials, 2022, 34(5): 2106082.
[90] Samanta S, Huang M N, Li S Q, et al. AIE-active two-photon fluorescent nanoprobe with NIR-Ⅱ light excitability for highly efficient deep brain vasculature imaging[J]. Theranostics, 2021, 11(5): 2137–2148.
[91] Li D Y, Zhang H Q, Streich L L, et al. AIE-nanoparticle assisted ultra-deep three-photon microscopy in the in vivo mouse brain under 1300 nm excitation[J]. Materials Chemistry Frontiers, 2021, 5(7): 3201–3208.
[92] Wang Y W, Liao J H, Lu Y, et al. An AIE photosensitizer with simultaneous type i and type ii ros generation: efficient bacterial elimination and hypoxic tumor ablation[J]. Advanced Functional Materials, 2023, 33: 2301692.
[93] Yang K, Zhou Y, Wang Y P, et al. An iridium complex as an AIE-active photosensitizer for image-guided photodynamic therapy[J]. Chemistry-An Asian Journal, 2021, 16(13): 1780–1785.
[94] Ni J S, Min T L, Li Y X, et al. Planar AIEgens with enhanced solid-state luminescence and ros generation for multidrug-resistant bacteria treatment[J]. Angewandte Chemie International Edition, 2020, 59(25): 10179–10185.
[95] Xu R H, Chi W J, Zhao Y Z, et al. All-in-one theranostic platforms: deep-red aie nanocrystals to target dual-organelles for efficient photodynamic therapy[J]. ACS Nano, 2022, 16(12): 20151–20162.
[96] Zhuang J B, Wang B, Chen H, et al. Efficient NIR-Ⅱ Type-Ⅰ AIE photosensitizer for mitochondria-targeted photodynamic therapy through synergistic apoptosis-ferroptosis[J]. ACS Nano, 2023, 17(10): 9110–9125.
[97] Ning S, Lyu M, Zhu D, et al. Type-Ⅰ AIE photosensitizer loaded biomimetic system boosting cuproptosis to inhibit breast cancer metastasis and rechallenge[J]. ACS Nano, 2023, 17(11): 10206–10217.
[98] Min X H, Yi F, Han X L, et al. Targeted photodynamic therapy using a water-soluble aggregation-Induced emission photosensitizer activated by an acidic tumor microenvironment[J]. Chemical Engineering Journal, 2022, 432: 134327.
[99] Zhao X N, Dai Y P, Ma F L, et al. Molecular engineering to accelerate cancer cell discrimination and boost AIE-active type I photosensitizer for photodynamic therapy under hypoxia[J]. Chemical Engineering Journal, 2021, 410: 128133.
[100] Wu M Y, Chen L J, Chen Q R, et al. Engineered phage with aggregation-induced emission photosensitizer in cocktail therapy against sepsis[J]. Advanced Materials, 2023, 35(6): 2208578.
[101] Ning S, Zhang T, Lyu M, et al. A type Ⅰ AIE photosensitiser-loaded biomimetic nanosystem allowing precise depletion of cancer stem cells and prevention of cancer recurrence after radiotherapy[J]. Biomaterials, 2023, 295: 122034.
[102] Sun W, Luo L, Feng Y, et al. Aggregation-induced emission gold clustoluminogens for enhanced low-dose x-ray-induced photodynamic therapy[J]. Angewandte Chemie International Edition, 2020, 59(25): 9914–9921.
[103] Zhao Z, Chen C, Wu W, et al. Highly efficient photothermal nanoagent achieved by harvesting energy via excited-state intramolecular motion within nanoparticles[J]. Nature Communications, 2019, 10: 768.
[104] Liu S, Zhou X, Zhang H, et al. Molecular motion in aggregates: manipulating tict for boosting photothermal theranostics[J]. Journal of the American Chemical Society, 2019, 141(13): 5359–5368.
[105] Gao S, Wei G, Zhang S, et al. Albumin tailoring fluorescence and photothermal conversion effect of near-infrared-Ⅱ fluorophore with aggregation-induced emission characteristics[J]. Nature Communications, 2019, 10: 2206.

[106] Ma G, Liu Z, Zhu C, et al. H_2O_2-Responsive NIR-Ⅱ AIE nanobomb for carbon monoxide boosting low-temperature photothermal therapy [J]. Angewandte Chemie International Edition, 2022, 61(36): e202207213.

[107] Wang W, Gao Y, Zhang M, et al. Neutrophil-like biomimic AIE nanoparticles with high-efficiency inflammatory cytokine targeting enable precise photothermal therapy and alleviation of inflammation [J]. ACS Nano, 2023, 17(8): 7394-7405.

[108] Cui J, Zhang F, Yan D, et al. "Trojan horse" phototheranostics: fine-engineering nir-ii aiegen camouflaged by cancer cell membrane for homologous-targeting multimodal imaging-guided phototherapy [J]. Advanced Materials, 2023, 2302639.

[109] Chen C, Ni X, Jia S, et al. Massively evoking immunogenic cell death by focused mitochondrial oxidative stress using an aie luminogen with a twisted molecular structure [J]. Advanced Materials, 2019, 31(52): 1904914.

[110] Li J, Gao H, Liu R, et al. Endoplasmic reticulum targeted AIE bioprobe as a highly efficient inducer of immunogenic cell death [J]. Science China Chemistry, 2020, 63(10): 1428-1434.

[111] Ji S, Li J, Duan X, et al. Targeted enrichment of enzyme-instructed assemblies in cancer cell lysosomes turns immunologically cold tumors hot [J]. Angewandte Chemie International Edition, 2021, 60(52): 26994-27004.

[112] Dai J, Hu J J, Dong X, et al. Deep downregulation of pd-l1 by caged peptide-conjugated aiegen/mir-140 nanoparticles for enhanced immunotherapy [J]. Angewandte Chemie International Edition, 2022, 61(18): e202117798.

[113] Wang M, Wu M, Liu X, et al. Pyroptosis remodeling tumor microenvironment to enhance pancreatic cancer immunotherapy driven by membrane anchoring photosensitizer [J]. Advanced Science, 2022, 9(29): 2202914.

[114] Xu X, Deng G, Sun Z, et al. A Biomimetic aggregation-induced emission photosensitizer with antigen-presenting and hitchhiking function for lipid droplet targeted photodynamic immunotherapy [J]. Advanced Materials, 2021, 33(33): 2102322.

[115] Wang K, Li Y, Wang X, et al. Gas therapy potentiates aggregation-induced emission luminogen-based photoimmunotherapy of poorly immunogenic tumors through cGAS-STING pathway activation [J]. Nature Communications, 2023, 14: 2950.

[116] Zhang Z, Zhang Z, Zhang H, et al. The mysterious blue emission around 440 nm in carbonyl-based aliphatic clusteroluminogens [J]. Journal of Polymer Science, 2022, 60(15): 2127-2135.

[117] Ji X, Tian W, Jin K, et al. Anionic polymerization of nonaromatic maleimide to achieve full-color nonconventional luminescence [J]. Nature Communications, 2022, 13: 3717.

[118] Xie Y, Liu D, Zhang H, et al. Clusteroluminescence in maleimide: from well-known phenomenon to unknown mechanism. chemrxiv. cambridge: cambridge open engage [J]. ChemRxiv. Cambridge: Cambridge Open Engage, 2022, DOI: 10.26434/chemrxiv-2022-vznv4.

[119] Lu H, Xie Y, Zhang Z, et al. Emerging clusteroluminescence from complexes between carbonyl-based polymers and organic base [J]. Chinese Journal of Chemistry, 2023, 41, DOI: 10.1002/cjoc.202300326.

[120] Zhang H, Tang B Z. Through-space interactions in clusteroluminescence [J]. JACS Au, 2021, 1(11): 1805-1814.

[121] Zhou Q, Liu M, Zhang Y, et al. Packing density-promoted emission strategy toward tunable photoluminescence and room-temperature phosphorescence [J]. ACS Sustainable Chemistry & Engineering, 2022, 10(26): 8568-8576.

[122] Du Y, Liu Y, Li J, et al. Nonconventional luminescent piperazine-containing hyperbranched polysiloxanes with pure n-electron [J]. Small, 2023, e2302095.

[123] Xu A, Liu H, Yi G, et al. Clustering-enhanced, nonconventional photoluminescence from a silicone surfactant [J]. Chemical Communications, 2023, 59(24): 3558-3561.

[124] Guo L, Yan L, He Y, et al. Hyperbranched polyborate: a non-conjugated fluorescent polymer with unanticipated high

quantum yield and multicolor emission [J]. Angewandte Chemie International Edition, 2022, 61(29): e202204383.
[125] Chu B, Zhang H, Hu L, et al. Altering chain flexibility of aliphatic polyesters for yellow–green clusteroluminescence in 38% quantum yield [J]. Angewandte Chemie International Edition, 2022, 61(6): e202114117.
[126] Chu B, Zhang H, Chen K, et al. Aliphatic polyesters with white–light clusteroluminescence [J]. Journal of the American Chemical Society, 2022, 144(33): 15286–15294.
[127] Li D, Sun Y, Zhang W, Zhang Z, Tailoring hydrogen–bonding strategy for sequence–dependent and thermo/pH dual–responsive clusteroluminescence [J]. Chemistry–A European Journal, 2023, 29(34): e202300526.
[128] Li X, Chen Z, Shi S, et al. Tuning the luminescence of polyacrylonitriles by controlled polymerization [J]. Polymer Chemistry, 2023, 14(23): 2788–2796.
[129] Chen X, Hu C, Wang Y, et al. Improve quantum yield of poly(maleic anhydride–alt–vinyl acetate) via good solvents [J]. Macromolecular Rapid Communications, 2023, 44(3): e2200653.
[130] Chen X, Hu C, Wang Y, et al. Tunable red clusteroluminescence polymers prepared by a simple heating process [J]. ACS Applied Materials & Interfaces, 2023, 15(19): 23824–23833.
[131] Shang C, Zhao Y, Long J, et al. Orange–red and white–emitting nonconventional luminescent polymers containing cyclic acid anhydride and lactam groups [J]. Journal of Materials Chemistry C, 2020, 8(3): 1017–1024.
[132] Li Q, Wang X, Huang Q, et al. Molecular–level enhanced clusterization–triggered emission of nonconventional luminophores in dilute aqueous solution [J]. Nature Communications, 2023, 14: 409.
[133] Zhang Q, Huang C, Huang S, et al. Near–infrared emission of a novel nonconventional luminophore for in vitro imaging [J]. Journal of Materials Chemistry C, 2023, 11(7): 2522–2530.
[134] Lyu B, Gao Q, Li P, et al. Natural ultralong hemicelluloses phosphorescence [J]. Cell Reports Physical Science, 2022, 3(9): 101015.
[135] Zhu Z, Zeng L, Li W, et al. Enhancing persistent luminescence of cellulose by dehydration for label–free time–resolved imaging [J]. ACS Sustainable Chemistry & Engineering, 2021, 9(51): 17420–17426.
[136] Zhu Z, Zeng L, Li W, et al. Efficient persistent luminescence from cellulose–halide mixtures for optical encryption [J]. ACS Sustainable Chemistry & Engineering, 2022, 10(50): 16752–16759.
[137] Wang Y L, Chen K, Li H R, et al. Hydrogen bonding–induced oxygen clusters and long–lived room temperature phosphorescence from amorphous polyols [J]. Chinese Chemical Letters, 2023, 34(1): 107684.
[138] Kausar F, Zhao Z, Yang T, et al. Michael polyaddition approach towards sulfur enriched nonaromatic polymers with fluorescence–phosphorescence dual emission [J]. Macromolecular Rapid Communications, 2021, 42(11): e2100036.
[139] Kausar F, Yang T, Zhao Z, et al. Clustering–triggered emission of nonaromatic polymers with multitype heteroatoms and effective hydrogen bonding [J]. Chemical Research in Chinese Universities, 2021, 37(1): 177–182.
[140] Chen X, Yang T, Lei J, et al. Clustering–triggered emission and luminescence regulation by molecular arrangement of nonaromatic polyamide–6 [J]. The Journal of Physical Chemistry B, 2020, 124(40): 8928–8936.
[141] Liao P, Wu T, Ma C, et al. Super phosphorescence resonance energy transfer (pret) of clusterization–triggered emission enables full–spectrum dynamic room–temperature afterglow [J]. Advanced Optical Materials, 2022, 11(5): 2202482.
[142] Tang S, Zhao Z, Chen J, et al. Unprecedented and readily tunable photoluminescence from aliphatic quaternary ammonium salts [J]. Angewandte Chemie International Edition, 2022, 61(16): e202117368.
[143] Zhao Z, Ma H, Tang S, et al. Luminescent halogen clusters [J]. Cell Reports Physical Science, 2022, 3(2): 100593.
[144] Yang T, Hou W, Yuan W Z, Tunable Luminescence of Nonaromatic Borate Esters [J]. Chemistry–An Asian Journal, 2023, 18(13): e202300302.
[145] Zhao Z, Li Y, Chen X, et al. Robust and color–tunable afterglows from guanidine derivatives [J]. Chemical

Communications, 2022, 58(4): 545–548.

[146] Zhu T, Yang T, Zhang Q, et al. Clustering and halogen effects enabled red/near–infrared room temperature phosphorescence from aliphatic cyclic imides [J]. Nature Communications, 2022, 13: 2658.

[147] Lai Y, Zhu T, Geng T, et al. Effective internal and external modulation of nontraditional intrinsic luminescence [J]. Small, 2020, 16(49): 2005035.

[148] Tu W, Xiong Z, Zhang Z, et al. Manipulation of the through–space interactions in diphenylmethane [J]. Smart Molecules, 2023, e20220006.

[149] Zhang J, Hu L, Zhang K, et al. How to manipulate through–space conjugation and clusterolumi–nescence of simple AIEgens with isolated phenyl rings [J]. Journal of the American Chemical Society, 2021, 143(25): 9565–9574.

[150] Zhang J, Alam P, Zhang S, et al. Secondary through–space interactions facilitated single–molecule white–light emission from clusteroluminogens [J]. Nature Communications, 2022, 13: 3492.

[151] He B, Zhang J, Zhang J, et al. Clusteroluminescence from cluster excitons in small heterocyclics free of aromatic rings [J]. Advanced Science, 2021, 8(7): 2004299.

[152] Yang T, Wang Y, Duan J, et al. Time–dependent afterglow from a single component organic luminogen [J]. Research, 2021, 9757460.

[153] Song C L, Li Z, Wu J R, et al. Intramolecular through–space interactions induced emission of pillar [4] arene [1] dicyanobenzene [J]. Chemistry of Materials, 2022, 34(22): 10181–10189.

[154] Shi T, Xu L, Wang Y N, et al. Aminated and amidated structures introduced by ethylenediamine pretreatment endow lignin with bright fluorescence [J]. Green Chemistry, 2022, 24(23): 9040–9054.

[155] Ma L, Liu J, Li C, et al. A facile and economical method to synthesize a novel wide gamut fluorescent copolyester with outstanding properties [J]. Polymer Chemistry, 2022, 13(1): 91–99.

[156] Ren Y, Dai W, Guo S, et al. Clusterization–triggered color–tunable room–temperature phosphorescence from 1,4–dihydropyridine–based polymers [J]. Journal of the American Chemical Society, 2022, 144(3): 1361–1369.

[157] Shi Q X, Xiao H, Sheng Y J, et al. Barbier single–atom polymerization induced emission as a one–pot approach towards stimuli–responsive luminescent polymers [J]. Polymer Chemistry, 2022, 13(31): 4524–4534.

[158] Sheng Y J, Su M, Xiao H, et al. Barbier hyperbranching polymerization–induced emission from an ab–type monomer [J]. Chemistry–A European Journal, 2022, 28(48): e202201194.

[159] Zhang Z, Zhang, J, Xiong Z, et al. NIR clusteroluminescence of non–conjugated phenolic resins enabled by through–space interactions [J]. Angewandte Chemie International Edition, 2023, e202306762.

[160] Du H, Zhao W, Xia Y, et al. Effect of stereoregularity on excitation–dependent fluorescence and room–temperature phosphorescence of poly(2–vinylpyridine) [J]. Aggregate, 2022, 4(2): e276.

[161] Zhang L, Peng H, Zhang J, et al. Harmonizing conjugated and non–conjugated emission for amorphous blue organic afterglow through copolymerization and aggregation engineering [J]. Journal of Materials Chemistry C, 2022, 10(44): 16893–16902.

[162] Yu S, Liu K, Tian Y, et al. Color–shifting fluorescent system based on an aie polymer with an upper critical solution temperature [J]. Macromolecules, 2023, 56 (11): 4278–4286.

[163] Liao P, Zang S, Wu T, et al. Generating circularly polarized luminescence from clusterization–triggered emission using solid phase molecular self–assembly [J]. Nature Communications, 2021, 12: 5496.

[164] Yi M, Qi P, Fan Q, et al. Ionic liquid crystals based on amino acids and gemini surfactants: tunable phase structure, circularly polarized luminescence and emission color [J]. Journal of Materials Chemistry C, 2022, 10(5): 1645–1652.

[165] Liu Y, Yang S, Zhao B, et al. Nonconventional fluorescence–based circularly polarized luminescent core/shell particles: maleic anhydride copolymer as the core and chiral helical polyacetylene as the shell [J]. ACS Macro

Letters, 2023, 12(4): 530–535.

[166] Zhou M, Gong Y, Yuan Y, et al. Research on circularly polarized luminescent and clustering–triggered emission properties of cholesteryl benzoate [J]. Journal of Physical Chemistry C, 2022, 126(36): 15485–15490.

[167] Li S, Pan X, Zhu X, et al. Uniform and fluorescent poly(urea–siloxane) microspheres: preparation and recyclable use as sensors for Cr^{6+} And Fe^{3+} detection [J]. ACS Applied Polymer Materials, 2023, 5(5): 3325–3337.

[168] Jiang Q, Zhao L, Shi L, et al. pH–responsive amine–based fluorescent polymers with on–off switchable and concentration–dependent fluorescence behaviors [J]. Journal of Polymer Science, 2022, 61(2): 155–165.

[169] Shi C Y, He D D, Wang B S, et al. A dynamic supramolecular h–bonding network with orthogonally tunable clusteroluminescence [J]. Angewandte Chemie International Edition, 2023, 62(3): e202214422.

[170] Li C, Shi X, Zhang X, et al. Clustering–triggered emission of eps–605 nanoparticles and their application in biosensing [J]. Polymers, 2022, 14(19): 4050.

[171] Zhao Y, He M, Xu L, et al. Tuning the emission of a nonconventional aggregation–induced emission polymer via silicon–bridged twisted intramolecular charge transfer for targeted delivery and visualized drug release [J]. Biomacromolecules, 2023, 24(4): 1888–1900.

[172] Zhang Z, Zhu L, Feng J, et al. In situ monitoring of protein aggregation via clusteroluminescence [J]. Materials Chemistry Frontiers, 2023, 7(4): 713–719.

撰稿人：顾星桂　秦安军　李　振　赵　征　丁　丹　袁望章　张浩可　唐本忠

分子光子学与激发态化学研究进展

1. 引言

与基态分子相比，激发态分子的结构和功能更为丰富与复杂。激发态化学作为物理化学的重要组成部分，更加关注分子在外部作用下的激发态产生及相关的物理和化学性质，深化人们对激发态分子中能量传递、电子转移等过程及化学反应规律的认识[1]。随着科学进步，产生激发态的方法和手段越来越丰富，其研究领域也不断拓宽，科研人员不仅可以通过吸收光的形式产生激发态，也可以通过力、热、电、辐射等其他方式实现从基态到激发态的跃迁。激发态研究越来越具有化学、物理、材料、信息、生物、医学等多学科交叉的特色。激发态分子的跃迁过程往往对应着光子的吸收和发射。分子光子学主要是从光子的粒子性出发，通过分子与光子的耦合作用，实现对激发态体系结构与功能的有效调控，开发具有特定光子学功能的分子材料与器件，为相关产业提供材料支撑和技术创新源泉。其研究内容包括光子的产生、发射、传输、调变、信号处理、切换、放大及传感，光子作为信息载体及能量载体在激光、光通信、电光转换及光电探测等诸多领域有广阔的应用空间。

分子光子学与激发态化学密不可分，并相互补充成为整体。两者都是将激发态分子作为研究对象：分子光子学着眼于物理过程，激发态化学侧重于化学性质。从 21 世纪初开始，中国科学院化学研究所姚建年院士就在国内系统开展了分子光子学与激发态化学的研究工作，并在国际上引领了这一领域的发展。姚建年院士发现了分子体系中电荷转移激发态的量子尺寸效应[2]，刷新了人们对分子聚集体的传统认知[3]，开创了有机纳米光功能材料的研究方向，创制出有机单晶微纳光波导[4]和纳米激光器[5]，原创提出有机激光全色平板显示并制备了原型器件，带领有机光功能材料研究集体获 2016 年中国科学院杰出科技成就奖。

2021 年 5 月，中国化学会正式成立分子光子学与激发态化学专业委员会，旨在加强本领域科研人员沟通与协调，推动相关成果的转化和产业化，为我国在该学科上的持续领跑发挥作用。过去几年，国内的研究学者在微纳激光、新型显示技术、分子发光材料、光信息存储、光开关、光电催化、能源利用与转换等方向取得了大量研究成果。鉴于篇幅所限，报告以光学增益分子与有机微纳激光、电致发光分子与新型显示、偏振发光特性分子材料 3 个方面为代表，简要介绍分子光子学与激发态化学最新研究进展。

2. 光学增益分子与有机微纳激光

从 1960 年激光器问世以来，激光由于其单色性、相干性、准直性等特点被广泛用于通信、测距、加工、图像技术等方面。激光是在激发态与基态之间粒子数反转条件下，通过受激辐射过程实现光的增益放大。有机分子同时具有高光学增益系数和宽发光波长范围，非常适合用作激光介质材料实现光放大。比如，商用染料激光器就是以有机染料作为增益介质，其输出功率大、激光品质好、波长可在大范围内连续调谐。随着微纳米加工技术的不断发展，基于分子聚集体微腔效应的有机微纳激光越来越受关注[6]。通过化学手段将光学增益分子组装成高品质微纳结构，满足了实现激光的两个要素：增益介质和谐振腔。在此基础上，外部激励源可将分子泵浦至受激状态，这种条件下分子激发态不仅能用于产生激光，还能展现出各种新奇的物理化学性质，在激发态层次上重新认识分子科学，为分子光子学与激发态化学研究带来了新的可能。

激子极化激元是一种由半导体微腔中的激子与光子强耦合所产生的玻色准粒子，其兼具激子和光子的性质。光学增益分子材料中激子－光子强耦合形成激子极化激元，为发展有机微纳激光提供了一条新途径。中国科学院化学研究所赵永生课题组选择了一种带有侧向取代基的平面刚性分子作为增益材料，在其带状单晶结构中观察到激子与微腔光子的强耦合作用[7]。分子的有序排布使得跃迁偶极矩与微腔的方向互相垂直，最大化激子与光子的耦合强度，在分子振动能级的辅助下散射弛豫到极化激元基态，形成玻色－爱因斯坦凝聚并输出相干光[8]。研究发现激子极化激元在光学增益分子组装形成的谐振腔中对光传输和激发态过程调控发挥着重要作用[9]。首都师范大学付红兵课题组在 H- 聚集有机单晶微米带中实现了高效的极化激元凝聚，其中电子振动耦合促进了从激子弛豫到极化激元基态的过程，该团队证明了极化激元基态的宏观相干性，并通过时空极化激元动力学模拟重现了实验结果[10]。首都师范大学廖清等进一步在有机晶体微腔中实现了基于激子极化激元的拓扑谷螺旋偏振激光[11]。实验和理论结果表明，相反圆偏振的极化激元激光沿着不同的角度发射，左右旋的圆偏振激光受到拓扑保护，即能谷中圆偏振激光的圆偏振度达到 100%。后续工作中，廖清等与国际合作者利用外加电场方式使有机微腔中极化激元－极化激元的相互作用显著增强，实现了基于有机微腔激子极化激元凝聚的室温电场增强型超快开关，其响应速率可以达到亚纳秒级[12]。清华大学熊启华课题组在一维有机-无机杂化钙钛矿材料中观察到了室温下非平衡态激子极化激元的凝聚现象[13]，展现出杂化材料体系在调控光与物质相互作用上的独特优势和研究价值[14]。这些工作揭示了有机材料激子与光子耦合形成的一种新的量子态——激子极化激元。利用分子激发态的极化激元特性，通过对激子的操纵，研究人员解决了光子行为难以调控的问题，进而构建了微纳光源、光电调制、逻辑处理等分子光子学材料与器件，这些光子学材料与器件在极化激元激光、超流体、全光器件及量子模拟等领域有潜在应用价值。

在雅布隆斯基能级图中，分子激发态可分为单线态和三线态。高光学增益性质染料分子普遍是单线态发光的荧光材料，其受激辐射也同样发生在单线态之间。从理论上而言，三线态寿命长，更容易实现粒子数翻转，但大部分磷光材料中激发态吸收和磷光发射重合，不具备良好的光学增益性质，无法实现受激辐射。首都师范大学付红兵教授与天津大学于振一等开发了室温磷光激光增益分子材料，探索了实现有机磷光激光的可能性[15]。解决三线态问题的另一条途径是将其转化成单线态，即通过反向系间窜越过程进一步提高分子材料的光学增益。付红兵课题组设计合成了具有良好增益特性的新型有机热致延迟荧光分子，在其自组装二维单晶微米带中实现了绿色多模激光[16]，并在非掺杂热致延迟荧光分子微晶中实现了由三线态介导的绿、黄、红三色激光[17]。在后续工作中，付红兵课题组与合作者设计合成了具有聚集诱导发光和局域激发态特征的双咔唑二氟化硼分子，加快反向系间窜越过程从而减少三线态激子积累，在分子微米线中实现了高光学增益和低阈值的激光发射[18]。赵永生课题组根据激光理论筛选出了高发光效率和高反向系间窜越效率的分子体系，从实验上证明了体系中的三线态激子可以被反向系间窜越过程捕获并用于单线态受激辐射[19]，并在升温过程中观察到了独特的热活化激光现象[20]，进一步将这种独特的激光机制应用于更具有挑战性的有机准连续激光领域。通过反向系间窜越过程合理利用分子激发态中的三线态，为优化有机激光性能和稳定性提供了一条新途径。

通过分子设计拓展光学增益分子的光谱范围对发挥有机激光优势十分重要。窄能隙光学增益分子受自身分子振动影响很难形成有效的粒子数反转，难以实现高效稳定的近红外有机激光输出。苏州大学王雪东、廖良生教授团队设计了增益分子串联激发态分子内质子转移过程，利用所形成的级联双质子转移构建了六能级体系，实现了近红外光谱区间受激辐射，激光增益范围为800~1 000nm[21]。该团队基于所开发的窄能隙光增益分子单晶材料，进一步实现了第一通信窗口波段为850nm、半峰宽窄至0.36nm的光泵浦近红外单模激光，展示了光学增益分子材料在光信息通信等方面的研究价值[22]。南京邮电大学赖文勇教授等设计合成了一系列寡聚苯撑类分子，并将其作为有机激光增益介质，通过分子结构优化和组分调控实现了不同波长的激光输出[23]，在梯状寡聚苯撑衍生物分子中借助其多光子吸收的非线性光学性质，实现了红外光泵浦下双光子至六光子激发的上转换有机激光[24]。赵永生课题组提出了光异构化过程调控分子内电荷转移过程的策略，实现了对激光增益材料带隙的宽范围动态调节，在近红外波段内将单模有机激光调节范围扩展到约30nm[25]。中国科学院化学研究所董焕丽研究员设计并合成了一种芴类光学增益分子，其光致发光的量子产率高达 60.3%，具有出色的深蓝色激光特性[26]，并发现此类分子同时具有高光学增益和高电荷输运特性，适合制备可栅极调控的高性能有机发光场效应晶体管[27]。付红兵课题组设计合成了鱼骨状堆积排列的联苯分子超薄单晶微盘，其具有高荧光量子产率和平衡的电荷迁移率，实现了超低阈值激光特性，该课题组还制备了内量子效率接近 100% 的有机单晶发光场效应晶体管[28]。中国科学院化学研究所张德清研究员等提出了一种适用于高发射双极和 n 型半导体的设计策略，将全氟苯基引入多环芳烃中设计合成了二全氟苯基花和二全氟苯基蒽两类分子，其表现出优异的发光性能和高载流子迁移率[29]。我国化学家在设计开发高性能有机激光分子方面取得了重要进展，为完善分子材料固态发光和光学增益的相关理论提供了理想的研究体系，促进了分子光子学、有机电子学、柔性电子器件等方向的融合发展。

光学增益分子的激光性能与其微纳结构的谐振腔性质紧密相关。因此，分子材料高品质微纳结构的可控制备和大面积加工成为发展有机激光器件的关键一环。中国科学院理化技术研究所吴雨辰研究员与合作者发展了毛细液桥限域组装方法，制备了光学增益分子的大面积阵列结构，在有机单晶纳米线阵列中实现了高性能的室温单模红外激光[30]。后续工作中，他们制备出具有不同微纳结构的分子单晶阵列[31]，并将这一方法拓展到制备胶体量子点激光阵列[32]。赵永生课题组通过微模板辅助喷墨打印方法，将液晶微激光精确定位成高度有序的阵列，根据微模板的几何结构获得周期性图案的红绿蓝像素矩阵，发出的全彩色激光可覆盖整个可见光谱[33]。在此基础上，赵永生课题组发展了双层电子束直写技术，在柔性聚合物衬底上大规模制备了三维支撑型有机微盘结构，实现了全有机柔性微腔激光阵列的大规模制备，可作为高性能传感信号源用于光子皮肤展示[34]。国家纳米科学中心刘新风与北京大学胡小永及张青课题组合作，在蓝宝石衬底上制备了钙钛矿增益材料的大面积单晶薄膜，利用聚焦离子束刻蚀技术将其加工成微米盘阵列，并在该阵列上实现了低阈值的激光发射[35]。

过去几年，我国科学家在分子激发态受激状态下特性研究、新型光学增益分子结构设计合成、分子微纳结构组装与谐振腔效应等方面取得了一系列进展。其中，超低阈值[36]、可连续光泵浦[37]，甚至是电泵浦[38]的有机激光是当前分子光子学乃至有机光电领域的重要研究目标。经过许多科研团队的长期努力，这一目标现正处于技术突破的关键时期，相关研究人员需要进一步深入理解分子激发态过程和调控机制，以及理性设计分子光子学材料体系。在材料合成和器件制备方面，应当结合有机发光二极管研究领域的最新科学进展和工艺流程。但是，激光所需的高泵浦功率密度对分子材料的性能、效率、稳定性要求更为苛刻。报告下一部分主要围绕高性能电致发光及面向电泵浦激光的分子材料，简要总结过去几年我国科学家在电致发光分子与新型显示方向上所取得的部分研究成果。

3. 电致发光分子与新型显示

作为分子光子学基础研究的重要应用出口，显示行业经历百余年发展，是当今国际上产值巨大的热门高技术行业。1987 年美国柯达公司邓青云博士等首次在以有机分子作为活性层的二极管器件中观察到了电致发光行为，为发展有机电致发光显示技术开辟了道路[39]。目前，有机电致发光显示技术面临的核心问题是开发具有窄光谱发射特征的高效率红绿蓝三基色发光材料。发光分子的化学结构决定了其激发态结构形变程度及激发态声子耦合强度，进而决定了发光谱带的宽度。同时，分子结构与堆积方式影响着激发态辐射跃迁与非辐射跃迁的速率，进而影响着发光的量子效率。由此可见，提高分子激发态利用效率和优化发光增益区间，是有机激光和电致发光在分子光子学研究上面临的共性科学问题，两者互相之间有很好的借鉴意义。

对于电注入条件下形成的分子激发态而言，一般单线态只占 25%，而三线态占到 75%。所以，三线态激子的高效率利用对高性能电致发光分子材料十分重要。提高荧光材料中的三线态利用率主要依赖一些特定的分子激发态过程，例如三重态 - 三重态湮灭、热活化延迟荧光、热激子与杂化激发态、自由基双线态等。华南理工大学马於光教授团队提出了热激子机制，即通过高能三线态向单线态的反向系间窜越来提高激子利用率[40]，该团队发现具有杂化局域电荷转移态的分子在电致发光过程中常表现出热激子现象，因此理解和调控杂化激发态成为发展热激子发光材料的有效手段[41]。吉林大学李峰课题组开发了稳定发光的自由基材料，利用双线态发光机理调控材料的光物理性质，并将其应用于有机电致发光器件[42]。华南理工大学马东阁教授与合作者发现在聚集诱导发光分子体系中共振能量转移可以促进热激子过程，并可以通过掺杂荧光发光体抑制高能三线态损耗，提升电致发光性能[43]。中国科学院长春应用化学研究所闫东航研究员、朱峰研究员团队采用交替生长热激子材料 / 发光客体与晶态主体材料的方式，使其纳米尺度聚集体均匀地镶嵌在晶态主体中，晶态主体和纳米聚集体之间的异质结效应增强了器件的电荷输运和发光性能[44]。中山大学池振国课题组在杂化局域电荷转移态分子结构中，通过调整 D-A 结构扭转角度降低空间位阻效应，提高了材料发光性质和电致发光器件性能[45]。吉林大学李成龙、王悦教授团队利用苯基菲并咪唑受体单元和两个二苯胺给体单元合成了局域电荷转移杂化激发态深蓝色荧光分子，并将该分子作为主体制备了高效率、低效率滚降的掺杂单色三线态发光器件[46]。华南理工大学苏仕健课题组将硫原子引入多元稠环芳烃中，开发了一组高效的硫杂环稠环化合物，实现了对三线态激子的有效利用[47]。清华大学张东东、段炼教授团队通过杂化长程和短程电荷转移激发态来实现高效稳定的热致延迟荧光材料，克服了三线态上转换和单线态辐射之间的矛盾，大幅提高了电致发光器件的性能和稳定性[48]。总体来说，目前化学家可以通过理性设计分子结构来优化激发态过程，开发出内量子效率接近或达到 100% 的电致发光分子材料，其发光波长基本覆盖可见光范围。

国际显示技术行业制定的 B.T.2020 色域标准对电致发光分子的色纯度提出了严格要求。因此，面向超高清显示的新一代窄谱带有机发光材料的设计开发是十分必要的。苏州大学王凯教授、张晓宏教授与合作者通过构建高度扭曲的共轭延展分子结构，设计合成了可实现高效率、高色纯度的多重共振型热致延迟荧光发光材料，制备出超纯绿色高性能有机发光二极管[49]。深圳大学杨楚罗课题组将非金属重原子硒元素嵌入多重共振骨架中，利用重原子效应增强材料单、三线态轨道之间的耦合作用，该材料展现出极高的反向系间窜越速率和发光量子效率[50]。吉林大学王悦教授团队提出了基于激发态结构形变策略构建高效率、高色纯度有机发光材料的设计方法，结合多重共振窄光谱激发态与分子内电荷转移激发态两者的优势，获得了系列具有窄谱带光谱特性的纯绿光有机发光材料[51]。清华大学张东东、段炼教授团队引入硼－氮极性键设计合成了硼氮类多重共振窄谱带发光分子，该类分子表现出优异的高色纯度电致发光性能[52]。深圳大学杨楚罗课题组设计了“双硼氮氧”多重共振分子合成的窄谱带红光发光材料，其光物理性质优异，且器件性能优于给受体型热活化延迟荧光材料[53]。浙江大学张其胜课题组通过在多重共振发光分子上修饰苯基等方法，实现了可与量子点相比的超窄谱带的绿色发光[54]。南京大学郑佑轩课题组设计合成了具有咔唑－硼氮结构的多重共振型荧光分子材料，可用于制备高性能的纯绿色发光器件[55]。苏州大学蒋佐权课题组将螺环分子引入多重共振型发光体系，利用三维螺环结构的空间位阻提升窄谱发光分子性能[56]。四川大学游劲松教授团队提出空间限制给受体策略提高反向系间窜越速率，使多重共振型分子在保持较窄发光峰的前提下，从高能级三线态到单线态上转换的热致延迟荧光得到提升[57]。香港大学支志明教授团队设计合成了具有多重共振型热致延迟荧光性质的金配合物，利用一价金的电子构型避免了配体场激发态的发光猝灭，所合成的发光材料性能优异且具有良好的空气热稳定性[58]。香港理工大学黄维扬教授与合作者将不同的共振单元集成在同一个分子上，从而形成了一个拓展的刚性平面的多重共振分子结构，所制备的分子发射光谱更蓝、更窄，并且发光效率更高[59]。

近年来，我国科学家在高性能电致发光分子材料与器件方面取得了许多重要进展，受篇幅和能力所限不能在此详细陈述。比如，苏州大学廖良生团队提出了限域电荷转移概念指导发光分子的设计，显著提高了有机电致发光器件的发光效率[60]。中国科学院理化技术研究所王鹰研究员等优化设计了有机电致发光器件的空穴注入层结构，制备了微米厚度且具有低工作电压的高效稳定的红绿蓝发光器件[61]。结合电致发光分子材料器件方向上的研究进展，清华大学帅志刚团队对有机电泵浦激光材料器件开展理论研究，指导该研究下一步的材料筛选与实验探索[62]。在钙钛矿发光材料与器件方面，华中科技大学唐江团队[63]、南京工业大学/常州大学王建浦团队[64]、南京理工大学曾海波课题组[65]、北京理工大学钟海政课题组[66]、华侨大学魏展画课题组[67]、浙江大学狄大卫课题组[68]、中国科学技术大学肖正国课题组[69]等取得一系列前沿研究成果。在新型显示技术创新与产业化应用方面，浙江大学彭笑刚教授、华南理工大学彭俊彪教授等国内研究团队也取得了重要进展，推动国内相关企业在显示方面的产业升级与技术进步。目前，全球显示产业规模达到每年千亿美元级别，我国显示产业规模已经成为全球第一，正处在由大变强的产业创新转型机遇期。新型显示承接上游的高新材料和下游的光电信息产业，在我国国民经济中有重要的战略地位，是一项核心枢纽产业，在当前国际环境下更加需要确保新型显示技术的自主可控。

4. 偏振发光特性分子材料

从分子光子学角度出发，对发光分子性能评估不仅是发光波长和量子效率，还包括材料所发出光子的其他属性。比如，光的偏振性是指光矢量相对于传播方向的空间不对称性，通常由其电矢量分量方向所描述，可分为线偏振光和圆偏振光等。对分子本身而言，发光偏振性一般由分子的跃迁偶极、分子结构的不对称性、分子晶体的光学各向异性等因素决定。有机微纳激光由于其本身的相干性特点，大部分情况下具有比较强的线偏振比，而有效调控激光偏振也是面向光子学应用进一步优化有机激光性能的重要目标。有机电致发光器件中优化分子偶极矩取向对提高输出耦合效率至关重要，并且控制发光偏振将极大拓展发光分子材料器件的应用场景。因此，我们将在本小节对具有偏振发光特性的分子材料的相关研究工作进行简要介绍和总结，主要分为线偏振发光分子材料和圆偏振发光分子材料。

开发具有高效线偏振发光性质的分子材料需要充分考虑分子堆积取向上的高度一致性。中国科学院化学研究所钟羽武课题组通过线型吡啶基共轭有机分子与质子酸的原位反应制备了一系列二维片状分子晶体，通过改变分子的共轭程度及调控分子堆积模式，实现了晶体的高效全色线偏振发光和多通道偏振光子波导耦合输出[70]。吉林大学解仁国教授与合作者制备了有机－无机杂化金属卤化物低维晶体材料，实现了高效率的线偏振发光及光学波导性能[71]。苏州大学张晓宏团队与合作者设计合成了具有线偏振发光特性的蒽衍生物分子单晶，并成功制备了单晶电致发光器件，实现了高效率的内源型线偏振电致发光[72]。同时，国内学者开展了分子晶体材料用于线偏振光探测方面的研究工作。天津大学胡文平团队在蒽衍生物分子单晶上制备光电探测器，基于面内分子排布取向差异实现了对不同线偏振光的区别检测[73]。苏州大学揭建胜教授与合作者结合有机单晶的各向异性光吸收特性和光电晶体管高增益的优点，利用各向异性的光生载流子捕获实现了不同线偏振下光电流的选择性放大，制备出具有超高偏振灵敏度的有机光电晶体管[74]。可见，发光的线偏振性是分子偶极跃迁的本征属性，通过控制分子组装的取向和排布可在有机材料中实现较大的偏振响应。

相比而言，实现圆偏振发光对分子结构和堆积方式的要求更高，需打破其空间对称性，比如手性分子和手性组装体等体系。中国科学院化学研究所刘鸣华团队从对映体二萘双脲化合物合成具有分层自组装螺旋微瓣的微米尺度结构，通过荧光共振能量转移调控圆偏振发光[75]。华东理工大学朱为宏团队基于位阻性烯桥光控体系发展了双稳态内源手性二芳基乙烯分子，实现了从近紫外到近红外区的宽范围、多稳态、强抗疲劳度的动态调控[76]，并通过圆偏振荧光共振能量转移在手性液晶组装体中诱导出非手性受体的圆偏振发光[77]，成为一种实现圆偏振发光性质的普适性方法[78]。国家纳米科学中心段鹏飞课题组构筑了基于三重态－三重态湮灭上转换和手性向列相液晶的发光体系，借助圆偏振发光的逐级放大过程实现了由可见光到紫外光的上转换圆偏振发光[79]，并将手性发光分子和敏化剂包覆于阳离子型表面活性剂中，在胶束 / 金纳米棒复合物中实现了表面等离激元增强的上转换圆偏振发光[80]。钟羽武课题组合成了具有手性异腈基团的平面型金属有机铂配合物，制备得到了左旋圆偏振黄色发光飘带和右旋圆偏振红色发光纤维状纳米结构[81]；他们还合成了具有不同取代基的苯基吡啶二聚体分子，并与手性质子酸原位反应，通过氢键诱导的手性磺酸根阴离子与质子化吡啶鎓盐之间的高效手性转移，实现了从深蓝色到红色的全色圆偏振发光[82]。南京工业大学安众福教授与合作者通过自由基交联聚合将轴向手性生色团并入聚合物链，在非晶态共聚物中实现了圆偏振有机磷光[83]。中科院化学研究所陈传峰课题组在设计合成轴手性联苯延迟荧光分子的研究基础上，通过一步碳－碳偶联聚合构建了在低温下兼具超长余辉和强圆偏振发光的线性轴手性共轭聚合物[84]。华东理工大学马骧课题组将手性二烷基谷氨酰胺凝胶因子与振动诱导发光分子结合，通过手性凝胶调控发光分子所处微环境，实现了单组分多色可调圆偏振发射[85]。吉林大学吴宗铨课题组利用镍配合物催化剂引发联烯类单体的活性可控聚合，并使用手性胺或醇作为诱导剂得到单手性螺旋聚合物，该聚合物在手性诱导剂被移除后仍具有圆偏振发光性质[86]。北京师范大学闫东鹏课题组基于锌－组氨酸手性金属有机配合物制备了超分子玻璃材料，实现了波长宽谱带可调的圆偏振长余辉发光[87]。南京邮电大学陈润锋教授与合作者通过在磷光簇聚集体中引入手性单元构建手性簇晶体，构建了圆偏振有机超长余辉发光中心，并抑制了三线态激子非辐射跃迁，实现了不同光激发下单组分颜色可调的圆偏振长余辉发光[88]。中国科学技术大学姚宏斌课题组设计合成了以三乙烯二胺为结构骨架的手性配体，并将其与铜碘团簇杂化复合构筑手性结构单元，在双亲性聚合物辅助下组装形成了具有多级结构的手性多晶圆偏振发光材料[89]。清华大学王训教授与合作者将超细纳米线与聚集诱导发光分子共组装，通过纳米线调控发光分子排列取向实现了复合材料的圆偏振和线偏振发光[90]。

基于分子材料的圆偏振发光性质研究已成为分子光子学领域的研究热点，并且其材料设计思想可以拓展至多个相关方向。比如，华东理工大学朱为宏教授[91]、首都师范大学付红兵教授[92]、中国科学院化学研究所赵永生研究员[93]、吉林大学张红雨教授[94]等在圆偏振激光和光学波导分子材料方面开展了系列研究工作；华南理工大学赵祖金教授[95]、深圳大学杨楚罗教授[96]、南京大学成义祥教授[97]、中国科学院化学研究所陈传峰研究员[98]等在圆偏振电致发光分子器件方面取得一些研究进展；中国科学院化学研究所江浪研究员[99]、山东大学秦伟教授[100]等在构建具有圆偏振光响应的有机光电探测器上取得相关成果。此外，国内研究学者近年来在手性杂化钙钛矿的设计合成和圆偏振光物理性质等方面取得重要进展，受篇幅所限在此不做详述。综上可见，偏振光学特性在发光材料相关研究中越来越受重视，这体现出分子光子学作为化学与光子学交叉学科的特点，即在分子材料中充分发掘和利用光的频率、偏振、相位等物理属性。

5. 我国分子光子学与激发态化学领域发展趋势与展望

分子光子学的研究目标是利用光子属性实现对激发态分子体系结构与功能的有效调制，进而催生新型光功能分子材料体系与器件，引领包括显示应用在内的重要技术突破。国内的研究学者在有机微纳激光、分子发光材料、激发态动力学等方面取得了大量研究成果，其中部分方向可引领国际发展前沿。激发态化学研究内容涉及分子激发态的形成和衰变、激发态的能量传递和电子转移，其应用领域包括分子开关、荧光探针、传感器件、发光器件等。和无机光子学材料相比，分子光子学材料在光学性能、柔性加工、生产成本等方面展现出独特的优势。设计合成同时具备优异光学性质和电荷输运能力的分子材料，从微观角度深入认识分子材料中的激发态过程，结合器件构型设计优化制备工艺和性能指标，将推动分子光子学材料和激发态化学研究在相关产业尤其是新型显示领域的应用。

《国家中长期科学和技术发展规划纲要（2006—2020）》中所提及的高清晰度大屏幕平板显示、新一代光电信息材料、激光技术、分子聚集体和生物分子的光电磁学性质都包含了分子光子学与激发态化学的研究内容。这一研究领域体现出化学作为中心学科的优势，上游承接基础科学研究，下游带动产业成果转化，相关从业者在新型分子光子学材料器件、激发态能量转换与催化应用等方面积极开展产学研协同创新，为高校、科研院所、研究团队与相关企业交流合作搭建桥梁，共同推动国内本研究领域的可持续发展。分子光子学与激发态化学作为新兴交叉学科，从基础研究的重要性和产业应用的市场价值两方面来看，都体现出化学研究对我国科技创新和创新驱动发展战略的重要支撑作用。国内分子光子学与激发态化学研究正在进入迅速发展的新阶段，需要相关专业的专家学者与国内外同行加强合作与交流，共同探讨其中亟待解决的关键科学问题，促进学科发展和人才培养，逐步扩大我国在本研究领域的国际影响力。

参考文献

[1] 樊美公，姚建年，佟振合. 分子光化学与光功能材料科学［M］. 北京：科学出版社，2009.

[2] Fu H, Yao J. Size Effects on the Optical Properties of Organic Nanoparticles［J］. Journal of the American Chemical Society, 2001, 123(7): 1434–1439.

[3] Fu H, Loo B H, Xiao D, et al. Multiple Emissions from 1,3–Diphenyl–5–pyrenyl–2–pyrazoline Nanoparticles: Evolution from Molecular to Nanoscale to Bulk materials［J］. Angewandte Chemie International Edition, 2002, 41(6): 962–965.

[4] Zhao Y S, Xu J, Peng A, et al. Optical waveguide based on crystalline organic microtubes and microrods［J］. Angewandte Chemie International Edition, 2008, 47(38): 7301–7305.

[5] Zhao Y S, Peng A, Fu H, et al. Nanowire waveguides and ultraviolet lasers based on small organic molecules［J］. Advanced Materials, 2008, 20(9): 1661–1665.

[6] Zhang W, Yao J, Zhao Y S. Organic Micro/Nanoscale Lasers［J］. Accounts of Chemical Research, 2016, 49(9): 1691–1700.

[7] Tang J, Zhang J, Lyu Y, et al. Room temperature exciton–polariton Bose–Einstein condensation in organic single–crystal microribbon cavities［J］. Nature Communications, 2021, 12(1): 3265.

[8] Ren A, Tang J, Jiang Z, et al. Energy–Controllable Exciton–Polariton Bose–Einstein Condensation in Perovskite Microstrip Cavities［J］. Advanced Optical Materials, 2022, 10(19): 1–9.

[9] Jiang Z, Ren A, Yan Y, et al. Exciton–Polaritons and Their Bose–Einstein Condensates in Organic Semiconductor Microcavities［J］. Advanced Materials, 2022, 34(4): 1–25.

[10] Ren J, Liao Q, Huang H, et al. Efficient Bosonic Condensation of Exciton Polaritons in an H–Aggregate Organic Single–Crystal Microcavity［J］. Nano Letters, 2020, 20(10): 7550–7557.

[11] Long T, Ma X, Ren J, et al. Helical Polariton Lasing from Topological Valleys in an Organic Crystalline Microcavity［J］. Advanced Science, 2022, 9(29): 13456.

[12] De J, Ma X, Yin F, et al. Room–Temperature Electrical Field–Enhanced Ultrafast Switch in Organic Microcavity Polariton Condensates［J］. Journal of the American Chemical Society, 2023, 145(3): 1557–1563.

[13] Su R, Ghosh S, Wang J, et al. Observation of exciton polariton condensation in a perovskite lattice at room temperature［J］. Nature Physics, 2020, 16(3): 301–306.

[14] Su R, Fieramosca A, Zhang Q, et al. Perovskite semiconductors for room–temperature exciton–polaritonics［J］. Nature Materials, 2021, 20(10): 1315–1324.

[15] Cha Y, Li S, Feng Z, et al. Organic Phosphorescence Lasing Based on a Thermally Activated Delayed Fluorescence Emitter［J］. The Journal of Physical Chemistry Letters, 2022, 13(44): 10424–10431.

[16] Li S, Jin X, Yu Z, et al. Design of thermally activated delayed fluorescent emitters for organic solid–state microlasers［J］. Journal of Materials Chemistry C, 2021, 9(23): 7400–7406.

[17] Li Y, Wang K, Liao Q, et al. Tunable Triplet–Mediated Multicolor Lasing from Nondoped Organic TADF Microcrystals［J］. Nano Letters, 2021, 21(7): 3287–3294.

[18] Li S, Chen J, Wei Y, et al. An Organic Laser Based on Thermally Activated Delayed Fluorescence with Aggregation–Induced Emission and Local Excited State Characteristics［J］. Angewandte Chemie International Edition, 2022, 61(39): e202209211.

[19] Zhou Z, Qiao C, Wang K, et al. Experimentally Observed Reverse Intersystem Crossing–Boosted Lasing［J］.

Angewandte Chemie International Edition, 2020, 59(48): 21677–21682.

[20] Zhang T, Zhou Z, Liu X, et al. Thermally Activated Lasing in Organic Microcrystals toward Laser Displays [J]. Journal of the American Chemical Society, 2021, 143(48): 20249–20255.

[21] Yan C C, Liu Y P, Yang W Y, et al. Excited-State Intramolecular Proton Transfer Parent Core Engineering for Six-Level System Lasing Toward 900 nm [J]. Angewandte Chemie International Edition, 2022, 61(48): e202210422.

[22] Wu J J, Zhuo M P, Lai R, et al. Cascaded Excited-State Intramolecular Proton Transfer Towards Near-Infrared Organic Lasers Beyond 850 nm [J]. Angewandte Chemie International Edition, 2021, 60(16): 9114–9119.

[23] Jiang Y, Liu Y Y, Liu X, et al. Organic solid-state lasers: a materials view and future development [J]. Chemical Society Reviews, 2020, 49(16): 5885–5944.

[24] Jiang Y, Li K F, Gao K, et al. Frequency-Upconverted Stimulated Emission by Up to Six-Photon Excitation from Highly Extended Spiro-Fused Ladder-Type Oligo(p-phenylene)s [J]. Angewandte Chemie International Edition, 2021, 60(18): 10007–10015.

[25] Qiao C, Zhang C, Zhou Z, et al. A Photoisomerization-Activated Intramolecular Charge-Transfer Process for Broadband-Tunable Single-Mode Microlasers [J]. Angewandte Chemie International Edition, 2020, 59(37): 15992–15996.

[26] Liu D, De J, Gao H, et al. Organic Laser Molecule with High Mobility, High Photoluminescence Quantum Yield, and Deep-Blue Lasing Characteristics [J]. Journal of the American Chemical Society, 2020, 142(13): 6332–6339.

[27] Liu D, Wu X, Gao C, et al. Integrating Unexpected High Charge-Carrier Mobility and Low-Threshold Lasing Action in an Organic Semiconductor [J]. Angewandte Chemie International Edition, 2022, 61(25): e202200791.

[28] Yin F, De J, Liu M, et al. High-Performance Organic Laser Semiconductor Enabling Efficient Light-Emitting Transistors and Low-Threshold Microcavity Lasers [J]. Nano Letters, 2022, 22(14): 5803–5809.

[29] Chen L, Qin Z, Huang H, et al. High-Performance ambipolar and n-type emissive semiconductors based on perfluorophenyl-substituted perylene and anthracene [J]. Advanced Science, 2023, 10(15): e2300530.

[30] Wu J J, Gao H, Lai R, et al. Near-infrared organic single-crystal nanolaser arrays activated by excited-state intramolecular proton transfer [J]. Matter, 2020, 2(5): 1233–1243.

[31] Zhao Y, Tian S, Feng J, et al. Electrostatic epitaxy of orientational perovskites for microlasers [J]. Advanced Materials, 2023, 35(19): e2210594.

[32] Geng Y, Zhao Y, Zhao Y, et al. Multifunctional organic single-crystalline microwire arrays toward optical applications [J]. Advanced Functional Materials, 2022, 32(19): 2113025.

[33] Xu F F, Li Y J, Lyu Y, et al. Flat-panel laser displays based on liquid crystal microlaser arrays [J]. CCS Chemistry, 2020, 2(6): 369–375.

[34] Zhang C, Dong H, Zhang C, et al. Photonic skins based on flexible organic microlaser arrays [J]. Science Advances, 2021, 7(31): eabh3530.

[35] Zhong Y, Liao K, Du W, et al. Large-scale thin $CsPbBr_3$ single-crystal film grown on sapphire via chemical vapor deposition: toward laser array application [J]. ACS Nano, 2020, 14(11): 15605–15615.

[36] Wu K, Park Y S, Lim J, et al. Towards zero-threshold optical gain using charged semiconductor quantum dots [J]. Nature Nanotechnology, 2017, 12(12): 1140–1147.

[37] Qin C, Sandanayaka A S D, Zhao C, et al. Stable room-temperature continuous-wave lasing in quasi-2d perovskite films [J]. Nature, 2020, 585(7823): 53–57.

[38] Ahn N, Livache C, Pinchetti V, et al. Electrically driven amplified spontaneous emission from colloidal quantum dots [J]. Nature, 2023, 617(7959): 79–85.

[39] Tang C W, VanSlyke S A. Organic electroluminescent diodes [J]. Applied Physics Letters, 1987, 51(12): 913–915.

[40] Xu Y, Xu P, Hu D, et al. Recent progress in hot exciton materials for organic light-emitting diodes [J]. Chemical

Society Reviews, 2021, 50: 1030–1069.

[41] Xiao S, Gao Y, Wang R, et al. Highly efficient hybridized local and charge-transfer (hlct) deep-blue electroluminescence with excellent molecular horizontal orientation [J]. Chemical Engineering Journal, 2022, 440: 135911.

[42] Cui Z, Abdurahman A, Ai X, et al. Stable luminescent radicals and radical-based LEDs with doublet emission [J]. CCS Chemistry, 2020, 2(4): 1129–1145.

[43] Lin C, Han P, Xiao S, et al. Efficiency breakthrough of fluorescence OLEDs by the strategic management of "hot excitons" at highly lying excitation triplet energy levels [J]. Advanced Functional Materials, 2021, 31(48): 2106912.

[44] Yang J, Hu D, Zhu F, et al. High-efficiency blue-emission crystalline organic light-emitting diodes sensitized by "hot exciton" fluorescent nanoaggregates [J]. Science Advances, 2022, 8(50): eadd175.

[45] Liu T, Chen X, Zhao J, et al. Hybridized local and charge-transfer excited state fluorophores enabling organic light-emitting diodes with record high efficiencies close to 20% [J]. Chemical Science, 2021, 12(14): 5171–5176.

[46] Zhang H, Xue J, Li C, et al. Novel deep-blue hybridized local and charge-transfer host emitter for high-quality fluorescence/phosphor hybrid quasi-white organic light-emitting diode [J]. Advanced Functional Materials, 2021, 31(25): 2100704.

[47] Li M, Xie W, Cai X, et al. Molecular engineering of sulfur-bridged polycyclic emitters towards tunable TADF and RTP electroluminescence [J]. Angewandte Chemie International Edition, 2022, 61(35): e202209343.

[48] Meng G, Dai H, Wang Q, et al. High-efficiency and stable short-delayed fluorescence emitters with hybrid long-and short-range charge-transfer excitations [J]. Nature Communications, 2023, 14(1): 2394.

[49] Fan X C, Wang K, Shi Y Z, et al. Ultrapure green organic light-emitting diodes based on highly distorted fused π-conjugated molecular design [J]. Nature Photonics, 2023, 17(3): 280–285.

[50] Hu Y X, Miao J, Hua T, et al. Efficient selenium-integrated TADF OLEDs with reduced roll-off [J]. Nature Photonics, 2022, 16(11): 803–810.

[51] Xu Y, Li C, Li Z, et al. Highly efficient electroluminescent materials with high color purity based on strong acceptor attachment onto B-N-containing multiple resonance frameworks [J]. CCS Chemistry, 2022, 4(6): 2065–2079.

[52] Meng G, Dai H, Huang T, et al. Amine-Directed formation of B-N bonds for BN-fused polycyclic aromatic multiple resonance emitters with narrowband emission [J]. Angewandte Chemie International Edition, 2022, 61(40): e202207293.

[53] Zou Y, Hu J, Yu M, et al. High-Performance narrowband pure-red OLEDs with external quantum efficiencies up to 36.1% and ultralow efficiency roll-off [J]. Advanced Materials, 2022, 34(29): 2201442.

[54] Liu J, Zhu Y, Tsuboi T, et al. Toward a BT.2020 green emitter through a combined multiple resonance effect and multi-lock strategy [J]. Nature Communications, 2022, 13(1): 4876.

[55] Luo X, Song S, Ni H, et al. Multiple-Resonance-Induced thermally activated delayed fluorescence materials based on indolo [3,2,1-*jk*] carbazole with an efficient narrowband pure-green electroluminescence [J]. Angewandte Chemie International Edition, 2022, 61(41): e202209984.

[56] Qu Y, Zhou D, Kong F, et al. Steric modulation of spiro structure for highly efficient multiple resonance emitters [J]. Angewandte Chemie International Edition, 2022, 61(22): e202201886.

[57] Liu Y, Xiao X, Huang Z, et al. Space-Confined donor-acceptor strategy enables fast spin-flip of multiple resonance emitters for suppressing efficiency roll-off [J]. Angewandte Chemie International Edition, 2022, 61(40): e202210210.

[58] Cai S, Tong G S M, Du L, et al. Gold(I) multi-resonance thermally activated delayed fluorescent emitters for highly efficient ultrapure-green organic light-emitting diodes [J]. Angewandte Chemie International Edition, 2022,

61(52): e202213392.

[59] Jin J, Duan C, Jiang H, et al. Integrating asymmetric O–B–N unit in multi–resonance thermally activated delayed fluorescence emitters towards high–performance deep–blue organic light–emitting diodes [J]. Angewandte Chemie International Edition, 2023, 62(18): e202218947.

[60] Tang X, Cui L S, Li H C, et al. Highly efficient luminescence from space–confined charge–transfer emitters [J]. Nature Materials, 2020, 19(12): 1332–1338.

[61] Liu G, Li Z, Hu X, et al. Efficient and stable one–micrometre–thick organic light–emitting diodes [J]. Nature Photonics, 2022, 16(12): 876–883.

[62] Ou Q, Peng Q, Shuai Z. Computational screen–out strategy for electrically pumped organic laser materials [J]. Nature Communications, 2020, 11(1): 4485.

[63] Li J, Du P, Guo Q, et al. Efficient all–thermally evaporated perovskite light–emitting diodes for active–matrix displays [J]. Nature Photonics, 2023, 17(5): 435–441.

[64] Min H, Chang J, Tong Y, et al. Additive treatment yields high–performance lead–free perovskite light–emitting diodes [J]. Nature Photonics, 2023, doi.org/10.1038/s41566–023–01231–y.

[65] Chen J, Wang J, Xu X, et al. Efficient and bright white light–emitting diodes based on single–layer heterophase halide perovskites [J]. Nature Photonics, 2020, 15(3): 238–244.

[66] Wu X, Ji H, Yan X, et al. Industry outlook of perovskite quantum dots for display applications [J]. Nature Nanotechnology, 2022, 17(8): 813–816.

[67] Ma D, Lin K, Dong Y, et al. Distribution control enables efficient reduced–dimensional perovskite leds [J]. Nature, 2021, 599(7886): 594–598.

[68] Guo B, Lai R, Jiang S, et al. Ultrastable near–infrared perovskite light–emitting diodes [J]. Nature Photonics, 2022, 16(9): 637–643.

[69] Chen W, Huang Z, Yao H, et al. Highly bright and stable single–crystal perovskite light–emitting diodes [J]. Nature Photonics, 2023, 17(5): 401–407.

[70] Li Z, Ma D, Xu F, et al. Selective, anisotropic, or consistent polarized–photon out–coupling of 2D organic microcrystals [J]. Angewandte Chemie International Edition, 2022, 61(33): e2022050.

[71] Pradhan N, Liu F, Zhang T, et al. Light emitting metal–organic halide 1D and 2D structures: near–unity quantum efficiency, low–loss optical waveguide and highly polarized emission [J]. Angewandte Chemie International Edition, 2021, 60(24): 13548.

[72] Jia R, Li J, Zhang H, et al. Highly efficient inherent linearly polarized electroluminescence from small–molecule organic single crystals [J]. Advanced Materials, 2023, 35(25): 2208789.

[73] Wang T, Zhao K, Wang P, et al. Intrinsic linear dichroism of organic single crystals toward high–performance polarization–sensitive photodetectors [J]. Advanced Materials, 2021, 34(22): 2105665.

[74] Pan J, Wu Y, Zhang X, et al. Anisotropic charge trapping in phototransistors unlocks ultrasensitive polarimetry for bionic navigation [J]. Nature Communications, 2022, 13(1): 6629.

[75] Du C, Li Z, Zhu X, et al. Hierarchically self–assembled homochiral helical microtoroids [J]. Nature Nanotechnology, 2022, 17(12): 1294–1302.

[76] Zheng Z, Hu H, Zhang Z, et al. Digital photoprogramming of liquid–crystal superstructures featuring intrinsic chiral photoswitches [J]. Nature Photonics, 2022, 16(3): 226–234.

[77] Wu Y, Yan C, Li X, et al. Circularly polarized fluorescence resonance energy transfer (C –FRET) for efficient chirality transmission within an intermolecular system [J]. Angewandte Chemie International Edition, 2021, 60(46): 24549–24557.

[78] Wu Y, Li M, Zheng Z, et al. Liquid crystal assembly for ultra–dissymmetric circularly polarized luminescence and

beyond [J] . Journal of the American Chemical Society, 2023, 145(24): 12951–12966.
[79] Han D, Yang X, Han J, et al. Sequentially amplified circularly polarized ultraviolet luminescence for enantioselective photopolymerization [J] . Nature Communications, 2020, 11(1): 5659.
[80] Zhao T, Meng D, Hu Z, et al. Enhanced chiroptic properties of nanocomposites of achiral plasmonic nanoparticles decorated with chiral dye–loaded micelles [J] . Nature Communications, 2023, 14(1): 81.
[81] Gong Z L, Zhong Y W. Handedness–inverted polymorphic helical assembly and circularly polarized luminescence of chiral platinum complexes [J] . Science China Chemistry, 2021, 64(5): 788–799.
[82] Li Z, Gong Z, Shao J, et al. Full–Color and white circularly polarized luminescence of hydrogen–bonded ionic organic microcrystals [J] . Angewandte Chemie International Edition, 2021, 60(26): 14595–14600.
[83] Gu L, Ye W, Liang X, et al. Circularly polarized organic room temperature phosphorescence from amorphous copolymers [J] . Journal of the American Chemical Society, 2021, 143(44): 18527–18535.
[84] Zhang D, Li M, Chen C. Linear axially chiral conjugated polymers exhibiting ultralong low–temperature phosphorescence and intense circularly polarized luminescence [J] . Angewandte Chemie International Edition, 2022, 61(47): e202213130.
[85] Hu Y, Huang Z, Willner I, et al. Multicolor circularly polarized luminescence of a single–component system revealing multiple information encryption [J] . CCS Chemistry, 2023: 1–10.
[86] Xu L, Wu Y, Gao R, et al. Visible helicity induction and memory in polyallene toward circularly polarized luminescence, helicity discrimination, and enantiomer separation [J] . Angewandte Chemie International Edition, 2023, 62(13): e202217234.
[87] Nie F, Wang K Z, Yan D. Supramolecular glasses with color–tunable circularly polarized afterglow through evaporation–induced self–assembly of chiral metal–organic complexes [J] . Nature Communications, 2023, 14(1): 1654.
[88] Li H, Gu J, Wang Z, et al. Single–component color–tunable circularly polarized organic afterglow through chiral clusterization [J] . Nature Communications, 2022, 13(1): 429.
[89] Feng L Z, Wang J J, Ma T, et al. Biomimetic non–classical crystallization drives hierarchical structuring of efficient circularly polarized phosphors [J] . Nature Communications, 2022, 13(1): 3339.
[90] Rong S, Shi W, Zhang S, et al. Circularly and linearly polarized luminescence from aie luminogens induced by super–aligned assemblies of sub–1 nm nanowires [J] . Angewandte Chemie International Edition, 2022, 61(34): e202208349.
[91] Hu H, Liu B, Li M, et al. A quadri–dimensional manipulable laser with an intrinsic chiral photoswitch [J] . Advanced Materials, 2022, 34(15): 2110170.
[92] Liang Q, Ma X, Long T, et al. Circularly polarized lasing from a microcavity filled with achiral single–crystalline microribbons [J] . Angewandte Chemie International Edition, 2023, 62(9): e202213229.
[93] Zhan X, Xu F, Zhou Z, et al. 3D laser displays based on circularly polarized lasing from cholesteric liquid crystal arrays [J] . Advanced Materials, 2021, 33(37): 2104418.
[94] Pan X, Zheng A, Yu X, et al. A low–temperature–resistant flexible organic crystal with circularly polarized luminescence [J] . Angewandte Chemie, 2022, 134(25): e202203938.
[95] Xu L, Liu H, Peng X, et al. Efficient circularly polarized electroluminescence from achiral luminescent materials [J] . Angewandte Chemie International Edition, 2023, 62(20): e202300492.
[96] Chen Z, Zhong C, Han J, et al. High–Performance circularly polarized electroluminescence with simultaneous narrowband emission, high efficiency, and large dissymmetry factor [J] . Advanced Materials, 2022, 34(17): 2109147.
[97] Geng Z, Zhang Y, Zhang Y, et al. Amplified circularly polarized electroluminescence behavior triggered by helical

nanofibers from chiral co-assembly polymers [J] . Angewandte Chemie International Edition, 2022, 61(23): e202202718.

[98] Wang Y, Li M, Teng J, et al. Chiral tadf-active polymers for high-efficiency circularly polarized organic light-emitting diodes [J] . Angewandte Chemie International Edition, 2021, 60(44): 23619–23624.

[99] Zhu D, Jiang W, Ma Z, et al. Organic donor-acceptor heterojunctions for high performance circularly polarized light detection [J] . Nature Communications, 2022, 13(1): 3454.

[100] Hu R, Lu X, Hao X, et al. An organic chiroptical detector favoring circularly polarized light detection from near-infrared to ultraviolet and magnetic-field-amplifying dissymmetry in detectivity [J] . Advanced Materials, 2023, 35(23): 2211935.

撰稿人：姚建年　张　闯

高压化学进展专题报告

1. 引言

压力是重要的热力学与动力学参量。高压化学是在原子、分子水平研究高压下物质的组成、结构、性质、转化及其应用的科学。高压与化学的各个分支相交叉，赋予传统化学一个崭新的维度。我国高压化学研究起步相对较晚，但经过高速发展，已然跻身世界前列，并逐渐开始领跑。其中以北京高压科学研究中心、吉林大学、四川大学、燕山大学、中国科学院化学研究所、中国科学院物理研究所为代表的科研院所和高校培养、引进了大量优秀高压化学人才，搭建了良好的高压科学研究平台，为我国高压化学的发展打下了坚实基础。

2. 高压无机化学

高压无机化学是国际纯粹与应用化学联合会（IUPAC）公布的“2020 年化学领域十大新兴技术”之一，其学科领域覆盖范围广，重要基础问题众多，是目前极为活跃的领域之一。

2.1 高压无机化学新反应

高压可以引发大量常压条件下无法进行的化学反应，生成常压下较难获取的材料，如氮化物（Si，Ge）$_3N_4$、Fe_3N、PtN_2、Re_3N 及含氢的分子间化合物（H_2O-H_2 和 CH_4-H_2）等。雷力等发展了高压固相复分解反应[1]，以廉价的金属氧化物作为前驱体，制备了 GaN、W_xN、Fe_3N、CrN、MoN_2、$Fe_{3-x}Co_xN$、CoN_x、CeOCl 等常压下较难获取的金属化合物[2-5]。

2004 年，阿什克罗夫特（Ashcroft）指出氢通过与Ⅳa 族元素形成氢化物，可以降低氢金属化所需压强[6]。随后人们陆续发现 H_3S、LaH_{10}、CaH_6 等多种高温超导氢化物[7, 8]的金属化压强远低于固态金属氢（>500GPa）。Tao 等提出了“广义压强”的概念[9]，在其框架下物质“在广义压强下相变点固定不变”。邢献然课题组基于无机合成的途径调控化学压力，在常压下制备了常规条件下难以合成的功能固体，如巨大极化铁电薄膜、超高 T_c 压电材料等[10, 11]。这些探索和进展在新型亚稳材料的创新制备方面具有重要意义。

2.2 原位高压物性调控和特殊结构、特殊性质化合物的合成

无机功能材料在高压下表现出丰富的结构相变和物理性质[12, 13]。刘冰冰课题组报道了压力调控的 2H-TaS_2 和 1T-TaS_2 能够实现高的超导转变温度。王霖课题组在 1T-$HfSe_2$ 和 1T-HfS_2 中发现了压力诱导的金属化和超导转变[14, 15]。岳彬彬等发现了 SnS_2 在高压下的金属化和超导转变[16, 17]。程金光等发现 $HfTe_3$ 在压力下发生超导转变，同时呈现出很强的各向异性，并且其超导的准一维性可以保持到约 12GPa[18]。岳彬彬等利用压力调控具有较大带隙的 HfS_3，成功观测到了超导转变现象，且超导转变温度为已报道的 MX_3 化合物之最[19]。

龙有文团队利用高温高压技术，合成了二十余种新型过渡金属氧化物材料，特别是 A 位和 B 位能同时容纳过渡金属离子的四重有序钙钛矿，观察到 Mott 体的绝缘体 - 金属化相变、金属间电荷转移、磁电多铁性与磁电耦合、高温磁性半金属与半导体、负热膨胀等丰富的物理现象[20–24]。李满荣课题组针对异常钙钛矿 $A_2BB'O_6$ 体系的几何特征和价态平衡，运用大数据搜索绘制了组分 - 晶型 - 压力的三维“基因图”，并对其物理性能进行预测，实现了大数据搜索 - 高通量计算 - 结构和功能导向的超高压精准合成[25]。他们还利用拓扑置换产生“负化学压力”的方法，实现了亚稳态 γ-Li_2TiTeO_6 的截留和对非线性光学活性的调控[26]。这些对亚稳高压相的化学截留和去（弱）极端化的低成本大量制备的研究是高压亚稳材料走向应用的关键。

杨国强、苏磊通过高温高压处理氮化碳材料得到了新结构 Re-Melon，其中含有大量错位堆积的纳米晶和氮原子的缺失，该结构与 Melon 相比具有更强的可见光捕获能力、更快的载流子的分离 - 迁移和析氢速率[27]。

2.3 高压无机化学合成与表征方法

近年来，我国高温高压大腔体压机及配套材料的国产化取得了长足发展。例如，针对 $LaCrO_3$ 基高温高压加热元器件依赖进口的“卡脖子”问题，李满荣课题组制备出可在 10GPa、2 000℃条件下使用的加热元器件，攻克了进口元器件的低温区低导电性和热化学稳定性难题[28]，并在此基础上实现了非强关联体系大数据挖掘 - 高通量计算 - 结构和功能导向的超高压精准合成。

基于大科学装置和实验室的原位高压衍射、谱学、成像、电学、磁学等表征手段近

年来也取得了长足发展。邹勃课题组在国际上较早搭建并发展了原位高压紫外可见吸收光谱、稳态和瞬态光致荧光光谱测试平台，光谱的范围涵盖紫外到近红外波段[29-32]。王永刚等发展了原位高压光电流测试、原位高压倍频测试和原位高压瞬态吸收谱等技术[33-36]。发展新的原位测试方法是高压无机化学高速前进的必备条件，也是最应被关注的方向。

3. 高压有机化学

高压有机化学可以划分为较低压力下的溶液化学和较高压力下（>GPa）的固体化学。高压除了驱动反应向具有较小体积的产物和过渡态的方向进行，还可以抑制分子扩散，驱动高压下特有的拓扑化学反应，是连接分子科学与材料科学的重要桥梁。本部分主要介绍固态中的高压有机化学在近些年的发展。

3.1 加成反应

不饱和分子的聚合是高压下最常见的反应，比如乙烯、乙炔等在高压下无须催化剂即可生成聚乙烯、石墨烷等材料，但产物的专一有序化和功能化研究亟待发展[37, 38]。齐广宇等[39]借助炔的高压聚合反应合成了聚乙炔链连接的 4- 氨基 -3,5- 二硝基吡唑，建立了提高含能分子材料密度的高压方法。王萱等[40]通过高压拓扑聚合成功合成了三维原子尺度有序的全羧基取代聚乙炔——聚丁炔二酸，并发现其具有高的锂离子电池比容量和循环稳定性。马玉国等[41, 42]设计了一系列含有叠氮及炔基反应官能团的单组分、双组分的预组织结构，在高压下实现了晶体中快速、高区域选择性、高产率的 1,3- 偶极环加成聚合反应。李阔、郑海燕等[43]测定了多种炔类分子晶体在高压下的反应临界结构，发现反应位点炔碳原子之间的距离均在 3.0Å 附近，给出了预测炔类聚合反应的定量依据。

由芳环合成饱和聚合物材料是高压有机化学的重要方向。2015 年，巴丁（Badding）等[44]缓慢压缩苯至 20GPa 得到 C:H 超细 sp^3 纳米线（金刚石纳米线）。克兰福德（Cranford）等[45]预测其有优于碳纳米管和石墨烯的机械性质，兼具金刚石结构的刚度与聚合物的柔性。此后，精准合成金刚石纳米线成为研究的焦点。Chen 等[46]提出苯在高压下可能有［4+2］聚合和对位自由基聚合等反应路径。Duan[47]和朱尔（Juhl）[48]等分别利用固体核磁共振和透射电镜证明苯主要通过［4+2］反应聚合形成纳米线。人们在研究吡啶、苯胺等芳香分子的高压聚合时发现，引入杂原子和氢键及加强芳环堆积都有助于提高纳米线的结构专一性和有序性[49, 50]。比斯瓦斯（Biswas）等[51]从噻吩出发得到了取向有序的金刚石纳米线，这主要是因为硫原子不参与反应，碳原子间的［4+2］反应占据优势。赫斯（Huss）等[52]发现呋喃聚合生成纳米线所需的压力较低（10GPa），有利于规模制备。王萱等[53]则从生物质平台化合物呋喃二甲酸出发，得到了结构专一的三维原子级有序金刚石纳米线材料全顺式聚呋喃二甲酸，该材料表现出高比容量及循环稳定性，可以作为锂电池电极材料。邓宁（Dunning）等人[54]发现聚呋喃二甲酸可与3d金属配位，提供了纳米线功能化的新思路。高德祥等[55]利用氮/碳原子反应活性的差异，从三嗪出发合成了堆积取向有序并具有专一结构的$C_3N_3H_3$金刚石纳米线，并发现聚合反应是［1，3，5］协同的成笼反应。邓宁等人[56]也利用这一差异，从哒嗪经［4+2］反应合成了长程有序的氮掺杂金刚石纳米线。沃德（Ward）[57]、弗里德里克（Friedrich）等[58]从萘－氟萘、蒽－氟萘等体系出发得到了单晶纳米线。汪雅洁等[59]构造了苯－六氟苯共晶前体，在高压下得到了氢氟有序取代的石墨烷。

芳环作为反应砌块容易得到相对有序的产物，但反应压力较高，而炔基正好相反。张沛捷等[60]发现二苯基丁二炔中的苯基和炔基可以协同发生［4+2］反应，生成准二维石墨基纳米带结构；在偶氮苯中苯基与苯偶氮基之间也可以发生类似的反应，生成纳米石墨带范德华异质结[61]。该类反应表现出很强的空间选择性，分子的相对位置决定了反应路线，原理上具有普适性。

3.2 异构化反应

螺吡喃、［1，3］苯并噁嗪等分子晶体在压力的作用下可以通过异构化发生变色反应[62-65]。邓新媛、马玉国和邹勃等[66]发现了酚酞结构的压致变色效应，并通过改变sp^3碳原子连接的苯环对位取代基有效调控了阈值压力及颜色变化。陈忠涛等[67]则将罗丹明、二芳基甲烷等力敏基团一同引入环氧树脂网络中，制备了具有多模式力致变色性能的热固性材料[67]。

氢原子在高压下具有高动力学活性，常常是诱发反应的关键，如乙腈中氢原子可以从甲基转移到氰基，生成氨基，引发聚合并放出氨气。张沛捷等[68]发现2-丁炔中甲基上的氢原子可以向炔基转移，引发由炔到烯，再到中高级烃的过程。杨鑫等[69]发现在高温高压下，正己烷、环己烷等烷烃会脱氢聚合生成共轭的不饱和烃，并最终转化成氢化石墨。

3.3 非共价键化学

高压下简单小分子堆积结构的相变研究已较为成熟。氨基酸等多数饱和小分子在高压下会发生氢键和分子间作用的变化，但很少发生共价键的变化[70-74]。近年来聚合物材料的非共价键化学成为新的发展热点。乔璞、苏磊和杨国强等[75, 76]通过控制加压速率调节冰晶生长，得到了具有高强度和良好生物相容性的聚乙烯醇水凝胶、透明质酸水凝胶，比冷冻－解冻方法得到的产物具有更高的抗拉强度、含水量、结晶度、成胶率和合成效率。在配位聚合物领域，邹勃等利用高压和氢键协同效应锁住共轭构型并提高相变势垒，在常压下实现了Tb（BTC）$(H_2O)_6$的绿色荧光增强和Y（BTC）$(H_2O)_6$的蓝色荧光增强[77, 78]。杨新一等[79]对不发光的金属有机框架材料MOF-2施加高压，实现了压强诱导发光，并将蓝色高荧光态“截获”至常压，荧光量子产率高达70.4%。

3.4 高压有机化学中需要着重发展的几个方向

①理论计算和实验两方面配合，系统、深入认识不同官能团高压反应类型和典型高压反应机理。②积极开拓高压合成新型高维聚合物材料在材料科学中的应用。③积极探索光、热、声等多种外场与压力结合共同操控反应。④创新发展高压表征技术。

4. 理论计算化学

相对于高压实验，高压理论计算研究成本较低，可以得到结构、能量等基本物理化学信息。高压理论计算化学已经在诸多方向成为引领和支持高压化学研究发展的重要环节，我国科学家在其中做出了突出的创新性贡献。

4.1 计算方法和基础理论创新

马琰铭等人基于粒子群算法发展了 CALYPSO 软件，为国内首次实现结构预测功能[80]。孙建等结合机器学习技术，发展了图论辅助晶体结构搜索方法 MAGUS[81]，相比于传统的第一性原理结构预测方法，该方法工作效率可提升一个数量级以上。董校等[82, 83]深入寻找反应路径及其随压力的变化规律，基于变量代换的思想，发展了变胞技术，有效阐明了固体相变中的晶格变化，并成功提出了石墨 – 金刚石转变过程中的新相变机理[84]。

董校等发展了氦基质计算方法，系统性定量给出了高压下元素周期律的变化趋势，建立了高压下元素性质和电子基态演化的物理图像[85]：①化学硬度降低，物质更倾向于金属化；②能级交错规律发生变化，电子会优先占据 d 轨道而不是 s 轨道，从而导致周期律出现重排。

4.2 在高压奇异物质和材料合成方面的应用

4.2.1 氢基超导体

BCS 理论表明高声子频率有利于提高超导温度，而声子频率与原子质量呈负相关，因此氢的引入将有效提升材料的超导温度。从理论上预测出超导物相的组成、晶体结构和超导温度可以高效指导实验合成和表征。崔田、段德芳等预测而后由国外实验证实了 H_3S 具有突破铜氧化物超导温度的高温超导电性[86, 87]（T_c=203K），开创了高压氢基超导体的先河。马琰铭、刘寒雨等预测[88, 89]而后由实验合成[90, 91]了近室温超导体 LaH_{10}，（T_c=260K）。LaH_{10} 是首个笼状氢基超导化合物，引领了此类化合物的组分结构设计和超导理论方面等一系列先进技术[92–95]。2019 年后，氢基超导体理论研究拓展到三元体系，对氢基笼状化合物进行掺杂成为调控费米面和其他电子 – 声子性质的重要研究思路，如马琰铭等预测向 MgH_{16} 中引入 Li，诱发母体中的 H_2 分子解离，可以达到 473K 的超导温度[96]。

4.2.2 行星材料

氦是巨行星和冰行星的重要组成元素，行星条件下的氦化学是高压化学和行星科学中的重要问题。董校等预测并在 140GPa 条件下成功合成出第一个固态高压氦化合物 Na_2He[97]，而后其又提出利用氦占位调控生成物结构、性质的新思路，发现 He 可以诱导形成类似苯环的 HF 共面分子结构，进而在巨行星中形成绝缘中心[98]，以及 He 可以诱导 N 发生自离子化形成高能聚合氮[99]等。孙建等预测了 He 水合物 $He(H_2O)_2$、HeH_2O 和 He_2H_2O，以及冰行星条件下的氦输运现象[100]，之后又在 $He-NH_3$[101] 和 $He-CH_4$[102] 等体系中发现了塑晶态等相关氦氢输运行为。这些工作将帮助人们构建更完善的行星模型。

水也是一种重要的行星材料，水合物的高压结构和稳定性直接影响行星化学演化。2022 年，董校等通过理论计算预测了新型硅酸镁水合物 $Mg_2SiO_5H_2$[103]，并进一步推测在早期地球中，其作为地幔矿物可以储存最多 8 倍现今海洋质量的水，这些水随着地球演化逐步被释放。

5. 高压材料化学

5.1 新型碳材料

碳的不同杂化方式往往导致截然不同的物理和化学性质。田永君团队系统研究了碳在高温高压下的相变过程和机制，实现了碳的相结构及微观组织的精细调控，发展了多种高性能碳材料。该研究团队控制洋葱碳在高温高压下的相变，截获了具有多级结构特征的纳米孪晶金刚石自生复合材料，首次给出了 2H、4H、9R 和 15R 四种金刚石多型体存在的实验证据[104]。该复合材料在保持约 200GPa 超高硬度的同时，断裂韧性达到与铝合金相当的新水平（$26.6MPa\cdot m^{1/2}$）。研究团队还首次确定了石墨和金刚石之间的共格界面结构，阐明了石墨－金刚石相变机理，截获了石墨－金刚石杂交碳，实现了导电/超硬、极韧/极硬等优异性能的组合[105-108]。研究团队利用富勒烯 C_{60} 在高温高压下的相变截获了一种极硬、高韧的窄带隙（0.1~0.3eV）非晶碳，其硬度可媲美单晶金刚石，韧性却高于金刚石[109]。研究团队还从 C_{60} 出发截获了新型非晶碳（AM-Ⅲ）[110]，这是迄今为止发现的最硬、最强的非晶材料，也是一类光学透明的半导体材料。研究团队在高压窄温区合成了非晶碳/纳米金刚石自生复合材料[111, 112]，其具有钻石般的硬度/强度和石墨般的导电性。刘冰冰[113]、缑慧阳[114]等团队同样从 C_{60} 出发进行高温高压研究，他们发现压缩产物中不仅存在完全无定形的金刚石，而且存在主要由亚纳米尺寸次晶构成的中程有序次晶金刚石。这些研究加深了我们对材料中原子无序度的了解，使研究人员有可能通过调控无序来设计具有不同热、电、光学或机械性能的新型复合材料。

5.2 发光材料

开发新型发光材料、提升材料的发光性能一直是科学家关注的关键问题。与压力诱导荧光增强现象相比，让不发光材料实现压力诱导发光是高压材料化学中的一个基础创新性问题。邹勃和肖冠军等发现压力可以成功诱导 Cs_4PbBr_6 纳米晶发生结构相变，有效调控八面体扭曲程度，改善内部激子自陷态发光，实现 Cs_4PbBr_6 纳米晶的荧光从无到有[115]。他们还在一维卤素钙钛矿 $C_4N_2H_{14}SnBr_4$[30]、二维杂化卤素钙钛矿（$CH_3(CH_2)_3NH_3)_4AgBiBr_8$[116] 和 $PEA_4AgBiBr_8$[117]、全无机二维空位有序钙钛矿 $Cs_3Bi_2Cl_9$[118] 和过渡金属掺杂的三维卤素钙钛矿 $CsPbBr_3$[119] 等体系中先后发现了压力诱导发光的新现象。

权泽卫等也在一维全无机金属卤化物 $CsCu_2I_3$[120] 中实现了压力诱导发光，并提出了高压下自陷态激子发射强度增强的机制。其进一步运用高压精细调控零维杂化金属卤化物 $(bmpy)_9[ZnBr_4]_2[Pb_3Br_{11}]$[121] 的结构和自陷态激子发射，实现了发射颜色从黄绿光到青色光，再到白光的有效调制。他们还在高压下实现了零维金属卤化物 $Cs_2InBr_5 \cdot H_2O$[122] 反常的逆激发依赖发射。

吕旭杰等揭示了锗基金属卤化物钙钛矿结构畸变和发光性能的定量关系[123]，提出了高压下确定荧光量子产率的方法[101]，并基于此揭示了荧光量子产率与激子 - 声子耦合强度的定量关系，确定了实现高效发光的最优耦合强度[124]。此外，吕旭杰等通过高压连续调节二维金属卤化物钙钛矿的层内和层间结构单元，实现了激子特性和发光、光探性能的有效调制和优化[125, 126]，并通过高压调控有机半导体和无机钙钛矿层的相互作用，实现了钙钛矿异质结带边电子态、能带匹配方式和光电性能的可控调制[127]。

邹勃和肖冠军等人研究了 Cs_4PbBr_6 纳米晶在高压下的光物理行为，最终澄清了其常压发光的起源来自内嵌的 $CsPbBr_3$ 纳米颗粒，而非卤素空位引起的固有发射。这一研究使高压手段成为解决常压下科学问题的工具[128]。邹勃、肖冠军和权泽卫等人进一步研究了铟基双钙钛矿 $Cs_2Na_{0.4}Ag_{0.6}InCl_6$[129] 的光物理机制，发现高压下其带隙变化趋势与蓝光峰位移动方向完全相反，由此得出蓝光归因于单重自陷态激子的辐射复合的结论，解决了铟基双钙钛矿蓝光起源的争论。他们进一步利用高压驱动自陷态激子从三重态到单重态的反系间窜越，实现了高度明亮的深蓝光发射，为环境友好型高效深蓝光钙钛矿的设计与制备提供了新方法。

高压相不能稳定至常压这一问题严重制约了发光材料的实际应用。邹勃和肖冠军通过选取 4- 氨基吡啶、苯乙胺和 1-（2- 萘基）甲胺等复杂阳离子提供空间位阻以实现不可逆相变，在系列零维、一维和二维有机无机杂化卤素钙钛矿微 / 纳米材料[130-132] 中实现了压力诱导发光和色温的有效调控，并且成功地将具有高发光效率的高压亚稳相保留至常压，拓展了压力诱导发光体系。这对固体发光材料在照明与显示领域的实际应用具有重要的科学意义。

杨国强、苏磊等发现了 ZnS:Mn 在动高压下的力致发光，且光谱随最高压力发生大范围线性红移（~45nm），这是由高压下 Mn^{2+} 的 $4T_1$ 和 $6A_1$ 能级之间带隙减小引起的，该发现表明压力本身是一种调节力致发光颜色和强度的重要手段[133]。

5.3 含能材料化学

5.3.1 高压含能材料分子设计与制备

含能材料在爆炸过程中产生高压，能够诱导晶体相变。利用高压技术模拟含能材料的爆炸和燃烧，不仅可以理解材料的相演化和分解过程，也有助于设计、制备新型含能材料。高压下分子氮可以转化为聚合氮，每单位质量热爆释放量为传统炸药三硝基甲苯的数倍。拉涅尔（Laniel）等在 245GPa 和 3 300K 条件下合成了六方层状聚合物氮，其能够在至少 66GPa 下稳定存在[134]。吉诚等在 140GPa 和 2 200~4 000K 条件下合成了具有黑磷结构的聚合氮[135]，澄清了层状 LP–N 的结构[136]。这些聚合相之间的能垒较大，可能有更多具有良好性能的亚稳相结构等待探索。

研究人员在高压下还发现了许多新的聚合氮化合物，包括含有 $[N_4]^{4-}$ 的 Mg_2N_4、含有聚合氮链的 MgN_4 和 FeN_4[137]、含有芳香五唑阴离子 N_5^- 的 CsN_5 和 LiN_5[138]。理论计算表明 GaN_5 和 GaN_6 盐能够进一步形成 N_5^{3-} 聚合结构[139]。拉涅尔等人在高压下成功合成了 LiN_5，并将产物淬火到常压条件下使 N_5^- 能够保持动力学稳定，真正意义上得到了一种具有潜在应用的高能量密度材料[140]，同时也证明了掺杂非氮元素可以获得聚合氮材料并同时保持高能量释放能力。实验上，Yao 等采用循环伏安法在原始掺杂硼的石墨烯和多壁碳纳米管上合成了聚合氮 N_8^- 阴离子[141]。理论预测发现六氮化碲中富含新型环状扶手椅型 N_6 阴离子后，索尔克（Salke）等在 126~160GPa 和 3 500K 条件下首次合成了含有环状扶手椅型 N_6 阴离子的 WN_6 盐[142]。2021 年，王贤龙等人预测了 N_6F 的存在[143]。

然而，目前科学家仍未发现由纯氮元素形成的芳香族分子晶体。从 N_2 到聚合氮结构的转变势垒较高（需要 110GPa 和 2 000K 以上的极端条件），且退压时会分解为 N_2。如何解决含能化合物的常压稳定性问题和规模化制备问题，是高压含能材料领域中的重要挑战。

5.3.2 含能材料高压反应

近年来，国内外在炸药的高压反应、点火及爆轰参数研究方面取得大量新进展。在化学反应动力学方面，杨明理等应用分子动力学方法研究了炸药高压反应过程中的相分离现象，获得了中间产物相分离的形成条件[144]。肖鹤鸣、朱卫华课题组综合采用多种数值模拟方法研究了多组分复合炸药的热分解过程[145]，揭示了添加剂对炸药高压反应路径的影响机制。张朝阳及合作者采用机器学习等方法研究了新型含能材料的热解过程[146]，重点分析了压力对热分解路径的影响。杨延强团队应用时间分辨激光光谱技术研究了炸药的冲击相应机理，提出了分子尺度能量局域化的电子 – 振子 – 声子耦合作用机制[147–151]。戈达德（Goddard）教授及合作者开发了新型 ReaxFF 反应力场，应用该力场研究了多种炸药在高温、高压条件下的热分解机制和碳聚物沉积、生长动力学过程[152]，获得了关于钝感炸药快反应和慢反应过程的机理性认识。在炸药的燃烧、爆炸、爆轰方面，现在仍然需要发展能够描述不同时间尺度、不同放热速率的多种非理想过程通用反应模型。钝感炸药的爆轰反应包括慢反应阶段，主要是碳聚物的沉积、生长过程，理论建模工作较少，对碳聚物的结构、相图和反应动力学认识尚不清晰，也需要加强研究。

5.3.3 含能材料晶体的高压相变研究进展

高压可以有效地压缩含能材料分子、原子间的距离，引起层间错位，使其晶型发生转变，化学稳定性发生变化，影响材料的能量和感度[153, 154]。国内外许多课题组对大量典型含能材料晶体的高压相变及其结构稳定性进行了研究，获得了一系列研究成果，但同时也发现很多有争议的问题[155-157]。针对这些问题，郜婵等[158]研究了 γ–RDX，发现其有 AAA 和 AAI 两种构象，获得了高压新相 ζ–RDX，并对亚稳相 β–RDX 高压结构演化规律进行了系统研究[159]。郑海燕[160]和随志磊[161]等解决了奥克托今（HMX）高压相变过程的争议问题，并解析了高压相 ζ–HMX 和 ε–HMX 的晶体结构。张增明等[162-169]研究了 CL–20、LLM–105、DAAF、TATB、HNS 等在高温高压下的结构相变和热分解机制，完善了 CL–20 相图，发现了压力对 LLM–105 初始分解反应的影响机理和几种单质炸药高压下电子结构的演化规律，补充了含能材料数据库，为理论计算提供了大量可靠参数。

赵纪军等[170, 171]模拟分析了压力加载下 α–RDX 的结构、弹性模量和带隙的演化过程。葛妮娜等[172]研究了 RDX 在 170GPa 冲击压下的金属化行为。朱卫华等[173]研究了高压下 δ–HMX 的结构、振动特性及其分解机制，发现 δ–HMX 在 8GPa 左右会发生结构相变，同时也对 CL–20 晶体压力对热分解的抑制作用进行了模拟[174]。黄风雷等[175]建立了 HMX 的单晶模型，研究了其压力、温度、体积的关系，量化了相变对热机械行为的影响。王文鹏[176, 177]、张昆明[178]和解立峰等[179]采用密度泛函理论计算了钝感炸药 FOX–7、笼型硝铵炸药 TEX 及一些新型高能离子盐的多晶型的结构、状态方程、力学性能和分子间相互作用，研究了压力对晶体结构和电子结构的影响机制。

目前国内外含能材料高压相变研究对象主要集中在典型的含能晶体，但是随着越来越多的综合性能优异的新型含能材料（如共晶炸药[180]、主客体炸药[181]、包覆炸药[182]等）的合成，深入探索新型含能材料在高压下的相变路径和稳定性机制，以及含能材料与水相互作用机制将是未来研究的重要方向。

6. 高压矿物化学和地球化学

6.1 碳酸盐高压稳定性及深地碳循环

研究碳酸盐在高温高压下的热力学稳定性对约束地球深部碳的存在形式和种类、追索碳循环的化学和动力学过程、寻找地幔深部潜在的富碳酸盐区域具有重要的科学意义。卡拉斯科－布斯图里亚（Carrasco-Busturia）发现 $CaCO_3$－Ⅰ（$R\bar{3}c$）和 $CaCO_3$－Ⅱ（$P2_1c$）在非热极限下的相变压力分别为 1.99GPa 和 2.56GPa[183]。索丘克（Sawchuk）等发现菱镍矿（$NiCO_3$）在 0~50GPa 范围内不发生相变[184]。Lyu 等发现 $MgCO_3$ 在高于 88GPa/1 800K 的条件下与 $CaSiO_3$ 发生阳离子交换生成 $CaCO_3$ 和 $MgSiO_3$[185]。马尔季罗相（Martirosyan）等厘定了固溶体 $Ca_{0.82}Sr_{0.18}CO_3$ 的 Sr–$CaCO_3$–Ⅱ型结构（$P2_1/c$）及其转变为 Sr–$CaCO_3$–Ⅲc（P–1）和 Sr–$CaCO_3$–Ⅶ（$P2_1/c$）的压力条件。上述研究表明，阳离子组成在高压下碳酸盐相行为中的作用必须得到重视[186]。

加夫留什金（Gavryushkin）等通过计算发现原碳酸盐 Mg_2CO_4 在 50GPa 和 140GPa 压力下的形成温度分别为 2 200K 和 1 085K，并预测了还存在 Mg_2CO_4–$Pnma$ 和 Mg_2CO_4–$P2_1/c$ 两种稳定结构，这两个相在减压到环境压力过程中都是动力学稳定的[187]。萨加托娃（Sagatova）等预测原碳酸钙（Ca_2CO_4–$Pnma$）在 500~2 000K 下可与 SiO_2 共存至 70~90GPa，在压强 83GPa 以上、温度 1 000K 时，原碳酸钙会与 SiO_2 反应生成钙钛矿和 CO_2 气体，可以包裹体形式存在于超深金刚石中[188]。

6.2 硅酸盐的高压稳定性

硅酸盐矿物的高温高压研究一直是地球科学研究的热点。米兰妮（Milani）等报告了硅灰石（$CaSiO_3$）在压力作用下具有向致密结构转变的一阶相变特征[189]。周春银等测量了多晶 $MgSiO_3$ 镁铁榴石在常温常压至 18.4GPa 和 2 000K 条件范围内的弹性模量，发现其是石榴子石（$A_3B_2[SiO_4]_3$）中最低的，并由此推测石榴子石中 $MgSiO_3$ 组分的变化可能是地球 410km 带出现陡峭地震梯度的重要因素[190]。此外，宾迪（Bindi）等报道在随州 L6 球粒陨石的冲击熔融脉中发现了一种新矿物艾戈莱斯石［（Mg，Fe）$_5Si_2O_9$，$C2/m$］[191]。富冈直孝（Tomioka）等发现了 40 年前预测的珀瑞尔石（ε–Mg_2SiO_4，$Pmma$），其自然产状与瓦兹力石和林伍德石纳米片拓扑共生，推测可能产出于低温快速压力淬火环境[192]。

6.3 含水矿物的高压稳定性

含水矿物在高压下的物理化学属性变化是探索地球深部过程的重要线索。李林等发现绿帘石［$Ca_{1.864}Fe_{0.794}Al_{2.120}Si_{2.985}O_{12}(OH)$］的结构框架可以在 1 272K/14.0GPa 条件下保持稳定，但会出现二次羟基激活现象，因此推断绿帘石可作为俯冲带环境的水储库[193]。徐超文等研究了 MgO–Al_2O_3–SiO_2–H_2O 体系在 32GPa/1 350℃以下 Al 在布里奇曼石（Bridgmanite，$Mg_{1-x}Fe_xSiO_3$）和“D 相”（$MgSi_2H_2O_6$，P–31m）之间的配分，发现 Al 倾向进入“D 相”，但配分系数随温度升高而减小[194]。甘波等经 70GPa/2 750K 的冲击高压实验，发现 FeOOH 部分分解形成赤铁矿和磁铁矿[195]。胡清扬等发现高温高压下铁方镁石（Mg，Fe）O 与 H_2O 反应生成（Mg，Fe）O_2H_x（$x \leq 1$）相，估计（$Mg_{0.6}Fe_{0.4}$）O 和（$Mg_{0.7}Fe_{0.3}$）O 的相变分别发生在 1 800km 和 2 300km[196]。刘云贵等发现，在室温和

14GPa 条件下“egg 相”（$AlSiO_3OH$，$P2_1/n$）发生一阶相变，其中氢原子发生了位置翻转，形成了新的氢键构型，但在高温下氢原子进入潜在热无序，这一行为被掩盖[197]。

6.4 高压地球化学相关进展

高压下熔体和矿物间的元素交换、岩石部分熔融条件研究可以为探索岩浆分异、地球氧化过程提供新证据。Ye 等发现角闪岩在 1.5GPa/800~950℃下脱水后的熔体成分与埃达克岩相似[198]。化学成分可变的高 SiO_2 OIB 型玄武岩可能源于玄武岩熔体与斜方辉石的反应[199]。在 0.8GPa/1 080~1 250℃条件下，单斜辉石和 K– 玄武岩熔体之间的微量元素分配显示 LILE、LREE 和 HFSE 均是不相容的，而过渡元素从轻微不相容到高度相容[200]。班加拉（Banjara）等模拟研究了在 4 000~7 000K 下整个地球内部压力范围内亲铁元素和溶解在液态铁中的 Ni（2.67atom%）的热力学性质和结构，计算出的 Mo 和 W 的平均铁配位数略大于 Ni 和 Co 及铁原子的配位数，Mo 和 W 相对于 Ni 和 Co 可大幅增加液体密度，这表明重元素的存在扩大了富铁液体和外地核之间的密度差距，因此在约束地核成分时应考虑较轻的杂质元素[201]。李云国等对地核形成条件下液态铁和硅酸盐熔体之间的 He、Ne、Ar、Kr 和 Xe 的分配进行了从头计算，结果表明 Ne 的分配系数比 He 低三个数量级，这种非常低的分配系数将导致地核中的 $^3He/^{22}Ne$ 远高于在 OIB 中观察到的比率，因此其推断地核不是 OIB 中惰性气体的来源[202]。

7. 冲击波化学

冲击波化学是研究以冲击波为激发能源引起化学变化的一门介于爆炸力学与化学之间的交叉学科。根据研究目标产物的状态，冲击波化学可以分为两个主要方向：一是冲击波作用下气体物质化学反应研究；二是固体物质在冲击压缩波的作用下发生化学反应，其也属于力化学的一部分。冲击波加载压力高（10^1~10^2GPa）、温度高（数千 K）、作用时间短，会在材料中产生很大的剪切应力和应变，使物质与邻近物质间相对运动、混合，产生大量位错缺陷，提高物质的反应活性，同时能量发生耗散，导致一系列的物理和化学变化，如多晶态相变、分解反应、化合反应和单体聚合。由于高温高压极端条件下材料的物性研究和新材料的制备具有重要意义，对冲击波化学的研究受到了研究人员的广泛关注。近年我国在冲击波化学研究领域取得突出进展，在爆炸冲击合成新材料、冲击反应释能等领域取得丰富成果。

7.1 爆炸冲击合成新材料

爆炸冲击引发的瞬时高温高压常被用于制备超硬材料、高压相材料、新型纳米材料及传统化学方法难以制备的新材料。高鑫等[203]利用高能量密度的电爆炸方法，使碳纤维丝充分气化，并在高温高压条件下形核凝结，也实现了纳米金刚石的制备，为纳米金刚石的制备和掺杂改性提供了新策略。在超硬陶瓷粉体制备方面，于雁武等[204]以 HMX 等炸药为能量源，以二氧化钛和碳粉为反应前体，成功实现了爆炸诱导的氧化还原反应，制备了纳米碳化钛陶瓷粉体。

在碳纳米材料制备方面，田中文彦（Tanaka）等利用水下脉冲放电法处理石墨纸条材料，实现了石墨在高温高压下的解离，得到了石墨烯材料[205]，并借助背光法高速摄影对石墨烯形成机理进行观测和分析，推动了脉冲放电等动高压方法在二维材料制备领域的发展。李治国等[206]通过调控爆炸罐内爆炸压力、温度及元素组分，实现了多种碳纳米材料制备。其基于乙炔的气相爆轰在无须催化剂的条件下实现了碗状中空寡层石墨烯的制备，在气相爆轰制备石墨烯的基础上进一步实现了微结构调控，推动了相应石墨烯形成机理的研究。

在金属氧化物制备方面，利用飞片高速撞击产生的高温高压，可以诱导金属氧化物粉体发生反应形成复合金属氧化粉体并实现活化。冉皓天等[207]以二氧化钛、氧化镧粉末为反应前体，使其在 90GPa 高压下化合形成高缺陷密度的纳米晶钛酸镧粉体。Gao 等利用冲击合成法成功制备了之前鲜有报道的钒酸铟（$In_2V_2O_7$）粉体[208]。冯余庆等人用爆炸法合成了尖晶石结构的钛酸锂（$Li_4Ti_5O_{12}$）材料。这些研究表明爆炸合成、冲击合成在制备复合金属氧化物方面具有巨大应用前景，研究人员有望利用瞬时高压对原子、离子半径的压缩，得到传统化学方法难以合成的复合金属氧化物。

自 2015 年冲击合成石墨烯材料以来，利用冲击法制备二维材料已成为冲击波化学的新的研究热点。乔金超等[209]以红磷粉为前体，利用飞片冲击诱导红磷相变形成斜方相黑磷粉体。实验研究表明，冲击波除引起红磷相变以外，亦使产物发生破碎和层间剥离，从而制备了黑磷纳米片、量子点等黑磷纳米材料。利用柱面冲击装置，则可制备并回收克量级黑磷纳米片材料。如借鉴工业生产规模的冲击制备金刚石装置，有望实现黑磷纳米片的规模化生产。

以上在爆炸冲击合成新材料方面的研究进展充分表明，爆炸冲击产生的瞬时高温高压和高卸载速率在包括新前沿材料在内的多类材料制备方面有独特优势，应进一步深化相应研究，积极拓展爆炸冲击在材料合成领域的新应用。

7.2 冲击反应释能

活性金属复合材料可作为新的高效毁伤元，在战斗部打击目标的过程中，通过冲击引发剧烈的释能反应，这类反应往往能起到扩孔、增压、增温等效果，提升对目标的毁伤效果。因此该类材料成为极具潜力的新质毁伤元材料之一，引起研究人员的广泛关注。

对材料在冲击加载条件下的释能反应机理研究是毁伤元结构优化设计、毁伤性能评估、目标易损性分析等研究的重要基础。耿恒恒等[210]利用霍布金森杆动态加载实验和脉冲激光点火实验等，对纳米铝 / 氟橡胶活性材料的冲击点火及冲击释能反应进行研究，探究了其热反应规律和冲击条件下的能量释放效率，优化了其活性成分的配比。胡启文等[211]利用爆炸烧结法制备的 Ni–Al、Ta–Ni–Al 活性材料块体，开展打靶实验研究，分析活性材料在不同冲击条件下的反应路径和释能规律，初步掌握了其与密闭靶室内活性材料释能引起的超压效应的关联性。此外，胡启文等对活性高熵合金等活性材料也进行了动态力学行为特性研究和冲击诱导释能反应研究[212-214]，优化了高熵合金组分配比。

以上研究有助于探究各类活性材料在不同冲击条件下的释能反应规律，分析其释能特性，研究其毁伤机理，为国防事业发展提供重要支撑。

7.3 冲击加载及瞬态测试系统进展

苏磊等[215]将函数信号发生器调控的压电陶瓷加载装置与金刚石对顶砧装置结合，实现了一种载荷精确可调的动高压加载技术，为材料动态加载条件下相变及反应过程原位研究提供了新型研究手段。杨延强等[216]利用脉冲激光烧蚀产生冲击波作为加载手段，结合瞬态光谱分析，研究了冲击波在 TATB、RDX 含能材料中的传播特性及引起的分子分解过程，分析了不同晶格模式激发对含能材料分子分解的作用，为冲击引起的含能材料反应及释能机理研究提供了重要支撑。

7.4 我国面临的挑战与对策

国外的冲击波化学领域研究起步早于中国，发展先于中国，在爆炸冲击制备各类新材料和活性材料冲击反应等方面已取得多项重要进展，在冲击波化学理论研究和爆炸冲击反应机理研究方面仍然有较大优势，在理论指导实验方面更为成功，研究效率更高。在冲击波化学反应过程的超快诊断技术方面，国外科技强国拥有更为完善的测试系统、更成熟的测试技术，较早开展了微观层面上的机理研究，有明显的先发优势。

目前，我国冲击波化学研究仍存在机理认识不清、理论不够完善等问题。在具体研究目标的选定上具有一定的盲目性，往往需要参考借鉴理论计算和静高压实验研究结果，难以取得具有突出原创性的研究成果。在实验装置设计上，应进一步优化完善，提高样品回收效率，实现更加复杂条件下的冲击合成研究，加强固 – 液体系、气 – 液体系等冲击反应的研究。同时应加强超快光谱诊断系统等建设，完善冲击加载条件下的超快光谱诊断技术，深入开展冲击波化学的微观机理研究，实现冲击波作用下微结构演化等的原位观察。

8. 超临界流体化学

我国对超临界流体的研究始于 20 世纪 80 年代。历经 40 多年的发展，一些超临界流体技术（如分离技术、反应技术、分离 – 反应耦合技术及其他技术等）已经实现工业化，在绿色与可持续发展中发挥着重要作用。近年来，我国研究人员在发展超临界流体新技术的同时，加强了对超临界流体性质和应用的基础研究，取得了许多重要进展。

8.1 超临界流体中的化学合成

二维纳米材料如石墨烯、过渡金属硫化物及氧化物、氮化硼、石墨炔等的制备存在诸多挑战。超临界流体表面张力为零，具有高扩散性和强渗透能力，易于进入材料层间，为二维材料制备和修饰改性提供了重要手段。自许群等首次利用超临界 CO_2 辅助反向胶束法制备了 1~3 层无缺陷石墨烯后[217]，徐琴琴等利用超临界 CO_2 的插层作用，在 *N*– 甲基吡咯烷酮中制备了高浓度、高少层（1~3 层）比例且无基面缺陷的石墨烯[218]。胡国新等在超临界 CO_2/ 水体系中，高产率（>50%）得到了高纯度（>93%）少于三层的石墨烯[219]。赵亚平等在超临界 CO_2 中借助球磨和剪切混合实现了高质量石墨烯的规模（40g/batch）制备[220]。许群课题组在超临界二氧化碳体系中实现了金属 – 有机骨架材料（MOFs）由三维向二维结构的转换[221]，并由 Ti_3AlC_2 MAX 相得到了二维 MXenes 纳米片[222]，还发现了超临界 CO_2 会导致二维材料严重的晶格畸变，并最终导致非晶化，由此制备了一系列非晶态二维材料[223-226]。最近，许群课题组用不同压力的超临界 CO_2 处理抗磁性块体 $BaTiO_3$，选择性地劈裂其化学键，产生了具有不同表面的固体拓扑结构，得到了室温铁磁性强于其他方法合成样品的 $BaTiO_3$[227]。他们还通过超临界 CO_2 向 g–C_3N_4 框架中引入平面桥接的 sp^2–B 来建立局部磁矩交换和长程磁序，获得了室温二维铁磁性 g–C_3N_4[228]。

韩布兴团队采用超临界 CO_2 干燥方法，获得了暴露丰富表面晶界的 PdCu 气凝胶，该材料对电催化还原 CO_2 制甲醇显示出优异的催化性能[229]。张建玲课题组在超临界 CO_2–甲醇混合流体中制备了 MOFs 材料，发现 CO_2 可使得金属离子暴露在材料表面，进而在催化反应中显示出更高的催化活性[230]。

8.2 超临界 CO_2 的化学转化

随着碳中和国家战略的向前推进，CO_2 的化学转化引起了人们的广泛重视，超临界状态下的 CO_2 转化为合成能源产品和化学品提供了重要手段。基于超临界流体 CO_2 特性，韩布兴院士团队构建了多元催化体系，在超临界态下实现了 CO_2 加氢制备多碳醇和长链烷烃。例如，团队设计制备了 Co_6/MnO_x 复合催化剂，在 200℃温度条件下，首次实现了 CO_2 在催化剂表面直接加氢还原生成 C_5~C_{26} 液体燃料，其选择性高达 53.2C–mol%，而处于超临界状态是发生 CO_2 加氢反应的必要条件[231]。团队还以 Pt/Co_3O_4 为催化剂，首次在相对温和的条件（180~220℃）下实现了 CO_2 直接加氢生成 C_2~C_4 醇，其最大收率 >80%[232]。为进一步降低反应温度，团队将均相催化剂（$RuCl_3$）与非均相催化剂（Ru 纳米颗粒）耦合，在 170℃条件下实现了催化 CO_2 加氢合成液体烃[233]。

为克服 CO_2 直接加氢制化学品反应的热力学受限问题，韩布兴团队提出了超临界状态

下有机分子与 CO_2/H_2 三组分反应制备化学品的新策略，并通过创制催化体系，实现了多种由超临界 CO_2 转化制备不同化学品的新反应[234-236]。例如，团队构建了 Ru-Rh 双金属配合物 - 咪唑配体 - 溶剂多组分催化反应体系，在超临界条件下实现了甲醇与 CO_2/H_2 反应，高选择性获得了乙酸（产率 77%）[237]。团队还构建了 IrI_4/LiI- 乙醇催化体系，在超临界条件下实现醚与 CO_2/H_2 反应生成高级羧酸，发展了以醚、CO_2 和 H_2 为原料合成高级羧酸的新反应，该反应的底物普适性强，选择不同的醚类化合物可获得不同种类的羧酸[238]。

8.3 超临界技术产业化的现状与前景

在“双碳”战略的大背景下，超临界流体技术的产业化发展迅速。为获得新能源材料、多孔材料等，超临界流体干燥技术的产业化水平近年有望达到一个新高度。超临界流体结晶制备超细微粒技术趋于成熟，可用于微纳米材料、药物制备等领域，但产业化进程相对缓慢。其他分离技术，如超临界吸附 / 吸收及与之相关的超临界负载、超临界色谱等，虽有相关产业化报道，但尚未引起产业界的足够关注。超临界反应技术中，若干精细化学品如异佛尔酮的产业化给企业带来了很好的效益，也为超临界流体反应技术带来了声誉，但大部分体系，包括研究较多的生物质的转化体系、材料制备体系，以及近期研究的超临界或加压光 / 电催化转化体系[239，240]，离产业化仍有一定的距离。在环境领域广为产业界关注的超临界水氧化技术，由于技术稳定性和成本等因素，产业化发展不够理想。超临界流体分离 - 反应耦合技术，可强化反应过程的传质、传热，突破传统反应过程的局限，为提高目标产物的选择性和收率提供了新途径。超临界流体碳化反应结合超临界流体干燥进行硅气凝胶生产技术的产业化正在往规模化方向发展[241]。其他技术，如超临界流体染色、超临界发泡、超临界二氧化碳发电等技术，由于与产业对接较好，产业化取得了一定的成效。在新的历史发展机遇下，深入进行产业融合发展，是超临界流体科学和技术进一步发展的必由之路。

9. 结语

近年来高压化学在各个分支领域都表现出蓬勃发展的态势，同时不断有新的研究方向产生。化学科学整体上在高速发展，同时高压技术和很多方向都可以产生交叉，这就带来了大量的新奇现象和科学问题。高压化学内部也表现出非常强的交叉学科特色，高压无机化学与高压有机化学之间高度融合，又与高压材料化学、高压地球化学、高压物理化学等深度交叉，这些领域“横看成岭侧成峰”，研究人员从非传统的研究视角进行研究，由此产生了大量研究成果。高压化学未来发展的重点在于高压下特有新奇现象的探索，高压过程机理的研究，高压实验合成、表征与理论工具的开发和研究成果的实际应用。高压化学将与整个化学学科乃至部分物理科学、材料科学、地球科学等协同发展，共同推动物质科学的发展。

参考文献

[1] Lei L, He D, Design.Synthesis of GaN crystals through solid-state metathesis reaction under high pressure [J]. Crystal Growth Design, 2009, 9(3): 1264–1266.

[2] Lei L, Yin W, Jiang X, et al.Synthetic route to metal nitrides: high-pressure solid-state metathesis reaction [J]. Inorganic Chemistry, 2013, 52(23): 13356–13362.

[3] Lei L, Zhang L, Gao S, et al.Neutron diffraction study of the structural and magnetic properties of ε-$Fe_3N_{1.098}$ and ε-$Fe_{2.322}Co_{0.678}N_{0.888}$ [J]. Journal of Alloys and Compounds, 2018, 752: 99–105.

[4] Lei L, Zhang L. Recent advance in high-pressure solid-state metathesis reactions [J]. Matter and Radiation at Extremes, 2018, 3(3): 95–103.

[5] Wu B, Lei L, Zhang F, et al.Pressure-induced disordering of site occupation in iron-nickel nitrides [J]. Matter and Radiation at Extremes, 2021, 6(3): 038401.

[6] Ashcroft N. Hydrogen dominant metallic alloys: high temperature superconductors [J]. Physical Review Letters, 2004, 92(18): 187002.

[7] Drozdov A, Kong P, Minkov V, et al.Superconductivity at 250K in lanthanum hydride under high pressures [J]. Nature, 2019, 569(7757): 528–531.

[8] Somayazulu M, Ahart M, Mishra A K, et al.Evidence for superconductivity above 260K in lanthanum superhydride at megabar pressures [J]. Physical Review Letters, 2019, 122(2): 027001.

[9] Tao Y, Zhang L, Lei L, et al .Equation of state for generalized pressure [J]. Physical Review B, 2022, 105(17): 174102.

[10] Lin K, Li Q, Yu R, et al.Chemical pressure in functional materials [J]. Chemical Society Reviews, 2022, 51: 5351–5364.

[11] Wang Y, Zhang L, Wang J, et al.Chemical-pressure-modulated $BaTiO_3$ thin films with large spontaneous polarization and high curie temperature [J]. Journal of the American Chemical Society, 2021, 143(17): 6491–6497.

[12] Dong Q, Pan J, Li S, et al.Record-high superconductivity in transition metal dichalcogenides emerged in compressed 2H-TaS_2 [J]. Advanced Materials, 2022, 34(9): 2103168.

[13] Dong Q, Li Q, Li S, et al.Structural phase transition and superconductivity hierarchy in 1T-TaS_2 under pressure up to 100GPa [J]. npj Quantum Materials, 2021, 6(1): 20.

[14] Rahman S, Saqib H, Liang X, et al.Pressure-induced metallization and robust superconductivity in pristine 1T-$HfSe_2$ [J]. Materials Today Physics, 2022, 25: 100698.

[15] Rahman S, Wang L, Saqib H, et al.Metallization and superconductivity with T_c> 12K in transition metal dichalcogenide HfS_2 under pressure [J]. Materials Today Physics, 2023, 34: 101091.

[16] Feng J, Li C, Deng W, et al.Superconductivity induced by Lifshitz transition in pristine SnS_2 under high pressure [J]. The Journal of Physical Chemistry Letters, 2022, 13(40): 9404–9410.

[17] Yue B, Zhong W, Yu X, et al.Superconductivity in the van der Waals crystal SnS_2 up to 105GPa [J]. Physical Review B, 2022, 105(10): 104514.

[18] Liu Z, Li J, Zhang J, et al.Quasi-one-dimensional superconductivity in the pressurized charge-density-wave conductor $HfTe_3$ [J]. npj Quantum Materials, 2021, 6(1): 90.

[19] Yue B, Zhong W, Deng W, et al.Insulator-to-superconductor transition in quasi-one-dimensional HfS_3 under pressure [J]. Journal of the American Chemical Society, 2022, 145(2): 1301-1309.
[20] Liu Z, Sakai Y, Yang J, et al.Sequential spin state transition and intermetallic charge transfer in $PbCoO_3$ [J]. Journal of the American Chemical Society, 2020, 142(12): 5731-5741.
[21] Liu Z, Zhang S, Wang X, et al.Realization of a half metal with a record-high curie temperature in Perovskite oxides [J]. Advanced Materials, 2022, 34(17): 2200626.
[22] Pan Z, Chen J, Yu R, et al.Large negative thermal expansion induced by synergistic effects of ferroelectrostriction and spin crossover in $PbTiO_3$-based perovskites [J]. Chemistry of Materials, 2019, 31(4): 1296-1303.
[23] Ye X, Zhao J, Das H, et al.Observation of novel charge ordering and spin reorientation in perovskite oxide $PbFeO_3$ [J]. Nature Communications, 2021, 12(1): 1917.
[24] Zhou B, Zhang J, Ye X, et al.Octahedral distortion and displacement-type ferroelectricity with switchable photovoltaic effect in a $3d^3$-electron perovskite system [J]. Physical Review Letters, 2023, 130(14): 146101.
[25] Zhao M H, Zhu C, Sun Z, et al.Methodological approach to the high-pressure synthesis of nonmagnetic $Li_2B^{4+}B'^{6+}O_6$ oxides [J]. Chemistry of Materials, 2021, 34(1): 186-196.
[26] Zhao M H, Zhou X, Han Y, et al.Metastable γ-Li_2TiTeO_6: Negative chemical pressure interception and polymorph tuning of SHG [J]. Chemistry of Materials, 2022, 34(22): 10153-10161.
[27] Wang Y, Zhang Y, Li B, et al.Restacked melon as highly-efficient photocatalyst [J]. Nano Energy, 2020, 77: 105124.
[28] Xia T, Han Y, Zhu C, et al.Thermochemical mechanism of optimized lanthanum chromite heaters for high-pressure and high-temperature experiments [J]. ACS Applied Materials Interfaces, 2022, 14(28): 32244-32252.
[29] Fang Y, Zhang L, Wu L, et al.Pressure-induced emission (PIE) and phase transition of a two-dimensional halide double perovskite $(BA)_4AgBiBr_8$ (BA= $CH_3(CH_2)_3NH^{3+}$) [J]. Angewandte Chemie International Edition, 2019, 58(43): 15249-15253.
[30] Shi Y, Ma Z, Zhao D, et al.Pressure-induced emission (PIE) of one-dimensional organic tin bromide perovskites [J]. Journal of the American Chemical Society, 2019, 141(16): 6504-6508.
[31] Zhang L, Liu C, Wang L, et al. Pressure-induced emission enhancement, band-gap narrowing, and metallization of halide perovskite $Cs_3Bi_2I_9$ [J]. Angewandte Chemie International Edition, 2018, 57(35): 11213-11217.
[32] 邹勃，压力诱导发光未来可期 [J]. 发光学报，2020，41（5）：507-509.
[33] Jiang D, Jiang Z, Song H, et al.Pressure controls the structure and nonlinear optical properties of piezochromic $CdTeMoO_6$ [J]. Chemistry of Materials, 2021, 33(8): 2929-2936.
[34] Jiang D, Song H, Wen T, et al.Pressure-driven two-step second-harmonic-generation switching in $BiOIO_3$ [J]. Angewandte Chemie International Edition, 2022, 61(9): e202116656.
[35] Wang Y, Lyu X, Yang W, et al.Pressure-induced phase transformation, reversible amorphization, and anomalous visible light response in organolead bromide perovskite [J]. Journal of the American Chemical Society, 2015, 137(34): 11144-11149.
[36] Wen T, Wang Y, Li N, et al.Pressure-driven reversible switching between n-and p-type conduction in chalcopyrite $CuFeS_2$ [J]. Journal of the American Chemical Society, 2018, 141(1): 505-510.
[37] Chelazzi D, Ceppatelli M, Santoro M, et al.High-pressure synthesis of crystalline polyethylene using optical catalysis [J]. Nature materials, 2004, 3(7): 470-475.
[38] Sun J, Dong X, Wang Y, et al. Pressure-induced polymerization of acetylene: Structure-directed stereoselectivity and a possible route to graphane [J]. Angewandte Chemie International Edition, 2017, 56(23): 6553-6557.
[39] Qi G, Song S, Deng Z, et al.Pressure-induced topochemical polymerization toward advanced energetic materials [J]. CCS Chemistry, 2023, 5(8): 1815-1826.

[40] Wang X, Tang X, Zhang P, et al.Crystalline fully carboxylated polyacetylene obtained under high pressure as a Li–ion battery anode material [J] . The Journal of Physical Chemistry Letters, 2021, 12 (50): 12055–12061.

[41] Meng X, Chen C, Deng X, et al.Building a cocrystal by using supramolecular synthons for pressure–accelerated heteromolecular azide–alkyne cycloaddition [J] . Chemistry A European Journal. 2019, 25(29): 7142–7148.

[42] Meng X, Xu S, Chen C, et al.Topochemical 1, 3–dipolar cycloaddition polymerization assisted by non–covalent interactions [J] . CrystEngComm, 2023, 25(18): 2706–2711.

[43] Li F, Xu J, Wang Y, et al.Pressure–induced polymerization: Addition and condensation reactions [J] . Molecules, 2021, 26(24): 7581.

[44] Fitzgibbons T C, Guthrie M, Xu E S, et al.Benzene–derived carbon nanothreads [J] . Nature Material, 2015, 14(1): 43–47.

[45] Roman R E, Kwan K, Cranford S W.Mechanical properties and defect sensitivity of diamond nanothreads [J] . Nano Letter, 2015, 15(3): 1585–1590.

[46] Chen B, Hoffmann R, Ashcroft N W, et al.Linearly polymerized benzene arrays as intermediates, tracing pathways to carbon nanothreads [J] . Journal of the American Chemical Society, 2015, 137 (45): 14373–14386.

[47] Duan P, Li X, Wang T, et al.The chemical structure of carbon nanothreads analyzed by advanced solid–state NMR [J] . Journal of the American Chemical Society, 2018, 140(24): 7658–7666.

[48] Juhl S J, Wang T, Vermilyea B, et al.Local structure and bonding of carbon nanothreads probed by high–resolution transmission electron microscopy [J] . Journal of the American Chemical Society, 2019, 141(17): 6937–6945.

[49] Li X, Wang T, Duan P, et al.Carbon nitride nanothread crystals derived from pyridine [J] . Journal of the American Chemical Society, 2018, 140(15): 4969–4972.

[50] Nobrega M M, Teixeira–Neto E, Cairns A B, et al.One–dimensional diamondoid polyaniline–like nanothreads from compressed crystal aniline [J] . Chemical Science, 2018, 9(1): 254–260.

[51] Biswas A, Ward M D, Wang T, et al.Evidence for orientational order in nanothreads derived from thiophene [J] . The Journal of Physical Chemistry Letters, 2019, 10(22):7164–7171.

[52] Huss S, Wu S, Chen B, et al.Scalable Synthesis of crystalline one–dimensional carbon nanothreads through modest–pressure polymerization of furan [J] . ACS Nano, 2021, 15(3): 4134–4143.

[53] Wang X, Yang X, Wang Y, et al.From biomass to functional crystalline diamond nanothread: Pressure–induced polymerization of 2, 5–furandicarboxylic acid [J] . Journal of the American Chemical Society, 2022, 144(48): 21837–21842.

[54] Samuel G. Dunning B C, Li Z, et al.Synthesis and post–processing of chemically homogeneous nanothreads from 2–5–furandicarboxylic acid [J] . Angewandte Chemie International Edition, 2023, 135: e202217023.

[55] Gao D, Tang X, Xu J, et al.Crystalline $C_3N_3H_3$ tube(3, 0) nanothreads [J] . The Proceedings of the National Academy of Sciences, 2022, 119(17): e2201165119.

[56] Dunning S G, Zhu L, Chen B, et al.Solid–state pathway control via reaction–directing heteroatoms: Ordered pyridazine nanothreads through selective cycloaddition [J] . Journal of the American Chemical Society, 2022, 144(5): 2073–2078.

[57] Matthew D. Ward, Wan S T, Li Zhu, et al. Controlled single–crystalline polymerization of $C_{10}H_8 \cdot C_{10}F_8$ under pressure [J] . Macromolecules, 2019, 52(20): 7557–7563.

[58] Friedrich A, Collings I E, Dziubek K F, et al.Pressure–induced polymerization of polycyclic arene–perfluoroarene cocrystals: Single crystal X–ray diffraction studies, reaction kinetics, and design of columnar hydrofluorocarbons [J] . Journal of the American Chemical Society, 2020, 142(44): 18907–18923.

[59] Wang Y, Dong X, Tang X, et al.Pressure–induced Diels–Alder reactions in C_6H_6–C_6F_6 cocrystal towards graphane structure [J] . Angewandte Chemie International Edition, 2019, 58(5): 1468–1473.

[60] Zhang P, Tang X, Wang Y, et al.Distance-selected topochemical Dehydro-Diels-Alder reaction of 1, 4-diphenylbutadiyne toward crystalline graphitic nanoribbons [J]. Journal of the American Chemical Society, 2020, 142(41): 17662-17669.
[61] Zhang P, Gao D, Tang X, et al.Ordered Van der Waals hetero-nanoribbon from pressure-induced topochemical polymerization of azobenzene [J]. Journal of the American Chemical Society, 2023, 145(12): 6845-6852.
[62] Meng X, Qi G, Zhang C, et al.Visible mechanochromic responses of spiropyrans in crystals via pressure-induced isomerization [J]. Chemical Communications, 2015, 51(45): 9320-9323.
[63] Wang Y, Tan X, Zhang Y M, et al.Dynamic behavior of molecular switches in crystal under pressure and its reflection on tactile sensing [J]. Journal of the American Chemical Society, 2015, 137(2): 931-939.
[64] Meng X, Qi G, Li X, et al.Spiropyran-based multi-colored switching tuned by pressure and mechanical grinding [J]. Journal of Materials Chemistry C, 2016, 4(32): 7584-7588.
[65] Ma Z, Meng X, Ji Y, et al.Pressure induced the largest emission wavelength change in a single crystal [J]. Dyes and Pigments, 2019, 162: 136-144.
[66] Deng X, Guo H, Meng X, et al.Visible responses under high pressure in crystals: phenolphthalein and its analogues with adjustable ring-opening threshold pressures [J]. Chemical Communications, 2019, 55(32): 4663-4666.
[67] Chen Z, Ye F, Shao T, et al.Stress-dependent multicolor mechanochromism in epoxy thermosets based on rhodamine and diaminodiphenylmethane mechanophores [J]. Macromolecules, 2022, 55(6): 2310-2319.
[68] Zhang P, Tang X, Zhang C, et al.Pressure-induced hydrogen transfer in 2-butyne via a double CH··· π aromatic transition state [J]. Journal of Physical Chemistry Letters, 2022, 13(18): 4170-4175.
[69] Yang X, Li Y, Wang Y, et al.Chemical transformations of n-hexane and cyclohexane under the upper mantle conditions [J]. Geoscience Frontiers, 2021, 12(2): 1010-1017.
[70] Fu C, Du B, Dai C, et al.Raman study of nonhydrostatic pressure-induced phase transitions in monoclinic L-aspartic acid crystals [J]. Journal of Raman Spectroscopy, 2019, 50(8): 1205-1216.
[71] Fu C, Yao X, Zhang S, et al.High-pressure in situ methods revealing the effect of pressure on glutathione structure [J]. Food Chemistry, 2021, 359: 129808.
[72] Shinozaki A, Komatsu K, Kagi H, et al.Behavior of intermolecular interactions in α-glycine under high pressure [J]. The Journal of Chemical Physics, 2018, 148(4): 044507.
[73] Yao X, Fu C, Dai C, et al.Structural changes of orthorhombic α-D-galactose crystal by using Raman spectroscopy at high pressure [J]. Journal of Molecular Structure, 2019, 1195: 778-786.
[74] Zheng Z, Yao X, Zhang S, et al.In-situ Raman study of α-D-glucose under different pressure and temperature [J]. Journal of Molecular Structure, 2023, 1274: 134539.
[75] Qiao P, Li B, He Y, et al.High-performance hydrogels via alternate compression-decompression [J]. The Journal of Physical Chemistry C, 2022, 126, 51: 21825-21832.
[76] Qiao P, Shi K, Wang Y, et al.Ultrafast gelation of hyaluronan hydrogels via alternate compression-decompression [J]. Food Hydrocolloids, 2023, 141: 108732.
[77] Wang Y, Liu C, Yong X, et al.Pressure engineering toward harvesting the bright deep-blue-light emission in Y-based metal-organic frameworks [J]. Advanced Functional Materials, 2023: 2300109.
[78] Wang Y, Yang X, Liu C, et al.Maximized green photoluminescence in Tb-based metal-organic framework via pressure-treated engineering [J]. Angewandte Chemie International Edition, 2022, 61(48): e202210836.
[79] Zhang T, Yong X, Yu J, et al.Brightening blue photoluminescence in nonemission MOF-2 by pressure treatment engineering [J]. Advanced Materials, 2023, 35(23): e2211729.
[80] Wang Y, Lyu J, Zhu L, et al.CALYPSO: A method for crystal structure prediction [J]. Computer Physics Communications, 2012, 183(10): 2063-2070.

[81] Wang J, Gao H, Han Y, et al.MAGUS: machine learning and graph theory assisted universal structure searcher [J]. National Science Review, 2023, 10(7).

[82] Dong X, Zhou X F, Qian G R, et al.An ab initio study on the transition paths from graphite to diamond under pressure[J]. Journal of Physics: Condensed Matter, 2013, 25(14): 145402.

[83] Qian G–R, Dong X, Zhou X F, et al.Variable cell nudged elastic band method for studying solid–solid structural phase transitions [J]. Computer Physics Communications, 2013, 184(9): 2111–2118.

[84] Luo K, Liu B, Hu W, et al.Coherent interfaces govern direct transformation from graphite to diamond [J]. Nature, 2022, 607(7919): 486–491.

[85] Dong X, Oganov A R, Cui H, et al.Electronegativity and chemical hardness of elements under pressure [J]. Proceedings of the National Academy of Sciences, 2022, 119(10): e2117416119.

[86] Duan D, Liu Y, Tian F, et al.Pressure–induced metallization of dense $(H_2S)_2H_2$ with high–Tc superconductivity [J]. Scientific Reports, 2014, 4(1): 6968.

[87] Drozdov A P, Eremets M I, Troyan I A, et al.Conventional superconductivity at 203 kelvin at high pressures in the sulfur hydride system [J]. Nature, 2015, 525(7567): 73–76.

[88] Peng F, Sun Y, Pickard C J, et al.Hydrogen clathrate structures in rare Earth hydrides at high pressures: Possible route to room–temperature superconductivity [J]. Physical Review Letters, 2017, 119(10):107001.

[89] Liu H, Naumov I I, Hoffmann R, et al.Potential high–Tc superconducting lanthanum and yttrium hydrides at high pressure [J]. Proceedings of the National Academy of Sciences, 2017, 114(27): 6990–6995.

[90] Drozdov A P, Kong P P, Minkov V S, et al.Superconductivity at 250 K in lanthanum hydride under high pressures [J]. Nature, 2019, 569(7757): 528–531.

[91] Somayazulu M, Ahart M, Mishra A K, et al.Evidence for superconductivity above 260 K in Lanthanum superhydride at megabar pressures [J]. Physical Review Letters, 2019, 122(2): 027001.

[92] Cui W, Bi T, Shi J, et al.Route to high–Tc superconductivity via CH_4–intercalated H_3S hydride perovskites [J]. Physical Review B, 2020, 101(13): 134504.

[93] Li X, Huang X, Duan D, et al.Polyhydride CeH_9 with an atomic–like hydrogen clathrate structure [J]. Nature Communications, 2019, 10(1): 3461.

[94] Ma L, Wang K, Xie Y, et al.High–temperature superconducting phase in clathrate calcium hydride CaH_6 up to 215 K at a pressure of 172 GPa [J]. Physical Review Letters, 2022, 128(16): 167001.

[95] Yuan Y, Li Y, Fang G, et al.Stoichiometric evolutions of PH_3 under high pressure: implication for high–Tc superconducting hydrides [J]. National Science Review, 2019, 6(3): 524–531.

[96] Sun Y, Lyu J, Xie Y, et al.Route to a superconducting phase above room temperature in electron–doped hydride compounds under high pressure [J]. Physical Review Letters, 2019, 123(9): 097001.

[97] Dong X, Oganov A R, Goncharov A F, et al.A stable compound of helium and sodium at high pressure [J]. Nature Chemistry, 2017, 9(5): 440–445.

[98] Wang Z, Cui H, Hou J, et al.Can HHe+ exist at high pressure: Exploration of high pressure induced HF–He compounds [J]. Geoscience Frontiers, 2021, 12(2): 1039–1043.

[99] Hou J, Weng X J, Oganov A R, et al.Helium–nitrogen mixtures at high pressure [J]. Physical Review B, 2021, 103(6): L060102.

[100] Liu C, Gao H, Wang Y, et al.Multiple superionic states in helium–water compounds [J]. Nature Physics, 2019, 15(10): 1065–1070.

[101] Liu C, Gao H, Hermann A, et al.Plastic and superionic helium ammonia compounds under high pressure and high temperature [J]. Physical Review X, 2020, 10(2): 021007.

[102] Gao H, Liu C, Hermann A, et al.Coexistence of plastic and partially diffusive phases in a helium–methane compound

［J］. National Science Review, 2020, 7(10): 1540–1547.
［103］ Li H F, Oganov A R, Cui H, et al.Ultrahigh–pressure magnesium hydrosilicates as reservoirs of water in early Earth ［J］. Physical Review Letters, 2022, 128(3): 035703.
［104］ Yue Y, Gao Y, Hu W, et al.Hierarchically structured diamond composite with exceptional toughness［J］. Nature, 2020, 582(7812): 370–374.
［105］ Luo K, Liu B, Sun L, et al.Design of a class of new sp^2–sp^3 carbons constructed by graphite and diamond building blocks［J］. Chinese Physics Letters, 2021, 38(2): 028102.
［106］ Ge Y, Luo K, Liu Y, et al.Superconductivity in graphite–diamond hybrid［J］. Materials Today Physics, 2022, 23: 100630.
［107］ Luo K, Li B, Sun L, et al.Novel boron nitride polymorphs with graphite–diamond hybrid structure［J］. Chinese Physics Letters, 2022, 39(3): 036301.
［108］ Luo K, Liu B, Hu W, et al.Coherent interfaces govern direct transformation from graphite to diamond［J］. Nature, 2022, 607(7919): 486–491.
［109］ Zhang S, Wu Y, Luo K, et al.Narrow–gap, semiconducting, superhard amorphous carbon with high toughness, derived from C_{60} fullerene［J］. Cell Reports Physical Science, 2021, 2(9): 100575.
［110］ Zhang S, Li Z, Luo K, et al.Discovery of carbon–based strongest and hardest amorphous material［J］. National Science Review, 2022, 9(1).
［111］ Li Z, Wang Y, Ma M, et al.Ultrastrong conductive in situ composite composed of nanodiamond incoherently embedded in disordered multilayer graphene［J］. Nature Materials, 2023, 22(1): 42–49.
［112］ Zhao Z, Li X.Combining the properties of nanodiamond and disordered multilayer graphene［J］. Nature Materials, 2023, 22(1): 14–15.
［113］ Shang Y, Liu Z, Dong J, et al.Ultrahard bulk amorphous carbon from collapsed fullerene［J］. Nature, 2021, 599(7886): 599–604.
［114］ Tang H, Yuan X, Cheng Y, et al.Synthesis of paracrystalline diamond［J］. Nature, 2021, 599(7886): 605–610.
［115］ Ma Z, Liu Z, Lu S, et al.Pressure–induced emission of cesium lead halide perovskite nanocrystals［J］. Nature Communications, 2018, 9(1): 4506.
［116］ Fang Y, Zhang L, Wu L, et al.Pressure–induced emission (PIE) and phase transition of a two–dimensional halide double Perovskite $(BA)_4AgBiBr_8$ $(BA=CH_3(CH_2)_3NH_3^+)$［J］. Journal of the American Chemical Society, 2019, 58(43): 15249–15253.
［117］ Zhang L, Li S, Sun H, et al.Revealing the mechanism of pressure–induced emission in layered silver–bismuth double Perovskites［J］. Angewandte Chemie International Edition, 2023, 62(14), e202301573.
［118］ Geng T, Shi Y, Liu Z, et al.Pressure–induced emission from all–inorganic two–dimensional vacancy–ordered lead–free metal halide Perovskite nanocrystals［J］. The Journal of Physical Chemistry Letters, 2022, 13(50): 11837–11843.
［119］ Shi Y, Zhao W, Ma Z, et al.Self–trapped exciton emission and piezochromism in conventional 3D lead bromide perovskite nanocrystals under high pressure［J］. Chemical Science, 2021, 12(44): 14711–14717.
［120］ Peng F, Song X, Liu C, et al.Xenon iron oxides predicted as potential Xe hosts in Earth's lower mantle［J］. Nature Communications, 2020, 11(1): 5227.
［121］ Li Q, Chen Z, Li M, et al.Pressure–engineered photoluminescence tuning in zero–dimensional lead bromide trimer clusters［J］. Angewandte Chemie International Edition, 2021, 60(5): 2583–2587.
［122］ Li Q, Xu B, Chen Z, et al.Excitation–dependent emission color tuning of 0D $Cs_2InBr_5 \cdot H_2O$ at high pressure［J］. Advanced Functional Materials, 2021, 31(38): 2104923.
［123］ Lyu X, Stoumpos C, Hu Q, et al.Regulating off–centering distortion maximizes photoluminescence in halide

perovskites [J]. National Science Review, 2020, 8(9).

[124] Luo H, Guo S, Zhang Y, et al.Regulating exciton–phonon coupling to achieve a near-unity photoluminescence quantum yield in one-dimensional hybrid metal halides [J]. Advanced Science, 2021, 8(14): 2100786.

[125] Guo S, Zhao Y, Bu K, et al.Pressure-suppressed carrier trapping leads to enhanced emission in two-dimensional perovskite $(HA)_2(GA)Pb_2I_7$ [J]. Angewandte Chemie International Edition, 2020, 59: 17533.

[126] Guo S, Bu K, Li J, et al.Enhanced photocurrent of all-inorganic two-dimensional perovskite $Cs_2PbI_2Cl_2$ via pressure-regulated excitonic features [J]. Journal of the American Chemical Society, 2021, 143(6): 2545–2551.

[127] Guo S, Li Y, Mao Y, et al.Reconfiguring band-edge states and charge distribution of organic semiconductor-incorporated 2D perovskites via pressure gating [J]. Science Advances, 2022, 8(44): 1984.

[128] Ma Z, Li F, Zhao D, et al.Whether or not emission of Cs_4PbBr_6 nanocrystals: high-pressure experimental evidence [J]. CCS Chemistry, 2020, 2: 71–80.

[129] Ma Z, Li Q, Luo J, et al.Pressure-driven reverse intersystem crossing: new path toward bright deep-blue emission of lead-free halide double perovskites [J]. Journal of the American Chemical Society, 2021, 143(37): 15176–15184.

[130] Zhao D, Xiao G, Liu Z, et al.Harvesting cool daylight in hybrid organic-inorganic halides microtubules through the reservation of pressure-induced emission [J]. Advanced Materials, 2021, 33(31): 2100323.

[131] Zhao D, Cong M, Liu Z, et al.Steric hindrance effects on the retention of pressure-induced emission toward scintillators [J]. Cell Reports Physical Science, 2023:101445.

[132] Fu R, Zhao W, Wang L, et al.Pressure-induced emission toward harvesting cold white light from warm white light [J]. Angewandte Chemie International Edition, 2021, 60(18):10082–10088.

[133] Zhang L, Shi K, Wang Y, et al.Unraveling the anomalous mechanoluminescence intensity change and pressure-induced red-shift for manganese-doped zinc sulfide [J]. Nano Energy, 2021, 85: 106005.

[134] Laniel D, Geneste G, Weck G, et al.Hexagonal layered polymeric nitrogen phase synthesized near 250 GPa [J]. Physical Review Letters, 2019, 122(6): 066001.

[135] Laniel D, Winkler B, Fedotenko T, et al.High-pressure polymeric nitrogen allotrope with the black phosphorus structure [J]. Physical Review Letters, 2020, 124(21): 216001.

[136] Ji C, Adeleke A A, Yang L, et al.Nitrogen in black phosphorus structure [J]. Science Advances, 2020, 6(23): eaba9206.

[137] Laniel D, Winkler B, Koemets E, et al.Synthesis of magnesium-nitrogen salts of polynitrogen anions [J]. Nature Communications, 2019, 10(1): 4515.

[138] Zhou M, Sui M, Shi X, et al.Lithium pentazolate synthesized by laser heating-compressed lithium azide and nitrogen [J]. The Journal of Physical Chemistry C, 2020, 124(22): 11825–11830.

[139] Liu Z, Li D, Wei S, et al.Nitrogen-rich GaN_5 and GaN_6 as high energy density materials with modest synthesis condition [J]. Physics Letters A, 2019, 383(28): 125859.

[140] Laniel D, Weck G, Gaiffe G, et al.High-pressure synthesized lithium pentazolate compound metastable under ambient conditions [J]. The Journal of Physical Chemistry Letters, 2018, 9(7): 1600–1604.

[141] Yao Z, Hu M, Iqbal Z, et al.N_8-polynitrogen stabilized on boron-doped graphene as metal-free electrocatalysts for oxygen reduction reaction [J]. ACS Catalysis, 2019, 10(1): 160–167.

[142] Salke N P, Xia K, Fu S, et al.Tungsten hexanitride with single-bonded armchairlike hexazine structure at high pressure [J]. Physics Review Letters, 2021, 126(6): 065702.

[143] Zhang J, Niu C, Zhang H, et al.Polymerization of nitrogen in nitrogen-fluorine compounds under pressure [J]. The Journal of Physical Chemistry Letters, 2021, 12(24): 5731–5737.

[144] Yue L, Zhang L, Lyu L, et al.Phase separation in the supercritical mixtures of N_2, H_2O and CO_2 through a molecular

dynamics study [J]. Journal of Molecular Liquids, 2020, 315: 113811.

[145] Wu X, Liu Z, et al.Conformational changes and decomposition mechanisms of HMX-based cocrystal explosives at high temperatures [J]. The Journal of Physical Chemistry C, 2019, 124(1):25-36.

[146] Wang R, Liu J, He X, et al.Decoding hexanitrobenzene (HNB) and 1, 3, 5-triamino-2, 4, 6-trinitrobenzene (TATB) as two distinctive energetic nitrobenzene compounds by machine learning [J]. Physical Chemistry Chemical Physics, 2022, 24(17): 9875-9884.

[147] Peng Y, Xiu X, Zhu G, et al.Predicting the initial thermal decomposition path of nitrobenzene caused by mode vibration at moderate-low temperatures: temperature-dependent anti-stokes raman spectra experiments and first-principals calculations [J]. The Journal of Physical Chemistry A, 2018, 122(42): 8336-8343.

[148] Yu G, Zheng Z, Qiao Z, et al.Shock-driven electron redistribution studies of triamino trinitrobenzene using time-resolved Raman spectroscopy and first-principle calculation [J]. Journal of Raman Spectroscopy, 2020, 51(10): 2007-2015.

[149] Wang Z, Wu H, Liu X, et al.Role of electron in intramolecular vibrational energy redistribution: a simulation of time-and frequency-resolved CARS spectrum [J]. RSC Advances, 2019, 9(45): 26030-26036.

[150] Yu G, Zheng Z, Qiao Z, et al.Shock-driven electron redistribution studies of triamino trinitrobenzene using time-resolved Raman spectroscopy and first-principle calculation [J]. Journal of Raman Spectroscopy, 2020, 51(10): 2007-2015.

[151] Lu M, Zheng Z, Zhu G, et al.Vibrational energy redistribution in crystalline nitromethane simulated by ab initio molecular dynamics [J]. RSC Advances, 2021, 11(16): 9557-9567.

[152] Hossain M D, Zhang Q, Cheng T, et al.Graphitization of low-density amorphous carbon for electrocatalysis electrodes from ReaxFF reactive dynamics [J]. Carbon, 2021, 183: 940-947.

[153] Gao C, Sun X, Liang W, et al.Review on phase transition of RDX, HMX and CL-20 crystals under high temperature and high pressure [J]. Chinese Journal of Energetic Materials, 2020, 28: 902-914.

[154] 孙晓宇，梁文韬，李相东，等. 高温高压下高能钝感炸药 TATB 物性及相关实验技术研究进展 [J]. 高压物理学报，2022，36（3）：030101.

[155] 徐维森，袁姣楠，张秀清，等. 含能材料的相变研究进展 [J]. 含能材料，2018，26（1）：21-33.

[156] Ravindran T, Rajan R, Venkatesan V, et al.Review of phase transformations in energetic materials as a function of pressure and temperature [J]. The Journal of Physical Chemistry C, 2019, 123(48): 29067-29085.

[157] 邓志颖，王毅，齐广宇，等. 高温高压下单质炸药结构演化的研究进展 [J]. 含能材料，2022，30（6）：622-638.

[158] Gao C, Zhang X, Zhang C, et al.Effect of pressure gradient and new phases for 1, 3, 5-trinitrohexahydro-s-triazine (RDX) under high pressures [J]. Physical Chemistry Chemical Physics, 2018, 20(21): 14374-14383.

[159] Gao C, Wang J, Zhang Y, et al.Pressure-induced phase transition of β-RDX single crystals [J]. The Journal of Physical Chemistry C, 2021, 125(11): 6418-6426.

[160] Gao D, Huang J, Lin X, et al.Phase transitions and chemical reactions of octahydro-1, 3, 5, 7-tetranitro-1, 3, 5, 7-tetrazocine under high pressure and high temperature [J]. RSC Advances, 2019, 9(10): 5825-5833.

[161] Sui Z, Sun X, Liang W, et al.Phase confirmation and equation of state of β-HMX under 40 GPa [J]. The Journal of Physical Chemistry C, 2019, 123(50): 30121-30128.

[162] Gao C, Li X, Qu Y, et al.Pressure-dependent luminescence and absorption in 3, 3′-diamino-4, 4′-azoxyfurazan: secondary bonding interaction in molecular crystals [J]. The Journal of Physical Chemistry C, 2019, 123(14): 8731-8739.

[163] Gao C, Li X, Wang J, et al.Molecular conformation evolutions of trans HNS under high pressure [J]. Spectrochimica Acta Part A: Molecular Biomolecular Spectroscopy, 2023, 286: 121994.

[164] Gao C, Wang J, Wang J, et al.Initial decomposition step and bimolecular hydrogen transfer of 3, 3′-diamino-4, 4′-azoxyfurazan under high pressure and high temperature [J]. Combustion, 2022, 240: 111981.

[165] Sun X, Sui Z, Wang J, et al.Phase transition routes for ε-and γ-CL-20 crystals under high pressures of up to 60 GPa [J]. The Journal of Physical Chemistry C, 2020, 124(9): 5061-5068.

[166] Sun X, Wang X, Liang W, et al.Pressure-induced conformer modifications and electronic structural changes in 1, 3, 5-Triamino-2, 4, 6-trinitrobenzene (TATB) up to 20 GPa [J]. The Journal of Physical Chemistry C, 2018, 122(28): 15861-15867.

[167] Wang J, Gao C, Xu Z, et al.Pressure effects on the thermal decomposition of the LLM-105 crystal [J]. Physical Chemistry Chemical Physics, 2022, 24(4): 2396-2402.

[168] Xu Z, Chen Q, Li X, et al.Electronic structure of LLM-105 crystal under high pressure and low temperature [J]. The Journal of Physical Chemistry C, 2020, 124(4): 2399-2405.

[169] Xu Z, Su H, Zhou X, et al.Pressure-and temperature-dependent structural stability of LLM-105 crystal [J]. The Journal of Physical Chemistry C, 2018, 123(2): 1110-1119.

[170] Fan J, Su Y, Zhang Q, et al.Determination of second-and third-order elastic constants for energetic materials [J]. Computational Materials Science, 2019, 161: 379-384.

[171] Fan J, Su Y, Zheng Z, et al.The pressure effects and vibrational properties of energetic material: Hexahydro-1, 3, 5-trinitro-1, 3, 5-triazine (α-RDX) [J]. Journal of Raman Spectroscopy, 2019, 50(6): 889-898.

[172] Bai Z Q, Chang J, Ji G F, et al.Pressure-induced metallization of condensed-phase RDX: molecular dynamic simulations in conjunction with MSST method [J]. Canadian Journal of Chemistry, 2019, 97(4): 245-253.

[173] Wu X, Liu Z, Ji G, et al.Pressure-induced structure, vibrational properties, and initial decomposition mechanisms of δ-HMX crystal: A periodic DFT study [J]. Journal of Molecular Graphics Modelling, 2019, 90: 144-152.

[174] Xiang D, Wu Q, Zhu W H, et al. Ab initio molecular dynamics studies on the decomposition mechanisms of CL-20 crystal under extreme conditions [J]. Energy Material, 2018, 26: 59-65.

[175] Wang X, Wu Y, Hu W, et al.Anisotropic mechanical-thermal-phase transformation response of cyclotetramethylene tetranitramine (HMX) single crystal under ramp loading [J]. International Journal of Solids Structures, 2020, 200: 170-187.

[176] Wang W, Li H, Liu Q, et al.High-pressure characterization of the cage-structured explosive TEX by dispersion-corrected DFT calculations [J]. Physica Status solidi, 2021, 258(2): 2000329.

[177] Wang W, Liu Q, Liu F, et al.Pressure-induced phase transitions and mechanical properties of insensitive high explosive 1, 1-diamino-2, 2-dinitroethylene [J]. Zeitschrift für Naturforschung B, 2022, 77(2-3): 131-140.

[178] Zhang K M, Hong D, Liu Q J, et al.High-pressure induced structural changes of energetic ionic salts: Dihydroxylammonium 3, 3′-dinitro-5, 5′-bis-1, 2, 4-triazole-1, 1′-diolate (MAD-X1) [J]. Chemical Physics, 2023, 564: 111727.

[179] Li Y, Li B, Xie L, et al.Structural transformation of energetic cyclo-pentazolate salt under the pressure [J]. Structural Chemistry, 2020, 31: 1887-1896.

[180] Sun X, Liang W, Li X, et al.Structural evolution of CL-20/DNB cocrystals at high temperature: Phase transition and kinetics of thermal decomposition [J]. Spectrochimica Acta Part A: Molecular Biomolecular Spectroscopy, 2023, 292: 122436.

[181] Sun S, Zhang H, Wang Z, et al.Smart host-guest energetic material constructed by stabilizing energetic fuel hydroxylamine in lattice cavity of 2, 4, 6, 8, 10, 12-hexanitrohexaazaisowurtzitane significantly enhanced the detonation, safety, propulsion, and combustion performances [J]. ACS Applied Materials Interfaces, 2021, 13(51): 61324-61333.

[182] Sun S, Xu J, Gou H, et al.Pressure-induced in situ construction of P-CO/HNIW explosive composites with excellent

laser initiation and detonation performance [J]. ACS Applied Materials Interfaces, 2021, 13(17): 20718–20727.

[183] Carrasco–Busturia. The temperature–pressure phase diagram of the calcite I–calcite Ⅱ phase transition: A first–principles investigation [J]. Journal of Physics Chemistry of Solids, 2021, 154: 110045.

[184] Sawchuk K, Kamat R, Mcguire C, et al.An X–ray diffraction and Raman spectroscopic study of the high–pressure behavior of gaspéite ($Ni_{0.73}Mg_{0.27}CO_3$) [J]. Physics Chemistry of Minerals, 2021, 48: 1–10.

[185] Lyu M, Dorfman S M, Badro J, et al.Reversal of carbonate–silicate cation exchange in cold slabs in Earth's lower mantle [J]. Nature Communications, 2021, 12(1): 1712.

[186] Martirosyan N S, Efthimiopoulos I, Pennacchioni L, et al.Effect of cationic substitution on the pressure–induced phase transitions in calcium carbonate [J]. American Mineralogist: Journal of Earth, 2021, 106(4): 549–558.

[187] Gavryushkin P N, Sagatova D N, Sagatov N, et al.Formation of Mg–orthocarbonate through the reaction $MgCO_3$+ MgO= Mg_2CO_4 at Earth's lower mantle P–T Conditions [J]. Crystal Growth & Design, 2021, 21(5): 2986–2992.

[188] Sagatova D N, Shatskiy A F, Gavryushkin P N, et al.Stability of Ca_2CO_4–Pnma against the main mantle minerals from ab initio computations [J]. ACS Earth Space Chemistry, 2021, 5(7): 1709–1715.

[189] Milani S, Comboni D, Lotti P, et al.Crystal structure evolution of $CaSiO_3$ polymorphs at Earth's mantle pressures [J]. Minerals, 2021, 11(6): 652.

[190] Zhou C, Gréaux S, Liu Z, et al.Sound velocity of $MgSiO_3$ majorite garnet up to 18 GPa and 2000 K [J]. Geophysical Research Letters, 2021, 48(14): e2021GL093499.

[191] Bindi L, Sinmyo R, Bykova E, et al.Discovery of elgoresyite, $(Mg, Fe)_5Si_2O_9$: Implications for novel iron–magnesium silicates in rocky planetary interiors [J]. ACS Earth Space Chemistry, 2021, 5(8): 2124–2130.

[192] Tomioka N, Bindi L, Okuchi T, et al.Poirierite, a dense metastable polymorph of magnesium iron silicate in shocked meteorites [J]. Communications Earth Environment, 2021, 2(1): 16.

[193] Li L, Li C, Li S R. Epidote as a conveyor of water into the Earth's deep mantle in subduction zones: Insights from coupled high–pressure and high–temperature experiments [J]. American Mineralogist, 2023, 108(1):120–126.

[194] Xu C, Kakizawa S, Gréaux S, et al.Al partitioning between phase D and bridgmanite at the uppermost lower mantle pressure [J]. Physics Chemistry of Minerals, 2021, 48: 1–6.

[195] Gan B, Zhang Y, Huang Y, et al.Partial deoxygenation and dehydration of ferric oxyhydroxide in Earth's subducting slabs [J]. Geophysical Research Letters, 2021, 48(17): e2021GL094446.

[196] Hu Q, Liu J, Chen J, et al.Mineralogy of the deep lower mantle in the presence of H_2O [J]. National Science Review, 2021, 8(4): nwaa098.

[197] Liu Y, Huang R, Wu Y, et al.Thermal equation of state of phase egg ($AlSiO_3OH$): Implications for hydrous phases in the deep earth [J]. Contributions to Mineralogy Petrology, 2021, 176(1): 8.

[198] Ye Z, Wan F, Jiang N, et al.Dehydration melting of amphibolite at 1.5 GPa and 800–950 ℃ : Implications for the Mesozoic potassium–rich adakite in the eastern North China Craton [J]. Geoscience Frontiers, 2021, 12(2): 896–906.

[199] Zang C, Wang M, Tang H, et al.Reaction between basaltic melt and orthopyroxene at 3.0–4.5 GPa: Implications for the evolution of ocean island basalts in the mantle [J]. Geoscience Frontiers, 2021, 12(2): 907–919.

[200] Bonechi B, Perinelli C, Gaeta M, et al.High pressure trace element partitioning between clinopyroxene and alkali basaltic melts [J]. Geochimica et Cosmochimica Acta, 2021, 305: 282–305.

[201] Banjara D, Ghosh D B, et al.First–principles simulations of liquid iron–heavy element alloys at high pressure [J]. Physics of the Earth Planetary Interiors, 2023, 337: 107008.

[202] Li Y, Vočadlo L, Ballentine C, et al.Primitive noble gases sampled from ocean island basalts cannot be from the Earth's core [J]. Nature Communications, 2022, 13(1): 3770.

[203] Gao X, Huang K, Tan Z, et al.Formation of nanodiamond by pulsed discharge of carbon fiber wires [J]. Applied

Physics Letters, 2020, 117(8): 081902.

[204] Yanwu Y, Kanghui J, Zihui W, et al.Synthesis of nanometer titanium carbide by detonation shock wave [J]. Explosion and Shock Waves, 2020, 40(9): 092302.

[205] Tanaka S, Inao D, Hasegawa K, et al.Graphene formation through pulsed wire discharge of graphite strips in water: exfoliation mechanism [J]. Nanomaterials. 2021, 11(5): 1223.

[206] 李治国，孙鑫，罗宁，等. 爆炸法制备碳基纳米功能材料及纳米氧化物的研究进展 [J]. 煤矿爆破，2021.

[207] Ran H, Zhou Q, Chen P, et al.Shock synthesis of nanocrystalline $La_2Ti_2O_7$ powder [J]. Journal of Applied Physics, 2021, 130(12): 125903.

[208] Gao X, Ran H, Zhou Q, et al.Formation of novel bimetal oxide $In_2V_2O_7$ through a shock compression method [J]. ACS Omega, 2022, 7(31): 27602-27608.

[209] Qiao J, Gao X, Liu J, et al.Gram-scale preparation of black phosphorus nanosheets via shock-induced phase transformation [J]. Journal of Materials Chemistry C, 2022, 10(27): 10017-10026.

[210] Geng H, Liu R, Deng P, et al.Enhancing the mechanical and energy release performance of nano-aluminum@ fluororubber (nAl@ F2311) core-shell microstructured composite materials [J]. Journal of Applied Physics, 2023, 133(11): 115104.

[211] Hu Q, Liu R, Zhou Q, et al.Characterization of Ta-Ni-Al energetic structural material fabricated by explosive consolidation [J]. Journal of Alloys and Compounds, 2022, 924: 166191.

[212] Wang R, Tang Y, Li S, et al.Novel metastable engineering in single-phase high-entropy alloy [J]. Materials Design, 2019, 162: 256-262.

[213] 陈海华，张先锋，熊玮，等. WFeNiMo 高熵合金动态力学行为及侵彻性能研究 [J]. 力学学报，2020, 52（5）：1443-1453.

[214] 魏祥赛，许鼎锋，卢一平，等. 新型 $Ni_xTi_{24}Zr_{12}Nb_{10}Ta_{12}Mo_5W_5$ 高熵合金含能结构材料的组织及力学性能 [J]. 特种铸造及有色合金，2023，43（2）：220-225.

[215] 苏磊，杨国强. 动态压力加载 / 卸载装置 dDAC 及原位表征技术研究进展 [J]. 高压物理学报，2021, 35（06）：30-38.

[216] Yu G, Zeng Y, Wu H, et al.Tracing temperature and pressure evolutions in shocked TATB-based PBX by time-resolved Raman spectroscopy [J]. Journal of Raman Spectroscopy, 2023, 54(4): 379-384.

[217] Sun Z, Fan Q, Zhang M, et al.Supercritical fluid-facilitated exfoliation and processing of 2D materials [J]. Advanced Science, 2019, 6(18): 1901084.

[218] Wang Q B, Yin J Z, Xu Q Q, et al.Insightful understanding of shear-assisted supercritical CO_2 exfoliation for fabricating graphene nanosheets through the combination of kinetics and process parameters [J]. Engineering Chemistry Research, 2020, 59(23): 10967-10975.

[219] Gao H, Zhu K, Hu G, et al.Large-scale graphene production by ultrasound-assisted exfoliation of natural graphite in supercritical CO_2/H_2O medium [J]. Chemical Engineering Journal, 2017, 308: 872-879.

[220] Tan H, Navik R, Liu Z, et al.Scalable massive production of defect-free few-layer graphene by ball-milling in series with shearing exfoliation in supercritical CO_2 [J]. The Journal of Supercritical Fluids, 2022, 181: 105496.

[221] Zhou Y, Yan P, Zhang S, et al.CO_2 coordination-driven top-down synthesis of a 2D non-layered metal-organic framework [J]. Fundamental Research, 2022, 2(5): 674-681.

[222] Feng H, Tian Q, Huang J, et al.Supercritical CO_2-assisted solid-phase etching preparation of MXenes for high-efficiency alkaline hydrogen evolution reaction [J]. Green Chemistry, 2023, 25(10): 3966-3973.

[223] Cui W, Ge T, Xu Q, et al.CO_2-assisted synthesis of amorphous and crystal PdCu nanodots for enhanced photothermal and catalytic application [J]. The Journal of Physical Chemistry C, 2022, 126(45): 19311-19318.

[224] Ge T, Wei Z, Zheng X, et al.Atomic rearrangement and amorphization induced by carbon dioxide in two-dimensional MoO_3-x nanomaterials [J]. The Journal of Physical Chemistry Letters, 2021, 12(28): 6543–6550.

[225] Ren Y, Li C, Xu Q, et al.Two-dimensional amorphous heterostructures of Ag/a-WO_3-x for high-efficiency photocatalytic performance [J]. Applied Catalysis B: Environmental, 2019, 245: 648–655.

[226] Zhou Y, Xu Q, Ge T, et al.Accurate control of VS_2 nanosheets for coexisting high photoluminescence and photothermal conversion efficiency [J]. Angewandte Chemie International Edition, 2020, 59(8): 3322–3328.

[227] Gao B, Xu S, Xu Q, et al.CO_2-induced exposure of the intrinsic magnetic surface of $BaTiO_3$ to give room-temperature ferromagnetism [J]. Angewandte Chemie International Edition, 2022, 61(16): e202117084.

[228] Du L, Gao B, Xu S, et al.Strong ferromagnetism of g-C_3N_4 achieved by atomic manipulation [J]. Nature Communications, 2023, 14(1): 2278.

[229] Lu L, Sun X, Ma J, et al.Highly efficient electroreduction of CO_2 to methanol on palladium-copper bimetallic aerogels [J]. Angewandte Chemie International Edition, 2018, 57(43): 14149–14153.

[230] Zhang F, Zhang J, Zhang B, et al.CO_2 controls the oriented growth of metal-organic framework with highly accessible active sites [J]. Nature Communications, 2020, 11(1): 1431.

[231] He Z, Cui M, Qian Q, et al.Synthesis of liquid fuel via direct hydrogenation of CO_2 [J]. Proceedings of the National Academy of Sciences, 2019, 116(26):12654–12659.

[232] He Z, Qian Q, Ma J, et al.Water-enhanced synthesis of higher alcohols from CO_2 hydrogenation over a Pt/Co_3O_4 catalyst under Milder conditions [J]. Angewandte Chemie International Edition, 2016, 55(2): 737–741.

[233] Cui M, Qian Q, Zhang J, et al.Liquid fuel synthesis via CO_2 hydrogenation by coupling homogeneous and heterogeneous catalysis [J]. Chem, 2021, 7(3): 726–737.

[234] Wang Y, Qian Q, Zhang J, et al.Synthesis of higher carboxylic acids from ethers, CO_2 and H_2 [J]. Nature Communications, 2019, 10(1): 5395.

[235] Wang Y, Zhang J, Qian Q, et al.Efficient synthesis of ethanol by methanol homologation using CO_2 at lower temperature [J]. Green Chemistry, 2019, 21(3): 589–596.

[236] Zhang J, Qian Q, Wang Y, et al.Synthesis of acetamides using CO_2, methanol, H_2 and amines [J]. Green Chemistry, 2019, 21(2): 233–237.

[237] Zhang J, Qian Q, Wang Y, et al.Synthesis of ethanol from aryl methyl ether/lignin, CO_2 and H_2 [J]. Chemical science, 2019, 10(45): 10640–10646.

[238] Qian Q, Zhang J, Cui M, et al.Synthesis of acetic acid via methanol hydrocarboxylation with CO_2 and H_2 [J]. Nature Communications, 2016, 7(1): 11481.

[239] Jin J, Wicks J, Min Q, et al.Constrained C_2 adsorbate orientation enables CO-to-acetate electroreduction [J]. Nature, 2023, 617: 724–729.

[240] Qiu R, Jia J, Peng L, et al.Enhanced electroreduction of CO_2 to ethanol via enriched intermediates at high CO_2 pressures [J]. Green Chemistry, 2023, 25(2): 684–691.

[241] Li J, Liu Q, Wei W, et al. Pressurized carbonation reaction apparatus and its method [Z]. U.S. Patents: 10,913,040.

撰稿人：陈　军　陈鹏万　董　校　李　阔　李　林　李满荣　刘志敏
苏　磊　王永刚　肖冠军　杨国强　赵智胜　郑海燕　邹　勃

同步辐射原位散射技术研究进展

1. 引言

同步辐射光源具有从远红外到X射线范围内的连续波谱、高亮度和高通量等特点，基于同步辐射原位X射线散射（广角X射线散射、小角X射线散射、超小角X射线散射，缩写分别为WAXS、SAXS、USAXS），可以表征亚纳米尺度的晶体结构，纳米尺度的片晶、纤维晶和纳米纤维等结构，近微米尺度的微孔、相畴和凝胶网络等。同步辐射原位实验技术几乎可以实现实时观测复杂外场作用下高分子材料多尺度微观结构演变，是研究先进高分子材料的理想选择。

近年来，以李良彬、门永锋、李忠明、徐坚等为代表的我国学者带领研究团队在同步辐射原位实验的设计和开展、原位装置的研制、原位实验数据的采集和处理方面积累了丰富的经验，取得了一系列先进成果。如实现了温度、流动和压力等多场耦合下分子链、晶体等微观结构演化机理的原位研究；通过开发与同步辐射联用的特色原位实验设备，实现了吹塑、注塑、热处理、双向拉伸和纤维高倍牵伸等高分子加工成型过程的原位研究；利用同步辐射原位实验具有高时空分辨率的优点，通过对聚乙烯（PE）、聚丙烯（PP）、聚丁烯（PB-1）、聚苯乙烯（PS）、聚碳酸酯（PC）、聚酰胺（PA）、聚乙烯醇缩丁醛（PVB）、聚二甲基硅氧烷（PDMS）和聚丙烯腈（PAN）等材料的研究，形成了一套采集、分析同步辐射原位实验数据的实验方法，构建了一套通过同步辐射原位实验研究高分子材料微观结构－宏观性能－加工参数－应用价值的方法体系。

2. 同步辐射原位散射特色实验装备

为了面向工业生产中高分子和纤维材料结构演变过程提供原位实验平台，上海光源成功设计并建设完成了国内第一条超长 USAXS 线站（见图 1），这是国际中能光源上性能最优良的时间分辨 USAXS 线站，其可以开展毫秒级时间分辨 SAXS/WAXS 同步测量。时间分辨 USAXS 线站的空间探测尺度范围从纳米尺度覆盖到微米尺度，使研究人员对高分子和纳米材料加工过程中多尺度结构演变的同步检测成为可能，USAXS 光束线的工业应用实验站为产业应用研究搭建了一个原位实时检测平台，该平台将在基础研究及产业化应用等诸多方面发挥重要作用。

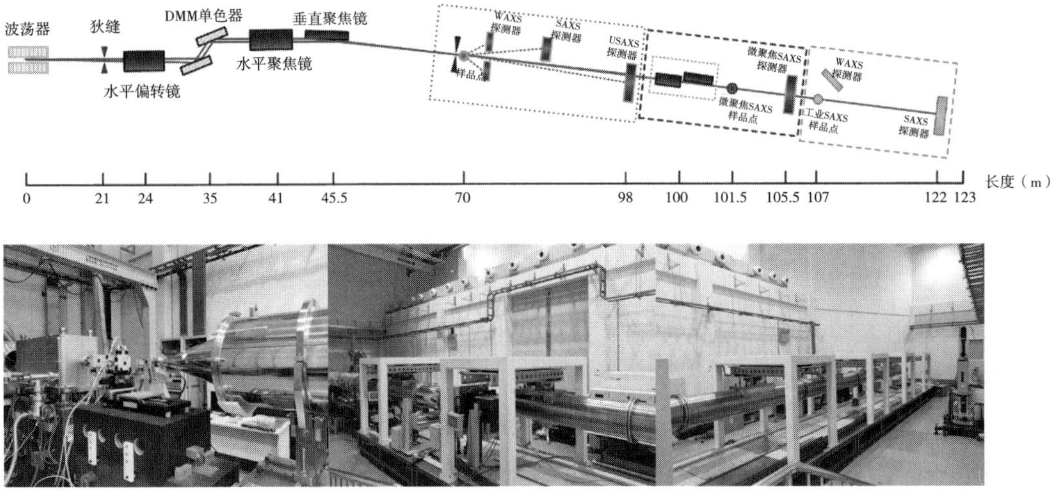

图 1　上海光源时间分辨 USAXS 线站光学设计原理示意图和实景图

注塑加工过程中高分子结构发生急速演变，李忠明团队钟淦基等人[1]研制了工业级注塑加工在线表征平台。采用全电动工业级注塑机，实现了实际工业水平的注塑加工中剪切场、压力场以及温度场条件；利用二维位移平台承载注塑装置及注塑模具，并通过注塑装置微米级的移动，实现了 X 射线光斑的精确对准；设计具有在线监测窗口的注塑模具，使 X 射线完全透过而不产生干扰。利用该注塑加工在线表征平台，实现了高分子在注塑加工中晶体结构演变的 X 射线衍射及散射信息的同时采集。

为了研究高分子材料吹塑过程中加工 – 结构 – 性能的关系，李良彬团队陈威等人[2, 3]自主研制了可以与同步辐射 X 射线联用的薄膜吹塑加工装置。该设备通过两个可调节的自动升降机进行调节，最大调节距离为 200mm，该平台的空间分辨率为 1mm。吹塑膜泡的温度通过红外探头实时采集，通过用 CCD 相机记录跟踪粒子运动轨迹的方法对薄膜在不同位置的速度进行测量。该设备突破了现有吹塑设备的限制，可以配合同步辐射 X 射线原位跟踪吹膜过程中特别是靠近模具位置的高分子结晶过程。

为了加深对双向拉伸高分子薄膜加工过程背后的物理原理的认识，李良彬团队崔昆朋等人[4]研制了一种可以进行原位同步辐射 SAXS/WAXS 表征的多功能双向拉伸装置。该设备的最大拉伸比为 8×8，最高实验温度和拉伸速率分别为 250℃和 100mm/s，设备上与薄膜双向拉伸加工相关的所有参数，如拉伸速度、拉伸比和温度，都可以独立设置。该设备可以同时获得 WAXS、SAXS 和应力－应变数据，填补了同步辐射 X 射线散射技术与高分子薄膜双轴拉伸加工之间的空白。

深圳大学徐坚团队朱才镇等人长期依托上海光源 BL16B1、BL19U2 及 BL10U1 三条 X 射线散射相关实验线站，历经十余年，开展了高性能纤维材料的同步辐射原位表征实验，在高性能纤维成型过程中的微结构、微缺陷、聚集态动态变化原位在线分析表征上，取得了一系列研究进展。在原位装备方面，该团队成功研制了包括拉伸断裂、中低温（室温至 300℃）热处理、中高温（300~900℃）热处理及便携式热牵伸（室温至 600℃，张力 0~1 000N）等一系列适用于高性能纤维材料的原位实验装置，成功开展了包括高性能碳纤维、高性能芳纶纤维及高性能超高分子量聚乙烯纤维材料等体系在复杂外场条件下的多级微观结构演化规律研究[5-7]，成功建立了高性能纤维材料内多级微观结构与力学性能直接的相关性模型，为国内高性能纤维材料的力学性能调控、工程化和产业化提供了强有力的理论和技术支撑。

3. 同步辐射原位研究多场耦合下高分子结构的演化规律

在加工过程中，高分子材料不可避免地受到耦合的外部场的影响，如流动、压力和温度（高分子加工中 3 个最重要的参数）等，这对高分子的相行为、结晶行为、晶体结构和最终性能有很大的影响。李忠明团队通过同步辐射原位实验首次揭示了高密度聚乙烯（HDPE）、等规聚丙烯（iPP）在工业注塑加工外场下（强流场、高压力及冷却梯度）的非等温结晶环境下结晶动力学、多晶型生长及片晶的生长和取向结构的演变规律[8-10]，探究了注塑加工工艺对 iPP 体系中 β 晶含量的影响，提出高熔体加工温度和低保压压力都有利于 β 晶的生长，有望为 β 晶体增韧 iPP 体系注射制品的生产提供指导。

在压力、流动及温度场多场耦合方面，李忠明团队张习习等人研究了双酚 A 聚碳酸酯（PC）在压力和流动的共同诱导下的快速熔融结晶行为[11]。压力和流动场诱导的旋节相分离激活了成核前的构象有序，流动场诱导的链取向通过降低能垒促进了成核。通过增加施加的压力，可以有效降低成核的临界剪切速率。这一研究使研究人员对 PC 和其他具有刚性链的类似高分子结晶有了新的理解。通过研究压力、流量和温度对间规聚苯乙烯（sPS）多晶型行为的影响，该团队首次围绕 3 个耦合变量绘制了 α/β 晶体形成的相图[12]，提出压力和剪切力对 α 晶体的形成有很强的协同作用，而降低温度加剧了这种效应。此外，李忠明团队任嘉怡等人通过同步辐射原位研究典型的结晶 / 无定形混溶共混系统聚偏氟乙烯 / 聚甲基丙烯酸甲酯（PVDF/PMMA）共混物，揭示了其在流场耦合压力引起的独特结晶行为[13]。

在温度场和流动场对高分子结晶的影响方面，门永锋团队苗中硕等人采用原位同步辐射 WAXS 研究了非晶聚对苯二甲酸 1,4- 环已二亚甲基酯（PCT）在 25~108℃范围的拉伸变形行为[14]，发现当拉伸温度超过 80℃时，由于应变诱导结晶，体系表现出两个特征网络模量。网络模量的变化在形成非定向微晶之后立即发生，该团队认为这些微晶作为物理交联点是材料增强的主要原因。针对高分子材料注塑过程，门永锋团队赵鑫桐等人采用原位同步辐射 SAXS 技术结合微注射成型设备，研究了在不同模具温度和分子量下微注射成型工艺中 iPP 结构的形成和发展[15]。研究发现，所有 iPP 样品在微注射成型过程中均形成 shish-kebab 结构和孪生片晶。研究人员在结晶初期观察到不同温度下成型的样品的片晶和无定形的长周期与平均厚度显著增大，并提出这种效应是由成型过程中外层薄片晶和内层厚片晶的连续形成引起的。廖涛等人采用 SAXS/WAXS 和应力 - 应变测量法研究了有焊缝线和没有焊缝线的微注塑聚乙烯样品的微观结构和拉伸断裂行为[16]，发现在 75℃下成型的样品，断裂特征分布明显偏离高斯统计，并指出这种差异是因为沿剪切流方向的结构异质性程度不同。断裂韧性 - 屈服应力关系说明，就断裂韧性而言，高分子链的取向程度比结晶度更重要。

此外，门永锋团队卢影等人利用原位同步辐射微焦点 X 射线散射测量结合便携式快速扫描芯片量热（FSC）技术，探索了 iPP 介晶相和 α 相的形成，揭示了分子量 iPP 不同晶型成核和生长的影响[17]。此外，该团队还通过原位同步辐射 WAXS 和差示扫描量热技术开展了超临界流体（SCF）中 PB-1 的晶体结构研究[18]。在低超临界二氧化碳压力下，PB-1 稳定的 Ⅰ′ 和 Ⅲ 晶型和亚稳态的 Ⅱ 晶型都存在，随着 CO_2 的压力增加，Ⅱ 晶型和 Ⅲ 晶型的结晶被抑制。该研究为使用简单、环保的超临界流体方法控制 PB-1 中的晶体多晶型性奠定了基础。

李良彬团队通过小角 X 射线散射和广角 X 射线散射（SAXS 和 WAXS）获得了包括聚乙烯（PE）和聚（己二酸丁二酸丁二酸酯 - 共对苯二甲酸丁二酯）（PBAT）等材料吹塑过程中的详细结构演变数据[19]，阐明了从取向高分子熔体到最终结晶管膜的过程中微晶网络对宏观性能的贡献。

实际材料加工和服役过程往往会覆盖较大的应变速率范围，李良彬团队冯盛尧等人在超快时间分辨同步辐射广角 X 射线衍射技术和自制的同步辐射联用高速拉伸装置的帮助下，实现了在几毫秒内原位获得高分子晶区的结构演变。在跨越六个数量级（0.005~250s^{-1}）的应变速率范围内研究了由 Ⅱ 型晶体组成的 PB-1 在单轴拉伸过程中从准静态到动态载荷条件下应变速率依赖的相变机理[20]。该团队还研究了线形低密度聚乙烯（LLDPE）在 0.005~250s^{-1} 的宽应变速率范围内拉伸变形过程中的结构演变[21]。

李良彬团队安敏芳等人使用原位同步辐射广角 X 射线衍射（WAXS）和傅里叶变换红外（FTIR）技术研究了聚酰胺 46（PA46）薄膜在 37~249℃温度范围内拉伸过程中的结构转变[22]。该团队在应变 - 温度空间和真应力 - 温度空间构建了 PA46 的非平衡晶体相图，并揭示了拉伸对 PA46 的 Brill 转变起到了加热的反作用。赵景云等人利用低温拉伸装置通过原位同步辐射 WAXS 研究了二氧化硅增强 PDMS 在温度（–75~–35℃）和应变速率参数空间（0.002~2s^{-1}）中的拉伸诱导结晶（SIC）和晶体转变[23]，发现 PDMS 在 SIC 过程中的特定晶型是由动力学和热力学因素之间的竞争决定的。较高的应变速率和温度有利于形成动力学稳定的 α′ 晶型和 α 晶型。在低应变率和低温下，热力学稳定的 β′ 晶型和 β 晶型更具有优势。

4. 同步辐射原位研究为新材料、新应用提供指导

李忠明团队吴奉阳等人采用原位同步辐射WAXS/SAXS研究了丙烯–乙烯共聚物（co–PP）和 PP 薄膜在单轴拉伸过程中的熔融重结晶过程。两种薄膜在变形过程中均表现出明显的熔融重结晶[24]。研究发现在拉伸的初始阶段，由于应力引起的晶体碎裂，薄膜的结晶度降低，在拉伸过程的后期形成大量取向晶体。此外，杨松等人利用同步辐射 SAXS 研究了共混聚丙烯和 co–PP 体系在变形过程中相和晶体结构的演变[25, 26]，发现 PP 相的结构演化始终落后于 co–PP 相。这些研究为 PP 多相体系拉伸过程中结构与性能之间的关系提供了新见解，为基于工业中广泛使用的聚丙烯相关高分子材料更经济地制造更坚固的薄膜提供了有益指导。

李良彬团队张文文等人利用单轴拉伸装置结合同步辐射 WAXS，研究了纵向预拉伸对聚对苯二甲酸乙二酯（PET）薄膜在横向拉伸过程中结构演变的影响[27]，提出在 SIC 发生之前增加纵向预拉伸可以增强横向拉伸中的结晶和取向，为改进 PET 薄膜产品提供了指导。吕长柱等人利用 USAXS 原位研究了非晶塑化 PVB 体系单轴变形过程中的结构变化，并首次在塑化 PVB 中观察到以蝴蝶散射模式为特征的拉伸诱导相分离行为[28]。其形成时的相尺寸约为 100nm，并随应变几乎线性增加。由缠结和氢键簇交联的网络的弹性变形控制着相尺寸。氢键的断裂和重整、克服渗透压的相分离的形成和生长及相结构的塑性变形和破裂耗散了大量能量，从而赋予了塑化 PVB 优异的力学性能。吴同等人利用原位同步辐射散射技术结合光学双折射检测研究了结晶和取向在调控醋酸纤维素（CA）薄膜双折射中的作用，提出除取向度外，结晶度是调控三醋酸纤维素和增塑三醋酸纤维素薄膜双折射的另一个关键变量，其起源于结晶相和非晶相的双折射异质性[29, 30]。这些研究为生产具有优异光学性能的 CA 基光学薄膜提供了指导。

5. 同步辐射原位实验海量数据处理新技术

为了给高分子材料提供性能调控、工程化和产业化方面的理论和技术支撑，深圳大学徐坚团队朱才镇等在原位数据解析方面，成功建立了适用于高性能纤维材料的 2D SAXS 数据分析模型和方法，发布了《纤维内微孔分布的测定 – 小角 X 射线散射法》团体标准，

并基于 GPU 并行计算和 AI 技术，成功开发了 2D SAXS 高通量数据解析软件。在高性能纤维材料微结构表征方面，朱才镇等利用课题组自主研制的多套原位实验装置和自主开发的 2D SAXS 高通量数据解析软件，把 SAXS 谱图的解析时间从 6~8 小时缩短到毫秒级，成功开展了包括高性能碳纤维、高性能芳纶纤维及高性能超高分子量聚乙烯纤维材料等体系在复杂外场条件下的多级微观结构演化规律研究，成功建立了高性能纤维材料内多级微观结构与力学性能的相关性模型。

随着同步辐射 X 射线表征技术的快速发展，大型 SAXS 数据集的预处理和数据挖掘成为研究人员迫切的需求。赵晨皓、昱万程等人[31]基于机器学习开发了 SAXS 数据集可视化和等规聚丙烯薄膜的加工结构映射。该研究应用变分自动编码器（VAE）和条件变分自动编码器（cVAE）在二维和一维潜在空间中可视化硬弹性 iPP 薄膜的大型 SAXS 数据集。该团队开发混合 VAE- 多层感知器（MLP）神经网络，实现了 iPP 薄膜的加工结构映射，使探索先前实验未涉及的处理参数空间成为可能，有助于大规模 SAXS 数据集的预处理和硬弹性 iPP 薄膜的综合加工 – 结构关系的建立。

应该说，无论在原位表征装置研制、数理分析模型及方法的建立，还是在原位散射技术在工程应用领域的指导方面，我国都已形成较为完备的体系建设，走在国际前列。

6. 我国同步辐射原位散射研究发展趋势和展望

同步辐射原位表征技术最早起源于欧美地区和日本等发达国家，这些发达国家和地区在原位实验的设计、原位装置的研制、原位实验的操作技巧及大量原位实验数据的处理等方面已形成相对成熟的技术体系，为其国内高分子材料的研发提供了有力支撑。相比之下，虽然我国在该领域起步相对较晚，但经过多年的奋起直追，国内同步辐射原位表征技术取得了长足的进步和发展，已基本达到国际先进水平。目前，依托现有的先进同步辐射光束线站，国内已经具备实时在线探测高分子材料在 0.1~1 000nm 尺度内的多尺度微观结构信息的能力。国内多个课题组已经在高性能纤维的制备、半晶高分子材料的加工成型、高分子材料的服役过程等领域开展了大量研究工作，并取得了丰硕的研究成果，为国内高分子材料的制备和快速工艺优化提供了有力的理论指导和技术支持。

未来 5~10 年，同步辐射作为一种极强的宽波段电磁辐射，在研究有机和高分子材料的结构和化学成分（如材料的分子结构、聚集态、各种组分之间相互作用、理解构成高分子材料的大分子链的动态行为、明晰高分子凝聚态的物理图像及其与材料特性的相关性）等方面将继续发挥巨大作用。

总体上，未来 5~10 年，随着国内第四代同步辐射光源大量先进线站的运行开放及第三代同步辐射光源现有线站的升级改造，同步辐射的亮度将不断增加、原位表征实验的时间分辨率和空间分辨率将不断精进，同步辐射原位散射技术将有望探测更加复杂的有机和高分子材料体系在多场耦合条件下的结构演化规律，将为构建组分－加工条件－微观结构－宏观性能－应用价值的全链条研发途径提供强有力的科学和技术基础。具体地，同步辐射原位散射表征技术的主要发展方向和趋势如下。

（1）多种原位技术联用。如 WAXS/SAXS/USAXS 联用、X 射线 / 红外 / 拉曼联用、X 射线 /DSC 联用等，以便同时获取材料的多级尺度结构信息。

（2）超大实验空间平台。相比传统小型化原位装置，配备超大空间宽裕度的工业线站使研发大型工业原位装置成为可能，将有望更加精准地模拟实际工业生产工况，促进工业研发和生产。

（3）新的分析实验方法。国内外第四代同步辐射光源正蓬勃发展，其相干性大幅提升，将使相干衍射成像（CDI）、X 射线叠层衍射成像等实验手段成为可能，有望为高分子材料内部 3D 结构原位实时检测及演变机理研究提供全新的思路，并为功能高分子材料的设计及相关应用提供参考及理论依据。X 射线光子相关谱（XPCS）也将为研究高分子多尺度结构动力学提供新的机遇。

（4）超高时间和空间分辨能力。第四代同步辐射光源的亮度将提升 2~3 个数量级，可实现更短时间尺度和更小空间尺度的微观结构跟踪和检测，有望为高分子材料的研究提供新的机遇。

（5）同步辐射与 AI 高度融合。同步辐射原位表征会在短时间内产生海量数据，传统的数据解析方法已不再适用，将海量数据处理和 AI 模型紧密结合，开展基于 AI 的数据模型已然成为未来研究的迫切需求和发展趋势。

（6）突破工业关键技术“利器”。随着与同步辐射设施联用的原位研究设备不断丰富，该领域将更加聚焦于解决实际工业生产中材料结构的变化规律，构建化学配方－加工条件－微观结构－宏观性能－应用价值的全链条，这有助于加强企业主导的产学研深度融合和关键技术突破，提高科技成果转化和产业化水平。

参考文献

[1] Yin J, Deng L, Ma G, et al. High-Throughput in Situ Characterization of Polymer Crystallization under an Intense Flow, High Pressure, and Cooling Gradient during Injection Molding [J]. Macromolecules. 2023, 56(11): 4111-4122.

[2] Zhang Q, Chen W, Zhao H, et al. In-situ tracking polymer crystallization during film blowing by synchrotron radiation X-ray scattering: The critical role of network [J]. Polymer, 2020, 198: 122492.

[3] Zhao H, Zhang Q, Xia Z, et al. Elucidation of the relationships of structure-process-property for different ethylene/α-olefin copolymers during film blowing: An in-situ synchrotron radiation X-ray scattering study [J]. Polymer Testing, 2020, 85: 106439.

[4] Zhu J, Liu S, Lu Y, et al. A versatile biaxial stretching device for in situ synchrotron radiation small-and wide-angle x-ray scattering measurements of polymer films [J]. Review of Scientific Instruments, 2023, 94(2): 023906.

[5] Liu H, Huang G, Wang R, et al. Carbon nanotubes grown on the carbon fibers to enhance the photothermal conversion toward solar-driven applications [J]. ACS Applied Materials & Interfaces, 2022, 14(28): 32404-32411.

[6] Zhang H, Guo Y, Tian F, et al. Discussion of Orientation and Performance of Crosslinked Ultrahigh-Molecular-Weight Polyethylene Used for Artificial Joints [J]. ACS Applied Materials & Interfaces, 2022, 14(25): 29230-29237.

[7] 田宇，朱才镇，龚静华，等. 纤维结构形态的原位同步辐射 X 射线散射及衍射研究 [J]. 化学进展，2013, 25 (010): 1751-1762.

[8] Yang S G, Zhang Z, Zhang L Q, et al. Unexpected shear dependence of pressure-induced γ-crystals in isotactic polypropylene [J]. Polymer Chemistry, 2015, 6(25): 4588-4596.

[9] Yang S G, Zhang Z, Zhou D, et al. Flow and pressure jointly induced ultrahigh melting temperature spherulites with oriented thick lamellae in isotactic polypropylene [J]. Macromolecules, 2015, 48(16): 5834-5844.

[10] Ru J F, Yang S G, Zhou D, et al. Dominant β-form of poly (l-lactic acid) obtained directly from melt under shear and pressure fields [J]. Macromolecules, 2016, 49(10): 3826-3837.

[11] Zhang X X, Yang S G, Zhong G J, et al. Rapid melt crystallization of bisphenol-A polycarbonate jointly induced by pressure and flow [J]. Macromolecules, 2021, 54(5): 2383-2393.

[12] Zhang X X, Liu Q, Yin J, et al. Promoted formation of α crystals in the polymorph selection of syndiotatic polystyrene under the coupling of pressure, flow, and temperature [J]. Macromolecules, 2022, 55(12): 5094-5103.

[13] Ren J Y, Yang S G, Li Y, et al. Coupling effect of pressure and flow fields on the crystallization of Poly (vinylidene fluoride)/Poly (methyl methacrylate) miscible blends [J]. Polymer, 2021, 220: 123565.

[14] Miao Z, Men Y. Temperature dependent network properties of amorphous PCT during tensile stretching [J]. Polymer, 2020, 186: 122038.

[15] Zhao X, Liao T, Yang X, et al. Mold temperature-and molar mass-dependent structural formation in micro-injection molding of isotactic polypropylene [J]. Polymer, 2022, 248: 124797.

[16] Liao T, Zhao X, Coates P, et al. Structural heterogeneity dependence of the fracture feature distribution in the tensile elongation of microinjection molded polyethylene [J]. Macromolecules, 2023, 56(5): 1983-1994.

[17] Lu Y, Lyu D, Zhao X, et al. Influence of molecular weight on the nucleation and growth of different crystal forms in isotactic polypropylene: in situ synchrotron microfocus X-Ray scattering combined with fast-scanning chip calorimetry investigations [J]. Macromolecules, 2023, 56(7): 2772-2780.

[18] Lu Y, Lyu D, Han C, et al. Crystallization of polybutene-1 into forms Ⅰ′, Ⅱ, and Ⅲ under high pressure CO_2: In situ synchrotron X-Ray diffraction, WAXD mapping, and DSC investigations [J]. Macromolecules, 2022, 55(23): 10534-10542.

[19] Zhao H, Li L, Zhang Q, et al. Manipulation of chain entanglement and crystal networks of biodegradable poly (butylene adipate-co-butylene terephthalate) during film blowing through the addition of a chain extender: an in situ synchrotron radiation X-ray scattering study [J]. Biomacromolecules, 2019, 20(10): 3895-3907.

[20] Feng S, Zhu J, Yu W, et al. Strain-rate-dependent phase transition mechanism in polybutene-1 during uniaxial stretching: from quasi-static to dynamic loading conditions [J]. Macromolecules, 2022, 55(6): 2333-2344.

[21] Feng S, Lin Y, Yu W, et al. Stretch-induced structural transition of linear low-density polyethylene during uniaxial stretching under different strain rates [J]. Polymer, 2021, 226: 123795.

[22] An M, Zhang Q, Lin Y, et al. Stretch-induced reverse Brill transition in polyamide 46 [J]. Macromolecules, 2020, 53(24): 11153-11165.

[23] Zhao J, Feng S, Zhang W, et al. Strain rate dependence of stretch-induced crystallization and crystal transition of poly (dimethylsiloxane) [J]. Macromolecules, 2021, 54(19): 9204-9216.

[24] Wu F Y, Yang S, Lin H, et al. Enhanced melt-recrystallization process of propylene-ethylene copolymer during the uniaxial stretching with the aid of isotactic polypropylene [J]. Polymer, 2022, 239: 124443.

[25] Yang S, Luo C, Lin H, et al. Robust propylene-ethylene copolymer/polypropylene films: Extensional stress-induced orientation realized at low temperature processing [J]. Polymer, 2020, 206: 122848.

[26] Yang S, Wei Q Y, Gao X R, et al. Robust, transparent films of propylene- ethylene copolymer through isotropic-orientation transition at low temperature accelerated by adjustment of ethylene contents [J]. Polymer, 2020, 187: 122099.

[27] Zhang W, Chen J, Yan Q, et al. The formation of crystal cross-linked network in sequential biaxial stretching of poly (ethylene terephthalate): The essential role of MD pre-stretch [J]. Polymer Testing, 2021, 96: 107143.

[28] Lyu C, Guo H, Feng S, et al. Deformation mechanism of amorphous plasticized Poly (vinyl butyral) [J]. Macromolecules, 2023, 56(7): 2663-2674.

[29] Wu T, Han X, Min X, et al. Regulation of orientation birefringence for cellulose acetate film: The role of crystallization and orientation [J]. Carbohydrate Polymers, 2022, 296: 119915.

[30] Wu T, Min X, Han X, et al. Orientation birefringence regulation for the binary blend film of cellulose triacetate and rigid-rod-like 5CB molecules [J]. ACS Applied Polymer Materials, 2021, 3(12): 6642-6652.

[31] Zhao C, Yu W, Li L. Visualization of small-angle X-ray scattering datasets and processing-structure mapping of isotactic polypropylene films by machine learning [J]. Materials & Design, 2023, 228: 111828.

撰稿人：崔昆朋　唐　正　乔永娜　李秀红　朱才镇　李良彬　徐　坚

ABSTRACTS

Comprehensive Report

Brief Summary of the Development Report of Chemistry in China from 2022 to 2023

1. Preface

The field of chemistry, as a fundamental discipline that investigates the properties, composition, structure, and dynamics of matter, serves as a primary tool for humanity to comprehend and manipulate the material world. It plays a pivotal role in addressing sustainable development challenges encompassing resources, information, environment, life sciences, and health. The "Report on the Development of the Chemistry Discipline 2020–2023" summarizes the achievements of Chinese chemists in scientific research and education in the past four years, covering six major branches of chemistry: physical chemistry, analytical chemistry, inorganic chemistry, organic chemistry, polymer chemistry, and chemistry education, as well as the latest developments in interdisciplinary fields such as nuclear chemistry and radiochemistry, chemical biology, public safety chemistry, environmental chemistry, organic solid chemistry, molecular medicine, energy chemistry, and combustion chemistry.

2. Physical Chemistry

Physical chemistry is a discipline that investigates the behavior, properties, and laws of chemical systems by employing physical principles and experimental techniques. The frontier of physical chemistry research internationally focuses on developing advanced in-situ characterization techniques, deepening understanding of the structure, processes, and mechanisms of chemical systems, establishing new theories and insights, and realizing rational design of materials at the atomic and molecular levels. Since 2020, China's research in physical chemistry has entered an era characterized by continuous breakthroughs through deepening comprehension of chemical systems, with deepening understanding of chemical systems and the emergence of new theories, concepts, and technologies.

In the field of chemical thermodynamics, Chinese scientists have proposed new concepts such as "spatiotemporal phase-change materials", "acidity heterogeneity in solutions" and "generalized excess spectrum", established quantitative measurement methods of ionic liquid ionization rate, new methods of characterizing thermal conductivity and interface thermal resistance of microscale materials with Flash DSC, and technologies for measuring thermal effects of chemical processes under extreme conditions.

China has achieved international leadership in chemical dynamics and kinetics. In the field of gas phase reaction dynamics, the quantum interference mechanism and geometric phase effect of important series of elementary reactions related to H_2 have been revealed, providing a new perspective for understanding the quantum effects in chemical reactions. In the field of cluster structure research, a new method using VUV free-electron laser light source-high resolution tandem mass spectrometry has been developed, providing a new technology for solving protein structure. In research of ultrafast dynamics of carrier in energy materials, a number of new femtosecond spectroscopy technologies have been developed, revealing the microscopic mechanism of energy transfer and charge transfer process of quantum dots, perovskite solar cells and other systems, realizing the rational design and performance optimization of energy materials. In the field of quantum computation and reaction dynamics, the construction of high-precision potential energy surface using neural network algorithm is in the international leading position.

In the field of catalytic research, Chinese scientists have made significant contributions to the optimization of catalyst selectivity and catalytic activity by quantitatively describing, redefining, and expanding important catalytic theories and concepts. Through deeper understanding of the essence of catalytic action, they have successfully resolved the challenge of achieving high selectivity and high catalytic activity simultaneously, while also developing various methods for high-throughput screening of advanced catalytic systems. Furthermore, by integrating chemical processes with biological engineering, they have achieved the catalytic preparation of high value-added substances such as starch from CO_2.

In the field of colloid and interface chemistry, Chinese scientists have enhanced their comprehension of the influence on the properties such as chirality, catalysis, and assembly of of micro- and nano- scale materials, and discovered the importance of nano-scale curvature matching for chiral transfer. They proposed the concept of "emulsion droplet fixed-bed catalysis", which solved the difficulties of immobilization and continuous use of enzymes, coenzymes, and homogeneous catalysts. They established molecular self-assembly in the solid-phase, and realizing the leap of molecular self-assembly from solution dispersion system to macroscopic continuous material.

In the field of electrochemistry, Chinese chemists have integrated advanced electrochemical research methods with theoretical calculations to demonstrate that changes in chemically adsorbed water coverage with potential contribute to a negative capacitance of the electrochemical interface. This finding expands our understanding of the classical double-electric-layer model for the electrochemical interface. Additionally, they have elucidated that the hydrogen bond network within the double-electric-layer may serve as a source for pH effects in the electrochemical hydrogen evolution reaction, providing a novel explanation for previously controversial issues in this field.

In the field of green chemistry, Chinese scientists have developed a series of advanced chemical processes aimed at achieving non-toxicity, harmlessness, waste reduction and maximum atomic efficiency. They have promoted the utilization of waste plastics as resources, designed a new green pathway for vitamin K3 production and achieved China's transition from import dependence to becoming a leading producer of caprolactam.

In the field of biophysical chemistry, Chinese scientists have elucidated the physical and chemical mechanisms underlying various biomolecules in vital processes, while also pioneering novel technologies and methodologies for advancing biophysical chemistry research. These contributions have significantly bolstered China's global standing and influence in this domain. Furthermore, they have independently developed SPONGE, a high-performance molecular dynamics simulation software that serves as an invaluable theoretical research tool and platform for investigating biophysical chemistry.

In the field of theoretical and computational chemistry, Chinese scientists have successfully developed and integrated mobile robots, chemical workstations, intelligent operating systems, and scientific databases, and have developed a data-intelligence-driven full-process robot chemist, demonstrating the enormous advantages of a new intelligent paradigm guided by the "strongest chemical brain".

3. Analytical Chemistry

Analytical chemistry is the scientific discipline that investigates the chemical composition, content, structure, and form of substances, serving as a crucial pillar in science and technology advancement. From 2020 to 2023, China has consistently demonstrated robust progress in bioanalysis and sensing research. Continuous advancements have been made in areas such as single molecule and single cell analysis, in vivo bioanalysis, functional nucleic acid-based bioanalysis, nano bioanalysis, and there has been a steady increase in the publication of research papers in top-tier international journals. China's chromatography research has achieved remarkable breakthroughs encompassing sample pretreatment techniques, chromatography stationary phase and column technologies, multidimensional and integration strategies, as well as complex sample separation and analysis (including proteome analysis, metabolome analysis, traditional Chinese medicine group analysis), making important contributions to the development of life sciences, precision medicine, new drug creation and public safety.

4. Inorganic Chemistry

In the field of inorganic chemistry, China has made outstanding achievements in the construction, regulation and application of framework materials such as COFs/MOFs/HOFs; engineering and performance of cluster/functional complex crystal; assembly and properties of supramolecular crystalline compounds; structural design, growth and performance of functional crystalline materials; preparation, structural regulation and performance of low-dimensional crystalline materials; and synthesis, structure and performance of other crystalline materials. Chinese scholars continue to take the lead in the research of COF/MOF/HOF materials. The research focus has shifted from precise analysis of crystal structures and discovery of novel structures to exploring the structure-activity relationship and industrial applications of crystalline compounds. Many high-quality achievements have emerged in the fields of high efficiency/high selectivity adsorption/separation, high efficiency and high selectivity catalysis, high efficiency luminescence and high sensitive photoelectric response, fuel cells/hydrogen energy/energy storage and so on.

In the high purity separation of chemical materials and efficient storage of hydrogen/ammonia, MOF/COF materials have made further breakthroughs, which is expected to promote the development of China's fine chemical industry and new energy industry. In addition, significant advancements have been made in the exploration of crystalline compounds such as coordination polymers and inorganic non-metallic compounds, the synthesis of low-dimensional crystalline materials, and the functional group arrangement within crystalline materials. These achievements demonstrate promising applications in areas including new energy, quantum information, life sciences and healthcare, as well as national defense and security. In the field of molecular sieve research, Chinese scholars have achieved a series of important breakthroughs in synthesizing novel molecular sieve topological structures, developing advanced analysis and characterization techniques for molecular sieves, as well as applying molecular sieve catalysis and adsorption separation methods. Based on major national demands and the forefront of rare earth science and technology research, we have conducted investigations in four directions: green separation chemistry and purification processes for rare earth elements; advanced functional materials incorporating rare earth elements; structural materials involving rare earth elements with sub-microstructure regulation capabilities; chemical biology studies related to rare earth elements along with nano biomaterials development. Substantial progress has been made in these areas.

5. Organic Chemistry

In recent years, China's organic chemistry has made great progress, has approached and reached the international advanced ranks, and some areas have made leading research achievements. Numerous original ligands have been successfully developed, enabling efficient and highly selective transformations of a wide range of organic chemical reactions. These ligands are widely utilized by scholars and enterprises worldwide for academic research and industrial production. Notable examples include Zhou's catalyst, Feng's ligand, and the Ullmann-Ma reaction. Chinese chemists emphasize the originality and systematic approach in their work, proposing innovative concepts and strategies. A number of distinctive and influential chiral ligands and catalysts have been developed, reaching the international leading level in some research directions. Furthermore, remarkable achievements have been made in China's organic chemistry regarding the synthesis of important bioactive natural products, creation of novel structures, and discovery of new functions. For instance, natural product chemistry has gradually merged with chemical biology to explore small molecular biological functions within new structures as well as discover new targets, drugs, materials, and environmentally friendly bulk chemical manufacturing.

6. Chemistry of Polymers

The year 2020 marks the centennial anniversary of polymer science's birth. Over the past four years, China has witnessed continuous advancements in polymer science research, with a growing emphasis on cross-disciplinary integration. Notably, significant progress has been made in biomedical polymers and optoelectronic functional polymers, leading to breakthroughs in treating major diseases using polymer materials and organic photovoltaic materials. Furthermore, remarkable original research accomplishments have emerged in polymer synthetic chemistry, particularly within olefin coordination (co)polymerization, ring opening (co)polymerization, sulfur-containing polymer synthesis, and closed recyclable polymers. Additionally, several new catalysts (systems) with independent intellectual property rights have been developed; some are currently undergoing industrial transformation. These advancements lay a solid foundation for the production of high-end and high-performance polymer materials in China.

7. Chemistry Education

Chemistry education plays a pivotal role in fostering scientific literacy and critical thinking, promoting environmental conservation and sustainable development, enhancing health and safety awareness, as well as instilling scientific and social ethics. From 2020 to 2023, Chinese chemistry educators have made significant strides in advancing the curriculum reform of fundamental chemistry education, cultivating highly skilled secondary school chemistry teachers, and elevating the teaching quality of tertiary-level chemistry education.

China has revised and released the chemistry curriculum standards for general high school, chemistry curriculum standards for compulsory education and four versions of high school textbooks. In terms of curriculum materials research, in terms of textbook content analysis, Chinese scholars have deeply explored the knowledge structure, teaching objectives and learning content of textbooks. In terms of textbook design and evaluation, Chinese scholars have systematically analyzed the principles and methods of textbook design, evaluated teaching strategies, learning activities and organizational structure. The relevant research results provide guidance for textbook design and improvement, and promote textbook innovation. In terms of teaching design research, they have further deepened the structure and connotation of chemical subject ability literacy, and systematically developed assessment tools such as scientific ability test, chemical subject ability evaluation, and scientific attitude evaluation. In terms of student learning research, researchers have carried out brain science and brain cognition research, subject understanding research, scientific demonstration, scientific thinking and scientific identity research, modeling ability evaluation, experimental innovation, and gamification teaching research. By studying the process and characteristics of students' understanding of science and chemistry concepts, they have revealed the chemical concept structure and learning mechanism in students' minds, and provided ideas and approaches for optimizing teaching. In terms of interdisciplinary practice research, researchers have carried out in-depth research and practice of project-based teaching and deep learning, and have deeply explored the teaching practice to promote the development of core literacy and chemistry core literacy. In terms of information technology research, researchers have carried out middle school chemistry experiment research by means of implementing modern technical means such as handheld technology digital experiment, sensor, information technology, photography technology, and visualization technology. The design and development of chemistry educational games can provide support and guidance for teachers, and promote the innovation of chemistry education and the improvement of teaching effectiveness.

8. Interdisciplinary Subjects

8.1 Nuclear Chemistry and Radiochemistry

In the past three years, the overall level of basic studies on the terrigenous elements has been significantly improved by Chinese scientists, and major breakthroughs have been achieved in the theoretical chemistry of super plutonium elements, the synthesis of terrigenous elements compounds, and the cluster chemistry of terrigenous elements. The Cf-C bonding properties have been revealed and the UV-vis-NIR spectra of terrigenous compounds have been accurately simulated. The largest terrigenous-silver cluster [Th_9Ag_{12}] has been prepared by the induced decomposition-recombination strategy. A number of advanced separation technologies and new methods for the back-end of the nuclear fuel cycle have been developed. The protective-group that can accurately match the coordination configuration of hexavalent terbium has been innovatively designed, and the unconventional valence stabilization strategy of terrigenous elements has been developed. The long-term stability of hexavalent terbium in aqueous solution and solid has been realized, and a new strategy of safe, efficient, and green lanthanum-terbium separation has been derived, achieving the best separation effect between hexavalent terbium and trivalent lanthanide reported so far in the world.

8.2 Chemical Biology

In the past four years, Chinese chemical biology research has witnessed a significant advancement, with groundbreaking work conducted in the following pivotal and cutting-edge areas, leading to remarkable accomplishments: ① Efficient synthesis and assembly of biomacromolecules and biological machinery encompassing protein ubiquitination, sugar biosynthesis, glycosaminoglycan chemistry, DNA chromosomal features, and metabolic pathway construction. ② In vivo regulation of biomacromolecules and life processes through utilization of small molecule probes, bio-orthogonal chemical reactions, and other innovative tools. ③ Dynamic chemical modification of biomacromolecules along with their labeling and detection within biological processes. ④ Mechanistic elucidation of bio-macromolecular machinery as well as life processes. ⑤ Target validation and development of targeted compounds based on strategies derived from chemical biology. These endeavors have exerted a profound international influence while attaining global parity across most research domains alongside international leadership in certain directions.

8.3 Public Security Chemistry

The major of public security chemistry has made obvious progress in new theories, new technologies, new materials and other aspects, and has made innovative contributions to national security, military security, anti-chemical terrorism, chemical accident prevention, drug prohibition, emergency response and other aspects. Notably progress has been achieved in the study of drug metabolism mechanisms. The development of rapid, accurate and intelligent detection technologies for hazardous substances has been emphasized, and novel technological breakthroughs such as single hair micro-segment drug detection, sewage-based drug monitoring systems and explosive safety detection methods have been preliminarily implemented.

8.4 Environmental Chemistry

In the past three years, Chinese scholars have carried out a large number of internationally advanced researches in the field of environmental chemistry. The researches in the following aspects have attracted extensive attention both domestically and internationally: identification of novel pollutants through non-target analysis technology, pollutant traceability using stable isotopes, elucidation of air pollution mechanisms, development and synthesis of new materials for water pollution control and soil remediation, assessment of quality and safety in agricultural products, as well as investigation into environmental toxicology and pollutant-related health effects. Several research domains have assumed a pioneering role in the world.

8.5 Organic Solid

Since 2020, there has been a rapid development trend worldwide in the field of organic solids. Currently, the overall performance of organic light-emitting diodes continues to optimize and has been widely used in the field of display. The key performance indicators of organic photovoltaic and thermoelectric materials are steadily improving, surpassing conventional limits on energy conversion efficiency for molecular materials. High mobility organic semiconductors have gradually achieved coupling regulation between mechanical and electrical functions, resulting in stretchable and repairable intelligent organic field effect transistors. Breakthroughs in organic bioelectronics and single molecule technologies are revolutionizing human-machine interfaces and molecular circuits, fostering new interdisciplinary growth points. Notably, China has made remarkable progress in the field of organic solids by achieving pioneering research accomplishments in high-performance molecular design, multi-scale molecular assembly techniques, and device function regulation.

8.6 Molecular Medicine

Molecular medicine research encompasses the molecular-level investigation, diagnosis, treatment, prevention, and mechanism exploration of diseases. The crux lies in the identification, design, and application of molecules capable of specifically targeting diseased cells and disease markers to significantly enhance the accuracy of disease detection and treatment efficacy. Major pharmaceutical companies in Europe and the United States have acquired a substantial number of pivotal core patents in monoclonal antibody research field, which has caused Chinese pharmaceutical companies to be at a competitive disadvantage in monoclonal antibody drug research and development, facing huge barriers and difficult to break away from the status of followers. In view of these factors, Chinese scientists have exerted tremendous efforts and achieved a series of original research breakthroughs. From 2020 to 2023, numerous cutting-edge innovations have emerged in China's molecular medicine research domain encompassing single-cell protein mapping based on nucleic acid aptamer sequencing technology, molecular diagnostics and therapeutics techniques, nano biomedicine advancements as well as in vivo bioanalysis.

8.7 Energy Chemistry

Energy chemistry uses chemical principles and methods to study the basic laws of energy acquisition, storage and conversion, laying a foundation for the development of new energy technologies and playing an important supporting role in the development of energy science. In the past three years, Chinese scholars have made a series of breakthroughs in the basic science and engineering application of energy chemistry. Fiber lithium-ion batteries, synthetic synthesis of carbon dioxide to starch and in situ direct electrolysis of seawater for hydrogen production have been selected as the top ten scientific progresses in China. They have attracted great attention from academia and industry, and greatly promoted the dissemination of basic knowledge and the development of energy chemistry.

8.8 Combustion Chemistry

Combustion chemistry is a multidisciplinary subject that faces the needs of major national strategies. The development of combustion chemistry for advanced power equipment is of great significance for breaking through the barriers between basic research and engineering applications. Chinese scientists have made significant progress in the fields of hydrocarbon fuels, combustion dynamics simulation, combustion mechanisms, and engineering computing software and databases in the field of aviation power.

Report on Special Topics

Report on Advances in Theoretical and Computational Chemistry

Theoretical and computational chemistry has been widely used in chemistry, physics, materials, life sciences, and other related disciplines. With the continuous development of theoretical methods and computer technology, theoretical and computational chemistry can deal with increasingly complex chemical systems or chemical processes. Theoretical chemistry can trace back to Mendeleev's periodic table proposed in 1869, which is employed to predict the properties and relationships of elements. In 1927, Heitler and London used quantum mechanics to calculate the equilibrium bond length and dissociation energy of hydrogen molecules, marking the birth of modern theoretical chemistry. At present, theoretical and computational chemistry (including quantum chemistry, chemical kinetics, statistical mechanics, and etc.) has become an indispensable part of chemistry. In the past ten years, with the rapid development of new technologies such as artificial intelligence and quantum computing, artificial intelligence chemistry and quantum computational chemistry methods have been pioneered, which have brought new opportunities and challenges to theoretical and computational chemistry.

In recent years, Chinese scholars have made important contributions in various fields of theoretical and computational chemistry, and have achieved a series of outstanding achievements. For example, the development of high-precision wave function methods and density functional methods that can handle strongly correlated or complex systems, the preparation of efficient computational simulation programs for adiabatic and non-adiabatic or classical dynamics of complex systems, the exploration of the theory, implementation, and superiority of quantum computational chemistry, and the integration of artificial intelligence into chemical reaction prediction, functional materials and biomolecular design and spectral analysis. The research achievements in the field of theoretical and computational chemistry have won many provincial and ministerial natural science awards. Xin Xu et al. of Fudan University and of Shuhua Li of Nanjing University et al. both won the first prize of the 2019 Natural Science Award of the Ministry of Education for "New Progress in Density Functional Theory" and "Quantum Chemical Methods and Applications of Complex Systems", respectively. Zhigang Shuai et al. of Tsinghua University won the first prize of Natural Science of the 2020 Beijing Science and Technology Award for "Theoretical Research on Charge Transport in Organic and Carbon Materials". At the same time, the international influence of Chinese scholars continues to increase, and from 2019 to 2023, Chinese theoretical chemists have been awarded by the Asia-Pacific Association of Theoretical and Computational Chemists for many times. Weihai Fang of Beijing Normal University, "Quantum trajectory mean-field methods for nonadiabatic dynamics simulations and in solving problems in the photo-induced chemical and biological systems" (2020) and Donghui Zhang, Dalian Institute of Chemical Physics, Chinese Academy of Sciences, "Quantum dynamics, especially the development of methods for potential energy surface construction and time-dependent wave packet simulation" (2022) won the Fukui Medal, the highest award of the Asia-Pacific Association of Theoretical and Computational Chemists (APATCC). There are also a number of young scholars who have won the Pople Medal (under 45 years old) of the APATCC: Jian Liu (2019), Xuhui Huang (2021), and Haibo Ma (2023).

Combined with the development of theoretical and computational chemistry in the context of the new era, this chapter will introduce the main achievements in the field of theoretical and computational chemistry in China from 2019 to 2023 from four aspects: electronic structure theory, quantum and classical dynamics, quantum computational chemistry, artificial intelligence in theoretical and computational chemistry, and look forward to the challenging problems, strategic development, and trends in the next few years.

Written by: Li Shuhua, Li Wei, Zhang Ying, Ma Haibo, Guo Yang, Cui Ganglong, Liu Jian, Fu Bina, Li Zhenyu, Li Zhendong, Jiang Jun, Shang Cheng, Ju Minggang, Gong Xueqing, Peng Qian, Wang Binju

Latest advances in supramolecular chemistry and soft matters

Supramolecular chemistry and soft matters represent an important subject of paramount significance and general concern in the interdisciplinary frontier fields of chemistry, physics, advanced materials science, biochemistry and biotechnology, etc. In contrast to the conventional molecular science based on covalent bonds, supramolecular assembles and soft matters are generally constructed *via* diverse non-covalent intermolecular interactions such as hydrogen bonding, pi-pi stacking, coordination interactions, electrostatic interactions etc. This might open up numerous new opportunities for the development of diverse advanced functional systems, which might in turn shed deep scientific insights on the fundamental aspect of various intermolecular non-covalent interactions. In this chapter, we briefly highlight the latest advances in the field of supramolecular chemistry and soft matters with regard to (i) macrocyclic supramolecular chemistry, (ii) supramolecular chirality, (iii) biofunctional supramolecular systems, (iv) supramolecular polymer and (v) supramolecular assembly based on biomacromolecules. The main contents are outlined as the followings.

Macrocyclic compounds have played historically important roles in the birth and development of supramolecular chemistry. They provide versatile molecular tools and models for probing the nature of noncovalent interactions, for establishing molecular recognition and self-assembly, as well as for boosting supramolecular catalysis. Since the entry of the new century, the field has still rapidly grown and China has become one of the most active countries. In the past five years, Chinese researchers have made exciting progresses in many aspects of macrocyclic supramolecular chemistry. New classes of macrocyclic molecules with unique structures and functions, including belt[n]arenes, macrocyclic arenes, cycloparaphenylene-typed nanorings, naphthotubes and inherently chiral macrocycles, have been designed and synthesized. Important contributions have been made on the emerging noncovalent interactions of agostic bond, halogen bond, chalcogen bond, pnictogen bond, tetrel bond, $n\rightarrow\pi^*$ interactions, especially on the systematic study of anion-π interactions. Using tailor-made macrocyclic hosts, the challenging molecular recognition tasks including anion recognition, recognition in aqueous media, biomolecular recognition, chiral recognition and xenon recognition have been targeted. Impressive progresses have also been achieved on macrocyclic supramolecular catalysis, including anion-recognition directed supramolecular catalysis, cooperative anion-π catalysis, cyclodextrin and cucurbituril mediated photo dimerization and thermal transformations, and rotaxane-based switchable catalysis.

Chirality refers to the asymmetric characteristics of matter that cannot superimpose with its mirror image. Chirality has multi-level characteristics in nature, including sub-atom, molecular, supramolecular, macroscopic and beyond. Supramolecular chirality is controlled by the asymmetric arrangement of building elements such as molecules or nanoparticles, which are mainly based on non-covalent interactions between building elements. Chinese scholars have conducted supramolecular chirality research at the early stage in the international community, and have achieved rapid development in recent years. They focused on the researches of the generation of supramolecular chirality, chirality transfer and amplification of chirality in molecular assembly and host guest chemical systems. This chapter introduces the main research achievements of Chinese scholars in recent years from three aspects, including supramolecular chirality of self-assembled systems, supramolecular chirality of host guest systems, and supramolecular chirality functions. Many new functions, in particularly, the circularly polarized luminescence (CPL) have been extensively investigated and witnessed the big progress. Rapid development in supramolecular chiral catalysis, and chiral biomedical materials is seen, demonstrating the enormous potential of supramolecular chirality in the field of creating new materials.

For biofunctional supramolecular systems, we summarize the advances in this field achieved by Chinese researchers during the period of 2010−2022. Representative works in the research areas of drug delivery, photodynamic therapy, supramolecular drugs for antibacterial, antivirus, antagonism of heparin, neuromuscular blocking agents and Alzheimer's disease are highlighted. Finally, the future development and challenges that have to be addressed are discussed.

Supramolecular polymers, defined as polymeric arrays in which repeating units are connected by noncovalent bonds, are perfect combinations of polymer science and supramolecular chemistry. On account of the dynamic and reversible nature of noncovalent interactions, supramolecular polymers have the ability to adapt to their environment and possess a wide range of intriguing properties, such as degradability, shape-memory, and self-healing capabilities.

These characteristics address some of the limitations observed in covalently bonded polymers with regards to smart responsiveness. Notably, Chinese scientists have achieved noteworthy advancements in the realm of novel supramolecular polymers. Their contributions encompass the development of new building blocks and strategies for supramolecular polymerization, as well as the exploration of unique topological polymeric structures and solid-state supramolecular polymers.

The concept of supramolecular chemistry and molecular self-assembly is successively inspired by the non-covalent interactions between the building blocks of living systems. In order to dive deeper into living systems, scientists are no longer satisfied with dynamic, reversible, and intelligent assemblies obtained using chemically synthesized molecules. Directly using biomacromolecules as building blocks offers a promising approach for constructing biomimetic architectures, revealing the delicate balance of naturally occurring assemblies and understanding them in terms of building blocks, noncovalent interactions, and thermodynamics. More importantly, biomacromolecular assemblies are particularly suitable for advanced materials integrated with living systems due to their intrinsic properties such as accurate recognition, self-organization, and adaptability. Therefore, supramolecular chemistry of biomacromolecules, especially the self-assembly of biomacromolecules, has emerged and developed rapidly in response to the requirements of biology, material science and medicine. Here, we review domestic and international progress in the fabrication and application of artificial assemblies based on biomacromolecules, including DNA, protein, peptide, and carbohydrate, and envision some new challenges, goals, and opportunities for future research in this field.

Keywords: supramolecular assembly, macrocyclic supramolecular chemistry, supramolecular chirality, supramolecular polymer, biomacromolecules

Written by: Wang Qiqiang, Tong Shuo, Wang Dexian, Ouyang Guanghui, Yu Shangbo, Hua Bin, Li Long, Chen Penglei, Chen Guosong, Huang Feihe, Li Zhanting, Liu Minghua, Wang Meixiang

Progresses in Chinese Mass Spectrometry Research

Modern mass spectrometry directly separates ionized particles from atoms to supermolecules by applying high electric potential and thus measures their distinct weight, displaying extraordinary capability of elucidating the precise structures and detecting particles with significant advantages of high sensitivity and specificity. It is playing an irreplaceable role in qualitative and quantitative analysis and imaging for distinct sizes of ionized particles. Due to this measurement, it further evolves for omics analysis (metabolomics, proteomics etc). Nowadays. these powerful analytical tools underly the frontier research in the fields of life sciences, precision medicine, chemical biology, chemical engineering, and others. In the past three years, Chinese scholars have carried out systematic and in-depth mass spectrometry research in the original innovation of analytical methods, exploration of applications, and design and manufacturing of instrument devices, and have achieved a series of important progresses. The achievements in fundamental scientific research and application fields have reached international advanced levels; In the field of mass spectrometry instrument manufacturing, the Ministry of Science and Technology's major instrument special project has increased the layout of mass spectrometry-related instruments in recent years, and this field is steadily advancing. This research report summarizes several aspects on the progresses, including proteomics, metabolomics, mass spectrometry imaging, single cell mass spectrometry, detection of chemical reaction intermediates, national defense and public safety analysis, and the current development status of mass spectrometry instruments. Future research will continue to focus on developing innovative analytical methods, innovative applications, and the construction of mass spectrometry scientific devices. In terms of original analysis methods, single cell/subcellular metabolomics analysis has become a focus of attention, and there is an urgent need for higher throughput and in-depth identification mass spectrometry methods. This also relies on breakthroughs in both instrument methods and data mining methods. The spatiotemporal transformation of spatial proteomics and spatial metabolomics reveals life phenomena from a dynamic multi omics perspective, which also poses higher challenges and requirements for new methods; The in-depth study of dynamic macromolecular protein structure analysis and protein interaction networks provides solid support for the molecular mechanisms of life phenomena. In the field of innovative applications, clinical omics research based on large queue samples has put forward higher requirements for the establishment of new methods for high-throughput and high-precision sample analysis of large-scale clinical samples; Guided by precise medical treatment for major clinical diseases, we will conduct in-depth clinical mass spectrometry analysis to serve the Healthy China Plan; Guided by the analysis of needs in the fields of national economy and people's livelihood such as environment and food safety, we will further deepen the application in related fields. In the field of mass spectrometry instruments, it is still necessary to continue to deepen in processing technology, component industry chain, and other aspects. At the same time, continuous exploration and deepening in principle innovation of instruments are the goals and directions of continuous efforts in China's instrument research and development field.

Written by: Jiang Guibin, Guo Yinlong, Xie Jianwei, Nie Zongxiu, Hang Wei, Zhang Lihua, Xu Jingjuan, Ye Mingliang, Xu Guowan, Huang Guangming, Wang Fangjun, Bai Yu, Wang Hailin

Advancements in Intelligent Synthetic Chemistry: A Focus on Chinese Research

Synthetic chemistry is a critical driver of social progress, offering a pathway to understand, transform, and enrich the material world. However, the increasing complexity and diversity of materials pose significant challenges in achieving precise and sustainable synthesis goals. Traditional empirical-based research models have limitations in meeting the rapidly evolving demands of synthesis. In recent years, the emergence of big data and artificial intelligence (AI) technologies has opened up new horizons for synthetic chemistry. This comprehensive progress report highlights the recent accomplishments of eminent Chinese researchers in five key aspects of intelligent synthetic chemistry: synthetic-related databases, descriptors, algorithms and models, reactivity and selectivity predictions, retrosynthetic route design with reaction optimizations, and synthesis automation and experimental equipment. Synthetic-related databases provide a foundation for intelligent synthesis by offering a wealth of chemical data and information. China has made notable strides in establishing characteristic synthetic-related databases. However, further development of large-scale, high-quality, and standardized databases is crucial to support advancements in intelligent synthesis chemistry. Descriptors, algorithms, and models play a pivotal role in realizing intelligent synthesis. By extracting essential chemical features and employing cutting-edge intelligent algorithms, researchers have developed excellent models with diverse applications. Several research teams in China have achieved breakthroughs in this area, providing vital support for the development of intelligent synthesis chemistry. The prediction of reactivity and selectivity presents considerable challenges due to the curse of dimensions. The utilization of AI and machine learning techniques has paved the way for more accessible approaches to these tasks. Through the synergy of data, algorithms, and experiments, significant advancements have been made in reactivity and selectivity predictions. Retrosynthetic route design involves deducing possible synthetic pathways and steps starting from a target compound. China has made fruitful research achievements in this area, but further in-depth studies are necessary to refine and enhance the efficacy of retrosynthetic route design. Synthesis automation and experimental equipment enable efficient and accurate synthesis reactions. By incorporating automatic control systems and intelligent algorithms, the workload of personnel can be reduced, and the efficiency and reproducibility of experiments can be improved. Several research teams in China have made notable progress in this aspect, laying the foundation for the practical application of intelligent synthesis chemistry. Despite starting relatively late in the field of intelligent synthesis chemistry, China has emerged as a world leader through the efforts of young and middle-aged research teams. Future development in intelligent synthesis chemistry in China necessitates the establishment of characteristic databases, independent intellectual property innovation, integration of synthetic chemistry with the industrial chain, cultivation of versatile talents, and increased investment in scientific research. These efforts will drive technological innovation and industrial development in China. Synthetic chemistry is undergoing a transformation with the integration of big data and AI technologies, offering immense potential for intelligent synthesis. Chinese researchers have made significant contributions in various aspects of intelligent synthesis chemistry, including synthetic-related databases, descriptors, algorithms and models, reactivity and selectivity predictions, retrosynthetic route design, and synthesis automation. The continued advancement of intelligent synthesis chemistry in China requires sustained support, collaboration, and innovation. With these efforts, intelligent synthesis chemistry will undoubtedly provide new impetus to China's technological innovation and industrial development.

Written by: Hong Xin , Zhang Shuoqing , Luo Sanzhong

Recent Advances in Aggregation-Induced Emission

This thematic report was compiled by the Molecular Aggregation Luminescence Committee of the Chinese Chemical Society. It systematically analyzes the research and development trends and the conversion of research results in the aggregation-induced emission (AIE) field from 2020 to 2023. The report emphasizes the latest research progress of AIE in hot areas such as organic room-temperature phosphorescence (RTP), optoelectronic materials and devices, biomedicine, and clusteroluminescence (CL). For organic room-temperature phosphorescence, it mainly introduces single-component and multi-component small molecule systems, polymer systems, and special non-aromatic systems. Meanwhile, this report discusses the application of organic RTP materials in chemical sensing, biological imaging, and organic light-emitting diodes. In the field of optoelectronic materials and devices, the newly developed AIE material systems and their applications in organic field-effect transistors, organic light-emitting diodes, organic solar cells, and circularly polarized luminescence were introduced. Regarding biological applications, this report mainly demonstrates the application of AIE materials in subcellular imaging, *in vivo* and *in vitro* detection of disease markers, medical imaging, photodynamic therapy, photothermal therapy, and optical immunotherapy. For clusteroluminescence, this report focuses on the research of the mechanism of CL, the development of new CL luminogens (CLgens), performance regulation, and the exploration of new applications. At the end of the report, it compares the development of AIE research in China and international institutes, highlighting China's leading position in this field. It then forecasts China's future development and layout in this research area.

Written by: Gu Xinggui , Qin Anjun, Li Zhen, Zhao Zheng, Ding Dan,
Yuan Wangzhang, Zhang Haoke, Tang Benzhong

Recent Advances on Molecular Photonics and Excited State Chemistry

Compared with the ground state molecules, the structure and functionality of excited state molecules are more abundant and complex. Excited state chemistry, as an important branch of physical chemistry, focuses on the excited state of molecules under external excitations, as well as their unique physical and chemical properties. It deepens our understanding on the energy transfer, electron transfer processes, and the chemical reactions involving excited state molecules. With the progress of modern science, the methods and means for generating excited states are becoming increasingly diverse, and the research areas of excited state chemistry are constantly expanding. Excited states can be generated not only by absorbing light, but also by other types of excitations, such as force, heat, electricity, radiation, to achieve transitions from ground state to excited state. The development of excited state chemistry relies on the interdisciplinary collaborations among chemistry, physics, materials science, information technology, biomedicine, and other fields.

As the transition process of excited state molecules is often related to the absorption and emission of photons, molecular photonics, as one of the pioneered research areas in excited state science, is featured by the particle nature of photons, and takes great advantages of the coupling between molecules and photons in regulating the structure-property relationship in excited state molecular systems. Photons can serve as both information carriers and energy carriers for various purposes, such as lasers, optical communications, electro-optic conversion, and photoelectric detection. The research on molecular photonics includes the production, emission, transmission, modulation, signal processing, switching, amplification, and sensing of photons, as well as the development of molecular materials and devices with specific photonic functionalities, aiming for the promotion of organic opto-electronics in technologies and industries.

Molecular photonics and excited state chemistry are two complementary parts in excited state science: molecular photonics focuses on physical processes, while excited state chemistry emphasizes on chemical properties. In May 2021, the Chinese Chemical Society officially established the Commission of Molecular Photonics & Excited State Chemistry, to strengthen the communication and coordination among researchers, and to promote the transformation and industrialization of scientific achievements. It plays an important role in maintaining China's leading position in this field. In recent years, the researchers in China have made significant progresses in various areas of molecular photonics and excited state chemistry, such as micro/nano lasers, display technologies, light-emitting molecules, optical information storage, optical switches, photocatalysis, energy utilization and conversion, etc. In this report, we will briefly introduce the latest research advances in the above research areas by focusing on three aspects: organic micro/nano-lasers with high optical gain, electroluminescent molecules for display technologies, and molecular materials with polarized light emission.

Many of the research contents in molecular photonics and excited state chemistry have been mentioned in the national science and technology policies and strategies, for instance, high-resolution planar displays, new generation of opto-electronic materials, advanced laser technology. Chemistry, as a central science, is becoming more and more essential in the development of both upstream basic sciences and downstream industrial technologies. The research on molecular photonics and excited state chemistry depends on the industry-academia-research cooperation among universities, research institutes, and relevant enterprises in China. As an emerging interdisciplinary field, molecular photonics and excited state chemistry have amplified China's international influence in related research fields, and it demonstrates the crucial role of chemical research for China's technological innovation and innovation-driven development strategy.

Written by: Yao Jiannian , Zhang Chuang

Development of High-Pressure Chemistry

High-pressure chemistry is an old and fast-developed subdiscipline. In recent years, high-pressure chemists made great achievements in this field in China and all over the world. This report summarizes the most important advances in high-pressure inorganic chemistry, high-pressure organic chemistry, high-pressure theoretical and computational chemistry, high-pressure material chemistry, high-pressure mineral chemistry and geochemistry, shock-wave chemistry, and supercritical-fluid chemistry, and the main achievement includes: ① high-pressure metathesis reaction; machine-learning assisted high-pressure synthesis; "Generalized Pressure"; high-pressure phase and electronic transition of sulfides and oxides; development of instrument and devices for high-pressure synthesis and characterization. ② high-pressure polymerization and the reaction mechanism of organic molecules; synthesis of diamond nanothreads; synthesis of graphitic nanoribbon; high-pressure isomerization of organics; high-pressure hydrogen transition; dynamic-compression synthesis of hydrogel; pressure-quenched high-emission coordination polymers. ③ software for prediction of crystal structure, CALYPSO and MAGUS; exploration of hydrogen-based high-temperature superconductor under high pressure; chemistry of helium and water under the condition of inner planet. ④ ultra-hard, stiff, and tough diamond-based material; coherent interfaces in graphite to diamond transition; para-crystal diamond; pressure-induced emission in 1-D, 2D, and 3D metal halides; controllable modification of emission and band structure in halide perovskite; bright deep-blue emission in halide perovskite; quenchable high-emission hybrid perovskite materials; synthesis of poly-nitrogen under extremely high pressure; synthesis of metal poly-nitrides; phase separation and decomposition during the high-pressure reaction of explosives; electron-vibrator-phonon coupling mechanism in the response of explosive to impact; force field development for the explosives; phase transition, phase diagram and structural transformation of typical explosives like HMX, RDX, CL20, etc. ⑤ stability and reactivity of carbonates, silicates, and hydrous minerals under the mantle conditions, including $CaCO_3$, $MgCO_3$, Mg_2CO_4, $CaSiO_3$, $MgSiO_3$, and (Mg, Fe)O, etc. ⑥ preparation of nano-diamond, graphene and nano titanium carbide via explosion; synthesis of black phosphorous, lanthanum titanate nano-crystal, lithium titanate and indium vanadate via shock compression and explosion; dynamic compression apparatus based on piezoelectric ceramics and pulse laser, and in situ characterization techniques. ⑦ top-down synthesis of 2D materials like graphene and MXenes with supercritical CO_2; preparation of high-efficient catalyst by supercritical CO_2; preparation of advanced hydrocarbon, carboxylic acid and alcohol via reduction of supercritical CO_2; development of supercritical techniques in industry. In most research field, high-pressure chemistry brings completely unexpected findings, like new chemical reactions and physical properties, some of which are revolutionary. Some of these materials and techniques can potentially be applied in industry. To make a thorough understanding, the chemists are managing to figure out the mechanism of the high-pressure reactions and processes using multiple advanced theoretical and experimental techniques. Effective in situ / operando characterization technique is still in urgent need, and new techniques are continuously developed in these years. Unlike the well built-up subdisciplines, the researches in high-pressure chemistry are very diverse. This is because high-pressure chemistry is an interdiscipline of high-pressure technique and the whole chemistry, even including part of physics and material science. Obviously, this shows a very broad stage and unlimited future for high-pressure chemistry.

Written by: Chen Jun, Chen Pengwan, Dong Xiao, Li Kuo, Li Lin, Li Manrong, Liu Zhimin, Su Lei, Wang Yonggang, Xiao Guanjun, Yang Guoqiang, Zhao Zhisheng, Zheng Haiyan, Zou Bo

Research Progress on Synchrotron Radiation In-Situ Scattering Techniques

Synchrotron radiation sources offer a continuous spectrum ranging from far infrared to X-rays, characterized by high brightness and high flux. By utilizing in-situ X-ray scattering techniques, synchrotron radiation enables the characterization of various structures in high-polymer materials, spanning from sub-nanometer scale crystalline structures to nanofibers, and even microscale pores, domains, and gel networks. In-situ synchrotron experiments allow real-time observation of multiscale microstructural evolution in complex external conditions, making them an ideal choice for advanced polymer materials research.

In recent years, Chinese scholars have accumulated rich experience in the design, implementation, and data collection of in-situ synchrotron experiments. They have achieved advanced results by studying the microstructural evolution mechanisms of molecular chains and crystals under various coupled fields such as temperature, flow, and pressure. Through the development of unique in-situ experimental equipment combined with synchrotron radiation, they have realized in-situ studies of polymer processing and shaping processes, including blow molding, injection molding, heat treatment, biaxial stretching, and fiber high-speed drawing. Leveraging the high temporal and spatial resolution of in-situ synchrotron experiments, they have established experimental methods for data collection and analysis, constructing a systematic approach that links the microstructure, macroscopic properties, processing parameters, and application value of high-polymer materials.

While the origins of synchrotron-based in-situ characterization techniques lie in developed countries such as Europe, the United States, and Japan, Chinese researchers have made substantial progress in recent years. Although the field started later in China, it has rapidly caught up and reached an internationally advanced level in terms of experimental design, equipment development, operation techniques, and data processing for in-situ synchrotron experiments. Utilizing advanced synchrotron beamlines, China is now capable of real-time online detection of multiscale microstructural information in the range of 0.1 to 1000 nm for polymer materials. Several research groups have conducted extensive studies in various domains, such as high-performance fiber fabrication, processing of semi-crystalline polymers, and service processes of polymer materials, contributing significantly to materials development and rapid process optimization.

Looking ahead to the next 5−10 years, synchrotron radiation, with its broad electromagnetic spectrum, will continue to play a crucial role in understanding the structure, composition, and dynamic behavior of organic and polymer materials. As the next generation of synchrotron radiation facilities becomes operational, with increased brightness and enhanced time and spatial resolution, synchrotron-based in-situ scattering techniques are expected to uncover the intricate structural evolution of complex organic and polymer systems under multifield coupling conditions. This will provide a robust scientific and technological foundation for the entire R&D chain, connecting composition, processing conditions, microstructure, macroscopic performance, and application value. Future directions and trends for synchrotron-based in-situ characterization include the integration of multiple in-situ techniques, the use of large-scale experimental platforms, the development of new analysis methods, enhanced time and spatial resolution capabilities, synergy between synchrotron techniques and artificial intelligence, and targeted breakthroughs in critical industrial technologies. As synchrotron radiation continues to evolve, its impact on the study and application of polymer materials will undoubtedly remain profound.

Written by: Cui Kunpeng, Tang Zheng, Qiao Yongna, Li Xiuhong, Zhu Caizhen, Li Liangbin, Xu Jian

索 引

C

D

F

G

H

J

L

N

P

R

S

T

X

Y

Z